Jedes Experiment ist mit einem karierten Grund unterlegt.

Experiment: Artesischer Brunnen
Vorbereitung des Experimentes
Material: *zwei Kunststofftrichter, Nagel, Kunststoffwanne, Labor-Wasserschlauch von ca. 80 cm Länge, zwei Stative mit Trichterhalterungen, kleine Gießkanne, Wasser*
Durchführung: *Trichterhalterungen an die Stative montieren, Trichter einsetzen, die Schlauchenden über die Trichterenden ziehen, Nagel in der Mitte des Schlauches durch eine Schlauchwand bohren, Wasser mit der Gießkanne in die Trichter einfüllen; den Nagel herausziehen und den Weg des Wassers beobachten.*

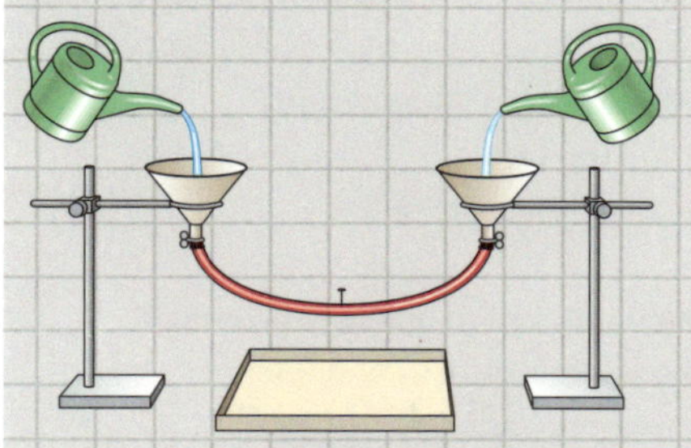

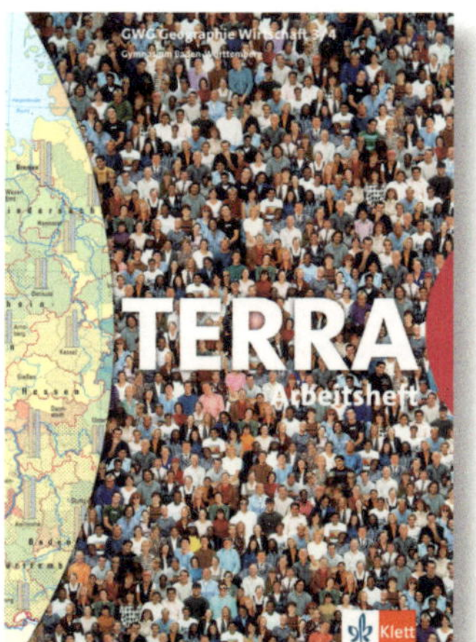

Neu im Medienverbund:
„TERRA Arbeitsheft“

Was diese Piktogramme bedeuten:

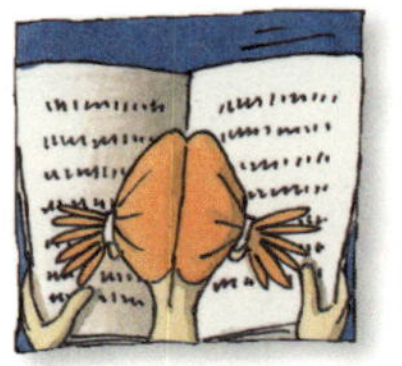

Leseseite
Hier kannst du interessante Texte lesen, die dir neben Inhalten auch Zusatzinformationen über ein Thema vermitteln.

Teste dich selbst
Dieses Piktogramm findest du auf den Trainingsseiten. Lösungen zu den hier genannten Aufgaben stehen im Anhang.

Kaum zu glauben
Hier stehen außergewöhnliche Angaben zum jeweiligen Thema.

Mehr rund um TERRA im Internet unter:
www.klett.de/extra

Und nun viel Spaß und guten Erfolg bei der Arbeit mit diesem Buch!

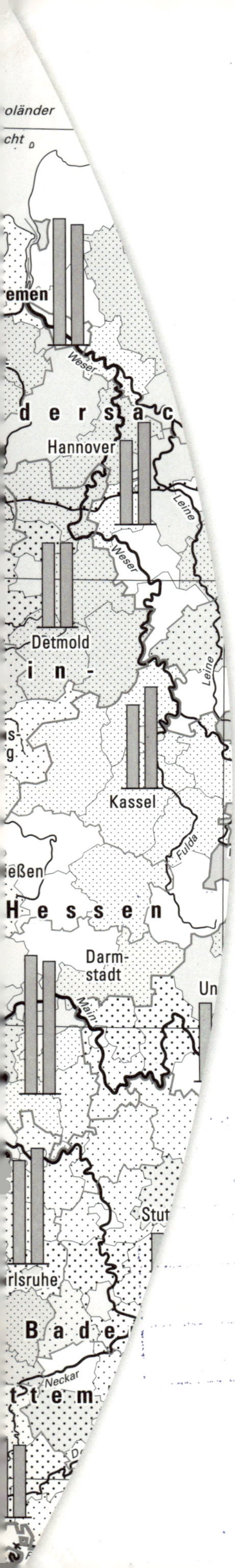

Impressum

GWG 3 / 4

Herausgeber
Helmut Obermann, Ettlingen

Autoren
Lore Heinrich-Exner, München
Prof. Dr. Friedhelm Frank, Dresden
Dr. Thomas Hoffmann, Achern
Helmut Obermann, Ettlingen
Kathleen Renz, Reutlingen
Frank Schuhmacher, Öhringen
Jochen Schwab, Buchen
Katja Wachholtz, Herrenberg

Mit Beiträgen von
Dr. Egbert Brodengeier, Dresden
Ulrich Bünstorf, Grevenbroich
Prof. Dr. Gerhard Fuchs, Schwäbisch Gmünd
Prof. Dr. Michael Hemmer, Münster
Ruth Kersting, Bochum
Herbert Paul, Asperg
Paul Palmen Alsdorf
Meike Rahner, Bochum
Petra Sauerborn, Bonn

1. Auflage
1 6 5 4 3 2 | 2010 2009 2008 2007 2006

Alle Drucke dieser Auflage können im Unterricht nebeneinander benutzt werden, sie sind untereinander unverändert. Die letzte Zahl bezeichnet das Jahr dieses Druckes.

www.klett.de

ISBN-10
3-623-27830-0
ISBN-13
978-3-623-27830-8

Redaktion und Produktion
Christoph Rausch, Christiane Berndt, Michael Hebestreit

Einband-Design und Layoutkonzept
pandesign, Büro für visuelle Kommunikation, Karlsruhe

Karten
Klett-Perthes Gotha, Dr. Henry Waldenburger

Zeichnungen
Steffen Butz, Karlsruhe
Rudolf Hungreder, Leinfelden-Echterdingen
Diana Jäckel, Erfurt
Wolfgang Schaar, Stuttgart
Ursula Wedde, Göppingen

Satz und Reproduktion
d|m|z, Gotha

Druck
Aprinta, Wemding

9 783623 278308

Inhalt

GWG Geographie Wirtschaft 3 / 4

• Ergänzungsseiten für ein Schulcurriculum

A B C D E F G H I J

Unsere Eine Welt

Die Erde auf einen Blick, die Welt als Ganzes sehen – wir haben uns schon daran gewöhnt, global zu denken. Fernsehbilder und Funknachrichten jagen durch den Äther. Mit Telefon, Telefax und Computernetz fließen die Informationen weltweit. Hitparaden und Modekreationen dringen in alle Winkel der Erde. Gedanken, Güter und Menschen gehen rund um die Erde. Die Welt scheint uns grenzenlose Möglichkeiten zu bieten. Jedoch nicht alle Menschen können diese nutzen. Gelingt es der Menschheit ihre Lebensgrundlagen nachhaltig zu bewahren und in Frieden miteinander in der Einen Welt zu leben?

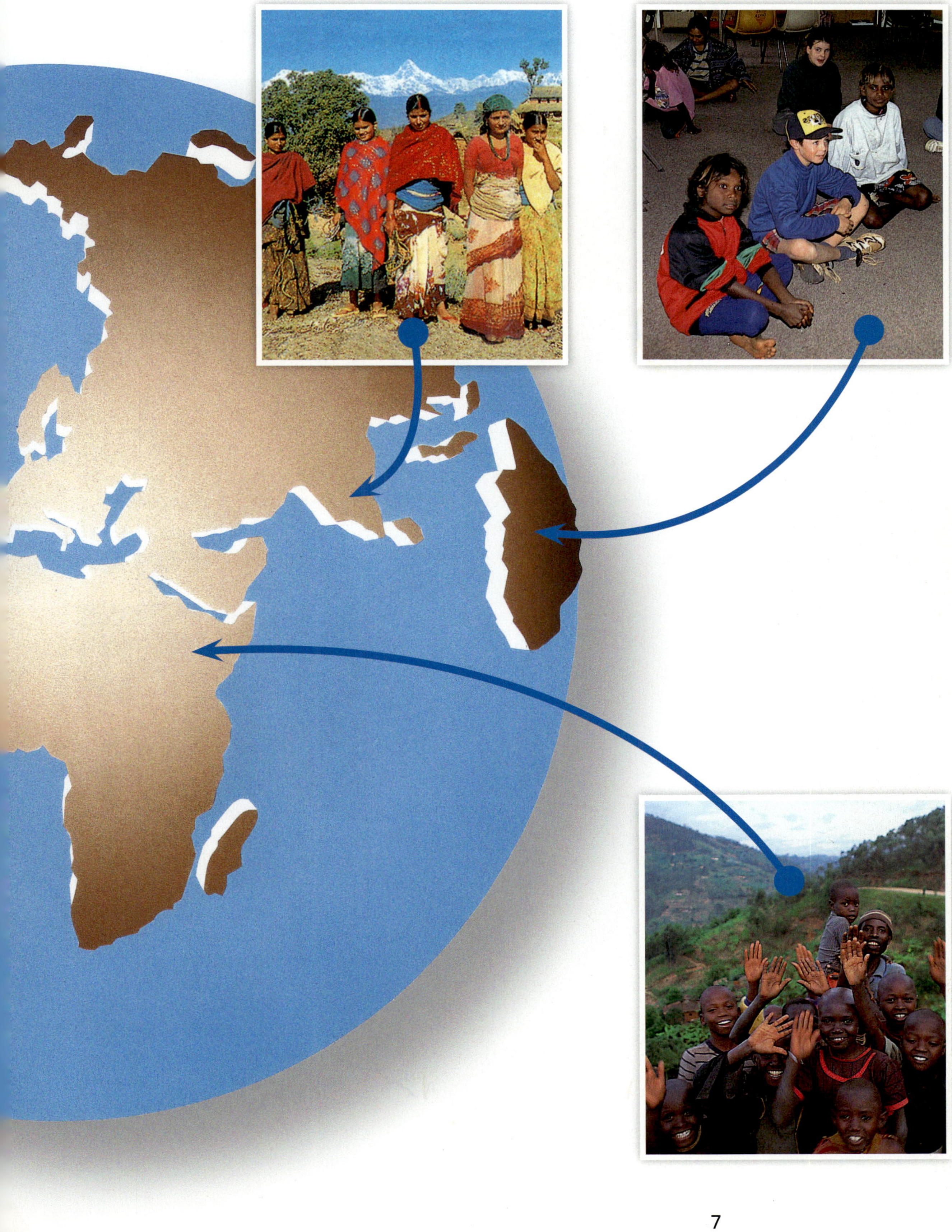

Wir sind alle Weltbürger

❶ **Tracy (14 Jahre)**

Meine Heimatstadt ist Seattle, im äußersten Nordwesten der USA. Mein Traum ist es, ein Musicalstar zu werden. Ich gehöre einer Theatergruppe unserer Schule an. Seit meinem vierten Lebensjahr besuche ich eine Ballettschule. Castings für Film- und Fernsehproduktionen sind mir nicht unbekannt. Noch war ich nicht erfolgreich, aber mit 14 Jahren bin ich ja noch jung.

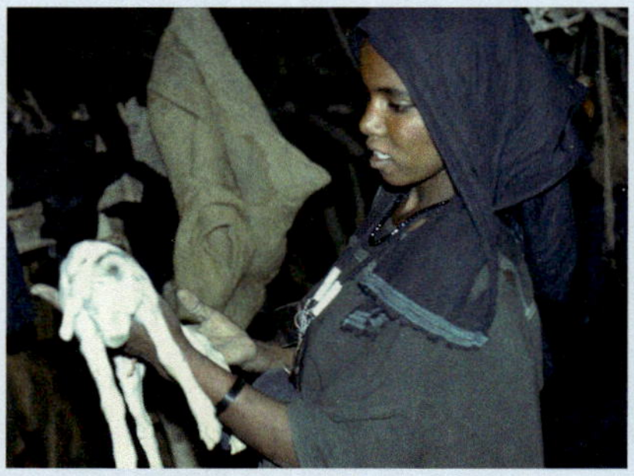

❷ **Aischa (13 Jahre)**

Ich bin eine Targia und wohne mit meiner Familie am Rande des Tassili. Als Mädchen muss ich häufig die Ziegen in der Nähe des Zeltes hüten. Eine Targia trägt keinen Schleier, auch nicht als erwachsene Frau. Bei uns wählt die Frau den Mann. Dem Mann gehört das Vieh und der Frau das Zelt. Ich bin stolz, eine Targia zu sein.

❸ **Pancho (13 Jahre)**

In meinem Heimatland Kolumbien herrscht seit vielen Jahren Bürgerkrieg. Ursprünglich lebte meine Familie in einem kleinen Dorf am Rande der Anden. Nachdem Rebellen das Dorf zum zweiten Mal zerstört hatten, zogen wir in die Hauptstadt Bogotá. Hier kann ich auch Geld verdienen. An einer Straßenkreuzung verkaufe ich den Autofahrern Blumen. Doch ich verdiene nicht immer etwas, denn viele Kinder wollen auf diese Weise ihre Familie unterstützen.

4 Dong (13 Jahre)

Ich lebe mit meinen Eltern und meiner Großmutter in Shanghai, der größten Stadt Chinas. Wie die meisten chinesischen Kinder habe ich keine Geschwister. Wenn ich die strenge Aufnahmeprüfung bestehe, möchte ich später einmal zur Universität gehen und im Ausland studieren, um danach bessere Chancen im Beruf zu haben.

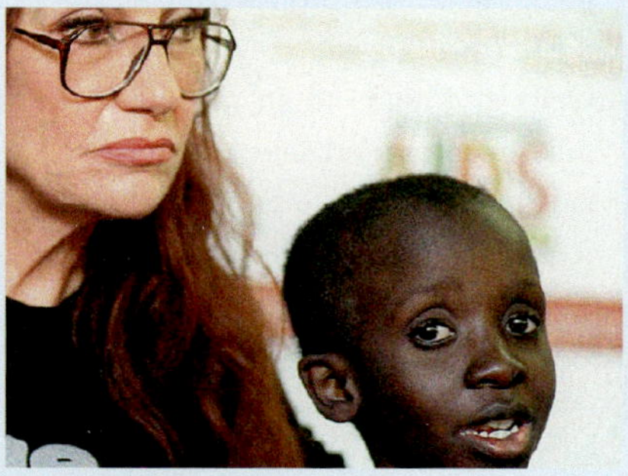

5 Nkosi (12 Jahre)

Ich glaube fest daran, dass es Wissenschaftlern gelingt, ein Mittel gegen die Immunschwäche Aids zu entwickeln. Meine Eltern sind bereits an Aids gestorben. Ich lebe seit drei Jahren in einem Heim für aidskranke Kinder am Stadtrand von Durban in Südafrika. Jede Erkältung ist für mich lebensbedrohlich. Mein Schicksal teile ich mit mehr als 1 Million Kindern in Südafrika und 30 Millionen Kindern in Afrika insgesamt.

(2001 starb Nkosi im Alter von 12 Jahren.)

6 Faitala (14 Jahre)

Ich lebe auf einer kleinen Insel des Gilbert-Atolls im Pazifik. Mehr als 3000 Kilometer sind es von hier bis nach Australien. Auf unserer Insel wachsen zahlreiche tropische Früchte und Beeren, von denen wir uns ernähren. Die zweite wichtige Nahrungsquelle ist das Meer. Als 14-jähriger Junge darf ich schon fast jeden Tag mit den Männern zum Fischen aufs Meer hinausfahren.

1 *Suche die fünf Heimatstaaten im Atlas und bestimme deren Lage im Gradnetz der Erde.*

2 *Wodurch unterscheidet sich das Leben der fünf Kinder hinsichtlich*
a) ihrer Tätigkeit,
b) ihres Freizeitverhaltens,
c) ihrer Ausbildung?

3 *Schreibe auf, was dir an ihrem Leben gefällt und was nicht.*

❶ *Anzeige der Fluggesellschaft KLM*

Die Welt schrumpft

Manche sprechen schon vom „global village", wenn sie verdeutlichen wollen, wie nah wir den Menschen in anderen Ländern sind. Durch den technischen Fortschritt ist es vielen Menschen auf der Erde möglich, schnell Kontakt miteinander aufzunehmen. Das ist in der Wirtschaft von großer Bedeutung, denn viele Firmen arbeiten weltweit.

Kommunikation heute
Auch im Privatbereich werden die modernen Errungenschaften genutzt. So schätzen zum Beispiel die Internet-Benutzer die Möglichkeit, elektronische Briefe (e-mails) in Sekundenschnelle in alle Welt zu versenden. Computer sind unentbehrlich geworden. Sie gehören zur heutigen **Telekommunikation.** Satelliten nehmen Meldungen auf und leiten sie sofort weiter. Aber auch die Kabel haben noch nicht ausgedient. Die alten Kupferkabel werden durch moderne Glasfaserkabel ersetzt. Sie verlaufen selbst durch den Atlantischen Ozean. Vornehmlich auf dem Landweg soll eine Glasfaserleitung von Mitteleuropa nach Tokyo verlaufen.

Telekommunikation bietet Möglichkeiten für:
- internationale Spediteure, die mit ihren Lkws Kontakt halten;
- Kreditkartenunternehmen, die bei Bargeldabhebungen im Ausland prüfen, ob die Karte gültig ist;
- weltweit tätige Firmen, die über ihre Produktion informiert sein müssen;
- jeden, der über ein Computernetz mit Menschen in aller Welt in Verbindung steht.

❷ **„Super-Autobahn für Informationen"**
Amerikas Konzern MCICommunications will mit mehreren Partnern mehr als 20 Mrd. $ in den Aufbau einer „Super-Autobahn für Informationen" investieren. Diese soll es beispielsweise ermöglichen, vom Fernseher aus Computerspiele mit Partnern überall im Lande aufzunehmen. Oder etwa: Über das neue Netz könnten jederzeit Hollywood-Filme zu Hause abgespielt werden; und über den Personal Communication Service könnte man mit einem Funktelefon von jeder Ecke der Welt anrufen, eine Telekonferenz mit mehreren Partnern auf der Welt durchführen oder Informationsdienste abrufen.

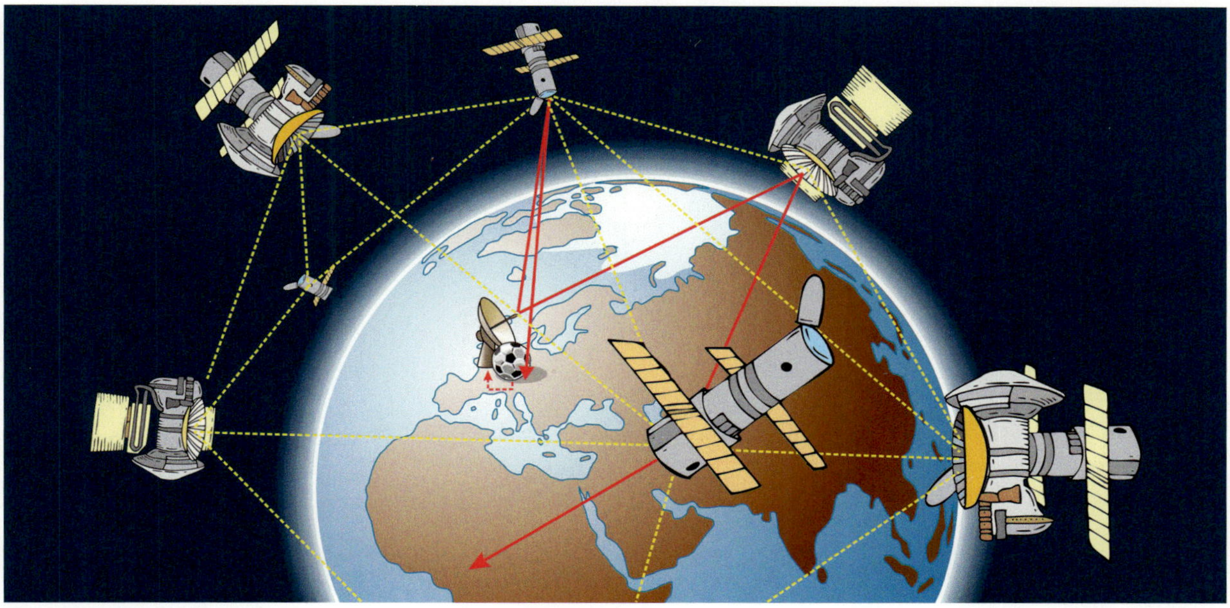

3 *Satellitenkommunikation*

Das „Schrumpfen" der Entfernungen begann mit einer revolutionären Veränderung im Verkehrswesen. Durch die Entwicklung moderner Flugzeuge haben sich Flugzeiten im Trans-Atlantik-Verkehr teilweise um die Hälfte verkürzt. Aber auch auf dem Lande kommt man heute schneller ans Ziel. Dazu tragen vor allem die Hochgeschwindigkeitszüge wie der französische TGV, der deutsche ICE oder der japanische Shinkansen bei.

1 *Eine Voraussetzung für persönliche internationale Kontakte sind schnelle Verkehrsmittel. Erkläre dies anhand der Grafik 4.*
2 *Nenne Beispiele, die zeigen, dass jeder von uns von den weltweiten Verbindungen profitieren kann.*
3 *Erläutere anhand von Abbildung 3, wie ein Länderspiel zwischen Deutschland und Nigeria von Frankfurt aus für Fernsehzuschauer in beiden Staaten übertragen wird.*
4 *Nenne Vorteile einer „Datenautobahn".*
5 *Welche Möglichkeiten der Telekommunikation hast du bereits genutzt? Liste diese auf.*
6 *„Die Welt ist geschrumpft". Wie ist das gemeint?*

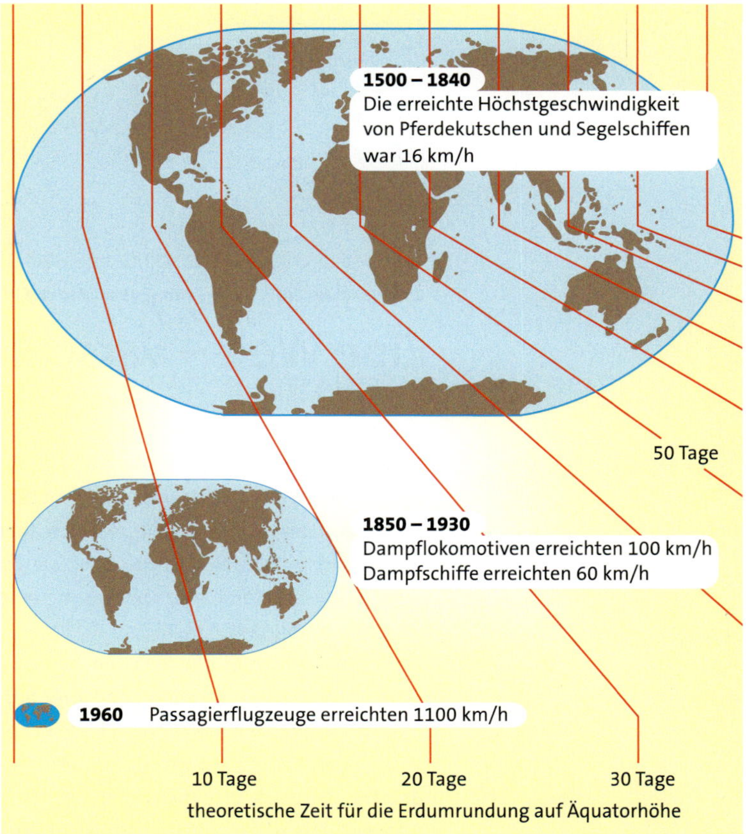

4 *Die Welt „schrumpft"*

THE FIJI TIMES
Since 1869
Church strict on yaqona
Fiji Sixes game's over
Air Pacific looks at buying out local airline
THE END OF AN ERA
SHERYL TAKES TO ART
IN SPORTS PIVAC ASSISTS U18

❶ ***The Fiji Times,***
The first newspaper published in the world today

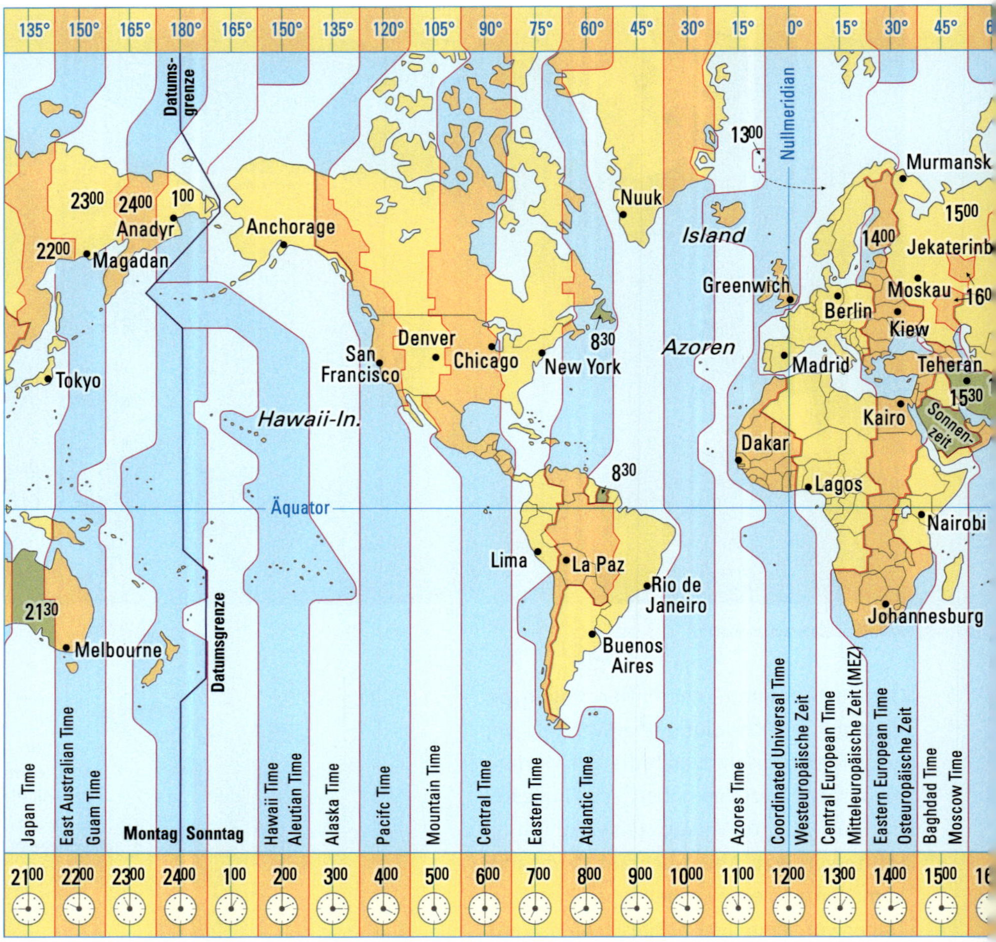

❷ ***Zeitzonen der Erde – alle Zeitangaben sind auf Westeuropäische Zeit (Greenwich – Normalzeit 12.00 Uhr) bezogen***

Eine Welt – verschiedene Zeiten

Susanne ist aufgeregt. Ihr Bruder verbringt als Austauschschüler ein Jahr in der kalifornischen Hauptstadt Sacramento. Er müsste dort schon angekommen sein, hat sich aber noch nicht gemeldet. Also probiert sie es, denn schließlich hat ihre Familie ja seine neue Telefonnummer.

Sie hört das Läuten des anderen Telefons. Es dauert lange, bis jemand den Hörer aufnimmt. Die Stimme am anderen Ende klingt verschlafen. Susanne fragt nach ihrem Bruder. Die Antwort: „He´s sleeping. It´s four o´clock in the morning!“ Da fällt es Susanne wieder ein: Es gibt ja unterschiedliche Zeitzonen auf der Erde! Ihr Bruder hatte doch mal Spiele einer Fußballweltmeisterschaft im Fernsehen gesehen, die am Abend stattfanden, doch war es Mittag, als sie in Deutschland live gesendet wurden. Wie ist das zu erklären?

Früher, zur Zeit der Postkutschen, hat man die Uhr nach dem Stand der Sonne gestellt. Wenn die Sonne am höchsten stand, war es 12.00 Uhr mittags. Kirchturm oder Rathausuhr zeigten die jeweilig gültige **Ortszeit** an. Weil die Sonne über München ihren Höchststand früher als über Köln erreichte, unterschied sich die Ortszeit zwischen diesen Städten um 20 Minuten. Dass das ein Problem war, verspürte man, als ein Eisenbahnfahrplan für Deutschland und seine Nachbarstaaten erstellt werden sollte.

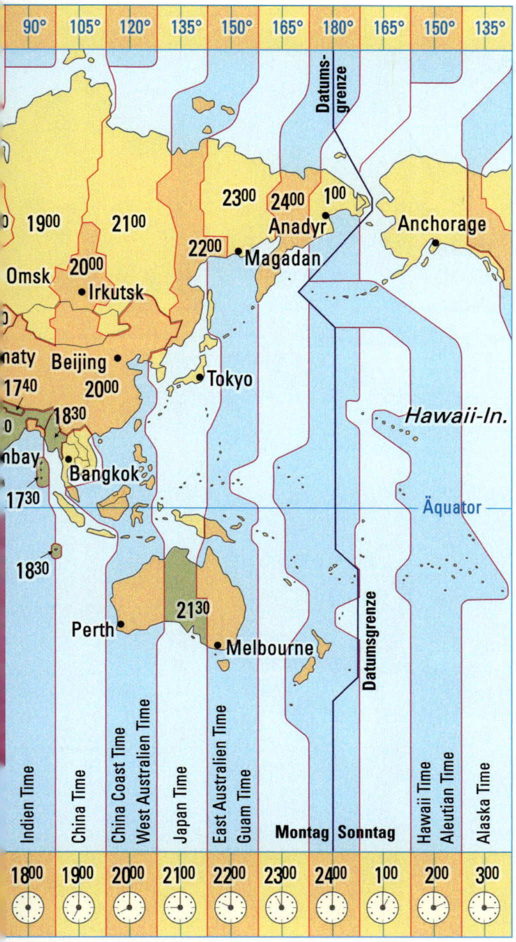

1 *Um wie viel Uhr hat Susanne versucht, ihren Bruder anzurufen?*

2 *Susanne kommt um 14 Uhr aus der Schule. Was können zur gleichen Zeit Jugendliche in Kairo, Kalkutta, Moskau, Rio de Janeiro und Sydney unternehmen?*

3 *Wo könnte ein Fußballweltmeisterschaftsspiel stattgefunden haben, das 12 Uhr mittags in Deutschland zu sehen war, obwohl das Spiel abends ausgetragen wurde?*

4 *Der Flug Moskau – Berlin dauert zwei Stunden. Beim Start ist es 14.00 Uhr, ebenso bei der Landung. Ist die Uhr stehen geblieben?*

5 *Die Theater-AG des Gymnasiums am Ostring in Bochum hat in der finnischen Partnerschule gastiert. Man startete in Düsseldorf beim Hinflug um 9.50 Uhr und landete in Helsinki um 13.15 Uhr. Der Rückflug begann in Helsinki um 17.05 Uhr, die Landung in Düsseldorf erfolgte um 18.30 Uhr. Die Flugzeiten waren gleich. Wie lange dauerte der Flug?*

6 *Julian in Tokyo verschickt einen Brief per Luftpost nach Anchorage. Dieser trägt das Datum des 4. August. 24 Stunden später, es ist der 4. August, kommt der Brief in Anchorage an. Wie ist das möglich? Nutze den Begriff Datumsgrenze.*

7 *Nenne drei Länder mit unterschiedlichen Zeitzonen.*

8 *Vergleiche die Anzahl von Zeitzonen in Europa und Russland.*

9 *Begründe die Notwendigkeit der Gliederung in Zeitzonen.*

10 *Um wie viel Grad dreht sich die Erde je Stunde?*

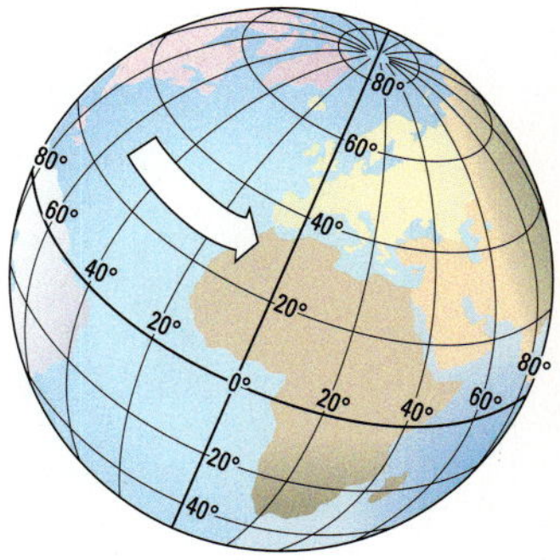

❸ ***Das Gradnetz der Erde***

→ *Gradnetz, Seite 300*

Datumsgrenze:
Eine gedachte Grenze, die in etwa dem 180. Meridian entspricht. Überschreitet man sie von West nach Ost, wird ein Tag zweimal gezählt. Umgekehrt entfällt ein Tag ganz.

Surftipp
www.weltzeituhr.com

Eine internationale Konferenz kam zusammen. 1883 einigte man sich auf festgelegte **Zeitzonen**, die sich nach den Meridianen richten sollten. 24 noch heute gültige Zeitzonen wurden festgelegt. Die Uhrzeit ist von einer zur nächsten um eine Stunde verschieden. Innerhalb einer 15° breiten Zeitzone gilt überall dieselbe **Zonenzeit.** Weil aber manche Länder zerschnitten worden wären, wich man in einigen Fällen von dieser Zuordnung ab. Verschiedene Zeitzonen weisen nur flächenmäßig große Staaten auf. Für den weltweiten Flugverkehr sowie den Nachrichtenaustausch ist eine weltweit gültige Zeit notwendig. Hierzu dient die international gültige **Weltzeit** (UTC).

Klimazonen der Erde

Während am Äquator immer hohe Temperaturen herrschen, sind die Pole mit Eis bedeckt. Warum das so ist, erfährst du im folgenden Kapitel.

2

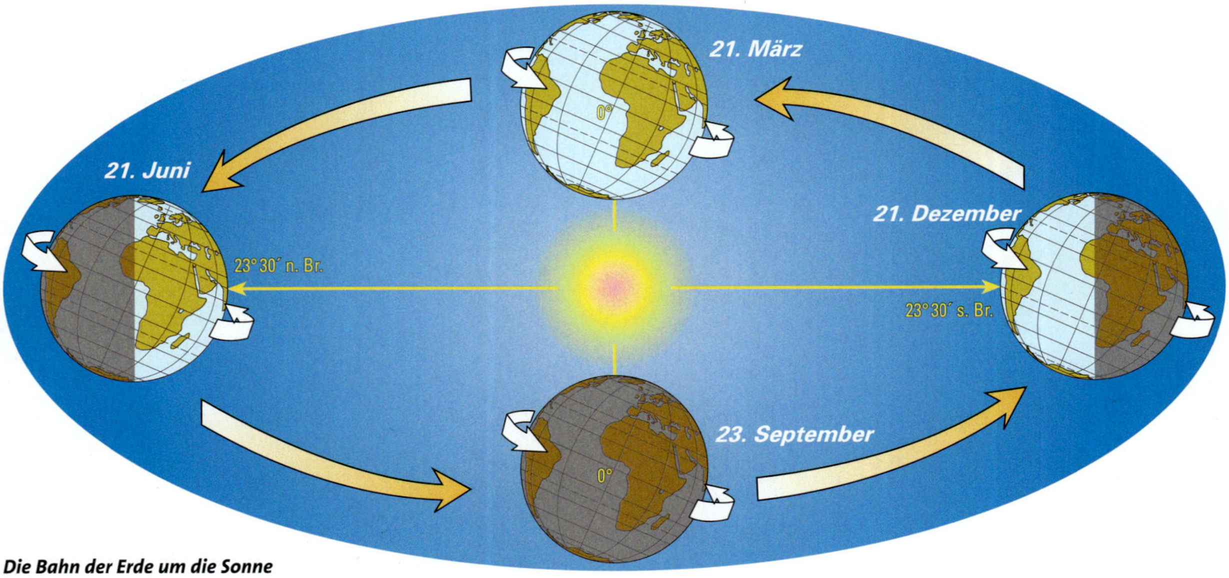

❶ ***Die Bahn der Erde um die Sonne***

Licht und Wärme – ungleich verteilt

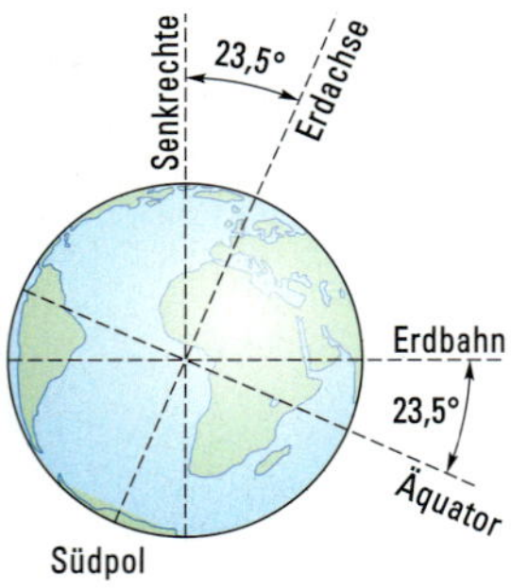

❷ ***Die Neigung der Erdachse***

Warum sind die Tage und Nächte bei uns unterschiedlich lang? Im Laufe eines Jahres, genau in 365 Tagen und 6 Stunden, bewegt sich die Erde einmal um die Sonne. Diese Bewegung heißt **Revolution**. Die Erdachse, um die sich unsere Erde alle 24 Stunden einmal dreht, ist bei diesem Umlauf um die Sonne in einem Winkel von 23,5 Grad geneigt. Diese Schrägstellung der Erdachse bewirkt verschiedene Beleuchtungsverhältnisse. Nur die der Sonne zugewandte Hälfte der Erde wird beleuchtet (Tag), die andere liegt im Schatten (Nacht). Am 21. Juni ist der Nordpol der Erde zur Sonne geneigt, der Südpol dagegen abgewandt. Die Schattengrenze verläuft an diesem Tag hinter dem Nordpol. Wir merken das an den langen Tagen und hohen Tagesbögen der Sonne im Sommer. Der höchste Stand ist erreicht, wenn die Sonne genau senkrecht über dem Horizont, das heißt im **Zenit** steht. Diese Erscheinung können wir bei uns jedoch nicht beobachten.

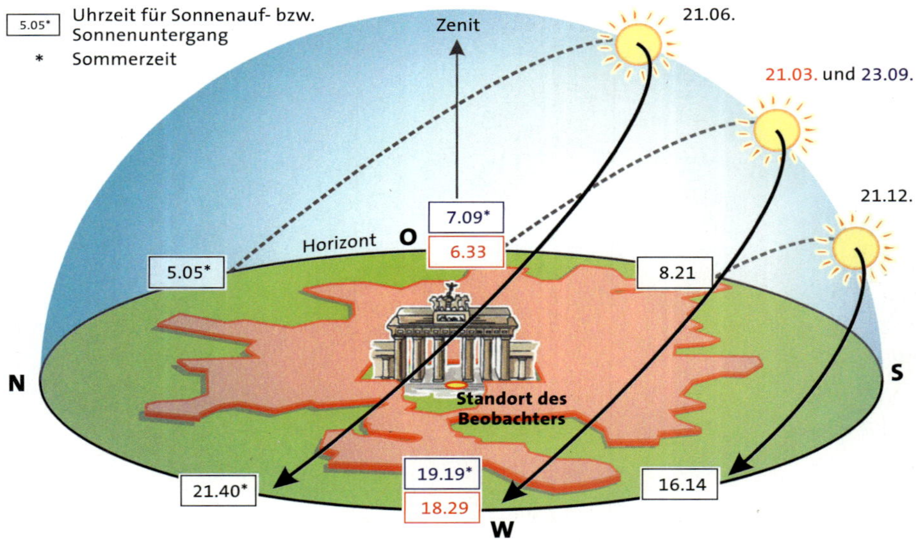

❸ ***Der Tagesbogen der Sonne im Jahresverlauf***

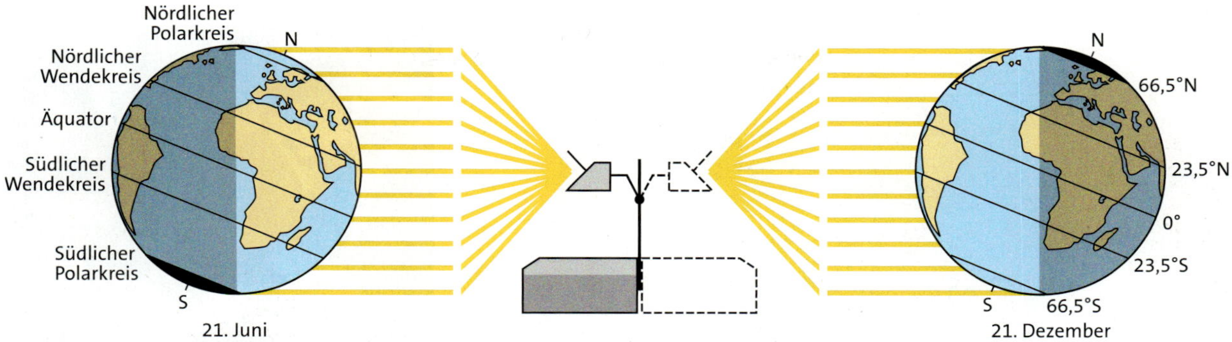

④ *Die „Entstehung der Beleuchtungszonen" mit dem Globus veranschaulichen*

Beleuchtungszonen und Tageslängen

Weil sich der Neigungswinkel der Erdachse während der Drehung der Erde um die Sonne nicht verändert, lassen sich drei mathematische **Beleuchtungszonen** ableiten.

Die **Polarzonen** zwischen den beiden Polen und Polarkreisen sind Bereiche der Erde, in denen Polartag und Polarnacht auftreten. An den Polarkreisen dauert der Polartag 24 Stunden, an den Polen ein halbes Jahr. Der Sonnenstand ist niedrig und lässt sich nur im Sommer auf der jeweiligen Halbkugel beobachten.

In den **Gemäßigten Zonen**, zwischen den Polar- und Wendekreisen, wechseln im Verlauf eines Jahres die Sonnenstände. Dadurch entstehen **Jahreszeiten** mit unterschiedlich langen Tagen und Nächten. Je weiter ein Ort von den Wendekreisen entfernt ist, desto größer werden die Unterschiede der Tageslängen zwischen Sommer und Winter.

Die **Tropenzone** liegt zwischen den Wendekreisen. Inneralb dieser Zone steht die Sonne im Jahr zweimal, über den Wendekreisen dagegen einmal im Zenit. Weil der Sonnenstand in der Tropenzone ganzjährig hoch ist, gibt es keine temperaturbedingten Jahreszeiten wie bei uns. Die Tage und Nächte sind dort das ganze Jahr fast gleich lang. Nur wenn bei uns Frühling und Herbst beginnen, am 21. März und 23. September, sind überall auf der Erde zwölf Stunden Tag und zwölf Stunden Nacht. Diese Erscheinung wird als Tagundnachtgleiche bezeichnet.

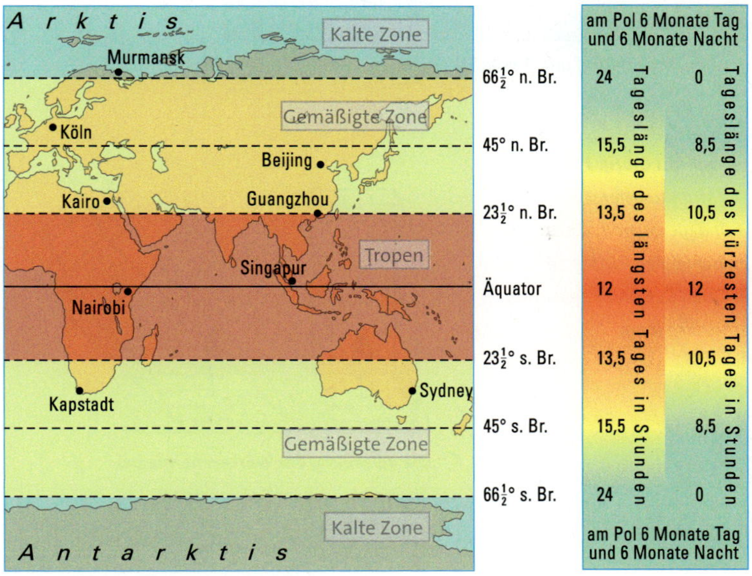

⑤ *Die Beleuchtungszonen der Erde*

⑥ **Zenitalstand und Einstrahlungswinkel der Sonne zur Mittagshöhe**

→ *Polartag, Polarnacht, Seite 138/139*

Datum	N. Wendekreis	Äquator
21. März	66,5°	90°
21. Juni	90°	66,5°
23. September	66,5°	90°
21. Dezember	43°	66,5°

Am 21. Juni „erreicht" der Zenitstand der Sonne seinen nördlichsten Punkt bei 23,5 Grad Nord. Dann „wendet" sich der Sonnenhöchststand wieder nach Süden. Der Breitenkreis 23,5 Grad Nord wird deshalb der Nördliche Wendekreis genannt.

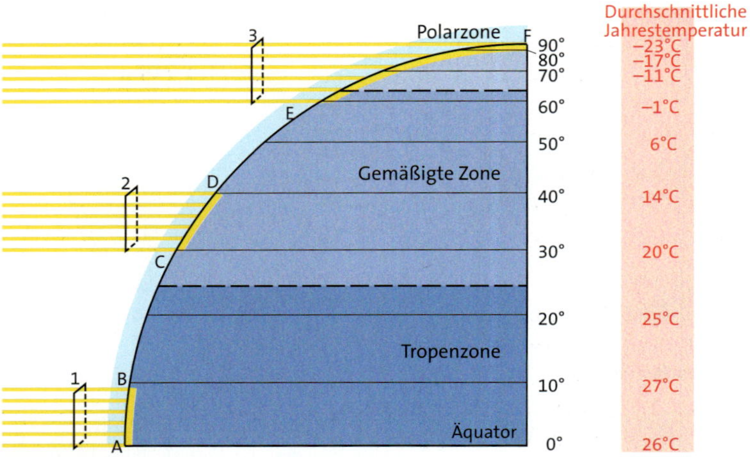

7 ***Sonneneinstrahlung und Beleuchtungszonen***

10 ***Versuch zu der Einstrahlung der Sonne am Globus***

Hinweis zu Grafik 7

Die Strahlungsfenster 1, 2 und 3 sind gleich groß; die Strecken zwischen den Punkten A und B, C und D, E und F sind unterschiedlich lang.

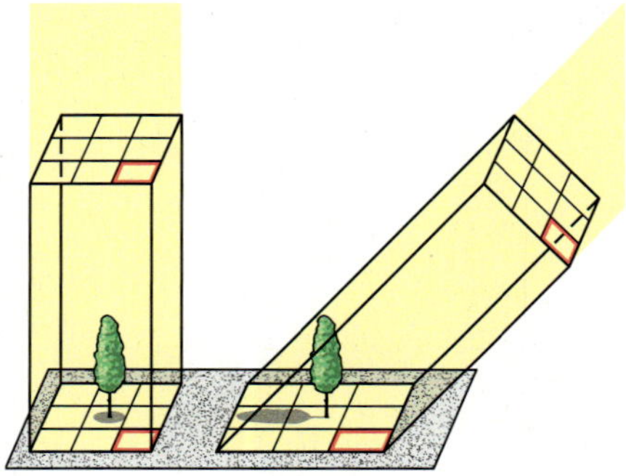

8 ***Die Verteilung der Wärmeenergie bei unterschiedlichem Sonnenstand***

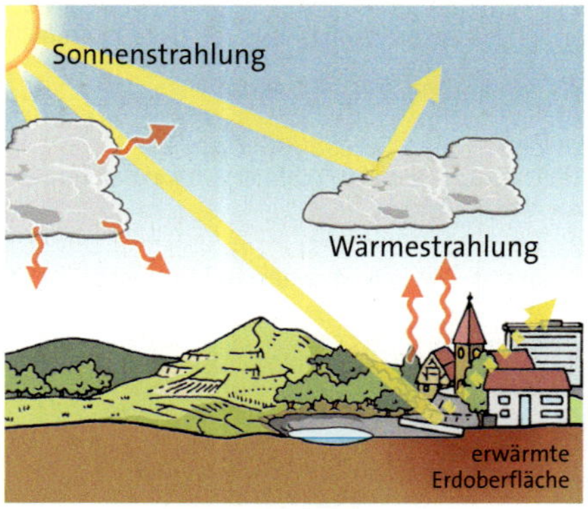

9 ***Die Erwärmung der Erdoberfläche***

Die Erwärmung der Erdoberfläche

Ohne Sonne kein Leben – ihr verdanken wir Licht und Wärme. Beim Auftreffen der Sonnenstrahlung auf die Erdoberfläche wird diese in Wärme umgewandelt.

Durch die Kugelgestalt der Erde treffen die Sonnenstrahlen am Äquator fast senkrecht auf die Erdoberfläche. Zu den Polen hin wird dieser Einstrahlungswinkel immer kleiner. Dabei gilt: je kleiner der Einstrahlungswinkel, desto geringer ist die zugestrahlte Energiemenge je Flächeninhalt.

Durch die Schrägstellung der Erdachse verändern sich während des Umlaufs um die Sonne die Einfallswinkel der Sonnenstrahlen. Die Erde wird dadurch im Jahresverlauf unterschiedlich erwärmt – es entstehen Jahreszeiten. Am 21. Juni ist der Einstrahlungswinkel auf der Nordhalbkugel am größten, der Sommer beginnt. Alle Orte der Erdoberfläche, die auf einem Breitenkreis liegen, erhalten so die gleiche „Menge" an Sonnenstrahlung, werden aber trotzdem unterschiedlich erwärmt, da die Temperatur nicht nur vom Einstrahlungswinkel der Sonne abhängt. Ein Blick auf den Globus zeigt, wie sich die Oberflächengestalt entlang eines Breitenkreises verändert. Meeresflächen, Kontinente, Gebirge und Tiefländer wechseln einander ab. Diese Unterschiede wirken sich auch auf die Temperaturen und Niederschläge aus. So entstehen unterschiedlich erwärmte Luftmassen, die durch Winde verlagert werden.

Temperaturzonen und Klimazonen

Durch die unterschiedliche Erwärmung der Erdoberfläche finden wir Gebiete auf der Erde mit ähnlichen Jahresdurchschnittstemperaturen. Sie verlaufen fast parallel zu den Breitenkreisen. Vier große **Temperaturzonen** lassen sich abgrenzen:

- Die Kalte Zone mit einer Jahresdurchschnittstemperatur um oder unter 0 °C und kalten Wintern.
- Die Gemäßigte Zone mit einer Jahresdurchschnittstemperatur um 8 °C und gemäßigten Wintern und Sommern.
- Die **Subtropen** mit einer Jahresdurchschnittstemperatur um etwa 18 °C und milden Wintern und heißen Sommern.
- Die Tropen mit einer Jahresdurchschnittstemperatur um etwa 25 °C. Dort ist es immer heiß und es herrscht niemals Frost.

Doch die Verteilung von Land und Meer, die Auswirkungen von Meeresströmungen und die Höhenlage führen zu Abweichungen. Neben der Temperatur ist der Niederschlag der wichtigste Faktor zur Abgrenzung von Zonen. Die großen Temperaturzonen der Erde werden deshalb weiter in **Klimazonen** untergliedert.

→ *Karte der Klimazonen, Seite 138/139*

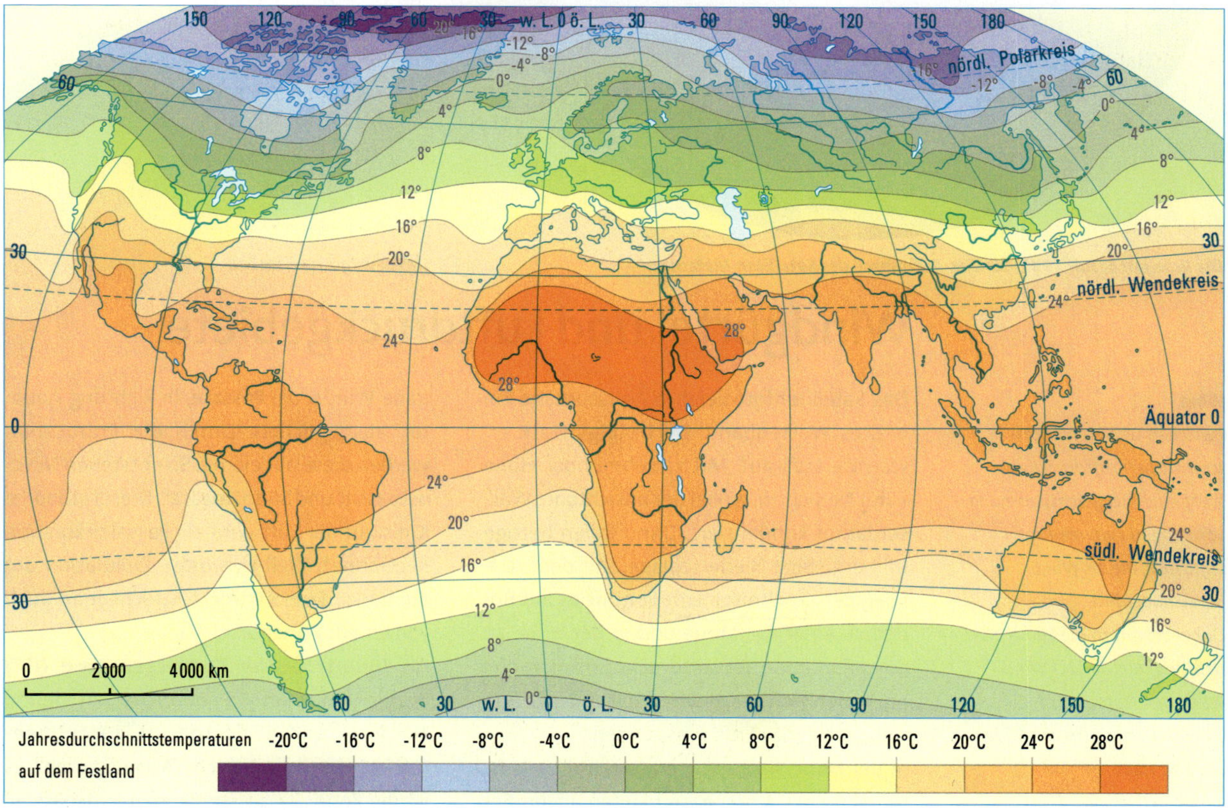

⑪ ***Die Verteilung der Temperaturen auf der Erde***

1 *Beschreibe die Beleuchtung der Erde in Abbildung 1 am 21. März, 21. Juni, 23. September und 21. Dezember.*

2 *Erkläre die Entstehung der Jahreszeiten für die Nord- und Südhalbkugel der Erde.*

3 *Erkläre die scheinbare Verlagerung der Zenitalstände im Jahresverlauf.*

4 *Erläutere, was Schüler in Foto 10 darstellen.*

5 *Beschreibe mithilfe der Grafiken 7 und 8 sowie Karte 11 den Zusammenhang zwischen Einstrahlungswinkel und Temperaturen in den einzelnen Beleuchtungszonen.*

① *Die Erde am 6. Juli 1991, 12 Uhr. Aufnahme des Satelliten Meteosat*

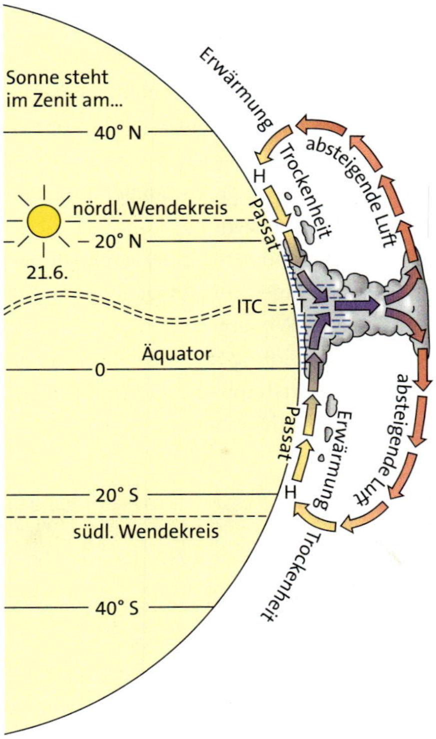

② *Luftbewegungen im Juli*

Windgürtel und Luftdruckgebiete

Wind
Zwischen Gebieten unterschiedlichen Luftdrucks entsteht eine Ausgleichsströmung vom hohen zum niedrigen Luftdruck, die als Wind bezeichnet wird.
Dabei bestimmt die Himmelsrichtung, aus der der Wind weht, den Namen.
Südwind weht also von Süden nach Norden.

Das Satellitenfoto zeigt in Äquatornähe ein breites Wolkenband. Dort steigt stark erwärmte Luft auf. Mit zunehmender Höhe kühlt sie sich ab, wobei der unsichtbare Wasserdampf kondensiert. Dann fallen heftige und ergiebige Niederschläge. Mit dem Aufstieg der erwärmten Luft kommt es am Boden zu einer Abnahme und in der Höhe zu einer Zunahme des Luftdrucks. So entstehen am Boden **Tiefdruckgebiete**, die als Tiefdruckrinne die ganze Erde umspannen.

In der Höhe strömen die abgekühlten Luftmassen nach Norden und Süden ab. Im Bereich der Wendekreise sinkt Luft zu Boden. Absinkende Luft bedeutet: Erwärmung, Auflösung der Wolken und damit Ausbleiben der Niederschläge. Am Boden entstehen dadurch Gebiete mit hohem Luftdruck, die als subtropischer **Hochdruckgebiete** bezeichnet werden. Der Luftdruckunterschied zur äquatorialen Tiefdruckrinne wird durch bodennahe Winde, die **Passate**, in Richtung Äquator ausgeglichen. Durch die Erdrotation werden diese abgelenkt. So entstehen Nordostpassat und Südostpassat. Dieser ständige Kreislauf der Luft wird als Passatzirkulation bezeichnet. Weil sich diese Zirkulation um die ganze Erde erstreckt, spricht man auch von einem Windgürtel.

Als **Innertropische Konvergenzzone (ITC)** bezeichnet man die Bereiche, an denen Nordost- und Südostpassat zusammentreffen – man sagt auch „konvergieren". Es ist die Zone der aufsteigenden Luftmassen, die sich mit dem Zenitstand der Sonne ständig verlagert. Damit „wandern" auch die Niederschläge, die man als **Zenitalregen** bezeichnet.

Haben die Passate einen weiten Weg über das Festland zurückgelegt, dann sind sie trocken und heiß. Passate, die lange über Meeresflächen wehen, bringen dagegen viel Feuchtigkeit mit sich.

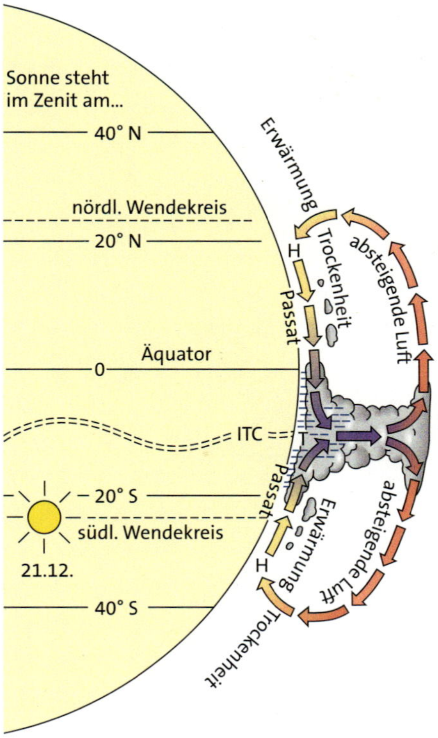

3 Luftbewegungen im Dezember

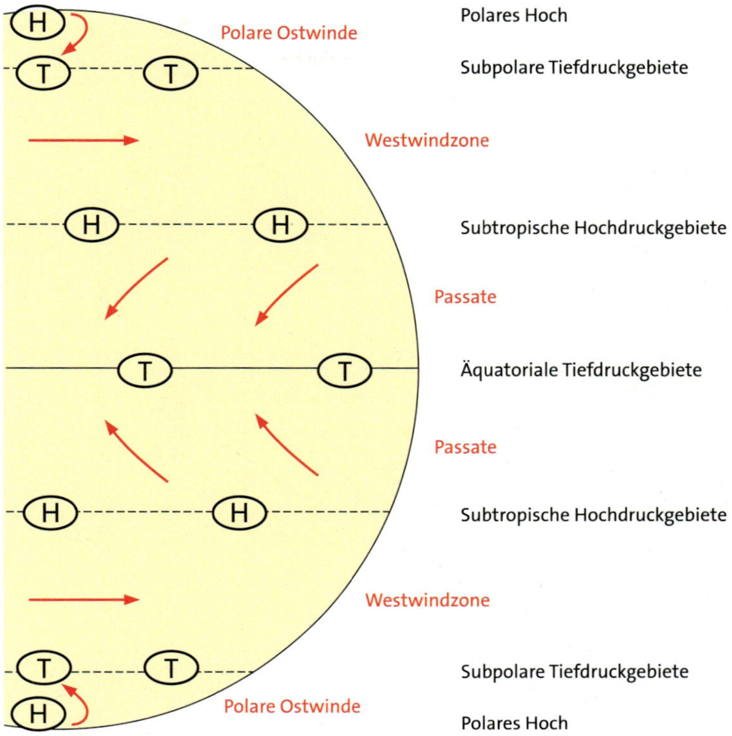

5 Die Luftdruckgebiete und Windgürtel der Erde

4 ***Experiment:***
Entstehung eines Tiefdruckgebietes

Material: *12 Teelichter oder Kerzen mit feuerfester Unterlage; Streichhölzer*

Durchführung: *Stelle die Kerzen im windstillen Klassenzimmer kreisförmig auf und beobachte dann die Flammen.*

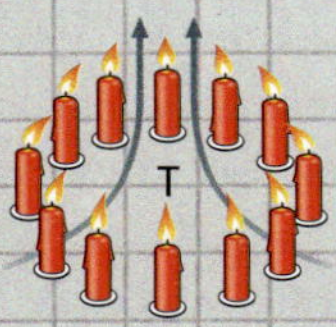

Auswertung: *Zeigen alle Flammen nach innen, dann deuten sie ein thermisches Tief an.*

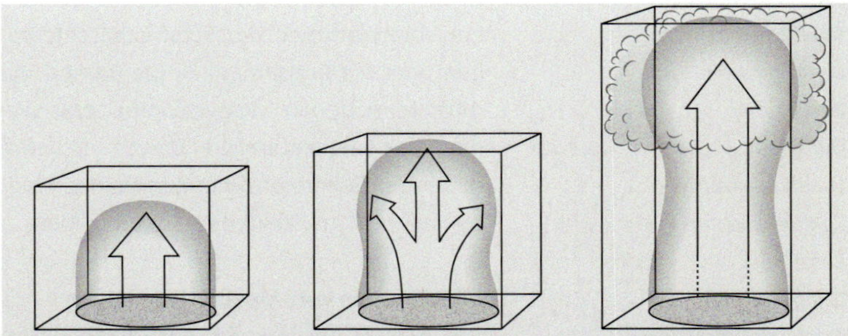

Die Erdoberfläche nimmt die Sonnenstrahlen auf und wandelt sie in Wärmestrahlen um. Der warme Erdboden erwärmt die bodennahe Luft. Es bildet sich eine Warmluftblase.

Da diese Blase wärmer ist als die sie umgebende Luft, steigt sie auf. Während sie aufsteigt, dehnt sie sich aus, da der Luftdruck in der Höhe geringer ist. Dadurch kühlt sie ab.

Wird die Luft bis zum Taupunkt abgekühlt, kondensiert der Wasserdampf und schlägt sich an mikroskopisch kleinen Staubteilchen als winzige Wassertröpfchen nieder. Eine Wolke ist entstanden.

6 Die Entstehung von Wolken

1 *Beschreibe und begründe die Verteilung der Bewölkung in Afrika im Satellitenfoto. Vergleiche dazu auch die Grafik 2.*

2 *Erkläre die Entstehung und Richtung der Passatwinde.*

Alle Experimente
Vorsicht mit brennenden Kerzen!!!
Führe diesen Versuch nur im Beisein eines Erwachsenen durch.

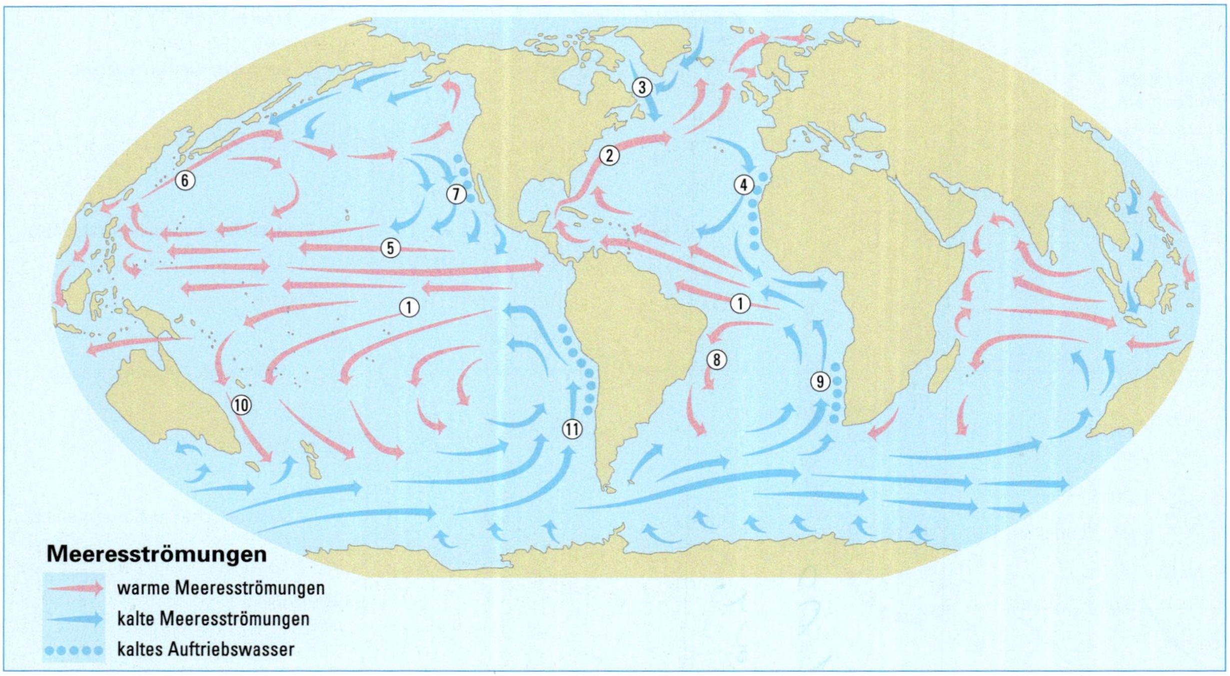

1 Meeresströmungen

Meeresströmungen

Bezeichnungen von Meeresströmungen
Agulhasstrom
Benguelastrom
Brasilstrom
Golfstrom
Humboldtstrom
Kalifornienstrom
Kuro-Shio
Labradorstrom
Nordäquatorialstrom
Oya-Shio
Südäquatorialstrom

Von alters her kennen Seefahrer die Wirkung von einzelnen Meeresströmungen, die ein Vorankommen der Schiffe beschleunigen oder verlangsamen. Heute wissen wir mithilfe moderner Messverfahren, dass sich das Meerwasser ständig in Bewegung befindet und die Meeresströmungen weltweit miteinander ein großräumiges System bilden.

Die Ursachen von Meeresströmungen

Das Wasser der Ozeane wird durch unterschiedliche Kräfte wie Wind, Gezeiten und Druckunterschiede in Bewegung gesetzt. Dabei kann nur die Meeresoberfläche erfasst sein oder es bilden sich im Innern der Meere Strömungen, die durch eine ungleiche Temperatur- und Salzgehaltverteilung hervorgerufen werden.

Generell entstehen Meeresströmungen, wenn Wasser von einem höheren Druck zu einem niedrigeren Druck fließt. Unter einer hohen Wassersäule herrscht ein höherer Druck als unter einer niedrigeren. Solche Unterschiede werden durch Wind, der zum Beispiel Wasser an die Küste drückt, oder durch Verdunstung hervorgerufen.

Eine andere Antriebskraft für Meeresströmungen ist die unterschiedliche Dichte des Wassers. Kaltes oder salzreiches Wasser hat eine größere Dichte als wärmeres oder salzärmeres Wasser. Temperatur- und Salzgehaltunterschiede sind überwiegend für die Strömungen im Inneren der Meere verantwortlich. Die resultierende Bewegung wird auch thermohaline Zirkulation genannt.

Für die Entstehung von oberflächennahen Strömungen ist hauptsächlich der Wind verantwortlich. So verursachen Passatwinde gleichmäßige Meeresströmungen an den Westseiten der Kontinente.

Kräfte, die durch die Erddrehung hervorgerufen werden, sowie Reibung und Meeresbodenrelief beeinflussen Richtung und Geschwindigkeit von Meeresströmungen.

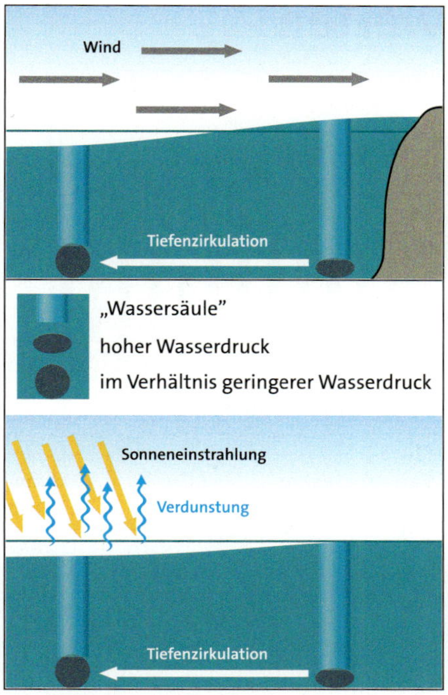

❷ ***Ursachen von Meeresströmungen***

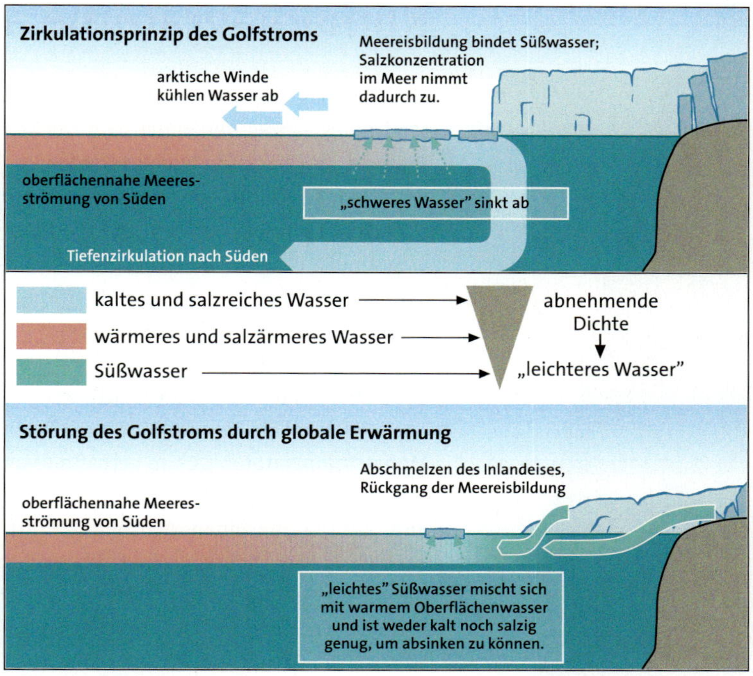

❸ ***Golfstrom in Gefahr***

Ein globales Strömungssystem

Ein globales System von Meeresströmungen durchzieht die Ozeane in Form eines gigantischen Förderbandes. Über große Distanzen werden Wassermassen von der Oberfläche in die Tiefe und wieder zurück bewegt. Etwa 1000 Jahre benötigt ein Wasserpaket rund um den Globus. Eine globale thermohaline Zirkulation verbindet die verschiedenen Ozeanbecken. Sie wird durch das Absinken dichter Wassermassen in den Polar- und Subpolargebieten während der Bildung von Meereis hervorgerufen. Denn während seiner Bildung reichert sich das Salz in dem umgebenden Wasser an und erhöht dessen Dichte. Das absinkende kalte Wasser breitet sich in den Ozeanbecken als Tiefen- oder Bodenwasser aus. Dabei steht der Antarktische Zirkumpolarstrom mit dem Atlantischen, dem Pazifischen und dem Indischen Ozean in Verbindung.

Auswirkungen von Meeresströmungen

Durch die Fähigkeit der Ozeane Wärme zu speichern, zu transportieren und in Wärmeaustausch mit der Atmosphäre zu treten, haben Meeresströmungen einen erheblichen Einfluss auf das Klima. Sie übernehmen etwa die Hälfte des Wärmetransportes zwischen dem Äquator und den Polarregionen, mildern oder verstärken dadurch Klimaextreme.

So hat der warme Golfstrom (Nordatlantikstrom) als Teil des marinen Förderbandes erheblichen Einfluss auf das Klima von Nordwesteuropa, indem die mittlere Temperatur deutlich höher als in vergleichbaren Breiten auf dem nordamerikanischen Kontinent und in Ländern um den pazifischen Ozean ist. Der von Passaten und Westwinden initiierte warme Meeresstrom könnte allerdings durch die globale Erwärmung zum Erliegen kommen.

1 *Erläutere das Zustandekommen von Strömungen im Meer.*

2 *a) Beschreibe das Modell der globalen Meeresströmung (Karte 1).*

b) Benenne warme und kalte Meeresströmungen (Karte 1, Atlas).

3 *Zeige Zusammenhänge auf, welche die Wechselwirkungen zwischen Meer und Klima verdeutlichen.*

Kaum zu glauben

Der Golfstrom transportiert 50 Mio. Kubikmeter Wasser in der Sekunde, 30mal mehr als alle Flüsse der Erde zusammen.

Klimadiagramme auswerten

Du kannst bereits Klimadiagramme zeichnen und bezüglich Niederschlag und Temperatur auswerten. Jetzt erfährst du, wie man mithilfe der Klimadiagramme auch die Wachstumsbedingungen für Pflanzen ablesen und von unterschiedlichen Orten miteinander vergleichen kann.

Ein Klimadiagramm zeigt für einen Ort während eines Jahres den durchschnittlichen Temperaturverlauf sowie die durchschnittliche Menge der Niederschläge und ihre Monatsverteilung. Dies kann wie in Klimadiagramm 1 dargestellt werden. Meist werden jedoch die Temperatur und der Niederschlag in einer Kurve wie in Klimadiagramm 2 wiedergegeben.

Dabei werden die Kurven der mittleren Monatsniederschläge (mm) und der mittleren Monatstemperaturen (°C) im Verhältnis von 2:1 aufgetragen. Zum Beispiel haben 10 °C und 20 mm denselben Achsenabschnitt. Bei diesem Verhältnis kann man die Wachstumsbedingungen für die Pflanzen direkt ablesen: Verläuft die Niederschlagskurve über der Temperaturkurve, dann fällt mehr Niederschlag als verdunsten kann, das Klima wird als **humid** (feucht) bezeichnet. In dieser Zeit steht den Pflanzen genügend Wasser zur Verfügung. Verläuft die Temperaturkurve oberhalb der Niederschlagskurve, dann ist das Klima **arid** (trocken).

Neben der Feuchtigkeit benötigen Pflanzen eine mittlere Tagestemperatur, um wachsen zu können. Die **Vegetationszeit** wird klimatisch definiert als die Anzahl der Tage mit Mitteltemperaturen über 5 °C. Wird diese Temperatur nicht erreicht, stellt die Pflanze ihr Wachstum ein.

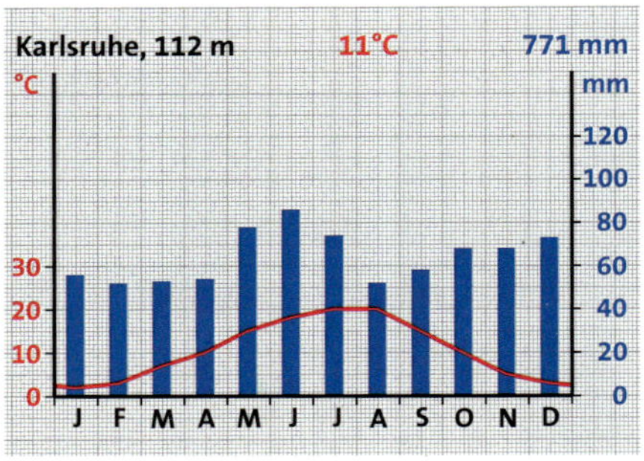

❶ ***Klimadiagramm Karlsruhe***

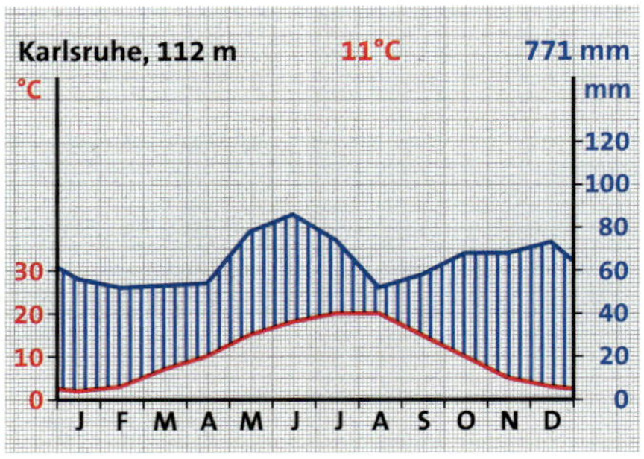

❷ ***Klimadiagramm Karlsruhe***

Klimadiagramme auswerten

1. Schritt: *Lies den Namen, die Höhe und die Lage im Gradnetz der Station ab. Suche im Atlas mithilfe dieser Angaben den Ort und orientiere dich über die Lage.*

2. Schritt: *Lies die mittlere Jahrestemperatur ab und ermittle dann den kältesten (Minimum) und wärmsten Monat (Maximum).*

3. Schritt: *Berechne die Jahresschwankung, das heißt die Differenz zwischen dem wärmsten und dem kältesten Monat.*

4. Schritt: *Lies den Jahresniederschlag ab und ermittle die Monate mit dem Niederschlagsminimum bzw. Niederschlagsmaximum und zähle die ariden und humiden Monate. Beachte dabei, dass der Niederschlagswert in der Mitte eines Monats abgelesen wird.*

5. Schritt: *Beschreibe den Jahresverlauf der Temperaturkurve im Verhältnis zum Verlauf der Niederschlagskurve.*

6. Schritt: *Beschreibe die Auswirkungen des Klimas an diesem Ort für die natürliche Vegetation und für den Anbau von Nutzpflanzen.*

7. Schritt: *Ordne die Station in die Klimazonen der Erde ein.*

1 *Zeichne ein Klimadiagramm von einer Klimastation aus deinem Heimatgebiet oder aus Baden-Württemberg. Benutze dieses Klimadiagramm zum Vergleich, wenn du das Klima anderer Regionen kennen lernst.*

2 *Erkläre, wie die Monatsmittel- und Jahresmitteltemperaturen ermittelt werden.*

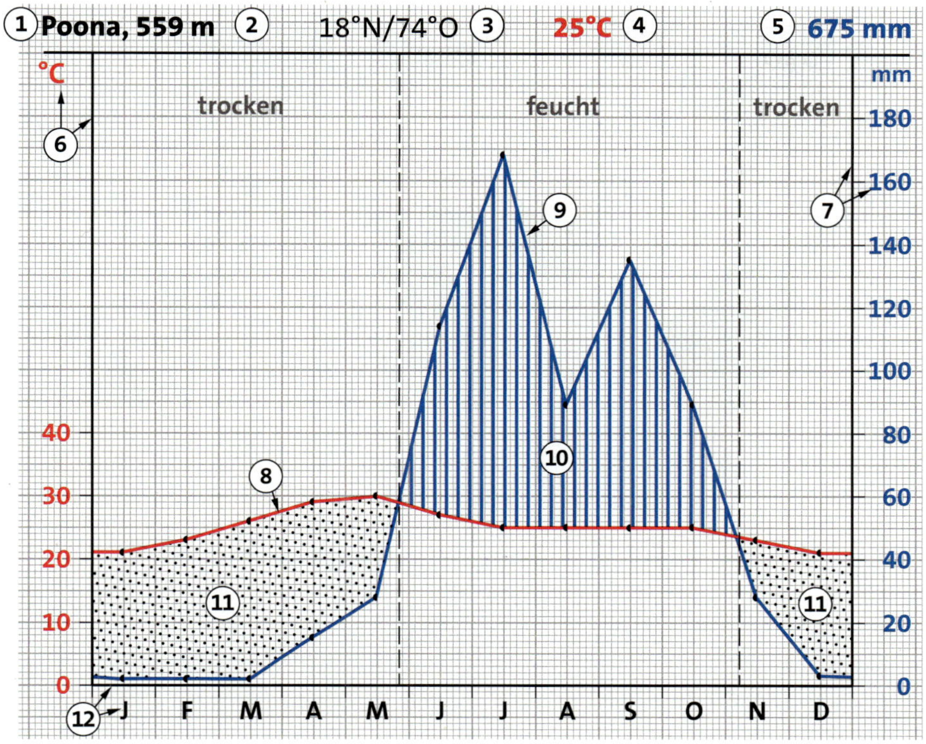

3 ***Klimadiagramm Poona***

1 Name der Klimastation
2 Höhe der Station über NN
3 Lage im Gradnetz der Erde
4 Jahresdurchschnittstemperatur
5 durchschnittlicher Jahresniederschlag
6 Temperaturskala in °C
7 Niederschlagsskala in mm
8 Temperaturkurve
9 Niederschlagskurve
10 Feuchtmonate
11 Trockenmonate
12 Monate

Stufen des Jahresniederschlages

Sehr gering	*< 200 mm*
Gering	*200–400 mm*
Mittel	*400–800 mm*
Hoch	*800–1 500 mm*
Sehr hoch	*über 1 500 mm*

Name und Höhe der Station: Poona 559 m NN
Lage im Gradnetz: 18° N/74° O
Mittlere Jahrestemperatur: 25 °C
Wärmster Monat: Mai: 29,5 °C
Kältester Monat: Dezember: 20,5 °C
Jahresschwankung: 9 °C
Jahresniederschlag: 675 mm
Niederschlagsmaximum: Juli: 168 mm
Niederschlagsminimum: Januar bis März: 2 mm
Jahresverlauf von Temperatur und Niederschlag:
Die Temperaturen sind ganzjährig sehr warm bis heiß (April bis Juni) mit geringen Temperaturschwankungen. Die Niederschläge sind über das Jahr ungleichmäßig verteilt. Das Maximum liegt im Juli (168 mm) und im September (137 mm). Die Niederschlagskurve liegt von November bis Mai deutlich unter der Temperaturkurve. Das Klima ist in diesen Monaten arid, von Juni bis Oktober dagegen humid. Das Klima von Poona ist wechselfeucht.
Einordnung in die Klimazonen der Erde: Poona liegt in der Trockensavanne.

4 ***Auswertung des Klimadiagramms von Poona***

Wärmestufen der Monatsmitteltemperaturen

Sehr heiß	*über 30 °C*
Heiß	*25–30 °C*
Sehr warm	*20–25 °C*
Warm	*15–20 °C*
Mäßig warm	*10–15 °C*
Mild	*5–10 °C*
Kühl	*0–5 °C*
Mäßig kalt	*–5 bis 0 °C*
Kalt	*–10 bis –5 °C*
Sehr kalt	*–15 bis –10 °C*
Extrem kalt	*unter –15 °C*

Humidus *(lat.): feucht, nass*
Aridus *(lat.): trocken, dürr*

3 *Woran erkennt man, ob eine Klimastation auf der Nord- oder Südhalbkugel liegt?*

4 *a) Zeichne ein Klimadiagramm von Lima und werte es wie in Text 4 angegeben aus.*
b) Vergleiche Diagramm 3 mit dem aus dieser Aufgabe und mit dem aus Aufgabe 1.

5 *Prüfe nach, ob in Baden-Württemberg Erdnüsse wachsen können*

→ *Anbaubedingungen für Erdnüsse, Seite 68.2*

Klimazonen der Erde

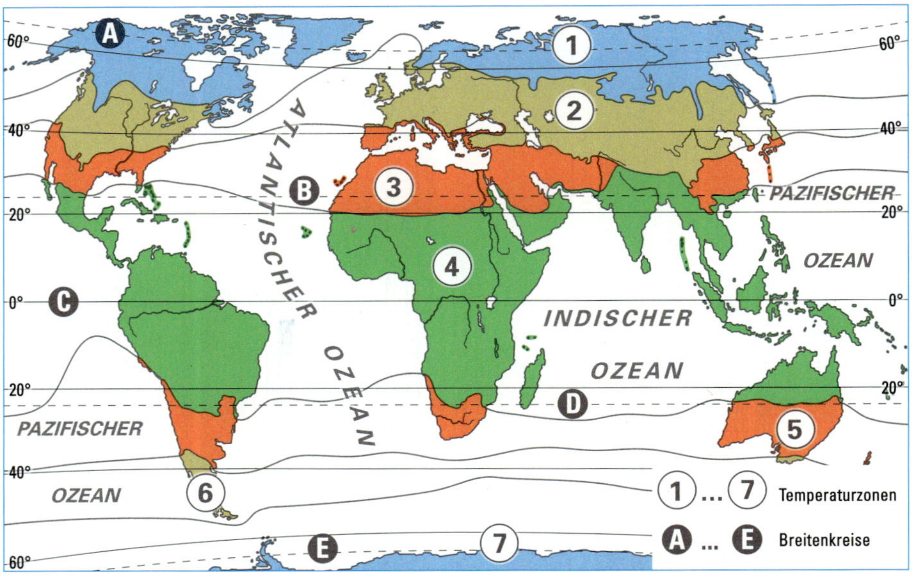

1

Wichtige Begriffe
Aridität – arid
Beleuchtungszone
Gemäßigte Zone
Hochdruckgebiet – Hoch
Humidität – humid
Innertropische Konvergenzzone (ITC)
Jahreszeiten
Klimazone
Meeresströmung
Passat
Polarzone
Revolution
Subtropen
Temperaturzone
Tiefdruckgebiet – Tief
Tropenzone
Vegetationszeit
Westwindzone
Zenit
Zenitalregen

Orientieren

1 Kennst du dich aus?

a) Benenne in Karte 1 die Breitenkreise A – E und die Temperaturzonen 1 – 7.

b) In welchen Temperaturzonen liegen folgende Städte: Tokyo, Manila, Kapstadt, Manaus, Sydney und Reykjavik?

c) Welche Kontinente haben Anteile an allen Temperaturzonen?

Kennen und Verstehen

2 Nenne die Begriffe

a) Gebiet, das gegenüber der Umgebung einen höheren Luftdruck besitzt.

b) Zone zwischen den beiden Wendekreisen.

c) Winde, die beständig von Nordosten und Südosten zum Äquator wehen.

d) Mit dem Zenitstand der Sonne auftretende tropische Starkregen.

e) Temperaturzone mit einer Jahresdurchschnittstemperatur von 8 °C.

f) Zeitraum, in dem mehr Niederschlag fällt als verdunsten kann.

g) Hier treffen Nordost- und Südostpassat zusammen.

h) Kalter Meeresstrom vor der Westküste von Südamerika.

3 Wähle aus

Welche Aussage trifft auf die Prozesse in den polaren Meeresgebieten zu?

a) Wenn Meereis gebildet wird, verarmt das umgebende Wasser an Salz, verliert hierbei an Dichte und sinkt auf den Grund des Ozeans.

b) Wenn Meereis gebildet wird, wird das umgebende Wasser salzreicher, gewinnt hierbei an Dichte und steigt im Ozean nach oben.

c) Wenn das Eis schmilzt, wird das umgebende Wasser salzreicher, gewinnt hierbei an Dichte und sinkt auf den Grund des Ozeans.

d) Wenn Meereis gebildet wird, wird das umgebende Wasser salzreicher, gewinnt hierbei an Dichte und sinkt auf den Grund des Ozeans.

4 Zirkulationsexperte

Beschreibe und erläutere das dargestellte Zirkulationsschema.

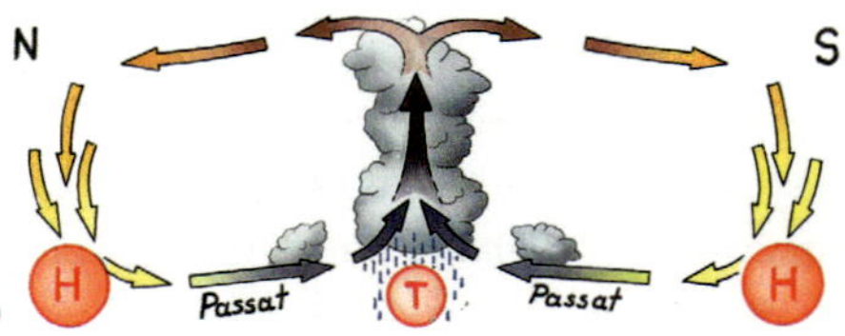

2

5 Begriffe finden

Finde die sieben versteckten Begriffe und erläutere die drei Begriffe in den Spalten. Eine kleine Hilfestellung: Die Anfangsbuchstaben lauten: W, T, Z, K, G, P, S.

J	K	R	U	L	M	A	U	R	H	I	M	Z	N	O
G	E	H	M	S	J	H	J	S	W	Q	E	E	O	Z
Z	P	C	L	S	K	A	L	T	E	Z	O	N	E	Y
H	W	J	A	E	A	A	H	W	Q	L	N	I	B	V
Y	E	X	O	V	N	N	R	R	W	A	Z	T	U	S
Z	N	I	F	O	S	K	L	E	B	D	W	C	X	A
I	D	F	B	B	T	H	L	E	W	S	M	N	N	V
G	E	M	A	E	S	S	I	G	T	E	Z	O	N	E
A	K	G	N	D	S	0	I	E	R	W	Q	E	O	P
L	R	Z	N	N	N	L	N	X	O	R	Z	I	I	Q
K	E	Z	Y	A	O	W	Q	N	P	L	A	N	E	T
M	I	N	C	V	E	G	J	K	E	S	F	J	K	G
Z	S	U	B	T	R	O	P	E	N	Z	F	H	J	K

3

Fachmethoden anwenden

6 Klimadiagramme auswerten

Werte das Klimadiagramm aus und ordne es einer Temperaturzone zu.

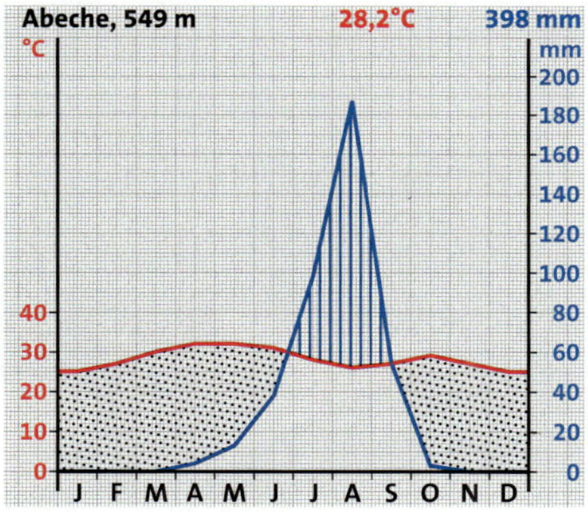

4

7 Klimadiagramme erstellen

Erstelle das Klimadiagramm von Palermo, berechne die fehlenden Werte und werte es aus. Palermo, 21 m; Temperatur in °C: J 9, F 10, M 12, A 15, M 20, J 25, J 27, A 27, S 23, O 18, N 15, D 11; Niederschlag in mm: J 44, F 48, M 42, A 29, M 18, J 10, J 3, A 4, S 12, O 50, N 51, D 66

Übertragen und beurteilen

8 *Anne fliegt Weihnachten nach Nairobi. Sven berichtet, er verbringe seine Sommerferien dort. Welche Kleidung packt Anne ein, welche Sven? Erläutere deine Aussagen.*

9 Grafik interpretieren

Die Grafik 5 zeigt den Zenitalstand der Sonne für jeden Monat eines Jahres.
Gib für die Zenitalstände 1, 4, 7 und 10 das genaue Datum an.

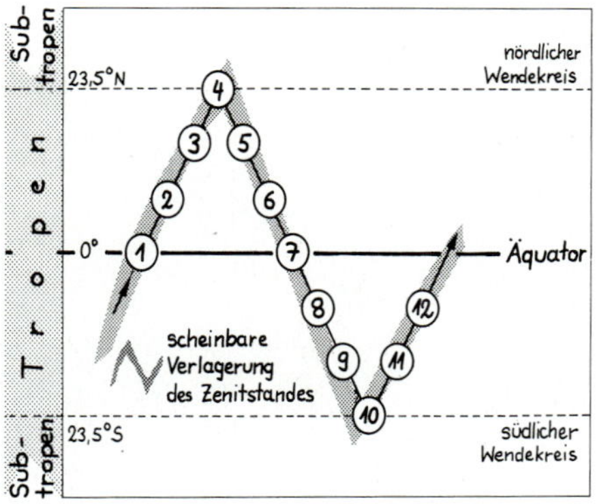

5

10 *a) Ordne die Temperaturkurven 1 bis 4 den Städten Berlin, Rom, Kiruna und Lagos richtig zu.*
b) Begründe die Zuordnung.

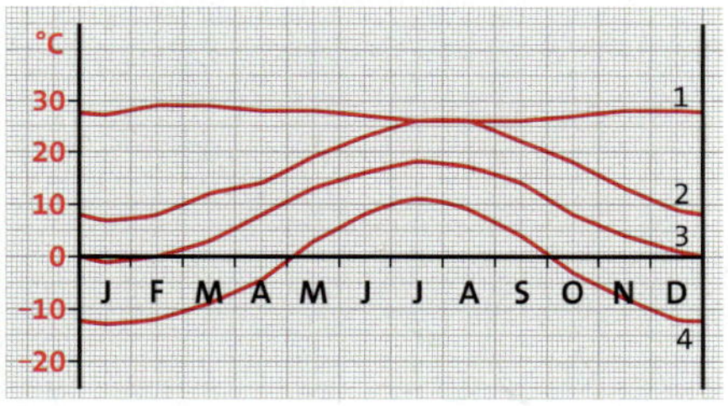

6

11 *Angenommen, die Erde hätte nicht so große Meeresgebiete, was wären die Konsequenzen?*
a) Die Bedingungen wären viel besser für menschliches Leben, weil die Wärme gleichmäßiger verteilt wäre.
b) Die Bedingungen wären für uns ungünstig, da es infolge der kleineren Wasserflächen der Ozeane viel heißer wäre.
c) Die Lebensbedingungen wären den heutigen gleich.

Knobeln und rätseln

12 Wer ist gemeint?

Zur Zeit der Segelschifffahrt waren diese Gebiete wegen der häufigen Windstille gefürchtet. Man nannte sie auch die Rossbreiten.

Teste dich selbst

mit den Aufgaben 2e, 3, 5

Im Tropischen Regen

Weshalb engagieren sich Menschen hier in Deutschland und anderswo für den Erhalt der Tropischen Regenwälder? Worin liegt der besondere Reichtum dieses einzigartigen Lebensraumes? Wie groß ist das Ausmaß seiner Gefährdung? Welche konkreten Maßnahmen werden zum Schutz der Tropischen Regenwälder vor Ort durchgeführt?

wald

nördl. Polarkreis
nördl. Wendekreis
Äquator
südl. Wendekreis
südl. Polarkreis

1 Im Regenwald

2 *Dreizehenfaultier*

3 *Totenkopfäffchen*

4 *Ara*

Faszination Tropischer Regenwald

Früh morgens kurz nach Sonnenaufgang erreichen wir mit dem Boot den Ausgangspunkt unserer Wanderung. Wie eine undurchdringliche Mauer erscheint uns der Tropische Regenwald am Flussufer. Der Himmel ist wolkenlos und bei ca. 20 °C ist es in den frühen Morgenstunden noch angenehm kühl. Doch die Sonne steigt rasch höher. Der Dunst lichtet sich und wir brechen mit unserem einheimischen Führer auf in den Wald. Je weiter wir uns vom Ufer entfernen, desto düsterer wird es. Dämmerlicht umfängt uns. Kein Wind regt sich. Die Luft ist stickig und schwül. Es riecht nach vermodertem Holz und faulenden Blättern. Überall tropft es. Da nur wenig Licht bis zum Waldboden dringt, ist der Unterwuchs sehr spärlich; wenige Sträucher und Kräuter, dafür aber unzählige Pilze, Moose und Farne. Mächtige Baumstämme und armdicke Lianen lenken unseren Blick in das Kronendach. Hier, wo Blüten, Früchte und Blätter in Fülle vorhanden sind, leben die meisten Tiere: Vögel, Affen, Schlangen, leuchtend bunte Pfeilgiftfrösche sowie unzählige Insektenarten.

Im Laufe unserer Wanderung beobachten wir erste weiße Wolken am Himmel. Nach und nach türmen sich diese immer höher auf, sodass am frühen Nachmittag der gesamte Himmel von einer schwarzen Wolkenmasse bedeckt ist. Es ist mittlerweile über 30 °C und die Schwüle ist nahezu unerträglich. Wir fühlen uns ziemlich erschöpft und lustlos. Zudem machen uns die zahlreichen Stechmücken zu schaffen. Gegen 14 Uhr bricht ein Unwetter herein. Kräftige Blitze erleuchten den dunklen Himmel, Donner zerreißt die Luft und es setzt sintflutartig ein heftiger Regen ein. Es ist, als ob die Wassermassen aus Fässern über uns geschüttet würden. Im Nu sind wir bis auf die Haut durchnässt. Doch genauso plötzlich wie das Unwetter begonnen hat, endet es auch. Erneut scheint die Sonne. Alles trieft vor Nässe. Wir set-

5 *Blauer Pfeilgiftfrosch*

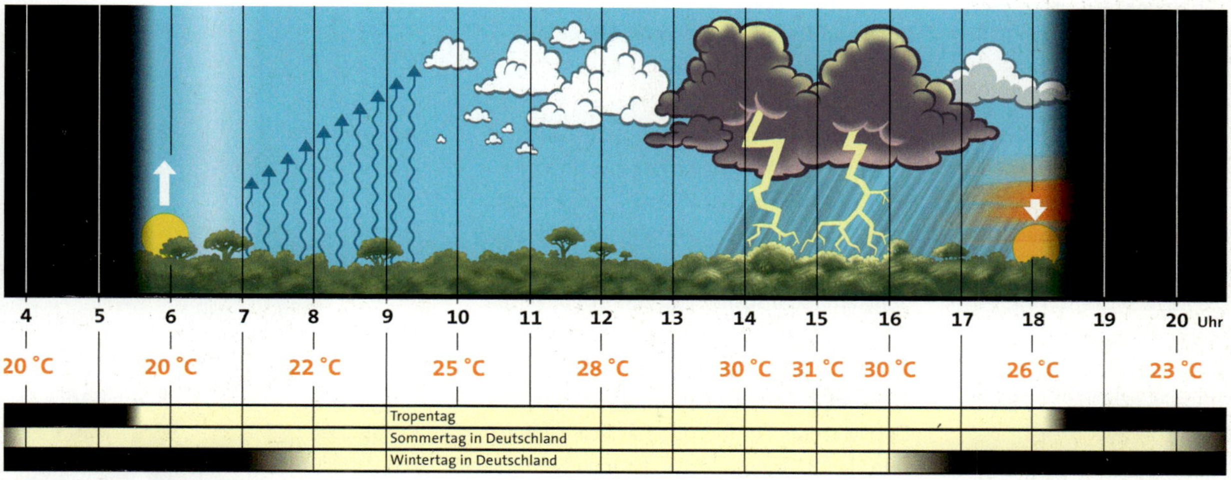

6 ***Tagesablauf im Tropischen Regenwald***

zen unseren Weg fort und erreichen kurz vor Sonnenuntergang gegen 18 Uhr den Ausgangspunkt unserer Wanderung. Froh, wieder in den Booten zu sitzen, geht es flussabwärts zurück zu unseren Quartieren. Fast ohne Übergang bricht die Dunkelheit herein. Von fern hören wir zahlreiche Tierlaute. Nun erwacht der Wald.

Das Klima der immerfeuchten Tropen

Wenn wir vom Tropischen Regenwald sprechen, meinen wir in der Regel die Tieflandsregenwälder der inneren Tropen.

Hier gleicht nahezu ein Tag dem anderen. Die Durchschnittstemperaturen liegen das ganze Jahr hindurch zwischen 25 und 27 °C. Unterschiede zwischen den einzelnen Monaten und Jahreszeiten wie bei uns gibt es nicht. Gleichwohl können die Tagestemperaturen um bis zu 10 °C schwanken. Aus diesem Grund wird das Klima als **Tageszeitenklima** bezeichnet.

Ein weiteres Merkmal der immerfeuchten Tropen sind die hohen Niederschläge von mindestens 1500 mm pro Jahr, auch wenn es längst nicht jeden Tag regnet. Entsprechend der Verlagerung der Innertropischen Konvergenzzone (ITC) verändert sich die Intensität der Regenfälle. Sowohl die gleichbleibend hohen Temperaturen als auch die ständige Feuchtigkeit sind die Voraussetzung für das üppige Pflanzenwachstum in dieser Zone.

Der Stockwerkbau

Der Tropische Regenwald gleicht einer Wohnung mit mehreren Stockwerken. Das Dachgeschoss bilden die Baum- oder Urwaldriesen, die bis zu 60 m hoch werden und vereinzelt wie Inseln aus dem Kronendach herausragen. Das eigentliche Dach des Regenwaldes bildet die **Kronenschicht** in 30 bis 40 m Höhe. Hier leben etwa zwei Drittel aller Tier- und Pflanzenarten. In den Ästen der Baumkronen wachsen Aufsitzerpflanzen wie Orchideen und Bromelien. Auch die Tierwelt ist an das Leben in der Höhe angepasst; so helfen Krallen, Greifschwänze und Saugnäpfe beim Klettern. Bei einigen Tieren, wie z. B. den Gleithörnchen und Flugechsen, dienen verschiedene Körperteile als Tragflächen für den Gleitflug.

Aufgrund des nahezu geschlossenen Blätterdaches der Kronenschicht dringt nur wenig Licht in die darunter liegenden Bereiche des Tropischen Regenwaldes. In der untersten Etage, der **Strauch- und Krautschicht,** kommen je nach Dichte des Kronendachs stellenweise weniger als 10 % des Lichtes an. Hier gedeihen Farne und Pilze. Junge Bäume wachsen nur sehr langsam. Wenn jedoch durch einen Sturm ein Baum aus der Kronenschicht umgeworfen wird, nutzen die jungen Bäume die Chance, zum Licht emporzuschießen und die entstandene Lücke schnell wieder zu schließen.

Was sind die Tropen?

Als Tropen wird das Gebiet zwischen dem nördlichen und südlichen Wendekreis bezeichnet. Die inneren oder immerfeuchten Tropen, die etwa 12,5 Mio. km² bzw. 8,4 % des Festlandes umfassen, erstrecken sich beiderseits des Äquators bis etwa 10° nördlicher und südlicher Breite.

→ *Zum Jahresablauf von Temperatur und Niederschlag vergleiche das Diagramm 4 auf der Seite 132.*

→ *ITC, Seite 20*

→ *Stockwerkbau, Seite 32/33*

Ökosystem
Ein natürliches Gefüge, das zwischen Lebewesen aller Art und der unbelebten Umwelt wie Wasser, Luft und Mineralien besteht. Innerhalb des Systems herrscht im Rahmen der natürlichen Bedingungen eine Art Gleichgewicht zwischen Aufbau (Produktion) und Abbau (Konsum, Zerstörung).

Kurzgeschlossen – der Nährstoffkreislauf

Anders als beim mitteleuropäischen Wald, wo große Teile der zirkulierenden Mineralstoffe im Boden enthalten sind, sind die Nährstoffe im Tropischen Regenwald nahezu ausschließlich in den Pflanzen gespeichert. Abgestorbene, zu Boden fallende Pflanzenteile und Tiere werden im feuchten und heißen Klima sehr schnell von Kleinstlebewesen und Pilzen zersetzt. Die freigesetzten Nährstoffe dringen lediglich in die oberste, ca. 15 bis 30 cm dünne Schicht des Bodens ein. Dort werden sie über die flachen Feinwurzeln der Bäume sofort wieder aufgenommen und in den Kreislauf zurückgegeben. Da die tiefgründigen nährstoffarmen Böden der Tropen hier nur eine untergeordnete Rolle spielen, sprechen wir von einem kurzgeschlossenen Nährstoffkreislauf.

Vielfalt so weit das Auge reicht

Die Fülle an Pflanzen und Tieren ist beeindruckend. Mehr als ein Drittel aller bekannten Pflanzenarten gehört zur Flora der Tropischen Regenwälder. Während in einem Wald in Deutschland durchschnittlich fünf verschiedene Baumarten auf einem Hektar wachsen, sind es im Regenwald weit mehr als 100 Arten. Allein auf Borneo soll es 2 500 Baumarten geben. Bezüglich der Fauna registrierte ein Forscher auf nur zehn Bäumen in Borneo mehr als 3 000 Insektenarten mit insgesamt 24 000 Individuen. Ständig werden neue Tier- und Pflanzenarten entdeckt. Der Tropische Regenwald ist ein Laboratorium der Evolution. In seiner Gesamtheit stellt er ein faszinierendes und hochkomplexes **Ökosystem** dar. Nimmt man nur eine einzige Baum- oder Tierart aus dem Regenwald, so könnte dies den Zusammenbruch einer ganzen Lebensgemeinschaft bewirken.

1 *Ermittle mithilfe des Atlas die Staaten, die Anteil am Tropischen Regenwald haben. Ordne diese in einer Tabelle nach Kontinenten.*

2 *Erläutere anhand des Klimadiagramms von Kisangani (Seite 132) die wesentlichen Klimamerkmale der immerfeuchten Tropen.*

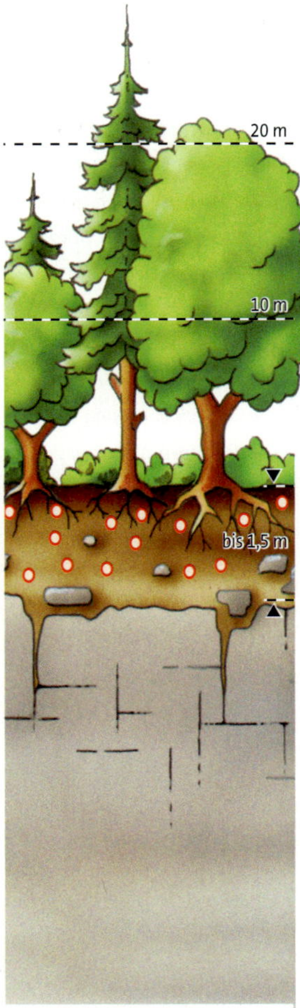

7 Sommergrüner Laubmischwald

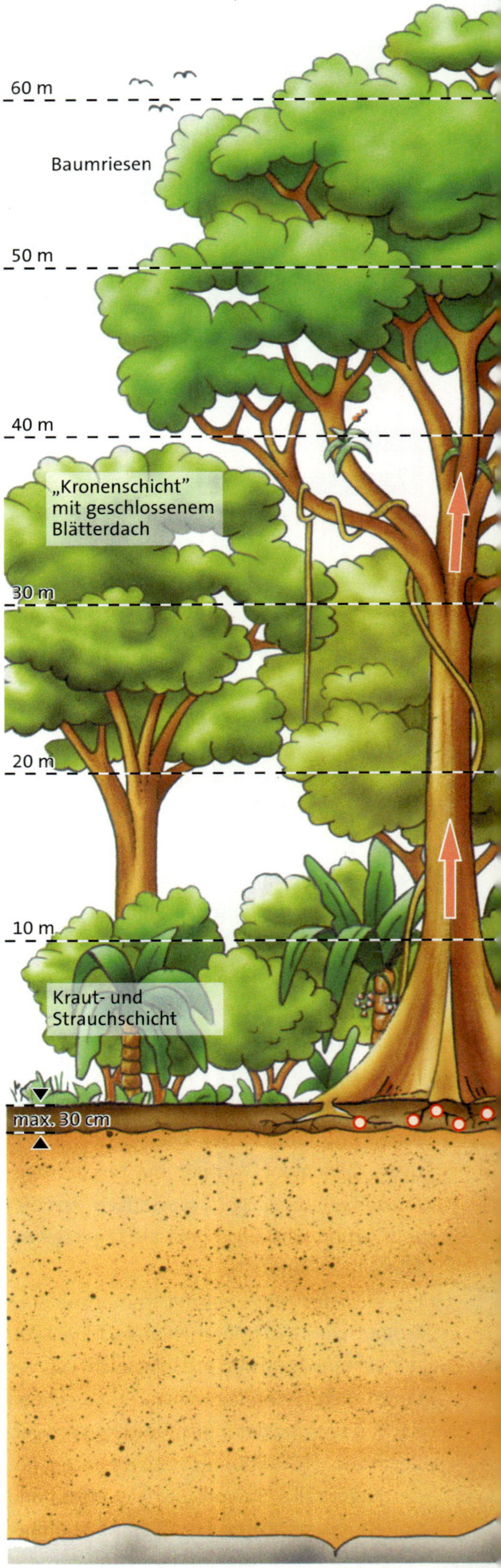

8 Ökosystem Tropischer Regenwald

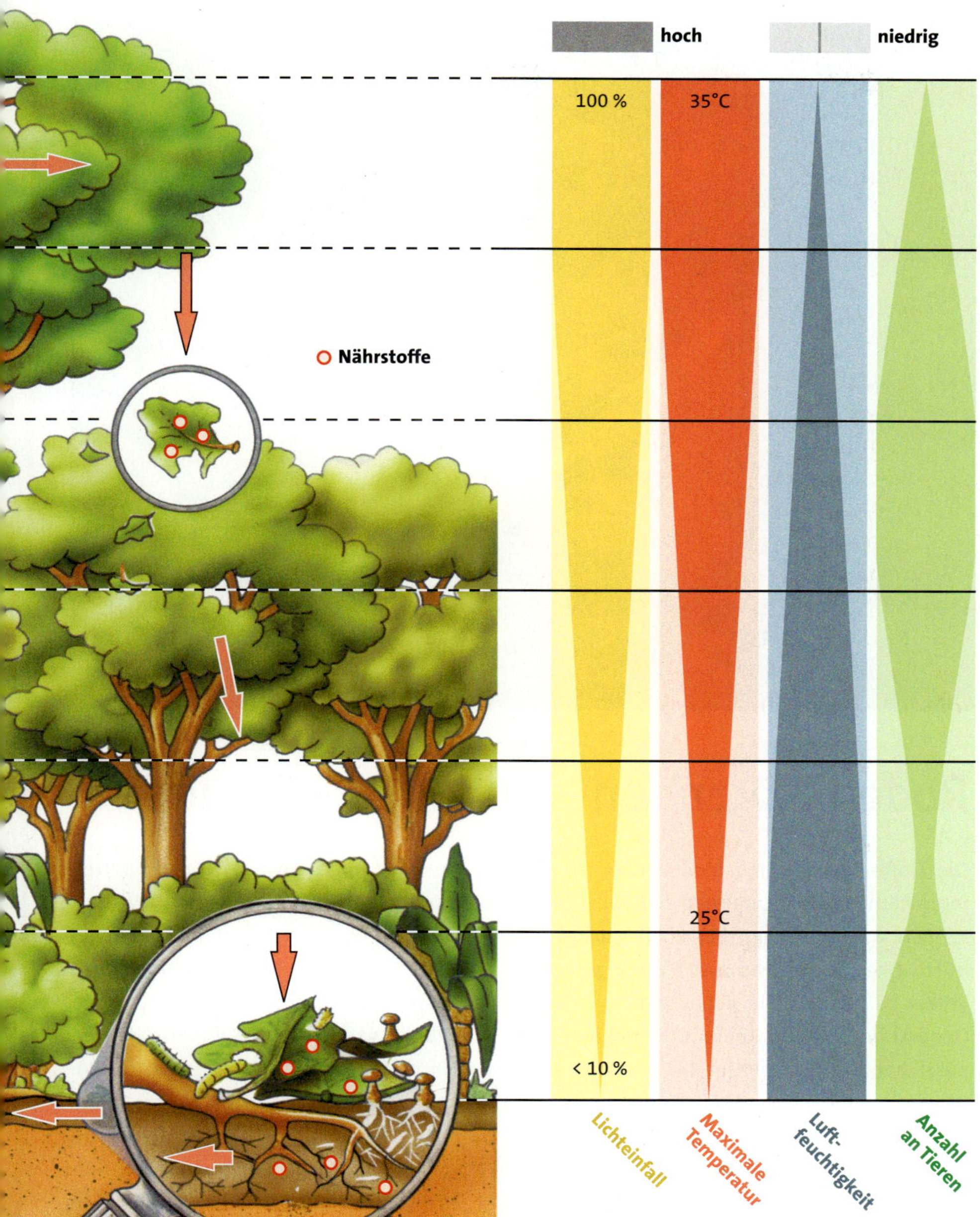

3 *Erkläre in Abgrenzung zu dem bei uns vorherrschenden Jahreszeitenklima den Begriff Tageszeitenklima. Nutze dazu Grafik 6.*

4 *Erläutere anhand der Zeichnung 8 die Lebensbedingungen in den einzelnen Stockwerken des Tropischen Regenwaldes. Vergleiche mit der Struktur eines mitteleuropäischen Waldes.*

5 *Der Tropische Regenwald wächst nicht aus dem Boden, sondern lebt auf diesem. Erkläre diesen Satz anhand der Zeichnung 8 und vergleiche den Nährstoffkreislauf mit dem der Laubmischwälder in unseren Breiten.*

Kaum zu glauben

Das Gift eines einzigen Pfeilgiftfrosches kann 20 000 Mäuse töten.

In Amazonien gibt es mindestens 50 000 verschiedene Blütenpflanzen; in ganz Westeuropa dagegen nur ca. 3 000.

Erst 1999 wurde in Süd-Vietnam das Java-Nashorn entdeckt; allein sieben neue Affenarten wurden in den letzten 10 Jahren in Brasilien entdeckt.

Die Blätter der Königsseerose im Amazonasgebiet haben einen Durchmesser von 2 m und können ein Gewicht von 75 kg tragen.

1 **Brandrodungsinsel**

Roden – brennen – anbauen – wandern

Indigene Völker
sind die Nachkommen der ursprünglichen, vorkolonialen Bewohner eines Gebietes. Sie haben dieses als erste besiedelt und sind an die dortigen Lebensbedingungen angepasst.

→ *Yanomami, Seite 43 und 48/49*

→ *Mischkultur, Seite 45*

Die Tropischen Regenwälder werden trotz ihrer klimatischen Ungunst seit Jahrtausenden von Menschen besiedelt und genutzt. Allen voran sind hier die **indigenen Völker** zu nennen, die sich im Laufe vieler Generationen an das Leben im Wald angepasst haben. Eines der letzten großen Regenwaldvölker in Südamerika, das seine ursprüngliche Lebensweise bis heute beibehalten hat, ist das Volk der Yanomami. Die ca. 18 000 Menschen leben im oberen Amazonasbecken an der Grenze zwischen Brasilien und Venezuela in einem Gebiet, das fast so groß wie die Schweiz ist. Neben dem Sammeln von Früchten und der Jagd legen die Yanomami Felder an. Dort werden Bananen, Maniok, Kartoffeln und Papajas, aber auch Zuckerrohr, Baumwolle, Tabak und Heilpflanzen angebaut.

Um im dichten Regenwald Ackerbau betreiben zu können, wird zunächst ein Waldstück in der Nähe des Dorfes gerodet. Die abgeschlagenen Äste und Bäume werden einige Zeit zum Trocknen liegengelassen und anschließend verbrannt. Die in den Pflanzen gespeicherten Nährsalze werden so dem Boden als Dünger zugeführt. Auf dem durch Brandrodung entstandenen Feld werden zu Beginn der Regenzeit Bohnen, Erbsen, Hirse, Mais, Bananen und andere Produkte in **Mischkultur** angebaut. Die Feldarbeit übernehmen überwiegend die Frauen.
Sind nach einigen Jahren die Nährstoffe verbraucht, geben die Yanomami das Feld auf und roden eine neue Fläche. Auf der Brache des verlassenen Feldes siedelt sich nach und nach ein neuer Wald an, der **Sekundärwald**. Er ist meist lichter und artenärmer als der **Primärwald**. Wenn in der Nähe des Dorfes keine neuen Flächen mehr vorhanden sind, zieht das gesamte Volk weiter. Diese Art der Landnutzung wird als

Brandrodungswanderfeldbau oder **shifting cultivation** bezeichnet. Nach frühestens 25 Jahren werden die aufgelassenen Felder ein zweites Mal genutzt. Aufgrund der geringen Flächenerträge kann der sehr arbeits- und flächenintensive Wanderfeldbau jedoch allenfalls zur Eigenversorgung dienen, für den Verkauf bleibt nichts.

Wanderfeldbau nur für Wenige?

Die auf den ersten Blick sehr behutsame und ökologisch angepasste Nutzung des Waldes ist heute kaum noch möglich. Aufgrund des großen Flächenbedarfs eignet sich der Wanderfeldbau lediglich für solche Gebiete, in denen nur wenige Menschen leben. Durch das starke Bevölkerungswachstum und die zunehmende Erschließung des Tropischen Regenwaldes sind zahlreiche indigene Völker gezwungen, anstelle des traditionellen Wanderfeldbaus Dauerfeldbau zu betreiben. In der Regel wird die Wohnstätte nun nicht mehr verlegt. Unter modernen Gesichtspunkten wird der Brandrodungswanderfeldbau eher kritisch beurteilt – nicht zuletzt deshalb, weil riesige Mengen an organisch gebundener Energie verfeuert werden.

1 Informiere dich mithilfe von Sachbüchern und des Internets über das Leben ausgewählter indigener Völker (z. B. die Yanomami oder Yaguar in Südamerika, die Pygmäen in Afrika oder die Dayaks auf Borneo).

2 Beschreibe das Foto 1 und ordne den Buchstaben A – E folgende Begriffe zu: Tropischer Regenwald, frisch gerodetes Feld, bebautes Feld, Sekundärwald, vor kurzem aufgegebenes Feld.

3 Erkläre mithilfe deines Wissens aus den vorherigen Seiten die Zusammenhänge zwischen Ertrag und Nutzungsdauer (Diagramm 3).

4 Warum wird der Brandrodungswanderfeldbau unter modernen Gesichtspunkten eher kritisch beurteilt? Worin liegen seine besonderen Vor- und Nachteile?

5 Entwirf in Anlehnung an das Schaubild 2 eine Skizze, welche die heutige Situation des Brandrodungswanderfeldbaus zeigt.

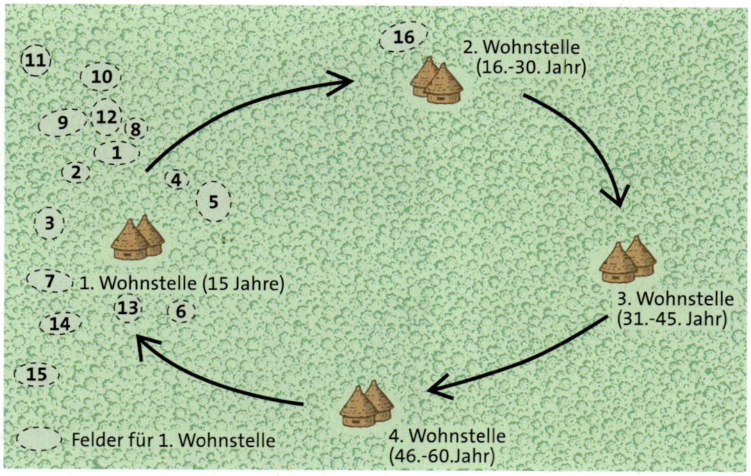

2 ***Brandrodungswanderfeldbau früher***

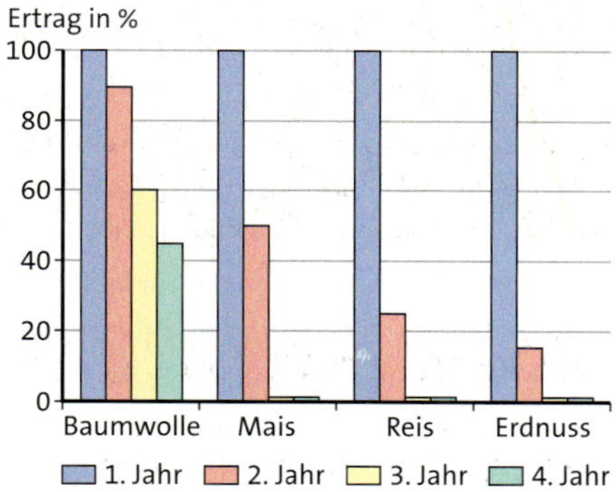

3 ***Brandrodungsfeldbau: Ertrag und Nutzungsdauer***

4 ***Bestellung eines Maniokfeldes***

1

4 ***Palmölplantage in Indonesien***

Auf der Palmölplantage Surya

2 ***Betriebsspiegel Surya***

Betriebsfläche	*5 000 ha*
davon	
Anbaufläche	
nur Ölpalmen	*4 000 ha*
Arbeitskräfte	*1 050*
davon	
Verwaltung	*50*
fest	*600*
Saisonkräfte	*400*

„Der Anbau von Ölpalmen hat in den tropischen Regionen in den letzten beiden Jahrzehnten stark zugenommen. Neue Pflanzenzüchtungen haben die Ölpalme zur weltweit ertragreichsten fettliefernden Pflanze gemacht", erklärt uns Herr Leidjap. Er ist Manager der Palmölplantage Surya, die auf der indonesischen Insel Sumatra liegt. Surya wurde 1992 angelegt, als ein großes US-amerikanisches Unternehmen das damalige Urwaldgebiet von der indonesischen Regierung abkaufte.

„Wir bauen hier auf über 4 000 ha ausschließlich Ölpalmen an. Diese **Monokultur** ermöglicht uns eine sehr rationelle Arbeitsweise, insbesondere was den Einsatz der großen Maschinen anbetrifft. Das führt zu hohen Erträgen pro Fläche und die Qualität der Produkte ist im Vergleich zu denen der Kleinbauern, die oft nur 1 ha Land besitzen, viel besser. Leider sind infolge der Monokultur die Pflanzen für Schädlinge und Krankheiten besonders anfällig. Um die Ernte zu sichern, müssen wir ständig Pflanzenschutzmittel einsetzen. Auf den großen Flächen übernehmen dies Sprühflugzeuge."

Ölpalme an Ölpalme an Ölpalme

So weit das Auge reicht, sieht man auf der Plantage Surya Ölpalmen. Die Pflanzen ste-

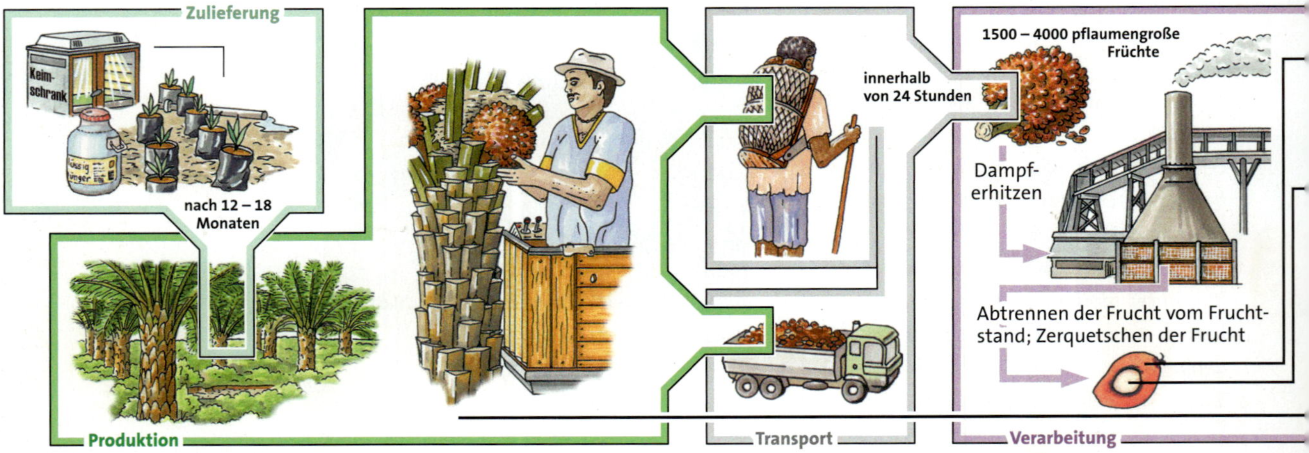

3 ***Produktionsschema Palmölprodukte***

hen stets im gleichen Abstand zueinander in Reih und Glied. „Neben den Pflanzenschutzmitteln benötigen wir natürlich auch große Mengen Dünger. Ölpalmen sind nämlich **Dauerkulturen**, die nach einer Wachstumszeit von 3–4 Jahren bis zu 30 Jahre Früchte tragen und dabei dem Boden immerzu die gleichen Nährstoffe entziehen."

Eine kleine Stadt für sich

Bei unserem Rundgang über die Plantage gelangen wir zu einer Fabrikhalle, in der verschiedene Aufbereitungs- und Verarbeitungsanlagen stehen. „Surya ist nicht nur ein landwirtschaftlicher Großbetrieb, sondern zugleich ein Industriebetrieb. Die Fruchtstände der Ölpalme werden zunächst mit großen Haumessern geerntet. Da sie leicht verderben, müssen sie möglichst schnell mit Lkws zur Fabrikanlage gebracht und dort maschinell weiterverarbeitet werden. So werden beispielsweise die Fruchtkerne mit ihrem ölhaltigen Nährgewebe in einem aufwändigen Verfahren geröstet, maschinell geschält, gesiebt und danach ausgepresst. Anschließend treten sie als Palmkernöl ihre lange Reise in die Welt an. Wir produzieren zum größten Teil für den Export. Deshalb sind wir stark von den Preisschwankungen auf dem Weltmarkt abhängig. Natürlich liefern wir auch sehr viel nach Europa, wo Palmöl beispielsweise für die Herstellung von Eiscreme oder Seife gebraucht wird."

5 *In der Fabrik*

An einer Schälmaschine treffen wir Alwi, einen von über 600 Lohnarbeitern der Plantage. „Die Arbeit ist auch wegen des Klimas sehr hart. Wir arbeiten in mehreren Schichten rund um die Uhr. Meine Frau und meine älteren Söhne sind ebenfalls auf der Plantage beschäftigt. Unser Verdienst reicht gerade zum Leben. Trotzdem bin ich froh, denn viele Kollegen sind als Saisonarbeiter nur während der Erntezeit tätig. Sie müssen sich für den Rest des Jahres mit Gelegenheitsjobs durchschlagen. Mein jüngerer Sohn geht noch zur Schule, die von den Besitzern der Plantage eingerichtet worden ist. Ebenso haben sie hier Wohnhütten, einen Sportplatz, ein Veranstaltungshaus und eine Krankenstation gebaut. Die Plantage ist unsere Stadt."

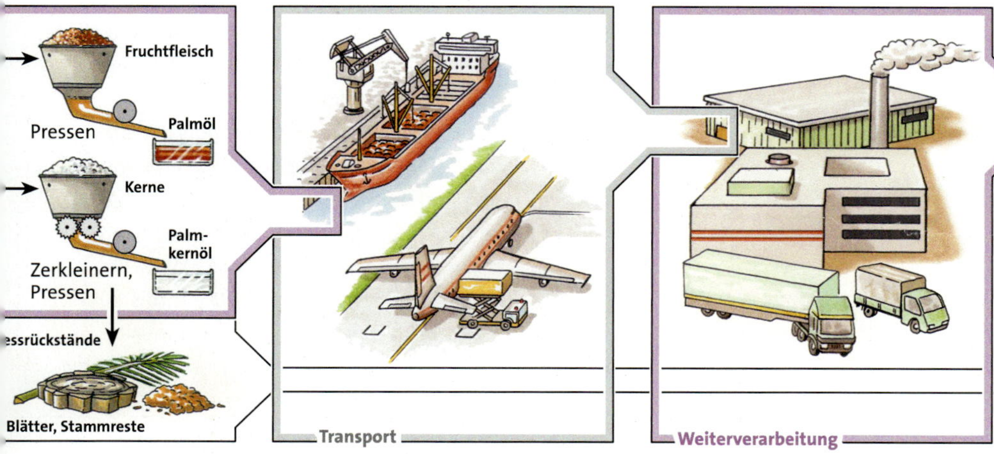

6 **Palmölprodukte**

Lippenstiftspuren im Regenwald

...oder „Kahlschlag zum Frühstück“, das sind provokante Titel von Palmölstudien, die der World Wide Fund For Nature, kurz WWF, herausgebracht hat. Darin wird die aus seiner Sicht radikale Abholzung des tropischen Regenwaldes zugunsten von Palmölplantagen angemahnt und mit Zahlen belegt.

Die vielseitigen Verwendungsmöglichkeiten von Palmöl haben zur Folge, dass es in unzähligen Produkten beinhaltet ist (vgl. Produktionsschema auf Seite 36/37). Margarine ist der Spitzenreiter, wenn es um die in Deutschland verwendete Gesamtmenge an Palmöl geht.

Ende des letzten Jahrhunderts erntete die Firma Henkel in Düsseldorf viel Lob, dass sie chemische Substanzen durch nachwachsende Rohstoffe ersetzen konnte. Die aus Palmöl produzierten Tenside sorgen in Wasch- und Putzmitteln für Sauberkeit. Allerdings war damals noch nicht bekannt, welchen Preis die Regenwälder oft dafür zahlen müssen.

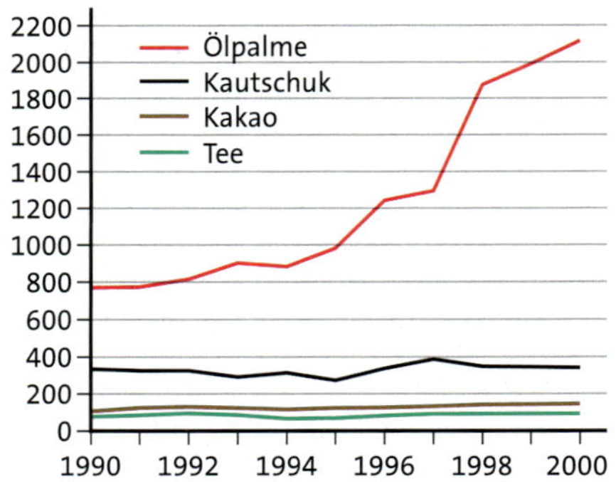

7 ***Plantagenanbaufläche (in 1 000 ha) Indonesiens 1990–2000***

8 **WWF erzielt Etappensieg**

Frankfurt/Düsseldorf, 29.07.2003: Der WWF hat heute Morgen in der Zentrale des Düsseldorfer Konzerns Henkel einen Etappensieg im Kampf um die Regenwälder in Indonesien erzielt:

Henkel erkannte (...) öffentlich an, dass die indonesischen Regenwälder und die dort heimischen Elefanten, Tiger und Orang Utans durch den Anbau von Ölpalmen bedroht sind. (...) WWF-Aktivisten überbrachten heute in Begleitung einer originalgetreuen Nachbildung eines Sumatra-Tigers mehr als 17 000 Postkarten, die besorgte Verbraucher auf Veranlassung des WWF an das Unternehmen gerichtet hatten. Bei der Übergabe durch WWF-Geschäftsführer Dr. Peter Prokosch ging Henkel auf zentrale Forderungen der Umweltschützer ein: So werde Henkel an vom WWF veranlassten internationalen Verhandlungen mit anderen Großunternehmen teilnehmen. (...)

Darüber hinaus sagte Henkel dem WWF zu, bereits vor diesen Verhandlungen damit zu beginnen, mit seinen Rohstofflieferanten entsprechende Verbesserungsmöglichkeiten zu überprüfen. „Henkel ist einen Riesenschritt in die richtige Richtung gegangen und bringt damit Dynamik in die Lösung des Palmölproblems“, begrüßte Peter Prokosch die Ankündigungen des Unternehmens. (...)

„Der indonesische Regenwald wird für die Produktion von Palmöl im Zeitraffertempo kahl rasiert. Der WWF freut sich deshalb besonders darüber, dass Henkel nicht erst die Ergebnisse langwieriger Verhandlungen abwartet, sondern schon jetzt mit den Rohstofflieferanten die Notwendigkeit nachhaltig erzeugter Palmöllieferungen diskutiert“, so Prokosch. Der WWF beurteile dies als ein klares Bekenntnis zu einer umfassenden Produktverantwortung und hoffe, dass weitere Unternehmen dem Beispiel folgen werden.

Pressemitteilung WWF vom 29.07.2003

9 Auszug aus dem Nachhaltigkeitsbericht der Firma Henkel

Nachhaltiges Wirtschaften ist eine gesellschaftliche Aufgabe. Es gilt, im Dialog mit allen gesellschaftlichen Gruppen zukunftsfähige Lösungen zu suchen. Darum unterstützt Henkel den WWF bei seiner Initiative geeignete Wege für die nachhaltige Gewinnung von Palmöl und die Vermeidung des Raubbaus an Regenwäldern in Indonesien zu finden. Henkel begrüßt dabei, dass eine derart komplexe Thematik unter Einbeziehung aller Interessengruppen im Rahmen eines Fachdialogs auf internationaler Ebene diskutiert wird.
Henkel nutzt – indirekt über seine Lieferanten von Vorprodukten – nur weniger als 0,2 Prozent des weltweiten Palm- bzw. Palmkernöls als Rohstoff. Gleichwohl sieht Henkel es als eine Verpflichtung an, Erfahrungen und Fachwissen in die gemeinsame Suche nach tragfähigen Lösungen einzubringen. Daher nahm Henkel im August 2003 unter Mitwirkung vieler beteiligter Ansprechgruppen an der Gründung eines „Runden Tischs zur nachhaltigen Palmölbewirtschaftung" teil.
Sowohl in Deutschland als auch auf bilateraler Ebene setzte Henkel den konstruktiven Dialog fort und will ihn auch in Zukunft mit dem WWF sowie anderen Anspruchsgruppen aktiv weiterführen.

Henkel Nachhaltigkeitsbericht 2003

Ein genereller Boykott des Palmöls wäre aber auch keine Lösung. Ein anderes Öl, wie zum Beispiel Sojaöl, müsste eingesetzt werden. Das Problem bleibt also das gleiche. Nachhaltig heißt in diesem Fall, dass der Druck auf den Wald, etwa durch den Straßenbau, generell reduziert werden sollte und ein umweltschonender Anbau der Ölpalmen vorangetrieben wird, damit die Böden fruchtbar und das Grundwasser sauber bleiben. Faire Arbeitsbedingungen müssen berücksichtigt werden, damit die Menschen eine langfristig gesicherte Existenz haben.

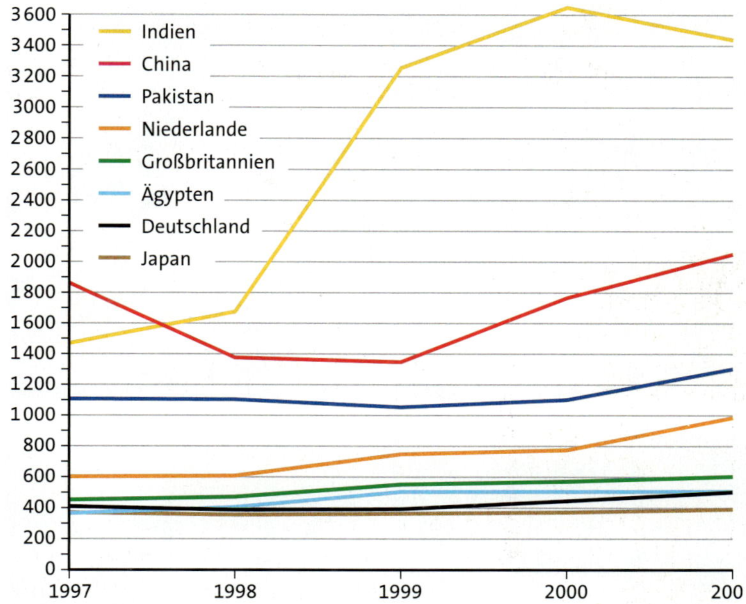

10 Weltweite Palmölimporte 1997–2001 (in 1 000 t)

1. *Erarbeite mithilfe des Textes auf den Seiten 36/37 die Merkmale einer Plantage und vergleiche sie mit einem landwirtschaftlichen Betrieb in Deutschland.*
2. *Stelle die Vor- und Nachteile der Plantagenwirtschaft in einer Tabelle dar. Unterscheide nach ökologischen und sozioökonomischen Aspekten.*
3. *Beschreibe mithilfe des Produktionsschemas 3 wo und in welcher Weise die Verarbeitung der Palmölfrüchte erfolgt.*
4. *Beschreibe anhand des Diagramms 7 die Entwicklung ausgewählter Plantagenprodukte in Indonesien.*
5. *Welche Gründe mögen den Siegeszug der Ölpalme begünstigt haben?*
6. *Informiere dich im Internet über aktuelle Maßnahmen deutscher Firmen zu einer nachhaltigen Palmölnutzung.*
7. *Welche Produkte bei dir zu Hause beinhalten pflanzliche Öle? Finde heraus, ob es sich dabei um Palmöl handelt. Schreibe die Produktnamen auf und bringe möglichst die Verpackungen mit in die Schule.*

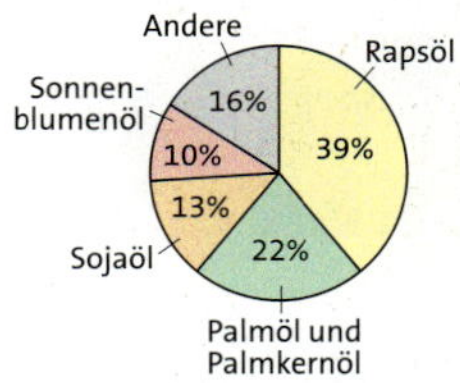

11 Die verwendeten Pflanzenöle in Deutschland in %

bilateral
zweiseitig bzw. von beiden Seiten

Surftipp
www.sustainable-palmoil.org
Informationen über nachhaltiges Palmöl (englisch)

1

2

3

4

40 Fußballfelder pro Minute!

Wenngleich die Zahlenangaben zur **Regenwaldzerstörung** von Quelle zu Quelle unterschiedlich ausfallen, so ist das Ausmaß der Zerstörung selbst bei Zugrundelegung der niedrigsten Werte bereits erschreckend hoch. Laut Bericht der Welternährungsorganisation (FAO) gingen zwischen 1990 und 1995 weltweit jährlich 125 000 km^2 Tropenwald verloren.

Dies entspricht mehr als einem Drittel der Gesamtfläche Deutschlands, dem 3,5-fachen der Fläche Baden-Württembergs, 207 mal der Stadtfläche von Stuttgart oder anders ausgedrückt etwa 40 Fußballfeldern pro Minute. Differenziert nach Ländern und Kontinenten gibt es große Unterschiede. Die Ursachen der Regenwaldzerstörung sind äußerst komplex.

Erst die Straßen, dann die Siedler

Durch das starke Bevölkerungswachstum in den Entwicklungsländern wird immer mehr Land für die Versorgung der Menschen benötigt. Neben der indigenen Bevölkerung ist der Tropische Regenwald zunehmend zur Heimat von zahlreichen Neusiedlern geworden. In Brasilien wurde dies von staatlicher Seite in besonderer Weise gefördert. Um möglichst viele Menschen zu versorgen, beschloss die brasilianische Regierung Ende der 1950er Jahre, das Amazonasgebiet mithilfe von Straßen für landlose Kleinbauern aus allen Teilen des Landes zu erschließen. Die staatliche **Agrarkolonisation** war jedoch nur bedingt von Erfolg gekrönt. Viele Kleinbauern versuchten vergeblich, mit großem Arbeitsaufwand möglichst hohe Erträge auf ihren kleinen Feldern zu erzielen. Hinzu kamen Krankheiten wie Malaria, aber auch nicht eingehaltene Versprechen der Regierung, die einige Siedler bereits nach kurzer Zeit zur Aufgabe zwangen. Um überleben zu können, müssen die verbleibenden Siedler stets neue Flächen roden.

Regenwald für Hamburger?

Doch nicht nur Kleinbauern waren Adressaten der staatlichen Agrarkolonisation. Große Flächen des Regenwaldes wurden von der brasilianischen Regierung für die Anlage von Rinderfarmen vergeben. So entstanden im Amazonasgebiet riesige Rinderfarmen mit Größen bis zu 100 000 Hektar. Das Rindfleisch, das zum Teil in internationalen Fast-Food-Ketten zu Hamburgern verarbeitet wurde, war lange Zeit eines der wichtigsten Exportgüter Brasiliens.

Ein Baum fällt selten allein

Neben Rinderfarmen und Plantagen sind die großen nationalen und internationalen Unternehmen auch am kommerziellen Holzeinschlag beteiligt. Da einzelne tropische Hölzer, wie z. B. Mahagoni, Teak und Palisander aufgrund ihrer Färbung, Härte und Beständigkeit weltweit sehr begehrt sind und auf dem Weltmarkt hohe Preise erzielen, haben sich einzelne Großfirmen auf den Handel mit Tropenhölzern spezialisiert. An der Spitze der Exportländer stehen Malaysia, Indonesien und Gabun. Wenngleich pro Hektar oft nur vier bis fünf Bäume für die Holzindustrie von Interesse sind, ist der selektive Holzeinschlag nicht unproblematisch. Für den Abtransport der Bäume müssen vielfach breite Schneisen in den Wald geschlagen werden. Zudem wird der stark durchwurzelte Boden durch die schweren Maschinen oft so verdichtet, d. h. zusammengepresst, dass die jungen Bäume kaum nachwachsen können.

Unter dem Wald lauert der Reichtum

Neben dem Tropenholz ist der Abbau von Rohstoffen wie Eisenerz, Bauxit, Erdöl, Gold und Edelsteinen eine weitere Gefahr für den Wald. So befindet sich beispielsweise das größte Eisenerzvorkommen der Erde in der Serra dos Carajás, Brasilien. Zudem bedrohen giganti-sche Staudammprojekte, die in erster Linie der Energieerzeugung dienen, den Lebensraum von Menschen, Tieren und Pflanzen im Regenwald.

5 Waldverluste 1990 – 2000 in Tropenländern mit großen Waldflächen

Länder	Waldfläche 1990 in km²	Waldfläche 2000 in km²	Veränderung der Waldfläche jährlich in km²	in % jährlich
Angola	709 980	697 560	−1 240	−0,2
Bolivien	546 790	530 680	−1 610	−0,3
Brasilien	5 669 980	5 439 050	−23 090	−0,4
Dem. Rep. Kongo	1 405 310	1 352 070	−5 320	−0,4
Indonesien	1 181 100	1 049 860	−13 120	−1,2
Kolumbien	515 060	496 010	−1 900	−0,4
Malaysia	216 610	192 920	−2 370	−1,2
Mexiko	615 110	552 050	−6 310	−1,2
Myanmar	395 880	344 190	−5 170	−1,4
Peru	679 030	652 150	2 690	0,4
Sambia	397 755	312 460	−8 510	−2,4
Venezuela	516 810	495 060	−2 180	−0,4

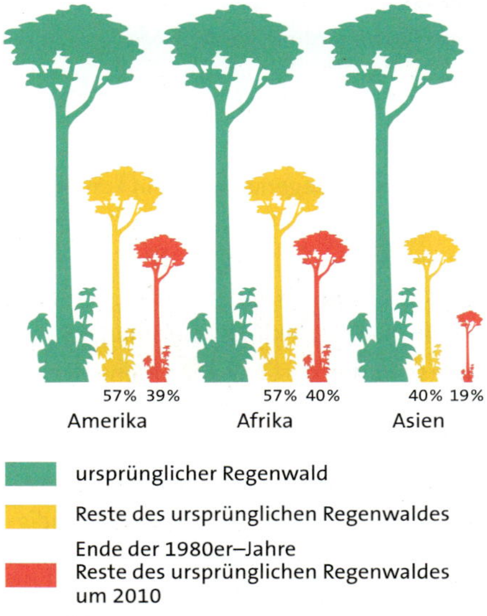

6 *Rückgang des ursprünglichen Regenwaldes*

1 Beschreibe anhand von Tabelle 5 das Ausmaß der Regenwaldzerstörung. Beachte, dass in der Tabelle sowohl absolute als auch relative Zahlen verwendet werden.

2 Entwirf mithilfe der Tabelle 5 und Grafik 6 ein Kartogramm, das das Ausmaß der Regenwaldzerstörung von 1990 bis 2000 zeigt.

3 Erläutere anhand der Fotos 1 bis 4 die Ursachen der Regenwaldzerstörung.

Eine Umrisskarte der Erde findest du unter www.klett.de/extra

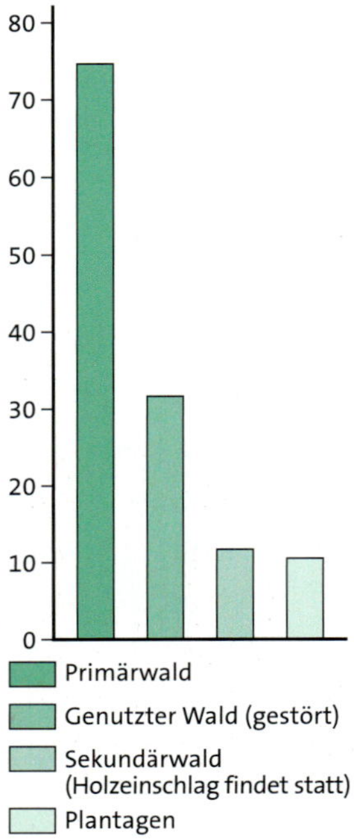

1 Anzahl der Säugerarten in einzelnen Vegetationstypen je Hektar

2 Durch Erosion zerstörte Weideflächen

Abgeholzt ist schnell, aber dann ...

Der Tropische Regenwald ist ein komplexes und höchst sensibles Ökosystem. Wird ein Teil des Waldes gerodet, so hat dies vielfältige Konsequenzen für die Böden, den Wasserhaushalt, das Klima, die Pflanzen und Tiere sowie die dort lebenden Menschen.

Ökologische Auswirkungen

Wenn der schützende Wald fehlt, der mit seinem Blätterdach die Aufprallgeschwindigkeit des Regens vermindert und mit seinen Wurzeln den Boden stabilisiert, kommt es rasch zur **Erosion.** Da die heftigen tropischen Regenfälle nicht mehr vom Wald aufgesogen und gespeichert werden, wird der Prozess der Erosion zudem durch die in reißenden Bächen und Flüssen abfließenden Wassermassen verstärkt. Besonders betroffen sind offene Ackerflächen in Regionen mit Geländeneigung. In Brasilien hat man deshalb die großflächige Abholzung von Flächen mit einer Hangneigung von mehr als 25° gesetzlich verboten.

Die Abholzung der Wälder hat auch Auswirkungen auf das lokale Klima. Der Wasserdampf, der bislang durch die Bäume in die Atmosphäre zurückgeführt wird, nimmt ab – und mit ihm die Niederschlagsmenge. Fehlende Wälder verändern den Temperaturhaushalt der betreffenden Gebiete. So können tagsüber auf den kahlen Flächen die Temperaturen bis zu 50 °C ansteigen, in der Nacht sinken sie auf 20 °C ab. Für Menschen, Tiere und Pflanzen stellen solche Temperaturschwankungen eine äußerst große Belastung dar. Das bei der Brandrodung freigesetzte Kohlendioxid (CO_2) verstärkt außerdem noch den natürlichen **Treibhauseffekt** und die damit verbundene weltweite Erwärmung der Erde.

Ein weiteres Problemfeld ist das Aussterben von zahlreichen Tier- und Pflanzenarten. Da die meisten wissenschaftlich noch nicht einmal erfasst sind, ist es schwer zu sagen, wie viele Tier- und Pflanzenarten der Regenwaldzerstörung bislang zum Opfer gefallen sind. Schätzungen gehen davon aus, dass das Aussterben von einer einzigen Pflanzenart das Aussterben von durchschnittlich 30 Tierarten nach sich zieht.

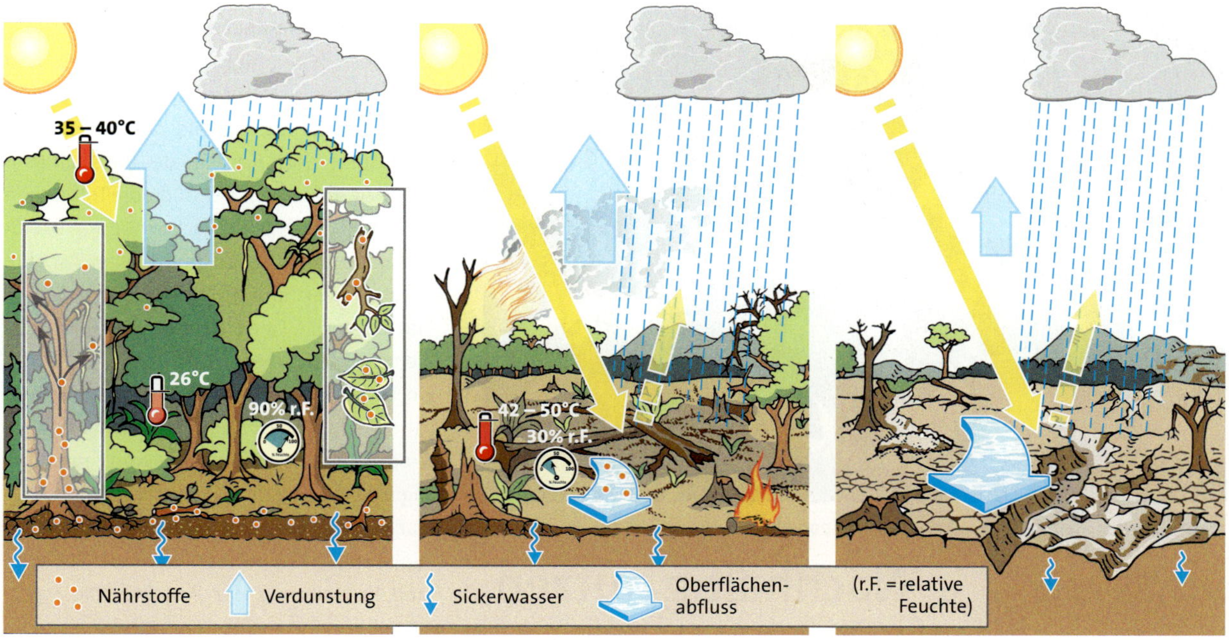

3 *Folgen der Regenwaldrodung*

Sozioökonomische Auswirkungen

In sozioökonomischer Hinsicht stellt sich die Situation differenzierter dar. Zwar konnten Siedlungs- und Ackerland gewonnen, Arbeitsplätze geschaffen und Deviseneinnahmen erzielt werden, doch stehen die indigenen Stammesvölker vielfach auf der Verliererseite. Die Zerstörung ihrer Lebensgrundlage hat oftmals drastische soziale Folgen. Immer wieder kam und kommt es zur Umsiedlung, Vertreibung oder gar Ausrottung ganzer Stämme. Hinzu kommt die Verbreitung von Zivilisationskrankheiten, der Verlust kultureller Identität und wirtschaftlicher Unabhängigkeit. Das wertvolle Wissen der indigenen Völker über ökologisch angepasste Nutzungsweisen, Anbautechniken und Heilmethoden kann so innerhalb kurzer Zeit verloren gehen.

1 *Erläutere anhand der Grafik 3 die Auswirkungen der Regenwaldzerstörung auf das Ökosystem.*

2 *Stelle die positiven und negativen Auswirkungen der Regenwaldzerstörung untergliedert nach ökologischen und sozioökonomischen Aspekten in einer Tabelle zusammen.*

4 **Mit jedem Yanomami stirbt Weisheit**

„Unser Volk lebt seit Generationen im Tropischen Regenwald. Der Wald liefert uns alles, was wir zum Leben brauchen.

Seitdem die weißen Männer die Wälder nutzen, hat sich das Leben in unserem Stamm tief greifend verändert. Mit der Behauptung, sie hätten das Land von der Regierung gekauft, haben uns die weißen Männer das Land weggenommen. Doch wie können Menschen, die nur ein Teil des Waldes sind, die Natur besitzen?

Nicht einmal in den Reservaten hat man uns und die Wälder in Ruhe gelassen. Die Holzfäller drangen in unser Territorium ein und schlugen illegal Bäume. Scheinbar zählt für die weißen Männer nur der Profit. Leider denken manche meiner Stammesbrüder bereits ähnlich.

Nicht nur die Vernichtung unserer natürlichen Lebensgrundlage macht mir Angst, ich befürchte auch, dass mit dem Einzug neuer Lebensweisen das wertvolle Wissen unserer Ahnen verloren geht. Ein altes Sprichwort sagt: Jedes Mal, wenn ein Medizinmann stirbt, ist es, als ob eine ganze Bibliothek abbrennt."

5 *Yanomami auf der Jagd*

→ *Leseseite zu den Yanomamis, Seite 48/49*

1 *1999 pflanzten madagassische Schulkinder 10 000 Bäumchen*

Nachhaltig nutzen und bewahren

Wie kann man den Reichtum der Tropischen Regenwälder auch für nachkommende Generationen bewahren?

Regenwaldpark in Amazonien

Brasilien richtet im nördlichen Amazonasgebiet den weltweit größten Regenwald-Nationalpark ein. Das 3,8 Millionen Hektar große Schutzgebiet an der Grenze zu Surinam und Guyana ist noch völlig unerschlossen und beinhaltet eine einzigartige Tier- und Pflanzenwelt. Wissenschaftler vermuten in den Primärwäldern viele bisher unbekannte Arten. Der Nationalpark soll zunächst für die Forschung und später auch für Naturtouristen stellenweise zugänglich gemacht werden.

Wenngleich die Ausweisung von Schutzgebieten auf den ersten Blick als die optimale Lösung erscheint, so kann diese nur für ausgewählte, ökologisch besonders wertvolle Areale gelten. Die Tropischen Regenwälder sind schließlich Lebensraum von zahlreichen Menschen sowie eine wesentliche Grundlage für die wirtschaftliche Entwicklung einzelner Staaten.

Nachhaltige Waldnutzung

Das seit dem Erdgipfel für Umwelt und Entwicklung in Rio de Janeiro (1992) weltweit anerkannte Leitbild der Nachhaltigkeit strebt einen Konsens der unterschiedlichen Interessen an. Ziel ist es, die Tropischen Regenwälder unter Berücksichtigung ökologischer, sozialer und ökonomischer Aspekte so zu nutzen und zu bewirtschaften, dass nachfolgende Generationen hierdurch keinen Nachteil haben.

So akzeptiert das Leitbild im Allgemeinen ist, so schwierig ist seine Umsetzung im konkreten Einzelfall. Für jede Region muss eine eigene Lösung gefunden werden. Unabdingbar ist jedoch die frühzeitige Beteiligung der einheimischen Bevölkerung an der Planung und Realisierung der Projekte. Die Palette der Lösungsansätze und Modellversuche ist groß. Sie reicht von stockwerkartig angepflanzten Mischkulturen, die sich an die Baumgärten der Mayas (Material 2) im Tiefland von Yucatan anlehnen, über Formen extensiver Weidewirtschaft und die Erprobung neuer Techniken der Holzernte (Material 3) bis hin zur Förderung des neuen Umweltbewusstseins in den Regenwaldstaaten.

Trotz zahlreicher Initiativen ist man insgesamt aber noch weit von einer nachhaltigen Nutzung und Bewirtschaftung der Tropischen Regenwälder entfernt. Neben einer Vielzahl von Interessenkonflikten vor Ort sind insbesondere das starke Bevölkerungswachstum, der Kapitalmangel und das fehlende Know-how entwicklungshemmende Rahmenbedingungen.

1 *a) Erläutere anhand der Abbildungen 2 und 3 das Mischkultur-System sowie die Funktionsweise einer Baumschwebebahn.*
b) Inwiefern stellen die beiden Modellprojekte Beispiele für eine nachhaltige Waldnutzung dar?

2 *Was zeichnet einen Nationalpark aus? Inwiefern kann diese Lösung nur für einige ausgewählte Areale gelten?*

❷ Beispiel Mischkultur-System

Bei Mischkulturen wird versucht, den Regenwald in Bezug auf Stockwerkbau, Artenvielfalt und Nährstoffkreislauf so gut wie möglich zu imitieren. So werden auf einem Feld verschiedene Nutzpflanzen angebaut, die sich in Größe und Nährstoffanspruch unterscheiden. Als oberstes Stockwerk dienen Bäume wie zum Beispiel Mangos. Sie liefern nicht nur Früchte, sondern verringern auch gleichzeitig durch ihr Blätterdach und ihr Wurzelwerk die Erosionsgefahr. Darunter finden sich Pflanzen mit hohen Nährstoffansprüchen neben genügsamen, teils sogar Nährstoff spendenden Feldfrüchten wie zum Beispiel Sojabohnen, die den Boden mit Stickstoff aus der Luft anreichern. Schattenverträgliche Pflanzen werden überdeckt von lichtbedürftigen hoch gewachsenen Bäumen. Pflanzen mit einem kurzen Wachstumszyklus wie Maniok oder Bataten ergänzen Dauerkulturen wie Bananen oder Mangos.

Ein sorgfältig abgestimmter Anbau liefert das ganze Jahr über ausreichend Nahrungsmittel zur Eigenversorgung sowie Brenn- und Bauholz. Die ständige Bodenauflage aus Blättern, Früchten und Holzresten kann überdies als Futterquelle für Hühner und Schweine genutzt werden.

Mischkultur

❸ Beispiel Baumschwebebahn

Malaysia ist der größte Exporteur von Tropenholz. Damit dies so bleiben kann, bemüht sich das Land um eine nachhaltige Nutzung seiner Tropischen Wälder. Neben zahlreichen anderen Projekten hat man eine so genannte „Baumschwebebahn“ entwickelt, welche die selektiv geschlagenen Baumstämme zu einem Sammelplatz schafft. Dadurch müssen keine breiten Schneisen für Transportfahrzeuge in den Wald geschlagen werden. Nach dem Prinzip eines Skilifts wird lediglich eine schmale Trasse durch den Wald gelegt, in der auf Stützpfeilern ein etwa 1000 m langes Stahlband gespannt wird. An diesem Stahlband wird eine Seilwinde befestigt, mit der täglich rund 30 Baumstämme vom Boden gehoben und zu einem Sammelplatz abtransportiert werden können. Durch die Baumschwebebahn werden die Waldschäden auf ein Minimum reduziert.

Das Prinzip lässt sich überall anwenden und der Aufbau dauert nur 10 Tage. Damit sich dies jedoch rechnet, bedarf es in den Importländern einer ausreichend großen Anzahl von Konsumenten, die bereit sind, einen etwas höheren Preis für das umweltschonend gewonnene Tropenholz zu zahlen.

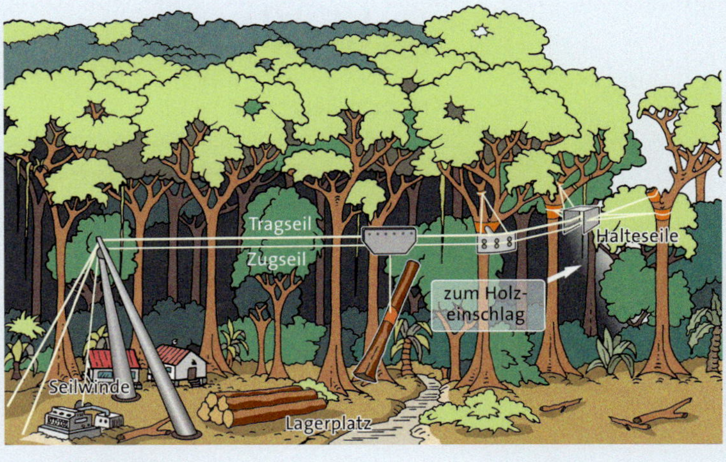

Baumschwebebahn

1

Der Regenwald geht alle an

Made im Regenwald

Viele Produkte unseres Alltags stammen aus dem Tropischen Regenwald. Während dies bei tropischen Hölzern wie z. B. Teak, Mahagoni und Palisander, die für die Herstellung von Gartenmöbeln, Fußböden, Frühstücksbrettern und mehr verwendet werden, ganz offensichtlich ist, gibt es zahlreiche andere Produkte, bei denen man zunächst nicht an den Regenwald denkt. So stammen beispielsweise Genussmittel wie Kaffee, Kakao und damit auch Schokolade, Tee oder Tabak aus den Regenwäldern und werden auf ehemaligen Waldflächen produziert. Ähnliches gilt für Bananen, Ananas, Apfelsinen, Kiwis und Mangos. Neben einer Vielzahl von Nüssen wie Kokos-, Para- und Cashew-Nüssen hat der Großteil aller Gewürze seinen Ursprung im Regenwald. Begehrte Handelsprodukte sind zudem lebende Tiere wie z. B. Papageien und Singvögel. Weltweit werden jedes Jahr allein über 540 000 Papageien gehandelt, 35 000 – 40 000 davon landen in Deutschland. Dazu kommt noch eine große Zahl von Tieren, die illegal, unter Umgehung der internationalen Artenschutzbestimmungen, verkauft wird.

Global denken ...

Auf den vorangegangenen Seiten wurde bereits angesprochen, dass die Tropischen Regenwälder als „grüne Lunge der Erde" eine stabilisierende Funktion für das Weltklima haben. Tropenwälder wirken wie gigantische Schwämme, die Regenwasser aufsaugen und es über ihre Blätter wieder ausschwitzen. Etwa ein Fünftel aller Süßwasservorräte der Erde ist in ihnen gespeichert. Die Regenwälder „produzieren" ihre eigenen Wolken und sorgen auch in weit entfernten Gebieten für lebensspendende Niederschläge. Die Wolken der Tropenwälder wirken außerdem als Sonnendach, das die Aufheizung unseres Planeten in erträglichen Grenzen hält. Brennen die Tropenwälder, so heizt sich unser Klima gleich doppelt auf. Durch die Freisetzung von CO_2 verstärkt sich der **Treibhauseffekt** und die damit verbundene Erwärmung der Erde.

Auch in medizinischer Hinsicht sind die Regenwälder von großer Bedeutung für die gesamte Menschheit. Aufgrund der **Artenvielfalt** bieten die Regenwälder eine unvorstellbar große genetische Vielfalt, die ungeahnte Möglichkeiten für die medizinische Forschung eröffnet. Immer wieder werden neue Medikamente und Wirkstoffe entdeckt. Vielleicht findet man irgendwann sogar ein Mittel, das sich im Kampf gegen Aids einsetzen lässt. Wer den Regenwald zerstört, vernichtet eine Apotheke von morgen.

… lokal handeln

Die globale Bedeutung der Regenwälder wurde in den letzten Jahrzehnten auf mehreren internationalen Konferenzen erörtert. Neben einzelnen Abkommen zum Schutz der Tropischen Regenwälder auf politischer Ebene ist vor allem das Engagement von zahlreichen Umweltschutzbewegungen wie WWF, Greenpeace, ARA (Arbeitsgemeinschaft Regenwald und Artenschutz) oder Robin Wood zu nennen. Diese Gruppen setzen sich mit zum Teil spektakulären Aktionen auf internationaler und lokaler Ebene für den Erhalt der Tropischen Regenwälder ein.

Doch was kann der Einzelne tun? Zunächst einmal heißt es „Augen auf beim Einkauf". Durch den Einkauf von Produkten aus fairem Handel, bei denen der einzelne Bauer vor Ort angemessene Preise für seine Arbeit bekommt, ist ein Schritt in die richtige Richtung getan. Beim Kauf von Tropenholz sollte man auf das FSC-Gütesiegel achten, da dieses eine umwelt- und sozialverträgliche Herstellung garantiert. Wir müssen bereit sein, dafür mehr Geld auszugeben, um die Erzeugerländer zu motivieren nicht auf andere Produkte wie Ölpalmen auszuweichen.

Regenwald macht Schule

In der Schule könnt ihr einiges unternehmen, um Mitschüler, Eltern und Öffentlichkeit für den Regenwald und die Einzigartigkeit des Ökosystems zu sensibilisieren: Durchführung eines Regenwald-Frühstücks, Gestaltung einer Regenwald-Ausstellung, Bau eines Regenwald-Erlebnisraums (mit Tastkisten, Pflanzen, Geräuschen etc.), Einladung eines Vertreters einer Umweltschutzorganisation, Besuch eines Botanischen Gartens, Basteln eines Regenwald-Parcours, Schreiben und Aufführen eines kleinen Theaterstücks, Entwurf einer Broschüre, Gestaltung einer Sonderausgabe eurer Schülerzeitung und vieles andere mehr. Der Fantasie sind hier keine Grenzen gesetzt.

1 *Interpretiere die Grafik 1. Was symbolisieren die einzelnen Bildelemente?*

② ***Schülerin erfasst die Zerstörung des Regenwaldes***

③ ***Aktion im öffentlichen Raum***

④ ***Schüler stellen den Stockwerkbau im Modell dar***

WWF

⑤ ***World Wide Fund For Nature***

www.wwf.de

FSC

⑥ ***Forest Stewardship Council (der Weltforstrat)***

www.fsc.org

www.fsc-Deutschland.de

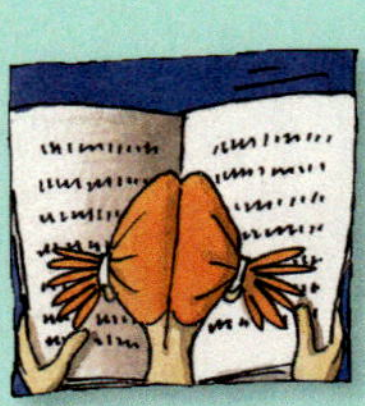

Alltag im Dorf

1 Anfänglich konnte ich, da ich die Sprache nicht ausreichend beherrschte, nicht einmal etwas fragen. Wenn ich die Männer vom Jagen heimkommen sah, ging ich zuerst mit meiner großen Waage hin, hob ein Gürteltier, einen Ameisenbär oder ein Pekari, das sie gerade auf den Boden geworfen hatten, auf und wog es – ohne mich darum zu scheren, wie lästig oder peinlich das war. Während ich wog, standen alle lachend um mich herum und fragten sich zweifellos, was um alles in der Welt ich bloß anstellte. Sie wussten nicht, was „wiegen" ist. Sie wussten nicht, dass ich das erlegte Wild an eine „Waage" hängte. Sie hatten nie etwas von Kilos und Pfunden gehört. Es brauchte nicht viel Phantasie, um sich vorzustellen, was ihnen durch den Kopf ging. Sieh dir doch den Nabuh an. Er nimmt dieses seltsame Ding und bindet es an einen Hauspfosten, dann nimmt er das Pekari und hängt es dran, mitten im Dorf. Dann schaut er es mit zusammengekniffenen Augen an und macht kleine Zeichen auf Blätter.

„Eou, Shori", sagten sie dann, „was machst du da?"

„Ich wiege das Tier. Ich schaue, wie schwer es ist."

Das konnte ich so natürlich nicht auf Yanomami sagen. Als ich das Wort gelernt hatte, konnte ich bloß sagen: „Schwer?" – Sie haben kein Wort für „wiegen". Darauf antworteten sie dann in ihrer Sprache: „Wo liegt das Problem, Shori? Warum hebst du es nicht hoch, dann merkst du, wie schwer es ist." Bevor ich das Wort für „schwer" kannte, habe ich bloß gelacht und die Tiere an die Waage gehängt. Die ganze Zeit haben alle gekichert, gedeutet und laut herausgelacht. Sie hatten schon einige ziemlich unverständliche Dinge gesehen, seit ich hergekommen war, aber das übertraf alles, was sie wohl von mir erwarteten. Dennoch, solange ich nichts kaputtmachte, warum nicht? Der Nabuh will das Pekari dort an den Haken hängen? Meinetwegen, es ist merkwürdig, aber pah, was macht das schon?

Ich musste jedes Stück Wild wiegen, das in das Shapono kam. Außerdem musste ich versuchen, die Leute selbst auf die Waage zu kriegen. Ich wollte sie alle wiegen, damit ich den Energieumsatz messen und die Proteineinnahme pro Kilo Körpergewicht bestimmen konnte. Ich hatte dafür eine normale Hauswaage, aber es war ein kühnes Unterfangen, sie dazu zu bringen, sich darauf zu stellen. Zum einen war es unendlich komisch. Es war schon seltsam, die Tiere aufzuhängen, aber das war nun echt verrückt. Zum anderen konnten sie einfach nicht darauf stehen bleiben. Wenn ein Fuß drauf war, glitt der andere wieder ab. Sie stellten den einen Fuß vorn auf die Waage und den anderen auf den Boden oder beide Füße vorn auf die Waage. „Kommt her", hätte ich gerne gesagt. „Stellt euch zu mir, ich werde euch

zeigen, wie es geht. Tut einfach einen dahin, so, dann den anderen hierhin, so.“ Aber ich musste es pantomimisch erklären. ...
Als ich nun meine Arbeit wirklich ernsthaft in Angriff nahm, wurde ich im Endeffekt aufdringlich für sie, anstatt dass sie mir auf die Nerven gingen. Aber sie waren ziemlich tolerant, und meist lachten sie einfach oder machten Witze darüber. Sie hielten mich allmählich für eine Art Tanzbär, eine unterhaltsame Abwechslung.
Das machte mir nichts aus, zumindest nicht im Anfangsstadium meiner Beziehungen zu ihnen. Eine Möglichkeit, mit ihnen ins Gespräch zu kommen oder Spannungen abzubauen, war das Lachen und Scherzen, also lachte ich und spielte ihnen etwas vor. Ich vollführte ein Tänzchen oder machte irgendjemanden nach. Erst glotzten sie, dann platzten sie los. Sie hatten so etwas noch nie im Leben gesehen. Kein Yanomami würde je so etwas tun. Derartige Vergnügungen gehörten nicht zu ihrer Welt. Da gab es einen Mann, der sich vor kurzem den Knöchel verstaucht hatte und hinkte. Als ich seinen Gang nachmachte, platzte das ganze Shapono vor Lachen, und der betreffende Mann lachte am lautesten von allen. Die ganze nächste Woche wollten sie jeden Tag diesen Auftritt sehen – selbst als der Knöchel geheilt war. Es hatte den Anschein, als wäre es das Lustigste gewesen, was sie je gesehen hatten. Ich war der Hofnarr, der Dorftrottel. Aber das ging in Ordnung. Anstatt mich nur anzustarren und für weiß Gott was zu halten, zeigten mir alle ihre Zuneigung und wollten mich um sich haben.
Das war ganz in meinem Sinne. Endlich entwickelte sich ein guter Draht zu ihnen, die Beziehungen knüpften sich an, und ich fühlte mich entspannter. All dies bedeutete, dass es von nun an einfacher sein würde, Kontakte aufzunehmen und zu lernen. Ich wusste, sie akzeptierten mich, wenn auch auf eine sehr spezielle Weise. Sie dachten nicht dauernd, o nein, da kommt der verdammte Kerl schon wieder.
Bei meinen Runden durchs Dorf ging ich zu jeder Feuerstelle und beobachtete, was sie gerade taten. Dabei sah ich, wie sie die Bananen zubereiteten, wie sie sie über dem Feuer rösteten. Ich fand heraus, dass es noch anderes Essen gab, und fragte sie, was es sei. „Weti?“ Dann sprachen sie mit mir, was ich nicht verstand. Doch wenn sie mich sahen, dachten sie dabei immer auch an Handelswaren, und so hörte ich die Worte für „Topf“, „Angelhaken“ oder „Buschmesser“. Darin lag ein gewisser Humor. Ich wollte was von ihnen, und sie wollten was von mir. Und beide Seiten kamen auf ihre Kosten. Bei all meinen unzähligen Fragen dachte ich im Hinterkopf stets: „Was isst er gerade? Wie viel isst er hiervon? Wie viel davon?“ Bei ihnen lief zweifellos das Gleiche ab.

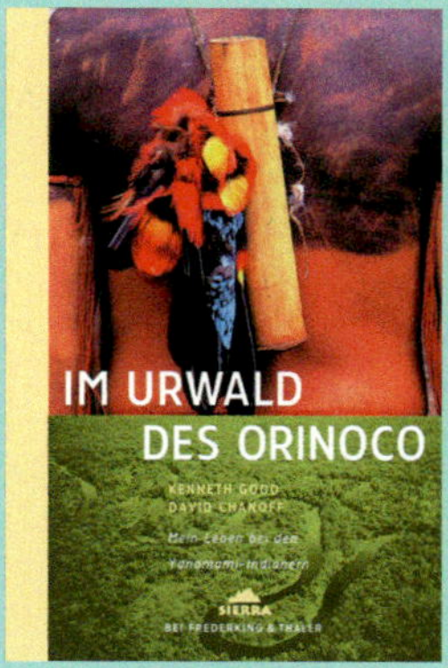

2 Im Urwald des Orinoco von Kenneth Good und David Chanoff (Frederking & Thaler 2002, Seite 65–68)

Der junge amerikanische Anthropologe Kenneth Good soll bei den Yanomami-Indios am oberen Orinoco Feldforschung betreiben – einem Volk, das in der Wissenschaft als besonders kriegerisch gilt. Doch der „Nabuh“, der Fremde, wird in seiner Dorfgemeinschaft freundlich aufgenommen. Er lernt die Sprache der Yanomami und beginnt langsam, Lebensgewohnheiten und Riten dieser venezolanischen Ureinwohner zu verstehen. Aus dem Beobachter wird allmählich ein vollwertiges Mitglied der Gemeinschaft.

Eine Pro-Kontra-Diskussion durchführen

Bezüglich der Nutzung des Tropischen Regenwaldes gibt es ebenso wie in anderen Bereichen zahlreiche Kontroversen. Zum besseren Verständnis der unterschiedlichen Sichtweisen und zur eigenen Standortbestimmung dient die Methode der Pro-Kontra-Diskussion, bei der Befürworter und Gegner ihre Argumente unter der Führung eines Diskussionsleiters austauschen.

1. Schritt: Ein Meinungsbild erstellen

Jeder einzelne Schüler überlegt sich, welcher Position er zustimmen würde. Das Ergebnis der Abstimmung wird an der Tafel festgehalten.

2. Schritt: Die Diskussion vorbereiten

Es werden sieben Gruppen gebildet. Jeweils drei Gruppen beschäftigen sich mit den Pro- bzw. Kontra-Argumenten. Die siebte Gruppe ist für die Diskussionsleitung zuständig.

Aufgaben der Diskussionsleitungsgruppe

Bereitet ein kurzes Eingangsstatement vor, in dem ihr in das Thema einführt und auf die wichtigsten Gesprächsregeln (z. B. sich gegenseitig ausreden lassen) hinweist.
Überlegt euch einige Impulse für den Fall, dass die Diskussion ins Stocken gerät.
Bestimmt einen Diskussionsleiter.

Aufgaben der Pro-/Kontra-Gruppen

Überlegt euch Argumente für die von euch zu vertretende Position. Als Hilfestellung können Interviews, Zeitungsartikel, Broschüren und Ähnliches dienen.
Notiert die wichtigsten Argumente sowie schwer zu merkende Informationen wie z. B. Zahlen auf einer Karteikarte, die euer Gruppenvertreter mit in die Diskussion nimmt.

3. Schritt: Die Diskussion durchführen

Die sechs Gruppenvertreter und der Diskussionsleiter sitzen im Halbkreis vor der Klasse.

Aufgabe des Diskussionsleiters

Begrüße zu Beginn die Teilnehmer und führe kurz in das Thema und die Gesprächsregeln ein. Achte während der Diskussion darauf, dass die Regeln eingehalten werden und auch stillere Diskussionsteilnehmer angemessen zu Wort kommen. Beende die Diskussion, wenn sich die Argumente nur noch wiederholen.

Aufgabe der Gruppenvertreter

Bringt die Argumente eurer Gruppe engagiert und fair in die Diskussion ein. Achtet auf die Argumente der Gegenseite und bezieht dazu Stellung.

4. Schritt: Die Diskussion auswerten

Nach Beendigung der Pro-Kontra-Diskussion entscheidet jeder Schüler nochmals für sich persönlich, welcher Position er am ehesten zustimmen würde. Das Gesamtergebnis wird erneut an der Tafel festgehalten und mit dem vorherigen Meinungsbild verglichen. Welche Argumente waren besonders überzeugend?

1 *Führt in der Klasse eine Pro-Kontra-Diskussion zum Thema „Tropenholzboykott – Ja oder Nein?“ durch. Einige Argumente dazu liefern die nebenstehenden Texte.*

Die Durchführung einer Pro-Kontra-Diskussion bei spannungsreichen Themen lässt Interessenkonflikte besser verstehen. Es hilft dem Einzelnen bei der eigenen Standortbestimmung und Bildung eines ausgewogenen Urteils.

1 Befürworter

„Für die Zerstörung der Tropischen Regenwälder ist in erster Linie die Holzwirtschaft verantwortlich. Ich fordere deshalb einen totalen **Tropenholzboykott**.

Die Eingriffe in das komplexe Ökosystem des Tropischen Regenwaldes haben unabsehbare Folgen, die den Fortbestand von mehreren indigenen Waldvölkern und rund 30 Millionen, meist noch unerforschten, Tier- und Pflanzenarten bedrohen. Zudem bestimmen die Regenwälder als Sauerstoffproduzenten unser Weltklima. Mit der Abholzung nimmt sich der Mensch langsam die Luft zum Atmen.

Auch aus wirtschaftlicher Sicht macht die weitere Abholzung wenig Sinn. Der Regenwald kann sich nicht mehr regenerieren, sodass die Holzunternehmen langfristig immer weniger Holz ernten können.

Das meiste Tropenholz wird zudem nur deshalb in den Industrienationen verwendet, weil es deutlich preiswerter ist als das Holz in Europa. Die Bäume müssen nicht angepflanzt werden und die Arbeitslöhne sind niedrig. Bis auf wenige Spezialbereiche kann Tropenholz durch heimische Hölzer ersetzt werden.

Das Gütesiegel FSC (Forest Stewardship Council), das von Umweltorganisationen gemeinsam mit Holzunternehmen eingeführt wurde, stellt meiner Meinung nach keine Lösung dar. Zum einen ist es bisher lediglich auf kleinen Flächen gelungen, natur- und sozialverträglich Tropenholz zu ernten, zum anderen sind die Richtlinien so unpräzise formuliert, dass sie Platz für großzügige Interpretationen lassen. Und selbst diese geringen Mindestanforderungen sind kaum kontrollierbar. Bis auf wenige Vorzeigeprojekte wird im Tropenwald weiterhin **Raubbau** betrieben.

Daher ist der einzige wirklich wirksame Weg, den Tropischen Regenwald zu schützen, ein totaler Tropenholzboykott."

2 Gegner

„In den meisten Tropenstaaten steht man vor dem Problem, hungernden Menschen ein würdiges Leben zu ermöglichen. Wer einen Boykott des Tropenholzes fordert, muss bedenken, dass er diese Länder um eine der wohl wichtigsten Einnahmequellen bringt.

Auch hat ein ungenutzter Wald praktisch keinen Zuwachs. Er befindet sich in einem unproduktiven Gleichgewicht. Ein Wald sollte so genutzt werden, dass er sich ohne bleibende Schäden von selbst wieder erneuert. Eine Bewirtschaftung mit Blick in die Zukunft steht hierbei im Mittelpunkt.

Die industrialisierten Länder haben die Kenntnisse und die finanziellen Mittel, um in gemeinsamen Projekten mit Einheimischen eine nachhaltige Waldnutzung, wie z.B. bei der Baumschwebebahn, zu initiieren. Hier fehlt mitunter der politische Wille dazu.

Ein Boykott würde jedoch eine nachhaltige Waldnutzung unmöglich machen. Stattdessen würde das weiterhin mittels Raubbau gewonnene Holz in solche Länder exportiert, die sich nicht für einen umwelt- und sozialverträglichen Abbau interessieren. Ein Boykott verhindert somit keinen Raubbau, sondern fördert ihn sogar noch!

Das Ziel muss sein, eine umweltschonende und sozialverträgliche Holzgewinnung in den Ländern der Tropen zu etablieren, die sowohl der Natur als auch den Menschen vor Ort zu Gute kommt. Umweltorganisationen haben daher gemeinsam mit der Holzwirtschaft das Gütesiegel FSC (Forest Stewardship Council) entwickelt, das bei der Einhaltung von Mindeststandards vergeben wird. Durch dieses Siegel kann der Käufer nachhaltig gewonnenes Tropenholz von Holz aus unkontrolliertem Einschlag unterscheiden."

TERRATraining

Im Tropischen Regenwald

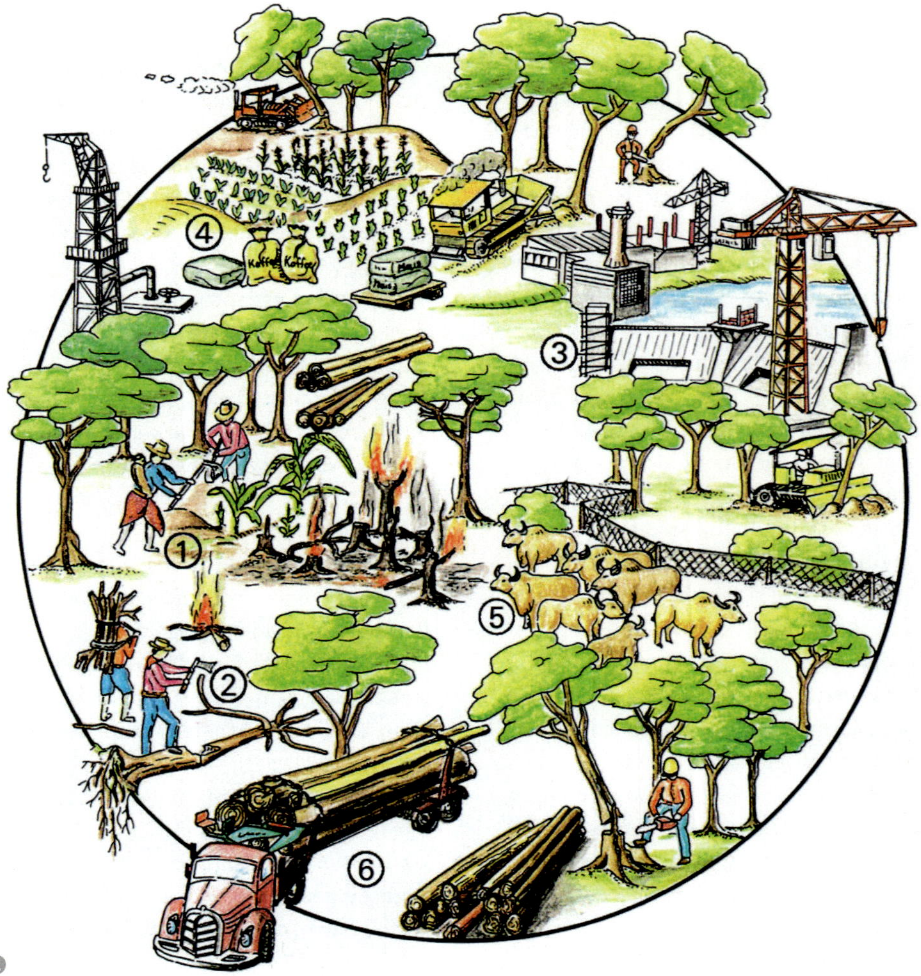

➊

Wichtige Begriffe

Agrarkolonisation
Artenvielfalt
Brandrodungswanderfeldbau
Dauerkultur
Erosion
Indigene Völker
Kronenschicht
Mischkultur-System
Monokultur
Nährstoffkreislauf
Nachhaltige Waldnutzung
Nachhaltigkeit
Ökosystem
Plantage
Primärwald
Raubbau
Regenwaldzerstörung
Sekundärwald
shifting cultivation
Stockwerkbau
Strauch- und Krautschicht
Tageszeitenklima
Treibhauseffekt
Tropenholzboykott
Yanomami

Orientieren

1 Wer kennt sich aus?

USA, Myanmar, Argentinien, Pakistan, Malaysia, Demokratische Republik Kongo, Venezuela, Kolumbien, Iran, Kongo, Gabun, Brasilien, Kamerun, Ukraine, Peru, Tansania, Chile, Papua-Neuguinea, Namibia, Indonesien.

a) Liste diejenigen Staaten auf, die noch großflächige Regenwaldgebiete aufweisen.

b) Ordne die Regenwaldstaaten nach Kontinenten und lege dazu eine Tabelle an.

c) Welche drei Staaten besitzen die größten Regenwaldflächen?

Kennen und verstehen

2 *Welche Arten von Eingriffen in den Tropischen Regenwald zeigt Zeichnung 1?*

3 Richtig oder falsch?

Verbessere die falschen Aussagen und schreibe sie richtig auf.

a) Im Tropischen Regenwald regnet es jeden Tag mindestens einmal.

b) Die Böden der Tropischen Regenwälder sind sehr fruchtbar.

c) Der Sekundärwald unterscheidet sich so gut wie nicht vom Primärwald.

➋

4 Bildunterschrift gesucht

a) Welche Form der Landnutzung zeigt Foto 2?

b) Nenne Vorteile dieser Nutzung.

5 Finde die richtigen Begriffe

Die in Klammern bezeichneten Buchstaben ergeben ein Lösungswort mit 19 Buchstaben:

a) *sie verleihen den Bäumen die Standfestigkeit (1)*

b) *Kennzeichen der tropischen Tier- und Pflanzenwelt (2)*

c) *die Natur ausbeutende Wirtschaftsweise (6)*

d) *indigenes Volk in Amazonien (3)*

e) *Wald, der sich nach der Brache ansiedelt (6)*

f) *Voraussetzung für Pflanzenwachstum (11)*

g) *großflächiger Anbau nur einer Kulturpflanze (4)*

h) *geschlossenes Dach des Regenwaldes (7)*

i) *Kennzeichen des Regenwaldaufbaus (12)*

j) *Pflanze mit dem schnellsten Wachstum (3)*

k) *andere Bezeichnung für das Klima des Tropischen Regenwaldes (3)*

l) *wasserreichster Fluss der Erde (8)*

m) *Pflanzen, die auf Pflanzen wachsen (13)*

n) *landwirtschaftlicher Großbetrieb in den Tropen (8)*

o) *Schlingpflanzen (1)*

p) *Nachkommen der ursprünglichen, vorkolonialen Bewohner (3)*

q) *Name für die höchsten Regenwaldbäume (2)*

r) *zukunftsfähiges Wirtschaftsprinzip (6)*

s) *südostasiatische Menschenaffenart (6)*

Fachmethoden anwenden

6 *Ureinwohner, Regierung, landlose Bauern, Wissenschaftler, Holzfäller und viele andere Gruppen haben ein Interesse am Regenwald. Sammle Argumente für und gegen eine Nutzung des Regenwaldes.*

Übertragen und beurteilen

7 a) *Beschreibe die Diagramme 3 und 4.*

b) *Welchen Zusammenhang gibt es zwischen den dargestellten Entwicklungen und der Zerstörung des Tropischen Regenwaldes?*

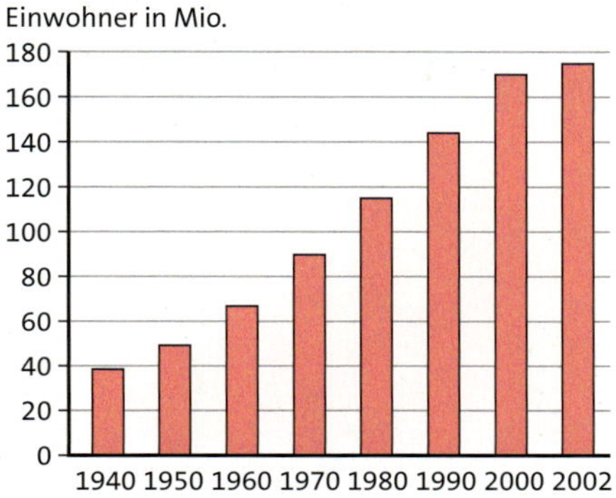

3

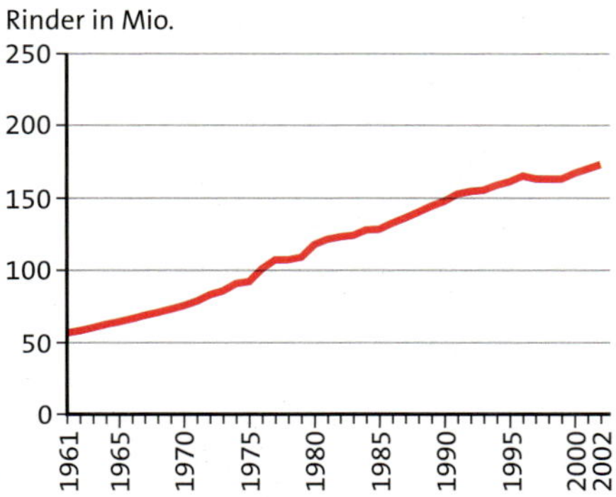

4

Knobeln und rätseln

8 Buchstabensalat

Bei den folgenden Wörtern ist die Reihenfolge der Buchstaben durcheinander geraten. Ordne sie zu vernünftigen Begriffen:

npeotr – egatnalp – rogbadrunnd – onomturkul

9 Bilderrätsel

Löse das Bilderrätsel und erkläre den gesuchten Begriff.

Teste dich selbst

mit den Aufgaben 1c, 5a und 9.

In den Savannen

Mit Savanne bezeichnet man die Baum- und Graslandschaften der Tropen. Sie sind Heimat unzähliger Wildtiere, darunter die größten Landtiere der Erde wie Elefant, Giraffe und Nashorn. Aber weißt du, dass die Savannen Afrikas als die Wiege des Menschheit gelten und dass sie nach wie vor ein wichtiger Lebensraum sind? Ein Drittel der Weltbevölkerung lebt hier auf einem Fünftel der Landoberfläche der Erde.

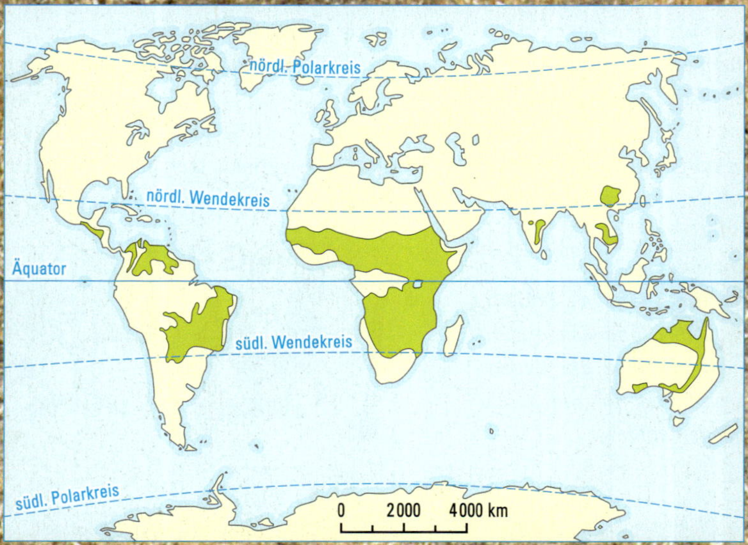

4

1 *Savanne während der Trockenzeit*

Regenzeit und Trockenzeit in Afrika

Humidus *(lat.): feucht, nass*
Aridus *(lat.): trocken, dürr*

→ *Vegetationszeit: Seite 104*

Endlich – nach langem Warten fällt über dem ausgedörrten Land wieder der erste Regen. Während der monatelangen **Trockenzeit** war der Himmel stets wolkenlos, glühende Hitze mit Temperaturen über 40 °C im Schatten ließ das Leben fast erstarren. Verdorrt waren die Gräser, kahl die Bäume und die Luft voller Staub.

Nun aber erwacht das Leben wieder, überall sprießt und grünt es. Die Savanne wandelt ihr Gesicht. Während der **Regenzeit** bringen heftige Schauer oder Gewittergüsse alle zwei bis drei Tage ausreichend viel Wasser, mehr als wieder verdunstet. Wenn zum Ende der Regenzeit die Niederschläge nachlassen, wird die Ernte eingebracht. Jetzt herrscht für die Menschen die schönste Zeit des Jahres.

Der Wechsel zwischen Regen- und Trockenzeit spiegelt sich auch in der Wasserführung der Flüsse wieder. In der Regenzeit führen sie so viel Wasser, dass sie weite Flächen überschwemmen. In der Trockenzeit hingegen verlieren sie sich als Rinnsale in einem übergroßen Bett oder trocknen ganz aus. Nur die Fremdlingsflüsse, wie z.B. der Nil, führen ganzjährig Wasser.

An den Rhythmus des **wechselfeuchten Klimas** müssen sich alle Lebewesen der Savannen anpassen. Die Pflanzen stellen in der Trockenzeit das Wachstum ein. Viele Bäume werfen ihr Laub ab, um die Verdunstung zu verringern. Weidetiere, wie z. B. die Gnus der Savannen Afrikas, wandern in riesigen Herden zu noch grünen Weidegründen. Auch die Menschen, die von der Viehhaltung leben, führen mit ihren Herden ein nomadisches Wanderleben. Menschen, die vom Ackerbau leben, müssen für die Trockenzeit Vorräte erwirtschaften.

Trocken- und Regenzeit weisen in den Savannen Afrikas eine unterschiedliche Dauer auf. In Äquatornähe ist die Regenzeit ausgeprägter, das Klima ist dort überwiegend feucht (**semihumid**). Mit zunehmender Entfernung vom Äquator verkürzt sich die Regenzeit und die Trockenzeit dauert länger an. Das Klima dort ist überwiegend trocken (**semiarid**). Weiter zu den Wendekreisen hin ist das Klima ganzjährig trocken (**vollarid**). Umgekehrt verhält es sich bei den Gebieten am Äquator. Das Klima ist dort **vollhumid**, denn in jedem Monat fällt mehr Niederschlag als verdunsten kann.

2 ***Savanne während der Regenzeit***

3 **Regenzeit in der Savanne**

Im März/April ändert sich das Landschaftsbild. Der Himmel hellt sich auf, der Dunst verschwindet, weiße Haufenwolken verteilen sich auf der tiefblauen Himmelsflur. Die Luft wird klar und rein, und weithin kann das Auge über ferne Flächen und isolierte Berge hinschweifen. Später verdichten sich die weißen Wolkenballen zu dunkeldrohenden Schichtwolken; wie eine schwarze Mauer wälzen sie sich heran, der erste Donner rollt von fernher über die schweigende, furchtsame Landschaft. Vor der dunklen Wolkenwand treibt ein sturmartiger Wind graue und rotbraune Staubwirbel einher und lässt sie wie Türme hoch zum Himmel steigen. Dann kommt der Sturm näher, der Himmel schließt und verdunkelt sich, Blitz und Donner folgen in fürchterlichen Schlägen rasch aufeinander, und zuletzt prasselt ein heftiger Regen zur düsteren Erde nieder. Der zerrissene, ausgetrocknete Boden ist in kurzer Zeit durchtränkt und aufgeweicht, in breiten Lachen fließt das lehmgelbe Wasser zwischen den Gräsern hindurch ab. Nach einer Stunde ist alles vorbei, der Himmel ist friedlich und tiefblau, die Sonne scheint lächelnd, und die Luft ist angenehm frisch.

Waibel, L.: Urwald, Feld, Wüste. Darmstadt 1965 (unveränderter Nachdruck) S. 58–59

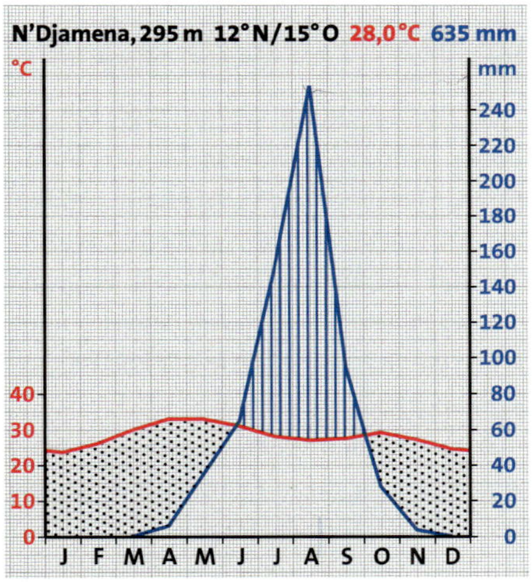

4 ***Klimadiagramm von N`Djamena***

→ *Klimadiagramme auswerten, Seite 24/25*

1 *Beschreibe anhand der Fotos 1 und 2 die Auswirkungen der Regenzeit und Trockenzeit in den Savannen.*

2 *Werte das Klimadiagramm 4 aus.*

3 *Beschreibe anhand von Klimadiagramm 4 den Unterschied zwischen Regenzeit und Trockenzeit.*

4 *a) Zeichne mithilfe der Klimawerte im Anhang ein Klimadiagramm von Nairobi.*

b) Werte dieses Diagramm aus.

Savanne ist nicht gleich Savanne

1 Die ***Schirmakazien*** *in den Trockensavannen besitzen sehr kleine Blätter und Dornen. Damit wird die Verdunstung verringert. Ihre langen Wurzeln erschließen tiefliegende Wasserreserven.*

2 Der ***Baobab (Affenbrotbaum)*** *in der Dornsavanne speichert zum Überleben der langen Trockenzeit Wasser im dicken Stamm.*

Savanne ist die Sammelbezeichnung für die wechselfeuchte Landschaftszone zwischen Regenwald und Wüste. Bedingt durch die verschieden langen Regenzeiten unterscheiden sich Art und Wuchshöhe der Vegetation jedoch erheblich. Man untergliedert die Savannen in **Feuchtsavanne**, **Trockensavanne** und **Dornsavanne**.

Ob in Savannen reine Grasfluren, Gebüsch, einzelne Bäume, lichte oder geschlossene Wälder vorherrschen, hängt nicht nur von den Niederschlägen ab. Auch Relief, Böden, Grundwasserstand, Tierwelt und nicht zuletzt der Mensch haben einen großen Einfluss.

Gräser und Gehölze konkurrieren um die lebenswichtigen Wasservorräte im Untergrund. Mit ihren langen Wurzeln erreichen Gehölze Wasservorräte in größerer Tiefe und sind auf Berghängen im Vorteil. Dagegen sind auf Ebenen und wasserspeichernden Böden die Gräser mit ihrem dichten Wurzelwerk im Vorteil.

Pflanzenfressende Wildtiere und Viehherden sorgen für eine Auslese unter den Pflanzen. Besonders dort, wo der Pflanzenwuchs mangels Niederschlag nicht sehr üppig ist, setzen sich dornenbewehrte Pflanzen durch.

Um das Weideland zu vergrößern, brennen Menschen regelmäßig nachwachsende Vegetation ab, was zur allmählichen Verdrängung der Holzpflanzen führt. Wo Ackerbau möglich ist, wird die Savanne sogar vollständig zu Kulturland.

3

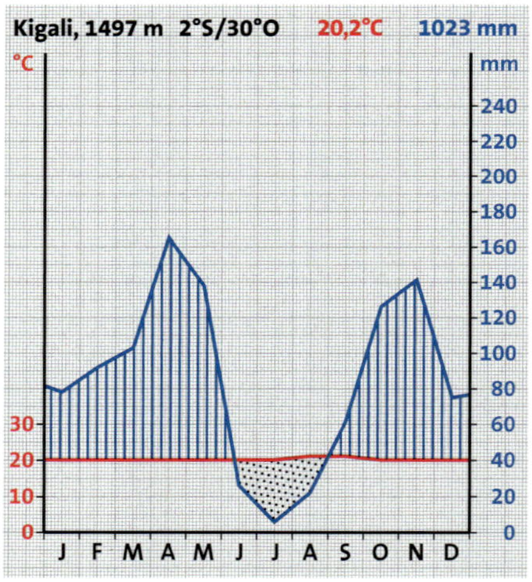

4 ***Feuchtsavanne***
9½ – 7 Monate feucht
Niederschlag 1 000 – 2 000 mm

1 *a) Savanne ist eine Sammelbezeichnung für verschiedene Landschaften. Erkläre.*
b) Beschreibe ein allen Savannen gemeinsames Merkmal.

2 *Pflanzen passen sich an die heiße Trockenzeit an. Erkläre, wie.*

3 *Übertrage Tabelle 7 in dein Heft und fülle sie aus. Nutze auch die Abbildungen 10 – 12.*

4 *Beurteile, ob die Dornigkeit der Pflanzen in den Dornsavannen als Anpassung an das Klima zu erklären ist.*

5 *Stelle eine Vermutung auf, welche Formen der Landnutzung die Menschen in den drei Savannentypen betreiben.*
Überprüfe mithilfe einer Atlaskarte.

⑤

⑧

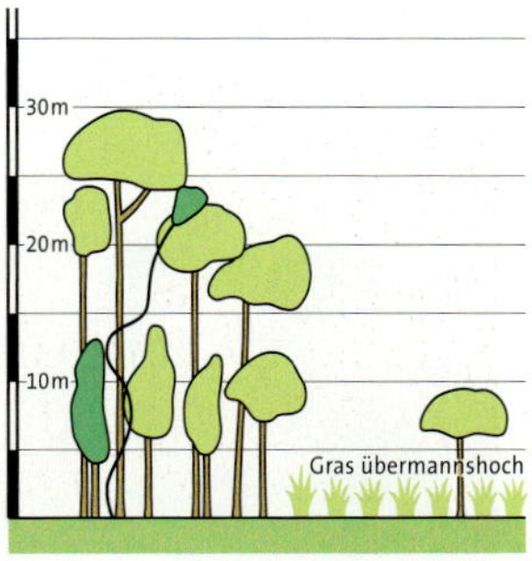

⑩

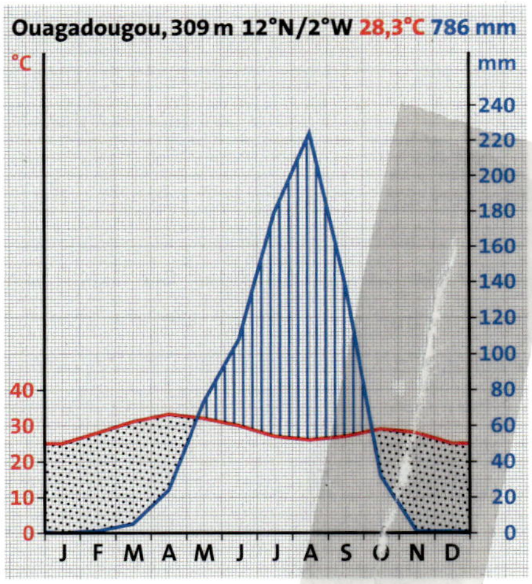

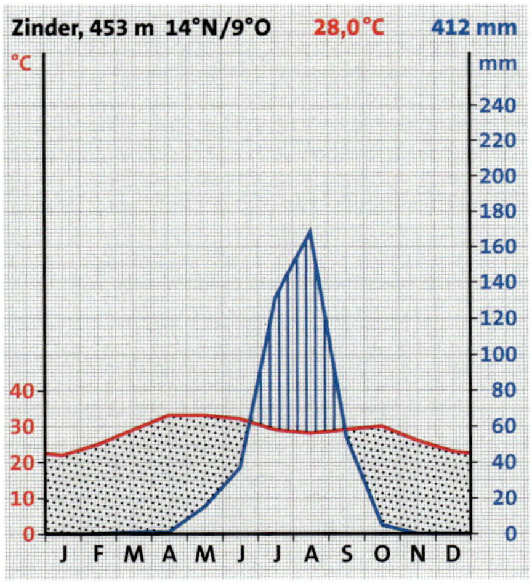

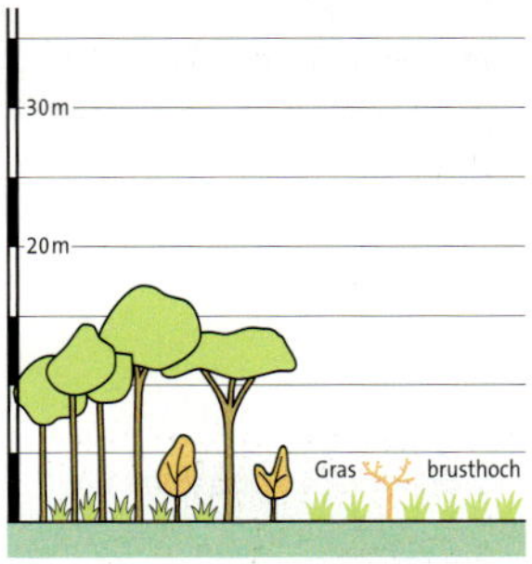

⑪

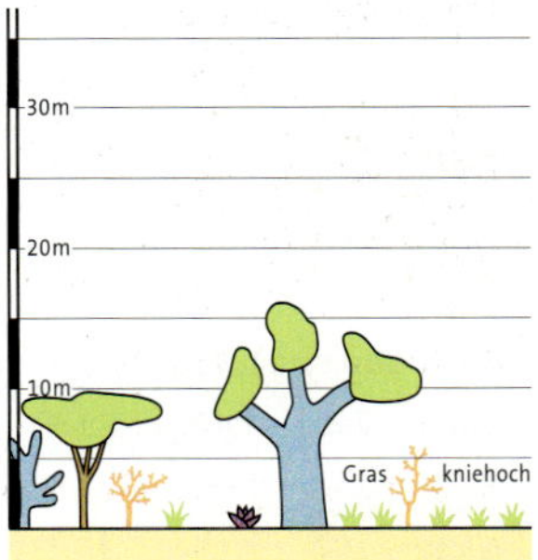

⑫

⑥ ***Trockensavanne***

7–4½ Monate feucht

Niederschlag 500–1 000 mm

⑨ ***Dornsavanne***

4½–2 Monate feucht

Niederschlag 200–500 mm

⑦

Savannentyp	**...**	**...**	**...**
Dauer der Feuchtezeit (in Monaten)	...	...	...
Jahresniederschlag (in mm)	...	...	...
Art und Höhe der Vegetation	...	...	...

1 *Im Sahel*

Nomaden im Sahel – Überleben gefährdet

Die größte Dürre im Sahel 1968–1973 machte die Weltöffentlichkeit erstmals auf das Problem der Desertifikation aufmerksam.

2 ***Entwicklung der Bevölkerung in den Sahelstaaten (in Tsd.)***

	1970	2000
Mauretanien	826	2665
Burkina Faso	5449	11535
Mali	5484	11308
Niger	4154	10832

Es ist September und die Wasserstellen im Norden der Dornsavanne führen kein Wasser mehr. Siaka treibt seine Herde nach Süden, zu Wasserstellen, die wegen der längeren Regenzeit mehr Wasser führen und auch während der Trockenzeit genutzt werden können. Durch Anpassung an den natürlichen Wechsel zwischen Regen- und Trockenzeit konnten wandernde Viehhirten – die **Nomaden** – in den lebensfeindlichen Gebieten des Sahels über Jahrhunderte hinweg überleben. Das knappe Futter und die geringen Wasservorkommen hielten den Viehbestand im Gleichgewicht zur Natur. Die nomadischen Stämme wussten seit jeher, dass ein Überleben an der Nahtstelle zwischen Wüste und Savanne nur möglich ist, wenn sie ihre Wirtschaftsweise der Natur unterordnen.

Die Nomaden auf dem Rückzug

An den Dürren der 70er und 80er Jahre des letzten Jahrhunderts scheiterte selbst diese lang erprobte Überlebensstrategie. Allein in den Jahren 1973 und 1974 starben über eine Millionen Menschen an Nahrungs- und Wassermangel. Wie konnte es dazu kommen? Viele nomadische Stämme wanderten in die Städte ab, die mit neuen Schul- und Gesundheitseinrichtungen ein bequemeres Leben versprachen.

Fast überall im Sahel haben die wenigen Nomaden heute einen schweren Stand. Für ein Rind oder eine Ziege erhalten sie im Tausch mit den Bauern deutlich weniger Nahrungsmittel als früher. Um überleben zu können, müssen die Nomaden ihre Herden aufstocken. Gleichzeitig werden ihre kargen Weideflächen immer knapper. Die Ursachen hierfür sind vielschichtig: Um die ständig wachsende Bevölkerung mit Nahrung zu versorgen, lassen die Regierungen Tiefbrunnen bauen. Dadurch können die Bauern Land für den Ackerbau erschließen, das wegen seiner Trockenheit bisher den Nomaden überlassen war. Zusätzlich nutzen die ansässigen Bauern die wenigen Feuchtgebiete immer stärker. „Damit gehen uns nicht nur die Weideflächen, sondern auch der Zugang zum Wasser verloren", erklärt Siaka. „Ohne diese Zwischenstationen können wir die weitentfernten Weidegebiete oft nicht mehr erreichen."

Selbst wenn es regnet, wird das Land nicht mehr grün

Die unangepasste Nutzung des Sahels hat Folgen. Zu große Herden auf immer kleineren Weiden führen zur Zerstörung der Böden. Durch die **Überweidung** wird der Boden der Erosion ausgesetzt. Die Hufe der Tiere

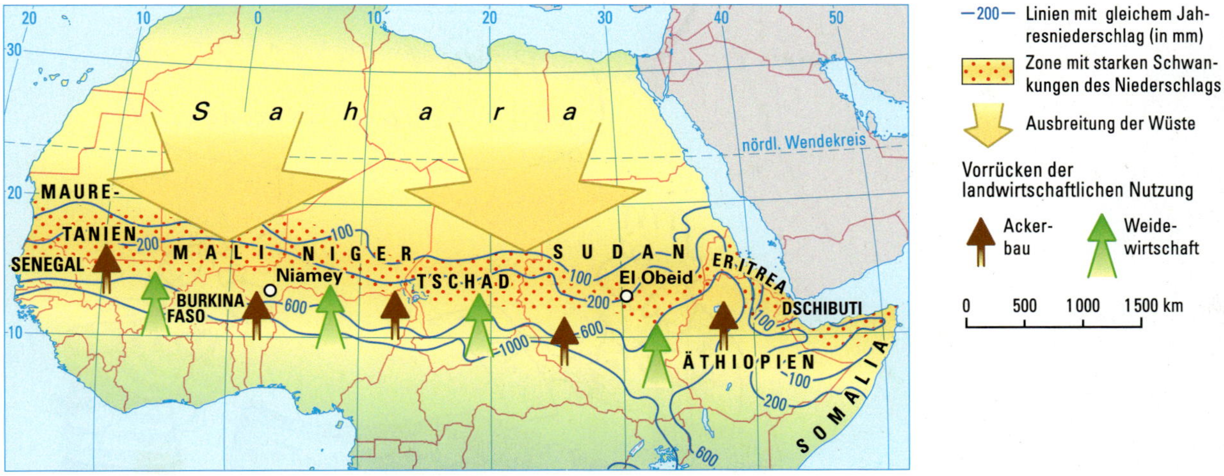

③ ***Vorrücken der landwirtschaftlichen Nutzung in der Sahelzone***

vernichten die Grasnarbe, der Boden trocknet aus. Der Wind und die kurzen Starkregen der Regenzeit tragen die dünne Humusschicht ab. 58% der **Bodenerosion** im Sahel geht auf Überweidung zurück, Rodungen für Brennholz und neue Ackerflächen zerstören den natürlichen Schutzmantel aus Pflanzen und festigenden Wurzeln zusätzlich. Die Bilder, die sich den Nomaden auf ihren Wanderungen bieten, sind vielerorts die gleichen: vertrocknete, steinharte Böden, in die kein Wasser mehr versickern kann. Teilweise bedeckt eingewehter Sand die Flächen. Letztlich kommt es zu „men made deserts" – von Menschen gemachten Wüsten. **Desertifikation** (lateinisch: desertus = wüst, facere = machen) nennt man deshalb die Ausbreitung wüstenähnlicher Verhältnisse in Gebieten, in denen allein aufgrund der natürlichen klimatischen Verhältnisse keine Wüste sein dürfte.

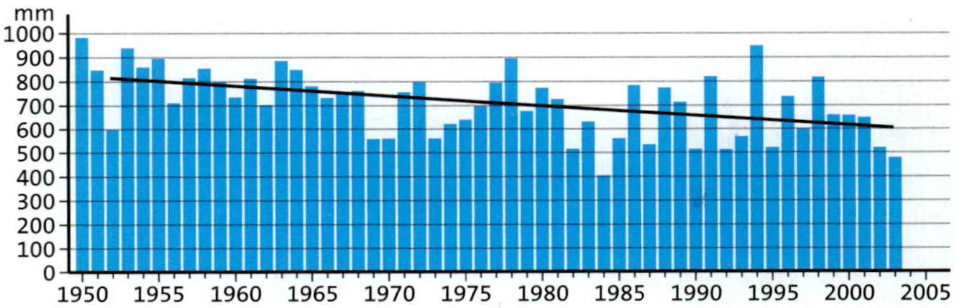

④ ***Verlauf der Niederschlagshöhe am Standort San/Mali 1950-2003***

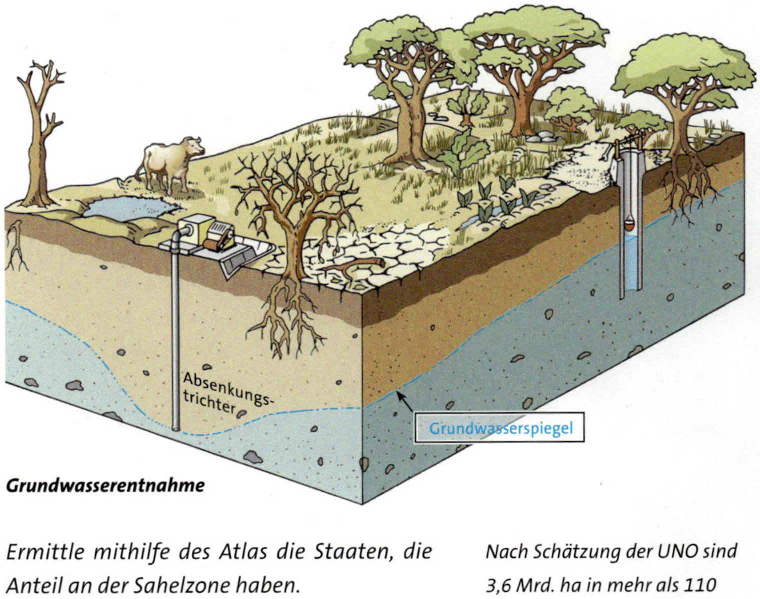

⑤ ***Grundwasserentnahme***

Die Rückkehr der Nomaden?

Die Einsicht, dass angepasstes nomadisches Leben und Wirtschaften für die regenarmen Gebiete des Sahels die ertragreichste und risikoärmste Lösung ist, kommt spät. Gesetze wie der Code Pastoral, der die Beziehung zwischen Bauern und Nomaden regelt und den freien Zugang zu Wasser und Weiden vorschreibt, soll den Nomaden im Sahel jetzt wieder eine Zukunft sichern.

1 *Ermittle mithilfe des Atlas die Staaten, die Anteil an der Sahelzone haben.*

2 *Beschreibe die Niederschlagsentwicklung in San mithilfe von Diagramm 4 und erläutere die Konsequenzen. Beachte hierzu auch die Tabelle 2 „Bevölkerungsentwicklung".*

Nach Schätzung der UNO sind 3,6 Mrd. ha in mehr als 110 Staaten der Erde von Wüstenbildung bedroht, das entspricht der dreieinhalbfachen Fläche Europas.

Nicht nur in Schulbuchtexten, auch in Zeitungsartikeln und im Fernsehen werden wir mit Themen konfrontiert, die komplex und zunächst schwer zu verstehen sind.
Um ein Thema oder ein Problem als Ganzes zu verstehen, ist es oft sinnvoll Zusammenhänge zu visualisieren. Man kann auf diese Weise nicht nur leichter über das Thema sprechen, man kann sich die Zusammenhänge auch besser merken!

Eine Conceptmap erstellen

Stefan sitzt an seinem Schreibtisch. Morgen soll er ein Kurzreferat über die Gefährdung des Lebensraums der Nomaden im Sahel halten. Die Seite in seinem Schulbuch steckt voller Informationen. Stefan hat den Text schon mehrfach gelesen, wichtige Passagen unterstrichen und eine Menge Ideen im Kopf. Trotzdem weiß er einfach nicht, wo er anfangen soll.
Sicher ist es dir auch schon einmal wie Stefan ergangen. Mit einer Conceptmap kannst du hier schnell zum Ziel kommen.
Ähnlich wie Mindmaps sind Conceptmaps gegliederte Ideensammlungen. Ihr Vorteil: sie erklären die Verbindungen zwischen den einzelnen Schlagworten und Ideen und geben dir auf diese Weise schnell einen Überblick über das gesamte Thema. Versuch es doch einmal!

1. Schritt: Text überfliegen und Thema erfassen
Überfliege den Text „Nomaden im Sahel" auf Seite 60/61 und schreibe in einem kurzen Satz auf, um was es in dem Text geht.
Zu unserem Text könntest du aufschreiben: „Die unangepasste Nutzung der Sahelzone zerstört den Lebensraum der Nomaden."

2. Schritt: Lesen und markieren
Lies den Text aufmerksam durch und markiere wichtige Schlagworte, Aussagen und Zusammenhänge. Schwierige Texte musst du ein zweites Mal lesen.

3. Schritt: Wichtige Oberbegriffe festlegen
Betrachte nochmals genau, was du im Text unterstrichen hast. Überlege, welche Oberbegriffe für das Thema (vgl. Schritt 1) am wichtigsten sind.

4. Schritt: Oberbegriffe aufschreiben
Schreibe die wichtigsten Oberbegriffe zu deinem Thema auf kleine Kärtchen.
Es könnten die Begriffe sein: immer mehr Menschen, immer mehr Tiere, immer weniger Weideflächen, Natur im Gleichgewicht, angepasste Nutzung, Tiefbrunnen, Überwei-

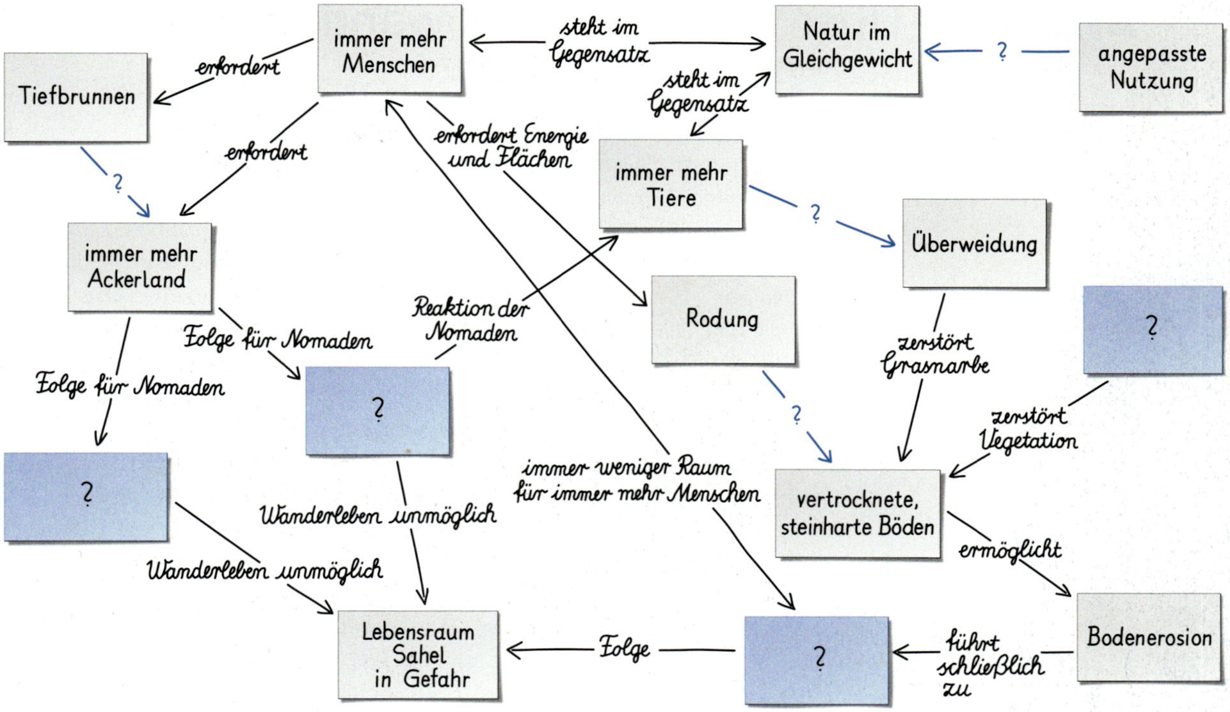

1 Conceptmap

dung, immer mehr Ackerland, Rodung, Dürren, Zugang zu Wasser versperrt, vertrocknete und steinharte Böden, Lebensraum Sahel in Gefahr, Desertifikation, Bodenerosion.

5. Schritt: Gruppiere die Kärtchen

Lege alle Kärtchen auf ein DIN-A3-Blatt und gruppiere zusammenhängende Begriffe. Es ist wichtig, dass du zwischen den einzelnen Kärtchen genug Platz lässt, falls du später noch Begriffe ergänzen möchtest.

6. Schritt: Kärtchen festkleben

Betrachte nochmals die Anordnung der Begriffe. Wenn du damit zufrieden bist, kannst du die Kärtchen in der Position festkleben.

7. Schritt: Zusammenhängende Begriffe verbinden

Verbinde die Begriffe, die etwas miteinander zu tun haben, mit einer Linie.

8. Schritt: Verbindungen erklären

Jetzt kommt der wichtigste Schritt: Um die Verbindung zwischen den Begriffen zu erklären, musst du auf jede Verbindungslinie einen Satz, ein Wort oder eine Frage schreiben. Verdeutliche deine Erklärung, indem du die Linie mit einer Pfeilspitze versiehst.

In dem Beispiel haben die Oberbegriffe Überweidung und vertrocknete, steinharte Böden miteinander zu tun. Du verbindest die beiden Begriffe und überlegst, was du auf die Verbindungslinie schreiben könntest, z. B. „zerstört Grasnarbe". Jetzt musst du nur noch die Pfeilspitze in der richtigen Richtung ergänzen.

9. Schritt: Begriffe ergänzen

Betrachte deine Conceptmap noch einmal und überlege, ob du noch Kärtchen ergänzen musst.

1 *Die fast fertige Conceptmap zeigt, wie die unangepasste Nutzung der Sahelzone den Lebensraum gefährdet.*
Arbeitet in der Gruppe:
- *Übertragt die Conceptmap in eure Hefte.*
- *Ergänzt die fehlenden Oberbegriffe aus Schritt 4 und beschriftet die leeren Verbindungslinien mit sinnvollen Erklärungen.*
- *Verdeutlicht eure Erklärungen, indem ihr die Pfeilspitzen hinzufügt.*

2 *Erläutere, warum die traditionelle Lebensweise der Nomaden die Sahelzone nachhaltig nutzt.*

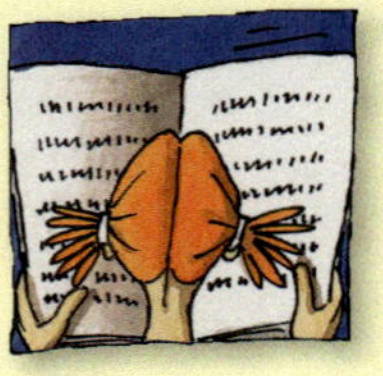

Über tausend Hügel wandere ich mit dir

1 Die Steinchen bohrten sich in ihre nackten Füße, es fühlte sich an, als ob sie Warzen hätte, und sie musste höllisch aufpassen, mit den Zehen nirgendwo anzustoßen. Sie ging wie auf Scherben. Auch ohne die hinderlichen Sandalen fiel es ihr schwer, den anderen zu folgen.

Chantal und Carine blieben an ihrer Seite. Carine stumm, wie sie es die meiste Zeit gewesen war.

Chantal aber begann mit gedämpfter Stimme, damit Maria sie nicht verstehen konnte, einige Befürchtungen zu äußern: „Könnt ihr euch eigentlich vorstellen, dass Marias Familie uns bei sich aufnimmt? Obwohl wir nicht mal verwandt mit denen sind! Ich glaube nicht, dass die uns haben wollen. Warum sollten sie?“

„Maria hat es uns versprochen“, meinte Jeanne. „Sie war unsere Nachbarin. Ihr Mann war Tutsi. Ihre Kinder sind auch Tutsi.“

„Ich weiß nicht ...“, zweifelte Chantal. „Wir sollten überlegen, was wir machen, wenn die uns nicht haben wollen.“

„Ich kenne ein paar Leute in Zaza ...“, antwortete Jeanne, unterbrach sich jedoch im selben Augenblick, weil ihr einfiel, was Gatori über Onkel Alphonse und die Tutsi in Zaza berichtet hatte. Während der Ereignisse der letzten Tage hatte sie nicht mehr daran gedacht, aber nun erschreckte es sie plötzlich, unterwegs zu diesem Ort zu sein. „... doch ich glaube nicht, dass sie noch da sind“, schloss sie düster.

„Wir werden sehen“, sagte Chantal. „Wenn wir nicht bleiben können, müssen wir eben zurück.“

Maria drehte sich ungeduldig zu den Mädchen um. „Jetzt redet nicht so viel! Was glaubt ihr, wann wir endlich da sein werden, wenn ihr so weiterbummelt!“

Gegen Mittag wurde es sehr heiß und Jeanne wusste nicht, was mehr brannte: ihr Hals oder ihre Füße, die sich auf dem aufgeheizten Boden inzwischen wund gelaufen hatten. Sie schwitzte. Trotz der Hitze trug sie noch immer Jandos Sweatshirt. Sie brachte es nicht über sich, es auszuziehen, vor lauter Sorge, es könnte ihr an einer der Sperren weggenommen werden.

Olivier quengelte und jammerte vor sich hin, weil er nicht mehr laufen konnte, und Maria, die sichtlich erschöpft und inzwischen sehr gereizt war, zerrte ungeduldig an seiner Hand. Er heulte auf.

„Warte, ich nehme ihn!“, bot sich Chantal an. Sie hob den Kleinen hoch. Bis zu einer Siedlung, die sie eine halbe Stunde später erreichten, trug sie ihn Huckepack.

„Wir machen hier Rast und fragen irgendwo nach Wasser“, keuchte Maria. „Das müssen sie uns geben.“ Dicke Schweißperlen standen auf ihrer Stirn. Ihre Lippen waren aufgesprungen.

Schon am ersten Hof stapfte sie zielstrebig durch das große, geöffnete Tor. Die Kinder folgten ihr. Sie fanden eine junge Frau an einer Feuerstelle vor. Ein paar Kinder hockten um einen großen Mörser und zerkleinerten etwas. Neugierig blickten sie den Eindringlingen entgegen.

Maria steuerte auf die junge Frau zu, die sich umwandte und ihren Rührlöffel beiseite legte.

„Können wir bitte etwas Wasser haben?“, fragte Maria.

Die Frau nickte freundlich.

„Louis, geh und hole Wasser für die Leute!“, befahl sie einem ihrer Jungen.

Er griff nach einem Plastikbecher neben sich, rannte damit zur Regentonne, kehrte mit

dem gefüllten Becher zurück und reichte ihn Maria, die zuerst Olivier, danach Gasanas Söhne trinken ließ. Der Junge lief ein zweites Mal zur Regentonne. Nachdem Chantal und Carine ein paar Schlucke getrunken hatten, reichten sie den Becher an Jeanne weiter.
Obwohl ihr Durst mittlerweile unerträglich war, zögerte sie. Sie mochte nicht mit anderen aus einem Becher trinken.
Außerdem konnte das Wasser vergiftet sein. Misstrauisch schielte sie in den Becher, und als sie dort etwas Schwarzes entdeckte, das sich auf dem Grund abgesetzt hatte, ekelte sie sich so sehr, dass sie das Wasser ohne nachzudenken einfach auf den Boden goss.
Maria zeterte: "Was fällt dir ein! Du solltest dankbar sein, dass man uns hier zu trinken gibt!"
„Ich will nichts trinken, was so dreckig ist!" erwiderte Jeanne trotzig. „Davon wird man krank!"
„Alle anderen haben auch getrunken! Stell dich nicht so an!", blaffte Maria. Dann bat sie verlegen noch einmal um Wasser für sich.
Als sie wenig später unter der stechenden Sonne zwischen Bananenplantagen, Maniok- und Süßkartoffelfeldern ihren Weg fortsetzten und nirgendwo mehr ein Haus in Sicht kam, wurde Jeannes Durst so quälend, dass sie es fast bereute, ihrem Ekel nachgegeben zu haben. Doch der Widerwille gegen alles, was nicht sauber war und von Fremden kam, steckte noch so tief in ihr, dass sie ihn nicht überwinden konnte.
So war sie heilfroh, als sie an der nächsten Barrikade von einem heftigen Wolkenbruch überrascht wurden. Unter dem Schutz eines Wellblechvordachs vor einem unbewohnten Haus warteten sie ab, bis es vorbei war.
Maria nutzte die Zeit, um Sophie die Brust zu geben, und Chantal hielt ihre verletzte, inzwischen vereiterte Hand in den Regen hinaus. Währenddessen schaute Jeanne sehnsüchtig auf die riesige Wassermenge, die der Himmel auf die Erde schüttete. Die Pfützen füllten sich im Nu bis zum Rand.
Und noch bevor es aufgehört hatte zu regnen, brach die Sonne wieder hervor. Ihre Strahlen durchdrangen die Tropfen, die nun gleißend vom Himmel perlten. Jeanne tat einen Schritt nach vorn, streckte die Hände aus und versuchte ein paar von ihnen aufzufangen. Unwillkürlich erinnerte sie sich an etwas, das Nyogokuru früher gesagt hatte, wenn es regnete und gleichzeitig die Sonne schien. „Jetzt stirbt ein Weißer und Gott weint."
Als der Regen aufhörte stürzte sie sich sofort zu einer Pfütze, schöpfte das Wasser und schlürfte es gierig in sich hinein. Das es mit Erde vermischt war, hielt sie nicht ab. Dieser Schmutz war ihr vertraut. Maria beobachtete sie mit gerunzelter Stirn, ließ sie aber gewähren.
Später pflückten die Kinder im Vorübergehen große Blätter von den Pflanzen am Wegrand und leckten das Wasser ab, das sich darauf gesammelt hatte.
Erst am späten Nachmittag kam Zaza endlich in Sicht. Jedoch ein anderes Zaza, als Jeanne es in Erinnerung hatte.
Ganze Teile des Ortes waren zerstört. Angesichts der fehlenden Dächer und der von Bränden gerußten Hausmauern dachte Jeanne an ihr Elternhaus, an den friedvollen Anblick, als sie es zum letzten Mal gesehen hatte, und die Vorstellung, dass es nun ebenso trostlos aussehen musste, schnürte ihr die Kehle zu. Sie fragte sich, was sie in Zaza erwarten mochte.

❷ ***Hanna Jansen***
Über tausend Hügel wandere ich mit dir.
Droemer Knauer, 2004, S. 60–61

1 **Steinwälle gegen die Wüste**

2 **Zai**

Mit einfachen Mitteln gegen die Wüste

Kaum zu glauben

Auf dem afrikanischen Kontinent sind 65% der Ackerböden so sehr zerstört, dass der Anbau von Nutzpflanzen nur noch schwer bzw. gar nicht mehr möglich ist.

„Früher war hier dichter Buschwald. Ich erinnere mich, dass wir uns als Kinder gefürchtet haben hinein zu gehen, weil es überall wilde Tiere gab. Seit zwanzig Jahren sind die Bäume verschwunden. Ich konnte mir nur schwer vorstellen, dass aus dem trockenen, steinharten Boden wieder fruchtbares Ackerland werden könnte."

Mit Steinwällen gegen die Wüste

Dem Bau von Steinwällen hat es Emile Bineye zu verdanken, dass er auf seinen Feldern wieder Hirse ernten kann. Da der Transport der Steine und die Errichtung der Wälle nur in Gemeinschaftsarbeit zu realisieren ist, haben sich Dorfgemeinschaften zusammengeschlossen. Internationale Hilfsorganisationen haben Emiles Dorf auch gezeigt, dass in bereits vorhandene Erosionsrinnen mit Kieselsteinen gefüllte Drahtkörbe aufgestellt werden können. Auf dem aufgestauten Feinmaterial können die Bauern jetzt Futterpflanzen anbauen. Da Emile und seine Nachbarn den Draht häufig nicht bezahlen können, helfen sie sich mit kleinen Steinbarrieren in den Wasserrinnen.

Durch die Steinwälle konnte Emiles Dorf sein Wasserproblem lösen. Da der Grundwasserspiegel gestiegen ist, gibt es nun das ganze Jahr über Wasser in den Brunnen.

Mit Pflanzen gegen die Wüste

Alternativ zu den Steinwällen können kleine Hecken oder Grünstreifen quer zum Hang bzw. zum Wind angelegt werden. Die Bauern müssen darauf achten, dass sie Pflanzen wählen, die vom Vieh nicht gefressen werden. Obwohl die Methode schnellen Erfolg verspricht, ist das Saatgut für viele zu teuer.

Mit Zai gegen die Wüste

Ein Erfolg versprechender Ansatz für bereits völlig vegetationslose und verkrustete Böden ist Zai. Die Zai-Methode wurde von Bauern in Burkina Faso entwickelt und gelangte von dort in die Nachbarländer. Das Zai ist ein Loch im Boden mit einem Durchmesser von etwa 30cm und einer Tiefe von 20cm. Die Zai werden versetzt in Reihen gegraben. An Hängen wird der Aushub auf der talwärts gerichteten Seite aufgehäuft. Auf den Boden der Vertiefung legen die Bauern etwas Mist oder Kompost und füllen sie mit dem Aushub auf. Sobald es regnet werden die Zai mit Hirse bepflanzt. Obwohl die Zaianlage im harten Boden sehr anstrengend und arbeitsintensiv ist, hat sich das Verfahren als sehr erfolgreich erwiesen. Kompost und kostbares Wasser werden gezielt an die Pflanzen gebracht, sodass die Bauern auch auf zerstörten Flächen wieder etwas anbauen können.

Der Solarkochtopf – die Lösung für das Brennholzproblem in Afrika?

Das Prinzip ist einfach, die Anlage teuer. Bedenkt man, dass neue, energiesparende Öfen, die nur 30 % der normalen Holzmenge verbrauchen, häufig deshalb nicht gekauft werden können, weil sie mit etwa 3 € das Doppelte der herkömmlichen Öfen kosten, wird deutlich, wie sehr bei allen Neuerungen das kurzfristige Überlebensinteresse der Bevölkerung berücksichtigt werden muss.

Viele Afrikaner halten es zudem für unmöglich, dass man mit einem Solarkocher afrikanische Gerichte zubereiten kann. Demonstrationen der simplen Anlage an zentralen Stellen sollen die psychologischen Barrieren beseitigen.

④ ***Demonstration eines Solarkochtopfes***

③

Wangari Maathai (Kenya) winner of the Nobel Peace Prize in 2004

Maathai is the first African woman, who won the Nobel Peace Prize. The committee praised her fight for peace, democracy and sustainable development. She founded the Green Belt Movement in Africa and has mobilized poor women to plant 30 million trees.

The idea was born when she planted some trees in her back garden. This inspired her and in 1977 she formed the Green Belt Movement. Her desire was to produce wood and to fight soil erosion.

Her male colleagues didn't like the campaign very much and she was arrested several times. She said: "It took me a lot of days and nights to convince people that women could improve their environment without much technology and without much money."

ap 10/2004

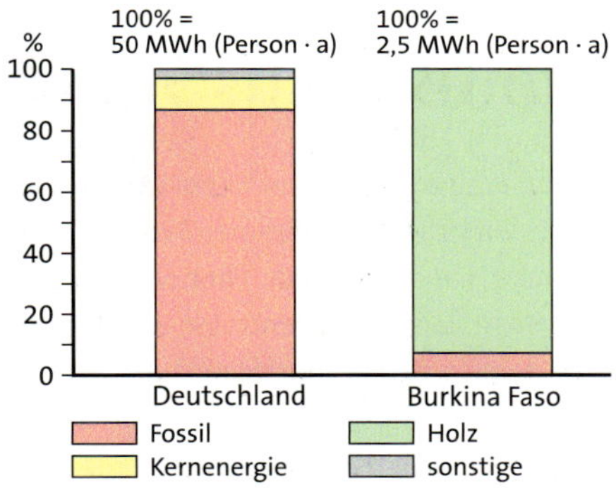

⑤ ***Primärenergieverbrauch nach Energieträgern***

1 *a) Stelle die einzelnen Anbautechniken in einfachen Skizzen dar.*

b) Veranschauliche mithilfe einer Mindmap Funktion, Ziel und Probleme der einzelnen Anbautechniken.

2 *Zeige in einer Conceptmap, warum im Sahel alternative Energieträger eingesetzt werden müssen und an welchen Hindernissen die Durchführung oft scheitert. Beachte hierzu auch Diagramm 5.*

3 *„Einfache Mittel – große Wirkung." Erläutere.*

Kaum zu glauben

In den Ländern der Sahelzone wird das Leben der Frauen zunehmend von der Suche nach Brennholz bestimmt. Bis zu 6 Stunden täglich sind Mädchen und Frauen inzwischen unterwegs, um Feuerholz zu sammeln. Bereits am Morgen wird das Feuer entfacht und brennt den ganzen Tag. Zuerst wird Tee zubereitet, später köcheln Gemüse, Saucen und Fleisch stundenlang über dem Feuer. Der Brennholzverbrauch dabei ist enorm und die Energieversorgung im Sahel bereits jetzt akut gefährdet!

❶

❷ ***Erdnuss-Anbaubedingungen***

Klima	*gleichmäßig hohe Temperatur (≈ 30 °C)*
durchschnittlicher Mindestniederschlag	*800 mm/Jahr*
Anbaugebiet	*35 °s. Br. – 40 °s. Br.*
Böden	*sandig*
Wachstumszeit	*4 – 5 Monate*

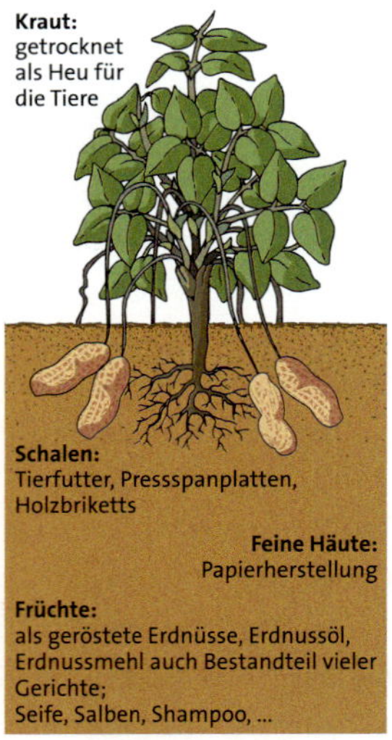

❸ ***Verwertung der Erdnusspflanze***

***subventionieren** = bezuschussen*

❹ ***Arbeit auf dem Erdnussfeld***

Erdnüsse aus Senegal

Zu den weltweit größten Exporteuren von Erdnüssen gehört noch immer das westafrikanische Land Senegal. Hier werden in den westlichen und zentralen Landesteilen – dem so genannten peanut belt – ausschließlich Erdnüsse in Monokultur angebaut. Da die Bauern vorwiegend für den Verkauf am Weltmarkt produzieren, wird die Pflanze als **cash crop** bezeichnet.

Rückgang des Erdnussanbaus

Veränderungen am Weltmarkt und gestiegene Qualitätsansprüche haben jedoch dazu geführt, dass das Geschäft mit den Erdnüssen in Senegal immer schlechter wird. Auch wenn die Ernte gut war, erhalten die Bauern für ihre harte Arbeit kaum genug Geld, um ihre Familie ernähren zu können. Jahrelang konnten die Bauern von ihren Erdnüssen gut leben; jetzt sind sie den Veränderungen hilflos ausgeliefert. Was ist passiert?

In den letzten Jahren hat sich die Nachfrage auf dem Weltmarkt verändert. Anstelle von Erdnussöl werden heute verstärkt Raps-, Sonnenblumen- und Sojaöl nachgefragt, gleichzeitig ist der Bedarf an Speisenüssen z. B. für Schokoriegel gestiegen. Auf diese Veränderungen am Weltmarkt können Senegal und andere westafrikanische Länder nicht reagieren, da die afrikanischen Erdnüsse wegen schlechter Lagerbedingungen häufig Schimmelspuren aufweisen und somit nicht den strengen Qualitätsstandards für Speisenüsse entsprechen. Die meisten Erdnüsse werden daher vor Ort gepresst und zu Erdnussöl verarbeitet. Aber auch das ist schwer zu verkaufen, da auf dem Weltmarkt nicht frei gehandelt wird. Vor allem die größten Konkurrenten der westafrikanischen Länder, China und Indien, **subventionieren** den Erdnussanbau im eigenen Land und erheben gleichzeitig hohe Zölle auf importierte Erdnüsse und Erdnussprodukte. Durch diese Handelsschranken können chinesische und indische Erdnussbauern Gewinne erwirtschaften und weiten ihre Anbauflächen aus. Für afrikanische Produkte, die durch die hohen Importzölle zudem teurer sind, besteht kein Bedarf mehr. Um überhaupt Käufer zu finden, müssen Erdnüsse und Erdnussöl am Weltmarkt immer billiger angeboten werden. Die afrikanischen Bauern, die für ihre Produkte keine Subventionen erhalten, können von ihren Gewinnen kaum noch leben.

⑤ ***Transport der Erdnussernte***

Ein Ausweg aus der Erdnussfalle?

Herr Fosu, Lokalpolitiker in Kaolack, dem Zentrum des Erdnussanbaus, ist verärgert.
„Jeder Zehnte Senegalese lebt vom Erdnussanbau. Das muss sich dringend ändern. Wir müssen den Bauern erklären, dass es nicht mehr sinnvoll ist nur eine cash crop für den Export anzubauen. Gleichzeitig müssen alle Länder Afrikas versuchen einen Markt für landwirtschaftliche Produkte aufzubauen. Die Landwirtschaft ist für die Masse der Bevölkerung südlich der Sahara die Haupteinnahmequelle und macht im Schnitt immer noch etwa 25 % des Bruttoinlandsproduktes aus. Sinken die Preise weiter, verarmt die Bevölkerung immer mehr.“

1 Erkläre, warum sich die Erdnuss für den Anbau in Senegal eignet.

2 Stelle die Anteile der Länder an der Erdnussproduktion und die Produktivität (Ertrag pro Hektar) in zwei Kreisdiagrammen dar. Erläutere die Unterschiede.

3 Beschreibe mithilfe des Produktionsschemas den Weg der Erdnuss zum Verbraucher.

4 Arbeitet zu zweit zusammen. Veranschaulicht die Problematik des Erdnussanbaus in Senegal in einer Conceptmap.
- *a) Schreibt folgende Begriffe auf Kärtchen: Handelsschranken, Preisverfall, Verarmung, Absatzschwierigkeiten, schlechte Lagerbedingungen.*
- *b) Erstellt weitere Kärtchen mit zentralen Begriffen.*
- *c) Gruppiert die Kärtchen und setzt diese dann durch beschriftete Pfeile in einen Zusammenhang.*
- *d) Übertragt die Conceptmap in euer Heft.*

Erdnussöl ist ein beliebtes Speiseöl. Es kann sehr hoch erhitzt werden und eignet sich daher besonders für die asiatische Küche. Das Öl ist geschmacksneutral und lange haltbar.

⑦ ***Erdnussanbauländer***

	Ernte (t)	*Ertrag (kg/ha)*
China	*15 277 455*	*2 981*
Indien	*7 500 000*	*938*
Nigeria	*2 600 000*	*970*
USA	*1 879 750*	*3 540*
Sudan	*1 200 000*	*632*
Senegal	*900 000*	*1 000*
Indonesien	*803 000*	*1 243*
Myanmar	*700 000*	*1 321*
Ghana	*520 000*	*1 354*
Tschad	*450 000*	*938*
Welt	*37 057 652*	*1 403*

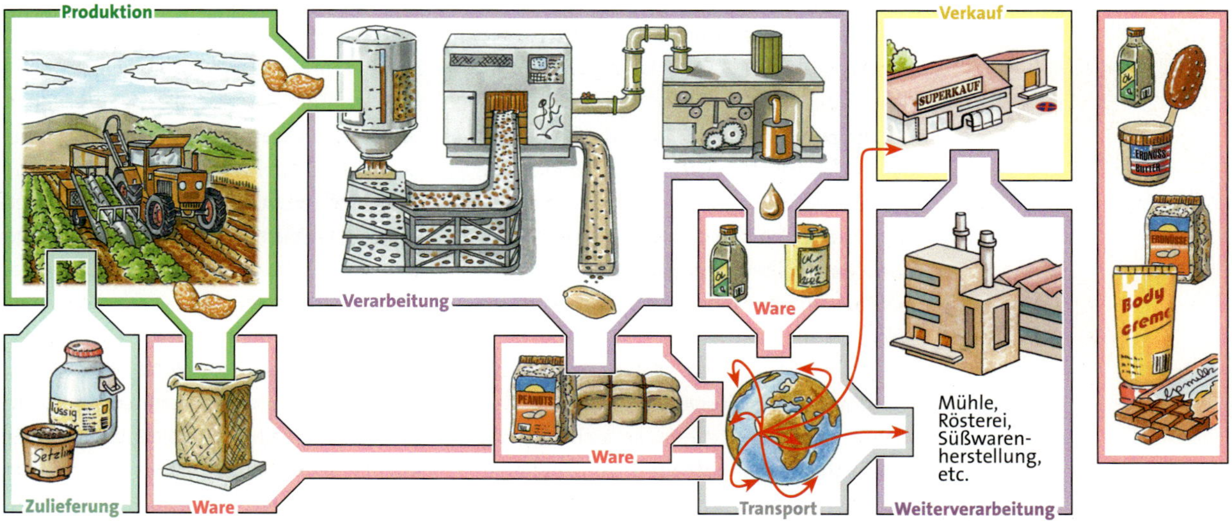

⑥ ***Produktionsschema Erdnussprodukte***

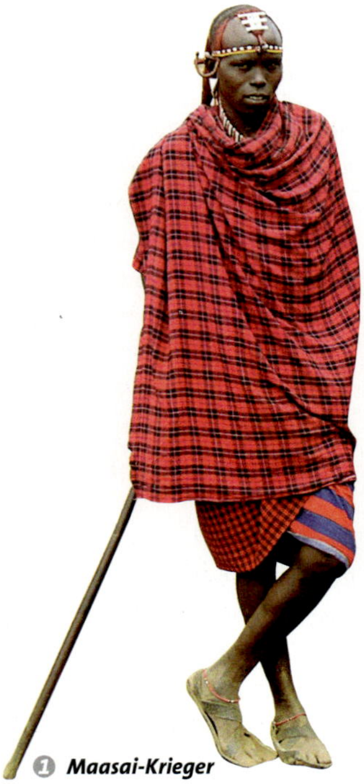

1 *Maasai-Krieger*

2 *Kraal der Maasai*

Im Land der Maasai

Die bekannteste Volksgruppe Ostafrikas sind die Maasai. Vor mehr als eintausend Jahren sind sie vom Sudan aus in die Dorn- und Trockensavannen eingewandert. Dort leben die Maasai von der Weidewirtschaft. Die wichtigsten Nahrungsmittel sind die Milch und das Blut ihrer Rinder. Schafe, Ziegen, alte Kühe und Ochsen liefern Fleisch, Wolle und Häute. Esel werden als Lasttiere genutzt. Mit dem Verkaufserlös eines Rindes erwerben die Maasai Hausrat, Zucker, Salz und pflanzliche Nahrungsmittel. Da sie keinen Anbau betreiben, ist Grundbesitz unbekannt, dagegen der Besitz einer möglichst großen Herde umso wichtiger: Je größer die Herde, desto sicherer ist das Überleben in Dürrezeiten und umso höher der Wohlstand und das Ansehen des Familienklans.

In der polygamen Familie ist die Arbeit aufgeteilt. Die Männer führen die Herde zu den Weideplätzen, hüten und verteidigen sie gegen Diebe und Raubtiere. Die Frauen bauen und unterhalten den häuslichen Kraal, versorgen dort die Kinder und das Jungvieh und bereiten die Nahrung zu.

Traditionelle Lebensweise

Über Jahrhunderte hinweg sicherten die Maasai als **Halbnomaden** ihr Überleben durch Anpassung an den natürlichen Rhythmus der Savannen. Während der Regenzeit zogen sie mit dem größten Teil der Herde zu den entlegenen Weidegebieten der Dornsavanne, die nur zu dieser Zeit wassergefüllte Tränken bot. Die Weidegebiete um den heimatlichen Kraal in der Trockensavanne blieben geschont und wurden erst in der Trockenzeit beweidet. Durch diese nachhaltige Nutzung vermieden sie eine Überweidung und zugleich mögliche Erosionsschäden des Bodens.

Veränderungen im Maasai-Land

Doch das Leben im Land der Maasai hat sich seit 1900 geändert. Großbritannien unterwarf Ostafrika als Kolonie. Siedler aus Europa und Asien kamen ins Land und erwarben den größten Teil des guten Weidelandes. Auf riesigen Farmen wurde der Ackerbau, vor allem der Anbau von Mais, eingeführt. Kleinbauern aus übervölkerten Nachbarregionen wanderten in das Maasai-Land ein.

Auch der Wildreichtum der Savannen gewann an Bedeutung. Zu Beginn war der Jagd-Tourismus, heute ist der Safari-Tourismus eine wichtige Einnahmequelle für die Staaten. Um diesen zu fördern, wurden seit 1946 zahlreiche Wildreservate und Nationalparks in Kenia und Tansania eingerichtet. Die Maasai verloren dort teilweise ihre Nutzungsrechte. Auf den verbliebenen Ackerbau- und Weideflächen kam es dadurch zur Übernutzung.

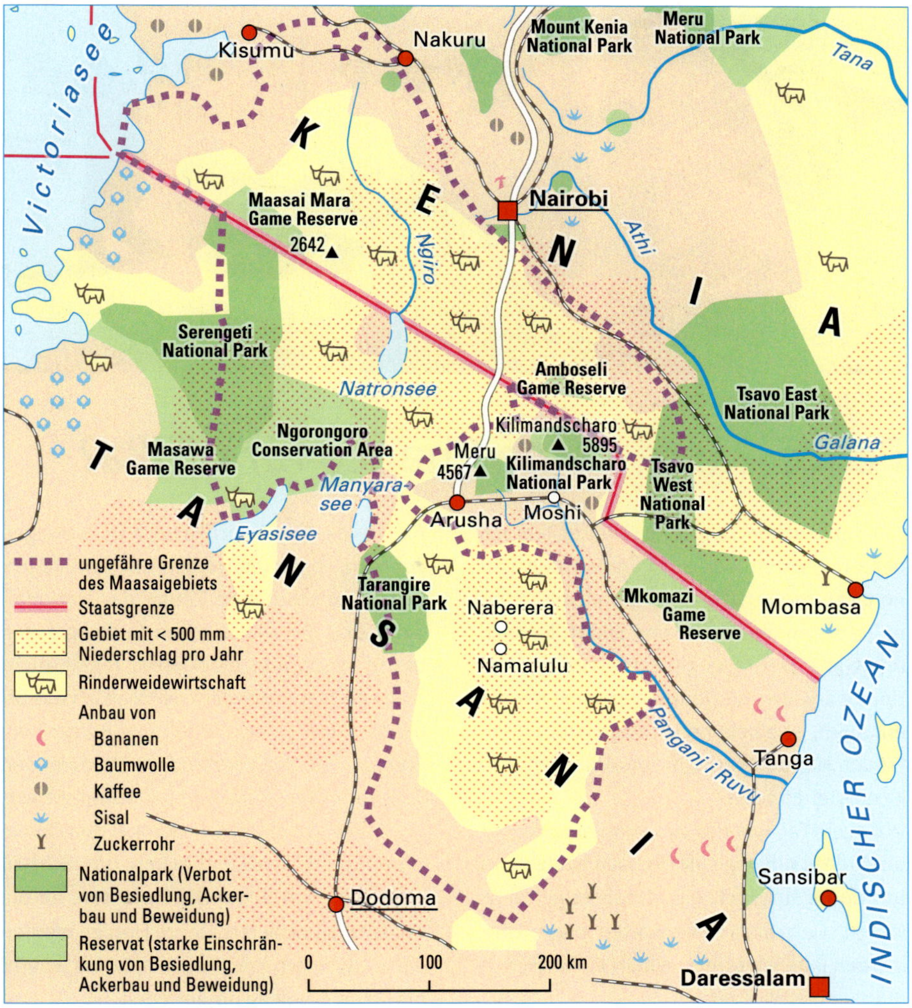

3 ***Nutzung des Maasai-Landes***

Die ***Maasai***
sind ein Volksstamm, der von den Niloten des Sudans abstammt. Sie sprechen die Maasprache, von der die Schreibweise Maasai (früher: Massai) abgeleitet ist.
Heute leben 500 000 Maasai als Minderheit in Kenia und Tansania.

Ein ***Kraal***
ist eine Rundsiedlung aus getrocknetem Rindermist mit einem Viehgehege in der Mitte.

Als ***Halbnomadismus***
bezeichnet man eine Lebens- und Wirtschaftsform, bei der ein Teil der Familie sesshaft ist und Ackerbau betreibt. Der andere Teil widmet sich der Weidewirtschaft mit wechselnden Weidegebieten.

1 *Beschreibe mithilfe des Atlas Lage und Naturraum des Maasai-Landes.*
2 *Arbeite mit Karte 3: Beschreibe die Nutzungsarten im Maasai-Land.*
3 *Begründe, weshalb die traditionelle Lebensweise der Maasai als nachhaltige Nutzung, der Ackerbau aber als Übernutzung zu bezeichnen ist.*
4 *Übertrage Grafik 4 in dein Heft und ergänze mithilfe des Textes und Karte 3 weitere ökologische, soziale und wirtschaftliche Aspekte.*
5 *Nicht nur die Natur, auch die Maasai sind in Bedrängnis geraten. Erläutere diesen Sachverhalt.*

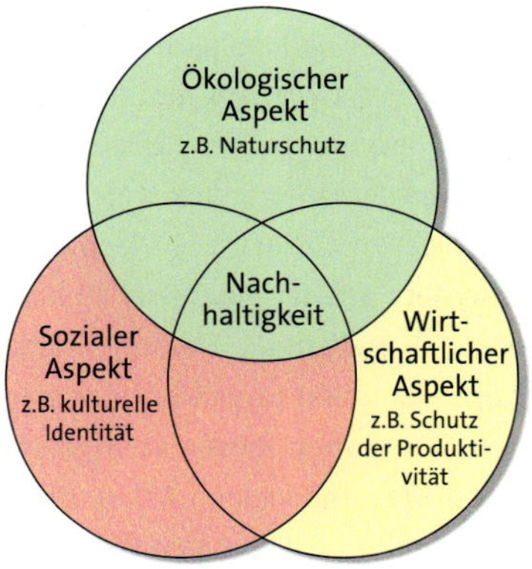

4 ***Nachhaltige Nutzung***

1

2 *Ein Elefant wird umgesiedelt*

Peace-Parks – eine Chance für Afrika?

Die Peace Park Foundation hat die Vision, einmal in 22 Projekten 120 Millionen Hektar Land unter Naturschutz zu stellen. Dies entspräche der Fläche von Deutschland, Frankreich und Polen zusammen.

Auf der weichen Sandpiste schaltet Tember, der Ranger, den Jeep auf Allradantrieb. Ohne es zu merken, passiert die kleine Gruppe Touristen die Grenze von Südafrika nach Botswana. Der Kgalagadi Transfrontier Nationalpark, den die Touristengruppe gerade erkundet, ist einer von sechs grenzübergreifenden **Nationalparks**, die im südlichen Afrika entstehen sollen.

In diesem Fall war das Zusammenlegen über die Grenze hinweg einfach, weil beide Parks nur durch ein trockenes Flussbett getrennt waren. Gemeinsam verwalten beide Länder den Park jetzt unter einem einheitlichen Managementkonzept.

Natur- und Tierschutz

Im Falle des Krüger Nationalparks in Südafrika ist die Situation schwieriger und teurer. Nur zu gerne würde Südafrika den riesigen Grenzzaun zwischen dem Krügerpark und dem mocambiquanischen Gazapark einfach einreißen, denn der Park hat einen viel zu hohen Tierbestand. Vor allem die Elefanten richten großen Schaden in der kargen Savannenlandschaft an. Die grauen Riesen vertilgen Unmengen an Gras und kleinen Ästen und reißen in Dürrezeiten die wenigen Bäume aus, um an die saftigen Wurzeln zu gelangen.

Als sich die Tiere in Afrika noch frei bewegen konnten, zogen die Herden mit dem Regen. Seit die meterhohen Zäune der Nationalparks und die willkürlichen Landesgrenzen uralte Wildpfade blockieren, regelt nicht mehr die Natur, sondern der Mensch das Leben der Tierherden. Da 20 Jahre Bürgerkrieg und aus der Not entstandene Wilderei den Tierbestand in Mocambique komplett vernichtet haben, dürfen die Ranger den Grenzzaun nur stückweise abbauen, um nicht zu viele Tiere, vor allem die Elefanten, an die Wilderer zu verlieren. Ganze Herden werden daher zu einem Preis von 1 000 € bis 2 500 € pro Tier kostspielig umgesiedelt.

Wirtschaftlicher Aufschwung

Die größte Herausforderung wird es aber sein, in Mocambique so schnell wie möglich eine touristische Infrastruktur aufzubauen, damit die ersten Touristen ihr Geld ins Land bringen. Die Erwartungen sind hoch, kein Sektor schafft in Afrika so viele Arbeitsplätze wie der Tourismus. Die Peace Parks sollen der skeptischen Bevölkerung am Rande der Parks beweisen, dass man mit wilden Tieren Geld verdienen kann, und gleichzeitig ausländischen Investoren zeigen, dass das südliche Afrika friedlich und politisch stabil ist. Gelingt dies nicht, scheitert nicht allein der Plan vom größten Naturschutzgebiet der Welt, sondern mit ihm auch der erhoffte wirtschaftliche Nutzen für die Bevölkerung.

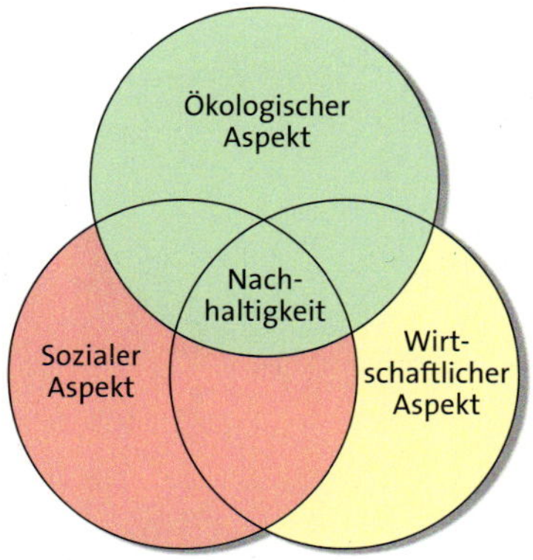

❸ ***Das „Nachhaltigkeitsdreieck“***

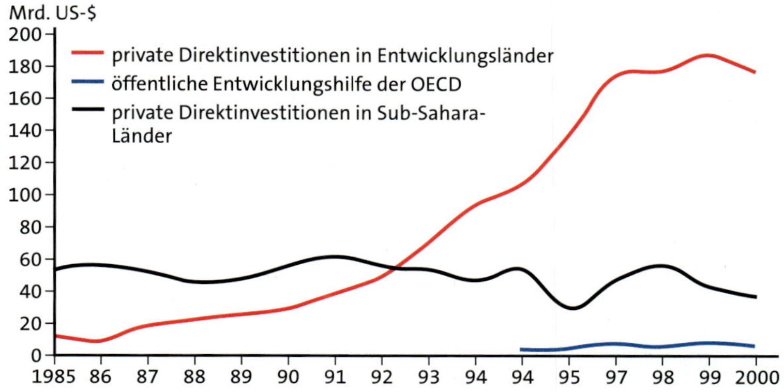

❺ ***Bedeutung ausländischer Direktinvestitionen in Entwicklungsländern***

❹ **So denken die Menschen über das Projekt**

„Wir haben unser Land den Naturschützern übergeben. Wir haben wenig zu verlieren, unsere Durchschnittsverdienste sind so gering, dass wir davon kaum leben können. Wir hoffen der Park bringt uns Jobs und Geld.“
(Dorfältester)

„Als Touristenführer kann ich mein Wissen als Spurensucher, das mir von meinen Eltern weitergegeben wurde, einsetzen. Meine Frau verkauft Kunsthandwerk unseres Stammes an Touristen.“
(Eliyasi, Botswana)

„Die wilden Tiere vernichten unsere Ernte und töten Menschen. Warum sollen wir unser Land mit ihnen teilen?“
(Pilirani, Mocambique)

„Ich habe mich für das Southern African Wildlife College am Westrand des Krügerparks beworben. Dort werden Manager und Ranger für die Parks ausgebildet. Das ist mein Traum.“
(Watson, Republik Südafrika)

„Die Umsiedlung eines einzigen Elefanten kostet 1000–2500 €. Ich darf gar nicht daran denken, wie lange ich für diese Summe das Schulgeld für meine Kinder bezahlen könnte.“
(Maria, Republik Südafrika)

„Seit die Solarkollektoren für den elektrischen Elefantenzaun aufgestellt wurden, hat auch unser Dorf Strom. Die neue Zufahrtsstraße zum Park kommt uns auch zu Gute. Vieles ist jetzt leichter.“
(Asiyaawo, Mocambique)

„Die Tiere zertrampeln Hirsepflanzen und verwüsten Maisfelder. Geparden reißen unsere Rinder.“
(Farmer, Zimbabwe)

„Seit ich auf einer Lodge in der Nähe unseres Dorfes Arbeit gefunden habe, muss ich nicht mehr den weiten Weg nach Johannesburg gehen, um ein paar Rand als Tagelöhner zu verdienen. Ich bin sehr froh bei meiner Familie bleiben zu können.“
(Christopher, Republik Südafrika)

„Wir Jungen wollen nicht immer nur in der Landwirtschaft arbeiten. Meine Freunde und ich hoffen auf bessere und interessantere Jobs.“
(John, Republik Südafrika)

„Die Parks verbinden ökologische und ökonomische Interessen. In Afrika schafft der Tourismus so viele Arbeitsplätze wie kein anderer Wirtschaftszweig. Und die Möglichkeiten sind noch lange nicht erschöpft.“
(Dr. Anton Rupert, Präsident des WWF Südafrika und Begründer der Peace Park Idee)

„Wenn man die nebeneinanderliegenden Naturschutzgebiete verbindet, stellt man die natürlichen Teile von Afrika wieder her. So können sich die Tiere in einem größeren Gebiet bewegen als zuvor. Das Konzept der grenzübergreifenden Parks sendet eine wunderbare symbolische Botschaft aus: dass Länder bereit sind, in Frieden und Solidarität zu leben. Hinzu kommt, dass diese Parks viele ausländische Touristen anziehen. Das schafft Jobs für die Menschen in der Gegend.“
(Nelson Mandela, Schirmherr der Peace Park Foundation)

1 *a) Informiere dich im Internet unter www.peaceparks.org über die Projekte.*
b) Liste die grenzübergreifenden Parks und die beteiligten Länder in einer Tabelle auf.

2 *Übertrage Grafik 3 in dein Heft und ergänze mithilfe des Textes und Karte 3 weitere ökologische, soziale und wirtschaftliche Aspekte.*

3 *Arbeitet in der Gruppe. Stellt die Idee der Peace Parks, die Chancen und Risiken des Projektes in einer Conceptmap dar.*

Surftipp
www.peaceparks.org

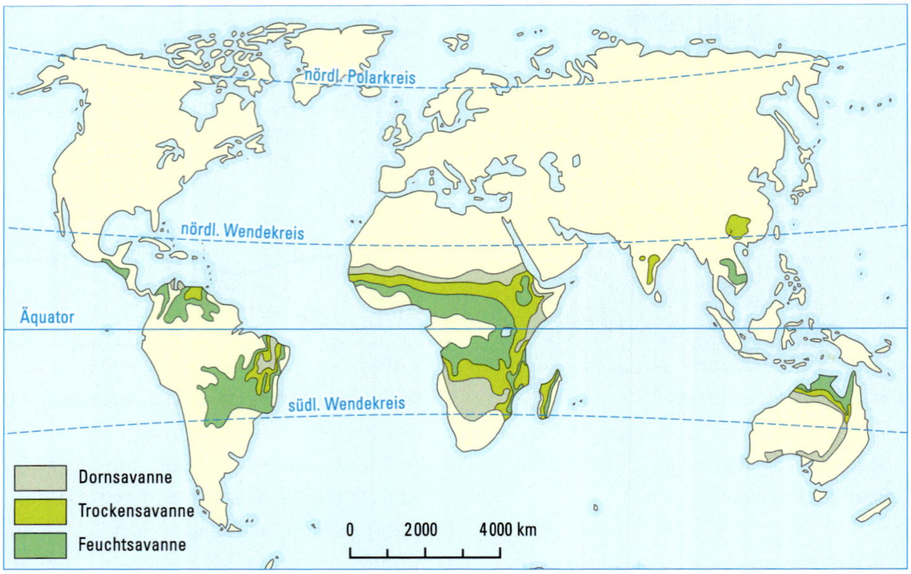

1

Wichtige Begriffe
- Bodenerosion
- cash crop
- Desertifikation
- Dornsavanne
- Feuchtsavanne
- Halbnomade
- nachhaltige Nutzung
- Nationalpark
- Nomade
- Regenzeit
- Sahel
- Savanne
- semiarid
- semihumid
- Subvention
- Trockensavanne
- Trockenzeit
- Überweidung
- vollarid
- vollhumid
- wechselfeuchtes Klima
- Weltmarkt

Orientieren

1 Arbeite mit Karte 1

a) *Beschreibe die Verteilung der Savannen. Auf welchem Kontinent sind die Savannen am ausgedehntesten?*

b) *Auf welchen Kontinenten gibt es keine Savannen? Nenne (sofern möglich) auf jedem Kontinent ein Land, dass Anteil an den Savannen hat.*

Kennen und verstehen

2 Findest du die Begriffe?

a) *Sie „räumen“ die Savannen am Ende der Regenzeit „auf“ und ermöglichen neues Pflanzenwachstum.*

b) *arabisches Wort für Ufer.*

c) *Klimamerkmal der Savannen.*

d) *finanzielle Unterstützung von Seiten des Staates.*

e) *wandernde Viehhirten.*

f) *Die Folge, wenn zu viele Tiere auf einer Weidefläche stehen.*

g) *Abtragung der oberen Bodenschichten v.a. durch Wind und Regen.*

3 Erkläre den Begriff

„men made deserts“.

4 Wer kennt sich in den Savannen aus?

a) *Bestimme, welche der beiden Klimastationen 3 und 4 nicht in den Savannen liegt und begründe deine Wahl.*

b) *Ordne das Klimadiagramm der Savanne dem passenden Bild zu. Benenne den Savannentyp und begründe deine Wahl.*

5 Richtig oder falsch?

Schreibe die Aussagen in dein Heft, verbessere dabei die falschen.

a) *Schuld an der Umweltkatastrophe im Sahel sind die Nomaden, die zu viel Holz verbrauchen und zu viele Tiere besitzen.*

b) *Solarkocher können dazu beitragen, die Desertifikation einzudämmen.*

c) *Die Ausweitung der Ackerflächen in den Sahelländern führt dazu, dass schon nach kurzer Zeit weniger geerntet wird.*

d) *Welche Vegetation in den Savannen vorherrscht, wird allein durch die Niederschlagsmenge bestimmt.*

e) *Um die Trockenzeit zu überstehen verlieren die Bäume und Sträucher in der Savanne ihre Blätter.*

f) *Im semihumiden Klima fällt in 6 bis 9 Monaten mehr Niederschlag als verdunsten kann.*

g) *In der Trockensavanne dauert die Trockenzeit zwischen 4,5 bis 7 Monate.*

2

5

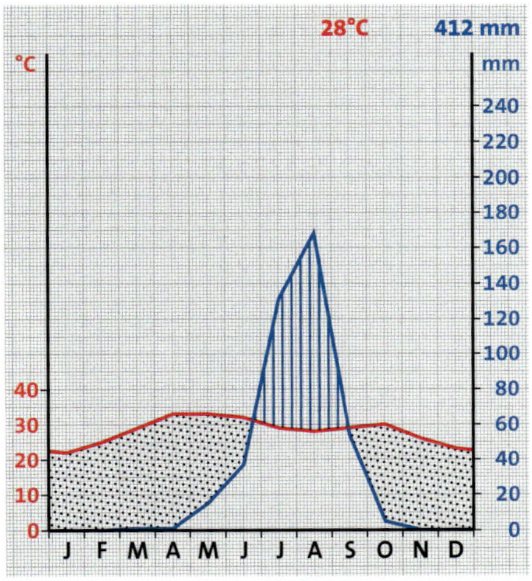

3

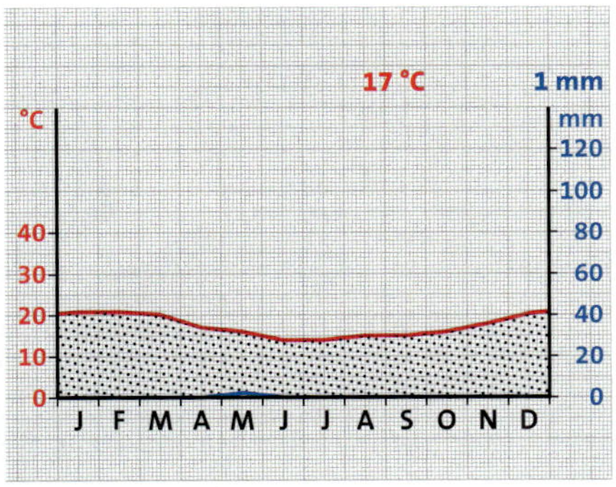

4

6 **Entwicklung der Erdnussexporte (in Tsd. t)**

Zeitraum	USA	China	Senegal
1972–1975	273	43	53
1976–1980	409	93	28
1981–1985	354	229	–
1986–1990	328	356	–
1991–1995	379	381	18
1996–2000	294	398	9

Fachmethoden anwenden

6 *a) Stelle die Entwicklung der Erdnussexporte der USA, Chinas und des Senegals aus Tabelle 6 in einem geeigneten Diagramm dar.*
b) Begründe den gewählten Diagrammtyp.

7 *Nenne Gründe für die Entwicklung der Erdnussexporte.*

Übertragen und beurteilen

8 *a) Liste positive und negative Punkte des Erweiterungsprojektes 7 in einer Tabelle auf.*
b) Ordne diese Punkte den drei Aspekten der Nachhaltigkeit zu .

Arbeitet in der Gruppe

9 *a) Informiert euch im Internet über die Nationalparks Ostafrikas.*
b) Erstellt einen Plan, der für das neue Parkprojekt die Nachhaltigkeit stärker berücksichtigt.
c) Gestaltet ein Werbeplakat, mit dem ihr auf einer Tourismusmesse in Deutschland für die Region und euer Konzept werbt.

Knobeln und rätseln

10 *Löse das Bilderrätsel und erkläre den Begriff.*

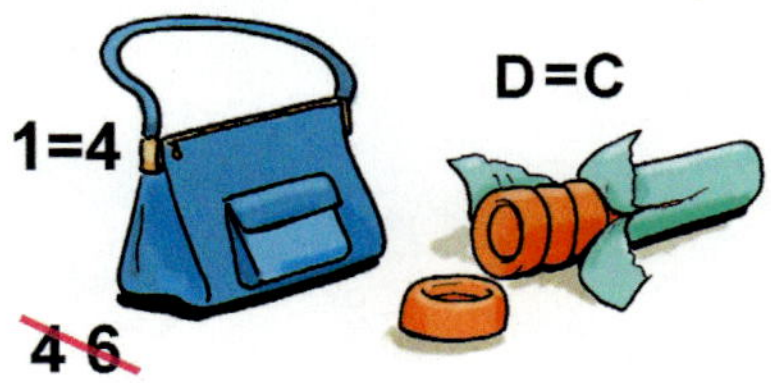

Teste dich selbst
mit den Aufgaben 1b, 2e und 5e.

7 ***Erweiterungsprojekt***
Im Rahmen einer Nationalparkerweiterung in Ostafrika und des Baus einer riesigen Hotelanlage durch ausländische Geldgeber werden erneut Angehörige der Maasai von ihrem Land vertrieben. Die Maasai sind Halbnomaden, die nicht jagen, sondern sich von ihren Herden ernähren. Durch die Vertreibung verlieren die Maasai nicht nur ihr Land, sondern auch den Zugang zu Wasserstellen, die fortan im Park liegen und von den Touristen für Tierbeobachtungen angefahren werden können. Auf den Touristentouren sind die Siedlungen der Maasai fester Bestandteil. Die Touristen möchten die Maasai bestaunen, ihnen beim Tanzen zuschauen, ihre Handwerksgüter als Mitbringsel kaufen, und das Wichtigste: Maasai fotografieren. Die Maasai haben schnell begriffen, dass man damit Geld verdienen kann. Junge Maasai gehen nicht in die Schule, sondern warten in traditioneller Aufmachung auf Touristenautos. Ist eines in Sicht beginnen sie in der Hoffnung auf Trinkgeld zu tanzen.

In Trockenräumen

Sahara, Gobi, Namib, Atacama ... Kennst du die Wüsten, die grenzenlos weiten Trockenräume der Erde? Entdecke die Faszination und die Vielfalt der Wüsten, lerne die Ursachen ihrer extremen Trockenheit kennen und erfahre, wie trotz der Widrigkeiten Leben in den Wüsten existiert.

nördl. Polarkreis
nördl. Wendekreis
Äquator
südl. Wendekreis
südl. Polarkreis
1
2
3
4
5
6
7
8
9
10

5

Lernen an Stationen In den Wüsten

Wüsten bedecken große Flächen auf unserer Erde und sind auf fast allen Kontinenten verbreitet. Wärme oder Kälte in Kombination mit Trockenheit gelten als wichtigste Bedingungen für Vegetationslosigkeit oder Vegetationsarmut. Die Trockenheit hat meist klimatische Ursachen, wobei die Ausgangsbedingungen unterschiedlich sein können. Charakteristisch ist die Lebensfeindlichkeit der Wüsten, die nur Spezialisten unter den Tieren und Pflanzen überwinden können.

Die Lernstationen ermöglichen einen Einblick, wie Wüsten entstehen, wo sich die größten Wüsten auf der Erde befinden, welche unterschiedlichen Arten und welche Vielfalt an Oberflächenformen wir vorfinden, wie Menschen diese Räume als Lebens- und Wirtschaftsraum nutzen und welche Strategien Pflanzen und Tiere entwickelt haben, um unter solchen extremen Bedingungen zu überleben.

*Die Lernstationen bieten vorbereitete Aufgaben und Materialien an, die du in beliebiger Reihenfolge und selbsttätig bearbeiten kannst.
Jede Station umfasst zwei Seiten im Buch: eine Stationstitelseite mit Kurzinformation und Aufgabenstellung sowie eine Informationsseite. Wie du deine Arbeit organisierst, erläutern dir die Arbeitsschritte.*

1

2

3

4

1. Schritt: Arbeitsregeln erstellen

Bevor ihr mit der Arbeit beginnt, vereinbart, wie ihr arbeiten wollt. Folgendes solltet ihr beachten:

- *Aufgabe vollständig bearbeiten.*
- *Die begonnene Arbeit an einer Station wird nicht abgebrochen, sondern zu Ende geführt.*
- *Das Kontrollblatt erst nach Beantwortung der Fragen benutzen.*

2. Schritt: Laufzettel anfertigen

Erstellt einen persönlichen Laufzettel zur späteren Kontrolle, welche Stationen schon bearbeitet worden sind.

3. Schritt: Stationen gestalten

- *Baut das Klassenzimmer um. Stellt die Arbeitstische so, dass Lernstationen möglich sind.*
- *Jede Station muss mindestens einmal und kann auch doppelt vorhanden sein.*
- *Legt an jeder Station ein Schulbuch aus. Die aufgeschlagene Doppelseite markiert die Station des Lernzirkels.*

4. Schritt: An den Stationen arbeiten

- *Löst die Aufgaben und überprüft die Richtigkeit eurer Antworten.*
- *Bearbeitet die Stationen in drei Unterrichtsstunden.*

5. Schritt: Arbeiten präsentieren und kritisch betrachten

Zum Abschluss ist Gelegenheit seine kreativen Arbeiten den anderen zu präsentieren.
Betrachtet kritisch eure eigene Arbeit:
Was ist mir schwergefallen? Was fand ich interessant? Was könnte ich an meinem persönlichen Arbeitsstil noch verbessern bzw. ändern?

Erkenne den Typ

Wüsten gibt es nur in bestimmten Gebieten der Erde. Für die Wüstenentstehung gibt es unterschiedliche Gründe. Es können Lage, Windverhältnisse oder andere Bedingungen ausschlaggebend sein, dass ein bestimmter Wüstentyp vorliegt. Man unterscheidet: Passat- oder Wendekreiswüsten, Relief- oder Binnenwüsten, Küstenwüsten.

Material:
Informationstexte, Abbildungen, Atlas, Blatt Papier, Schreib- und Zeichenstifte

Aufgabe:
Informiere dich über die Entstehung und Verbreitung der verschiedenen Wüstentypen.
a) Zeichne die drei Skizzen der Wüstentypen 5–7 ab und beschreibe kurz die jeweilige Entstehung.
b) Ordne die Klimadiagramme 3 und 4 jeweils einem Wüstentyp richtig zu.

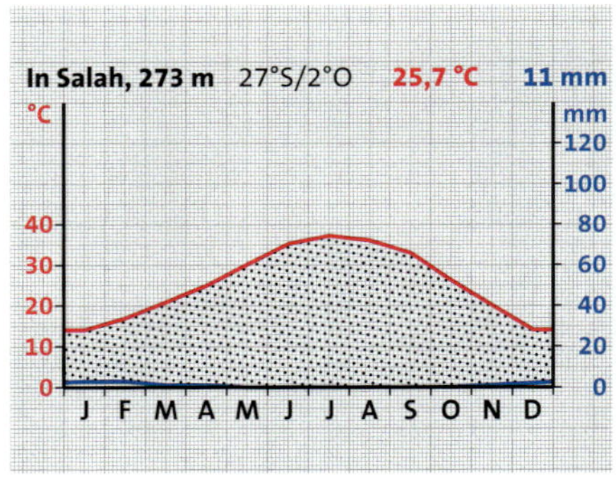

③ ***Klimadiagramm In Salah***

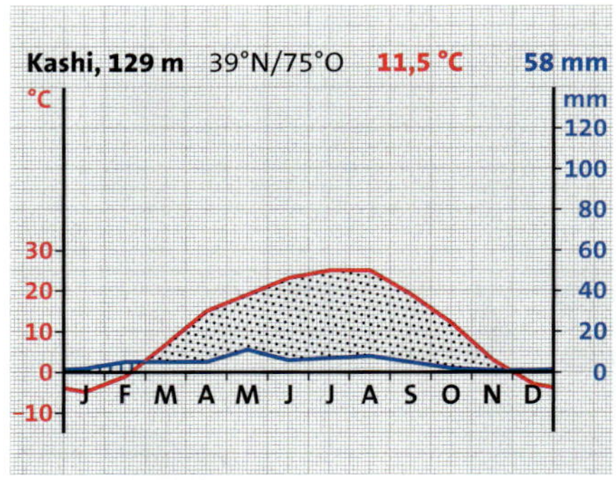

④ ***Klimadiagramm Kashi***

① ***In der Küstenwüste Namib***

② ***In der Binnenwüste Gobi***

❺ **Wüsten an den Wendekreisen**

Die größten Wüstengebiete der Erde liegen im Bereich der Wendekreise. Die abströmenden Winde des Passatkreislaufes (vergleiche hierzu auch die Seiten 20/21) haben das ganze Jahr über in Bodennähe sonniges und trockenes Wetter zur Folge und verhindern somit die Bildung von Regenwolken. Zu diesem Wüstentyp der **Passat-** und **Wendekreiswüsten** gehören die Sahara, die Arabische Wüste, die Wüste Tharr und die australischen Wüsten.

❻ **Wüsten im Innern der Kontinente**

Weit im Innern der Kontinente oder hinter hohen Gebirgsketten befinden sich ebenfalls ausgedehnte Wüstengebiete, die **Relief-** oder **Binnenwüsten**. In diesen Gebieten fällt geringer Niederschlag, weil sie in zu großer Meeresferne oder im Regenschatten von Randgebirgen liegen. Die feuchten Luftmassen werden schon vorher an Gebirgen zum Aufsteigen und durch die Abkühlung zum Abregnen gezwungen. Insbesondere im Binnenland des asiatischen Kontinents liegen ausgedehnte Wüstengebiete wie die Wüste Gobi und Takla Makan. Auch die Wüsten im Westen der USA sind Binnenwüsten. Wie die Mojave-Wüste liegen sie zwischen der Küstenkette und den Rocky Mountains. Das Tal des Todesgehört zu den heißesten Gegenden der Erde überhaupt. Dieses tiefe Tal liegt im Regenschatten der Sierra Nevada und bis zu 85 Meter unter dem Meeresspiegel. Hier wurden schon Temperaturen von über 57 °C gemessen.

❼ **Küstenwüsten**

Wir finden an den Westküsten von Kontinenten relativ schmale Küstenstreifen, die extrem niederschlagsarm sind. Zu diesen Küstenwüsten zählen die Atacama-Wüste an der südamerikanischen Pazifikküste und die Namib an der Atlantikküste im Südwesten Afrikas.

An diesen Küsten kommt kaltes Wasser aus der Tiefe des Meeres nach oben. Die kalte Meeresströmung entlang der Küste kühlt die warmen Luftmassen ab, die in diesen Breiten absinken. Dadurch bilden sich Hochnebel, aber keine Regenwolken. Das Land an der Küste bleibt im Angesicht der Hochnebelschwaden trocken. „So nah am Wasser und doch so arm an Wasser“, hatte der berühmte Forscher Alexander von Humboldt einmal die Küstenwüste Atacama beschrieben

Wüsten – ein Meer aus Sand?

Sand, nichts als Sand und hohe Dünen. Diese Vorstellung, dass die Wüsten große Meere aus Sand sind, trifft nur für wenige Wüstengebiete zu. Große Temperaturunterschiede zwischen Tag und Nacht sowie Wasser und Wind formen die Wüsten und lassen die verschiedenen Wüstenarten entstehen: Felswüste, Kieswüste und Sandwüste.

Material:
Informationstexte, Fotos, Blatt Papier, Schreibstift,

Aufgabe:
Texte und Fotos informieren über das Aussehen und die Entstehung der verschiedenen Wüstenarten in der Sahara, der größten Wüste der Erde.

a) Ordne Texte und Fotos einander richtig zu.
b) Übertrage die Tabelle in dein Heft und ergänze sie.

Wüstenart	Aussehen/ Entstehung	Anteil an der Sahara
Felswüste		
...		

② In der Wüste kann sich tagsüber der Boden auf über 60 °C erhitzen; in klaren Nächten kühlt er sich aber schnell wieder auf unter 10 °C ab. Diese großen Temperaturschwankungen zermürben selbst die härtesten Felsen. Das bei der Verwitterung entstehende Feinmaterial bläst der Wind aus und scharfkantige Felstrümmer bleiben zurück. Es entsteht die **Felswüste**, auch Hamada genannt. Hamada steht für schwer passierbares, kaum nutzbares und unfruchtbares Gebiet.
In der Sahara nehmen diese Felswüsten mit 70 % den weitaus größten Teil ein.

③ Sandkörner, die vom Wind getrieben werden, schleifen und polieren wie ein Sandstrahlgebläse die Gesteine und schaffen schroffe, scharfkantige Felsbrocken. An manchen Stellen hat der Wind so die Felsen zu merkwürdigen, pilzartigen Formen ausgeblasen, den **Pilzfelsen**. Weil der Sand von der Luft nur dicht über dem Boden weiterbewegt werden kann, ist in Bodennähe die Abtragung am größten.

①

④ Stürme blasen die Sandkörner aus den Stein- und Kieswüsten heraus und lagern diese in den Dünenfeldern der **Sandwüsten** ab. Die Höhe der Dünenzüge kann bis zu 200 m erreichen. Bar bela ma – Meer ohne Wasser – nennen die arabisch sprechenden Bewohner der Sahara die großen, zusammenhängenden Sandgebiete mit Dünenfeldern. Tatsächlich ähneln viele Sandwüsten mit ihren weiten, von Sandrippeln überzogenen Ebenen einer gekräuselten Wasserfläche.
Mit der arabischen Bezeichnung „Erg" werden viele Sandwüsten in der Sahara benannt. Allerdings sind nur 20 % der Sahara mit Sand bedeckt.

5

9

6

10 Grell glitzert die weiße Oberfläche der **Salzseen,** in der Sahara auch Schotts genannt. Sie werden von Niederschlagswasser gespeist, das sich nach seltenen Regenfällen in den tiefer gelegenen Gebieten der Wüste sammelt. Nach und nach verdunstet das Wasser und Salz bleibt zurück, da das zufließende Wasser immer ein klein wenig Salz mitführt. Im Lauf der Zeit bilden sich so immer dickere Salzkrusten.

7

11 Im weiten Umkreis von Gebirgen befinden sich ausgedehnte Flächen, die eben wie ein Tisch und mit kleinen Steinen bedeckt sind. Die Kiesel sind gerundet, was auf einen Transport durch Wasser hindeutet. Die Kiese wurden in einer Zeit abgelagert, als das Klima noch regenreicher war. Diese Wüstenart wird als **Kies- oder Geröllwüste** oder auch als Serir bezeichnet. Nur etwa 10 % der Sahara sind Kieswüsten.

8

12 In der Wüste regnet es mitunter mehrere Jahre nicht. Aber dann sind es plötzliche, wolkenbruchartige Regenfälle, deren Wassermassen die **Wadis** füllen. Die Wasserfluten schießen bergab und reißen Sand, Geröll und Felsbrocken mit sich fort. Für Reisende in Wadis, die eigentlich Trockentäler in Wüstengebieten sind, können die plötzlich herantosenden Ströme zu einer großen Gefahr werden.

Wasser in der Wüste

In Wüsten ist Wasser ein knappes Gut. Wie in der Sahara gelingt es in vielen Wüstengebieten auf verschiedene Weise Wasser zu gewinnen und Oasen mit dem kostbaren Nass zu versorgen. Eine besondere Form der Wassergewinnung stellen artesische Brunnen dar.

Material:

Materialien für das Experiment, Informationstexte und Abbildungen, Papier, Schreibstift

Aufgabe:

a) Führe das Experiment durch, erstelle ein Protokoll und finde eine Erklärung für die Wirkungsweise eines artesischen Brunnens.

b) Informiere dich über Möglichkeiten der Wasserförderung in der Sahara. Stelle in einer Tabelle dar: Art der Wasserförderung, Herkunft des Wassers, Fördertechnik.

❷

Experiment: Artesischer Brunnen

Vorbereitung des Experimentes

Material: *zwei Kunststofftrichter, Nagel, Kunststoffwanne, Labor-Wasserschlauch von ca. 80 cm Länge, zwei Stative mit Trichterhalterungen, kleine Gießkanne, Wasser*

Durchführung: *Trichterhalterungen an die Stative montieren, Trichter einsetzen, die Schlauchenden über die Trichterenden ziehen, Nagel in der Mitte des Schlauches durch eine Schlauchwand bohren, Wasser mit der Gießkanne in die Trichter einfüllen; den Nagel herausziehen und den Weg des Wassers beobachten.*

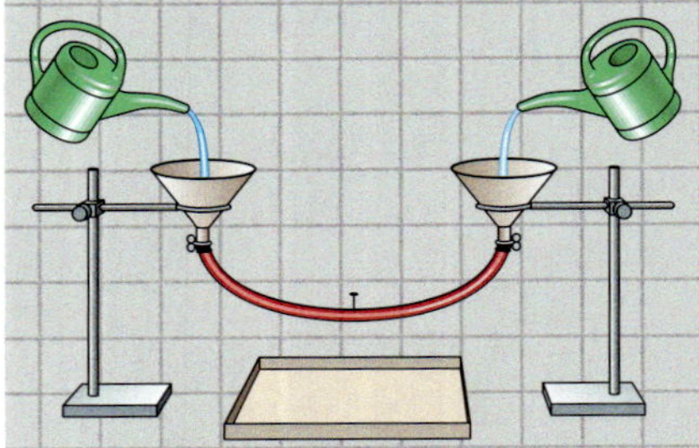

❶ ***Artesischer Brunnen in Australien***

❸ Möglichkeiten der Wasserförderung in der Sahara

Man leitet **Oberflächenwasser** (z.B. Flusswasser) aus weit entfernten Gebieten ab. Hierzu staut man Fließgewässer auf und leitet Wasser in Rohrleitungen oder offenen Rinnen in die Wüste, um das Leben in einer Oase zu ermöglichen.

Die Existenz von Oasen an Gebirgsrändern ist meist auf Wasservorkommen zurückzuführen, die am Gebirgsfuß natürlich in Form von **Quellen** an die Erdoberfläche treten. Diese Quellen werden von gelegentlichen Regenfällen im Gebirge gespeist.

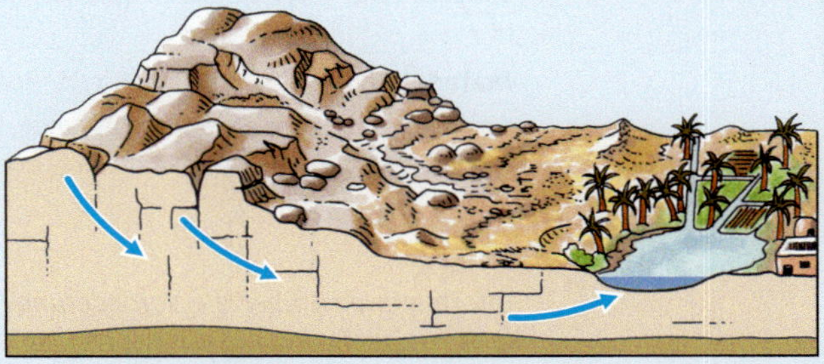

An manchen Orten finden sich **artesische Brunnen**, bei denen Grundwasser durch Überdruck an die Erdoberfläche steigt. Voraussetzung für einen solchen artesischen Brunnen ist eine Tallage sowie die Lagerung einer wasserführenden Schicht zwischen zwei wasserundurchlässigen Schichten.

In vielen Oasen muss das **Grundwasser** allerdings mit Pumpen gefördert werden. In traditionellen Oasen befinden sich die Grundwasserhorizonte in geringer Tiefe. Gelegentliche Regenfälle erneuern diese Wasservorräte. Über Brunnenschächte wird dieses Wasser meist mit Motorpumpen an die Oberfläche geholt.
Vor allem in großen und neuen Oasen der Sahara nutzt man heute Grundwasser, das aus einer Tiefe von 1000 bis etwa 2000 m mit mächtigen Pumpen gefördert wird. Diese Wasservorräte stammen noch aus der Zeit, als in der Sahara feuchtes Klima herrschte. Dieses **fossile Wasser** ist mindestens 20000 Jahre alt und wird nicht erneuert, da es in den aktuellen Wasserkreislauf nicht einbezogen ist.

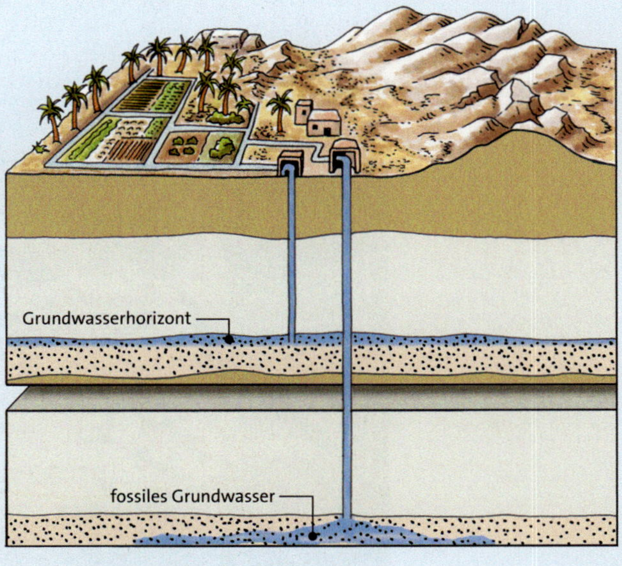

Lernzirkel

Oasen

Menschen, Tiere und Pflanzen können auf Dauer nur dort überleben, wo es ausreichend Wasser gibt. In Trockengebieten konzentriert sich das Leben auf Oasen, die wie grüne Inseln inmitten der Wüste wirken. Auch Oasen unterliegen einem ständigen Wandel: Einige werden aufgegeben, andere wachsen und verändern ihr traditionelles Gesicht.

Material:
Abbildungen, Fotos, Informationstexte, Datteln, Papier, Schreibstift

Aufgabe:
Informiere dich über die Veränderungen in den Oasen und genieße dabei eine süße Dattel.
Stelle die Veränderungen in den Oasen in einer Skizze mit Piktogrammen, Pfeilen und Beschriftung dar. Ergänze dazu das Schema 3 auf Seite 87.

Oasengärten
Überall dort, wo Wasser an die Erdoberfläche tritt oder durch Pumpen aus dem Untergrund gefördert werden kann, finden wir Oasen, Siedlungen mit Gärten, Obstbäumen und Palmen als grüne Inseln inmitten der Wüste. Zur Bewässerung der Gärten, Felder und Dattelpalmenhaine wird das Wasser über ein Labyrinth kleiner Kanäle geleitet. Die gerechte und sparsame Verteilung des Wassers und seine Bezahlung werden von Wasserwächtern kontrolliert.
Die Gärten in der traditionellen Oase sind häufig stockwerkartig angelegt. Dattelpalmen spenden Schatten für Obstbäume, die Granatäpfel, Feigen, Zitronen und Orangen tragen. Darunter werden Gemüse und Futterpflanzen wie Luzerne angebaut.
Der Stockwerkbau in den Oasengärten ist nicht mit dem Ziel intensiver Nutzung entstanden, sondern seine Anwendung erfolgt aufgrund der Bodenbesitzverhältnisse. Der Besitzer reserviert nämlich den Großteil der Dattelernte im begünstigten oberen Stockwerk für sich, während die Unterkulturen von den Teilpächtern oder Tagelöhnern bebaut werden. Oftmals wird ein Teil der alten Palmengärten nicht mehr gepflegt, da ihre Pflege kaum noch lohnt.

1 *Veränderungen der Oase (Beispiel Ghardaia)*

Oasen im Wandel

In den Oasen der nördlichen Sahara hat sich viel geändert.

Die Regierungen von Marokko, Algerien, Tunesien und Libyen haben viele Kilometer Straßen durch die Wüste bauen lassen. Heute sind alle großen Oasen in diesen Ländern durch asphaltierte Straßen untereinander und mit den Küstenstädten verbunden. Es gibt regelmäßige Busverbindungen. Lkws haben den Gütertransport übernommen, sodass Kamelkarawanen kaum noch benötigt werden.

Durch die verbesserten Verkehrsverbindungen gelangen viele neue Güter in die Oasenstädte. Die Bewohner sind nicht mehr auf Selbstversorgung und Tauschhandel angewiesen. Die Lkws bringen außerdem andere Nahrungsmittel. Damit verändern sich die Ernährungsgewohnheiten. Datteln werden in den Oasen kaum noch zur Selbstversorgung, sondern meist nur noch für den Export nach Europa erzeugt.

Seit es bessere Straßen gibt, kommen auch mehr Touristen. Sie interessieren sich für das Leben in den Oasen und wollen die Wüste erleben. Große Hotels wurden gebaut. Immer mehr Menschen leben direkt und indirekt vom Tourismus. Auch der Wasserbedarf wird größer, da die Bevölkerung stetig wächst, Gartenanlagen erweitert und die Tourismuseinrichtungen ausgeweitet werden.

Viele Bewohner, die in der Oase zu wenig oder überhaupt kein Land besitzen, haben außerhalb der Oasen eine besser bezahlte Beschäftigung gefunden. Sie arbeiten vor allem in den großen Städten an der Küste, auf den Erdölfeldern in Algerien und Libyen oder gehen sogar als Gastarbeiter nach Europa, z. B. nach Frankreich. Mit dem verdienten Geld können sie für ihre Familien in den Oasen größere Häuser bauen, in das Tourismusgewerbe einsteigen oder einen Gewerbebetrieb einrichten.

Die meisten Oasenstädte sind stark gewachsen, die größten haben heute mehr als 100 000 Einwohner. Sogar größere Gewerbebetriebe und Fabriken sind entstanden.

2 *Dattelpalmen in einem Oasengarten*

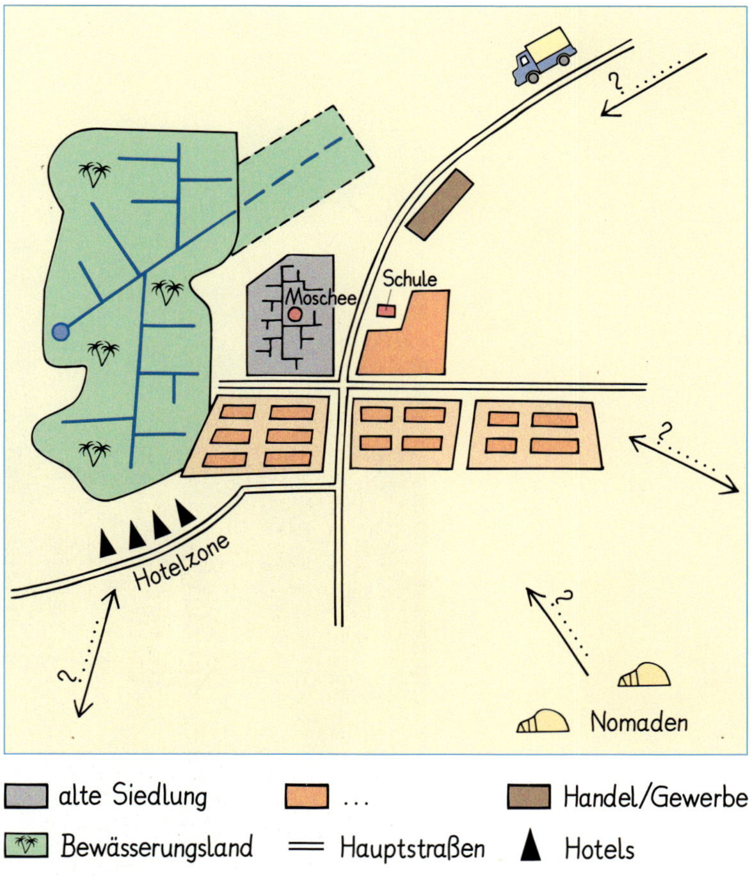

3 ***Schema einer Oase im Wandel***

Die längste Oase der Welt

Der Nil ist der längste Fluss der Erde. Er fließt durch Gebiete, die zu den trockensten der Erde zählen. Das Leben von 60 Millionen Menschen, die an seinen Ufern leben, hängt an diesem Wasserfaden. Das Nilwasser wird sowohl zur Bewässerung als auch zur häuslichen Wasserversorgung verwendet.

Material:
Satellitenbild, Blatt Papier, evtl. Transparentpapier oder Folie, Schreib- und Buntstifte, evtl. Folienstifte, Atlas

Aufgabe:
Werte das Satellitenbild 2 aus, indem du eine Skizze mit entsprechender Legende anfertigst. Beachte die Arbeitsschritte zur Auswertung eines Satellitenbildes.
Löse die Zusatzaufgabe.

So wertest du ein Satellitenbild aus.
Ermittle mithilfe des Atlas, um welches Gebiet es sich handelt, und lege die Nordrichtung des Bildausschnittes fest.
Suche auf dem Satellitenbild nach markanten Merkmalen wie Flüssen, Küsten, Städten, Straßen, genutzten Flächen und vergleiche mit dem Atlas.
Suche nach Zusammenhängen zwischen den einzelnen Bildelementen und deute die Bildinhalte.
Stelle die Bildinhalte dar. Lege dazu eine Folie oder ein Transparentpapier auf das Satellitenbild und zeichne deutlich erkennbare Umrisse nach. Lege eine Farblegende an.

Beachte auch die Tipps auf Seite 108. Hier findest du detailliertere Schritte zur Satellitenbildauswertung.

1 ***Landschaft am Nil***

❷ **Nil und Nildelta aus dem Weltall**

❸

Zusatzaufgabe: *Übertrage den Text und ergänze die Lücken. Folgende Silben und Zahlen helfen dir dabei:*
bie – blaue – cken – del – ge – fluss – fremd – ka – lings – meer – mit – nil – rak – ße – ta – ta – te – te – tel – tro – wei – 66 – 71.

Von der Quelle des Kagera, südwestlich des Viktoriasees, bis zur Mündung ins ... ? ... ist der Nil mit ... ? ... km der längste Fluss der Erde. Bei Khartoum vereinigen sich der ... ? ... Nil und der ... ? ... Nil.
Die zwei großen Quellflüsse transportieren Wasser aus niederschlagsreichen Gebieten Ost- und Zentralafrikas in die ... ? ... des Sudans und Ägyptens, wobei der Beitrag des Weißen Nils zum Nilwasser viel geringer ist als der des Blauen Nils. Einen solchen Fluss, der aus niederschlagsreichen Gebieten kommt und durch Trockengebiete ohne weitere Zuflüsse ganzjährig Wasser führt, nennt man ... ? ...
Zwischen Khartoum und Assuan durchbricht der Nil sechs Höhenzüge aus hartem Gestein, die ... ? .... Nördlich von Kairo beginnt das große Mündungsgebiet des Nil mit den beiden Hauptarmen Rosette und Damiette. Es ist das ... ? ..., eine Flussmündung mit einer dreiecksähnlichen Form.

More crop per drop

Beim Bewässerungsfeldbau in Trockengebieten sind der hohe Wasserverbrauch und die Versalzung von Böden ein großes Problem. Das Bewässerungswasser löst nämlich Salze, die sich im Boden befinden. Bei falscher Bewässerungstechnik können sich bei der hohen Verdunstung in ariden Gebieten Salzkrusten bilden.

Material:
Materialien für das Experiment (drei flache Schüsseln, Bodenproben, Ziegelstein, Kochsalz, Wasser, Föhn), Blatt Papier und Schreibstift

Aufgabe:
a) Führe das Experiment durch und fertige ein Protokoll an.
b) Liste Vor- und Nachteile der Bewässerungstechniken auf.

❷ ***Experiment: Bodenversalzung***
Material: *drei flache Schalen, Bodenproben, Ziegelstein, Kochsalz, Wasser, Föhn*
Durchführung: *Schale 1 und 2 mit Bodenproben füllen. Den Boden in Schale 1 mit Regenwasser, den Boden in Schale 2 mit salzhaltigem Wasser begießen. In Schale 3 salzhaltiges Wasser einfüllen und einen Ziegelstein hineinstellen. Dieser dient als Bodenersatz, damit der kapillare Wasseraufstieg besser beobachtet werden kann. Mit einem Föhn warme Luft über die Schalen blasen.*

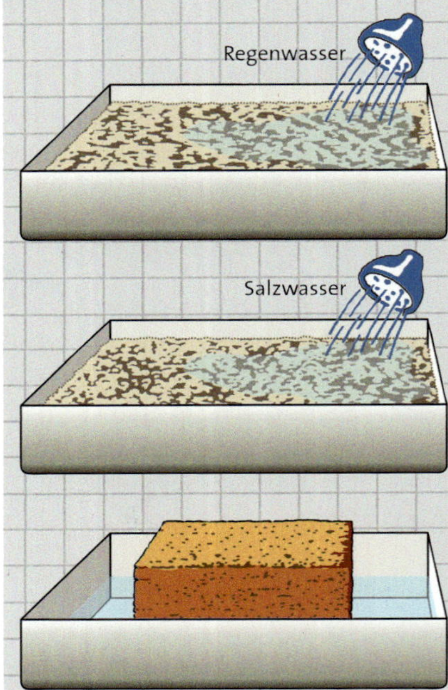

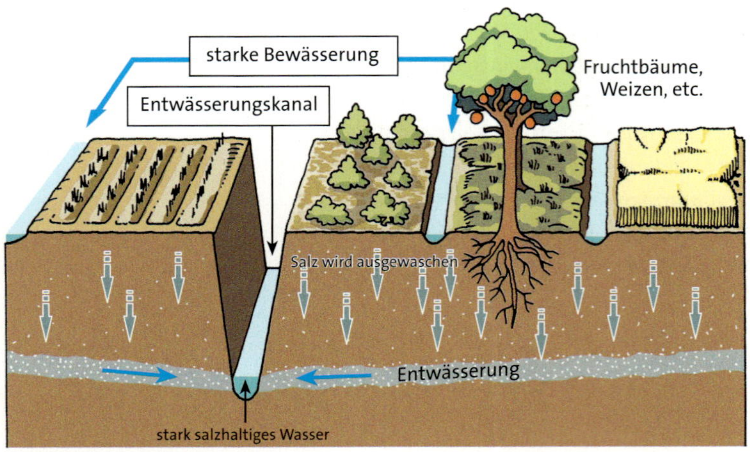

❶ ***Eine Maßnahme gegen Versalzung***

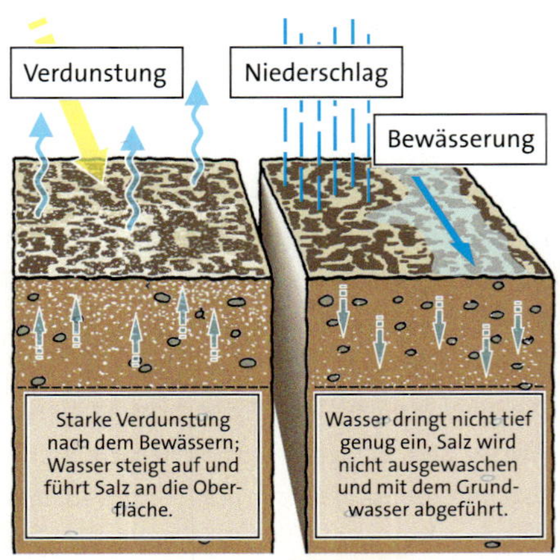

❸ ***Wasserhaushalt in Bewässerungsgebieten***

Bewässerungstechniken
Das Wasser wird in offenen Gräben in die Bewässerungsgebiete geleitet und von diesen Hauptgräben auf die einzelnen Anbauparzellen verteilt. Das Wasser versickert in vielen flachen Furchen oder Beeten und gelangt somit an die Pflanzenwurzeln.
Diese **Graben- und Furchenbewässerung** ist arbeitsintensiv und kostengünstig. Allerdings betragen die durch Verdunstung und unkontrollierte Versickerung verursachten Wasserverluste bis zu 80 %.

4 *Grabenbewässerung*

Grüne Scheiben mitten in der Wüste sind das Ergebnis der **Karussellbewässerung.** Der Beregner kreist um einen festen Mittelpunkt und versprüht das Wasser kreisförmig mit einer Umlaufgeschwindigkeit von 12 bis 200 Stunden pro Umlauf. Bei Großanlagen befindet sich in der Mitte des Beregnungssystems ein Tiefbrunnen. Dem Wasser können Dünger und Pflanzenschutzmittel zugesetzt werden. Häufig haben die Kreisflächen Durchmesser von einem Kilometer. Diese Bewässerungssysteme sind windempfindlich und weisen Verdunstungsverluste von 20–40 % auf. Zudem sind die benötigten Pumpen sehr teuer.

5 *Karussellbewässerung*

Die **Tröpfchenbewässerung** ist die modernste, aber auch kostenaufwändigste Bewässerungsmethode. Hierbei wird Wasser über ein Labyrinth an Schläuchen direkt an den Standort der Pflanze geleitet und aus dünnen, mit Tropfdüsen versehenen Kunststoffschläuchen tröpfchenweise an die Pflanzen abgegeben. Nur der unmittelbare Wurzelbereich wird feucht gehalten. Pumpen und Druckregler dosieren die Wassermenge im richtigen Umfang. Die Düngung der Pflanzen erfolgt durch Zugabe von Nährstoffen in gelöster Form. Mit entsprechenden Steuereinrichtungen kann das System automatisch betrieben werden. Da diese Tropf- und Unterflurbewässerung mit sehr geringen Wasserverlusten arbeitet, hat sie den höchsten Wirkungs- und Ausnutzungsgrad des Bewässerungswassers (90 bis 95 %).

6 *Tröpfchenbewässerung*

Ein See verlandet

Der Aralsee war einmal der viertgrößte Süßwassersee der Erde. Heute wird dieser See immer mehr zur Wüste. Wie kam es zu dieser Katastrophe?

Material:
Bild- und Textinformationen, Plakatpapier, Papierstreifen 30 cm x 10 cm, dicke Filzschreiber, Atlas

Aufgabe:
Arbeitet im Team!
a) Bestimmt die Lage des Aralsees im Atlas.
b) Lest den Bericht aufmerksam durch.
c) Schreibt wichtige Begriffe, die Ursachen und Folgen des Seesterbens aufzeigen, mit großer Schrift einzeln auf die Papierstreifen.
d) Legt die Papierstreifen auf die Plakatfläche und versucht eine Ordnung herzustellen, z. B. nach Ausgangszustand, Ursachen, Folgen. Zusammenhänge könnt ihr durch Pfeile sichtbar machen.
e) Besprecht die Anordnung der Begriffe.
f) Klebt nun die Papierstreifen auf und ergänzt das Plakat durch Zeichnungen.

② **Baumwollpflückerin**

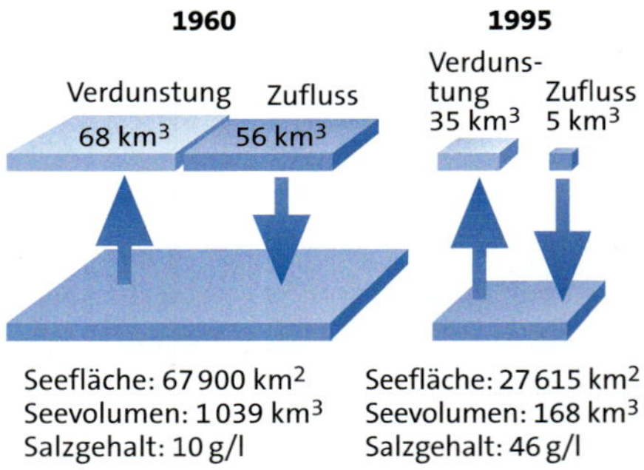

③ **Kennzahlen des Aralsees im Vergleich**

① **Verlandung des Aralsees**

Blicken wir vierzig Jahre zurück: ein blaues, endloses Meer, Fischer, die reiche Fänge von Brassen und Barben anlanden, Bauern, die Berge von Wasser- und Zuckermelonen anbieten. Damals überlegte man: Am Aralsee könnte man einen internationalen Kurort einrichten.
Der Kurort kam nicht, statt dessen entschied man den Baumwollanbau im Gebiet der Zuflüsse auszuweiten. Man brauchte dringend Baumwolle und wollte von den Baumwolleinfuhren unabhängig werden. Aus den beiden Flüssen Amu-Darja und Syr-Darja, die den Aralsee mit Wasser versorgen, wurde nun immer mehr Wasser für die Bewässerung der Baumwollfelder entnommen. Hinzu kam ein sehr verschwenderischer Umgang mit dem Wasser, z. B. durch undichte Kanalwände. Das hatte schlimme Folgen.

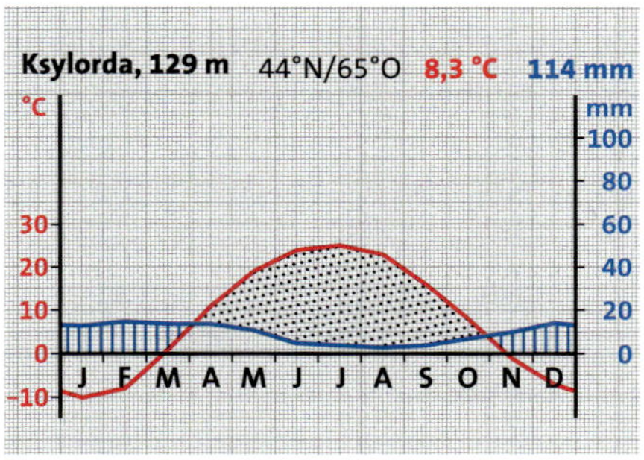

4 *Klimadiagramm Ksylorda*

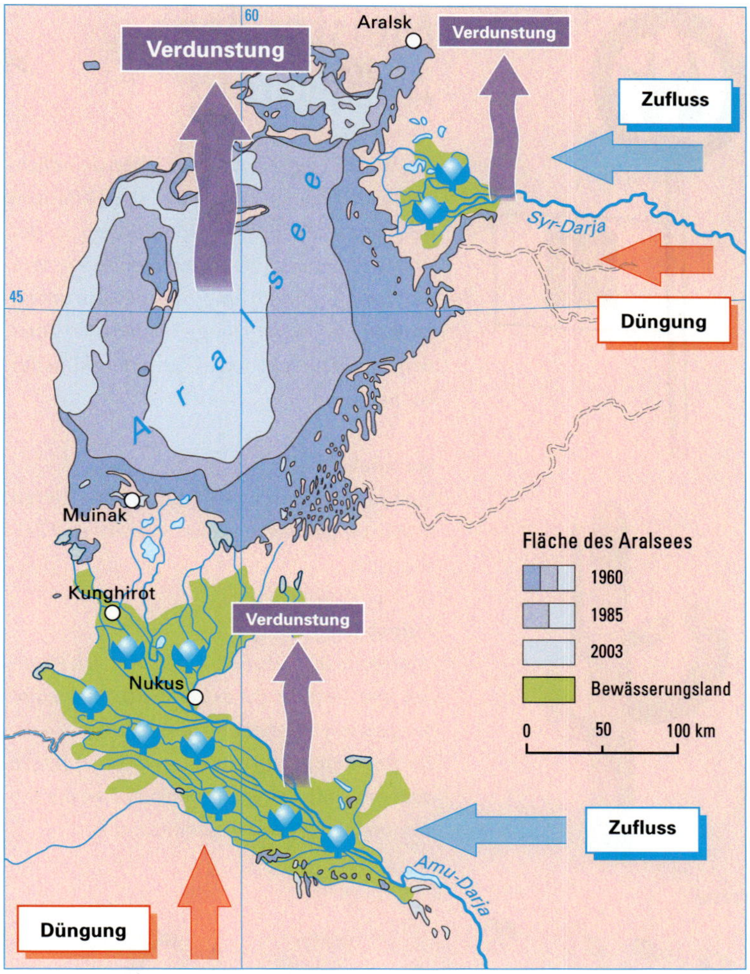

5 *Aralseeregion: Anbau und Bewässerung*

Früher Wasser, heute Wüste
Die Flüsse konnten dem Aralsee nicht mehr so viel Wasser zuführen, wie er durch Verdunstung in dem Wüstenklima verlor. Der Wasserstand sank bisher um 13 Meter, die Wasserfläche des Sees schrumpfte um die Hälfte und die Uferlinie zog sich um 80 km zurück. Heute wehen Sand, Salz und Staub über ausgetrocknete Seeflächen. Da der ausgleichende Einfluss der großen Wasserfläche schwindet, ändert sich das Klima. Die Sommer werden immer heißer, die Winter kälter und die Winde heftiger. Der Salzgehalt des Wassers verfünffachte sich. Sämtliche 24 Fischarten sind heute ausgestorben. 60 000 Fischer mussten aufgeben, die Schifffahrt ist eingestellt.

Die Felder trinken, was dem Aralsee gehört
Hinzu kommen die Mängel der Bewässerung. Ein großer Teil des abgeleiteten Wassers verdunstet bereits auf dem Weg zu den Feldern oder versickert durch die Wände der Bewässerungskanäle ungenutzt in den Sand. Auch müssen auf die Baumwollfelder immer mehr Düngemittel und Schädlingsbekämpfungsmittel ausgebracht werden. Dennoch sinken die Erträge, da die Böden zunehmend von Salzstaub und von den Rückständen der Düngung belastet sind. Diese gefährden die Gesundheit und das Leben von fast 3 Millionen Menschen. Viele sind schon erkrankt, da das Trinkwasser und die Nahrung zunehmend belastet sind. Nicht wenige Menschen sind schon aus dem Gebiet weggezogen.

Meister der Anpassung

Die Wüsten gelten zwar als lebensfeindlich, dennoch haben sich viele Tiere und Pflanzen den extremen Lebensbedingungen in der Wüste angepasst. Sie können große Sonneneinstrahlung, extreme Temperaturunterschiede und extrem lange Trockenheit überwinden. Lerne ein paar Überlebenskünstler kennen.

Material:
Kurzinformationen zu Pflanzen und Tieren in Wüstengebieten, Papier, Schreib- und Zeichenstifte

Aufgabe:
Informiere dich über die Arten, wie sich Pflanzen und Tiere an die extremen Lebensbedingungen von Wüsten angepasst haben. Zeichne und beschreibe eine Fantasiepflanze oder ein Fantasietier, das optimal an die Bedingungen von Wüsten angepasst ist.

1 ***Kaktus***

2 ***Welwitschia***

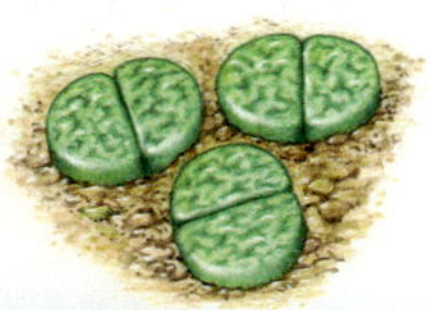

3 ***Lebende Steine***

Pflanzen der Wüste
Samen bestimmter Pflanzen halten jahrelange Dürre aus. Erst nach einem Regen keimen, sprießen und blühen sie in kürzester Zeit, um bestäubt zu werden und wieder Samen oder Früchte auszubilden.

Kakteen bilden flache Wurzeln aus, die sich um die Pflanze herum in alle Richtungen ausbreiten, um jeden winzigen Tau- oder Regentropfen aufzunehmen. Erst nachts öffnen die Kakteen ihre Spaltöffnungen zum Gasaustausch für die Fotosynthese. Das verringert den Wasserverlust deutlich. Im Stamm befindet sich ein Wasserspeichergewebe und die Oberfläche der Pflanze ist mit einer dicken Wachsschicht überzogen, die den Wasserverlust gering hält.

Rutensträucher sind bis zu drei Meter hohe blattlose Sträucher, bei denen grüne Triebe die Fotosynthese übernehmen. Oder es kommen Sträucher mit sehr kleinen Blättern vor wie die **Tamarisken.** Sie besitzen Salzdrüsen, mit denen sie überschüssiges Salz ausscheiden können. Durch diese Eigenart können Tamarisken auf ziemlich salzigen Böden noch wachsen.

„Lebende Steine“ sind im Kies kaum zu entdecken. Zu sehen sind nur die Blattspitzen. Diese Mittagsblumengewächse sind Blattsukkulenten, die Wasser in ihren Blättern speichern.

Die **Welwitschia** aus der Namib hat nur zwei korkenzieherartig gedrehte Blätter an einem kurzen, knolligen Stamm und eine gewaltige, am oberen Ende bis zu einem Meter dicke Pfahlwurzel. Die zwei Blätter, die sich in Streifen auffasern, können Tau aufsaugen.

Kamel

Es gehört zu den besten Überlebenskünstlern unter den Säugetieren und ist Weltmeister im Wassersparen.

An den Füßen hat das Kamel dicke Hornschwielen. Sie schützen die Sohlen gegen heißen Boden und scharfkantige Steine. Die tellerförmig gespreizten Füße verhindern das Einsinken im weichen Sand.

Das Kamel kann innerhalb von 15 Minuten bis zu 200 Liter Wasser trinken, das in einem der drei Vormägen durch große Speicherzellen eingelagert wird. Die Aufnahme von Salzwasser und salzhaltigen Pflanzen ist kein Problem. Der Höcker ist kein Wassertank, sondern ein Fettreservoir für Notzeiten.

Wenn es extrem heiß ist, lässt das Kamel die Körpertemperatur auf 42 °C ansteigen. Das kontrollierte Fieber verhindert Schwitzen und somit Wasserverlust.

Lange Wimpern und starker Tränenfluss bei Sturm verhindern das Eindringen von Staub und Sand in die Augen. Auch kann es bei Sandsturm die schlitzförmigen Nüstern schließen. In der Nase befindet sich eine Art Klimaanlage. Sie dient zur Kühlung von Blut, Augen und Gehirn. Durch die langen schlanken Beine ist der Körper weit vom heißen Boden entfernt.

Skink

Der Skink, auch Sandfisch genannt, hat Schuppen und kann deshalb elegant durch Sand gleiten, ist aber kein Fisch, sondern eine flinke Echse. Tagsüber ist er im Sand vergraben, um der Tageshitze zu entgehen, nachts geht er auf Futtersuche.

Flughuhn

Mit seinem Gefieder ist das Flughuhn perfekt getarnt. Weit entfernt von Oasen und Brunnen befinden sich die Gelege, denn dort gibt es kaum Feinde. Um die Jungen mit Wasser zu versorgen, fliegt der Hahn zur weit entfernten Wasserstelle und speichert Wasser im filzigen Flaum seines Brustgefieders. Von den aufgetankten 80 Gramm Wasser kommen immerhin noch 30 Gramm bei den Jungvögeln an.

Fennek

Fennek, der Wüstenfuchs, gehört zur Familie der Wildhunde. Mit seinen großen Ohren gibt er überschüssige Körperwärme an die Umgebung ab. Außerdem hört er hervorragend. So entgeht ihm bei seinen nächtlichen Beutegängen nicht das kleinste Geräusch von Insekten oder Mäusen.

Wüstenspringmaus

Mit ihren zwei Hinterbeinen hüpft sie mit rasender Geschwindigkeit durch die Wüste. Haarbüschel an den Füßen verhindern das Einsinken im Sand. Lebensnotwendiges Wasser bezieht sie aus der Nahrung und durch Umwandlung von Körperfett. Dank ihrer großen Augen und Ohren kann sie auch nachts gut Futter aufspüren.

4 *Flughuhn*

5 *Skink*

6 *Wüstenspringmaus*

7 *Fennek*

8 *Kamel*

Tuareg

1 In der Nacht rastete er kein einziges Mal. Das Kamel führte er am Zügel. Ein bleicher Mond und Tausende von Sternen beleuchteten ihm den Weg, sodass er die Umrisse der Dünen und die gewundenen Passagen zwischen ihnen erkennen konnte. Diese gassi waren trügerische, vom Wind vorgezeichnete Wege, die manchmal einfach aufhörten. Immer wieder musste Gacel mühsam einen Abhang aus weichem Sand hochklettern. Keuchend und strauchelnd zog er sein Mehari am Zügel hinter sich her. Das Tier protestierte wütend gegen eine solche Strapaze, denn normalerweise durfte es sich um diese nächtliche Stunde ausruhen und irgendwo im Flachland ungestört auf Futtersuche gehen.

Als sie endlich den Erg erreicht hatten, legten sie eine Rast ein, aber sie dauerte nur wenige Minuten. Vor ihnen erstreckte sich bis zum Horizont eine unermessliche Ebene. Sie war übersät von Millionen und Abermillionen schwarzer Steine, die in der Sonnenhitze zersprungen waren. Der Boden bestand aus Sand, der fast so grob war wie Kies. Bei normaler Windstärke rührte sich dieser Sand nicht; nur die wütendsten Stürme rissen ihn mit sich fort.

Gacel wusste, dass er von jetzt an unterwegs auf keinen einzigen Strauch, keine gara und nicht einmal auf das ausgetrocknete Bett eines Flusses stoßen würde. Bei Ritten durch die Hamada waren solche Flusstäler keine Seltenheit, aber hier konnte man höchstens damit rechnen, dass die Monotonie der Landschaft durch einen tiefergelegenen Salzsee mit scharfkantigen Ufern unterbrochen wurde. Ein Reiter war in dieser Gegend genauso unübersehbar wie jemand, der eine an einem Besenstiel befestigte rote Fahne geschwenkt hätte.

Gacel wusste, dass in einem solchen Gelände kein anderes Kamel es mit seinem Mehari aufnehmen konnte. Wegen der zahllosen spitzen und messerscharfen Steine, von denen manche einen halben Meter hoch waren, bildete dieser Teil der Wüste zudem ein nahezu unüberwindliches Hindernis für alle mechanischen Fortbewegungsmittel.

Und wenn er sich nicht sehr täuschte, dann würden die Soldaten, falls sie überhaupt die Verfolgung aufnahmen, mit Jeeps und Lastwagen auf ihn Jagd machen, denn sie waren nicht in der Wüste zu Hause und folglich nicht daran gewöhnt, lange Fußmärsche zu machen oder tagelang auf dem Rücken eines Kamels hin und her zu schaukeln.

Als der Morgen graute, hatte Gacel die Dünen schon weit hinter sich gelassen. Sie waren nur noch als verschwommene Wellenlinien am Horizont zu erkennen. Gacel ging davon aus, dass sich die Soldaten jetzt in Marsch setzten. Zuerst einmal würden sie mindestens zwei Stunden lang über die von ihnen angelegte Sandpiste durch die Dünen fahren, bis sie ziemlich weit östlich von der Stelle, an der sich Gacel befand, das flache Land erreichten. Und selbst wenn eines der Fahrzeuge direkten Kurs auf den Erg nahm, würde es dessen Rand erst mehrere Stunden später erreichen, wenn die Sonne schon hoch am Himmel stand. Gacel hatte also einen sicheren Vorsprung. Er stieg ab, machte ein kleines Feuer und briet darüber die schon ziemlich übel riechenden Reste der Antilope. Dann verrichtete er sein Morgengebet, das Gesicht nach Osten gen Mekka gewandt. Das war auch die Richtung, aus der seine Verfolger kommen würden. Er aß mit gutem Appetit, und nachdem er das erlöschende Feuer mit Sand zugedeckt hatte, ergriff er die Zügel seines Kamels und machte sich wieder auf den Weg. ...

Er war ein Targi, also ein Mann der Wüste, für den die Zeit – Stunden, Tage, ja sogar Monate – keinerlei Bedeutung hatte.

Er wusste, dass sich El-Mab irgendwo dort hinten befand. Die Stadt gab es schon seit Jahrhunderten, und sie würde auch noch da sein, wenn in der Wüste schon alle Spuren von ihm, Gacel, und sogar von seinen Enkelkindern verweht wären. Er konnte jederzeit kehrtmachen und denselben Weg noch einmal zurücklegen, sobald die entnervten Soldaten die Suche nach ihm aufgegeben hätten. Jetzt sind sie wütend, sagte er sich, aber in einem Monat werden sie vergessen haben, dass es mich gibt.

Als die Mittagsstunde nahte, hielt Gacel bei einer kaum merklichen Bodenvertiefung an, zwang sein Mehari, in die Knie zu gehen, und legte Steine rund um die Kuhle. Dann rammte er sein Schwert und seine Flinte in den Boden, spannte die Decke zu einem Sonnendach und kroch darunter. Schatten war um diese Tageszeit äußerst wichtig. Es dauerte kaum eine Minute, da war Gacel schon eingeschlafen. Niemand wäre in der Lage gewesen, ihn aus mehr als zweihundert Metern Entfernung zu entdecken.

Als er aufwachte, schien ihm die Sonne, die schon dicht über dem Horizont stand, ins Gesicht. Er spähte zwischen den Steinen hindurch und erblickte eine Staubwolke, die ein einzelnes Fahrzeug hinter sich herzog. Es fuhr langsam, als zögerte es, die schützenden Dünen hinter sich zu lassen und sich in die unwirtlichen Weiten des Erg hineinzuwagen. ...

Gacel verrichtete sein Abendgebet, hängte sich einen kleinen, mit ein paar Handvoll Datteln gefüllten Ledersack über die Schulter und setzte seinen Weg nach Westen fort. Während er sich in der Dämmerung verlor, die sich schon der Wüste bemächtigt hatte, griff er dann und wann in den Beutel und verzehrte ohne Hast eine der Datteln. Er wusste, dass er nun die ganze Nacht gleichmäßig weitermarschieren musste, um einen unüberbrückbaren Abstand zwischen sich und seine Verfolger zu bringen.

Das Kamel hatte sich tags zuvor satt getrunken und es lagen keine ausgedehnten Ritte oder sonstigen Strapazen hinter ihm. Es war wohlgenährt und stark, sein Fell glänzte und sein Buckel war prall. Das bedeutete, dass es bei gleicher Gangart über Kraftreserven für mehr als eine Woche verfügte. Solch ein Tier konnte ohne weiteres einhundert Kilo Körpergewicht verlieren, bevor ihm eine Schwächung anzumerken war.

Was Gacel selbst anbetraf, so war diese Flucht für ihn nichts weiter als ein Spaziergang, denn er war an lange Streifzüge durch die Wüste gewöhnt. Zahllose Male war er der Spur eines flüchtigen Wildes gefolgt oder hatte nach einer stattlichen Herde gesucht, die sich verirrt hatte. Es gefiel Gacel, in der Wüste ganz auf sich gestellt zu sein. Dies war das Leben, das er von ganzem Herzen liebte. Zwar dachte er immer wieder an seine Familie, und nachts oder in der Hitze des frühen Nachmittags sehnte er sich nach Ulla, aber andererseits traute er sich zu, so lange auf sie zu verzichten, wie es unumgänglich war. Bevor er sie wiedersah, musste er seine schwere Aufgabe hinter sich bringen. Es galt, für die ihm zugefügte Beleidigung Vergeltung zu üben.

Als später der Mond am Himmel erschien und ihm den Weg erhellte, registrierte Gacel dies mit einem Gefühl der Dankbarkeit. Gegen Mitternacht tauchte in der Ferne die silbrig glänzende Fläche eines Schotts auf. Dieser ausgedehnte Salzsee erstreckte sich vor ihm wie ein versteinertes Meer, dessen anderes Ufer er nicht zu erkennen vermochte.

Gacel bog nach Norden ab und wanderte in einiger Entfernung an dem Salzsee entlang. An den schlammigen Ufern solcher Seen gab es nämlich meist Milliarden von Moskitos. Nach Sonnenaufgang und in der Abenddämmerung bildeten sie richtige Wolken, die die Sonne verdunkelten, und ...

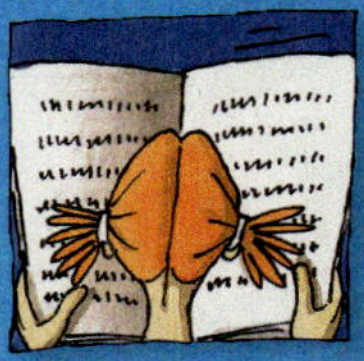

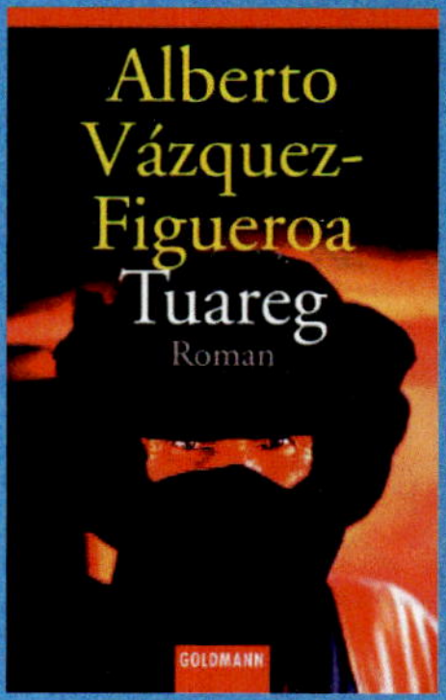

2 *Alberto Vázquez-Figueroa, Tuareg, Goldmann 1989, Seite 200–201*

Früher waren die Tuareg die stolzen Herrscher der westlichen Sahara. Sie betrieben Viehzucht und waren als Führer der Karawanen gefragt. Einer dieser letzten Nomaden ist Gacel Sayah. Unbeirrbar hält er an den Lebensweise seiner Vorfahren fest, stolz verteidigt er die Traditionen seines Volkes. Als in seinem Zelt eines der heiligen Gesetze der Wüste, die Gastfreundschaft, brutal gebrochen wird, muss Gacel an den Rechtsbrechern Rache nehmen.

Wüstenfit?

Teste dein Wissen über die Wüsten der Erde. Beginne erst, wenn du dich wüstenfit fühlst.

Material:
Spielplan

Aufgabe:
Wähle die richtige Antwort und der entsprechende Pfeil weist dir die Richtung. Sammle auf deinem Weg die Großbuchstaben. Der Lösungssatz, von hinten nach vorne gelesen, zeigt dir, ob du richtig gearbeitet hast.

Gefahr bei falscher Bewässerung
- Bodenversalzung → V
- Rutschungen → Z

Wüstenfuchs mit großen Ohren
- Targi → N
- Fennek → D
- Tenek → R

Starker, trockener Wind in der Wüste
- Orkan → M
- Sandsturm → N
- Hurrican → E

Oase mit artesischem Brunnen
- Quelloase → C
- Grundwasseroase → I

Wichtige Pflanze in Oasen
- Dattelpalme → E
- Ölpalme → L
- Kokospalme → K

Wüstentyp
- Wendekreiswüste → A
- Binnenwüste → G
- Küstenwüste → Q
- Randwüste → M

Wüste an der Pazifikküste Südamerikas
- Gobi → M
- Nefud → U
- Tharr → M
- Atacama → N

Wüstenteufel gibt es in
- China → P
- Australien → S
- Algerien → J

Wüste im Innern Asiens
- Namib → Z
- Simpson-Wüste → Ä
- Gobi → T
- Große Sandwüste → K

Sehr altes Grundwasser
- fossiles Wasser → E
- antikes Wasser → A
- Kanalwasser → V
- Schlauchwasser → J

Pflanze verträgt salzhaltiges Wasser
- Begonie → O
- Zucchini → Y
- Tamariske → E
- Tulpe → S

Flussoase des Nils liegt in
- Libyen → G
- Tunesien → D
- Ägypten → T

Große Salz-Ton-Ebene
- Schott → A
- Sea → L
- Wadi → I
- Lake → S

Formende Kraft in der Wüste
- Luft → F
- Wind → T
- Schlag → K
- Stein → L

Form
- 2. Buchstabe → ?

Klima in den Trockenwüsten
- nival → M
- humid → U
- arid → S

Tier
- 11. Buchstabe → ?

Volk in der Zentralsahara
- Inder → T
- Somalier → O
- Tuareg → N
- Koreaner → S

Wüste in Australien
- Simpson-Wüste → O
- Tharr → E
- Namib → P
- Mojave-Wüste → W

Wüste in Turkmenistan
- Arabische Wüste → Z
- Tharr → G
- Karakum → Ü

Felswüste
- Erg → R
- Serir → K
- Hamada → A

Pflanze in Trockengebieten der USA
- Kaktus → S
- Trüffel → P
- Pampus → F

WÜSTENFIT?
- JA → A
- JA → G
- JA → E

Wüstentyp
- Meereswüste → A
- Küstenwüste → W

In der Kalten Zone

Je weiter man sich auf der jeweiligen Halbkugel den Polen der Erde nähert, desto kälter wird es.
Wie können Menschen in diesen Gebieten leben, wie werden sie mit der Kälte fertig?
Und wie hat sich ihr Leben durch Einflüsse von außen verändert?

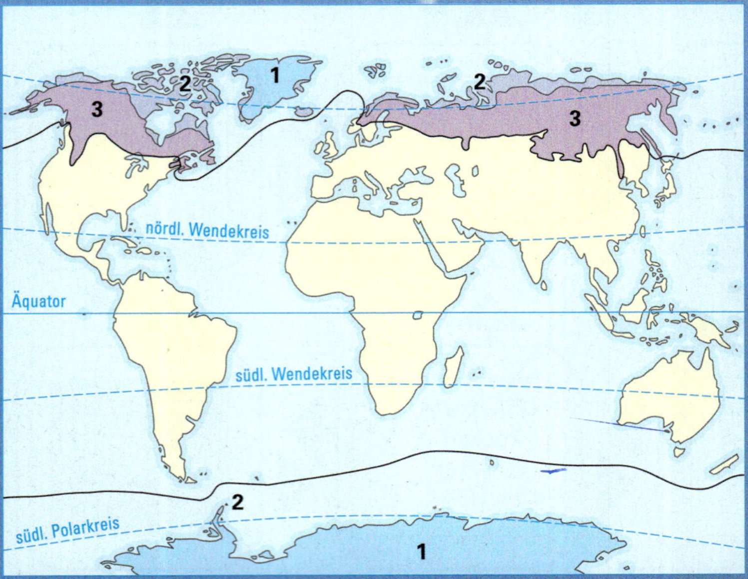

6

❶ Ein besonderer Februartag

Ein Februartag, kurz vor Mittag, in einer Schule im Norden von Norwegen. Immer wieder sieht Herr Jensen, der Lehrer, auf seine Taschenuhr. Plötzlich ruft er: „Jetzt!" Alle stürmen aus dem Klassenzimmer, reißen die Jacken von den Haken und stürzen hinaus. Der Himmel ist rot. Vor dem Schulhof bleiben sie im Schnee stehen, starren nach Süden und warten. Plötzlich wird es still. Ein ganz kleines Sonnenkäppchen steigt aus dem Meer. Zugleich donnert ein Kanonenschuss über die Bucht. Das ist der Gruß an die Sonne. Noch bevor der zweite Schuss ertönt, bricht lauter Jubel aus allen Kehlen, ein Freudengeschrei. Die Sonne sendet ein paar starke Strahlen über die Insel. Man spürt sie im Gesicht. Die Kinder schreien und trampeln im Schnee. Sie können nicht anders. Es dauert nur kurze Zeit. Das rote Käppchen wird kleiner und kleiner und versinkt wieder im Meer. Nun sieht alles noch grauer und dunkler aus als vorher. „Aber morgen kommt sie wieder, die Sonne", flüstert jemand.

❷ „Tageslauf der Sonne" zur Zeit des Polartages

Endlos der Tag – endlos die Nacht

Dunkelheit in Tromsø

In Tromsø in Norwegen, 350 km nördlich des Polarkreises, geht am 21. Januar, dem „Sol Dag", um 11:36 Uhr die Sonne nach langer Dunkelheit zum ersten Mal wieder auf – für vier Minuten. Am 25. November hatte sie sich für acht Wochen verabschiedet – es war **Polarnacht**. Dies ist die Zeit, in der die Sonne nicht aufgeht, also dauernd unter dem Horizont steht. Für die Bewohner ist es nicht einfach, die lange Dunkelheit im **Mittwinter** zu ertragen. Eine Krankenschwester berichtet, dass sich im Dezember und Januar die Fälle von Schlafschwierigkeiten und Depressionen im Krankenhaus häufen.

❸ Tromsø an einem Dezembertag um 13 Uhr

Mittsommernachtsfest in Tromsø

Die Zeit vom 21. Mai bis 23. Juli hingegen ist die schönste des Jahres. In diesen 64 Tagen geht die Sonne nicht unter – noch nicht einmal um Mitternacht. Am 21. Juni feiern die Einwohner, wie überall in Nordeuropa, das Mittsommernachtsfest. „Mitternachtssonne" oder **Polartag** – so heißt die Zeit in den Polargebieten, in der die Sonne nicht untergeht und auch um Mitternacht noch über dem Horizont steht. Auch dies ist nicht unproblematisch für Mensch und Tier.

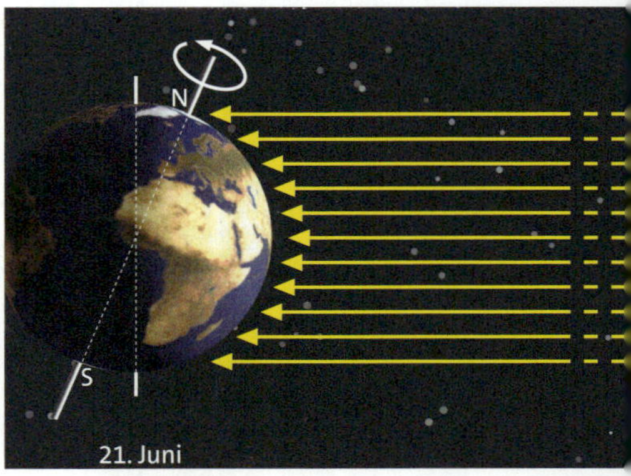

❹ Beleuchtung der Erde

Kaum zu glauben

In Helsinki wurde das erste Lichtcafé eröffnet. Das Café ist mit intensiv leuchtenden Lampen ausgestattet, die den Lichtmangel ausgleichen sollen. Lichtmangel kann zu Depressionen, dem sogenannten „Winter Blues", führen.

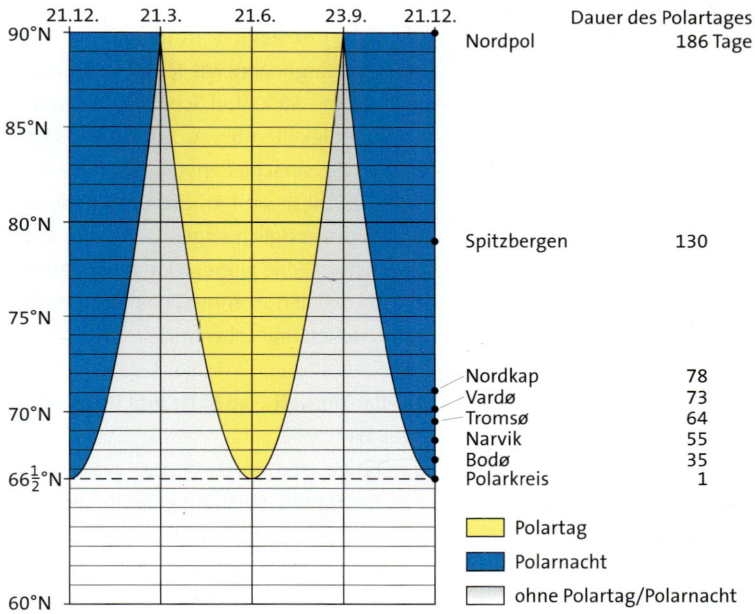

5 **Dauer von Polartag und Polarnacht**

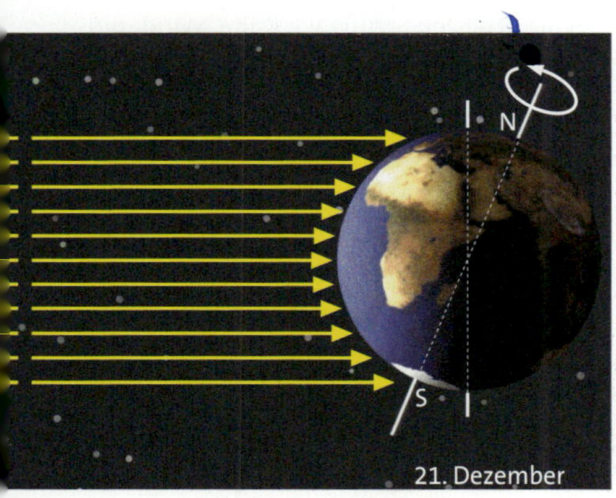

1 *Im Norden Europas wird das ganze Leben vom Sonnenstand bestimmt. Nenne Auswirkungen im Mittwinter und Mittsommer.*

→ *Polartag und Polarnacht, S. 17*

2 *a) Lies den Text 1 und nenne den Namen des Ereignisses, welches beschrieben wurde.*
b) Liegt die Schule nördlich oder südlich von Tromsø?

3 *Erkläre mithilfe der Grafik 4, wie Polartag und Polarnacht entstehen.*

4 *Erstelle aus Grafik 5 eine Tabelle:*

Ort	Breitenkreis	Dauer des Polartages

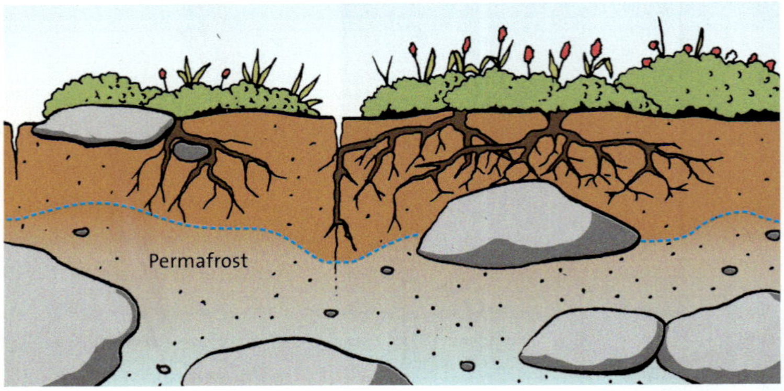

① Polsterpflanzen in der Tundra (Profil)

③ Polsterpflanzen in der Tundra

Leben mit der Kälte

Die Kalte Zone ist zwar eine lebensfeindliche, aber nicht tote Region. Trotz extremer Witterungsbedingungen, wie Temperaturen von nicht selten –50 °C und Schneestürmen mit Geschwindigkeiten bis zu 140 km/h, finden sich hier die verschiedensten Pflanzen- und Tierarten. Diese sind an die Umweltbedingungen bestmöglich angepasst. Denn auch in der Kalten Zone gibt es Monate im Jahresverlauf, in denen „sommerliche" Temperaturen herrschen und Leben möglich ist.

Die Pflanzenwelt – an Kälte und Trockenheit angepasst

Sehr lange und kalte Winter prägen die **borealen Nadelwälder,** die man in Russland **Taiga** nennt. Die zusammenhängende Waldfläche durchzieht wie ein breiter Gürtel die Erde und besteht zur Hauptsache aus frostwiderständigen Fichten, Kiefern und Lärchen. Ihre Blätter sind zu kleinen, harten Nadeln entwickelt, mit denen kalte und trockene Zeiten überstanden werden können. Lediglich die anspruchsarmen Espen und Birken sind als Laubbäume in diesen Wäldern vertreten. Sie müssen ihre Blätter zu Beginn der kalten Jahreszeit abwerfen, um zu überleben.

→ *Verbreitung des Permafrostbodens, Seite 122 (Karte 3)*

Wachstumszeit: Wachstum der Kulturpflanzen Monatsmittel über 10°C

Vegetationszeit: Wachstum der Naturpflanzen Monatsmittel über 5°C

Vegetationsruhe: fast kein Pflanzenwachstum Monatsmittel unter 5°C

*Die **Vegetationszeit** wird auch als **Vegetationsperiode** bezeichnet.*

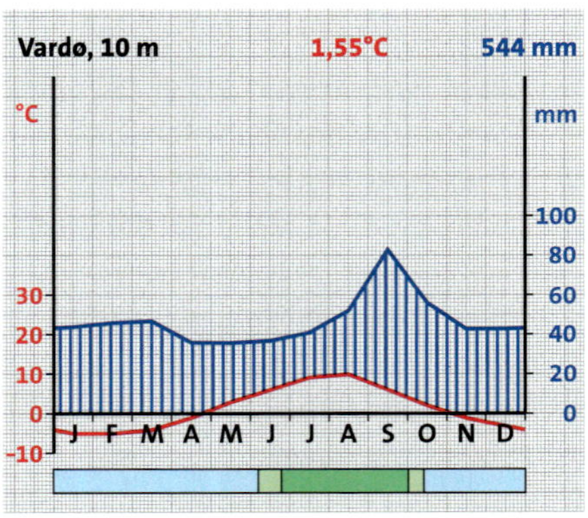

② Klimadiagramm Vardø

Weiter nördlich wird die Sommerwärme geringer – der Wald damit lichter. Jenseits der Baumgrenze liegt die **Tundra,** in der nur noch zwergwüchsige Bäume, niedrige Sträucher, Gräser sowie Moose und Flechten existieren. Diese Pflanzen werden nur wenige Zentimeter hoch und bleiben nah am erwärmten Boden. Er ist bis auf die wenigen Sommermonate gefroren. Ein solcher **Dauerfrostboden** wird als **Permafrostboden** bezeichnet. Gräser, Moose und Flechten wachsen hier in Gruppen, die als Polster oder Kissen bezeichnet werden. Auf diesem Wege verschaffen sich die Pflanzen Schutz vor Kälte, Wind und Austrocknung.

Die **Vegetationsperiode** umfasst hier maximal drei Monate, weshalb die Pflanzen nur sehr langsam wachsen. Kaum eine Pflanze entwickelt sich in dieser kurzen Zeit vom Keim zur Blüte. Selbst zwischen der Entwicklung der Knospe und der Blüte liegt vielfach noch eine weitere Winterperiode.

Lediglich in Arktis und Antarktis sind die Lebensbedingungen derart lebensfeindlich, dass bis auf einzellige Algen und Flechten kein Pflanzenwachstum erfolgt.

Die Tierwelt – verschiedenste Überlebensstrategien

Im Gegensatz zu den Pflanzen haben die Tiere einen entscheidenden Vorteil: Sie sind nicht immer an ein und denselben Ort gebunden. Extreme Witterungsbedingungen und die daraus folgende Nahrungsarmut können viele Tiere vermeiden. Entweder wandern sie in wärmere Regionen ab oder sie überwintern in Verstecken, die vor Kälte schützen.

Flucht vor der Kälte – Tierwanderungen

Die Rentiere in Skandinavien sind Pflanzenfresser. Sie wandern zum Winter hin an den Südrand der borealen Nadelwälder. Nur hier finden sie ausreichend pflanzliche Nahrung. Auch die Vögel, welche im Sommer die Tundra als Brutrevier nutzen wie die Saatgans, ziehen im Herbst nach Süden, um der Nahrungsarmut zu entfliehen.

Den Winter „verschlafen“

Andere Tiere wie Bären und Erdhörnchen ziehen sich während der kalten Jahreszeit in Höhlen zurück, wo sie Winterruhe bzw. Winterschlaf halten. So beschränkt sich die Aktivität der Lemminge im Winter darauf, im Schnee Gänge zu graben, in denen sie sich von frischen Pflanzensprossen ernähren.

Überwintern mit Winterfell und -pelz

Sind Tiere aber dem extremen Winterwetter ausgesetzt, so müssen sie zur Aufrechterhaltung ihrer Körperwärme mit einem dichten Fell-, Pelz- oder Federkleid gut isoliert sein. Nicht umsonst tragen Schneehühner Federn an den Beinen und den Füßen, um Erfrierungen zu vermeiden. Der Moschusochse hat ein so dichtes Winterfell, dass an seinen Liegeplätzen der Schnee nicht schmilzt.

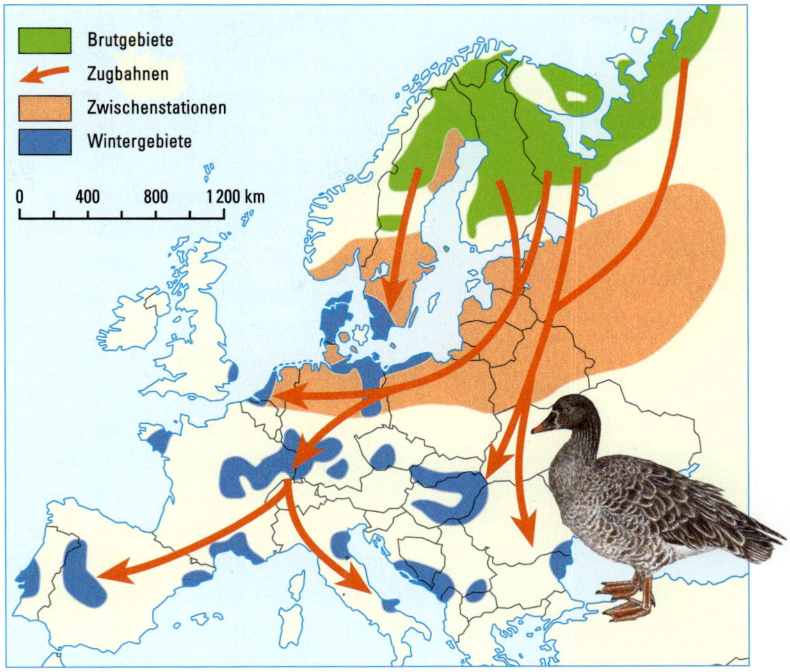

5 ***Flugrouten der Saatgans***

Kälteschutz Speckschicht

Doch auch diese Anpassungen reichen Tieren, die im Wasser der Kalten Zone leben, nicht aus. Sie besitzen eine dicke Speckschicht unterhalb der Haut. Diese braucht keine umfangreiche Blutversorgung, darf stark abkühlen und isoliert dann wie ein Taucheranzug. Alle Wal- und Robbenarten sind so vor dem Erfrieren im Wasser geschützt.

6 ***Rentier***

1. *Suche im Atlas den Ort Vardø und benenne die Vegetationszone.*
2. *Beschreibe die klimatischen Bedingungen in Vardø mithilfe des Klimadiagramms 2.*
3. *Nenne die verschiedenen Arten der Anpassung an die Kälte bei Pflanzen und Tieren.*
4. *Arbeite mit Karte 5: Beschreibe die Zugrouten der Saatgans mithilfe des Atlas. Was fällt dir dabei auf?*

7 ***Moschusochse***

4 ***Blauwal***

Unterwegs mit der Polarstern

1 **27. Juni, Bremerhaven: Reise ins Ungewisse**
Endlich ist es soweit: Unsere Reise auf der Polarstern beginnt! Für die nächsten vier Monate wird das Forschungsschiff unser Zuhause sein. Unser Ziel ist die große Eiswüste der Arktis. Es ist schon ein Abenteuer, denn trotz aller Planungen wissen wir nie genau, was uns erwartet. Als erstes Ziel haben wir den Alpharücken im zentralen Arktischen Ozean bestimmt. Momentan haben wir aber ganz andere Probleme: Manche sind jetzt schon seekrank, andere verlaufen sich auf dem großen Schiff und wieder andere wissen nicht, wie sie auf diesem schwimmenden Hotel ihr ganzes Forschungsmaterial unterbringen sollen. Kaum zu glauben, dass wir aus dem europäischen Sommer bald im ewigen Eis sein werden!

4. Juli, 75°30` Nord und 35° Ost:
Zwei Giganten des Eises
Gestern haben wir unseren ersten Eisbären gesehen – direkt an der südlichen Eiskante. Als wir heute früh einen weiteren erblicken, treffen wir unseren gigantischen Helfer, den atomar angetriebenen russischen Eisbrecher Arktika. Er wird uns mit 75 000 PS den Weg bahnen. Wir folgen ihm in 500 Metern Abstand Richtung Norden. Unser Schiff ächzt unter den schweren Schollen, während die Arktika sich stetig ihren Weg bahnt. Jetzt gilt es die ersten Messungen durchzuführen und die Geräte zu erproben. Heute Abend wird in unserer Bordkneipe „Zillertal" erst einmal auf die ersten massiven Schollen angestoßen.

9. Juli, 88°39,8` Nord und 42°59,0` West:
Zu früh gefreut?
Wir sind am nördlichsten Punkt unserer Reise! Nachdem wir gestern noch so erfreut über das „richtige" Eis waren, riss uns heute Nacht ein Packeisfeld aus dem Schlaf! Wir liegen eingekeilt. Die Messgeräte, die wir mit uns zogen, haben etwas abbekommen. Dieses Geräusch werde ich nie vergessen! Es war, als wenn wir mit Volldampf gegen eine Wand gefahren wären. Die Arktika hat bei Tagesanbruch gewendet und uns wieder frei gesetzt. Das Theater haben wir in den kommenden Wochen sicherlich noch häufiger. Hoffentlich können wir unser seismisches Profil vom Meeresboden noch retten und unsere Fahrt fortsetzen!

10. Juli, Kurs auf 86° Nord, 140° West:
Stürme und Eisgebirge
Die wissenschaftlichen Aufnahmen am Alpharücken laufen endlich gut! Nachdem der starke Wind uns so lange festsetzte, stand die Stimmung an Bord nicht gerade zum Besten. Eine Videokamera mit einem Probengerät hat uns auch die ersten Bilder vom Meeresboden in 3 200 m Tiefe gesendet. Der unterseeische Gebirgszug ist sehr beeindruckend: mehr als 100 km breit und über 500 km lang. Das Gebiet, in dem er liegt, ist ganzjährig mit Eis bedeckt. Das Gebirge erhebt sich aus der umgebenden Tiefsee stellenweise um etwa 3 000 m. Die Satellitenbilder zeigen uns endlich auch bessere Eisverhältnisse an. Dann können wir vielleicht endlich die gewünschten Gesteinsproben nehmen.

14. Juli, 86° Nord und 148° West:
Tiefer Druck und Stimmungstief
Man könnte fast sagen, unsere Stimmung schwankt mit der Eisdicke. Nun liegen wir auch noch mitten in einem Tiefdruckgebiet und selbst unser Helfer muss passen. Die Rinne, die er hinterließ, hat sich sofort wieder zugeschoben. Also haben wir hier Proben genommen und von dem Moment an fühlten wir uns wie in einem normalen Forschungszentrum an Land. Die Labore liefen heiß und in den Büros war kein Arbeitsplatz mehr frei. Die Sensation war eine Probe aus 1 000 m Tiefe: Flusskrebse und eine Qualle im Miniformat. Das entschädigt natürlich dafür, dass wir eigentlich an eine andere Stelle wollten.

2 *Forschungsschiff Polarstern*

30. Juli, nördlich von Tixi:
Fliegender Wechsel

Wir hatten die ganze Zeit fast konstantes Wetter: kaum Sonne, viel Nebel und mit 0 °C sehr mild, Sommer eben! Heute ist es ungewöhnlich klar und das Eis sieht noch faszinierender aus als sonst. Dennoch ist das für manche von uns ein schwacher Trost, denn sie gehen heute von Bord. Ihr Forschungsaufenthalt ist zu Ende. Obwohl sie viele Ergebnisse sammeln konnten, bleibt Wehmut. Heute sind auch neue Forscher zu uns gestoßen. Abschied und Begrüßung feierten wir natürlich wieder im „Zillertal“. Die Kollegen waren durchgefroren, denn nach einem Hubschrauberflug mussten sie fünf Stunden in einer Barkasse zurücklegen. Sie berichteten von einer Begegnung mit Robben und einem Walross.

10. August, 77° Nord, 139° Ost:
Funklöcher und Zeugen der Vergangenheit

Wir befinden uns inmitten der Laptev-See. Uns umgeben riesige Packeisfelder mit Eisschollen von bis zu 2 m Dicke. Der kalte Wind und Schneeschauer erschweren die Arbeiten. Wir konnten einige lange Bohrkerne entnehmen, die uns einen Einblick in die Vergangenheit, vor allem das Klima, geben können. Dieser Erfolg lässt kurzfristig unsere Strapazen vergessen. Doch trotz modernster Technik wie Internet und Nachrichtensatelliten treten immer wieder Kommunikationsprobleme auf. Das Netz der Satelliten ist hier einfach zu weitmaschig. Spätestens nun wissen wir die gute Ausstattung unseres Schiffes zu schätzen!

31. August, Südspitze Spitzbergens:
Fjorde und tiefe Wasser

In den letzten Wochen gab es viel zu tun und wieder hat ein Teil der Besatzung gewechselt. Wir haben Langzeitmessgeräte ausgebracht und verankert, Proben genommen, ausgewertet, vermessen, Sedimente beschriftet und verstaut usw. Vor Spitzbergen interessieren uns überwiegend die Meeresströmungen, doch ist auch hier die Messung keine leichte Sache. Wir wollen die im letzten Jahr ausgebrachten Sonden einholen. Mensch und Gerät werden an die Grenze gebracht, aber noch hat unser Bordarzt nur kleinere Blessuren zu verarzten gehabt. Die Sonden konnten wir bergen; wir sind gespannt, was sie aufgezeichnet haben!

4. Oktober, Küste vor Ostgrönland:
Land aus Feuer und Eis

Gestern Abend beendeten wir die Arbeiten bei 71 Grad Nord, etwa 3 Seemeilen vor der Küste. Wir untersuchten die Wassermassen der Norwegischen See, die den Austausch zwischen Island und England in den Nordatlantik speisen. Doch freute uns etwas anderes heute mehr: ein Spaziergang an Land, bei dem wir die grönländische Siedlung Ittoqqoortoormiit besuchten. Eine Vorfreude darauf gab uns schon der Anblick von der Polarstern aus: wir sahen den Beerenberg, einen schneebedeckten Vulkankegel mit seinen bis ins Meer reichenden Gletscherströmen. Ein Land aus Feuer und Eis. Die Polarstern hat nun ein neues Ziel: „Mit Volldampf Richtung Heimat Bremerhaven!“

Surftipp
Alles über die Polarstern, Berichte und live dabei sein: www.awi-bremerhaven.de

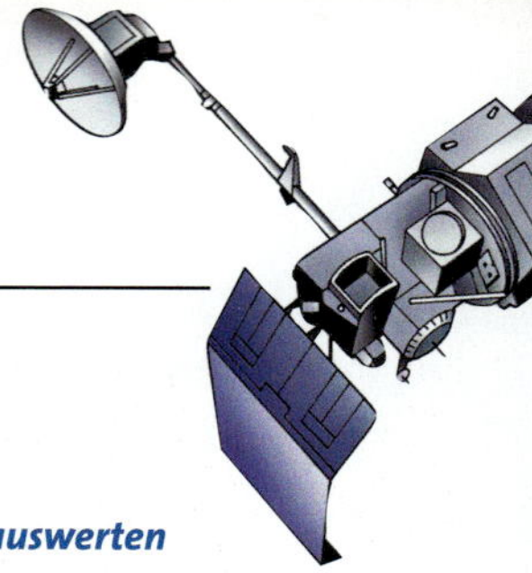

Ein Satellitenbild auswerten

Zahlreiche Satelliten umrunden die Erde und erfassen Tag und Nacht Daten zum Wettergeschehen, über den Umfang der Umweltverschmutzung, die Entwicklung von Städten, die Vegetation, die Meeresströmung, den Verlauf von Straßen und Flüssen und vieles mehr.

Wettersatelliten, wie METEOSAT und Erderkundungs-Satelliten wie LANDSAT, sind mit Abtastgeräten, den so genannten Scannern, ausgerüstet. Der Satellit tastet die Erde in einzelnen Streifen ab. Die elektronischen Fühler (Sensoren) und Kameras können die Erdoberfläche so genau aufzeichnen, dass man Details sehr gut erkennen kann. Sie erfassen die von der Erdoberfläche reflektierte Sonnenstrahlung in bestimmten Farbbereichen wie grün oder rot. Außerdem empfangen sie Strahlen, die mit dem bloßen menschlichen Auge nicht gesehen werden können. Die gemessenen Daten werden über Computerprogramme zu Bildern verarbeitet, die unterschiedliche Sachverhalte darstellen können. Auch aus einer Überfliegung können verschiedene Bilder erarbeitet werden, zum Beispiel mit Schwerpunkt auf die Vegetation oder von einem regionalen Ausschnitt. Zur Darstellung verwendet man natürliche Farben oder Falschfarben, je nachdem, ob beispielsweise die Pflanzendecke, die Temperaturverteilung oder die Meeresströmung dargestellt werden soll.

Das Satellitenbild auf der rechten Seite zeigt eine Aufnahme aus der Kalten Zone, die Insel Island. Das Bild wurde von einem Satelliten der NASA aufgenommen.

Satelliten umkreisen die Welt und senden Daten zur Erde, die anschließend mithilfe eines Computerprogramms zu einem Bild umgewandelt werden.
Satellitenbilder liefern ein genaues Abbild der Erdoberfläche.
Hier lernst du eine Möglichkeit kennen, wie du ein Satellitenbild auswertest.

Ein Satellitenbild auswerten

1. Schritt: Bildverortung
- *Ermittle mithilfe des Atlas, um welches Gebiet es sich handelt.*
- *Lege die Nordrichtung des Bildausschnittes fest.*

2. Schritt: Auswertung des Bildinhaltes
- *Suche auf dem Satellitenbild Merkmale, die du im Atlas wieder findest: Flüsse, Straßen, Eis- und Schneeflächen, Städte, Küstenlinien, Eisenbahnlinien, landwirtschaftlich genutzte Flächen, Inseln und andere leicht erkennbare Nutzungen.*
- *Gliedere das Bild nach verschiedenen Kriterien. Unterscheide dabei z. B. Land- und Wasserfläche, bebaute Fläche gegenüber Feld-, Wald- und Wasserflächen oder zwischen linien- und punktförmigen Bildelementen.*

3. Schritt: Deutung des Bildinhaltes
- *Stelle Beziehungen zwischen den einzelnen Bildelementen her und suche nach Zusammenhängen, z. B. zwischen Verkehrswegen und einzelnen Nutzungen.*
- *Ermittle mithilfe anderer Informationsquellen Ursachen für die in Schritt 2 beschriebene Verteilung.*

4. Schritt: Bildinhalte darstellen
- *Lege eine Folie auf das Satellitenbild und zeichne mit dem Folienstift deutlich erkennbare Umrisse nach.*
- *Unterscheide Gebiete mit ähnlichen Strukturen. Lege Grenzen zwischen den Räumen fest und trage diese als dünne Linien auf der Folie ein.*
- *Lege eine Farblegende an, zum Beispiel: grün = Vegetation, weiß = Schnee und Eis, blau = Wasser, braun = unbedeckte Landfläche.*
- *Trage einige wichtige Orientierungshilfen in die Skizze ein.*

1 *Führe die einzelnen Schritte der Auswertung von Satellitenbildern durch. Zeichne die Kartenskizze im Heft weiter und beschrifte die fertige Skizze.*

① Satellitenbild von Island

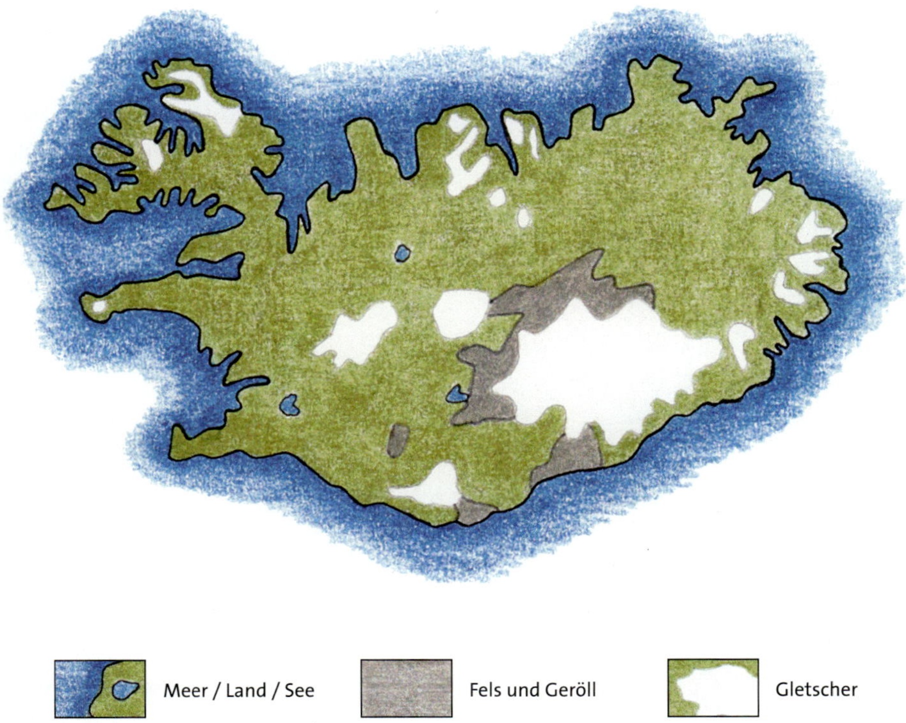

② Kartenskizze zur Interpretation

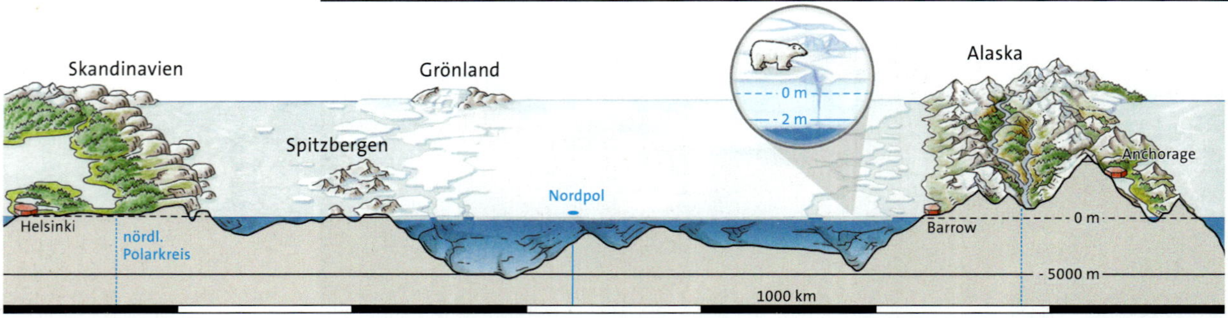

1 **Nord-Süd-Profil durch die Arktis**

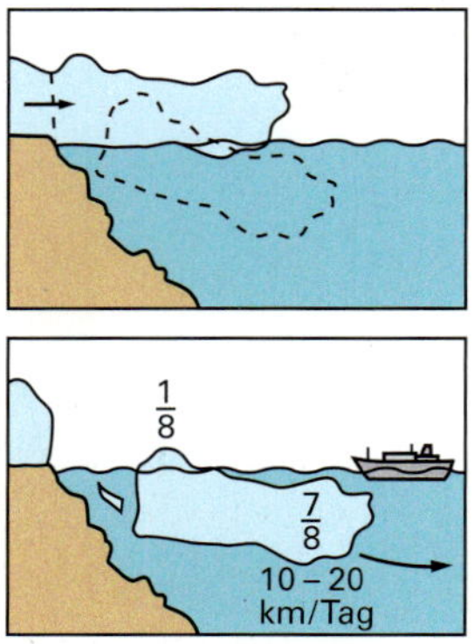

2 ***Bewegung eines Eisberges***

Arktis und Antarktis – ein Vergleich

An den Polen des Planeten Erde erstrecken sich die **Polargebiete**. Diese grenzt man nach Süden bzw. Norden durch die Baumgrenze ab. Diese Grenze verläuft entlang der 10 °C Juli-**Isotherme**.

Verschiedenheit beider Polargebiete

Die **Arktis,** also das Polargebiet der Nordhalbkugel, wird von einem zugefrorenen Meer, dem Nordpolarmeer, und den angrenzenden Kontinenten gebildet. Mitten in diesem mit dickem Eis bedeckten Ozean befindet sich der Nordpol.

Die **Antarktis** hingegen, das Südpolargebiet, besteht aus einem eisbedeckten Kontinent, der etwa doppelt so groß ist wie Australien. Er heißt Antarktika und ist zu allen Seiten von eisbedecktem Meer umgeben. Auf Antarktika liegt der Südpol. Nur 2 % des Kontinents sind eisfrei.

Die Eismassen sind mit bis zu 4 km Dicke so mächtig, dass sie die Oberfläche des Kontinents zur Mitte hin ähnlich wie bei einem Suppenteller eindrücken.

Die Antarktis gehört bis heute zu keinem Staat, aber viele Länder unterhalten eine Forschungsstation. Umweltschützer verlangen die Gründung eines „Weltparks Antarktis“ und fordern einen uneingeschränkten Schutz und nur für Forscher freien Zugang.

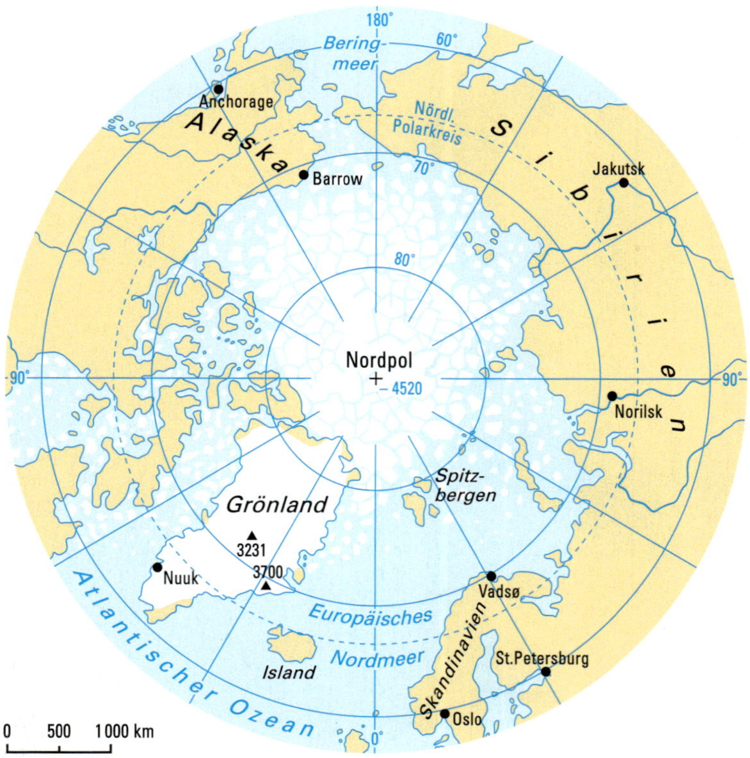

3 ***Arktis***

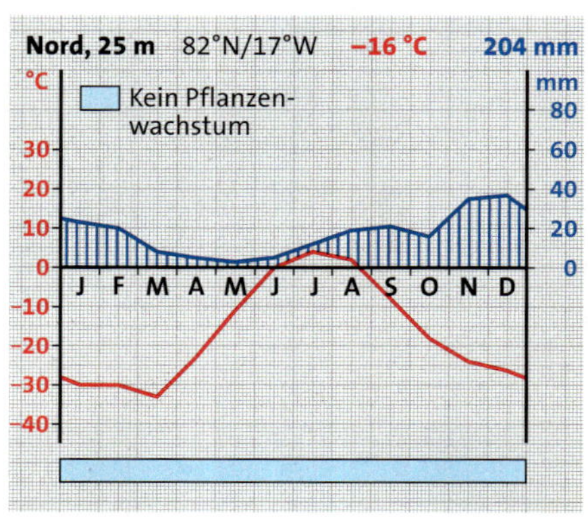

4 ***Klimadiagramm Station Nord***

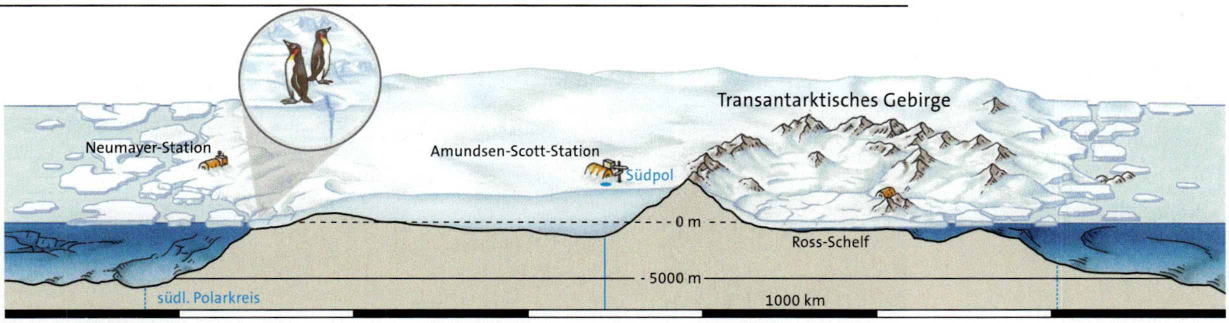

5 **Süd-Nord-Profil durch die Antarktis**

6 **Eis ist nicht gleich Eis!**

Die polaren Meere sind weitgehend von driftendem Eis aus gefrorenem Meerwasser, dem **Meereis**, bedeckt.

Das **Treibeis** ist ein Gürtel aus einzelnen schwimmenden Eisschollen. Wenn diese durch Luft- und Meeresströmungen zusammengepresst und zu Eiswällen aufgetürmt werden, entsteht das **Packeis.** Im arktischen Ozean bedeckt es je nach Jahreszeit zwischen 10 und 13 Millionen km².

Eisberge bestehen aus Süßwasser. Sie brechen beim „Kalben" von Gletschern ins Meer ab und können in der Antarktis mehr als 10 000 km² groß sein. Diese Riesen haben eine Lebensdauer von bis zu 30 Jahren.

Schelfeis existiert hauptsächlich in der Antarktis und wird an seiner Oberseite aus dem Niederschlag, an der Unterseite vom Meerwasser genährt. Wegen der niedrigen Temperaturen (Jahresdurchschnitt unter 0 °C) und der geringen Verdunstung kann das **Inlandeis** der Arktis und Antarktis auch im Sommer nicht abschmelzen.

1 Erstelle eine Tabelle, in der du Arktis und Antarktis vergleichst. Vergleichsaspekte: Geographische Lage, Oberflächenform, Höhe des Pols, Jahresmitteltemperatur und -niederschlag bei 80° Breite, kältester und wärmster Monat bei 80° Breite, Vereisung, Eisformen, Vegetation, Besiedlung, Nutzung, politische Zugehörigkeit. Verwende auch den Atlas.

Arktis	Antarktis
nördliches Polargebiet	südliches Polargebiet
...	...

Kaum zu glauben

Der nördlichste Eisberg der Südhalbkugel wurde vor Rio de Janeiro gesichtet und der südlichste auf der Nordhalbkugel schmolz vor San Francisco! Die Eismassen der Antarktis enthalten – natürlich in gefrorener Form – 80 % des gesamten Süßwassers der Erde!

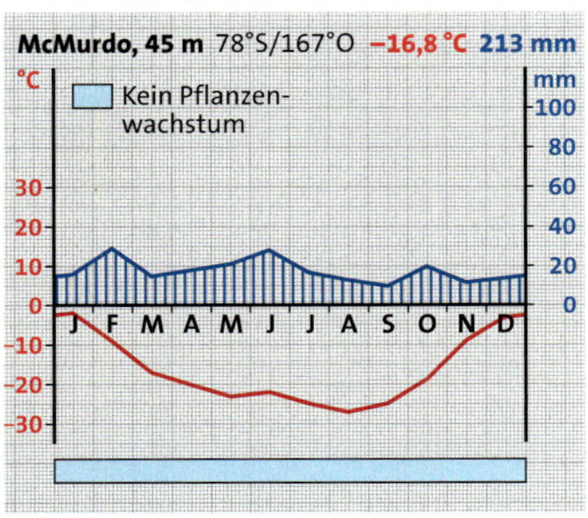

7 **Klimadiagramm McMurdo**

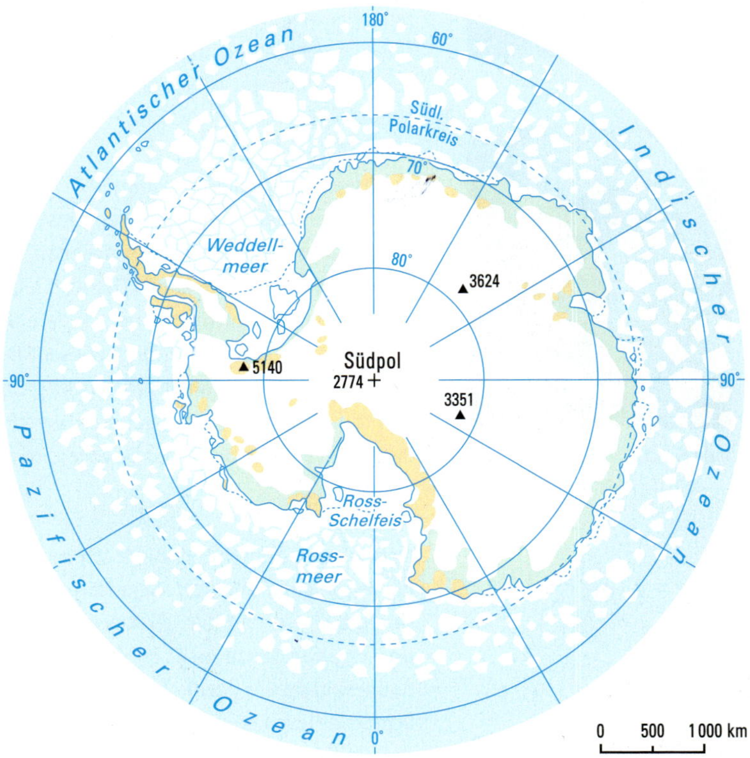

8 **Antarktis**

1

4 *Igloolik, Gemeinde nördlich des Polarkreises mit 1 380 Einwohnern*

2 *Trockenfisch*

5 *Inuitschule*

3 *Inuitkunst*

Wir in Nunavut

Mein Name ist Silas, ich bin ein Inuit und ich lebe hier in Igloolik mit meinen Eltern, meiner Schwester und meinen zwei Brüdern. Ich bin der älteste. Wir Kinder gehen alle zur Schule, ich in die High School.

Steinskulpturen und Tourismus
Mein Vater ist ein professioneller Künstler, er stellt Skulpturen aus Stein her, die er an Touristen und Galerien verkauft. Dadurch leben wir gut und sind nicht wie viele andere auf staatliche Unterstützung angewiesen. Der Tourismus ist für Igloolik sehr wichtig und den Touristen wird einiges geboten, vom Polar Bear Watching bis hin zu Dog Sled Tours.

Tradition
Neben der Schule interessiere ich mich für die vergangene Lebensweise unseres Volkes. Lange Zeit wurden die Traditionen wie z.B. unsere alten Tänze nicht so gepflegt, aber heute sind sie uns wieder sehr wichtig. In der Schule lerne ich neben Englisch unsere Sprache - das Inuktitut. Aber so wie unsere Vorfahren könnte ich nicht mehr leben.

Versorgung
Alles, was wir hier im hohen Norden zum Leben heute brauchen, wird aus dem Süden eingeflogen, denn mit dem Auto sind wir nicht zu erreichen. Da Lebensmittel sehr teuer sind, gehe ich oft mit meinem Vater auf die Jagd, um Fleisch zu besorgen. Unsere Vorfahren waren immer Jäger und die Tiere gaben ihnen alles, was sie zum Leben brauchten.

Rohes Fleisch
Traditionell essen wir das Fleisch roh, bzw. leicht gefroren, denn Brennholz zum Kochen gab es bei uns nicht. Heute weiß man, dass das genau richtig ist, denn das Fleisch enthält Vitamin C und andere Mineralstoffe. Wenn wir heute auf die Jagd gehen, benutzen wir natürlich eine Skidoo, einen motorgetriebenen Schlitten, denn bis zum Eisrand ist es im Winter weit. Manchmal übernachten wir auch auf dem Eis. Wir errichten ein Iglu, das geht recht schnell und in einer Stunde haben wir unser „Zelt" für die Nacht. Im Sommer fischen wir und trocknen das Fleisch an der Luft. Mein Lieblingsessen ist aber eindeutig ein Hotdog.

6 ***Nunavut-Territorium***

Freizeit

Für junge Leute ist hier nicht viel los und von hier weg kommen wir nicht. Manche werden schwermütig und es kommt immer wieder zu Selbstmorden, andere verfallen dem Alkohol. Ich habe für die Zukunft ziemlich feste Pläne. Nach der Schule möchte ich das Arctic College besuchen und viel über unsere Kultur lernen und dies später im Film dokumentieren. Vielleicht kann ich beim Research Center arbeiten oder ich gehe nach Iqaluit.

Nunavut

Nunavut bedeutet „Unser Land“. Es liegt innerhalb Kanadas und wird seit dem 1. April 1999 von den Inuit selbst verwaltet.

Das Land ist extrem dünn besiedelt. Sein Reichtum sind die Naturlandschaft und die Bodenschätze. So bieten sich Arbeitsplätze im Tourismus und im Bergbau. Ansonsten gibt es fast nur Arbeitsplätze im öffentlichen Dienst. Die Siedlungen liegen verstreut meist an der Küste und die Infrastruktur ist nicht gut ausgebaut. So können nicht alle eine weiterführende Schule an ihrem Wohnort besuchen und zum Arztbesuch muss man sich ausfliegen lassen.

Die Lebensweise der Inuit hat sich seit 1950 gewandelt. Die ausschließlich von der Jagd lebenden Nomaden wurden sesshaft. Dies wurde nur möglich, indem die Siedlungen von außen mit allem Lebensnotwendigen, vom Benzin bis zum Apfel, versorgt werden. Die alte Lebensweise mit Jagd und Fallenstellen wurde aber nicht ganz aufgegeben. Bei allen Anstrengungen kulturelle Werte aus der Vergangenheit zu bewahren, wünschen sich die Inuit den Fortschritt, den die moderne Gesellschaft bietet. Doch durch die Nutzung der Wälder und der Rohstoffe entstehen Nutzungskonflikte und Umweltgefährdungen. Die Regierung Nunavuts setzt sich für eine nachhaltige Entwicklung ein.

1 *Werte das Foto 4 von Igloolik aus.*
a) Beschreibe die Siedlung.
b) Erkläre die Bauweise der Häuser.

2 *Sprich über das Leben am Polarkreis. Verwende die Begriffe Tourismus, Tradition, Versorgung, Ernährung, Freizeit.*

3 *Werte die Karte 6 aus.*
a) Benenne die Rohstoffe.
b) Überlege die Rolle der Rohstoffe für die Entwicklung des Landes.

7 ***Flagge von Nunavut***

8 ***Inuksuk – die Wegweiser in der Arktis***

9 ***Nunavut in Zahlen 2000***

Fläche	*1,9 Mio km³*
Einwohner	*28 000*
davon Inuit	*23 000*
Hauptstadt	*Iqaluit*
Einwohner	*5 236*
Straßennetz	*20 km*

❶ *Borealer Wald in Mittelsibirien*

Der linke Lungenflügel der Erde

Kaum zu glauben

Circa 1/3 des organischen Kohlenstoffs der Welt ist in der organischen Bodensubstanz der borealen Wälder als Streu, Humus oder Torf gespeichert.

„Die borealen Nadelwälder sind der linke Lungenflügel der Erde, die tropischen Regenwälder der rechte."

Der boreale Nadelwald ist der größte Waldgürtel unserer Erde. Er bedeckt circa 10–12 Mio. km², das entspricht etwa der Größe Europas. Diese Wälder tragen zur Regulierung des globalen Wasserhaushalts und des Klimas entscheidend bei. Sie filtern die Luft, reichern sie mit Sauerstoff an, reinigen und speichern das Süßwasser und verhindern Erosion. Die borealen Nadelwälder stabilisieren das globale ökologische Gleichgewicht.

Baumschicht und Unterwuchs

Immergrüne Nadelhölzer wie Fichten oder Kiefern, winterkahle Lärchen und laubabwerfende kleinblättrige Laubhölzer wie Birken und Erlen sind neben zahlreichen Sträuchern vertreten. Im Unterwuchs dominieren Flechten und Moose, seltener sind Kräuter und Gräser. Zwergsträucher tragen häufig Beeren, die eine wichtige Nahrungsquelle für Mensch und Tier sind.

Artenarmut

Der boreale Nadelwald ist artenarm. Die Baumschicht wird im eurasiatischen Wald von 14 Baumarten bestimmt, im nordamerikanischen von neun. Häufig ist eine Baumart über tausende Quadratkilometer vorherrschend. Die Böden sind nährstoffarm und das Wurzelwachstum nach unten durch den Dauerfrostboden eingeschränkt. Die Streu wird von Pilzen und Bakterien unter den klimatischen Bedingungen extrem langsam, in circa 350 Jahren, zersetzt, was nur durch natürliche Waldbrände beschleunigt wird. Die Mineralstoffe sind in der Streu angereichert. Dies erklärt, weshalb die Wälder nach Norden immer

2 Erst stirbt Russland ...

„In den Weiten Sibiriens zählt die Umweltverschmutzung zur Tagesordnung: Allein in Westsibirien treten pro Jahr bis zu 5 000 Brüche von Ölpipelines auf. Ein Drittel dieser Leitungen sind über 30 Jahre alt und reparaturbedürftig. Schätzungsweise sickern dabei 3–10 Millionen Tonnen Erdöl in Böden und Gewässer. Im Einzugsbereich von Ob und Pur gibt es keine ölfreien Flussläufe mehr. Über die Flüsse gelangt das Öl in die Karasee und das Nordpolarmeer. Jährlich werden bis zu 3 000 Havarien mit Ölaustritten von bis zu 100 000 Tonnen gemeldet und das sind nur die amtlichen Zahlen.

Greenpeace Report 2002

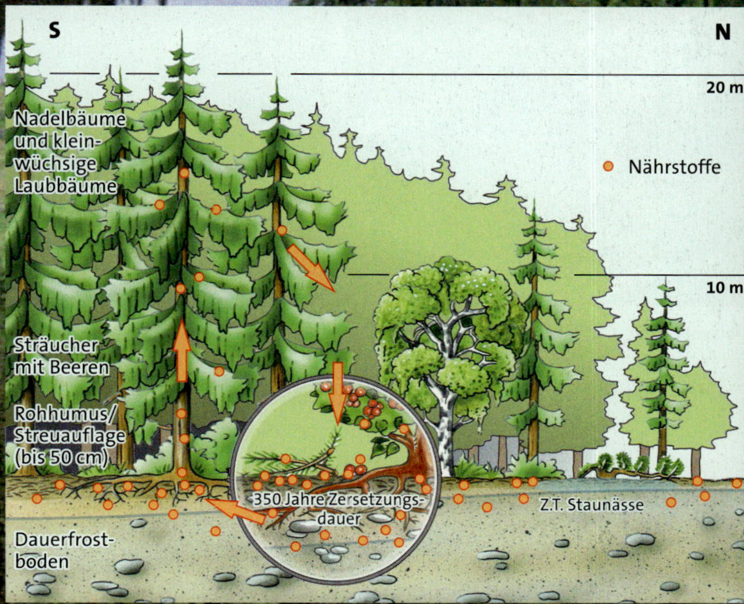

3

lichter werden und einen dichten Flechtenbestand am Boden, aber kein geschlossenes Kronendach mehr aufweisen.

Nutzung

Das Holz der borealen Wälder ist ein wichtiger Rohstoff und wird in ungeheuren Mengen überwiegend für die Papier- und Bauindustrie abgeholzt. Die Verschiebung der Anbaugrenze für Getreide nach Norden trägt ebenfalls zur Zurückdrängung der Wälder bei. In Nordamerika und Russland lagern große Mengen an metallischen und nichtmetallischen Rohstoffen sowie Energierohstoffen. Vor allem die Ölförderung und der Transport in Pipelines hinterlassen insbesondere in Russland schwere Umweltschäden.

Die Regierungen haben den großen Wert der Wälder für die Menschheit erkannt und stellen erste Areale unter Naturschutz. So ist zu hoffen, dass die Zerstörung der Wälder durch die wirtschaftliche Nutzung aufgehalten wird.

1 *Nenne die Länder, die Anteil am borealen Nadelwald haben. Nutze hierzu auch die Karte 3 auf der Seite 122.*

2 *Beschreibe die Bedeutung des borealen Nadelwaldes.*

3 *Vergleiche den borealen Nadelwald mit dem Tropischen Regenwald.*

Kriterien	Bor.Nadelwald	Regenwald
Größe in km²		
Anzahl der Baumarten		
Wurzelwachstum		
Nährstoffverteilung		

4 *Arbeite Gefährdungen des borealen Nadelwaldes heraus.*

4 *Pflanzenmasse (Phytomasse)*

Vegetationszone	*t/ha*
Tundra	*28*
Nördliche Taiga	*150*
Mittlere Taiga	*260*
Südliche Taiga	*300*
Feuchte Mittelbreiten	*370–400*
Immerfeuchte Tropen	*300–650*

→ *Permafrost, Seite 104 und 122*
→ *Anbaugrenze Weizen, Seite 122*

Nachhaltige Holzwirtschaft

① *Holzvollernter*

Holz – ein vielseitiger Rohstoff

Nur noch ein verschwindend geringer Teil des Holzes wird heute als Brennholz genutzt. Der größte Teil des Holzes wird in Sägewerken zu Brettern, Balken und Holzschnitzeln verarbeitet. Die Holzindustrie stellt daraus verschiedene, hochwertige Erzeugnisse wie Möbel, Türen und Baumaterialien her. Aber auch in Textilien, Getränketüten und Papier ist dieser Rohstoff enthalten. Sie werden in den Zellstoff- und Papierfabriken hergestellt.

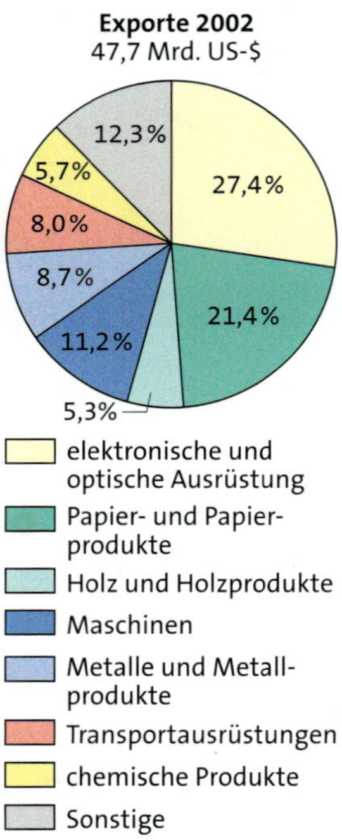

② *Finnlands Export 2002*

③ **Holzernte**

Computergesteuert, von einem Maschinisten in einem klimatisierten und schallisolierten Führerhaus bedient, packt der klobige Greifer einen Baum und sägt ihn kurz über dem Boden ab. Anschließend entfernt er die Äste, schneidet den Stamm in Stücke und stapelt sie auf. Dies dauert nur eine Minute. Früher erfolgte die Holzernte nur mit Axt und Säge. Nach dem Fällen der Bäume mussten die Äste entfernt, die Rinde abgeschält und die Stämme zugeschnitten werden.
Der Holzvollernter ist der Exportschlager der finnischen Industrie – macht aber auch Waldarbeiter arbeitslos. Ein unsachgemäßer Einsatz führt zu vermehrten Schäden an Waldpflanzen und zu einer Verdichtung des Waldbodens.

Das „grüne Gold" Finnlands ...

Die Nadelwälder sind der größte Reichtum Finnlands. Jeder fünfte Finne verdient seinen Lebensunterhalt mit dem Holz, vor allem in der verarbeitenden Industrie. Gegenwärtig exportiert Finnland sein „grünes Gold" in Form von Rohholz, Holzerzeugnissen und Papier in 140 Länder der Erde, wobei die EU der wichtigste Handelspartner ist.

... nachhaltig nutzen

Damit auch zukünftige Generationen die Wälder nutzen können, hat der finnische Staat zusammen mit der Holzindustrie eine **nachhaltige Holzwirtschaft** vereinbart. Jährlich darf nicht mehr Holz geerntet werden als nachwächst. Es werden immer nur kleine Flächen geschlagen und einige alte Bäume müssen als Samenbäume stehen bleiben.

④ *Produktionsschema: Vom Holz zum Endprodukt*

Nachhaltiges Wirtschaften

Der Gedanke, gefällte Bäume durch Jungpflanzen zu ersetzen und nur gezielt Bäume zu schlagen, geht auf den preußischen Forstmeister Hartig zurück. Seine Forderungen zur Nachhaltigkeit in der Forstwissenschaft aus dem Jahr 1795 haben bis heute Bestand.

Nachhaltigkeit wird spätestens seit dem Brundtlandbericht gefordert. Dieser Bericht wurde von der Weltkommission für Umwelt und Entwicklung erstmals 1987 erstellt und behandelt die aktuelle Situation der Welt und deren Zukunft. Die Umweltkonferenz von Rio de Janeiro im Jahre 1992 hat schließlich nachdrücklich gefordert, dass nicht nur die Wälder, sondern die gesamte Umwelt nachhaltig bewirtschaftet werden muss.

Der Begriff „Nachhaltigkeit" ist heute viel gebraucht und heißt eigentlich nichts anderes, als dass z.B. Handlungen auch langfristig positive Auswirkungen haben sollen. Rohstoffe sind auf der Erde nicht in unendlicher Menge vorhanden. Lange Zeit wurden diese in verschwenderischer Weise abgebaut und verbraucht – es gab sie in scheinbar ausreichender Menge. Mittlerweile gehen einzelne Rohstofflagerstätten zur Neige. Sie müssen daher so genutzt werden, dass der gegenwärtige Bedarf der Menschen gedeckt werden kann, ohne gleichzeitig späteren Generationen die Möglichkeit zur Deckung ihres Bedarfs zu verbauen. Gleiches gilt für alle Bestandteile des Ökosystems, denn auch zukünftige Generationen haben ein Recht auf natürliche Lebensgrundlagen und Lebensqualität.

5 ***Aufforstung in Mittelfinnland***

1 Vergleiche die Holzernte von früher mit der von heute (Text 3, Fotos 1 und 5).

→ Brundtlandbericht, Seite 207

2 a) Werte das Kreisdiagramm 2 aus.
b) Erkläre die Formulierung „Grünes Gold des Nordens".

3 a) Überprüfe das Produktionsschema 4 für ein Holz- oder Papierprodukt deiner Wahl.
b) An welchen Produktionsstufen müsste man für dein Produkt das Schema erweitern oder ergänzen?

4 Beschreibe die grundlegende Idee für nachhaltiges Wirtschaften und überlege, warum Nachhaltigkeit in der heutigen Zeit bedeutsam ist.

5 Suche im Atlas die Standorte der Holz verarbeitenden Industrie in Nordeuropa. Erkläre ihre Lage.

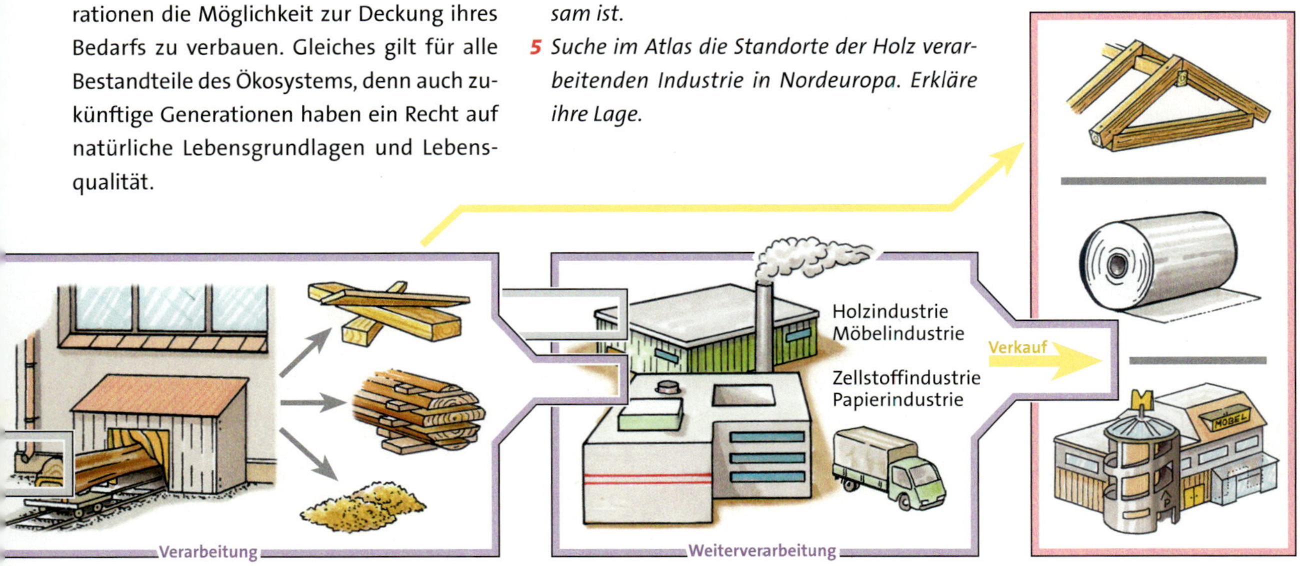

6

7 **Das Werk Varkaus**

Varkaus-Werk 2003:

Mitarbeiter:	*1 400*
Werksgröße:	*20 ha*
Täglicher Holzbedarf:	*6 000 m³*
Jahresproduktion Papier und Karton:	*636 000 t*
Jahresproduktion Sägewerk:	*306 000 m³*

Ökologie

Als Teilgebiet der Biologie untersucht sie die wechselseitigen Beziehungen zwischen Lebewesen und ihrer Umwelt, also alle Faktoren, die auf ein Lebewesen einwirken und für sein Leben bedeutsam sind.

Ökonomie

Als Lehre von der Wirtschaft untersucht sie den Gedanken der Wirtschaftlichkeit: Was ist zu tun, um durch bestmöglichen und Gewinn bringenden Einsatz Produkte herzustellen und zu verkaufen.

Der Produktionsverbund Varkaus

Am Nordrand des Haukivesi-Sees liegt – umgeben von Wäldern – die Stadt Varkaus. Bereits Anfang des 19. Jahrhunderts wurde an diesem Standort ein Sägewerk gegründet. Knapp 100 Jahre später wurde hier die Papierproduktion aufgenommen. Doch erst von 1995 an wurde der Standort Varkaus bahnbrechend nach Gesichtspunkten der Ökonomie und Ökologie modernisiert. Es entstand ein nach allen Regeln des nachhaltigen Wirtschaftens organisierter Produktionsverbund, der zur weltweit verbreiteten Stora Enso AG gehört. Auf dem Werksgelände werden aus angelieferten Bäumen und Recyclingrohstoffen hochwertige Holz-, Papier- und Kartonwaren produziert, wobei anfallende Reststoffe dem Produktionskreislauf zugeführt werden, damit keine Abfälle entstehen.

Herkunft des Rohstoffes Holz

Der größte Teil des in Varkaus verarbeiteten Holzes, vorwiegend Fichten, stammt aus finnischen Privatwäldern. Lediglich das Industriebirkenholz, welches in Finnland nicht genügend zur Verfügung steht, wird teilweise aus Russland und den Baltischen Staaten importiert. Der Konzern verlangt sowohl von den finnischen als auch von den ausländischen Waldbauern den Nachweis einer nachhaltigen Bewirtschaftung der Wälder.
Die zusätzlich noch benötigten Hackschnitzel für die Papier- und Kartonherstellung bezieht der Standort Varkaus von konzerneigenen Sägewerken.

6 *a) Ordne den Ziffern im Luftbild 7 mithilfe der Karte 8 Funktionen zu.*
b) Beschreibe den Produktionsverbund mithilfe von Foto 7, Lageplan 8 und Schema 9.

7 *Suche im Atlas die Stadt Varkaus und erkläre, warum der Werksstandort für die Holzindustrie gut geeignet ist.*

8 *Begründe, warum das Werk Varkaus ein Beispiel für nachhaltiges Wirtschaften darstellt.*

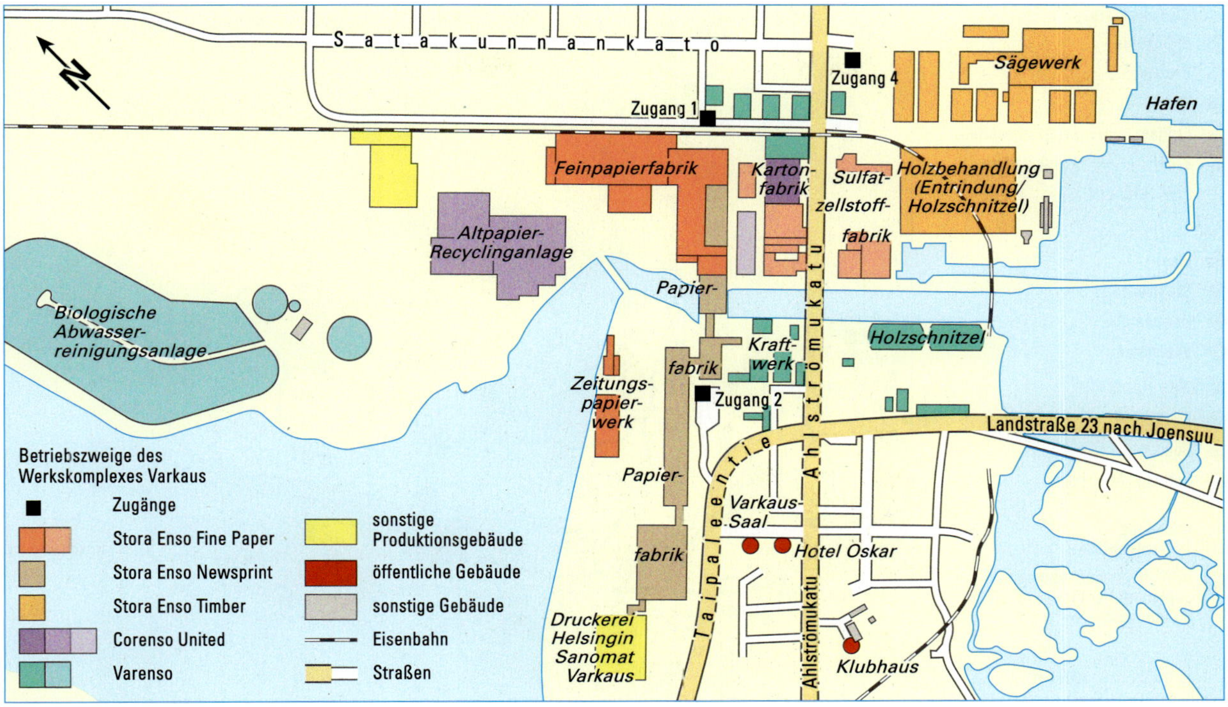

8 ***Werksplan Varkaus***

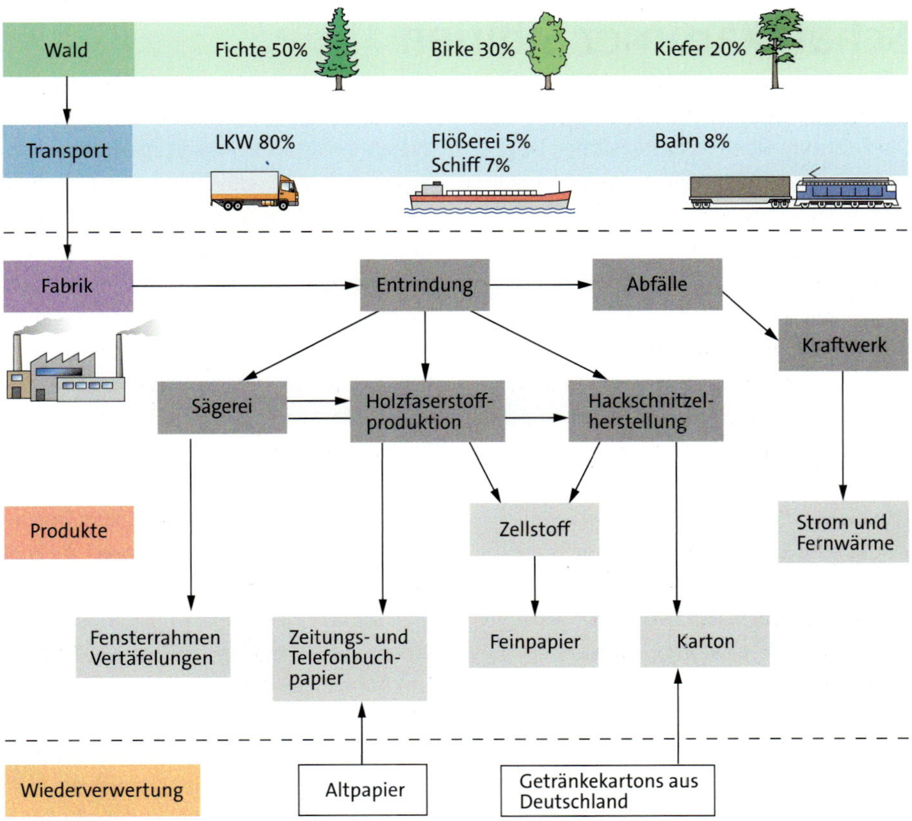

9 ***Produktionsverbund im Werk Varkaus***

Zellulose *ist ein Bestandteil der Zellwände von Bäumen und anderen Pflanzen. Der daraus gewonnene Zellstoff ist Rohmaterial für die Papier-, Textil- und Chemische Industrie.*

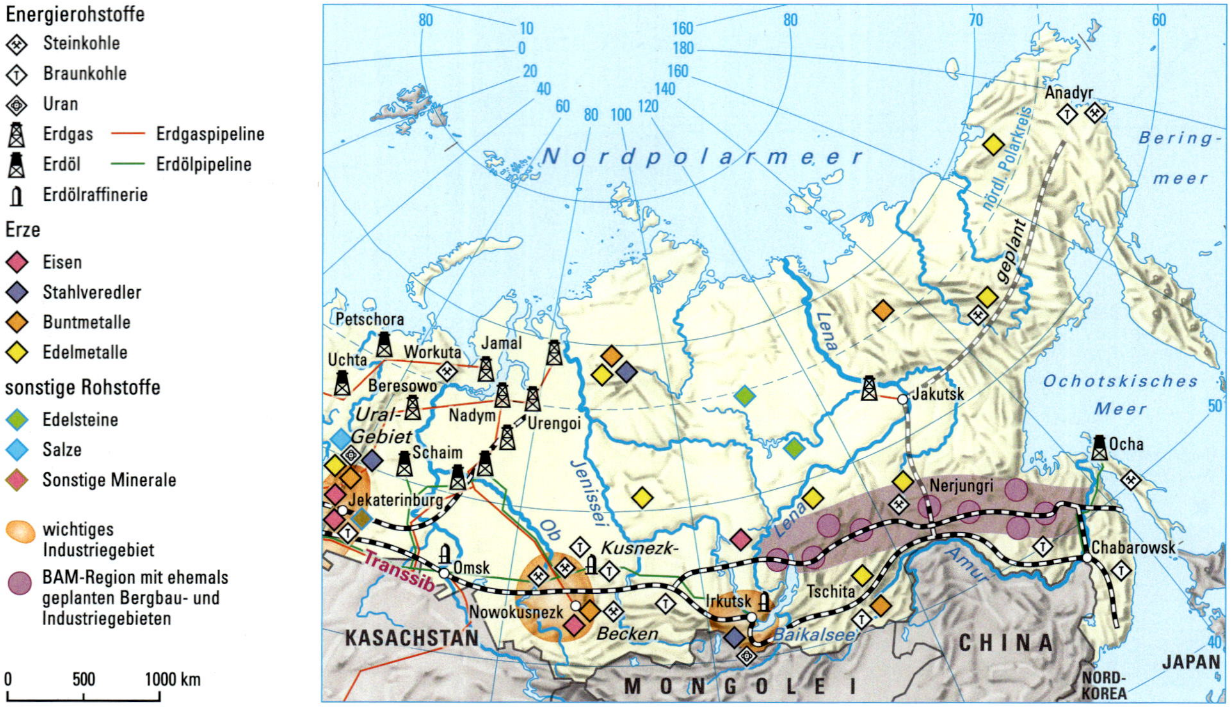

2 ***Bergbau in Sibirien***

Schatzkammer Sibirien

1 ***Monatsmitteltemperaturen von Beresowo in °C***

Januar	*-22,1*
Februar	*-19,5*
März	*-13,9*
April	*-4,3*
Mai	*2,8*
Juni	*11,3*
Juli	*15,8*
August	*13,2*
September	*6,7*
Oktober	*-2,5*
November	*-13,4*
Dezember	*-19,9*
Jahr	*-3,8*

→ *Borealer Nadelwald, Seite 114*
→ *Permafrost, Seite 104*

Öl, Erdgas, Stein- und Braunkohle, Erze, Holz: Der Reichtum Sibiriens an Rohstoffen ist gewaltig und zu Recht bezeichnet man Sibirien als Schatzkammer.

Sibirien nimmt 56 % der Fläche Russlands ein: es ist 27 mal größer als Deutschland und größer als der gesamte Kontinent Australien. In Sibirien lagern mehr als die Hälfte der Stein- und Braunkohlenreserven der Erde, rund 30 % aller Buntmetallerze und riesige Erdöl- und Erdgasvorkommen.

Die Öl- und Gasvorkommen im westsibirischen Tiefland zwischen Ob und Jennissei wurden 1963 entdeckt und gehören ebenfalls zu den größten der Welt.

Mit den borealen Nadelwäldern verfügt Russland über gewaltige Ressourcen an Holz.

Schätze heben ist schwer

Extreme Naturbedingungen erschweren heute noch die Erschließung. Die südlichen Erdöllagerstätten liegen inmitten der Taiga mit ihren Sümpfen und Seen, durch welche die Grenze des Permafrostbodens verläuft, die nördlichen in der Tundra. Wenn der Frühling beginnt, verwandelt sich die Bodenoberfläche in eine Schlammwüste, in der sich Millionen Mücken entwickeln. Im Bereich der großen Flüsse treten gewaltige Überschwemmungen auf, weil Eisschollen den Abfluss des Wassers behindern. Zu Land ist kein Durchkommen mehr. Im Winter erschwert die klirrende Kälte die Arbeit.

Man schätzt die in Sibirien lagernden Ölreserven auf 8 Milliarden Tonnen, die Erdgasvorkommen auf 40 Billionen Kubikmeter. Das entspricht 11 % bzw. 30 % der bekannten Weltressourcen. Seit den 1960er Jahren ist die Besiedlung und die Nutzung der Ressourcen ein Prestigeobjekt mit aufwändigen Erschließungsmaßnahmen gewesen.

③ **_Im Bohrturm 150 km entfernt vom nördl. Polarkreis_**

⑤ **_Defekte Rohrleitung in der Tundra_**

④ **28.02.2005: Die BASF-Tochter Wintershall AG fördert Gas in Sibirien**

Ob im Erdgashandel oder bei der direkten Förderung von Erdöl und Erdgas in der russischen Föderation, die Wintershall - AG als größter deutscher Erdöl- und Erdgasproduzent kann mittlerweile eine ganze Bandbreite erfolgreicher Aktivitäten mit russischen Partnern vorweisen. Zusammen mit der russischen Firma Gazprom erschließt die Wintershall eine neue Lagerstätte in Urengoy Sibirien. Damit ist erstmalig ein deutscher Produzent bei der Förderung von Erdgas in Russland aktiv.

Das Gemeinschaftsunternehmen wird rund 700 Millionen US-Dollar investieren und in den kommenden 40 Jahren mehr als 200 Milliarden Kubikmeter Erdgas fördern. Dieses Erdgas dient der Versorgung des russischen Marktes und wird nach Mittel- und Westeuropa exportiert.

Das Erdgas lagert in einer Tiefe von 3 150–3 800 m Tiefe und ist in eine komplizierte geologische Struktur eingebettet.

Der Transport erfolgt über eine mehr als 5 000 km lange Pipeline bis in die Bundesrepublik. Russisches Erdgas wird aufgrund der rückläufigen Produktionsmengen aus der Nordsee bei gleichzeitig steigendem Bedarf immer wichtiger für Mittel- und Westeuropa.

Wintershall, Presse, 28.02.2005

1 *Erkläre die Bedingungen, welche die Erschließung Sibiriens erschweren. Verwende dazu auch den Atlas.*

2 *a) Ermittle mithilfe von Diagramm 6 Russlands Bedeutung für die Erdgasversorgung in der Bundesrepublik heute.*

b) Überlege mögliche Entwicklungen, wie sie sich aus Text 4 ergeben könnten.

3 *Leite aus Foto 5 Gefahren der Erdölgewinnung in Sibirien ab.*

4 *„Schatzkammer Sibirien": Begründe diese Aussage. Nutze dazu auch die Karte 2.*

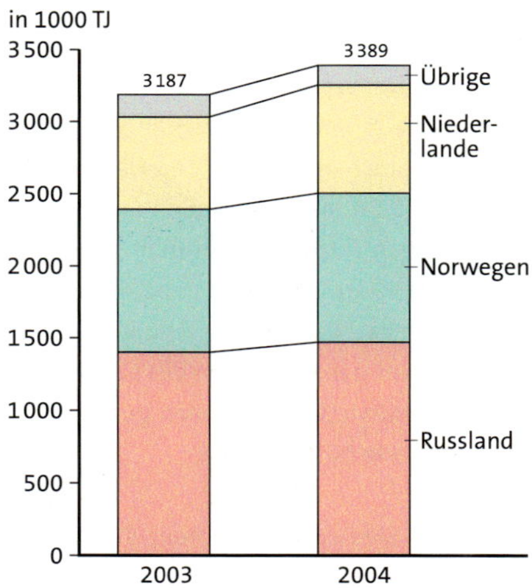

⑥ **_Erdgasimporte der Bundesrepublik Deutschland 2003–2004_**

Kaum zu glauben

Bevor im Winter die Arbeit am Morgen beginnt, muss man die Dieselmotoren und das Bohrgestänge erst auftauen.

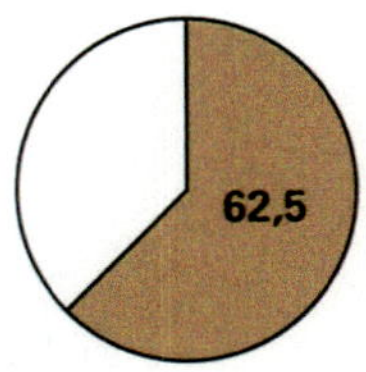

⑦ **_Der Anteil Westsibiriens am Erdgasexport Russlands_**

Ressource

vermutete und/oder nachgewiesene Rohstoffvorkommen

Reserve

nachgewiesene Vorkommen, Teil der Resssource

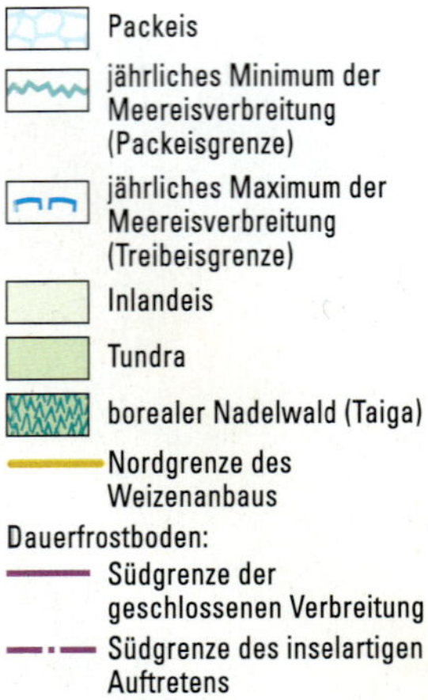

❶ ***Sommerweizen Anfang Juli am Peace River***

❸ ***Kalte Zone***

❷ ***Sommerweizen Anfang Juli im Kraichgau***

An der Kältegrenze des Ackerbaus

Weizen ist neben Reis und Mais das wichtigste Nahrungsmittel der Welt. Weizen ist deshalb auch ein bedeutendes Handelsgut, es geht hier weltweit um Milliardensummen, aber auch um Politik! Deswegen wird Weizen heute auch auf zahlreichen Flächen der Welt angebaut, auf denen die Wachstumsbedingungen für dieses Getreide schwierig sind. Kanada ist ein Weizenland. Es gehört zu den vier wichtigsten Weizenexporteuren der Erde. Nur ganz im Süden des Landes findet die Landwirtschaft ähnlich gute Bedingungen wie in Mitteleuropa.

Die ersten Siedler am St.-Lorenz-Strom und an den Großen Seen bauten Winterweizen an. Er wird bereits im Herbst ausgesät. Weiter im Norden, wo es sehr kalt ist und der Schnee bis weit in das Frühjahr liegen bleibt, verkümmert die Saat im Boden. Sollte man also die riesigen Gebiete im Landesinnern für Sommerweizen erschließen, der erst im Frühjahr ausgesät wird? Ein merkwürdiger Gedanke, denn Sommerweizen ist noch frostempfindlicher als Winterweizen und benötigt in Deutschland 120 Tage bis zur Reife. Ein Zufall kam den Siedlern zu Hilfe: Im Frühjahr 1842 erhielt der Farmer Fife einen Beutel Weizen aus Europa. War es Sommerweizen? Fife wusste es nicht genau. Er säte die Körner einfach gleich aus. Nur drei Ähren reiften in jenem Sommer. Das musste Sommerweizen sein, der in eine Sendung Winterweizen geraten war. Diese Körner säte Fife im nächsten Frühjahr wieder aus. Aus den drei Ähren entstand der „Red Fife“, mit dem in der Folgezeit viele tausend Hektar neues Land für den Weizenanbau erschlossen werden konnten.

4 Getreidesilos in der kanadischen Provinz Manitoba

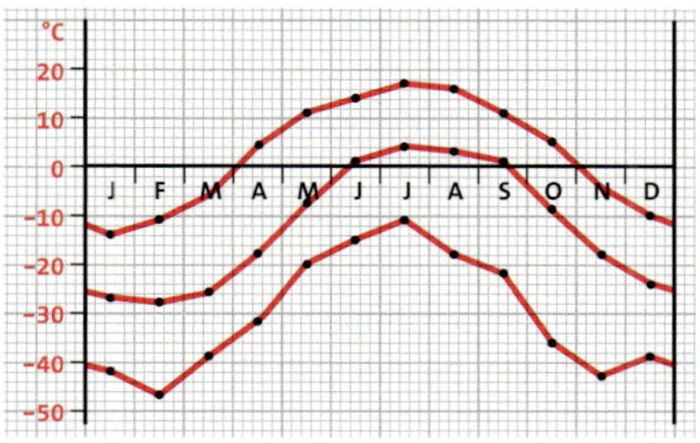

5 Temperaturdiagramme

6 Feldarbeiten in Manitoba

Nur 110 Tage benötigt der „Red Fife" von der Aussaat bis zur Ernte. Aber die Züchter gaben sich damit nicht zufrieden. Sie wollten noch kürzere **Wachstumszeiten** erreichen. Damit wollten sie die „Weizengrenze" in Kanada abermals weiter nach Norden verschieben, um weitere Anbaufläche zu schaffen.

Der Erfolg kam 1906. Der Pflanzenzüchter Sanders konnte den „Marquis" anbieten, eine neue Sommerweizensorte, die in nur 100 Tagen reift. Auf diese 10 Tage kam es an. Nur der „Marquis" war reif, als die Herbstfröste des Jahres 1907 die gesamte übrige Weizenernte vernichteten. Der Siegeszug des Marquis-Weizens begann.

Noch heute versuchen Forscher das Saatgut zu verbessern und es sind auch Erfolge zu vermelden. Doch nie wieder gab es einen so bahnbrechenden Erfolg im Bereich der konventionellen Pflanzenzüchtung wie zu Beginn des 20. Jahrhunderts.

1 *Beschreibe die Fotos 4 und 6.*

2 *Werte die Karte 3 aus:*
   a) *Stelle fest, bis zu welchem Breitengrad in Kanada Weizen angebaut wird.*
   b) *Verfolge diesen Breitenkreis bis nach Europa. Was stellst du fest?*

3 *Das Temperaturdiagramm 5 zeigt den jährlichen Temperaturverlauf für drei Orte: je einen in der Taiga, Tundra und in der Eiswüste.*
   a) *Ordne die drei Kurven den genannten Zonen zu.*
   b) *Bestimme die Dauer der Wachstumszeit für den Ort in der Taiga. Überlege, was das für den Weizen heißt.*

Im Land der Schichten

Manche Karten enthalten nur Informationen zu einem Thema, z.B. zur landwirtschaftlichen Nutzung, andere dagegen stellen mehrere statistische Inhalte oder auch Entwicklungen dar. Solche Karten lesen und erklären können gehört zu den wichtigen Aufgaben des Geographieunterrichtes.

Eine thematische Karte auswerten

Sehr viele Informationen sind raumbezogen. Wir wollen zum Beispiel wissen: Wo verläuft die Autobahn? Wie viele Millionenstädte gibt es in einem Land? Wo gibt es einen Sportplatz oder ein Industriegebiet? Bis in welche nördlichen Breiten kann noch Getreide angebaut werden? Um Antworten auf diese Fragen zu geben, werden Karten zu einem bestimmten Thema erstellt, in denen nur ausgewählte Inhalte veranschaulicht werden.

Diese Themen werden mit Signaturen wie
Punktsignaturen, z.B.: ■
Liniensignaturen, z.B.: —
Flächensignaturen, z.B.:
oder mit Diagrammen wie Punktdiagramme, z.B.: ∴
dargestellt.

Häufig enthalten thematische Karten mehrere Informationen, die schichtweise eingetragen werden, damit die Zusammenhänge deutlich werden.

1. Schritt: Überblick verschaffen

Im Titel erkennst du das Hauptthema der Karte. Welcher Raum ist dargestellt?

2. Schritt: Welche Themen sind in der Karte dargestellt?

Die einzelnen Themen kannst du an der Untergliederung der Legende ablesen. In Karte 2 sind es:

a) Eignung einer Region für den Anbau landwirtschaftlicher Produkte:
- *ungeeignet oder bedingt geeignet,*
- *geeignet,*
- *durch Waldgebiete eingeschränkt geeignet.*

b) Anbaugrenzen,
c) Verteilung der Bevölkerung,
d) Millionenstädte.

Welche Darstellung wird verwendet, um ein Thema darzustellen: Punktsignaturen, Liniensignaturen, Flächensignaturen oder Diagramme?

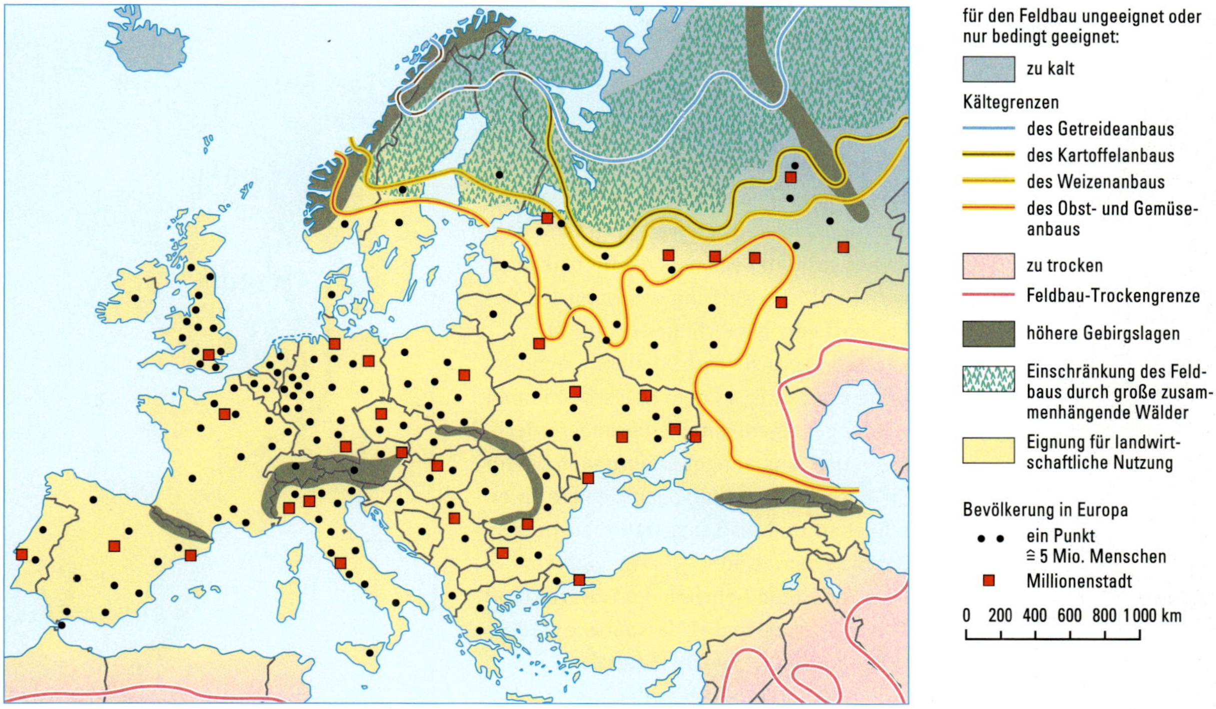

2 ***Grenzen landwirtschaftlicher Nutzung in Europa***

3. Schritt: Einzelthemen auswerten

Betrachte zunächst ein einzelnes Thema für sich. Schreibe deine Erkenntnisse in ganzen Sätzen auf.
Beschreibe die räumliche Lage (Beispiel 1).
Wo treten Signaturen gehäuft, wo nur vereinzelt auf (Beispiel 2)? In welcher Region erhält man auffallende (extreme) Werte (siehe Beispiele 3 und 4)?
Ergeben sich Regelmäßigkeiten?
Kann man Muster im Raum erkennen?

4. Schritt: Themen auf Zusammenhänge untersuchen

Wie stehen die einzelnen Themen in Beziehung zueinander (Beispiel 5)? Kann man die Informationen der einen Ebene durch eine andere erklären (Beispiel 6)?

5. Schritt: Aussagen begründen

Begründe deine Erkenntnisse mit deinem Vorwissen oder mithilfe anderer Informationen.

Auswertungsbeispiele

Beispiel 1: „Der größte Teil Europas ist für die landwirtschaftliche Nutzung geeignet."
Beispiel 2: „In Nordeuropa ist der Ackerbau durch die Kälte eingeschränkt."
Beispiel 3: „In West- und Mitteleuropa ist die Bevölkerungsdichte höher als in den anderen Teilen Europas."
Beispiel 4: „Im Bereich der Mündung der Wolga ins Kaspische Meer liegt die einzige Region Europas, die für Ackerbau zu trocken ist."
Beispiel 5: „Die Kältegrenze des Getreideanbaus verläuft durch den borealen Nadelwald."
Beispiel 6: „Die Bevölkerung lebt hauptsächlich in den Regionen, in denen Ackerbau möglich ist und die nicht durch große Waldgebiete eingeschränkt sind."

1 *Werte Karte 2 aus.*
2 *Werte im Atlas Europa-Karten aus:*
a) Temperaturen und Niederschläge im Jahr,
b) Landwirtschaft.

Tipp
Zeichne bei komplizierten Karten zu jedem Thema eine Kartenskizze auf Folie. Wenn du zwei Folien übereinander legst, kannst du Zusammenhänge gut erkennen.

Grenzen der Lebensräume

Wüsten, Regenwälder und kalte Gebiete - hier leben und arbeiten Menschen, nutzen das Land und kultivieren es. Insgesamt handelt es sich um Regionen, die für eine landwirtschaftliche Nutzung von Natur aus nur begrenzt oder gar nicht geeignet sind.
Ein Widerspruch? Nur scheinbar, denn im Laufe der Zeit ist es dem Menschen immer wieder gelungen, mithilfe besonderer Techniken und langjähriger Erfahrungen die für die Besiedlung ungünstigen Gebiete zu erschließen und als Lebensraum zu nutzen. Beispiele dafür sind

- in den kalten Gebieten der Erde: die Inuit auf Grönland und in Alaska sowie die Rentiernomaden (Samen) in Lappland;
- in den Trockengebieten der Erde: die Nomaden und die Oasenbauern mit ihrer traditionellen Bewässerungswirtschaft;
- im Gebiet Tropischer Regenwälder: die indigenen Völker und Kleinbauern, die durch Brandrodung und Wanderfeldbau Regenwaldgebiete urbar machten.

Die genannten Formen der Landnutzung sind an die jeweiligen natürlichen Bedingungen wie Klima und Böden angepasst und haben im Naturhaushalt keinen nachhaltigen Schaden angerichtet.

In den letzten Jahrzehnten wurden die für die Besiedlung eher ungünstigen Gebiete immer weiter erschlossen. Neue Techniken wie das Bohren von Tiefbrunnen sowie das Bevölkerungswachstum und die weltweit steigende Nachfrage nach Nahrungsmitteln und Rohstoffen förderten diesen Prozess. Der Mensch ist heute in der Lage, seinen Lebensraum immer weiter auszudehnen und selbst die klimatischen Grenzen des Anbaus wie zum Beispiel die des Getreideanbaus zu überschreiten und zu verschieben. Bei aller Euphorie sollte aber auch bedacht werden, dass diese Eingriffe vielfach negative Auswirkungen auf den Naturhaushalt der betreffenden Gebiete haben und zudem auf globaler Ebene Konsequenzen für das Leben aller Menschen haben können.

Die verschiedenen Landschaftszonen der Erde eignen sich in unterschiedlicher Weise als Siedlungs- und Lebensraum der Menschen. Obgleich einzelne Landschaftszonen von Natur aus eher siedlungsfeindlich sind, ist es dem Menschen immer wieder gelungen, auch diese Räume – zumindest partiell – zu nutzen.

1 ***Grenzen landwirtschaftlicher Nutzung***

1 *Schätze mithilfe der Karte 1 ab, welchen Anteil die für den Anbau*
a) „zu kalten“ Gebiete,
b) „zu trockenen“ Gebiete und
c) die Tropischen Regenwaldgebiete
an den einzelnen Kontinenten der Erde aufweisen.

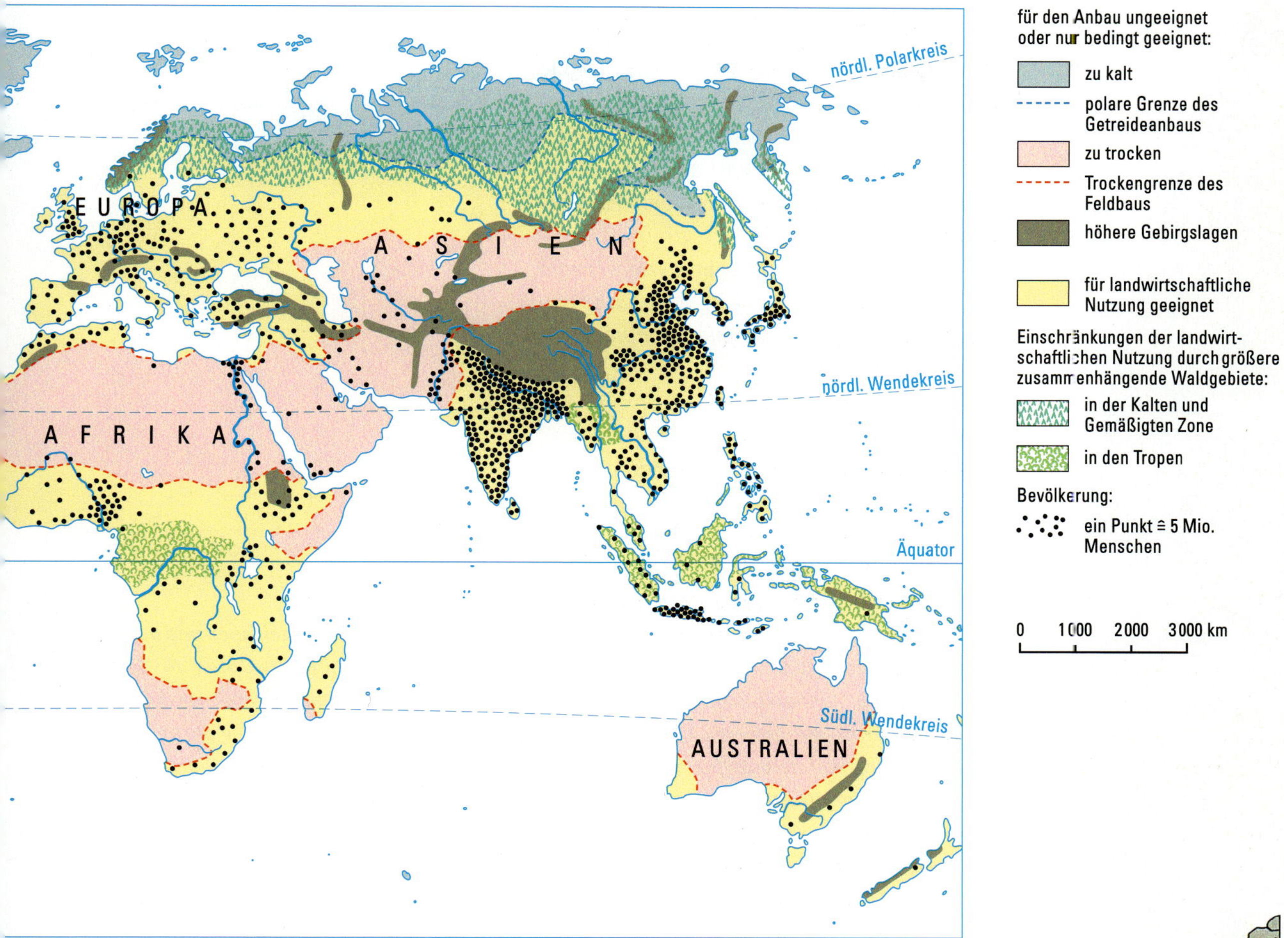

2 *Einzelne Staaten haben an den kalten Gebieten oder an den trockenen Gebieten einen unterschiedlichen Anteil. Lege die Weltkarte aus dem Atlas (mit den Staaten der Erde) neben die Karte 1 und suche Staaten,*

a) in denen die „zu kalten" oder „zu trockenen" Gebiete einen großen Anteil haben,

b) die ganz in den „zu kalten" oder „zu trockenen" Gebieten liegen.

3 *Nenne aus den vorangegangenen Seiten Beispiele, die zeigen, wie der Mensch diese klimatisch extremen Gebiete der Erde traditionell bzw. mit moderner Technik erschließt.*

4 *In der Karte 1 sind die landwirtschaftlichen Nutzungsmöglichkeiten der Erde sehr vereinfacht dargestellt worden. Welche weiteren Aussagen ermöglicht dazu das Diagramm 2?*

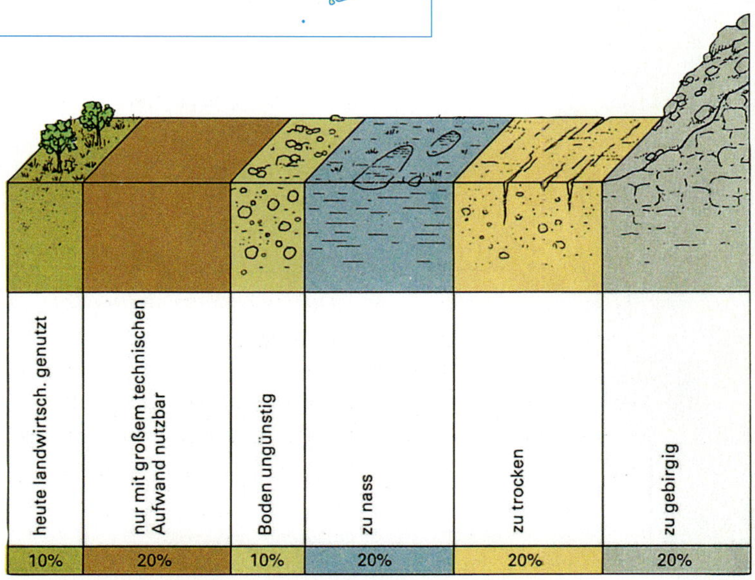

2 ***Einschränkungen der landwirtschaftlichen Nutzung***

→ TERRATraining

In der Kalten Zone

Orientieren

1 Bearbeite die Karte auf Seite 100 mithilfe des Atlas:

a) Welche Staaten haben Anteil an den Kältegebieten der Erde? Schreibe diese auf.

b) Welche drei Staaten haben besonders hohe Anteile?

c) Auf der Südhalbkugel gibt es weder Tundra noch Taiga. Begründe, weshalb das so ist.

d) Vergleiche die Ausdehnung der drei Landschaftsgürtel.

Kennen und verstehen

2 Bestimme die richtigen Antworten

a) Unter der Polarnacht versteht man
1. *eine Nacht in der Polarregion,*
2. *eine kalte Nacht,*
3. *eine Zeitspanne von mindestens 24 Stunden, in der die Sonne nicht aufgeht.*

b) Der boreale Nadelwald
1. *wird in Russland Taiga genannt,*
2. *ist besonders artenreich,*
3. *wächst auf nährstoffarmen Böden,*
4. *wird nach Norden immer lichter.*

c) Die Kältegrenze ist
1. *die durch die Temperatur bedingte Anbaugrenze des Ackerbaus,*
2. *die durch die Temperatur bedingte Baumgrenze.*

d) Permafrostboden (Dauerfrostboden)
1. *ist ständig gefroren,*
2. *taut im Sommer nur an der obersten Bodenschicht auf.*

e) Ein Nutzungskonflikt entsteht
1. *wenn verschiedene Gruppierungen einen Raum unterschiedlich nutzen wollen,*
2. *wenn ein Raum nicht genutzt werden kann,*
3. *die Nutzung eines Raumes zu Umweltschäden führt und die Einwohner daher gegen die Nutzung sind.*

f) Meereis
1. *ist gefrorenes Meerwasser,*
2. *ist Eis, das aus Süßwasser entstanden ist und auf dem Meer schwimmt,*
3. *ist ein anderer Ausdruck für Inlandeis,*
4. *kann Packeis bilden.*

Fachmethoden anwenden

1

Kriterien	Temperatur	Niederschlag
Januar	-18,8	14
Februar	-17,0	8
März	-7,5	13
April	1,4	18
Mai	9,3	32
Juni	15,1	62
Juli	17,5	119
August	15,0	80
September	8,7	49
Oktober	0,9	28
November	-8,5	18
Dezember	-16,0	19
Jahr	0,0	461

3 Ein Klimadiagramm zeichnen und auswerten

a) Zeichne mithilfe der Daten aus Tabelle 1 das Klimadiagramm von Irkutsk.

b) Bestimme und begründe die Vegetationszeit, die Wachstumszeit und die Vegetationsruhe.

4 Diagramme zeichnen

Zeichne ein Kreisdiagramm zu den Erdgasimporten der Bundesrepublik Deutschland. Verwende Diagramm 6 auf Seite 121.

5 Eine thematische Karte auswerten

In welchem Teil Sibiriens findet man was? Werte die thematische Karte auf Seite 120 aus:

a) Ergänze die Tabelle mit sinnvollen Spalten für deine Ergebnisse.

b) Trage die Aussagen der Karte zu den Teilräumen in die Tabelle ein.

c) Formuliere ein Fazit.

	Vergleichsaspekte	
Gebiet	?	...
Westsibirien / ca. 80° – 140° ö. L.	...	...
Ostsibirien / ca. 140° ö. L.	...	...
Südsibirien / Südlich 60° n. B.	...	...

Wichtige Begriffe

Arktis
Antarktis
Borealer Nadelwald
Dauerfrostboden
Eisberg
Holzwirtschaft
Inlandeis
Kältegrenze
Mittsommer
Mittwinter
Meereis
Nachhaltigkeit
Nutzungskonflikt
Packeis
Permafrostboden
Polargebiet
Polarnacht
Polartag
Schelfeis
Taiga
Treibeis
Tundra
Vegetationsruhe
Vegetationszeit
Wachstumszeit

Übertragen und beurteilen

6 Beleuchtung der Erde

In Grafik 2 sind die Orte Nordkap, Nordpol, Südpol, Äquator und Mitteleuropa nicht eingetragen. Ordne sie richtig zu.

7 Holzwirtschaft

Du sollst einen Kurzvortrag zum Thema Holzwirtschaft halten. Verwende dabei folgende Begriffe: vielseitiger Rohstoff, grünes Gold, Holzvollernter, nachhaltiges Wirtschaften.

8 Problem Rohstofferschließung

a) Bestimme die in Cartoon 3 dargestellte Vegetationszone und nenne die wesentlichen Merkmale der Zone.

b) Liste die Schwierigkeiten auf, die bei der Erschließung der Rohstofflagerstätten in Sibirien entstehen.

9 Nachhaltiges Wirtschaften

Die Inuit kämpfen für die nachhaltige Nutzung von Nunavut bei der Erschließung der Bodenschätze, der Nutzung der Wälder und dem Ausbau des Tourismus. Greife mindestens einen Aspekt heraus und erläutere, was eine nachhaltige Entwicklung beachten muss.

10 Produktionsverbund

Varkaus ist ein wichtiger Standort der Papierproduktion und arbeitet in einem Produktionsverbund (siehe Abb. 9 auf Seite 119). Bewerte diesen Produktionsverbund aus ökologischer und ökonomischer Sicht.

Knobeln und rätseln

11 Bilderrätsel

Löse das Bilderrätsel und erkläre den gesuchten Begriff.

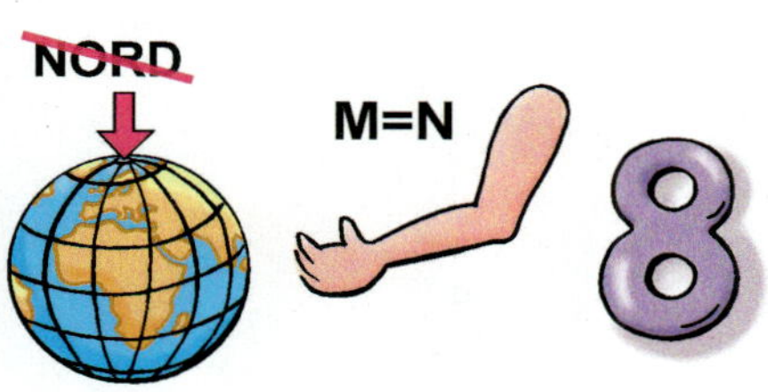

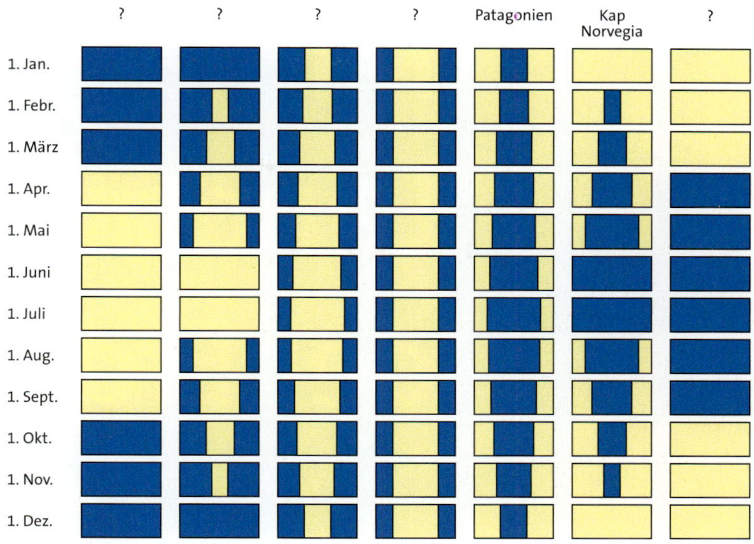

2 **Tag- und Nachtzeiten**

12 Zum Knobeln

a) Warum fressen Eisbären keine Pinguine?

b) Warum graben die Teilnehmer auf Polarexpeditionen in der Mitte des Zeltes eine Grube?

Teste dich selbst

mit den Aufgaben 1b, 2c, 8b und 11.

3

Training

Klima - und Landschaftszonen der Erde

Zwischen den Eiswüsten an den Polen und den üppigen Regenwäldern am Äquator verursacht das unterschiedliche Klima die Ausbildung der großen Vegetationszonen.
Ihre Kenntnis erleichtert dir die Orientierung auf der Erde. Wenn du weißt, in welcher Landschaftszone ein Ort liegt, kannst du einiges über die dort herrschenden natürlichen Lebensbedingungen schlussfolgern.

7

4
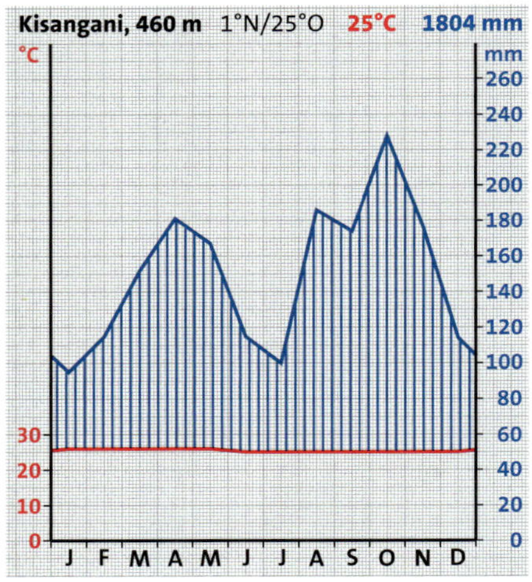

1 *Tropischer Regenwald, 12–9½ Monate feucht*

5
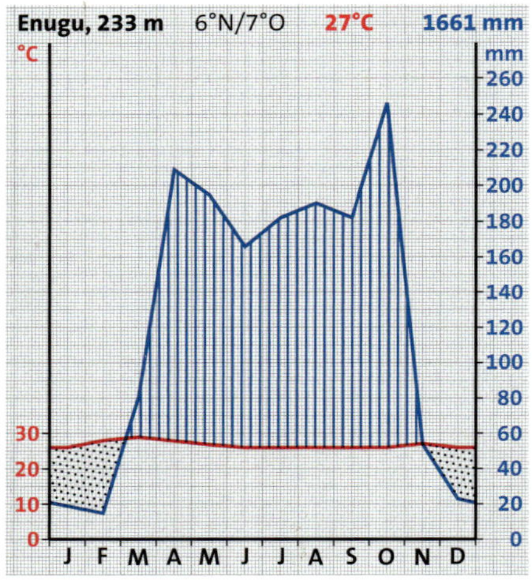

2 *Feuchtsavanne, 9½–7 Monate feucht*

6
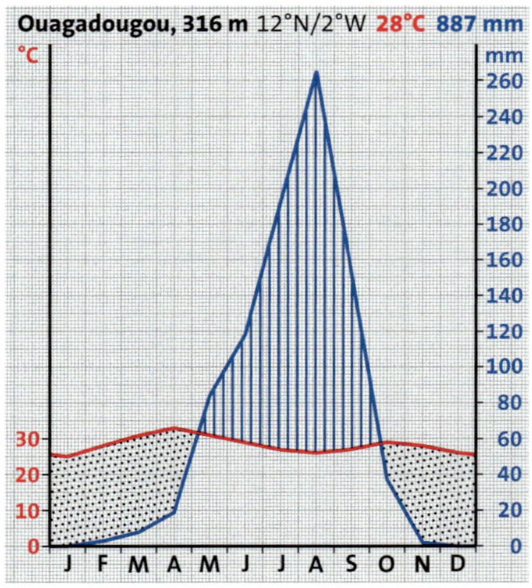

3 *Trockensavanne, 7–4½ Monate feucht*

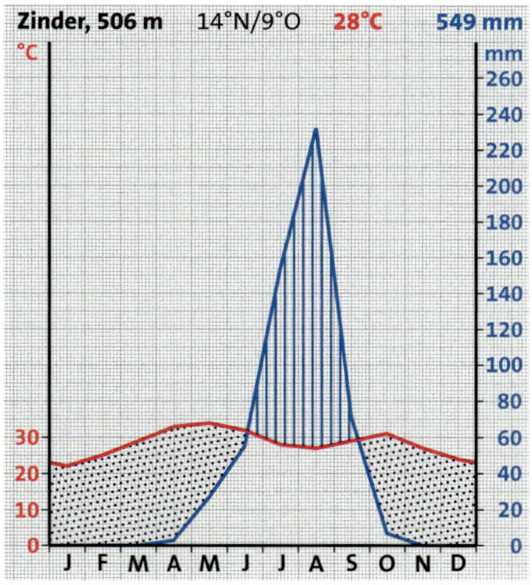

7

9 **Dornsavanne, 4½ – 2 Monate feucht**

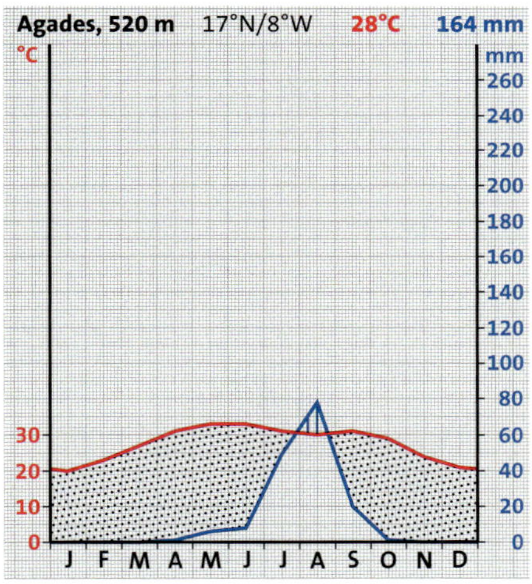

8

10 **Wüste, 2 – 0 Monate feucht**

Vom Äquator zum Pol

Die Tropen sind eine der vier großen Klimazonen. Betrachten wir sie mithilfe der Fotos und Klimadiagramme genauer, so stellen wir erhebliche Unterschiede in Klima und Vegetation fest.

1 *Beschreibe die Vegetation auf den fünf Fotos.*

2 *Erkläre die Unterschiede in der Vegetation mithilfe der Klimadiagramme. Beachte dabei die Länge der humiden Zeit.*

3 *Stelle eine Faustregel über den Zusammenhang zwischen Vegetation und Niederschlag auf.*

4 *Untersuche die Temperaturänderungen von Kisangani bis Agades:*
  a) Stelle die Temperaturschwankungen bei jeder Station fest.
  b) Erläutere die niedrigeren Temperaturwerte am Äquator gegenüber den Werten in der Wüste.

5 *Informiere dich über Nationalparks in Afrika:*
  a) In welcher Vegetationszone liegen sie?
  b) Schreibe einen kurzen Bericht über die Notwendigkeit von Nationalparks und ihre Probleme.

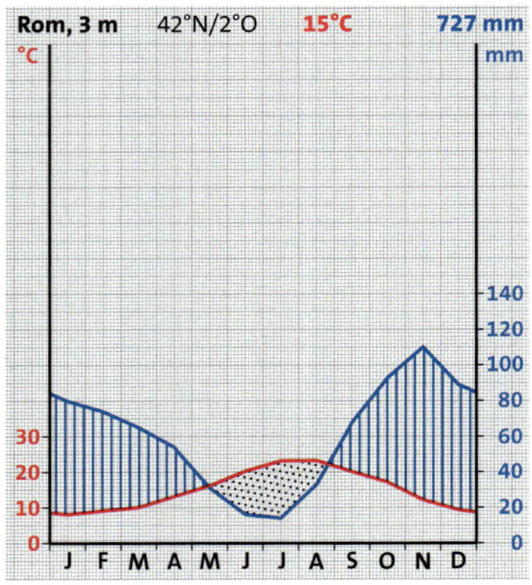

⑭

⑪ ***Subtropischer Hartlaubwald, 2–7 Monate zu trocken***

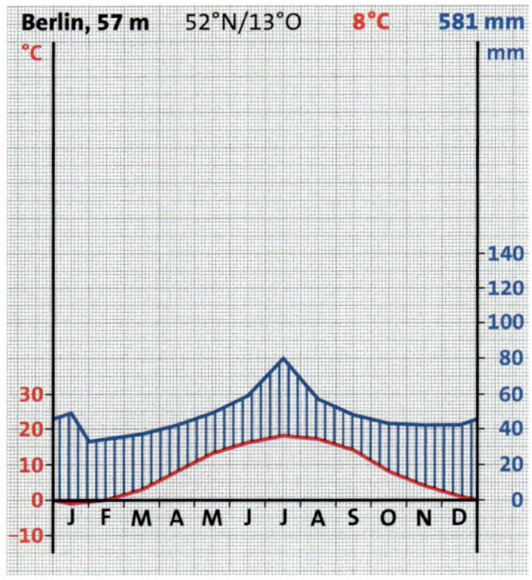

⑮

⑫ ***Laubmischwald, 3–6 Monate zu kalt***

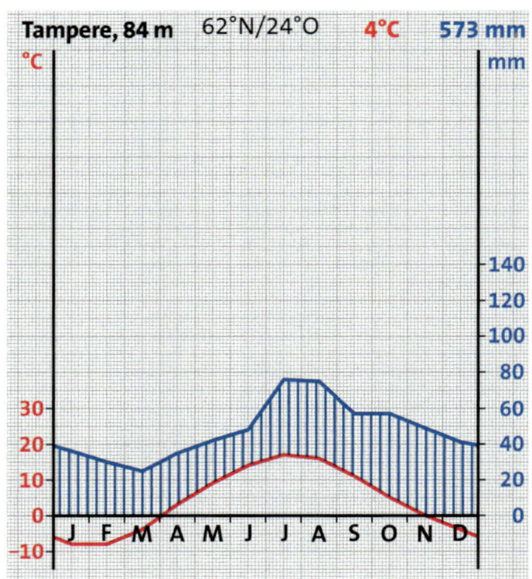

⑯

⑬ ***borealer (nördlicher) Nadelwald, 6–9 Monate zu kalt***

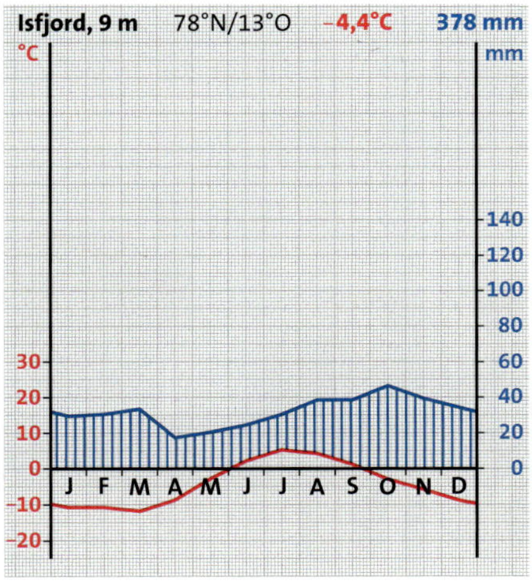

17

19 *Tundra, 9–11 Monate zu kalt*

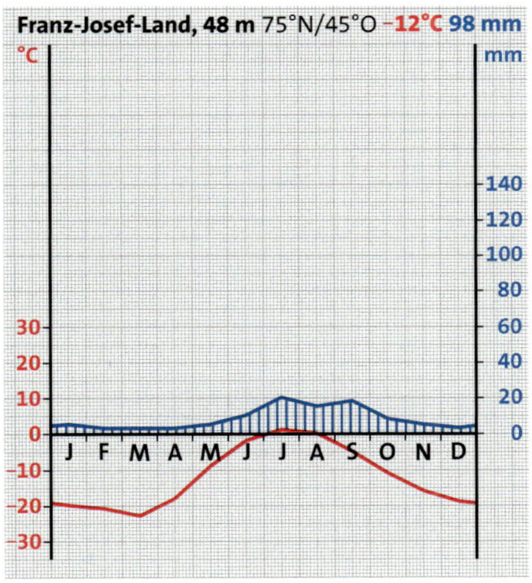

18

20 *Eiswüste, 12 Monate zu kalt*

Die außertropischen Klimazonen reichen von der subtropischen bis zur polaren Klimazone.

6 *Vergleiche die Vegetation der fünf auf den Fotos dargestellten Landschaften.*

7 *Erkläre die Änderung der Vegetation im Zusammenhang mit dem jeweiligen Klima. Beachte dabei*
a) die Dauer der humiden Zeit und
b) die Anzahl der Monate mit über 5 °C.

8 *Arbeite mit der Klimakarte auf Seite 138/139 und dem Atlas:*
a) Suche die fünf Klimastationen.
b) Bestimme für jedes Klimadiagramm die Klimazone.

9 *Im borealen Nadelwald verläuft die Kältegrenze, bis zu der Ackerbau möglich ist. Begründe dies.*

10 *Erkläre die Temperaturunterschiede im Januar bzw. im Juli von Rom bis zum Franz-Josef-Land. Erkläre diese Veränderung.*

11 *Erstelle eine Tabelle mit den Spalten Klimazone und natürliche Vegetation. Notiere die Merkmale des Klimas einschließlich der Dauer der Vegetationszeit sowie der im Bild ersichtlichen Vegetation.*

Surftipp
www.klimadiagramme.de
www.klimaglobal.de

① *Kilimandscharo*

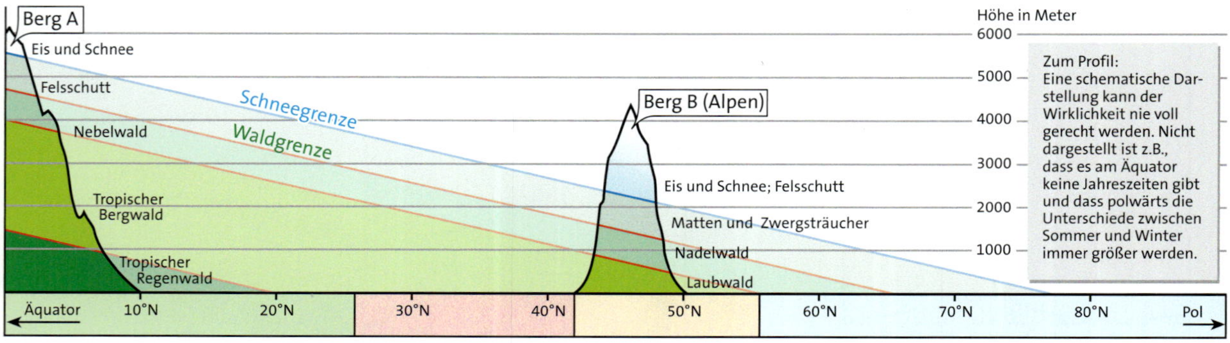

②

Höhenstufen der Vegetation

Schnee auf dem Kilimandscharo?
Der deutsche Missionar Johannes Rebmann war der erste Europäer, der am 11. Mai 1848 das weiße Haupt des höchsten Berges Afrikas erblickte. Er notierte: „... es wurde mir aber ebenso klar als gewiss, dass das nichts anderes sein könne als Schnee ...“ Rebmanns Bericht löste unter den Wissenschaftlern in Europa einen großen Streit aus: Schnee im tropisch-heißen Afrika? Unmöglich! Man hielt dies für eine Sinnestäuschung. Den Beweis für die Schnee- und Eisbedeckung des 5 895 m hohen Gipfels erbrachte erst eine Expedition im Jahre 1889. Ab dieser Zeit übernahmen auch die Europäer den Namen „Kilima Njar“ aus der ostafrikanischen Sprache Swahili, was übersetzt „Schneeberg“ bedeutet.

Mit der Höhe nimmt die Temperatur ab. So nehmen die Temperaturen im Mittel um 0,6 °C pro 100 m ab. Für die Pflanzen bedeutet das Wärmemangel und kürzere Wachstumszeit. Mit zunehmender Höhe bilden sich **Höhengrenzen**, an denen sich bestimmte geographische Erscheinungen markant ändern, z. B. die Schneegrenze, Waldgrenze oder Anbaugrenze für verschiedene Kulturpflanzen. Zwischen zwei Höhengrenzen bilden sich **Höhenstufen** aus, die sich in Klima, Vegetation und landwirtschaftlicher Nutzung unterscheiden.
In den Polargebieten gibt es nur die Schneegrenze. Je näher man dem Äquator kommt, desto mehr Höhenstufen treten auf. Die Temperaturabnahme mit der Höhe führt dabei zu einer Verkürzung der Vegetationszeit.

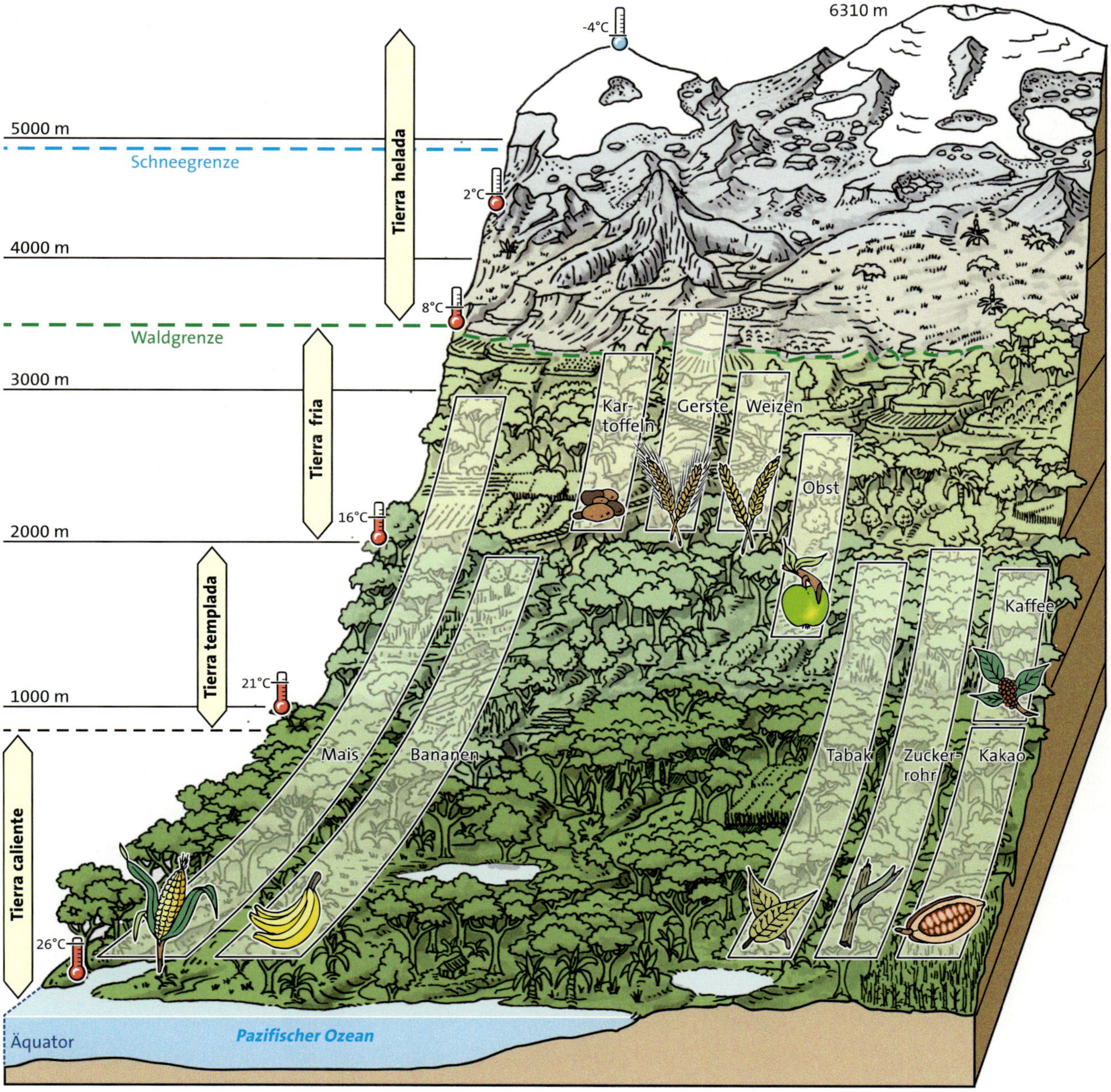

3 Höhenstufen in Südamerika

1 Die Jahresdurchschnittstemperatur in Garmisch-Partenkirchen (715 m) beträgt 7 °C, auf der Zugspitze –5 °C (2 960 m). Überprüfe die Regel der Temperaturabnahme mit der Höhe.

2 Den borealen (nördlichen) Nadelwald gibt es auch in den Alpen. Erkläre.

3 Vergleiche die Höhenstufen in den Anden mit denen in den Alpen. Beschreibe Gemeinsamkeiten und Unterschiede.

4 Beschreibe die Höhenstufen am Kilimandscharo. Benutze eine Karte im Atlas.

5 Höhengrenzen sind auch Anbaugrenzen. Begründe anhand von zwei Beispielen.

tierra caliente (heißes Land)
tierra templada (gemäßigtes Land)
tierra fria (kaltes Land)
tierra helada (eisiges Land)

Klima- und Landschaftszonen der Erde

Es gibt ganz unterschiedliche zonale Gliederungsmöglichkeiten der Erde: nach Klimaten, Vegetation, Wirtschaftskraft usw. Diese Karte gliedert die Erde nach Klima und typischer Vegetation. Du kannst die Inhalte dieser Karte nicht in einer Woche lernen. Sie soll jetzt und in den folgenden Jahren oft benutzt werden und sich dabei immer besser einprägen.

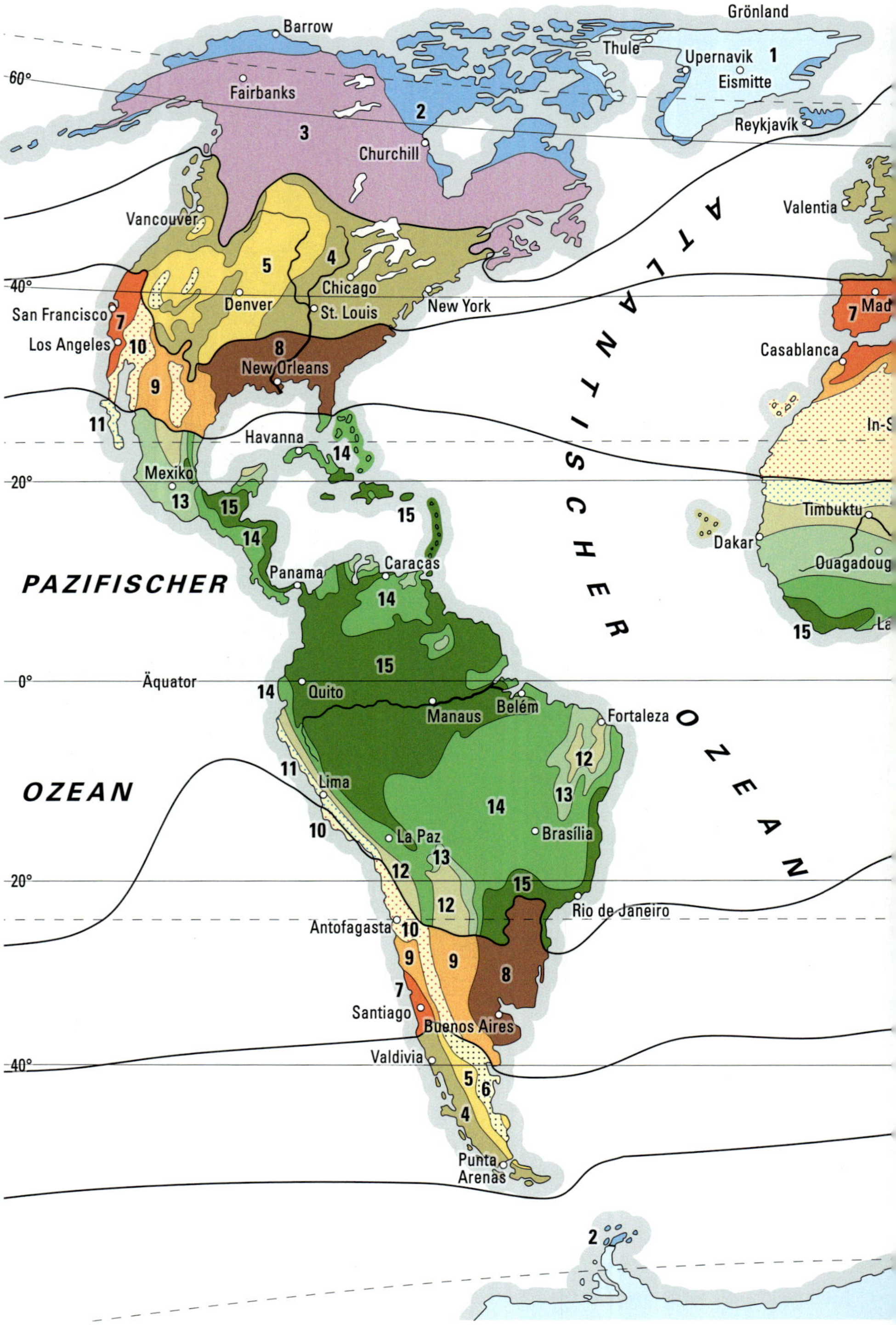

(nach Troll und Paffen 1964)

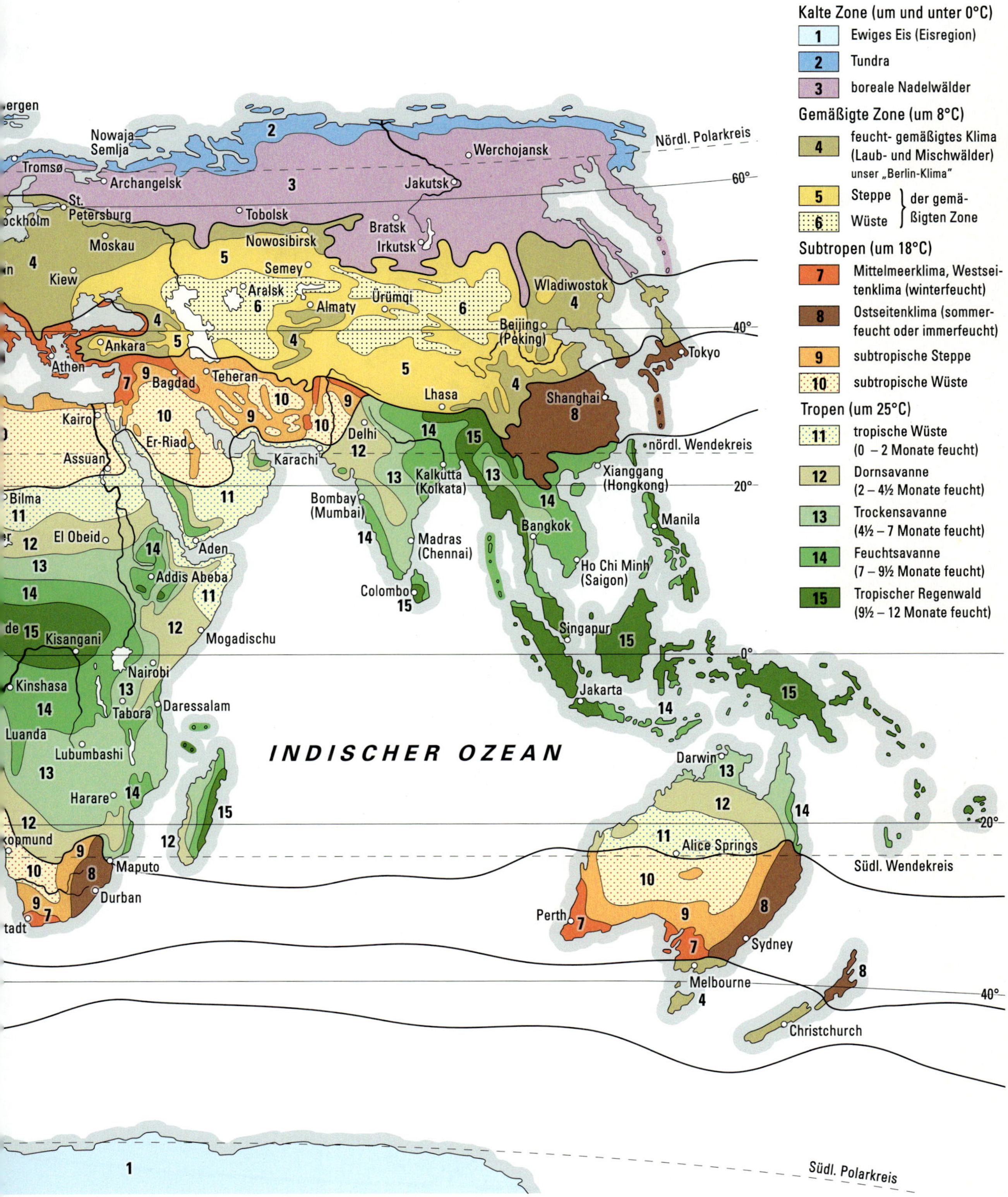
Kalte Zone (um und unter 0°C)
1 Ewiges Eis (Eisregion)
2 Tundra
3 boreale Nadelwälder
Gemäßigte Zone (um 8°C)
4 feucht- gemäßigtes Klima (Laub- und Mischwälder) unser „Berlin-Klima"
5 Steppe } der gemäßigten Zone
6 Wüste
Subtropen (um 18°C)
7 Mittelmeerklima, Westseitenklima (winterfeucht)
8 Ostseitenklima (sommerfeucht oder immerfeucht)
9 subtropische Steppe
10 subtropische Wüste
Tropen (um 25°C)
11 tropische Wüste (0 – 2 Monate feucht)
12 Dornsavanne (2 – 4½ Monate feucht)
13 Trockensavanne (4½ – 7 Monate feucht)
14 Feuchtsavanne (7 – 9½ Monate feucht)
15 Tropischer Regenwald (9½ – 12 Monate feucht)
Nördl. Polarkreis
60°
40°
nördl. Wendekreis
20°
0°
Südl. Wendekreis
Südl. Polarkreis
INDISCHER OZEAN
Nowaja Semlja
Tromsø
Archangelsk
St. Petersburg
Moskau
Kiew
Athen
Ankara
Tobolsk
Nowosibirsk
Semey
Aralsk
Almaty
Ürümqi
Werchojansk
Jakutsk
Bratsk
Irkutsk
Wladiwostok
Beijing (Peking)
Tokyo
Shanghai
Lhasa
Teheran
Bagdad
Kairo
Er-Riad
Assuan
Karachi
Delhi
Kalkutta (Kolkata)
Xianggang (Hongkong)
Manila
Bombay (Mumbai)
Madras (Chennai)
Colombo
Bangkok
Ho Chi Minh (Saigon)
Singapur
Jakarta
Bilma
El Obeid
Aden
Addis Abeba
Mogadischu
Kisangani
Nairobi
Kinshasa
Tabora
Daressalam
Luanda
Lubumbashi
Harare
Maputo
Durban
Darwin
Alice Springs
Perth
Sydney
Melbourne
Christchurch

Immer mehr Mens

*6 466 914 527
Menschen leben am
24. 05. 2005 um 8.30 Uhr
auf der Erde.
In der Zeit, in der du
diese Zahl liest, hat die
Erdbevölkerung schon
wieder um zwölf
Menschen zugenommen:
2,5 in der Sekunde,
151 in der Minute,
9 043 in der Stunde oder
217 024 pro Tag.
Davon mehr als
die Hälfte in Städten.*

nen

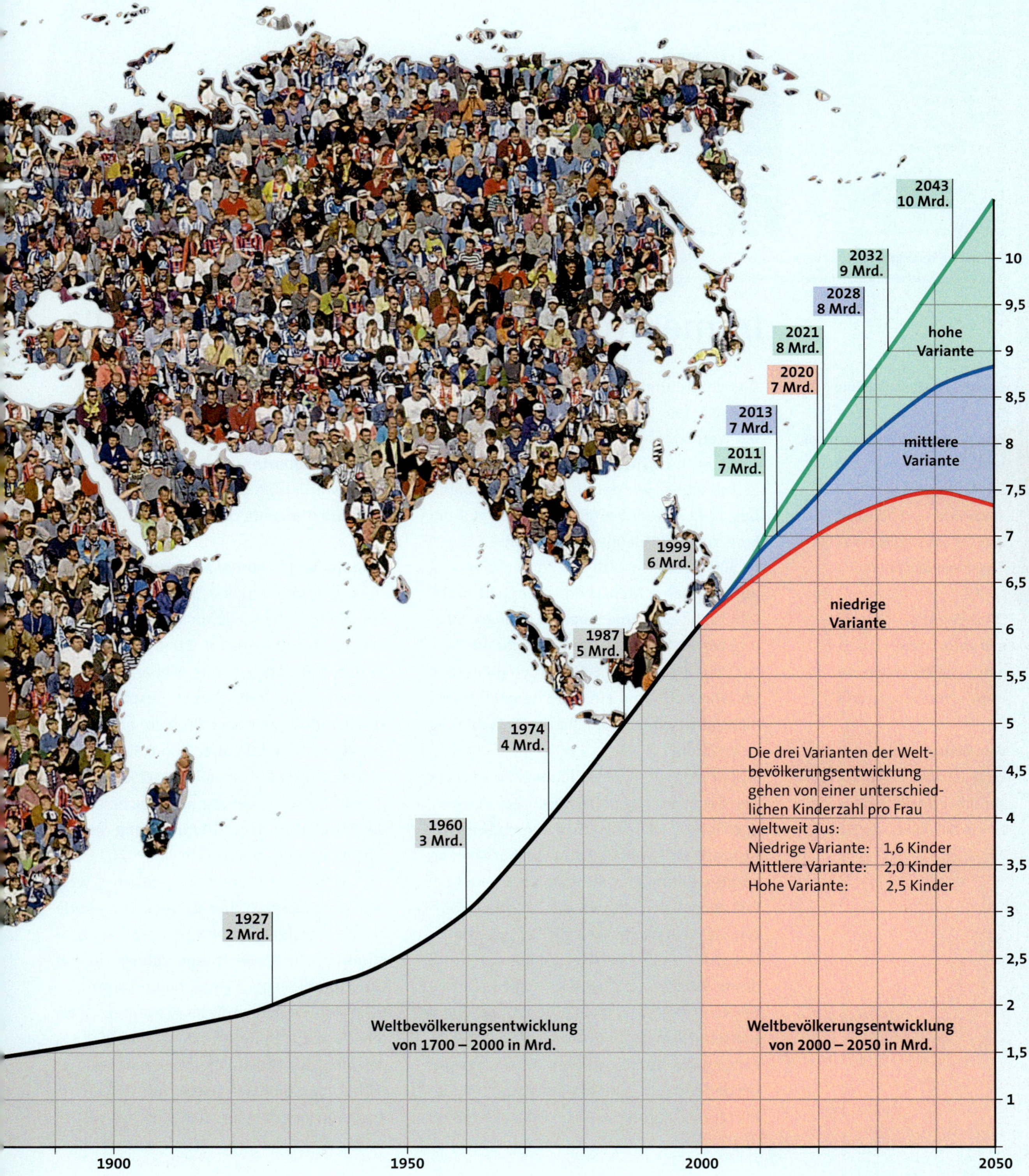

2043
10 Mrd.
2032
9 Mrd.
2028
8 Mrd.
2021
8 Mrd.
2020
7 Mrd.
2013
7 Mrd.
2011
7 Mrd.
1999
6 Mrd.
1987
5 Mrd.
1974
4 Mrd.
1960
3 Mrd.
1927
2 Mrd.
hohe Variante
mittlere Variante
niedrige Variante
Die drei Varianten der Weltbevölkerungsentwicklung gehen von einer unterschiedlichen Kinderzahl pro Frau weltweit aus:
Niedrige Variante: 1,6 Kinder
Mittlere Variante: 2,0 Kinder
Hohe Variante: 2,5 Kinder
Weltbevölkerungsentwicklung von 1700 – 2000 in Mrd.
Weltbevölkerungsentwicklung von 2000 – 2050 in Mrd.
1900
1950
2000
2050
10
9,5
9
8,5
8
7,5
7
6,5
6
5,5
5
4,5
4
3,5
3
2,5
2
1,5
1

8

1 ***Weltbevölkerungsuhr** aufgerufen am 24. 05. 2005 um 8.30 Uhr*
(www.weltbevoelkerung.de/info-service/weltbevoelkerungsuhr.php)

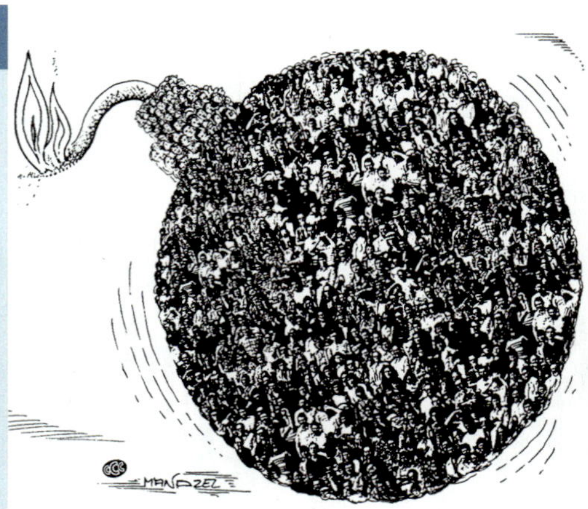

2 ***Die Bevölkerungsbombe***

Immer mehr, immer schneller ... überall?

***Geburtenrate**, auch Geburtenziffer:*
Zahl der lebend Geborenen pro 1000 Einwohner und pro Jahr

***Sterberate**, auch Sterbeziffer:*
Zahl der Sterbefälle pro 1000 Einwohner und pro Jahr

*Die Differenz aus Geburten- und aus Sterberate ergibt die natürliche **Wachstumsrate**. Sie wird in Prozent ausgedrückt.*

Bevölkerungsexplosion
Ein anschaulicher Ausdruck für das starke Bevölkerungswachstum in Teilräumen der Erde.

Das größte und das wichtigste Problem der Erde ist, dass immer mehr Menschen geboren werden.
Tatsächlich wächst die Weltbevölkerung zur Zeit so schnell wie noch nie zuvor. Als Kolumbus 1492 Amerika erreichte, lebten auf der Erde nur 500 Millionen Menschen. Es dauerte 300 Jahre, ehe sich die Weltbevölkerung auf 1 Milliarde Menschen verdoppelt hatte. 1960 zählte die Erde bereits 3 Milliarden Bewohner und es brauchte nur mehr 40 Jahre zur Verdopplung auf 6 Milliarden Menschen im Jahr 1999. Und ein Ende ist noch längst nicht abzusehen. Wie ist diese Entwicklung zu erklären?
Früher wurden so viele Kinder geboren, dass die Bevölkerung hätte wachsen können, doch Kriege, Krankheiten, mangelnde Hygiene, unzureichende und schlechte Ernährung sorgten dafür, dass die Zahl der Sterbefälle fast ebenso hoch lag wie die Zahl der Geburten. Deshalb wuchs die Bevölkerung kaum.
Das änderte sich erst, als es gelang, durch moderne Medizin und bessere Hygiene Krankheiten erfolgreich zu bekämpfen und durch Fortschritte in der Landwirtschaft mehr Nahrungsmittel zu produzieren. Durch die sinkende Sterberate und die unveränderte Geburtenrate nahm die Anzahl der Menschen zu. Gleichzeitig werden die Menschen wesentlich älter als früher.
Die Weltbevölkerung wächst, weil die Differenz von **Geburtenrate** und **Sterberate** größer geworden ist. Diese Differenz wird auch als **Wachstumsrate** bezeichnet.

Verdopplung in immer kürzerer Zeit
Die Folge: Während über Jahrhunderte zuvor die Weltbevölkerung nur langsam wuchs, übersprang die Anzahl der Menschen im letzten Jahrhundert eine Milliardengrenze nach der anderen. Dieses beschleunigte Wachstum ist zu einem Problem geworden. Die Wachstumsrate stieg von 0,5 % im Jahre 1900 auf 2,1 % im Jahre 1975 an. Würde die Weltbevölkerung mit gleichbleibender Wachstumsrate 50 Jahre lang weiter wachsen, dann müsste im Jahre 2025 mit 11,3 Milliarden Menschen gerechnet werden. Angesichts solcher Voraussagen wurde in den Siebziger Jahren von vielen Wissenschaftlern die **Bevölkerungsexplosion** als ein Grundproblem der Menschheit erkannt.
Es ist wohl eine Folge dieser Warnungen, dass die Wachstumsrate im Jahr 2004 auf 1,3 % gesunken ist. Aber dennoch wird die Weltbevölkerung weiter wachsen. Und sie wächst ausgerechnet dort am stärksten, wo die Lebensbedingungen am schlechtesten sind.

3

Land	Nigeria	Deutschland
Bevölkerung 2004 (in Mio.)	137,7	82,6
Geburtenrate 2004 (in ‰)	42	9
Sterberate 2004 (in ‰)	13	10
Natürliche Wachstumsrate 2004 (in %)	2,9	−0,2
Verdopplungszeit 2004 (in Jahren)	24	–
Bevölkerung 2025, geschätzt (in Mio.)	206,4	82,0
Bevölkerung 2050, geschätzt (in Mio.)	307,4	75,1
Anteil der Frauen im Alter von 15–19 Jahren mit einem Kind 2004 (in %)	13	1

4

Land	Wachstumsrate in %	Bevölkerung 2003 in Mio.	Bevölkerung 2025 in Mio.	absolute Zunahme in Mio.
Belgien	0,3	10,3	10,73	0,48
Australien				
Indien				
Bangladesch				
Deutschland				

5

Brauchen wir dennoch mehr Kinder?

In Deutschland und in den meisten anderen europäischen Ländern klagen vor allem Politiker darüber, dass zu wenig Kinder geboren werden. Familien mit mehr als zwei Kindern sind die Ausnahme. Viele wollen kinderlos bleiben. Immer weniger Kinder und ein immer höheres Lebensalter führen dazu, dass die Bevölkerung in Deutschland immer älter und ab 2005 auch weniger wird.

Eine Modellrechnung sagt voraus, dass Deutschland im Jahre 2050 24 Millionen Einwohner weniger haben wird. Noch einmal 30 Jahre später könnten es denselben Berechnungen zufolge noch einmal 15 Millionen Einwohner weniger sein. Die Bevölkerungszahl wäre dann von 82,6 Millionen im Jahre 2004 auf ca. 43 Millionen im Jahre 2080 gesunken.

1 *a) Formuliere die Aussagen der beiden Karikaturen 2 und 3.*

b) Für welche Regionen trifft der dargestellte Sachverhalt zu? Arbeite auch mit Grafik 7.

2 *Übertrage die Tabelle 5 in dein Heft und vervollständige sie mithilfe der Daten im Anhang. Vergleiche dabei die Wachstumsraten und die zugehörigen absoluten Zunahmen.*

3 *a) Stelle mithilfe der Tabelle 4 die Unterschiede in der Bevölkerungsentwicklung von Nigeria und Deutschland heraus.*

b) Vergleiche die Probleme, die sich wahrscheinlich daraus ergeben.

6 **Bevölkerung und Wachstumsrate 2002**

Kontinent	Wachstumsrate in %	Bevölkerung in Mio.
Afrika	2,4	840
Asien	1,3	3766
Europa	−0,1	728
Lateinamerika	1,7	531
Nordamerika	0,6	319
Ozeanien	1,0	32
Welt gesamt	1,2	6215

Surftipp

alle Daten zur Weltbevölkerung:

www.weltbevoelkerung.de

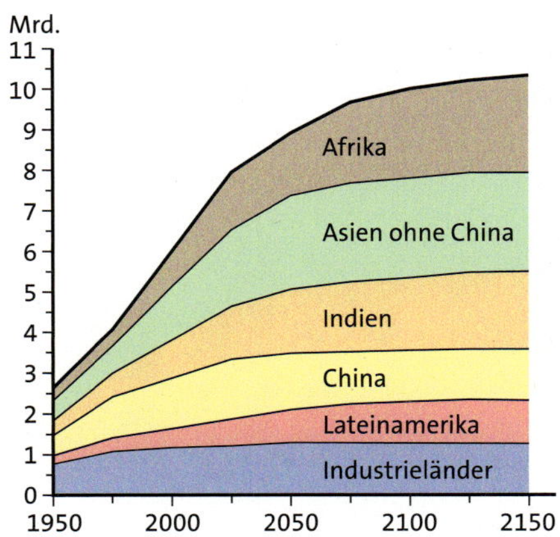

7 ***Bevölkerungsentwicklung (1950-2000)/Prognose***

Zur Beachtung:

Viele der Zahlenangaben zur Bevölkerung beruhen auf Schätzungen und Hochrechnungen und nicht auf Zählungen.

Bevölkerungspyramiden auswerten

Alter und Geschlecht sind die beiden grundlegenden Merkmale der Bevölkerung eines Landes. Die Bevölkerungspyramide gibt Auskunft über den Altersaufbau eines Landes zu einem bestimmten Zeitpunkt und nach Geschlecht differenziert. Dadurch ermöglicht sie einen anschaulichen Vergleich von mehreren Staaten.

Die altersmäßige Zusammensetzung der Bevölkerung eines Staates bezeichnet man als **Altersstruktur** eines Staates.
Die Zusammensetzung der Bevölkerung eines Staates nach Alter und Geschlecht wird in einer **Bevölkerungspyramide** oder Alterspyramide grafisch dargestellt. Dabei wird der Bevölkerungsanteil der verschiedenen Altersgruppen aus Vergleichsgründen meistens in %-Anteilen an der Gesamtbevölkerung angegeben.
Die Bevölkerungspyramiden lassen sich auf drei vereinfachte Grundformen zurückführen:
Die Pyramidenform kennzeichnet eine wachsende Bevölkerung. Von Jahr zu Jahr nimmt die Anzahl der Geborenen zu. Dem steht eine früh einsetzende Sterblichkeit gegenüber. Bei der Glockenform bleibt die jährliche Geburtenrate über mehrere Jahre gleich. Sie steht für eine stagnierende Bevölkerung. Die Urnenform ergibt sich, wenn jeder neugeborene Jahrgang kleiner als der vorhergehende ist. Dabei kommt es zuerst zur Überalterung der Bevölkerung und danach zur Bevölkerungsabnahme.

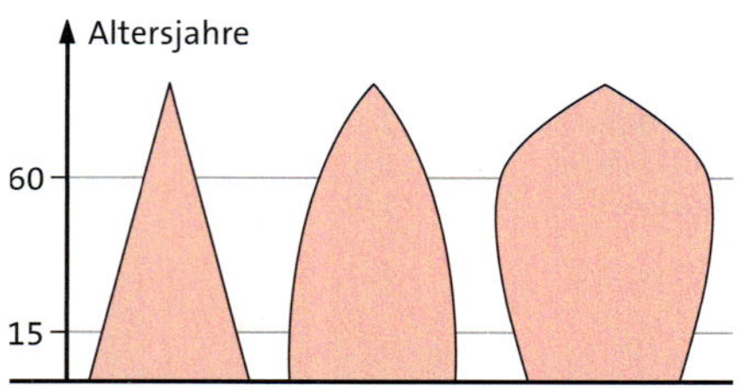

1 **_Grundformen der Bevölkerungspyramiden_**

Bevölkerungspyramiden auswerten:

1. Schritt: *Stelle fest, für welches Land und für welches Jahr die Angaben gemacht werden. Achte darauf, ob die Bevölkerungsanteile in absoluten oder relativen Zahlen angegeben werden.*

2. Schritt: *Lies die geschlechtsspezifische Altersverteilung direkt ab. Zum Beispiel: In diesem Land sind x % der Bevölkerung Mädchen im Alter von 10 bis 15 Jahren.*

3. Schritt: *Stelle dieser Gruppe die entsprechende andersgeschlechtliche gegenüber und vergleiche.*

4. Schritt: *Addiere die Werte beider Geschlechtsgruppen und stelle fest, welchen Anteil sie an der Gesamtbevölkerung haben.*

5. Schritt: *Berechne die entsprechenden Gesamtanteile für folgende Altersgruppen:*
- *Kinder und Jugendliche (0–14 Jahre)*
- *erwerbsfähige Personen (15–64 Jahre)*
- *Rentner und Pensionäre (> 65 Jahre)*

6. Schritt: *Ordne die dargestellten Pyramiden einem Grundmodell zu und beurteile die zukünftige Bevölkerungsentwicklung des Landes (steigend, stagnierend oder fallend).*

1 *Grafik 1: Erkläre die Bedeutung der einzelnen Grundformen der Bevölkerungspyramiden für das Bevölkerungswachstum eines Landes.*
2 *Werte die Bevölkerungspyramiden von Nigeria und Deutschland aus und vergleiche.*
3 *Welche unterschiedlichen Probleme ergeben sich in beiden Ländern aus der Altersstruktur bezüglich Arbeitsmarkt, Nahrung, Bildung, Wohnung und medizinischer Versorgung?*
4 *Erstelle die Bevölkerungspyramide für Indien mithilfe von Tabelle 3 und werte diese anschließend aus.*

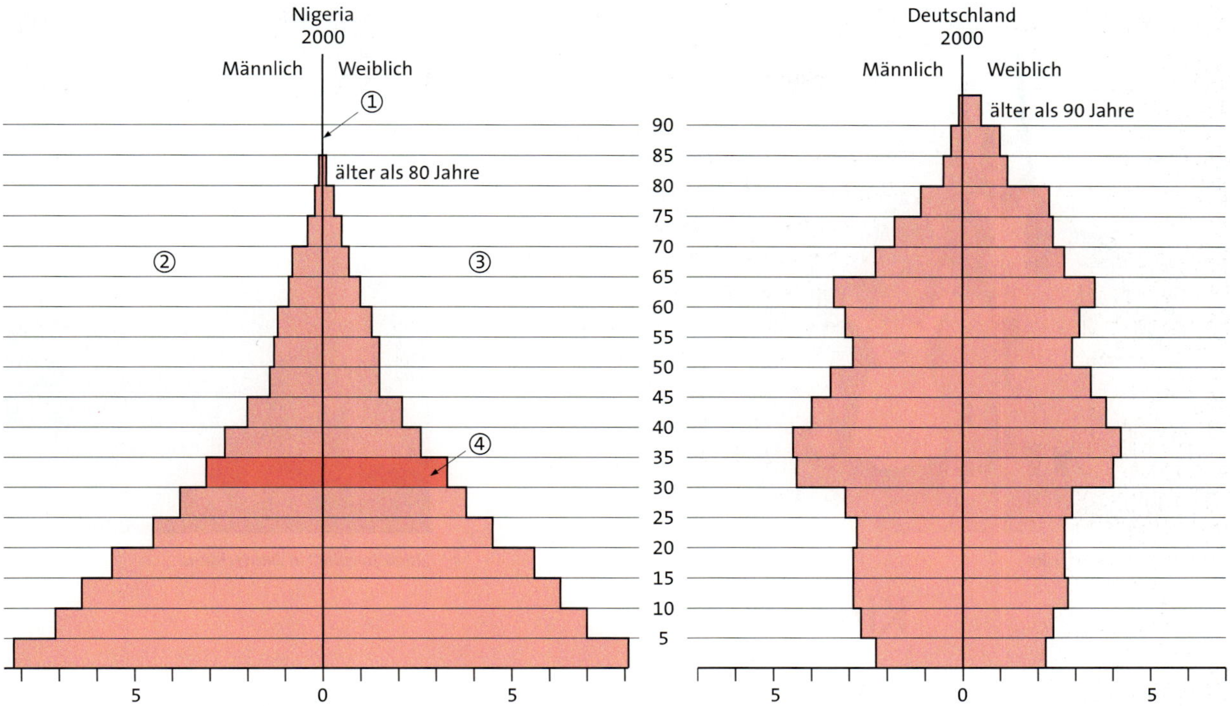

❷ *Bevölkerungspyramiden von Nigeria und Deutschland (Stand 2000), Angaben in Millionen*

① Alterseinteilung, ② Männliche Bevölkerung, ③ Weibliche Bevölkerung, ④ Bevölkerungsanteil einer Altersstufe

❸ Bevölkerungsstruktur von Indien und Deutschland nach Alter und Geschlecht in 1000 (Stand 2000)

Alter	Indien (Einwohner total 1 002 708)		Deutschland (Einwohner total 82 188)	
	Männer	Frauen	Männer	Frauen
total	518 379	484 329	40 150	42 038
0–4	59 207	56 153	2 018	1 914
5–9	57 568	54 153	2 140	2 030
10–14	56 501	52 911	2 424	2 298
15–19	53 013	48 762	2 364	2 206
20–24	49 434	43 201	2 320	2 246
25–29	43 834	39 824	2 591	2 455
30–34	37 564	37 442	3 538	3 324
35–39	33 326	32 872	3 721	3 492
40–44	29 559	27 665	3 236	3 082
45–49	25 189	23 206	2 867	2 819
50–54	20 671	18 697	2 472	2 384
55–59	16 493	15 042	2 579	2 584
60–64	12 339	11 535	2 748	2 865
65–69	9 299	8 972	1 931	2 166
70–74	6 835	6 799	1 514	2 053
75–79	4 397	4 136	941	1 902
>80	3 149	2 959	791	2 218

Surftipp

Die Bevölkerungspyramiden aller Staaten: www.census.gov/ipc/www/idbpyr.html

1 *„Idealfamilie" in Afrika*

2 *„Idealfamilie" in Deutschland*

Kinderreich?

Demografie
Wissenschaft, die sich mit der Entwicklung der Bevölkerung befasst

Der Anteil der Kinder an der Bevölkerung ist von Kontinent zu Kontinent verschieden. Warum ist das so?

Viele Kinder

Die hohe Anzahl an Kindern z. B. in afrikanischen Staaten hat viele Gründe:

1. Viele Kinder bringen den Eltern persönliches Ansehen.
2. Jungen haben oft einen höheren Stellenwert als Mädchen. Deswegen wird vielen Mädchen eine Schulbildung vorenthalten. Sie müssen früh heiraten und werden mit 16 Jahren zum ersten Mal Mutter. Also hat jede Familie ein Interesse möglichst viele Jungen auf die Welt zu bringen.
3. Fehlende Kenntnisse und Möglichkeiten zur Verhütung bzw. deren Ablehnung führen zu einer hohen Zahl an ungewollten Geburten. Zusätzlich macht eine hohe Kindersterblichkeit die Geburt vieler Kinder notwendig.
4. Die Kinder helfen das Überleben der Familie zu sichern, indem sie bereits in jungen Jahren arbeiten. Gleichzeitig sind die Kinder die Altersversorgung für die Eltern.

Wenig Kinder

Bei uns in den Industrieländern ist das anders. Hier führen andere Gründe dazu, dass immer weniger Kinder geboren werden:

1. Die Eltern versorgen ihre Familie. Kinder müssen nicht zur Sicherung des Familieneinkommens mitarbeiten.
2. Der Staat leistet einen Beitrag zur Altersvorsorge der Eltern in Form von Renten oder Pensionen.
3. In Industrieländern haben große Familien nicht automatisch ein hohes Ansehen.
4. Mehrere Kinder würden die Berufstätigkeit mindestens eines Ehepartners einschränken. Viele Ehepaare entscheiden sich wegen der damit verbundenen Einschränkungen oft für ein oder kein Kind.

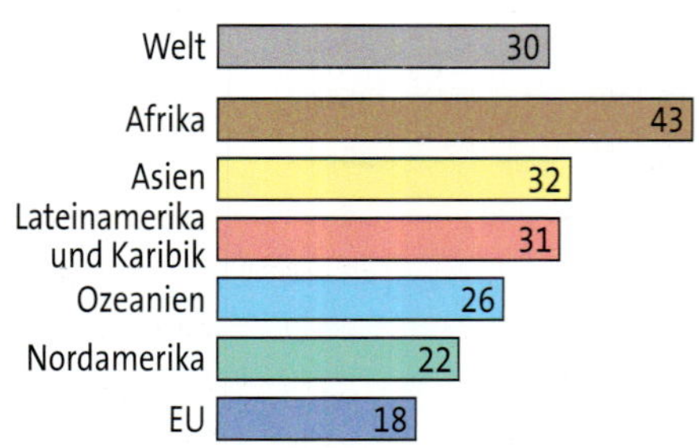

3 ***Der Anteil der Kinder unter 15 Jahren an der Bevölkerung in %***

④ Phasen des Bevölkerungswachstums

Bei der Entwicklung des Bevölkerungswachstums der industrialisierten Länder können fünf Phasen unterschieden werden. Der charakteristische Ablauf wird von den Demografen, so nennen sich die Bevölkerungswissenschaftler, als Modell des demografischen Übergangs bezeichnet.

Phase 1:
Vor dem Beginn der Industrialisierung hatten die Familien sehr viele Kinder. Die Kindersterblichkeit war so hoch, dass meistens nur zwei oder drei Kinder einer Familie überlebten. Hungersnöte und Seuchen forderten ihre Opfer. Die Bevölkerung wuchs kaum, weil die Geburtenrate nur wenig höher als die Sterberate war.

Phase 2:
Mit Beginn der Industrialisierung sorgten Fortschritte in der Medizin und Hygiene für einen raschen Rückgang der Sterblichkeit. Die Lebenserwartung der Menschen stieg und die Kindersterblichkeit ging zurück. Trotzdem dauerte es noch einige Generationen bis auch die Geburtenrate sank. Insgesamt nahm in dieser Zeit die Bevölkerungszahl stark zu.

Phase 3:
Im Laufe der industriellen Phase ging dann auch die Geburtenrate zurück. Der Bevölkerungszuwachs wurde geringer.

Phase 4:
In der spätindustriellen Phase konnten Wünsche nach Wohlstand und nach einer besseren Ausbildung eher erfüllt werden, wenn die Familie klein war. Weil die Geburtenrate jetzt wieder nur wenig über der Sterberate lag, wuchs die Bevölkerung kaum noch.

Phase 5:
Dort, wo in der nachindustriellen Phase die Geburtenrate unter die Sterberate sinkt, wie in Deutschland, kommt es sogar zum Rückgang der Bevölkerung, wenn man von der Zuwanderung absieht.

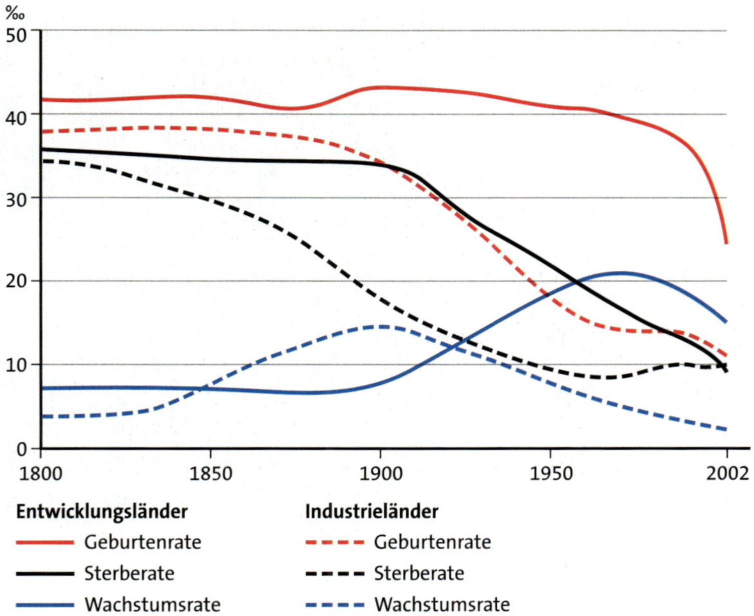

⑤ *Entwicklung der Geburten- und Sterberate (Demografisches Modell)*

⑥ *Aufklärungsunterricht*

1 Erläutere Diagramm 5 mithilfe des Textes 4.

2 a) Arbeite mit den Strukturdaten (im Anhang) und ordne jeweils 3 Staaten den Phasen 2–5 zu.

b) Begründe, warum keine Staaten mehr in Phase 1 sind.

3 Vergleiche die Bilder 1 und 2 und stelle dar, welche Aussagen gemacht werden sollen.

4 Foto 6: Erkläre den Zusammenhang zum Wachstum der Weltbevölkerung.

5 In welcher Phase des Bevölkerungswachstums befinden sich Indien, Nigeria und Deutschland? Vergleiche dazu Seite 143 und 145.

Indien in Schlagzeilen
„Größte Demokratie der Welt"
„Bevölkerungsexplosion in Indien"
„Boomregion Bangalore"
„40 % aller unterernährten Kinder weltweit"
„Achtgrößter Industriesektor weltweit"
„Land der Gegensätze"

❷ ***Familie in Indien***

❶ ***Entwicklung der Bevölkerung in Indien 1901–2001***

1901	238 Millionen
1911	252 Millionen
1921	251 Millionen
1931	278 Millionen
1941	318 Millionen
1951	361 Millionen
1961	439 Millionen
1971	548 Millionen
1981	685 Millionen
1991	866 Millionen
2001	1027 Millionen

❸ **Bevölkerung und Analphabeten in Indien**

	1951	1961	1971	1981	1991	2001
Bevölkerung (Mio.)	361	439	548	683	844	1027
Bevölkerungsdichte (km²)	117	142	177	216	267	325
Frauen pro 1000 Männer	946	941	930	934	929	933
Analphabeten (gesamt in %)	82	72	66	57	48	35
Analphabeten (Männer in %)	73	60	54	44	36	24
Analphabeten (Frauen in %)	91	85	77	70	60	46
Mädchen bis 18 J. auf 1000 Jungen	k.A.	k.A.	k.A.	k.A.	927	933

→ *Zum Leben im ländlichen Indien, Seite 269 und 271.6*

Indien – bald Nr. 1?

Indiens Bevölkerung wächst und wächst, und zwar am schnellsten weltweit. Jedes Jahr kommen rund 27 Millionen Menschen hinzu – mehr als in Belgien und den Niederlanden leben. Mit über einer Milliarde Einwohnern lebt bereits heute ein Sechstel der Weltbevölkerung auf dem Subkontinent. Jeder fünfte Mensch kommt dort zur Welt und 2045 wird Indien voraussichtlich das bevölkerungsreichste Land der Erde sein. Fortschritte wie die Produktionssteigerung in der Landwirtschaft werden durch das hohe Bevölkerungswachstum aufgesogen.

Das Wachstum stoppen – aber wie?
Als eines der ersten Länder hat Indien staatliche Maßnahmen zur **Familienplanung** durchgeführt, die das Bevölkerungswachstum verringern sollten. Erfolge stellten sich nur langsam ein, weil freiwillige Maßnahmen wie z. B. die Verwendung von Verhütungsmitteln von vielen Paaren erst akzeptiert wurden, wenn bereits zwei Söhne geboren waren. Die nun folgenden, z. T. drastischen Methoden der **Geburtenkontrolle** stießen auf die Ablehnung der Bevölkerung, weshalb man heute lieber von **family welfare,** Maßnahmen zur Familienwohlfahrt, spricht. Und dennoch: Das Land, in dem Frauen wichtige

4 Familienplanungsprogramme in Indien

1952: erstes Programm; Plakatwerbung, Familienberatungsstellen, Bereitstellung von Verhütungsmitteln
1972: Legalisierung des Schwangerschaftsabbruches
1975–1977: Sterilisierungskampagnen
1978: Heraufsetzung des Heiratsalters
1979: Umbenennung von Familienplanungs- in Familienwohlfahrtsprogramm; stärkere Berücksichtigung des sozialen Umfelds
2000: Förderung der Gesundheit von Frauen und Kindern vor und nach der Geburt, Zugang zu medizinischer Versorgung

6 ***Missing girls of India – Eine Miss-Wahl der ganz besonderen Art***
Die fünfte „Miss“ fehlte auf der Karikatur, welche Frauengruppen gezeichnet haben. Es war „Miss Mädchen“. Darunter stand: „Miss Mädchen konnte an dieser Wahl nicht teilnehmen, da es gleich nach seiner Geburt getötet worden war.“

5 Die fehlenden Mädchen von Indien
Salman Rushdie über eine alarmierende Entwicklung

Der weltweit bekannte Autor Salman Rushdie („Die satanischen Verse“) berichtet am 5. Mai 2001 im britischen „The Guardian“ über eine unglaubliche Geburtentendenz in Indien.

Dort werden schwangere Frauen unter dem Deckmantel einer Vorsorgeuntersuchung gezwungen, das Geschlecht des ungeborenen Kindes feststellen zu lassen. Wenn es ein Mädchen ist, macht die patriarchalische Gesellschaft Druck auf die werdende Mutter, abzutreiben. Dieser Nötigung haben die Frauen, wenn überhaupt, wenig entgegenzusetzen. Sie glauben, ein männlicher Nachfolger habe einen höheren Wert, was ihre soziale Umgebung ihnen auch nahezulegen scheint. So kommt es, dass in Indien der männliche Bevölkerungsanteil ständig steigt.

... Und warum?

„In Alter und Krankheit bin ich auf meine Kinder angewiesen“, berichtet ein indischer Familienvater. „Hier auf dem Land ist die medizinische Versorgung immer schlechter als in den Städten. Mein ganzer Stolz sind meine Söhne, denn nur sie dürfen nach meinem Tode die Bestattungszeremonie durchführen und erhalten bei der Hochzeit eine Mitgift. Für meine Tochter muss ich eine teure Ausstattung aufbringen, wenn sie heiratet.“

Kaum zu glauben
33 % der Neugeborenen in Indien,
15 % der Neugeborenen in Afrika und
7 % der Neugeborenen in den USA
sind bei der Geburt untergewichtig!

Surftipp
zur Lage der Frauen in Indien:
www.frauennews.de/themen/weltweit/indien.htm

Ämter in Politik und Wirtschaft bekleiden, macht auch heute noch Schlagzeilen durch Mitgiftmorde und Tötung von Mädchen im Mutterleib oder kurz nach der Geburt. Herrscht sonst weltweit Frauenüberschuss, so kommen in Indien auf 1 000 Männer nur 933 Frauen. Alarmierend sind die Zahlen einer Abtreibungsklinik in Mumbai: von 7 000 Abtreibungen waren 6 900 Mädchen.

1. *Charakterisiere die demografische Situation Indiens.*
2. *Was will die Karikatur 6 aussagen?*
3. *Nenne mithilfe von Text 5 wesentliche Gründe für die Bevorzugung von Söhnen in der indischen Gesellschaft.*
4. *Werte die Tabelle 3 aus.*
5. *Warum zeigt das Familienprogramm der indischen Regierung nur langsam Fortschritte?*

❶

❷ **Kerala und Uttar Pradesh im Vergleich**

	Säuglingssterblichkeit 1998 in %	Frauen je 1 000 Männer 2001	Durchschnittl. Heiratsalter Frauen 1998	Alphabetenquote je Erw. > 7 Jahre 2001 (%)	Kinderzahl pro Frau (1997)
Kerala	16	1058	21,9	91	2,0
Uttar Pradesh	85	898	16,7	57	4,8

Entwicklung ist weiblich – die Chance für Indien

Kleine Familien sichern den Wohlstand – diese Verheißung der Familienplanungsprogramme gilt nicht nur für die Familie selbst, sondern auch für den ganzen Staat.

→ *Keine Entwicklung ohne Frauen, Seite 226/227*

Laut Weltbevölkerungsbericht 2002 waren seit 1970 Entwicklungsländer, in denen die Kinderzahl pro Frau zurückging und sich das Bevölkerungswachstum verlangsamte, wirtschaftlich produktiver, konnten mehr Rücklagen bilden und größere Investitionen vornehmen. Eine zentrale Rolle spielen dabei Maßnahmen zur Verbesserung des wirtschaftlichen und gesellschaftlichen Status von Frauen. Denn mit zunehmendem Bildungsgrad und steigender Unabhängigkeit der Frauen sinkt die durchschnittliche Geburtenrate deutlich. Das Bevölkerungswachstum in Entwicklungsländern – zu 33 % durch ungewollte Geburten verursacht – ließe sich auf diese Weise drastisch verringern.

❸ **Abendschulen für Kinder**

Abendschule – das ist doch etwas für Erwachsene?! Weit gefehlt!

Im ländlichen, von traditionellen Strukturen geprägten Rajasthan, dem zweitgrößten Bundesstaat Indiens, drücken 1800 Kinder im Alter zwischen 6 und 14 Jahren an sechs Abenden für je 3 Stunden die Schulbank. Dabei lernen die Mädchen und Jungen nicht nur Lesen, Schreiben und Rechnen, sondern auch ganz praktische Dinge wie das Ausfüllen von Formularen oder den Anbau von Gemüse und sie diskutieren im Unterricht über die Probleme von Leibeigenschaft oder Abhängigkeit von Geldverleihern.

Die Deutsche Welthungerhilfe und ihre indische Partnerorganisation SWRC (Social Work and Research Centre) entwickelten im Ajmer-Distrikt, rund 150 km südlich der Landeshauptstadt Jaipur, dieses Schul- und Unterrichtssystem, das sich zeitlich und inhaltlich an den speziellen Bedürfnissen der Kinder orientiert. Das Ziel des Projektes ist es, dass alle Kinder eine Schule besuchen und vor allem, dass die schulische Grundbildung von Mädchen gefördert wird. Denn in Rajasthans ländlichen Gebieten können nur 11,6 % der Frauen schreiben und lesen. Damit liegt Rajasthan an letzter Stelle der indischen Bundesstaaten. Auf dem Land müssen Kinder tagsüber in den Familien mitarbeiten. Sie hüten Schafe und Ziegen oder arbeiten auf den Feldern. Schuluniformen und Bücher für das staatliche Grundschulsystem sind für die meisten Familien unerschwinglich – vor allem, wenn es sich um die Bildung der Mädchen handelt.

nach www.welthungerhilfe.de/textversion/WHHDE/projekte

Wie auch in anderen Entwicklungsländern haben sich in Indien Frauen zusammengeschlossen, um z. B. in Selbsthilfegruppen und Entwicklungshilfeprojekten für ihre Rechte einzutreten.

④ **Kleine Kredite – große Wirkung: Selbsthilfe durch Frauen-Sparclubs**

Es gibt sie fast überall in Indien – Frauen-Sparclubs sind weit verbreitet. Ihre Zielsetzung ist sehr unterschiedlich, doch das Funktionsprinzip immer gleich.

Die Teilnehmerin einer typischen Selbsthilfegruppe im ländlichen Gebiet des Bundesstaates Andrah Pradesh erklärt: „In unserer Gruppe sind 10–20 Frauen. Wir sparen wöchentlich je ca. 10 Rupien (der Tageslohn in der Landwirtschaft beträgt ca. 20–30 Rupien) und sammeln den Betrag auf unserem Sparkonto bei einer Bank. Gibt es unvorhergesehene Ausgaben oder saisonal bedingte Knappheit, z.B. in der Vorerntesaison, können wir einen „Kredit" aus dem Sparguthaben beantragen, worüber von der Gruppe entschieden wird. Häufig werden die Beträge für Lebensmittel oder Saatgut eingesetzt und innerhalb einer Erntesaison zuzüglich ca. 3 % Zinsen monatlich zurückgezahlt. Bevor wir unseren Sparclub hatten, waren wir den Wucherzinsen der Geldverleiher ausgesetzt oder von den Großgrundbesitzern abhängig. Das führte manchmal bis zur Zwangsarbeit."

Diese wirtschaftliche Unabhängigkeit wirkt auch in andere Bereiche hinein: die Frauen werden selbstbewusster, arbeiten in vielen gesellschaftlichen Bereichen zusammen, verhandeln mit Vertretern der NGOs und erschließen sich neue Handlungsspielräume. Ihre Stellung innerhalb der Familie wird gestärkt. Die Männer müssen die wirtschaftlichen Vorteile anerkennen und unterstützen oft die Beteiligung der Frauen.

nach S. Schülein: Selbstbestimmung im Sparpaket – Frauen-Selbsthilfegruppen in Indien. In: iz3w (Informationszentrum 3. Welt) 264

⑤

Digeshwar
lebt in Indien und ist das dritte von sieben Kindern.

Ihr Alter: 13 Jahre
Digeshwar hütet ihre jüngeren Geschwister und begleitet ihre Eltern aufs Feld.

Ihr Alter: 14 Jahre
Digeshwar besucht zum ersten Mal eine Schule, aber nur für kurze Zeit. Sie wird von ihren Eltern verheiratet und bereits acht Monate später schwanger.

Ihr Alter: 15 Jahre
Sie bringt eine Tochter zur Welt. Digeshwars Mann erkrankt und muss ins Krankenhaus. Die Schwiegereltern geben ihr die Schuld. Digeshwar versucht Mann und Kind zu versorgen. Das Kind stirbt nach drei Monaten, ihr Mann einen Monat später. Digeshwar wird von den Schwiegereltern verstoßen und kehrt zu ihrer leiblichen Mutter zurück.

Ihr Alter: 17 Jahre
Digeshwar hat Glück. Sie geht in eine für Mädchen eingerichtete Schule und absolviert zugleich eine Schneiderausbildung, die ihr eine Zukunft eröffnet.

www.dike.de/bischofsheim/bfw.html

Surftipps

www.thp.org/sai00/india/german/malnutrition.htm (Informationen zur Rolle der Inderinnen für die Entwicklung)

www.graswurzel.net/207/saswati.shtml Rede von Saswati Roy (Vorsitzende von SWADHINA, einer indischen Frauenrechtsgruppe)

www.kurvewustrow.org/freiw/indien.html Erlebnisbericht einer deutschen Frau, die seit September 1999 als Freiwillige in der indischen Organisation „SWADHINA" arbeitet

→ *NGO non-governmental organization, Seite 224*

1 *a) Zeige typische Probleme der indischen Gesellschaft sowie Lösungsmöglichkeiten anhand der Projektbeispiele auf.*
b) Informiere dich im Internet über weitere Projekte und stelle sie in der Klasse vor.

2 *Vergleiche Digeshwars Lebenslauf mit deinem eigenen Leben und berücksichtige dabei auch die Entwicklung bis ins Alter.*

3 *„Bildung ist die beste Geburtenkontrolle." – Was ist mit dieser Aussage gemeint?*

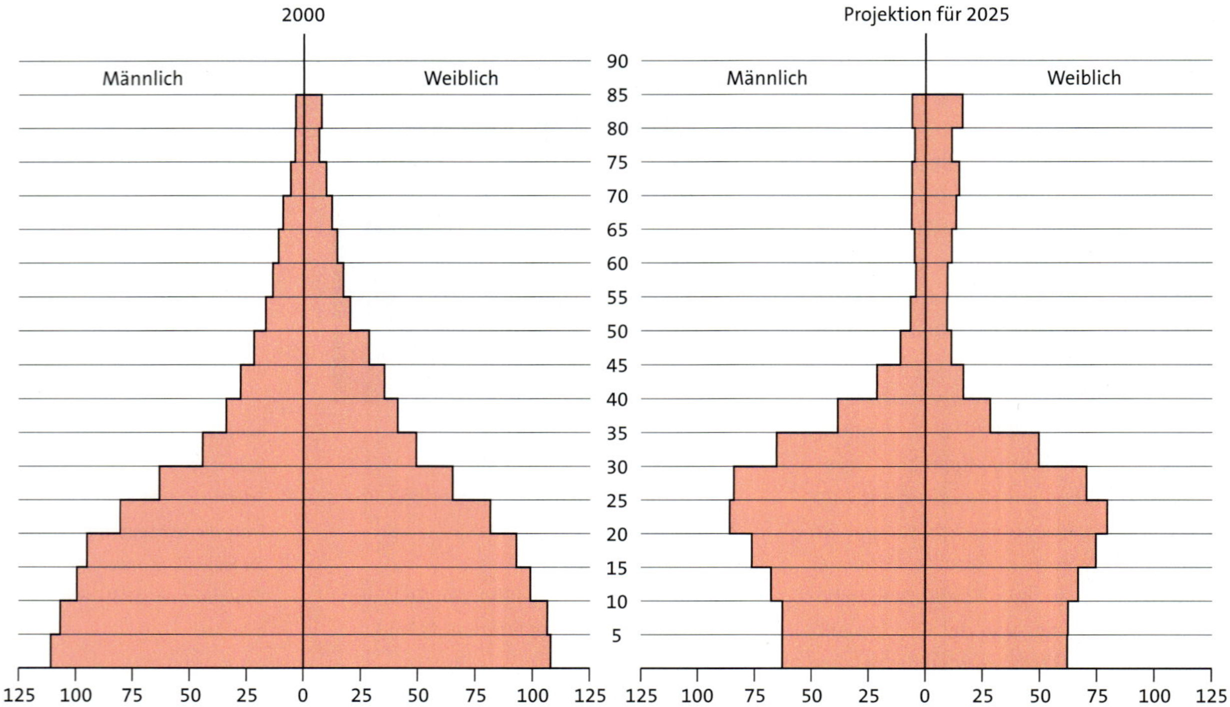

1 ***Botsuana: Demografische Auswirkungen von HIV/AIDS (Bevölkerung in 1000 Menschen)***

Der Feind heißt AIDS

AIDS
Durch Infektion erworbene Immunschwäche, die durch Übertragung des menschlichen Immunschwächevirus (HIV) ausgelöst wird.
Hauptübertragungsweg sind Sexualkontakte.
AIDS kann bislang noch nicht geheilt werden, man kann sich aber davor schützen. Der sicherste Schutz sind Kondome und die Treue zu einem Partner.

Jeden Tag sterben 8 000 Menschen an AIDS, das entspräche 30 Jumbo-Jet Abstürzen täglich. Und jede Minute stecken sich etwa zehn Menschen mit dem Virus an. Am stärksten ist Afrika von der Immunschwächekrankheit betroffen.
Bevölkerungswissenschaftler befürchten, dass AIDS in Afrika ganze Staaten zerstören wird. In Botsuana ist jeder Dritte HIV-positiv, in Südafrika ist es nach offiziellen Angaben der UN jeder Neunte. In diesem Land haben sich 20 Prozent aller Arbeitskräfte mit dem Virus infiziert, bei Frauen zwischen 20 und 30 Jahren sind es sogar 30 Prozent. Jeden Tag sterben hier 600 Menschen und täglich stecken sich 1 700 neu an.

Gefahr für Wirtschaft und Gesellschaft
In Schulen, im Bergbau, in den Krankenhäusern und in allen anderen Bereichen der Wirtschaft fallen Arbeitskräfte aus. Als Folge des Massensterbens an AIDS wird die Wirtschaft Südafrikas bis zum Jahr 2010 um etwa 17 Prozent zurückgehen. Dieser Rückgang wird zu einer Verschlechterung der Lebensbedingungen führen, die letztlich auch die junge Demokratie und die Annäherung von Schwarzen und Weißen gefährden könnte.
Hinzu kommt, dass fast das gesamte Gesundheitsbudget für die durch AIDS verursachten Krankheiten aufgebraucht wird.

Musterland Uganda
Uganda hat gezeigt, dass es Wege aus der Katastrophe gibt. Die Politiker des Landes haben erkannt, dass die AIDS-Epidemie den Staat jährlich um rund 700 Millionen Dollar bringt. Die Summe setzt sich zusammen aus den sehr hohen Behandlungskosten für die Folgekrankheiten von AIDS und der sinkenden Wirtschaftskraft durch mangelnde Arbeitskräfte.
Uganda entwickelte einen Aktionsplan und machte die AIDS-Bekämpfung zum Top-Thema. Durch den offenen Umgang mit dem Thema gelang es Hilfsgelder zu bekommen.

② *Anti-AIDS-Kampagne*

So ist der Kampf gegen die Krankheit jetzt überall zu sehen und zu hören:
- Aufklärungsspots auf allen Radio- und Fernsehprogrammen,
- Plakatkampagnen,
- Kondome sind überall kostenlos zu bekommen,
- Informationsunterricht in den Schulen,
- Einbindung gesellschaftlich wichtiger Gruppen wie z.B. Kirchen und Gewerkschaften in die Kampagne,
- Kostenlose AIDS-Tests.

Nicht zuletzt wurde auch eine Veränderung des Sexualverhaltens gefördert. Treue zu einem Partner wird als wirksamer Schutz propagiert.

Die HIV-Infektionsrate sank von 18 Prozent im Jahre 1995 auf 8,3 Prozent im Jahre 1999.

Rückgang der Weltbevölkerung?

Wie in Tabelle 4 dargestellt, haben die tödlichen Folgen von AIDS natürlich auch Auswirkungen auf die zukünftige Entwicklung der Weltbevölkerung.

③ **Robert Thomas Malthus (1766 – 1834)**, schottischer Mathematiker und Pfarrer, gilt als Begründer der Bevölkerungswissenschaft. Berührt von den Hungernden, denen er täglich in den Slums der Industriestädte Englands begegnete, erteilte er der bis dahin geltenden Meinung, dass wachsende Bevölkerung auch einen wachsenden Wohlstand bedeute, eine Absage. Seine Überlegungen gingen von der Annahme aus, dass die Nahrungsmittelproduktion langsamer wächst als die Bevölkerung. In ewigem Wechsel fordere die Natur ihr Recht. Eine verarmte und geschwächte Bevölkerung werde durch Seuchen und Hungersnöte reduziert, bis ihr erneut ausreichend Nahrungsmittel zur Verfügung stünden. Geht es den Menschen besser, führt ihr Fortpflanzungstrieb wieder zu einem Geburtenüberschuss, und der Zyklus beginnt von Neuem.

④ **Der Einfluss von AIDS auf das Wachstum der Bevölkerung 2000–2050 in Millionen**

	Welt	Afrika	Asien
2000	6100	796	3680
2050 ohne AIDS	9400	2123	5359
2050 mit AIDS	8900	1803	5222

1 *Informiere dich im Internet oder in anderen Informationsquellen über die Immunschwächekrankheit AIDS.*

2 *Erstelle eine Mindmap, in der du die Folgen von AIDS für Botsuana darstellst. Nutze dazu auch die Bevölkerungspyramiden 1.*

3 *Suche nach Maßnahmen, mit denen in Deutschland über den Schutz vor AIDS informiert wird. Nenne Beispiele.*

4 *Formuliere die Aussage von Tabelle 4.*

5 *Vergleiche die im Text genannten Beispiele von Südafrika und Uganda. Zeige die Unterschiede auf.*

6 *Welche Folgerungen könnte man aus der Theorie von Malthus (Text 3) ziehen? Diskutiere diese mit deinen Mitschülern.*

⑤ *Robert Thomas Malthus*

1

3 ***Werbeplakat für die „Ein-Kind-Familie"***

Nur ein Kind – die Lösung?

2 ***Entwicklung der Einwohnerzahl Chinas 1680 bis 2002***

1680	*100 000 000*
1760	*200 000 000*
1850	*400 000 000*
1900	*425 000 000*
1930	*420 000 000*
1950	*560 000 000*
1970	*790 000 000*
1980	*1 000 000 000*
1990	*1 140 000 000*
1995	*1 200 000 000*
2000	*1 265 000 000*
2002	*1 290 000 000*

Ist ein Kind genug? In dieser Frage waren Bevölkerung und Regierung Chinas nicht immer einig. Seit dem Ende der 70er Jahre des vergangenen Jahrhunderts setzte die Regierung auf die Durchsetzung der Ein-Kind-Politik. Wenn ein großer Teil der chinesischen Familien nur noch ein Kind bekommen würde, glaubte man, könne die drohende Bevölkerungsexplosion im volkreichsten Staat der Erde in den Griff zu bekommen sein.
China musste das Problem des Bevölkerungswachstums lösen, wenn es Hungersnöte und soziale und wirtschaftliche Katastrophen vermeiden wollte. Zwischen 1950 und 1990 hatte sich die Bevölkerung mehr als verdoppelt.

Anreize und Sanktionen

In einem Land, in dem es Tradition war, viele Kinder zu haben und in dem das Ansehen der Familien oft von der Zahl der Kinder abhängig war, brauchte es gesetzliche Rahmenbedingungen, um das Ziel zu erreichen. Zunächst setzte man ab 1980 vor allem auf Anreize wie z. B.:

- 60 Yuan Jahresprämie,
- Wohnungszuweisungen,
- verlängerter und bezahlter Schwangerschaftsurlaub und
- Vorteile für die Einzelkinder bei Bildung, Arbeitsplatzzuteilung und Krankenversorgung.

Weil die Vorteile allein nicht reichten, wurden auch Strafen für die aufgestellt, die ein zweites oder gar drittes Kind bekamen:

- 10-prozentiger Lohnabzug für die Eltern während der ersten 14 Lebensjahre des Kindes,
- Geldstrafen bis zur Höhe von sechs Jahreseinkommen,
- Zwangssterilisation und Zwangsabtreibung.

Trotz dieser Maßnahmen gelang es nicht, die Ein-Kind-Familie auf breiter Basis durchzusetzen. Vor allem auf dem Land wurde sie von der Bevölkerung nicht akzeptiert.

Ausnahmen sind die Regel

Immer wieder wurden Ausnahmeregeln geschaffen, mit denen Familien zwei oder mehr Kinder gestattet wurden. Altersversorgung von Bauern ohne männlichen Nachwuchs sowie das Streben nach der Fortführung der

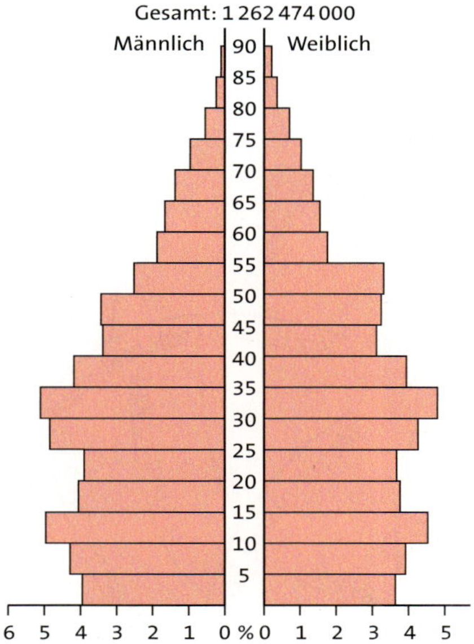

④ ***Bevölkerungsaufbau in China 2000***

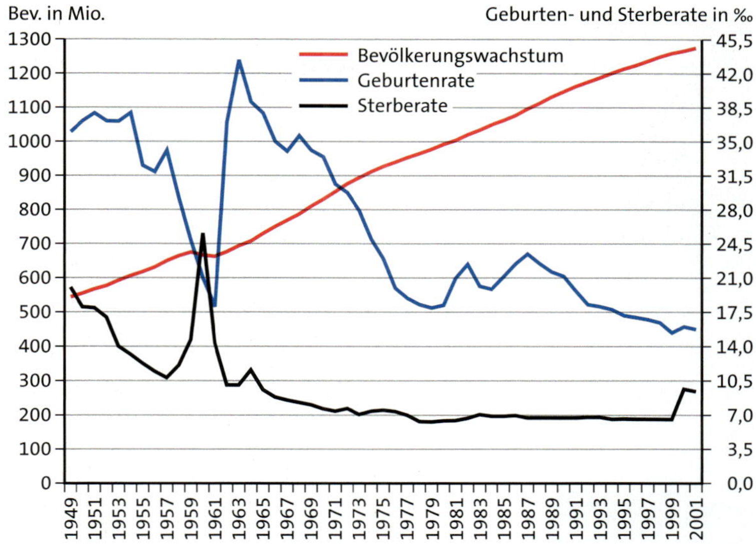

⑤ ***Entwicklung der Geburten- und Sterberaten 1949–2000***

Familienlinie waren Hauptgründe für die Genehmigung von Zweitgeburten. Übersee-Chinesen und Angehörigen der meisten nationalen Minderheiten sind darüber hinaus auch vielfach dritte Kinder, bei einigen kleinen Minderheiten sogar vierte oder fünfte Kinder gestattet worden.

Arme Alte und Kleine Kaiser

Zwei Probleme führten dazu, dass sich China auch offiziell von der Ein-Kind-Familie verabschiedete:

Viele alte Menschen drohen zu verarmen, weil Kinder und Enkel nicht mehr im gewohnten Maß für sie sorgen können. Den im Aufbau befindlichen staatlichen Sozialsystemen drohen die gleichen Probleme wie denen in Deutschland.

Ein großes Problem ist auch, dass China zu einem Volk von verwöhnten und egozentrischen Einzelkindern zu werden droht. Vier Großeltern und zwei Eltern können ihre ganze Zuwendung nur einem Kind geben. Das fördert ein in China bislang ungekanntes Sozialverhalten.

Unter den neuen Reichen in China ist es chic geworden, mehr als ein Kind zu haben. Damit demonstrieren sie, dass sie Geld haben und unabhängig von Vergünstigungen oder Benachteiligungen sind.

⑥ „Verhängnisvoll wirkt sich auch im Gefolge der Ein-Kind-Politik die übertriebene Fürsorge mancher Eltern aus. Nicht wenige mästen ihren kostbaren Fratz regelrecht und scheinen jede Art von Bewegung an der frischen Luft für gefährlich zu halten. (...) Die Kindermast wird gefördert durch die traditionelle Denkweise eines Volkes, das während großer Teile seiner Geschichte immer wieder vor dem Verhungern stand. Sein Kind „baibai pangpang" zu erziehen – „weiß und fett" – wird bis heute von manchen Chinesen als erstrebenswertes Ziel verstanden. Und „pangzi" – „Dickerchen" – ist nicht Schimpf-, sondern Kosewort."

Süddeutsche Zeitung, 14. 10. 2004

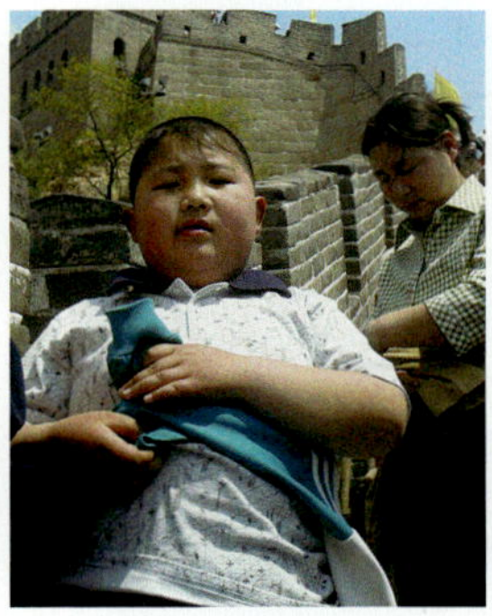

⑦ ***„pangzi"***

1 Nenne die Probleme, vor die sich China gestellt sähe, wenn die Bevölkerung ungebremst weiter gewachsen wäre.

2 Erschließe dir den Text der Doppelseite mit einer dir bekannten Methode.

3 Erkläre, warum trotz sinkender Wachstumsrate die Bevölkerung Chinas weiter wächst.

4 Bild 3 zeigt ein Plakat mit einer chinesischen „Idealfamilie". Wie stellen Plakate bei uns die Idealfamilie dar? Begründe den Unterschied.

5 Auch bei uns gibt es „Kleine Kaiser". Nimm zu dieser Aussage Stellung.

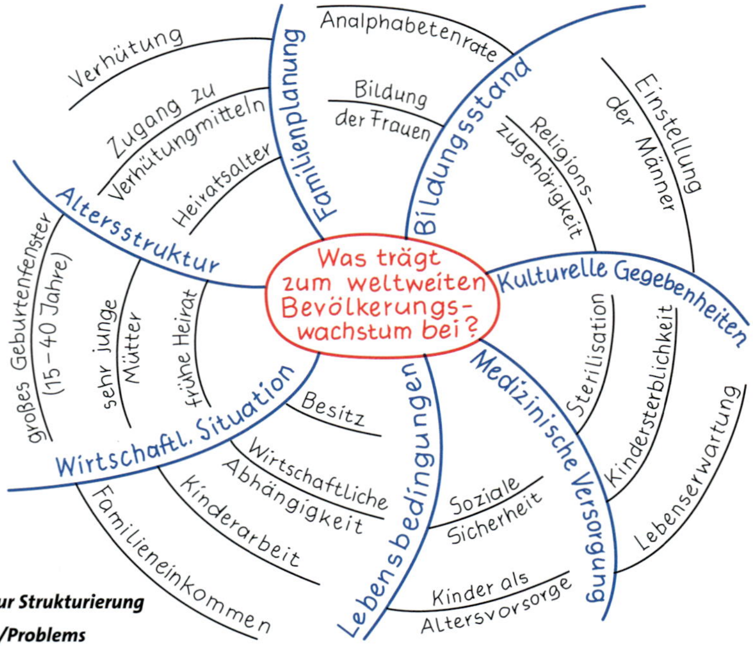

❶ **Mindmap zur Strukturierung des Themas/Problems**

In vielen Bereichen werden die Problemstellungen immer komplexer. Viele Faktoren sind miteinander verknüpft. Das traditionelle, lineare Ursachen-Wirkungsdenken hilft nicht mehr weiter. Dagegen wird das Denken in Wirkungsgefügen und Systemen notwendig. Das Erfassen von möglichst vielen Zusammenhängen ist eine wichtige Voraussetzung für das nachhaltige Lösen von Problemen wie z. B. das Wachstum der Weltbevölkerung.

Vernetzt denken lernen

Die Weltbevölkerung wächst Tag für Tag. Auf den vorherigen Doppelseiten hast du verschiedene Gründe dafür am Beispiel Indiens kennen gelernt: die medizinische Versorgung, die Stellung der Frau, die Familienplanung. Aber haben alle Faktoren die gleiche Bedeutung oder existieren Unterschiede? Gibt es Zusammenhänge oder Wechselwirkungen zwischen den einzelnen Faktoren? Probiere an diesem Beispiel die Arbeitsschritte aus, die dir helfen, komplexe Zusammenhänge zu erfassen, darzustellen und Lösungswege zu entwickeln.

1. Schritt: *Grenze das Thema bzw. das Problemfeld ab, z. B. Zusammenhänge beim weltweiten Bevölkerungswachstum.*

2. Schritt: *Beschaffe dir die nötigen Informationen, z. B. aus diesem Buch, dem Internet und der Schulbibliothek.*

3. Schritt: *Formuliere die Fragestellung, die du bearbeiten möchtest, z. B. „Was trägt zum weltweiten Bevölkerungswachstum bei?"*

4. Schritt: *Werte deine Informationen aus, indem du eine Mindmap erstellst.*

5. Schritt: *Stelle die Wechselwirkungen der Faktoren in einer Matrix zusammen. Dabei gilt generell: Jeder Faktor wird von einem anderen beeinflusst und übt ebenso Einfluss auf die anderen aus. Mit der Matrix lässt sich die Stärke der gegenseitigen Beeinflussung ermitteln.*

a) Zeichne eine Matrix wie abgebildet.

b) Trage dann zu den Buchstaben A, B usw. die wichtigsten Faktoren ein. Schätze die relativen Wirkungen untereinander ein: 0 = keine Einwirkung; 1 = schwache Einwirkung; 2 = mittlere Einwirkung; 3 = starke Einwirkung.

6. Schritt: *Werte die Matrix wie folgt aus:*

a) Addiere alle senkrechten Zahlen je Faktor = Passivsumme (PS).

b) Addiere alle waagerechten Zahlen je Faktor = Aktivsumme (AS).

c) Berechne die Produktzahl P je Faktor: P = AS · PS.

d) Berechne die Quotientenzahl Q je Faktor: Q = AS : PS.

7. Schritt: *Interpretiere das Ergebnis mithilfe der Übersicht 2.*

8. Schritt: *Erstelle ein Wirkungsgefüge wie Abbildung 4 und setze die Beziehungen ein. Schreibe dazu die entscheidenden Faktoren auf verschiedene Zettel und versuche eine Ordnung herzustellen. Die Auswertung der Matrix gibt entscheidende Informationen über die Zusammenhänge. Falls du in einer Gruppe arbeitest, geht es nicht ohne Diskussion.*

1 *Matrix 3 stellt das Ergebnis einer Arbeitsgruppe dar. Hättest du auch so entschieden? Fertige eine eigene Bewertungsmatrix zum Thema „Weltweites Bevölkerungswachstum".*

2 *Entwickle anschließend das dazugehörige Wirkungsgefüge. Stelle durch Pfeile die Wirkungen der einzelnen Faktoren dar: Was wirkt auf was? Welcher Faktor wirkt besonders stark auf den anderen? Verwende dazu Pfeile in unterschiedlicher Breite.*

3 *Stellt euch die Lösungsvorschläge gegenseitig vor und diskutiert die Ergebnisse.*

Wirkung von ↓ auf →	A	B	C	D	E	F	G	H	I	J	K	L	M	N	O	P		AS	Q
A Bevölkerungswachstum	●	1	1	2	3	3	1	3									A	14	0,7
B Bildungsstand	3	●	2	0	3	1	3	3									B	13	3,3
C Kulturelle Gegebenheiten	3	1	●	0	1	0	3	2									C	8	2,7
D Medizinische Versorgung	3	0	0	●	1	0	2	1									D	7	1,2
E Lebensbedingungen	3	0	0	0	●	2	2	1									E	8	0,7
F Wirtschaftliche Situation	3	2	0	2	2	●	2	1									F	11	1,4
G Familienplanung	3	0	0	0	2	2	●	2									G	7	0,5
H Altersstruktur	3	0	1	0	1	1	2	●									H	8	0,6
I									●								I		
J										●							J		
K											●						K		
L												●					L		
M													●				M		
N														●			N		
O															●		O		
P																●	P		
	A	B	C	D	E	F	G	H	I	J	K	L	M	N	O	P		AS	Q
PS	21	4	3	6	12	8	15	13									PS		
P	294	52	24	42	96	88	105	104									P		

③ ***Bewertungsmatrix***

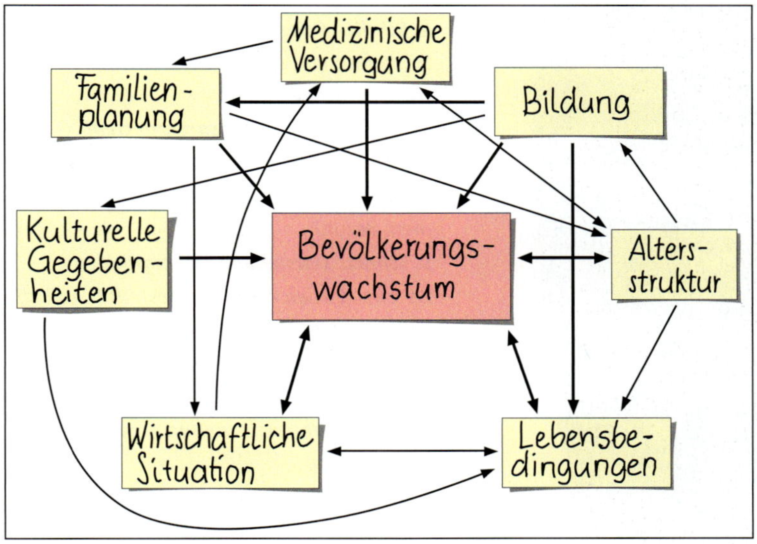

④ ***Wirkungsgefüge***

② **Übersicht zur Bedeutung eines Faktors**

- Faktor mit der höchsten Aktivsumme AS = er beeinflusst die anderen am stärksten;
- Faktor mit der höchsten Passivsumme PS = Faktor, der am meisten beeinflusst wird;
- Faktor mit der höchsten Q-Zahl = aktiver Faktor (er beeinflusst alle anderen am stärksten, wird aber von ihnen am schwächsten beeinflusst);
- Faktor mit der niedrigsten Q-Zahl: reaktiver Faktor (er beeinflusst die übrigen am schwächsten, wird aber selbst am stärksten beeinflusst);
- Faktor mit der höchsten P-Zahl: kritischer Faktor (er beeinflusst die übrigen am stärksten und wird gleichzeitig auch von ihnen am stärksten beeinflusst);
- Faktor mit der niedrigsten P-Zahl: puffernder Faktor (er beeinflusst die übrigen am schwächsten und wird von ihnen am schwächsten beeinflusst).

Methode

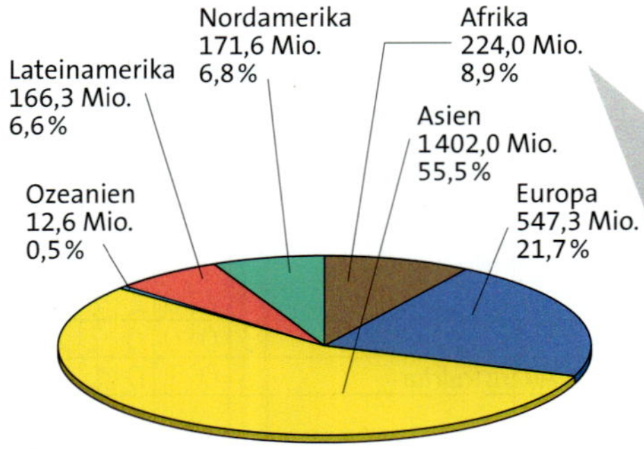

1 *Die Weltbevölkerung nach Kontinenten 1950*

Mit Statistiken richtig umgehen

Ohne statistische Angaben kommt man in der Erdkunde nicht aus. Diese lesen und mit ihnen richtig umgehen zu können, gehört zum notwendigen „Handwerkszeug", nicht nur in der Schule; denn voreilige Schlüsse können zu falschen Ergebnissen führen. Einige einfache Beispiele zeigen, dass man auf der Hut sein muss.

Vor der Auswertung einer Statistik solltest du stets folgende Arbeitsschritte durchführen:

1. Schritt: Orientieren

Stelle fest, was dargestellt ist. Hat die Statistik eine Überschrift?

2. Schritt: Darstellungsart ermitteln

Untersuche, wie der jeweilige Sachverhalt dargestellt wird (Klasseneinteilung, Zeitrahmen, Bezug).

3. Schritt: Darstellungsziel ergründen

Ist eine Entwicklung dargestellt? Sind die Zeitabschnitte gleich gewählt?

4. Schritt: Datenquelle ermitteln

Ist eine Datenquelle ausgewiesen? Wer hat die Daten erhoben? Von wem wurden diese veröffentlicht?

5. Schritt: Eine Aussage formulieren

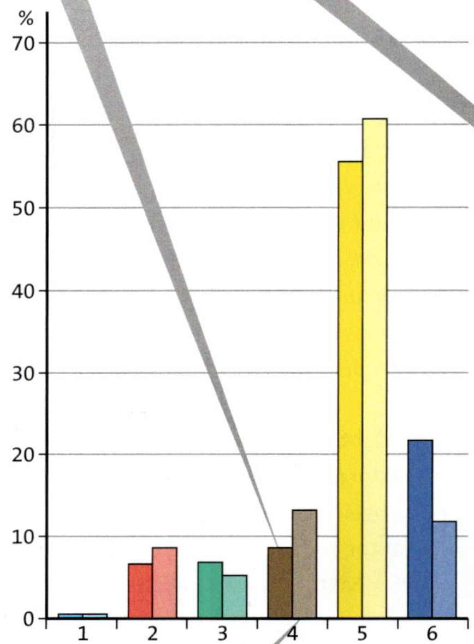

3 *Weltbevölkerung 1950–2001*

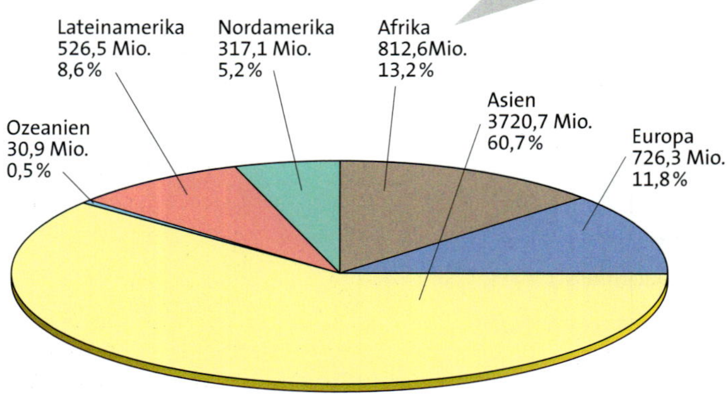

2 *Weltbevölkerung 2001*

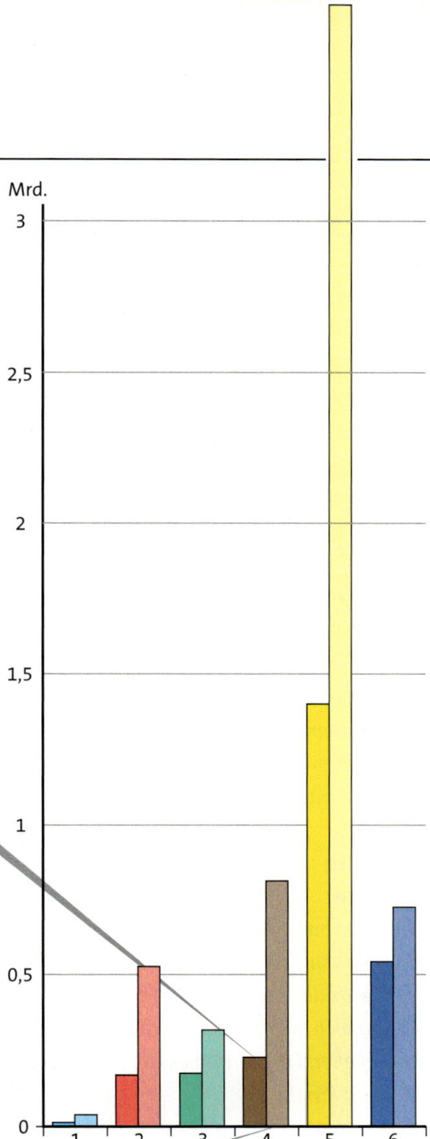

Weltbevölkerung 1950–2001

1 *Stelle dir vor, in den Kreisdiagrammen auf dieser Seite würden die Zahlenangaben fehlen: Was kann man damit erreichen?*

2 *a) Welche Effekte kann man in den Diagrammen mit Farben (rot/gelb) erreichen?*

a) Welche Effekte kann man durch Drehung der Kreisdiagramme erreichen?

3 *Vergleiche und werte die absolute und die relative Entwicklung der Bevölkerung 1950 und 2001 aus.*

4 *Welcher Widerspruch in der Aussage entsteht, wenn man nicht beide Werte gleichzeitig beachtet?*

5 *Vergleiche Nordamerika. Was lässt sich über die Zeit zwischen 1950–2001 aussagen?*

6 *Suche zum Thema „Bevölkerungsentwicklung“ Statistiken im Internet.*

7 *Was hältst du von Statistiken, in denen nur relative Zahlen auftauchen?*

8 *Der gleiche Sachverhalt – aber zwei verschiedene Grafiken (7):*

a) Beide Darstellungen sind sachlich richtig, dennoch entsteht ein unterschiedlicher Eindruck. Erkläre.

b) Vergleiche beide Darstellungen. Was wurde mit welcher Absicht geändert?

c) Suche in der Tagespresse Statistiken und prüfe diese in ähnlicher Weise.

9 *Die Tabellen (5) und (6) zeigen das BSP pro Kopf verschiedener Länder.*

a) Beurteile die Aussagekraft der Daten.

b) Inwieweit können mit diesen Angaben die Länder verglichen werden?

c) Welche zusätzlichen Informationen wären zum Verständnis von Tabelle (5) notwendig?

5 Bruttosozialprodukt 2000 in US-$ pro Kopf

Luxemburg	42 060
Nigeria	260
Singapur	24 740

6 Bruttosozialprodukt 2000 in Mio. US-$

Luxemburg	18 439
Nigeria	32 705
Singapur	99 404

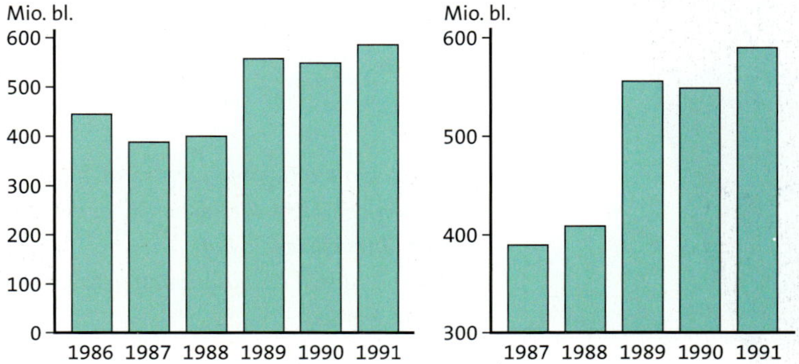

7 Entwicklung der Erdölförderung in Nigeria in zwei Diagrammen

Mit GIS Informationen beschaffen

China und Indien sind die bevölkerungsreichsten Länder der Erde. Wo aber leben die Menschen besonders dicht aneinander und wo ist die Bevölkerungsdichte besonders gering? In Deutschland sind es im Schnitt 239 Menschen/km², in Singapur gar 5368 und in Russland nur neun! Mit einem Geographischen Informationssystem (GIS) können diese Daten angezeigt und analysiert werden. Gemeinsamkeiten und Unterschiede werden so viel schneller sichtbar. Hier lernst du, wie mit dem Klett-GIS diese Arbeit bewältigt werden kann.

Was ist GIS?

Die Abkürzung GIS steht für Geographisches Informationssystem: Zu einem GIS gehört ein Computer (Hardware), ein Computerprogramm (Software) und abgespeicherte Informationen (Daten). Solche Informationen sind beispielsweise der Verlauf eines Flusses, die Lage eines Landes oder eines Turms. Außerdem können noch weitere Eigenschaften dieser Objekte abgespeichert werden: Beim Fluss die Länge, beim Land der Name und beim Turm das Baujahr. Mit einem GIS kann man diese Informationen sammeln und verwalten, aber auch wieder abfragen. Es ermöglicht, sich über einen Raum zu informieren.

Im Folgenden wird die Arbeit mit einem Web-GIS, einem GIS aus dem Internet, vorgestellt.

Rufe „www.klett-gis.de" auf. Wähle die Weltkarte. Diese zeigt verschiedene Kartenebenen, so genannte **Layer** (vgl. Seite 163), die mit den Ebenen einer thematischen Karte vergleichbar sind.

Mit dem KlettGIS kannst du dich nun über die Bevölkerung aller Staaten der Erde informieren.

1. Schritt: *Thema sichtbar und unsichtbar machen*

Informationen kann man durch anklicken sichtbar machen oder „wegblenden", indem einen Layer „unsichtbar" macht ...

Sichtbar	☑ Gradnetz
Nicht sichtbar	☐ Orte

Mache nun die Themen unsichtbar, die dich im Moment nicht interessieren, damit die Karte übersichtlicher wird.

Klicke [Symbol], damit die ausgewählten Layer angezeigt werden.

2. Schritt: *Zoomen und verschieben*

Das Land Luxemburg ist auf der Weltkarte nicht zu erkennen. Deshalb bietet jedes Geographische Informationssystem Werkzeuge an, mit denen man die Kartenausschnitte vergrößern, verkleinern oder verschieben kann. Wähle ein Werkzeug aus und wende es im Kartenfenster an.

- *Vergrößern der Karte. Du kannst auch mit der Maus einen rechteckigen Kartenausschnitt aufziehen.*
- *Karte Verschieben*
- *Verkleinern der Karte*
- *Letzten Ausschnitt anzeigen*
- *Gesamtansicht der Karte zeigen.*

3. Schritt: *Informationen von Objekten abfragen*

Die Informationen, die zu jedem Layer abgespeichert sind, können abgerufen werden. Wähle in der Legende ein Thema aus, über das du dich informieren willst. Klicke [Symbol] und anschließend auf ein Objekt im Kartenfenster (z. B. auf Russland).

Nun erhältst du die Informationen, welche in der Web-GIS-Datenbank über Russland abgespeichert sind.

4. Schritt: *Nach bestimmten Objekten suchen.*

Wo liegt eigentlich Simbabwe?

Diese Frage kann mit dem Werkzeug zum Suchen [Symbol] beantwortet werden.

Wähle nun im Suchformular den Layer „Staaten" aus. Wähle als Attribut den „Namen" und als Wert „Simbabwe". Nun werden zunächst alle Informationen zu Simbabwe aufgelistet. Markiere in der Trefferliste „Simbabwe" und klicke auf „auf Karte anzeigen". Das Ergebnis der Suche wird in der Karte als Abfrageergebnis hervorgehoben.

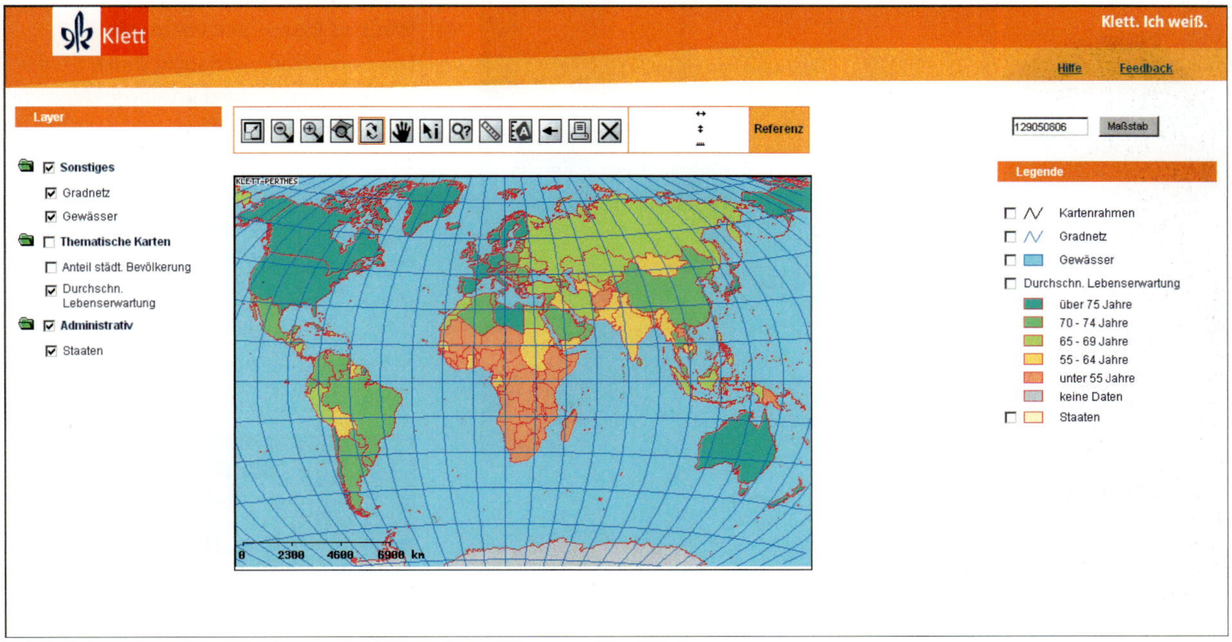

1 *Screenshot aus dem web-GIS von Klett*

5. Schritt: Die erweiterte Suche anwenden.

Welche Länder haben mehr als 100 Millionen Einwohner?

Bei komplizierten Abfragen verwendet man die erweiterte Suche.

Rufe die Suche auf [Q?] und wähle ggf. den Layer „Staaten“ aus.

Klicke „erweiterte Suche“ und „Attributabfrage“:

Attribut: Einwohner (Mio.);
Operator: >;
Wert: 100 (beachte Einheit Mio.).

Klicke auf „Suche starten“. Die ausgewählten Länder werden in der Trefferliste zusammengestellt. Klicke „alle anhaken“ und „auf Karte zeigen“.

Noch komplizierter wird es, wenn zwei Fragen verknüpft werden:

Welche Länder haben mehr als 100 Millionen Einwohner und eine Bevölkerungsdichte von über 200 Einwohner pro km²?

Starte die erweiterte Suche. Füge durch Klick auf „Attributabfrage“ eine neue Bedingung hinzu. Fülle die Felder aus und wähle nun zwischen den Bedingungen die logische Verknüpfung „und“: Sie bewirkt, dass nur die Länder angezeigt werden, die sowohl die erste als auch die zweite Bedingung erfüllen. Dagegen werden bei „oder“ die Länder ausgewählt, bei denen entweder die erste oder die zweite oder sogar beide Bedingungen gelten.

Abfrageexperten unter euch können mit Klammern noch besonders komplizierte Abfragen erstellen. Was in Klammern geschrieben wird, wird zuerst überprüft.

1 Arbeite mit der erweiterten Suche:
   a) Nenne alle Länder, deren Wachstumsrate größer als 2,4 % ist.
   b) Nenne die Länder, die mehr als 50 Mio. Einwohner haben.
   c) Verknüpfe die Abfragen a) und b) mit „und“ (mit „oder“). Formuliere in Worten, nach welchem Kriterium die Länder ausgewählt werden.

2 Informiere dich mit dem Klett-GIS über die Lebenserwartung und die Säuglingssterblichkeit auf der Erde.

3 Bestimme die zehn Staaten mit dem größten Bevölkerungswachstum auf der Erde.

Die Bevölkerungsdichte ist der Quotient aus Bevölkerungszahl und Landesfläche in km².

$$\text{Bev.-dichte} = \frac{\text{Bevölkerungszahl}}{\text{Landesfläche (in km}^2\text{)}}$$

Eigentlich müsste diese Zahl durchschnittliche Bevölkerungsdichte heißen, weil die Bevölkerung eines Landes in der Regel ganz unterschiedlich verteilt ist. Bedenke allein den Unterschied zwischen Stadt und Land!

→ *Auswertung einer thematischen Karte, Seite 124*

Surftipp
www.klett-gis.de
Hier findest du die aktuellen Handlungsanweisungen und Datensätze.

❶ ***Herr Popp arbeitet jeden Tag mit GIS***

GIS im Alltag

Pixel ist ein Kunstwort aus den englischen Begriffen picture und element.

GIS-Einsatz (mit Beispiel)

- *Flächenbilanzierung (Versiegelung)*
- *Streckenbilanzierung (Winterdienst)*
- *Versorgung (Erdgasleitung)*
- *Entsorgung (Abwasserkanal)*
- *Marketing (Produktwerbung)*
- *Statistik (Wahlanalyse)*
- *Umweltaufgaben (Altlasten)*
- *Standortsuche (Mülldeponie)*
- *Bauplanung (Verkehrslinien)*
- *Rettungswesen (Feuerwehr)*
- *Landwirtschaft (Precision Farming)*
- *Routenplanung (Stau-Umfahrung)*
- *Logistik (Paketzustellung)*

Verwaltung und Wirtschaft setzen immer öfter Geographische Informationssysteme auf ganz unterschiedlichen Maßstabsebenen ein. Zum Beispiel analysiert ein Autokonzern die Verkaufszahlen seiner Fahrzeuge weltweit, eine Gemeinde dagegen verwaltet ihre freien Bauplätze mit einem GIS.
Diplom-Ingenieur Sven Popp betreut ein GIS im Technischen Rathaus der nordbadischen Stadt Mosbach. Er zeigt, wie man mit einem GIS in der Praxis arbeitet.

Beispiel: Spielplätze für 6-jährige

„Die Arbeitsweise eines GIS möchte ich an einem Beispiel erklären: Die Verwaltung Mosbachs muss überprüfen, ob genügend Spielplätze in der Stadt vorhanden sind. Dabei müssen Vorschriften eingehalten werden:

1. Spielgeräte müssen sicher sein.
2. Kinder unter sechs Jahren sollen in einer Entfernung von 200 m Fußweg von der Wohnung einen geeigneten Spielplatz vorfinden.

❷ **Was sind Raster- und Vektordaten?**

Um einen Straßenverlauf in einem GIS darzustellen gibt es zwei grundverschiedene Möglichkeiten: Rasterdaten entstehen, wenn man das Bild der Straße in kleine, einfarbige Bildelemente, Pixel oder Rasterzellen, unterteilt. Mit diesem Verfahren arbeiten auch Computerbildschirme, Scanner oder Digitalkameras. Die zweite Möglichkeit ist, die Straße abschnittsweise mit geraden Linien nachzuzeichnen. So entstehen Vektordaten.

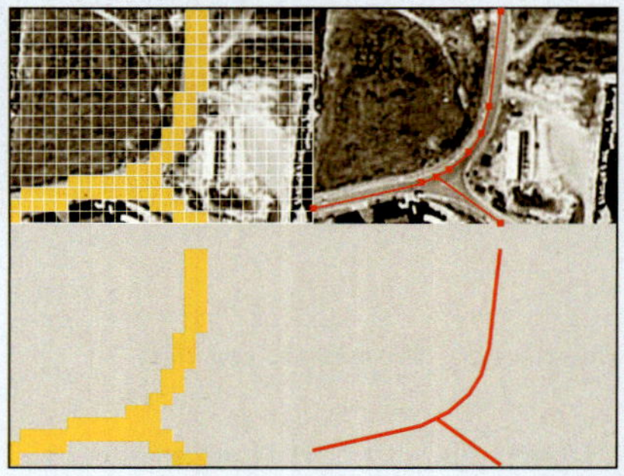

Es werden drei Arten von Vektordaten unterschieden: Einen Kanaldeckel kann man mit einem Punkt abbilden, eine Straße mit Linien, einen See mit geschlossenen Linien, einem so genannten Polygon.

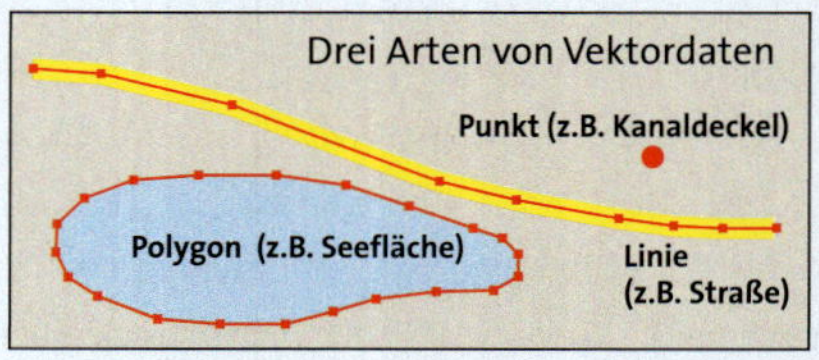

Wozu braucht man ein GIS, wenn es doch thematische Karten gibt?

Im Gegensatz zur thematischen Karte können die Layer eines GIS nach Belieben ein- und ausgeblendet und in ihrer Abfolge kombiniert werden. Der wichtigste Unterschied liegt aber darin, dass zu jedem Vektordatensatz eine Tabelle gehört, in der Eigenschaften der eingezeichneten Objekte festgehalten werden können, wie die Länge einer Straße oder der Flächeninhalt und die Tiefe eines Sees. Dies eröffnet viele Möglichkeiten in der Anwendung.

3 ***GIS-Anwendung auf der Grundlage des Flächennutzungsplanes***

Zuerst mussten wir die Spielplätze erfassen: Wir haben die Umrisse der Spielplätze als Polygone gezeichnet und Informationen über diese Spielplätze in der dazugehörigen Tabelle gespeichert. Grundlage für das Zeichnen waren dabei Luftbilder, also Rasterdaten. Ob Mosbach noch einen Spielplatz braucht können wir so überprüfen: wir lassen um die Spielplätze einen Kreis von 200m zeichnen. Diese Kreise vergleichen wir mit den Wohnbauflächen, indem wir beide Themen als Layer in der GIS-Karte anzeigen.
In der Zukunft wird an GIS kein Weg vorbeiführen: Effiziente und wirtschaftliche Verwaltung von Massendaten, schnellere Datenauskünfte, exaktere Projektplanungen sowie besserer Service für Bürger und politische Gremien sind klare Vorzüge des GIS. Die alten Karten werden zu wichtigen Nachschlagewerken in den Archiven.

1 *Erläutere GIS-Aufgaben mit Beispielen aus dem Text und M3 und M4: Datenerfassung/-verwaltung, Abfragen, Analyse, Präsentation.*
2 *Überprüfe mithilfe eines Stadtplans die Spielplatzvorschrift für deinen Stadtteil.*
3 *Informiere dich über den Einsatz von GIS in deiner Gemeinde.*

4 **Auszug aus der Tabelle „Kinderspielplatz Mosbach"**

Nr.	Stadtteil	Straße / Standort	Eignung	Art	jährl. Begehung 4/2004
38	Neckarelz	Minneburgstraße	bis 11 J.	SP öffentl.	Karussell aufstellen
39	Neckarelz	Wilder Ordnungswandel	bis 13 J.	SP öffentl.	Pfosten auswechseln
40	Neckarelz	In der Heinrichsburg	bis 9 J.	SP öfffentl.	Splitt vom Weg abkehren
41	Neckarelz	Kiga WW II / kath.	bis 7 J.	Kindergarten	neue Sitzauflagen
42	Neckarelz	Bolzplatz Waldsteige	bis 17 J.	Bolzplatz	Tore und Netze erneuern

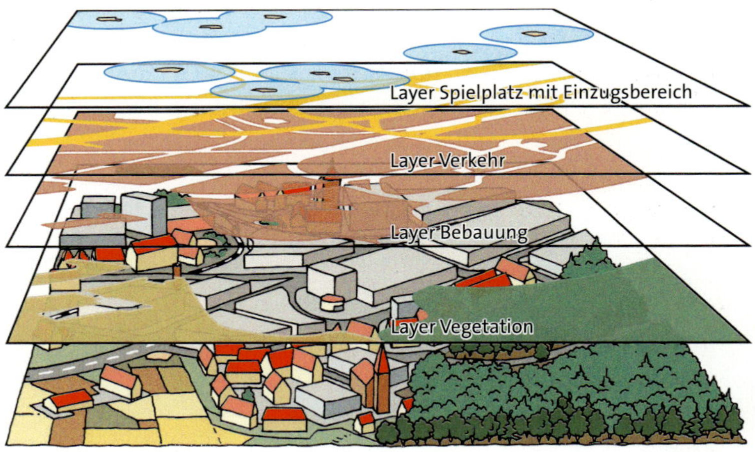

5 ***Das Layerprinzip von GIS***

Bevölkerungs-wachstum

Die Weltbevölkerung wächst derzeit um 1,2 % pro Jahr. Was bedeutet aber diese Prozentzahl nun genau?

Die Zeitspanne, in der sich die Bevölkerung eines Landes verdoppelt, nennt man die **Verdopplungszeit**. Der Zusammenhang zwischen der Wachstumsrate und der Verdopplungszeit einer Bevölkerung ist einfach herzustellen. Die Verdopplungszeit entspricht dem Quotient aus der Zahl 70 und der Wachstumsrate des Landes.

Nicaragua z.B. hatte im Jahr 2002 5,4 Mio. Einwohner und ein natürliches Bevölkerungswachstum von 2,8 %. Dies bedeutet eine Verdopplungszeit von 25 Jahren (70 : 2,8 = 25) und somit eine absolute Zunahme von 5,4 Millionen Menschen in diesem Zeitraum.

Wichtig für die Einschätzung des Bevölkerungswachstums ist die Größe der Ausgangsbevölkerung. So ist die absolute Bevölkerungszunahme in einem Land mit vielen Menschen und einer langen Verdopplungszeit höher als in einem Land mit wenig Bevölkerung und einer kurzen Verdopplungszeit.

Außerdem rechnet man nur mit der natürlichen Wachstumsrate. Neben den Geburtenüberschüssen führen Wanderungsgewinne zu einem Bevölkerungswachstum. Seuchen, Krankheiten wie z.B. AIDS oder Flucht und Vertreibungen durch Kriege führen dagegen zu einer Bevölkerungsabnahme.

Das Wachstum der Bevölkerung ist nicht überall auf der Erde gleich. Während sie in den reichen und industrialisierten Ländern des Nordens nicht mehr zunimmt oder gar abnimmt, weisen die Länder des Südens ein teilweise geradezu explosionsartiges Wachstum auf.

1 Bevölkerung und Wachstumsrate 2002

Kontinent	Wachstumsrate in %	Bevölkerung in Mio.
Afrika	2,4	840
Asien	1,3	3 766
Europa	−0,1	728
Lateinamerika	1,7	531
Nordamerika	0,6	319
Australien/ Ozeanien	1,0	32
Welt gesamt	1,2	6 215

2 Wachstumsrate der Weltbevölkerung im Zeitraum 1995–

1 Erkläre, was ein Bevölkerungswachstum von 1,2% bedeutet.

2 Arbeite mit Strukturdaten von ausgewählten Staaten:

a) Nenne die fünf Staaten mit der größten Bevölkerungszahl.

b) Nenne die fünf Staaten mit der höchsten Wachstumsrate.

c) Berechne für die Staaten a) und b) die Verdopplungszeit und die absolute Bevölkerungszunahme.

d) Suche fünf Staaten, in denen die Bevölkerung abnimmt.

3 a) Nenne Ursachen für die unterschiedliche Entwicklung des Durchschnittsalters in Diagramm 3.

b) Zeige auf, warum die Kurven nicht vergleichbar sind.

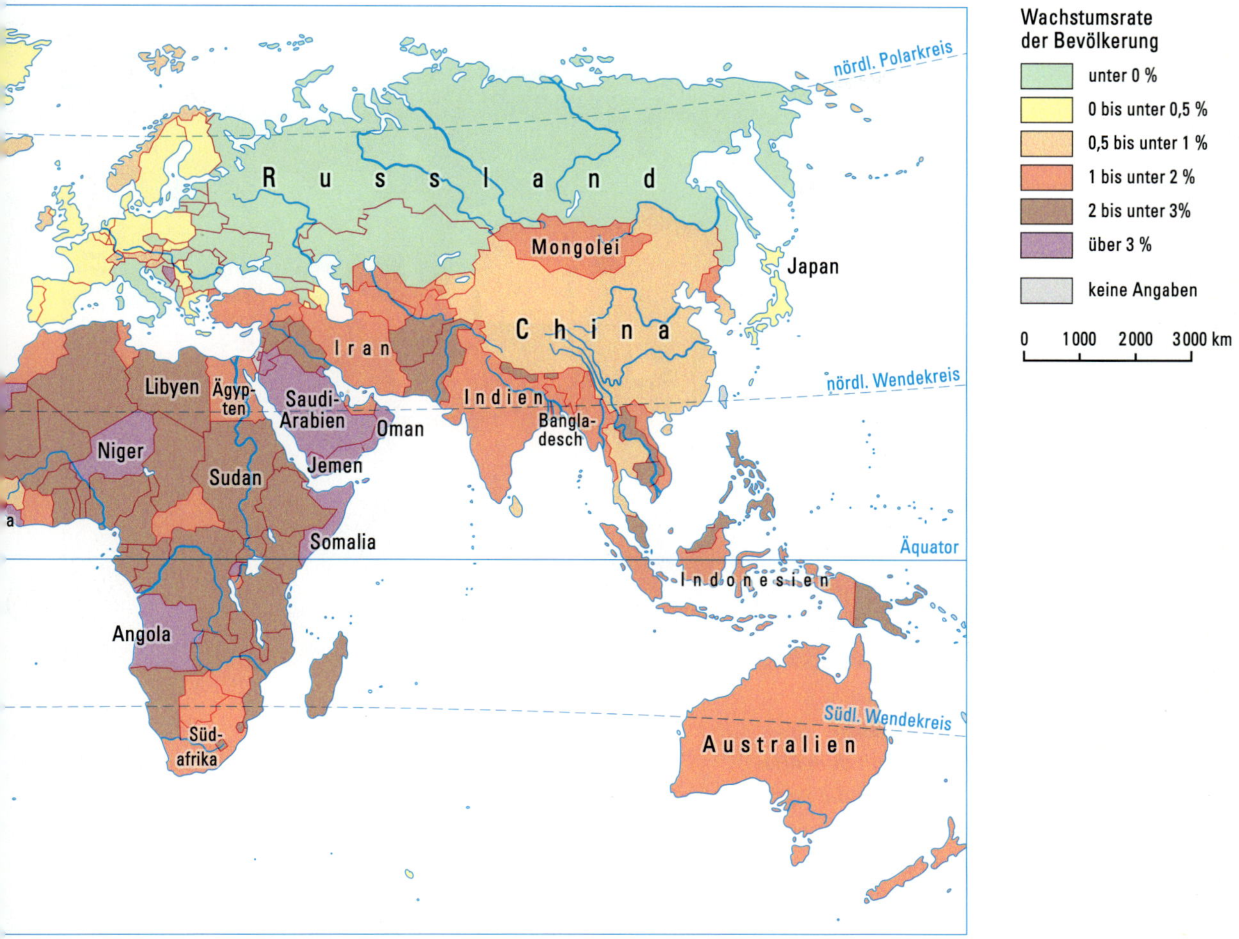

ben in % pro Jahr)

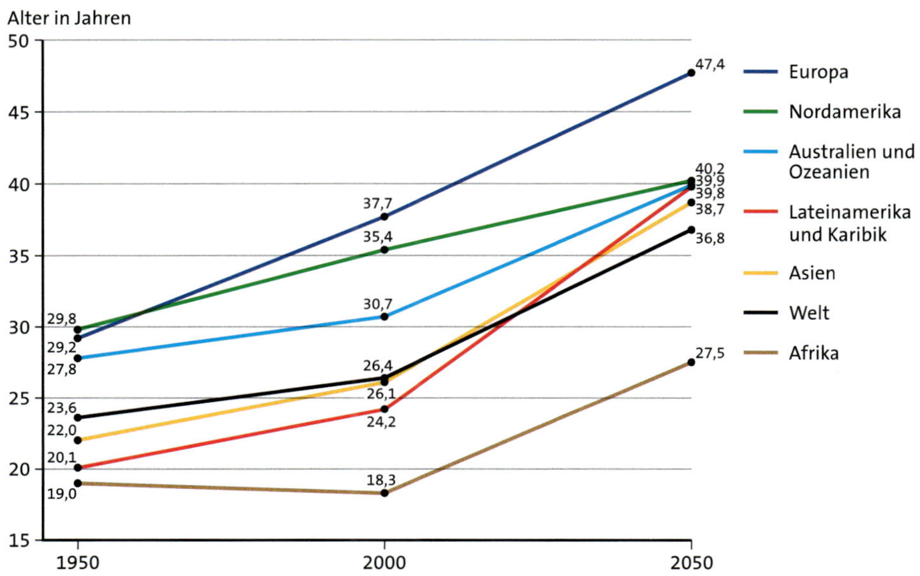

3 ***Die Bevölkerung altert, durchschnittliches Alter der Bevölkerung in Jahren nach Kontinenten***

Global

Immer mehr Menschen

1

Wichtige Begriffe
Altersstruktur
Bevölkerungsdichte
Bevölkerungsexplosion
Bevölkerungspyramide
Bevölkerungswachstum
Familienplanung
family welfare
Geburtenkontrolle
Geburtenrate
GIS
Sterberate
Wachstumsrate
Verdopplungszeit

Orientieren

1 Arbeite mit dem Atlas

a) Benenne die Regionen der Erde, in denen die Bevölkerungsdichte über 200 EW/km² liegt.

b) Liste die fünf Staaten der Erde auf, die über das höchste absolute Bevölkerungswachstum verfügen.

Kennen und verstehen

2 Findest du die Begriffe?

a) Immer mehr Menschen leben in Städten.

b) Zahl, die angibt, wie viele Kinder je 1 000 Einwohner in einem Jahr geboren werden.

c) Eine Darstellung, aus der man den Altersaufbau einer Bevölkerung ablesen kann.

d) Zusammenfassende Bezeichnung für die Abwanderung der Bevölkerung aus den ländlichen Gebieten in die Städte.

e) Entwicklung, die sich ergibt, wenn bei einer Bevölkerung die Zahl der Geburten größer ist als die Zahl der Sterbefälle.

3 Richtig oder falsch?

Verbessere die falschen Aussagen und schreibe sie richtig auf:

a) Besitzt ein Land eine junge Bevölkerung, so bedeutet das ein starkes Bevölkerungswachstum.

b) Die gute medizinische Versorgung in Deutschland führt dazu, dass die Lebenserwartung der Menschen hoch ist.

c) Vor hundert Jahren lebten viel mehr Menschen auf der Erde als heute.

d) Große Städte gab es früher nur in Europa, Nordamerika und Japan.

e) China und Indien sind die Länder mit den meisten Einwohnern.

f) Am stärksten wächst die Bevölkerung heute in den Ländern Europas.

4 *Das Foto 1 zeigt eine Familie in einem Dorf in Afrika.*

a) Beschreibe das Foto und stelle dar, wodurch es sich von einem Foto einer deutschen Familie unterscheidet.

b) Stelle in einer Tabelle die Ursachen für die hohe Kinderzahl und die sich daraus ergebenden Probleme dar.

Fachmethoden anwenden

5 Bevölkerungsentwicklung

Recherchiere im Anhang Bevölkerungszahl und natürliche Wachstumsrate der folgenden Länder: Ägypten, Chile, Großbritannien, USA, Nigeria und Japan.

a) Berechne die Verdopplungszeit der einzelnen Länder.

b) Erstelle die Bevölkerungsprognose für 2025 und 2050 bei gleichbleibender Rate.

c) Berechne die absolute Bevölkerungszunahme für diese Länder.

6 Statistik

a) Erstelle für die Länder aus Aufgabe 5 je ein Säulendiagramm mit den prozentualen Wachstumsraten und den Zahlen der absoluten Bevölkerungszunahme.

b) Erkläre, wie die unterschiedlichen Darstellungen zu beurteilen sind und worauf man bei der Auswertung von Statistiken achten muss.

Übertragen und beurteilen

7 Bevölkerungspyramiden-Experte

Die Bevölkerungspyramiden 2 a–f zeigen je eine charakteristische Entwicklung. Ordne die Beschreibungen den entsprechenden Pyramiden zu und begründe deine Entscheidung:

a) In diesem Land kommt es zu einer Einwanderung vor allem junger Männer.

b) Hier beginnen seit einigen Jahren Maßnahmen der Geburtenkontrolle wirksam zu werden.

c) Dieses Land war in einen verlustreichen Krieg verwickelt.

d) Weil es noch keine Altersversorgung gibt, hoffen die Alten auf die Versorgung durch ihre Kinder.

e) Zur Wohlstandssicherung wollen die Familien hier die Zahl der Kinder klein halten.

f) Könnte die Bevölkerungspyramide f von Deutschland sein? Begründe deine Meinung.

8 Kinderreichtum

„Die Kinder sind der Reichtum eines Landes." Nimm dazu Stellung.

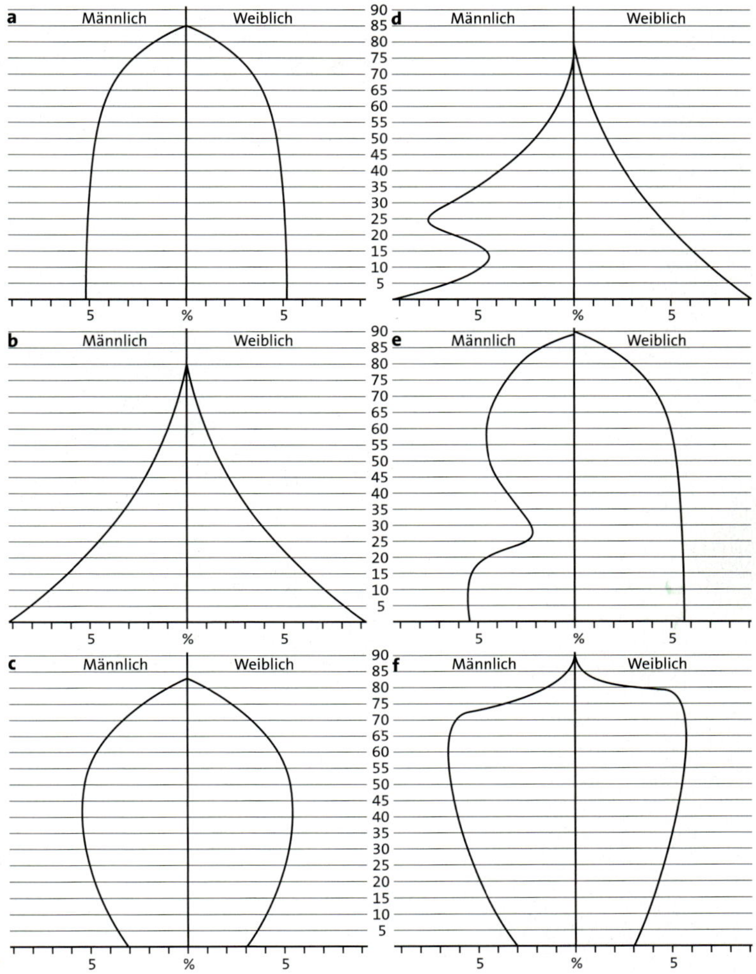

2

Knobeln und rätseln

9 *Wie kann es in einem Land trotz negativer Wachstumsrate keine Abnahme der Bevölkerungszahl geben?*

10 Bilderrätsel

Löse das Bilderrätsel und erkläre den gesuchten Begriff.

Teste dich selbst

mit den Aufgaben 1b, 2b, 3d, und 7e.

Mobile Gesellschaft

Zu keiner Zeit waren die Menschen so mobil wie heute. Die moderne Technik ermöglicht es jedem räumlich mobil zu sein, am Wohnort und auf der ganzen Welt.

KR
KAUFRAUSCH
KR
P
Cargo
RAD-
STATION
zero emission
GLOBE-
TROTTER
MALLORCA SUN
BUS
BUTZ

9

Was heißt mobil?

Mobile Gesellschaft

Unsere Gesellschaft wird immer mobiler. Jeder von uns erlebt täglich Mobilität, wenn auch auf verschiedene Weise. Sei es, dass man die Bahn nutzt auf dem Weg zur Arbeit oder zur Uni, sei es, dass man mit dem ÖPNV oder dem Fahrrad zur Schule fährt. Für viele ist das eigene Auto der Inbegriff der Mobilität. Die USA sind in vielem Vorreiter der mobilen Gesellschaft und gelten als das Land, in dem das Leben ohne Auto unmöglich erscheint.

Untersucht man den Begriff Mobilität genauer, so kann man verschiedene Arten von Mobilität unterscheiden. Die oben aufgeführten Beispiele zählen allesamt zur räumlichen Mobilität.

Im Team arbeiten und präsentieren

Das Kapitel „Mobile Gesellschaft" könnt ihr selbstständig in Teams erarbeiten. Dabei bearbeitet jedes Team das Thema einer Doppelseite aus diesem Kapitel und erstellt eine Präsentation für die Klasse.

Auf dieser Seite findet ihr eine Anleitung für die Durchführung der Teamarbeit und nützliche Tipps für die Erstellung eines Thesenpapiers oder Handouts, für die Vorbereitung der Präsentation und die abschließende Rückmeldung zu eurer Arbeit.

1 Anleitung zur Teamarbeit

Arbeitsauftrag:
- Die verschiedenen Aspekte der mobilen Gesellschaft und der Mobilität präsentieren.

Organisation:
- Teams von drei bis vier Personen bilden.
- Die Themen unter den Teams verteilen. Jede Doppelseite ist ein Thema.
- Themen eventuell doppelt vergeben.*
- Verabreden einer Bearbeitungszeit.

Aufgabe für die Teams:
- Die auf jeder Seite ausgewiesenen Aufgaben bearbeiten.
- Einen kurzen mündlichen Vortrag zu eurem Thema halten.
  (Was wird auf unserer Seite berichtet?)
- Ein Handout oder ein Thesenpapier anfertigen.

Rückmeldung:
- Besprecht nach der Präsentation:
  1. Ist der Inhalt gut und verständlich dargestellt?
  2. Ist die Präsentation übersichtlich und gegliedert?
  3. Ist das Material gut lesbar?
  4. Ist der Inhalt angemessen laut und deutlich vorgetragen worden?

***Vorschlag:** ein Team präsentiert, das andere Team erstellt ein Handout. Die Teams müssen sich absprechen.

***Mobilität** (lat.)*
Bewegung, Beweglichkeit. Man unterscheidet zwischen räumlicher, sozialer und virtueller Mobilität.

Räumliche Mobilität
bezeichnet den Wechsel zwischen verschiedenen Orten. Je nach dem Zweck der Mobilität unterscheidet man bei der räumlichen Mobilität zwischen:
- ***Alltagsmobilität***
  Dies sind die Wege, die man im Alltag regelmäßig zurücklegt.
- ***Arbeitsplatzmobilität***
  Darunter versteht man den Wechsel des Arbeitsplatzes, z. B. innerhalb eines Unternehmens oder der Wechsel zu einem anderen Unternehmen.
- ***Wohnsitzmobilität***
  bezeichnet den Umzug an einen anderen Wohnort oder den häufigen Wechsel zwischen zwei Wohnorten.
- ***Freizeitmobilität***
  meint Wegstrecken, die sich durch Freizeitaktivitäten ergeben.
- ***Rentnermobilität***
  bedeutet, dass die Senioren zwischen zwei Wohnsitzen wechseln.

2

3 **Tipps zur Erstellung eines Handouts oder Thesenpapiers**

Ein Handout soll den Zuhörern einen Überblick über das Thema verschaffen, vom Mitschreiben entlasten und das Nachlesen ermöglichen. Daher muss es
- klar und übersichtlich gegliedert sein,
- die inhaltliche Gliederung des Vortrags aufzeigen,
- wichtigste Inhalte des Vortrages in kurzen Sätzen oder Stichworten enthalten,
- wichtige Definitionen und eventuell Zahlen, Statistiken usw. nennen.

Formal enthält es
- das Thema als Überschrift,
- das Datum der Präsentation,
- die Namen der Verfasserinnen und Verfasser.

4 **Tipps zur Rückmeldung**

Die Rückmeldung über die Präsentation ist für alle sehr wichtig, denn nur eine gute Rückmeldung führt dazu, dass wir immer besser werden beim Präsentieren. Die Rückmeldung sollte daher klar und genau beschreiben, z. B.
- Mir hat gut gefallen, dass ...
- Ich habe nicht verstanden, warum/wieso ...
- Ich habe an diesem Punkt aufgehört zuzuhören, weil ...
- Das könnte man besser machen, z. B. durch ...

5 **Tipps für das Präsentieren**

Folien:
- Verwendet verschiedene und gut lesbare Farben.
- Schreibt deutlich.
- Gliedert den Inhalt.
- Hebt Wichtiges hervor.
- Schreibt nicht zu viel auf die Folie.

Plakat/Wandzeitung:
- Ordnet die Inhalte nach Themen sortiert an.
- Findet sinnvolle Überschriften.
- Schreibt kurze Sätze.
- Verwendet einen ausreichend dicken Stift.
- Schreibt lesbar.

Bilder:
- Bilder sollten groß genug sein.
- Zeigt auf dem Bild, was wichtig ist.
- Beschreibt, was man sehen kann.

Statistik/Grafik:
- Der Inhalt muss für alle lesbar sein.
- Beschreibt genau, was dargestellt wird.
- Hebt das Wichtige hervor.

***Soziale Mobilität** bezeichnet die Beweglichkeit von Personen innerhalb der Gesellschaft. Dabei unterscheidet man zwischen*
- ***Berufsmobilität**, das heißt dem Wechsel einer Person zwischen verschiedenen Berufen.*
- ***Schichtmobilität**, die den sozialen Aufstieg oder Abstieg einer Person in der Gesellschaft bezeichnet.*

***Virtuelle Mobilität** ist die neueste und jüngste Form der Mobilität. Sie bezieht sich auf den Austausch von Informationen mithilfe moderner Informations- und Kommunikationssysteme und wird daher auch als **Informationsmobilität** bezeichnet.*

*Die **Geographie** beschäftigt sich mit den Fragen der Mobilität, da räumliche, soziale und virtuelle Mobilität in unterschiedlichster Weise Einfluss auf den Raum und unsere Umwelt haben und verändernd und gestaltend wirken.*

1 *Downtown Duvall*

2 *Tim Schaefer*

Ohne Auto geht gar nichts

3 Hi, ich bin Tim Schaefer und komme gerade zurück aus den USA. Dort habe ich ein Jahr als Gastschüler in Duvall verbracht. Der Ort hat nur etwa 4000 Einwohner und liegt rund 25 Meilen östlich von Seattle. Das Leben in den USA war anders als in Reutlingen. Dort ging ich in die Cedarcreast Highschool in das Junior Year, was bei uns der elften Klasse entspricht. Die Schule beginnt jeden morgen um 7.20 Uhr. Ich fuhr dorthin mit dem Schulbus, der uns Schüler pünktlich einsammelte. Im Laufe des Schuljahrs machte ich meinen Führerschein. Klar, dass ich dann nur noch mit einem der Autos meiner Gasteltern in die Schule fuhr. Die meisten Schüler über 16 kommen mit dem eigenen Auto, manche brauchen für den Schulweg eine halbe Stunde. Jeden Tag hatte ich die gleichen Unterrichtsfächer, wobei eine Schulstunde 90 Minuten dauert. Nach der Schule fuhr ich meist erst nach Hause und machte Hausaufgaben. Diese sind in den States sehr wichtig und machen 25 % der Note aus.

In meiner Freizeit haben wir unter der Woche nicht viel unternommen. Ab und zu fährt man zu einer Sportveranstaltung in die Schule oder ins Kino nach Monroe. Auf der Fahrt dorthin stoppten wir dann bei Wendy's oder Jack in the Box, alles Drive-Ins, für einen Imbiss, den man gleich im Auto isst. Einmal in der Woche sind wir zum Großeinkauf in einen Lebensmittelsupermarkt gefahren, der gleich um die Ecke ist. Aber zum Bummeln und Shoppen fuhren wir in einen der nächstgrößeren Orte wie Bellevue und Redmond oder gleich nach Seattle. Einkaufen heißt, in eine der großen Malls zu gehen. Dort bekommt man einfach alles und auch für Unterhaltung ist gesorgt. Meine Gasteltern Marian und Russ haben natürlich beide ein Auto. Ihre Tochter Terrie und der Schwiegersohn John wohnen nur 1 Meile entfernt und haben drei Kinder: Ian, meinen Gastbruder, Annie und Lars. Die Jungs sind schon über 16 und haben natürlich jeder ein eigenes Auto und die Erwachsenen sowieso. Der Vater hat gleich zwei Autos, mit einem fährt er in seine Firma für Klimatechnik. Meine Gastmutter arbeitet in der Innenstadt von Redmond in einem Juweliergeschäft. Gastvater Russ hat in seinem Leben schon viele Berufe ausgeübt: so arbeitete er als Gefängniswärter, bei der Bahn, in einer Bank und noch einiges mehr. Jeder Arbeitsplatz war mit einem Umzug verbunden. Seine Familie stammt aus Minnesota und dorthin fährt Russ die über 1600 Meilen mindestens einmal im Jahr zu einem Familientreffen.

Am Wochenende sind wir oft in die Umgebung gefahren. Rund um Duvall gibt es viele kleine Seen und während der Sommermonate waren wir meist übers Wochenende an einem See zum Fischen, Baden und Bootfahren. Im Winter ging's mit dem Auto meist zum Snowboarden in die Cascade Range zum Stevens Pass, der mit dem Auto nur 1,5 Stunden entfernt ist. Dort ist ein Sportzentrum mit Skilift und allem Drumherum.

Es war ein tolles Jahr in den USA und ich würde gleich morgen wieder dorthin gehen!

④ ***Seattle Downtown***

⑤ ***Schulbusse***

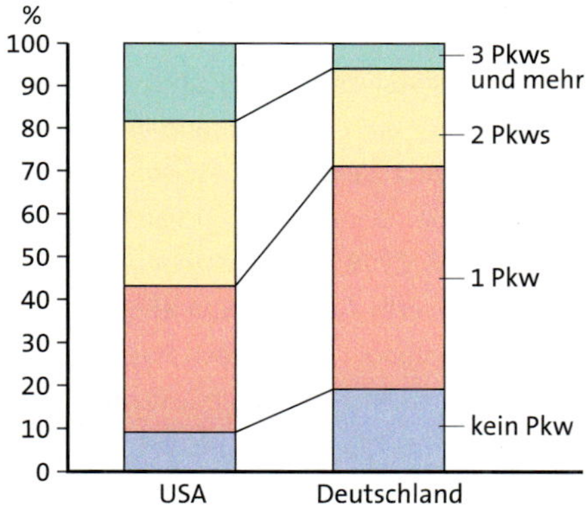

⑥ ***Pkws pro Haushalt 2002: USA und Deutschland***

1 *Zeichnet eine Skizze der Region um Duvall und tragt die Orte, die im Text erwähnt sind, ein.*

2 *Erstellt eine Tabelle und vergleicht die Situation in den USA mit der in Deutschland (170/171).*

Art der Mobilität	Beispiel aus Tims Bericht	Unser Beispiel

3 *Vergleicht die Pkw-Ausstattung in Diagramm 6 und interpretiert das Ergebnis.*

⑦ ***Straßenkarte von Seattle und Umgebung***

1 

On hunt for a good job

Controller
Ein Controller sorgt in Unternehmen dafür, dass die vereinbarten Ziele und Pläne vom Management umgesetzt werden und dass das Unternehmen erfolgreich mit Gewinn arbeitet.

2 Mr. und Mrs. Carnahan, danke, dass Sie bereit sind, uns Auskunft über ihren Lebensweg zu geben.

Mr. Carnahan, welche Ausbildung haben Sie absolviert, bevor Sie ihre erste Arbeitsstelle antraten?

Mr. C.: Nach der High-School ging ich auf's College, dann auf die Universität. Ich habe Wirtschaftswissenschaft studiert. Meine erste Stelle fand ich als Controller.

Bei welcher Firma begannen Sie ihre berufliche Laufbahn?

Mr. C.: Meine erste Firma hieß McKechnie, eine große britische Firma, die unter anderem elektronische Bauteile für Flugzeuge herstellt. Damals wohnte ich in New Peltz, New York. Auf einer Geschäftsreise lernte ich meine Frau kennen, die in Illinois lebte. Da McKechnie dort eine Niederlassung hatte, ließ ich mich versetzen. Leider schloss man das Zweigwerk in Urbana im Januar 1995 und ich war arbeitslos.

War es schwer eine neue Stelle zu finden?

Mr. C.: Nein, es klappte noch innerhalb eines Monats, war aber natürlich mit einem Ortswechsel verbunden. Mein nächster Arbeitgeber war eine Firma, die Kunststoffverkleidungen für Häuser herstellt. Zuerst war ich in Middlebury, Indiana eingesetzt. Nach einem Jahr wurde ich in die Zentrale der Firma nach Neenah, Wisconsin versetzt und Ende 1996 nach einer Reorganisation der Firma nach Charlotte, North Carolina.

Das heißt, sie haben für diese Firma dreimal innerhalb von knapp zwei Jahren den Wohnort gewechselt?

Mr. C.: Ja, das war so. In Charlotte blieben wir zwei weitere Jahre bis 1998, dann wurde meine Abteilung aufgelöst. Ich suchte also wieder einen Job und fand ihn in der Nähe von Fort Lauderdale, Florida in Boca Raton bei der U.S. Plastic Co. Hier blieb ich nur von Juli 1998 bis Dezember 2000, da ich ein besseres Angebot von einer Firma in Chicago, Illinois hatte. Nach zwei Jahren wurde ich firmenintern in die Zentrale nach Airlington Heights, Illinois versetzt. Ich griff sofort zu, da der Wechsel mit einer Beförderung zum Controller für die ganze Firmengruppe verbunden war.

Das klingt nach einem guten Arbeitsplatz. Sicher arbeiten Sie immer noch für diese Firma?

Mr. C.: Oh nein, im April 2004 wechselte ich wieder die Firma, als mir ein besser bezahlter Arbeitsplatz in Chesterfield, Missouri angeboten wurde. Seitdem arbeite ich dort, aber wie lange, das weiß ich wirklich nicht.

Mrs. Carnahan, was sagen Sie zu diesen häufigen Ortswechseln?

Mrs. C.: Für mich und die Kinder war es nicht leicht immer wieder alles aufzugeben

❸ Number and Percentage of Movers by Type of Move for the Population 5 Years and Older: 1985 to 1990 and 1995 to 2000 *(U.S. Census Bureau)*

Type to move	1990		2000	
	Number	Percent	Number	Percent
Total	230 445 777	100.0	262 375 152	100.0
Same residence 5 years ago (nonmovers)	122 796 970	53.3	142 027 478	54.1
Different residence 5 years ago (movers)	107 648 807	46.7	120 347 674	45.9
Within same country	58 675 635	25.5	65 435 013	24.9
Different country, same state	22 279 165	9.7	25 327 355	9.7
Different state	21 585 297	9.4	22 089 460	8.4
Northeast	4 346 471	1.9	4 345 115	1.7
Midwest	4 854 669	2.1	4 659 175	1.8
South	7 588 749	3.3	7 688 697	2.9
West	4 795 408	2.1	5 396 473	2.1
Abroad 5 years ago	5 108 710	2.2	7 495 846	2.9

Surftipp

Die Statistik könnt ihr mit den neuesten Zahlen ergänzen unter der Adresse: www.census.gov

Die Statistik erscheint in dieser Form alle fünf Jahre unter dem Titel „Geographical Mobility". Außerdem findet man Einzelberichte für jedes Jahr.

und an einem anderen Ort neu anzufangen. Als ich heiratete, arbeitete ich als Repräsentantin für ein Energieunternehmen. Jeder Ortswechsel war für mich mit einer ganz neuen Tätigkeit verbunden. Ich wechselte in das Gesundheitswesen und die Altenpflege und so arbeitete ich für einen Verein, der Alzheimerkranke unterstützt, organisierte Kurse für Bewegungstherapie und arbeitete in der Verwaltung eines Seniorenheims.

Und wie erging es den Kindern?

Mrs. C.: Für unsere Kinder war das Umziehen sehr hart. Immer wieder mussten sie die Schule wechseln und verloren ihre Freunde. Deshalb blieb ich mit den Kindern in Florida als mein Mann nach Chicago ging. Zwei Jahre lang sahen wir uns nur jedes zweite Wochenende.

Heute leben Sie wieder zusammen. Haben sie ihr Haus in Florida verkauft?

Mrs. C.: Ja, wir leben wieder zusammen. Unser Haus in Florida haben wir längst verkauft, ebenso das Haus in Arlington Heights. Heute leben wir wieder im eigenen Haus und ich habe hier in Chesterfiled Arbeit in einem Maklerbüro gefunden.

Wie sehen Sie ihre Zukunft?

Mrs. C.: Was kommt, das kommt. Sicher wird hier nicht unsere letzte Station sein. Wer weiß, vielleicht sind wir bald wieder in einem anderen Staat.

1 *Fertigt eine Kartenskizze und tragt die Wohnorte der Carnahans ein.*

2 *a) Arbeitet die Gründe für Mr. Carnahans Arbeitsplatzwechsel heraus.*

b) Auch Mrs. Carnahan wechselte den Arbeitsplatz. Erstellt eine Liste ihrer Tätigkeiten.

c) Benennt die Formen der Mobilität mithilfe der Angaben auf Seite 170/171.

3 *Überprüft anhand der Tabelle 3, ob die Carnahans und ihre Wohnungswechsel typisch für die amerikanische Gesellschaft sind.*

4 *Vergleicht die berufliche Laufbahn der Carnahans mit Beispielen aus eurer Familie.*

5 *a) Vergleicht die Stundentafeln 4.*

b) Beschreibt die möglichen Folgen für einen Schulwechsel von Gymnasium A nach B.

❹ Wochenstunden der Klassen 5 bis 7 an den Gymnasien in Baden-Württemberg und (Niedersachsen)

Fach	5	6	7
Deutsch	5 (5)	4 (4)	4 (4)
Englisch	5 (4)	4 (4)	4 (4)
Franz. o. Latein	– (–)	4 (4)	4 (4)
Musik	3 (2)	2 (2)	1 (1)
Geschichte	– (1)	2 (2)	2 (2)
Erdkunde	2 (2)	2 (1)	2 (1)
Religion	2 (2)	2 (2)	2 (2)
Mathematik	4 (5)	4 (4)	4 (3)
Physik	– (1)	– (1)	1 (1)
Chemie	– (1)	– (–)	– (1)
Biologie	2 (1)	2 (2)	2 (2)
Naturphänomene	1 ( )	1 ( )	– ( )

①

③ ***Coyote Howls West Campground***

Snowbirds

② ***Coyote Howls Campground***

Größe	*4 046 856 acres*
	= 839 646 m² bzw. 84 ha
Anzahl der Stellplätze	*638*
davon mit Strom/Wasser	*38*
Sanitärhäuser	*5*
Wasser/Abwasserstationen	*5*

Sunbelt

Bezeichnung für die Süd- und Südweststaaten der USA, die ein warmes Klima und eine hohe Sonnenscheindauer aufweisen, wie Arizona, Texas und Florida.

④ **Arizona**

„Yes, we are snowbirds!“ Jedes Jahr im September machen Rose und Herbert aus Springfield, Illinois ihr „Motor Home“ startklar und ihr Haus winterfest und verabschieden sich von ihren Kindern und Enkelkindern: „See you next summer.“ Dann geht es auf die rund 1 800 Meilen lange Fahrt in ihr Winterquartier nach Why, Arizona auf den Coyote Howls Campground. Mit ihnen zieht es Hunderte von Senioren im Winter in diese Wüste Arizonas, die Great Sonoran Desert. Von September bis April kehrt Leben ein auf den vier Campingplätzen in Why, die im heißen Sommer wie ausgestorben sind. „Wir schätzen das trockene und warme Klima während der Wintermonate und entfliehen dem klirrenden Frost und dem Schnee zu Hause. Hier treffen wir viele Gleichgesinnte und mit einigen, die wie wir jedes Jahr hierher kommen, sind wir inzwischen gut befreundet“, sagt Rose, „und wenn man will, kann man immer etwas unternehmen: Bowling, Kartenspielen, Singen, Fitness.“ Und ihr Mann Herbert ergänzt: „Das Leben ist viel einfacher und ungezwungener hier im Süden. Ich liebe vor allem die Ruhe und die Natur. Oft sitze ich nachts im Freien, beobachte den Sternenhimmel und lausche dem Heulen der Kojoten.

Why hat alles was wir brauchen: einen Supermarkt, eine Tankstelle und zwei Restaurants. Wir haben unser ganzes Leben in der Stadt verbracht, das vermissen wir nicht. Und wenn wir wollen, können wir immer noch kurz rüber nach Phoenix, Yuma oder Tucson.

Der „Campground“ ist für uns eine preisgünstige Möglichkeit im Winter im Süden zu sein. Ein zweites Haus könnten wir uns nicht leisten. Und wenn es uns hier nicht mehr gefällt, dann gehen wir mit unserem RV, unserem „Mobile Home“, nächstes Jahr in eine andere Region.“

5

Florida

„Yes, I'm a snowbird". Helen stammt aus Long Beach, New York, doch nun verbringt sie jeden Winter im Sunshine State, in Florida. „Nachdem mein Mann John sich zur Ruhe gesetzt hatte, haben wir uns dieses Haus in Fort Lauderdale, Florida gekauft. Arizona und die Wüste kam für uns nicht in Frage. Wir wollten Wärme, Sonne und eine üppige Vegetation. Außerdem ziehen wir das Leben in einer pulsierenden Stadt dem Leben auf dem Land vor. Wir hatten ausreichend finanzielle Mittel um uns ein zweites Haus leisten zu können. In Florida leben wir in einer Wohngegend, in der überwiegend „55 plus" anzutreffen sind und die bewacht ist, sodass man hier ganz sicher ist. Dies ist für mich sehr wichtig, da ich nach dem Tod meines Mannes allein lebe. Ich verbringe inzwischen fünf bis sechs Monate im Süden. Fort Lauderdale ist für mich eine zweite Heimat und ideale Alternative zu Long Beach. Hier muss ich auf nichts verzichten. Ich kann in die Oper gehen oder ins Theater und nach wie vor verbringe ich viel Zeit auf dem Golfplatz. Abends treffe ich mich regelmäßig mit Freunden und Bekannten, die wie ich hier den Winter verbringen. Manche sind inzwischen ganz nach Florida übergesiedelt und haben ihre Zelte im Norden abgebrochen. Ich kehre jeden Sommer gern nach Long Beach zurück, da meine Kinder und Enkelkinder dort in der Nähe sind und ich sie öfter besuchen kann. Außerdem treffe ich hier alte Freunde, die wie ich im Sommer zurückkehren.

6 ***Fort Lauderdale, America's Venice***

7 **Quaterly visitor numbers 2004**

Visitor	Percent of Total	Month	Value	Change to 2003
Total Visitors	100 %	January–March	22.2 million	+ 8.3 %
Air Visitors	54.5 %	January–March	12.1 million	+11.7 %
Non-Air Visitors	45.5 %	January–March	10.1 million	- 4.4 %
Total Visitors	100 %	April–June	18.5 million	+ 3.8 %
Air Visitors	53.7 %	April–June	10.0 million	+ 9.1 %
Non-Air Visitors	46.3 %	April–June	8.6 million	- 1.7 %
Total Visitors	100 %	July–September	59.9 million	+ 4.1 %
Air Visitors	51.1 %	July–September	30.6 million	+12.0 %
Non-Air Visitors	48.9 %	July–September	29.3 million	- 0.9 %
Total Visitors	100 %	October–December	17.5 million	+ 2.0 %
Air Visitors	55.8 %	October–December	9.7 million	+ 8.8 %
Non-Air Visitors	44.2 %	October–December	7.7 million	- 5.5 %

1 *Fertigt eine Kartenskizze mit Fort Lauderdale, Why und den Herkunftsorten der Snowbirds.*

2 *Arbeitet die Gründe für die jährliche Wanderung in den Süden heraus und benennt diese Form der Mobilität (vgl. Seite 170/171).*

3 *Stellt die verschiedenen Lebensstile und ihre Ursache einander gegenüber.*

4 *a) Tabelle 7: Beschreibt die Besucherzahlen für Florida und die Veränderungen.*
b) Findet eine mögliche Begründung für die Veränderungen.

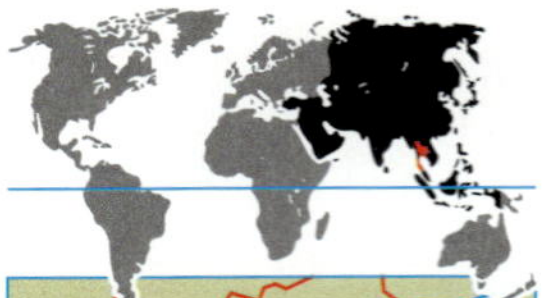

1

2

3

4

Sawasdee

... heißt in Thailand Guten Tag, Guten Morgen, Guten Abend, how do you do, Grüß Gott oder auch Willkommen. Es ist in jeder Situation das richtige Wort.
Michaela und Thorsten Mayer aus Heidelberg haben diesen Ausspruch schon oft gehört. Seit ihrem ersten Thailandaufenthalt sind sie zu absoluten Fans des südostasiatischen Landes geworden. Doch in Gesprächen mit ihnen wird auch deutlich, dass sie sich Gedanken über das Für und Wider von **Ferntourismus** machen.

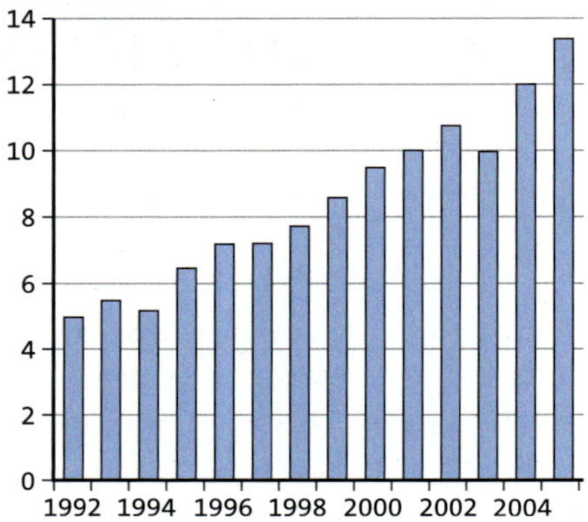

5 ***Entwicklung der ausländischen Besucherankünfte in Thailand (in Mio.)***

6 **Anteil des Tourismus am BIP und den unselbstständig Beschäftigten 2000/2010 (Prognose) in %**

Land	BIP 2000	BIP 2010	Besch. 2000	Besch. 2010
China	2,5	2,6	2,0	2,4
Hongkong	3,3	3,1	2,7	2,8
Indien	2,5	2,7	2,7	3,0
Indonesien	2,8	3,3	2,3	2,7
Japan	3,7	4,0	3,4	3,6
Korea	1,9	2,1	1,9	2,0
Malaysia	3,8	3,3	3,2	2,9
Myanmar	2,7	2,9	2,4	2,5
Nepal	4,3	4,6	4,1	4,3
Philippinen	3,7	5,5	3,4	4,5
Singapur	4,5	5,6	3,1	3,4
Thailand	6,3	8,9	5,0	6,3

7 **Die Tsunamikatastrophe im Dezember 2004 war erschütternd. Werden sie trotzdem wieder nach Thailand reisen?**
T.M.: Wir sollten einem Land gerade nach einem solchen Ereignis mit unserem Besuch helfen. Bekannte von uns haben berichtet, dass es für die Menschen dort ungeheuer wichtig war, möglichst schnell in den Alltag zurückzukehren. Das bedeutet in Thailand für viele, 7 Tage die Woche, 365 Tage im Jahr für die Touristen da zu sein.
Gibt es in einem so auf den Tourismus abgestimmten Land Probleme mit der Verständigung?
M.M.: Dank der offenen Art der Menschen, gepaart mit der nötigen Erfahrung in der Tourismusbranche und den meist guten Englischkenntnissen ist es eine Freude mit den Menschen, beispielsweise bei der Frage nach dem Weg, ins Gespräch zu kommen.
Sie waren immer als Individualtouristen ohne vorher gebuchte Schlafmöglichkeit unterwegs?
T.M.: Ein paar gute Reiseführer im Gepäck und einen groben Plan über die Route im Kopf reichen in Thailand völlig aus. Die Verkehrsverbindungen, ob zu Lande, zu Wasser oder in der Luft, sind perfekt.
Kann Individualtourismus nicht auch in Europa oder gar in Deutschland Spaß machen?
M.M.: Andere Kulturen kennen lernen, die hervorragende thailändische Küche genießen, ein wenig Abenteuer suchen oder einfach in eine andere Klimazone fliegen und an den traumhaften Stränden relaxen. Es gibt viele Gründe für eine solche Reise. Sicherlich sollte sich aber jeder, egal ob pauschal in einem Fünf-Sterne-Hotel oder individuell in einer kleinen Hütte am Strand, über die Konsequenzen bewusst sein.

1 *a) Findet im Text positive und negative Auswirkungen des Ferntourismus.*
b) Ordnet diese ökologischen, ökonomischen und sozialen Aspekten zu.
c) Ordnet danach die Fotos diesen unterschiedlichen Aspekten zu.

Die da wären?

T.M.: Natürlich ist hier die Umweltbelastung durch den vermehrten Flugverkehr zu nennen. Aber auch der Eingriff in ein vorher stabiles ökologisches und soziales Umfeld kann in einem solchen Land zu Problemen führen. Auf kleinen Inseln beispielsweise, die Anfang der 1990er Jahre noch fast unberührt waren, wittern die Einheimischen, aber auch vor allem ausländische Investoren das große Geschäft. Die Folge: Viele ehemalige Traumstrände sind inzwischen von Ferienressorts gesäumt.

M.M.: Thailandkenner haben uns berichtet, dass einige Orte sich komplett dem Pauschaltourismus verschrieben haben. Sie sprechen vom Mallorca der Japaner.

Welche damit einhergehenden Probleme sehen sie hier konkret?

T.M.: Besonders in der Wasser- und Müllentsorgung haben die Betreiber der Ressorts auf den Inseln große Probleme. Es existiert keine Kanalisation. Wer sich seine eigene kleine Kläranlage nicht leisten kann, entsorgt das Brauchwasser offen. So gelangen bei großer Beanspruchung große Mengen an Abwasser in die Vorfluter oder direkt ins Meer. Müllverbrennungsanlagen gibt es nur in den großen Touristenorten. In einigen kleineren Ressorts wird Plastik- und Restmüll privat verbrannt, genau so weit weg, dass die Gäste nichts mitbekommen.

Welchen Beitrag kann der einzelne Tourist leisten?

M.M.: Die Verbotsschilder wie, „Bitte kein Toilettenpapier in die Toilette werfen" oder ähnliches müssen, auch wenn es dem Westeuropäer schwer fallen mag, beachtet werden. Jeder sollte ein bisschen zum Ökotouristen werden.

T.M.: Je mehr Touristen kommen, desto größer werden natürlich auch die Müllberge. Für uns war es immer wichtig uns auf Reisen nachhaltig zu verhalten. Plastikverpackungen für das frische Obst vom Markt müssen nicht sein. Die Regierung hat es schwer, reagiert aber seit einigen Jahren mit Mülltrennung und Müllrecycling. In den Gastronomie- und Beherbergungsbetrieben werden Dosen sowie Glas- und Plastikflaschen gesammelt. Für viele Thais schafft dies eine wichtige Einnahmequelle.

Wie sehen Sie die andere Problematik in Thailand, den Sextourismus?

M.M.: Die letzten Zahlen, die ich gelesen habe, haben mich betroffen gemacht. Über eine Million Sextouristen sollen demnach jährlich nach Thailand kommen, jeder zehnte ist aus Deutschland. Hinzu kommt, dass ca. 700 000 Thailänder an AIDS erkrankt sind. Vor Ort wird man hauptsächlich in den Touristenzentren mit der Sextourismusproblematik konfrontiert. Für Außenstehende ein nicht nachvollziehbares Szenario, wie kleine Mädchen mit älteren Männern an der Strandpromenade spazieren gehen.

Sextourismus und Umweltverschmutzung sind keine rein thailändischen Probleme?

T.M.: Am Beispiel Thailands lassen sich diese Dinge sehr gut festmachen. Generell sollte jeder Tourist, der in einem fremden Land Urlaub macht, zum einen die Kultur der Menschen vor Ort begreifen und respektieren, zum anderen immer den Nachhaltigkeitsgedanken im Hinterkopf haben. Uns geht es zumindest so, dass wir guten Gewissens sagen können, wir tun etwas dafür, dass es nächstes Mal immer noch genauso aussieht. Hoffentlich!

8

9

10

11

2 *Herr Mayer glaubt mit seinen Besuchen der Bevölkerung in der Tourismusregion zu helfen. Erläutert.*

3 *Interpretiert die Statistik 6 im Hinblick auf die zukünftige wirtschaftliche Bedeutung des Tourismus in den aufgeführten Staaten.*

4 *Recherchiert im Internet nach anderen Ländern des Ferntourismus und versucht diese entsprechend Aufgabe 1 zu bearbeiten.*

❶ Werktags 17.00 Uhr

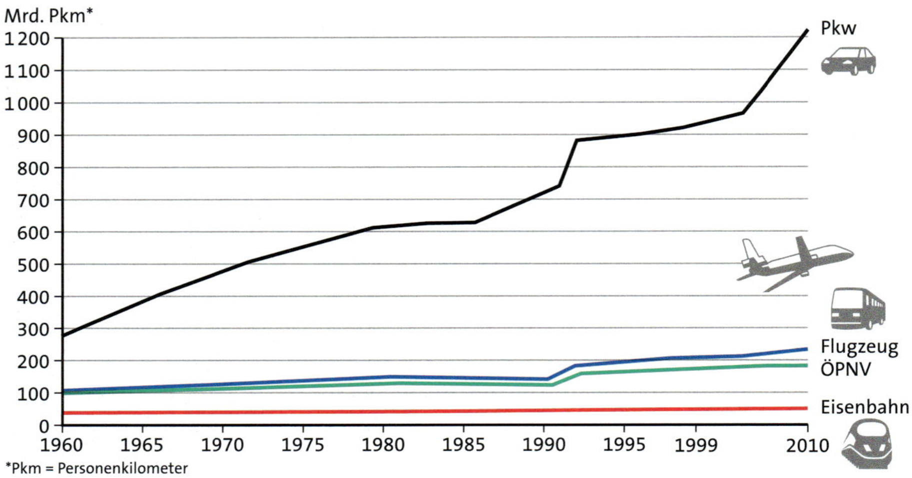

❷ ***Entwicklung des Personenverkehrs in Deutschland***

Mobil in die Zukunft?

Ohne Mobilität ist unser Leben nicht denkbar. Mobil sein heißt, sich von einem Ort zu einem anderen bewegen zu können, sei es aus privaten oder beruflichen Gründen. Uns garantiert Mobilität auch ein Stück persönlicher Freiheit. Aber die Zunahme des Verkehrs schafft auch gewaltige Probleme.

In vier Jahren um die Erde

Wir sind unterwegs zur Arbeitsstätte, zum Einkaufen, während der Freizeit gehen wir ins Kino oder in die Disco und im Urlaub reisen wir ins Ausland. Jeder Deutsche legt pro Jahr durchschnittlich mehr als 10000 Kilometer zurück – zu Fuß, mit dem Rad, mit der Bahn, im Auto, Flugzeug oder Schiff. In vier Jahren bewegt sich jeder von uns einmal rund um die Erde.

Je nach Verkehrsmittel ist der Verbrauch allerdings unterschiedlich: Mit einem Liter Kraftstoff kommt eine Person im Flugzeug 10 km, im Auto 25 km, im Bus 50 km und in der Bahn 65 km weit, jeweils umgerechnet auf die einzelnen Fahrinsassen.

Mobilität hat Vorteile ...

Mobil sein ist nicht nur für jeden Einzelnen wichtig. So gibt ein Haushalt jeden Monat durchschnittlich 17 % seines Nettoeinkommens für die Mobilität aus. Zudem hängt unsere Wirtschaft davon ab, dass Güter schnell und zuverlässig ihr Ziel erreichen. Fast 400 Milliarden „Tonnenkilometer Verkehrsleistung" haben Statistiker allein in Deutschland pro Jahr errechnet. Würde diese Menge nur mit Lkws transportiert, hieße das, dass jedes Jahr 10000 voll beladene Lastzüge mit 40 Tonnen je eine Million Kilometer zurücklegen. Diese gewaltige Leistung ist ein Grundpfeiler unserer Wirtschaft. Zudem ist eine gute Verkehrsinfrastruktur ein wichtiger Standortvorteil für Deutschland.

... und Nachteile

Die stetige Zunahme der Mobilität hat auch ihre Nachteile. Da die Straßen nicht beliebig ausgebaut werden können, gibt es in Ballungsgebieten und auf vielen Autobahnen häufig Staus. Außerdem leidet die Umwelt unter den Auswirkungen des motorisierten Verkehrs: Die Konzentration von Kohlenstoffdioxid in der Atmosphäre nimmt zu und der Ausstoß schädlicher Gase und Stäube schadet der Gesundheit von Mensch, Tier und Pflanze. Auch die Erdöl- und Erdgasvorräte der Welt gehen zur Neige. Dies umso schneller, je mehr der motorisierte Verkehr zunimmt. Preissteigerungen für den Treibstoff werden zunächst die Folge sein.

Lösungen in Sicht?

Verkehrsexperten, Ingenieure und Zukunftsplaner suchen nach Wegen für eine nachhaltige Verkehrsentwicklung.
Dies soll durch Verlagerung des Verkehrs auf die Schiene, durch vermehrte Nutzung des Fahrrades innerhalb der Stadt, durch Verringerung des Treibstoffverbrauchs sowie durch Einsatz neuer Antriebstechnologien gelingen. Werden also zukünftig die Autos mit Wasserstoff statt mit Benzin und Diesel betrieben?

3 ***Tankstelle für Brennstoffzellenautos***

Brennstoffzellenautos stehen für Mobilität der Zukunft

Eine Flotte von Versuchsfahrzeugen tankt bereits Wasserstoff, der als die „Zukunftsenergie" gilt. Über Brennstoffzellen wird Strom erzeugt, der dann über Elektromotoren Autos oder Busse flüsterleise antreibt. Wasserstoff verbindet sich in den Brennstoffzellen mit dem Sauerstoff der Luft und es entsteht sauberes Wasser. Es werden keine schädlichen Abgase an die Luft abgegeben. Diese Brennstoffzellenautos sind also extrem schadstoffarm und dadurch umweltschonend. Da viel weniger bewegte Teile zum Einsatz kommen, sind die Brennstoffzellenautos vibrationsfreier und auch wartungsärmer als herkömmliche Autos. Die Versuchsfahrzeuge haben bereits einen Aktionsradius von 400 km und erreichen eine Höchstgeschwindigkeit von 160 km/h.
Da Wasserstoff durch Zerlegung von Wasser hergestellt werden kann, ist der Treibstoff praktisch unbegrenzt vorhanden.

Brennstoffzellenautos lösen das Problem nicht

Kritiker halten die neue Technik für nicht ausgereift. Hinzu kommen die sehr hohen Kosten für das Material und für die aufwändige Fertigung. Ob die Brennstoffzellen einem jahrelangen Einsatz ohne großen Wartungsaufwand standhalten, muss sich noch erweisen. Entscheidend sind aber die hohen Herstellungskosten für den Treibstoff Wasserstoff. Für die Spaltung von Wasser in Wasserstoff und Sauerstoff, für die Speicherung des Wasserstoffs in Druckbehältern bei tiefen Temperaturen und für den Transport muss viel Energie aufgewandt werden. Ob Wasserstoff wirklich zu vertretbaren Preisen angeboten werden kann, ist daher fraglich. Außerdem wird ein neues Betankungssystem an den Tankstellen benötigt, da Wasserstoff sehr leicht entzündbar und explosiv ist.

1 *Erstellt eine Mindmap zum Thema „Aspekte der Mobilität".*

2 *Zeigt mithilfe von Diagramm 2 die Entwicklung des Personenverkehrs auf.*

3 *Bereitet eine Pro-Kontra-Diskussion zum Thema „Werden Autos zukünftig mit Wasserstoff fahren?" vor. Führt die Diskussion in der Klasse durch.*

4 *Diskutiert, ob die vielen Gütertransporte notwendig sind bzw. wie solche vermieden werden könnten.*

4 ***Gründe der Mobilität***
(Privathaushalte in Deutschland)

Freizeit	*31%*
Einkauf	*19%*
Arbeit	*15%*
private Erledigungen	*12%*
Bring-/Holdienste	*9%*
Wirtschaftsverkehr	*8%*
Ausbildung	*6%*

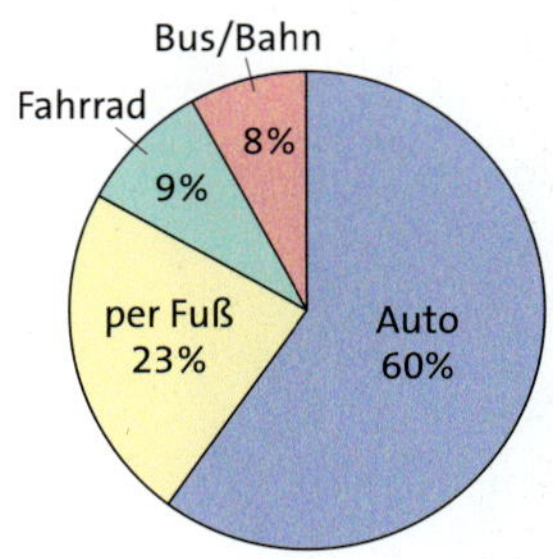

5 ***Wahl der Verkehrsmittel***
(Privathaushalte in Deutschland)

1

Eine Expertenbefragung durchführen

Es gibt Informationen, die nicht über Zeitschriften, Bücher, Zeitungen oder über Internet, Radio und Fernsehen zu erhalten sind, sondern nur bei Fachleuten erfragt werden können. Sie können euch helfen, die eigene Recherche zu einem Thema zu vertiefen und Antworten auf offene Fragen zu erhalten.

Eine Expertenbefragung muss sorgfältig vorbereitet, durchgeführt und nachbereitet werden. Folgende Schritte zeigen die wichtigsten Teilaspekte einer Befragung auf.

Eine Expertenbefragung durchführen

1. Schritt: Sich vorab sachkundig machen

- *Arbeite dich in das Thema ein.*
- *Liste fehlende Informationen auf.*
- *Überlege, zu welchen Aspekten ein Experte Auskunft geben kann.*
- *Erkundige dich, welche Experten in Frage kommen und wie sie zu erreichen sind.*

2. Schritt: Fragenkatalog entwickeln

- *Erstelle ein Fragengerüst, sodass ein „roter Faden" erkennbar ist.*
- *Formuliere Fragen. Verwende möglichst offene Fragen und vermeide geschlossene Fragen.*
- *Kläre, wer die Fragen stellt bzw. ob eine Interviewgruppe gebildet wird.*

3. Schritt: Art der Protokollierung festlegen

- *Überlege, wie die Ergebnisse der Befragung festgehalten werden sollen: Soll eine Aufzeichnung per Tonband bzw. Diktiergerät oder per Videokamera erfolgen? Genügt eine Mitschrift des Gespräches?*

4. Schritt: Absprachen mit den Experten treffen

- *Nimm mit dem Experten in Absprache mit dem Lehrer Kontakt auf und erläutere das Vorhaben sowie den Sinn der Befragung.*
- *Akzeptiere auch eine mögliche Absage.*
- *Sei für Hinweise und Anregungen aufgeschlossen.*
- *Vereinbare einen verbindlichen Termin und den Zeitrahmen des Gesprächs.*
- *Hole die Zustimmung des Experten über die Art der Aufzeichnung ein.*

5. Schritt: Befragung durchführen

- *Fertige für eine Gesprächsrunde Namenskärtchen an.*
- *Halte den vereinbarten Gesprächstermin ein.*
- *Nutze den erstellten Fragenkatalog.*
- *Frage gezielt nach, wenn dir die Fragen nicht eindeutig genug beantwortet erscheinen.*
- *Protokolliere das Gespräch.*

6. Schritt: Das Gespräch nachbereiten

- *Werte die Gesprächsnotizen aus.*
- *Ergänze das Gesprächsprotokoll durch eine Einleitung und eine Zusammenfassung.*
- *Erstelle eine Präsentation zum Thema unter Berücksichtigung der Befragung.*

2 Schüler befragen einen Experten zum Thema „Zunahme des Flugverkehrs und seine Folgen".

Frage (1): Herr Experte, seit vielen Jahren beschäftigen Sie sich mit der Entwicklung des Flugverkehrs und deren Folgen. Stimmen Sie zu, dass das Flugverkehrsaufkommen hohe Zuwachsraten aufweist?

Experte: Ja, aber das Verkehrsaufkommen war von einer uneinheitlichen Entwicklung gekennzeichnet. Insgesamt waren die letzten drei Jahre für die Luftverkehrsbranche schwierig.

Frage (2): Wie veränderte sich nun genau das Verkehrsaufkommen?

Experte: Während die Passagierzahlen insgesamt um 30 % auf 6,7 Mio. anstiegen und der auf 17 Flughäfen stattfindende Linienverkehr mit 4,1 Mio. Passagieren einen Zuwachs um 55,9 % aufwies, war der Pauschalreiseverkehr mit - 3,7 % leicht rückläufig.

Frage (3): Haben von dieser Entwicklung alle Flughäfen in Deutschland profitiert?

Experte: Neben internationalen Verkehrsflughäfen wie Köln-Bonn verzeichneten auch die Regionalflughäfen wie Baden-Airport mit Low Cost-Angeboten überproportionale Steigerungen der Passagierzahlen; demgegenüber hatten Flughäfen ohne entsprechende Angebote teilweise größere Verkehrsrückgänge hinzunehmen.

Frage (4): Können Sie das mit genaueren Zahlen belegen?

Experte: Im Gesamtjahresergebnis von 2003 wuchs das Aufkommen im Linienverkehr auf den internationalen Verkehrsflughäfen um 5,4%. Das positive Ergebnis wurde durch das erweiterte Low Cost-Angebot zu deutschen und europäischen Zielen erreicht. Dieses Segment erzielte eine Zuwachsrate von 105 % und repräsentierte mit 13,3 Mio. Passagieren bereits einen Anteil von 9,5% am Gesamtaufkommen. Der traditionelle Charterflugverkehr nahm im gleichen Zeitraum demgegenüber um 1,1 % ab.

Frage (5): Fördern nicht staatliche Subventionen das Wachstum des Luftverkehrs?

Experte: Das Wachstum im Luftverkehr ist keine Folge von Subventionen, sondern das Ergebnis von wachsender Nachfrage und von gestiegener Effizienz infolge des Wettbewerbsdrucks. Eine mit dem Subventionsargument begründete Verteuerung der Flüge würde nur die deutsche Wirtschaft und die Fluggäste belasten sowie die internationale Wettbewerbsfähigkeit und die Mobilität einschränken. Deutschland fiele im globalen Wettbewerb weiter zurück.

Frage (6): Wie sieht es mit der Umweltbilanz aus?

Experte: Moderne Verkehrsflugzeuge im Ferienflugverkehr verbrauchen im Schnitt nur noch etwa 3,2 Liter, um einen Fluggast über 100 km zu befördern, einige Flugzeuge bereits weniger als 3 Liter. Die Schallemission von Flugzeugen und Triebwerken konnte in den letzten 40 Jahren bezüglich des empfundenen Lärms um nahezu 90 % verringert werden.

Frage (7): Schädigen denn die Verbrennungsgase der Turbinen die Atmosphäre nicht besonders stark und fördern die Bildung von Zirrenwolken?

Experte: Man sollte hier mehr Forschung betreiben.

Frage (8): Werden die positiven Effekte bei dem Schadstoffausstoß nicht durch die hohe Zunahme des Flugaufkommens wieder zunichte gemacht?

Experte: So kann man es auch sehen.

Danke für das Gespräch.

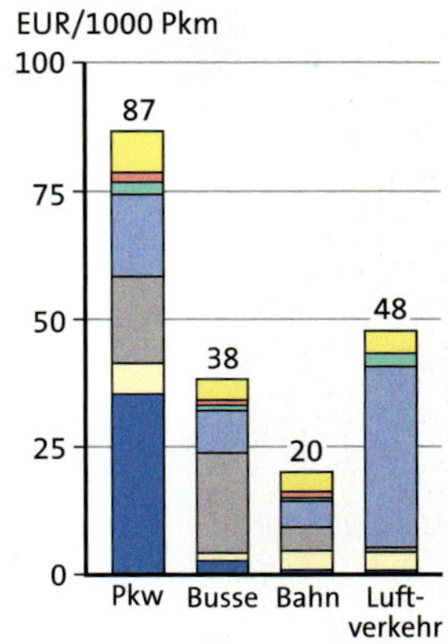

3 *Externe Kosten des Personenverkehrs (in Pkm)*

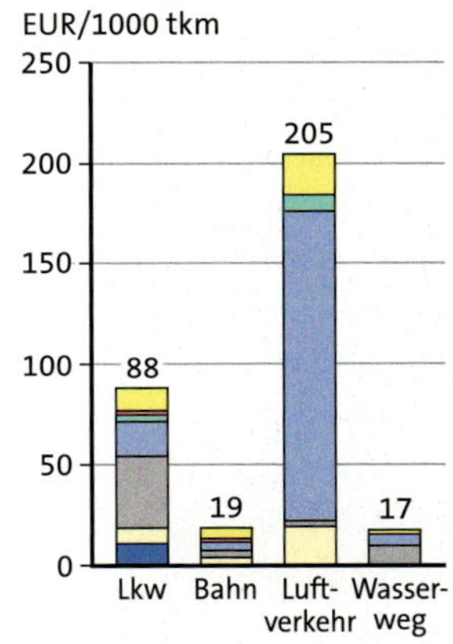

4 *Externe Kosten des Güterverkehrs (in tkm)*

- vorgelagerte Kosten
- Klimawandel
- Folgen für die Städte
- Luftverschmutzung
- Natur und Landschaft
- Lärm
- Unfälle

1 *Bei einem Interview kann es vorkommen, dass auf Fragen nicht exakt geantwortet wird. Das kann an einer unklaren Fragestellung liegen oder der Befragte gibt eine ausweichende Antwort. Finde heraus, welche Fragen ungenau gestellt sind und bei welchen Stellen der Experte nur eine „Scheinantwort" gibt oder nicht verständlich ist.*

Reisemobilität

Ende des letzten Jahrhunderts hat sich die Arbeitszeit in den westlichen Industrieländern kontinuierlich reduziert – das Einkommen der Bevölkerung ist hingegen immer mehr gestiegen. Dieser Zuwachs an Freizeit und Vermögen hat dem Tourismus eine gesteigerte Attraktivität verliehen. Die Gesellschaft ist mobiler geworden. Die Art des Reisens hat sich durch den gesteigerten Wohlstand geändert. Neben dem Naturtourismus mit „intensivem Naturerleben in unberührter Landschaft“ und dem Wellnesstourismus steht der Ferntourismus bei vielen ganz oben auf der Wunschliste. Die Befriedigung des eigenen Entdeckergeistes und das Interesse an anderen Kulturen im Zeitalter der Globalisierung sind nur zwei Gründe, warum auf der Suche nach dem Besonderen nun verstärkt auch Entwicklungsländer in das Blickfeld der Reiseveranstalter rücken.

Immer mehr Touristen nutzen Billigangebote, um für ein paar Tage in die Karibik, nach Afrika oder Südostasien zu fliegen. Kohlendioxidausstoß oder der naturzerstörerische Verbrauch von strategischen und energieintensiven Rohstoffen wie Aluminium für den Flugzeugbau, der notwendige Bau neuer und der Ausbau bestehender Flughäfen spielen praktisch keine Rolle. So wuchs der interkontinentale Ferntourismus zwischen 1985 und 1996 um 73 Prozent, Tendenz weiterhin steigend. Unternahmen 1996 erst 3,5 Prozent der Weltbevölkerung eine Fernreise, werden es bis 2020 mehr als doppelt so viele sein, rechnet das Büro für Technikfolgenabschätzung des Deutschen Bundestages (TAB). Laut der Delphi-Studie „Fernreisen 2005“ werden voraussichtlich ab 2005 allein die Deutschen jährlich rund elf Millionen Mal in ein fernes Urlaubsland fliegen. Eine Grenze dieses Fernflugwachstums ist nicht in Sicht.

Jeder neunte Bundesbürger (11%) verbindet mit dem Urlaub der Zukunft die Vorstellung von Karibik, Südsee und Malediven. Das heißt konkret: „Möglichst weit weg und möglichst exotisch.“ Dies trifft insbesondere für die jüngere Generation zu. Das Fernweh der 14- bis 19-Jährigen nach exotischen Reisezielen ist mehr als sechsmal so hoch (26%) wie bei der 50plus-Generation (4%). Für die Touristikbranche ist das Chance und Problem zugleich: Die Anbieter können mit Zielen wie Kuba, Malediven oder Dominikanische Republik eine junge Zielgruppe ansprechen und erreichen. Eine Zielgruppe aber, die angesichts der zunehmend älter werdenden Gesellschaft immer kleiner wird.

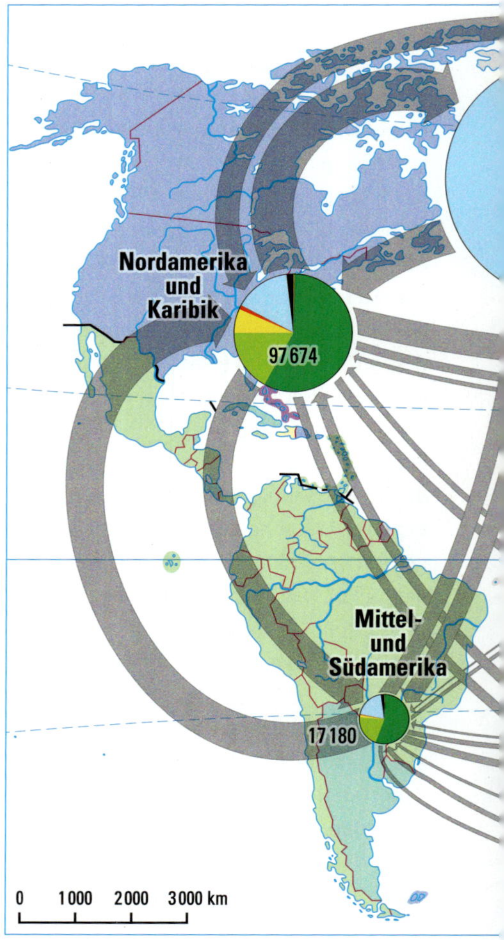

1 ***Tourismus in der Welt***

1 Der Ferntourismus kann für Entwicklungsländer sehr wichtig für die Devisenbeschaffung sein. Finde mithilfe Karte 1 heraus, welche Teile der Welt am wenigsten profitieren.

2 Erläutere die Entwicklung der Touristenströme. Benutze hierzu die Karte 1.

3 Vergleiche mithilfe von Diagramm 2 die Weltmarktanteile der Touristenziele Westeuropa, Ostasien und Afrika.

4 Vergleiche Bevölkerungszahl und Anzahl der Reisenden ausgewählter Länder. Interpretiere dein Ergebnis.

5 Wo liegen im internationalen Tourismus die Probleme, wo die Chancen?

6 Besorge dir Kataloge von fernen Reisezielen.
a) Inwieweit wird ein realistisches Bild des Urlaubslandes gezeigt?
b) Welche Problematik erkennst du?

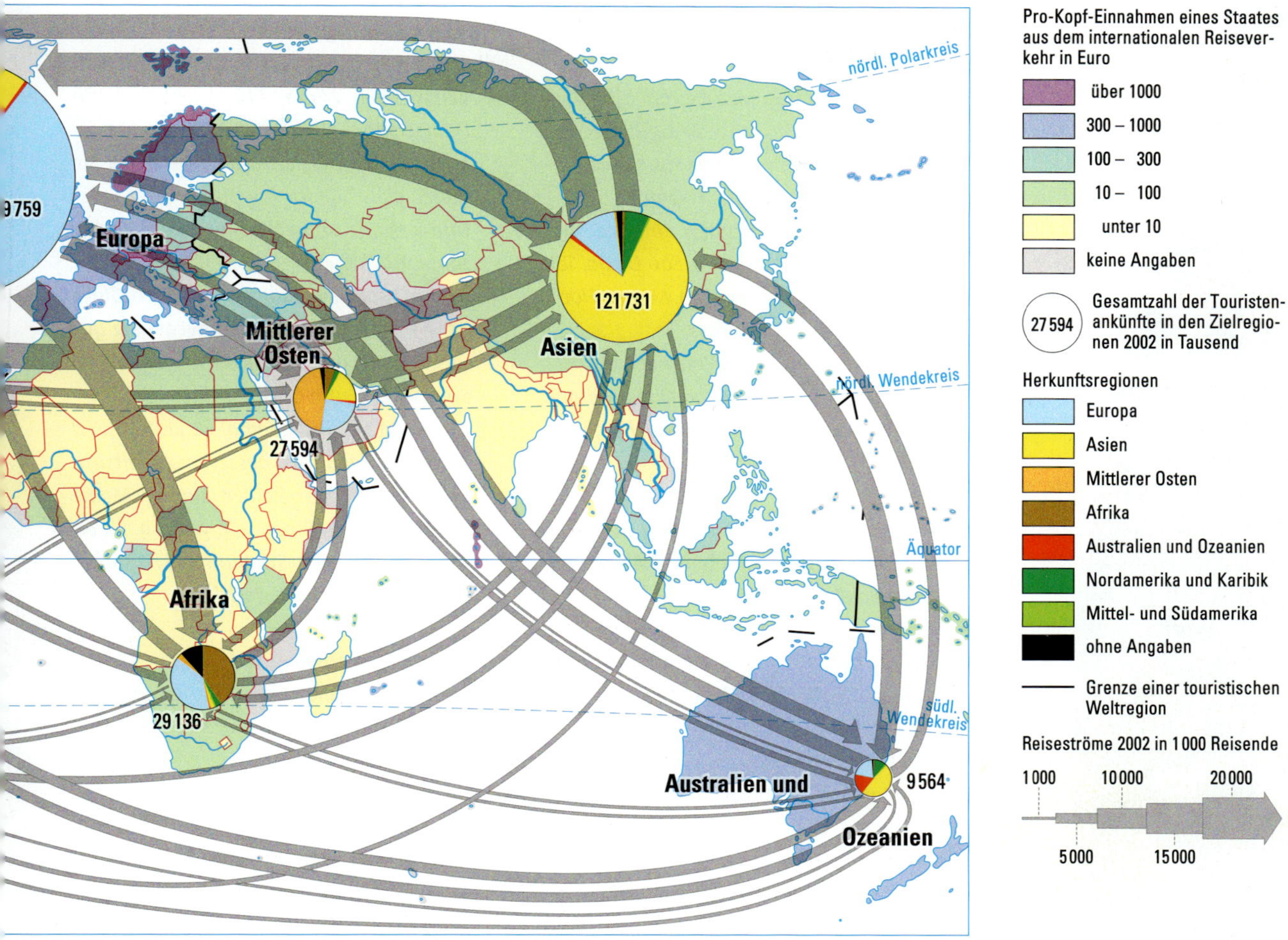

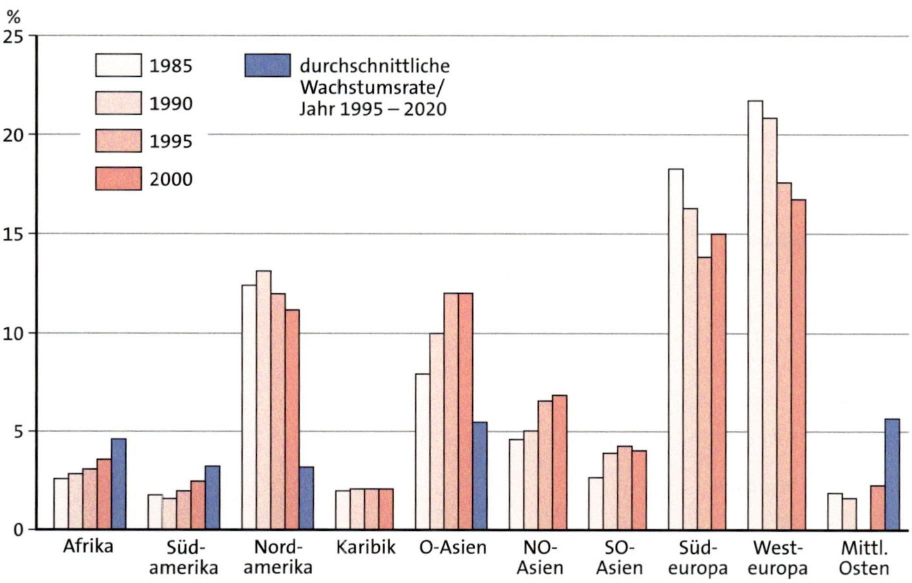

2 ***Weltmarktanteile der Touristenziele 1985 - 2000 nach WTO***

3 ***Die zehn wichtigsten Herkunftsländer der Reisenden 2020 (Prognose der WTO)***

Deutschland	*152 900 000*
Japan	*141 500 000*
USA	*123 300 000*
China	*100 000 000*
Großbritannien	*94 500 000*
Frankreich	*54 600 000*
Niederlande	*45 600 000*
Italien	*35 200 000*
Kanada	*31 100 000*
Russland	*30 500 000*

Wichtige Begriffe
Alltagsmobilität
Arbeitsplatzmobilität
Ferntourismus
Freizeitmobilität
Mobilität
Räumliche Mobilität
Rentnermobilität
Soziale Mobilität
Virtuelle Mobilität
Wohnsitzmobilität

Orientieren

1 Arbeite mit dem Atlas

a) An welche Meere grenzt die USA: Golf von Mexiko, Karibisches Meer, Beaufortsee, Beringmeer, Golf von Kalifornien, Labradorsee, Karasee, Atlantischer Ozean?

b) Ordne Städte und Staaten einander zu: Houston, Phoenix, Arizona, San Diego, Texas, Kalifornien, Washington, Miami, Florida, Seattle, Chicago, Illinois.

c) Ordne die Gebirge von West nach Ost: Sierra Nevada, Ozarkbergland, Bitterrootgebirge, Rocky Mountains, Appalachen, Küstenkette.

2 *a) Ermittle mithilfe des Atlas fünf Beispiele für Zuwanderungsgebiete und Abwanderungsgebiete in Europa.*

b) Begründe die Veränderungen. Nutze dazu andere thematischer Karten: Wirtschaft, Tourismus.

Kennen und verstehen

3 Thema Mobilität

a) Erstelle ein Mindmap und ordne die verschiedenen Formen der Mobilität richtig zu. Verwende: Alltagsmobilität, Berufsmobilität, Arbeitsplatzmobilität, Rentnermobilität, räumliche Mobilität, soziale Mobilität, Informationsmobilität.

b) Ergänze Fehlendes.

4 Findest du die Begriffe?

a) Seit meine Großeltern in Rente sind, bleiben sie den Winter über nicht mehr in Deutschland. Ihnen ist das Wetter hier zu kalt, zu nass und der Himmel zu trübe. Sie haben eine Eigentumswohnung auf Teneriffa gekauft und verbringen dort immer sonnige Winter.

b) Ich bin täglich viel unterwegs. Zum Glück ist in unserer Stadt das Radwegenetz gut ausgebaut. So komme ich zur Schule, zum Sportverein, zum Gitarrenunterricht.

c) Meine Eltern sind ehemalige Bauern und kamen wegen des besseren Arbeitsangebotes 1970 aus Sizilien hierher. Meine Ausbildung war ihnen sehr wichtig. Sie ermöglichten mir ein Studium und heute bin ich in einer leitenden Position.

Fachmethoden anwenden

5 *Veranschauliche die Migrationsbewegungen in den USA aus Tabelle 1, indem du eine thematische Karte gestaltest.*

Übertragen und beurteilen

6 Migration in der Bundesrepublik

a) Erstelle mithilfe von Tabelle 2 ein Diagramm, das die Bevölkerungsbilanz der Länder der Bundesrepublik verdeutlicht.

b) Diskutiert mögliche Gründe für die Bevölkerungsmobilität in Deutschland.

1 Migration by Region for the Population 1 Year and Older: 2002 to 2003 (Numbers in thousands)

Residence in 2002 (outmigrants)	Residence in 2003 (inmigrants) Total	Northeast	Midwest	South	West
Domestic Migration					
Total	2693	385	574	1016	718
Northeast	483	–	71	319	93
Midwest	675	62	–	378	235
South	891	198	303	–	390
West	644	125	200	319	–
Net Domestic Migration	0	– 98	–101	125	74
International Migration					
Movers from abroad	1270	161	179	550	380

❷ **Gebiet und Bevölkerung – Räumliche Bevölkerungsbewegung (Wanderungen) 2003**

Land	Zuzüge über die Landesgrenze insgesamt	Zuzüge über die Landesgrenze darunter Ausländer	Fortzüge über die Landesgrenze insgesamt	Fortzüge über die Landesgrenze darunter Ausländer	Überschuss der Zu- bzw. Fortzüge (–) insgesamt	Überschuss der Zu- bzw. Fortzüge (–) darunter Ausländer
Baden-Württemberg	255189	124013	223976	119726	31213	4287
Bayern	260570	127161	214129	114932	46441	12229
Berlin	116141	41109	115664	33589	477	7520
Brandenburg	68098	10341	67064	8809	1034	1532
Bremen	29925	7630	26813	5191	3112	2439
Hamburg	79481	21762	71829	19412	7652	2350
Hessen	162701	72749	158122	72628	4579	121
Mecklenburg-Vorpommern	32180	6356	39740	4252	–7560	2104
Niedersachsen	253538	131202	225803	52677	27735	78525
Nordrhein-Westfalen	290352	134792	256111	118179	34241	16613
Rheinland-Pfalz	100869	33844	90064	31554	10805	2290
Saarland	18075	7140	16433	5494	1642	1646
Sachsen	65650	19386	74648	14758	–8998	4628
Sachsen-Anhalt	40135	9668	53362	6873	–13227	2795
Schleswig-Holstein	77358	15142	64375	12939	12983	2203
Thüringen	33571	6680	43052	5317	–9481	1363

Teste dich selbst

mit den Aufgaben 4, 7 und 9.

7 ***Mobilität hat zwei Seiten***

Arbeite die Aussage der beiden Karikaturen 3 heraus.

❸

Knobeln und rätseln

8 *Es geht auch ohne Auto. Finde 10 „Transportmittel“, um mobil zu sein:*

❹

K	P	L	J	R	D	S	W	P	K	J	S	A	K	Q
F	G	W	A	N	D	E	R	S	C	H	U	H	L	K
M	K	L	B	V	S	E	G	E	L	B	O	O	T	K
L	I	A	R	A	D	E	D	F	T	Z	U	G	E	S
J	C	N	L	X	C	Y	G	J	K	A	Q	E	W	Q
L	K	G	L	S	K	A	T	E	B	O	A	R	D	X
M	B	L	U	Z	T	R	E	E	L	W	A	A	Z	W
V	O	A	C	B	Y	N	P	Z	Z	B	Z	Z	U	N
Z	A	U	P	O	I	K	V	F	B	V	O	K	G	U
T	R	F	A	I	N	L	I	N	E	S	C	O	C	X
R	D	S	C	H	I	F	F	P	I	R	C	X	T	N
E	Q	K	E	R	T	S	D	F	G	H	D	U	I	O
W	A	I	P	F	E	R	D	X	Y	V	N	M	Z	W

9 *Die 6 Buchstabenbalken sind so zu vertauschen, dass waagerecht Reihe für Reihe die Frage lesbar wird.*

❺

LC	WE	ST	FE	OF	HE
NÖ	BE	GE	RE	NB	TI
ST	NN	FZ	LE	EL	OF
UT	NA	?			OS

Training

Global wirtschaften

Globalisierung und Global Player: zwei Schlagworte, die dir täglich begegnen. Doch was ist ein Global Player und wie agiert dieser auf dem Weltmarkt?

INUIT SHOES
adidas
SCHUHFABRIK CHINA
adidas
MAIL TO CHINA
SHOES
adidas
AUSTRALIAN
QUALITY LEATHER
10
BUTZ

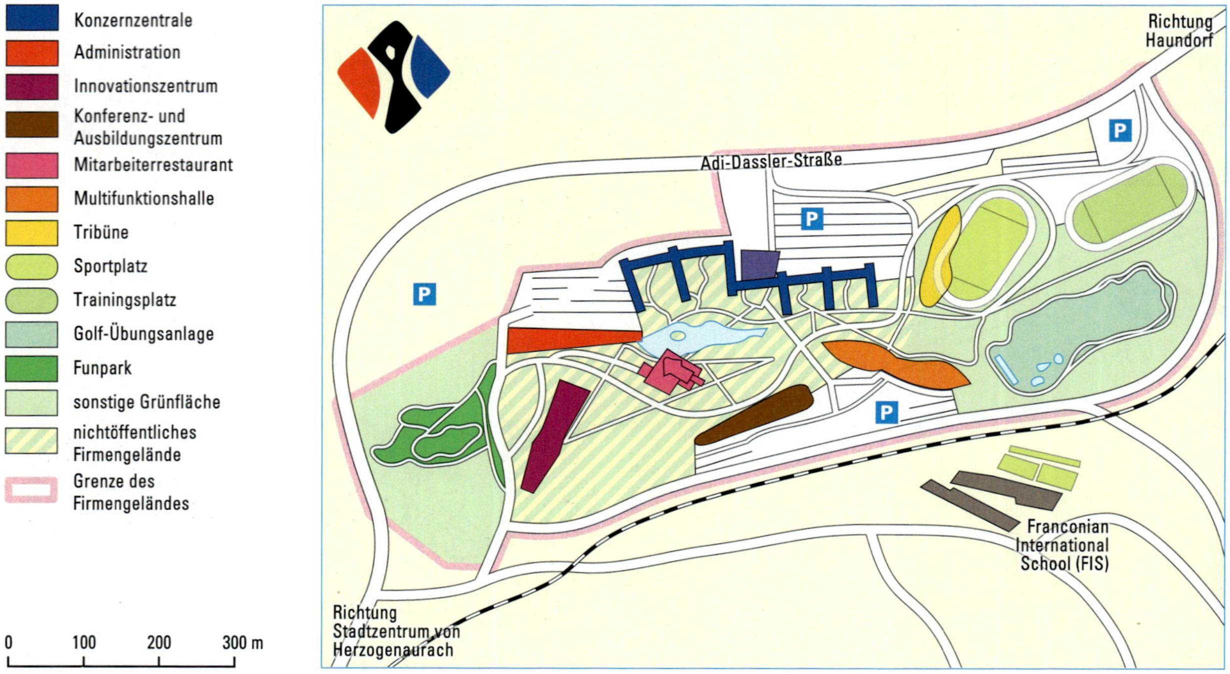

1 *World of sports - mehr als eine Firmenzentrale*

Patent
Alleiniges Recht eine technische Erfindung wirtschaftlich zu nutzen.

Gebrauchsmuster
Schutz wie bei einem Patent. Die erfinderische Leistung muss aber nicht so groß sein.

Konzern
Mehrere rechtlich selbstständige Unternehmen sind unter einer einheitlichen Leitung zusammengefasst.

Global Player
Anbieter auf dem gesamten Weltmarkt unter einem einheitlichen Markenzeichen, nutzt die Kostenvorteile bei der Produktion weltweit.

Sportschuhe laufen um die Welt

1920 entwickelt der gerade einmal 20-jährige Adi Dassler in einer kleinen Werkstatt ohne Elektrizität - der Waschküche seiner Mutter - in Herzogenaurach seinen ersten Schuh. Es ist ein aus Leinen gefertigter Trainingsschuh für Läufer, er kostet zwei Reichsmark und bildet den Grundstein eines Weltkonzerns. Bis heute ist die Unternehmensgeschichte geprägt vom Streben nach den Zielen, die sich Adi Dassler von Anfang an setzt: optimale Anpassung der Schuhe an die Anforderungen der jeweiligen Sportart, Schutz der Gesundheit und Haltbarkeit.
700 weltweit gültige **Patente** und **Gebrauchsmuster** sind der Beweis.
1937 führt Adi Dassler schon 30 verschiedene Schuhmodelle für 11 verschiedene Sportarten und beschäftigt fast 100 Mitarbeiter. Damit entwickelt sich das Unternehmen in weniger als zwei Jahrzehnten zum führenden Schuhhersteller weltweit.

Ein Markenzeichen entsteht

Nach den Wirren des 2. Weltkriegs startet Adi Dassler einen Neuanfang. Mit 47 Mitarbeitern fertigt er 1948 aus Segeltuch und dem Gummi von amerikanischen Treibstofftanks die ersten Nachkriegsturnschuhe. Als Produktname wählt er die ersten Silben seines Vor- und Nachnamens und gibt mit den drei Streifen seinen Schuhen das unverwechselbare **Markenzeichen**, das heute auf der ganzen Welt erkannt wird. adidas ist auf dem Weg zum **Global Player**.

Neue Produkte – neue Kunden

Parallel zur Schuhproduktion ergänzt adidas sein Programm. Seit 1963 produziert das Unternehmen auch Bälle, 1967 kommen Sporttextilien, 1974 Tennisschläger und 1976 Ski-Langlaufbindungen hinzu. Durch Neuheiten spricht adidas immer neue Kundengruppen an. adidas beginnt verstärkt mit Werbeverträgen für Einzelpersonen, z.B. Franz Beckenbauer, oder auch für Mannschaften einen breiten Werbefeldzug .

Vom Familienunternehmen zur Aktiengesellschaft (AG)

1989 wird das Familienunternehmen in eine **Aktiengesellschaft (AG)** umgewandelt. 1995 geht sie an die Börse um Kapital zu beschaffen. In einer AG ist das Grundkapital in Aktien zerlegt, die an der Börse gehandelt werden. Käufer werden Miteigentümer des Unternehmens. Falls die Aktiengesellschaft Pleite geht, verlieren die Aktionäre nur den Geldbetrag, den sie für die Aktien ausgegeben haben. Eigentümer von Familienunternehmen haften Im Gegensatz dazu auch mit dem Privatvermögen.

Die Umwandlung in eine AG ist sinnvoll, wenn für Betriebserweiterungen große Geldsummen benötigt werden. Außerdem leitet die AG ein Vorstand, der aus mehreren Personen besteht, die dafür besonders qualifiziert sind. So kann das Unternehmen unabhängig von der Entwicklung und Nachfolgeregelung der Familie weiterbestehen.

Weil adidas versucht die Arbeitsbedingungen weltweit entsprechenden Standards anzupassen (siehe S. 195), wird die Aktie auch Kapitalanlegern empfohlen, die ihr Geld in Unternehmen investieren wollen, die nachhaltig wirtschaften. Dafür hat adidas schon viele Auszeichnungen erhalten.

Neue Unternehmen – neue Absatzgebiete

Mit der Übernahme der Salomongruppe 1997 wird adidas-Salomon zur zweitgrößten Sportartikelfirma der Welt. Die beiden Firmen ergänzen sich sowohl bei den Produkten als auch in ihrer geographischen Reichweite. Salomon hat ein besonders starkes Vertriebsnetz in Nordamerika und Japan, während adidas in Europa hervorragend vertreten ist. Damit hat das Unternehmen neue Absatzgebiete ohne eigene Anstrengungen erschlossen. Die neuen Produkte bringen neue Kunden.

2003 gehören zum adidas-Salomon-**Konzern** 115 **Tochtergesellschaften**, die allesamt der Leitung von adidas unterstellt sind.

Die Firmenleitung sitzt nach wie vor in Herzogenaurach.

2 ***adidas wirbt mit Spitzensportlern***

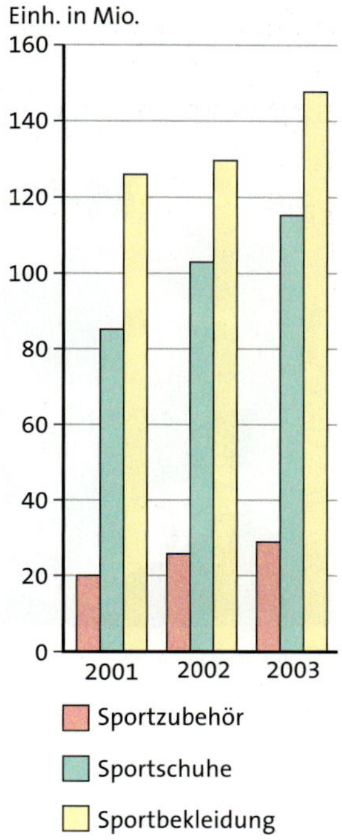

3 ***Produktpalette von adidas***

Konzentration auf den Kernbereich

Die Integration der Wintersport- und Outdoor-Marke Salomon gelingt jedoch nicht und adidas verkauft Salomon im Frühjahr 2005. Gleichzeitig übernehmen die Herzogenauracher das amerikanische Unternehmen Reebok, das den American Football beherrscht, wo adidas überhaupt nicht vertreten ist. Mit dem Kauf von Reebok ist adidas dem Ziel, die Nummer eins auf dem Sportartikelmarkt zu werden, einen großen Schritt näher gekommen.

1 *Zeige in einer Zeittafel die Entwicklung von adidas-Salomon.*

2 *a) Zeichne aus den Zahlen der Tabellen 4–6 ein Diagramm. Überdenke vorher genau den Maßstab.*

b) Begründe die gewählte Diagrammart.

3 *Erkläre den Unterschied zwischen Umsatz und Gewinn.*

4 *Erkläre den Begriff Konzern am Beispiel der adidas-Salomon-Gruppe.*

5 *Informiere dich über die neueste Entwicklung der Produktgruppen aus Diagramm 3 unter www.adidas.de.*

4 ***Mitarbeiter in Zahlen***

1999	*12 829*
2000	*13 362*
2001	*13 941*
2002	*14 716*
2003	*15 686*
2004	*15 699*

5 ***Umsatz in Mio. €***

1999	*5 354*
2000	*5 835*
2001	*6 112*
2002	*6 523*
2003	*6 267*
2004	*6 478*

6 ***Gewinn in Mio. €***

1999	*228*
2000	*182*
2001	*208*
2002	*229*
2003	*260*
2004	*314*

❶ ***Produktion in China***

Die ganze Welt arbeitet für adidas

❷ **Mitarbeiter nach Unternehmensbereichen in %**

Mitarbeiter nach Unternehmensbereichen in %	**2003**
Eigener Einzelhandel	*19*
Vertrieb	*19*
Logistik	*18*
Marketing	*12*
Verwaltung	*12*
Produktion	*11*
Forschung und Entwicklung	*6*
Informationstechnologie	*3*

Ein Global Player wie adidas nutzt die Vorteile betrieblicher und internationaler Arbeitsteilung und treibt sie voran. Der Konzern ist inzwischen auf fünf Kontinenten vertreten.

Forschung und Entwicklung – „engineered to perform"
Neue Produkte entstehen in den Forschungs- und Entwicklungsabteilungen, die in den vier Zentralen Portland, New York, Tokyo und Herzogenaurach angesiedelt sind. Dort arbeiten Teams aus Experten für Biomechanik, Materialtechnologie, Produkt- und Prozesswesen sowie Designer und Produktentwickler.

Beschaffung – „global operations"
Für die Beschaffung der Materialien gibt es 17 regionale Niederlassungen in Asien, Europa, Nord- und Süd-Amerika. Sie liegen nahe an den tatsächlichen Produktionsstätten um die Qualität und termingerechte Produktion zu überwachen. So werden die Lieferzeiten immer kürzer. adidas strebt eine 25-prozentige Senkung der Lieferzeiten von 120 auf 90 Tage an.

Produktion – „flexible supply"
Mit der reinen Produktion lässt sich heute kein Gewinn mehr erzielen. Darin stimmen alle großen Sportartikelhersteller überein. Die überwiegende Mehrheit der Produkte wird deshalb von unabhängigen Herstellern gefertigt.
Die Zulieferer sind entweder Hauptauftragnehmer mit einer direkten vertraglichen Geschäftsbeziehung oder Subunternehmer. Dies sind vom Hauptauftragnehmer beauftragte Lieferanten ohne Vertrag mit adidas. Darüber hinaus bestehen Lizenzvereinbarungen mit Herstellern, die spezielle Produkte entwickeln, herstellen und vertreiben. Diese Vorgehensweise nennt man **outsourcing**, das heißt Leistungen, die ursprünglich im eigenen Unternehmen erbracht wurden, übernehmen jetzt andere Firmen, die diese Leistungen schneller, billiger oder besser erledigen können.
Insgesamt wird in 900 Fabriken gefertigt. Der Konzern hat nur noch acht eigene Produktionsstätten in Deutschland, Frankreich, den USA und China.

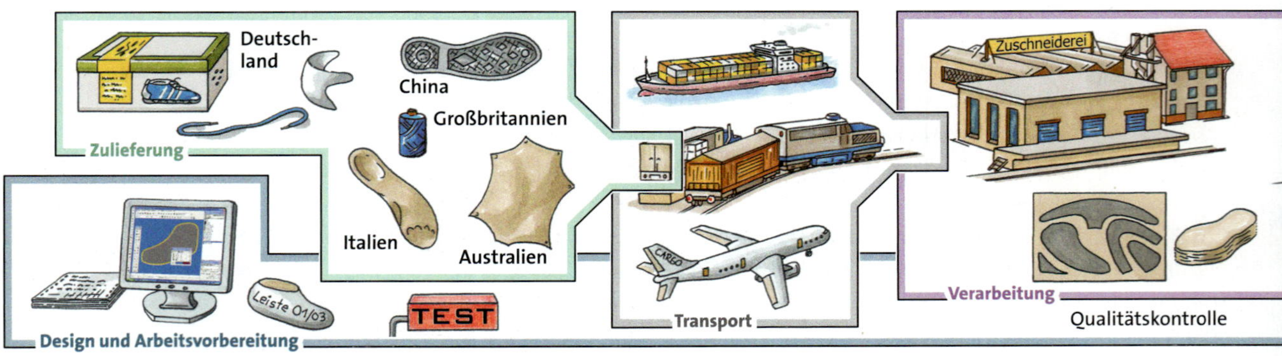

❸ ***Produktionsschema für einen Sportschuh am Standort Scheinfeld***

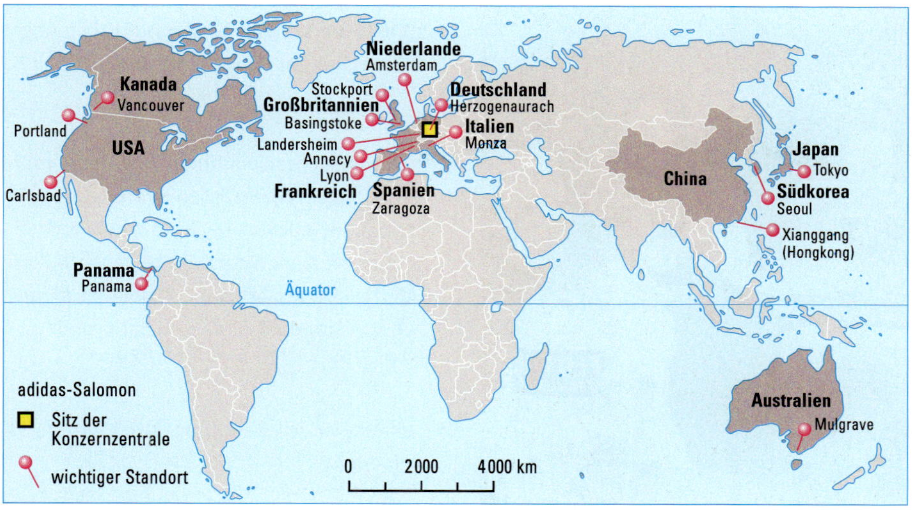

4 ***adidas in der Welt***

Absatz – „nothing is impossible“

Bei der Vermarktung der Produkte geht Adi Dassler neue Wege. Als erster Unternehmer bedient er sich der Sportpromotion und setzt berühmte Sportler als Werbeträger ein. Das Unternehmen wird offizieller Ausrüster für wichtige Weltsportereignisse und bringt jedes Mal eine Produktneuheit auf den Markt. „Every adidas has its story“. Für die Olympischen Spiele 2000 in Sydney produziert adidas-Salomon die erste Sportartikel-Soap „Road to Sydney“, für die Fußballeuropameisterschaft 2004 folgt „Road to Lissabon“. Diese Werbestrategien sind sehr erfolgreich, denn die wichtigste **Zielgruppe** – Kinder, Jugendliche und junge Erwachsene – werden von dieser Werbung angesprochen. Die Unternehmen wissen, dass viele Verbraucher den Marken treu bleiben, die sie als Jugendliche kaufen.

Um möglichst schnell neue Trends aufzuspüren, schicken die Unternehmen „**Trend Scouts**“ zu den Treffpunkten von Jugendlichen wie Diskos oder Jugendtreffs, aber auch in Straßen, wo sich jugendliche Randgruppen aufhalten. Inzwischen stellt adidas längst nicht mehr nur Sportbekleidung her. Für David Beckham wurde ein eigenes Modelabel kreiert, das für Produkte außerhalb der Sportwelt steht.

1 *Stelle die Arten der Arbeitsteilung bei adidas dar und nenne die Vorteile für den Konzern.*
2 *Beschreibe die Absatzstrategie von adidas.*
3 *Verfolge den Weg eines T-Shirts oder Sportschuhs auf einer Weltkarte und erörtere mögliche Folgen für die Umwelt.*
4 *Informiere dich im Internet über Herzogenaurach und dort ansässige Unternehmen.*

Kaum zu glauben

David Beckham erhält von adidas in seinem Leben 161 Mio. US-$. Der Hauptkonkurrent Nike zahlt Michael Jordan 20 Mio. US-$ pro Jahr, damit er nur Nike-Produkte trägt. Dafür müsste eine indonesische Arbeiterin, die diese Produkte herstellt, 20 000 Jahre arbeiten.

5 ***Produktion von Schuhen (Bekleidung) 2003 nach Regionen in %***

Nord-/Südamerika	*1 (8)*
Europa	*4 (20)*
Asien	*95 (72)*

6 ***Umsatz 2003 nach Regionen in %***

Nordamerika	*25*
Südamerika	*3*
Europa	*54*
Asien	*18*

Surftipp

www.herzogenaurach.de

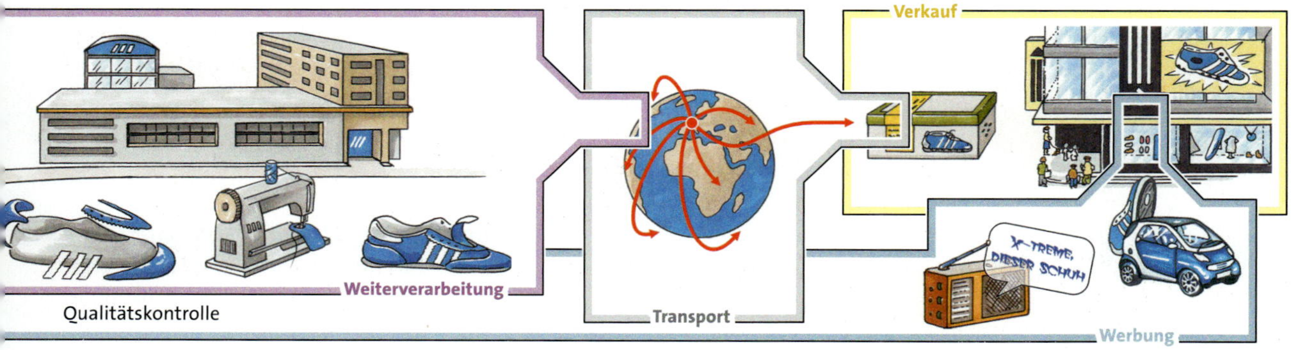

1 ***Aktion der Vereinigung „Play fair at the Olympics“***

adidas übernimmt Verantwortung

2 ***Olympische Charta***

„Ziel des Olympismus ist es, den Sport überall einer harmonischen Entwicklung des Menschen dienstbar zu machen, um so der Schaffung einer friedliebenden Gesellschaft förderlich zu sein, die sich der Bewahrung der Menschenwürde verpflichtet fühlt.“

Ausbeutung von Kindern und jungen Menschen, vor allem von jungen Frauen, wird jeder verurteilen. Andererseits sind sie oft die Einzigen, die den Lebensunterhalt für die ganze Familie verdienen.

2004 haben die Aktivisten der Vereinigung „Play fair at the Olympics“ die Olympischen Spiele zum Anlass genommen gegen die Arbeitsbedingungen in der weltweiten Sportartikelindustrie zu protestieren. adidas hat erklärt, seinen Teil zu den Verbesserungen beizutragen.

Für soziale und umweltverträgliche Produktion hat adidas **„standards of engagements“** festgelegt. Über 100 Mitarbeiter führen bei den Zulieferern Kontrollen und Schulungen durch. Von Geschäftspartnern, die sich nicht an den Verhaltenskodex halten, trennt sich adidas. So nimmt adidas Einfluss auf die Zulieferer, obwohl das Unternehmen in Asien keine eigenen Produktionsstätten hat.

3 „Vielleicht waren wir etwas zu stur. Aber adidas hat uns da voran gestupst.“
Hendrik Sasmito, Fabrikdirektor in Indonesien

4 „In der Hochsaison arbeiten wir bis 2 oder 3 Uhr früh. Wir müssen immer Doppelschichten machen. Auch wenn wir noch so erschöpft sind, wir haben keine Wahl. Wir können keine Überstunden ablehnen, weil unsere Standardlöhne so niedrig sind.“
Phan, 22 Jahre, Wanderarbeiterin in Thailand

5 „Nie hatte ich Geld. Das ist jetzt anders. Ich bin frei!“
Renja, Jakarta, Indonesien

6 „Wir müssen viel Geld für unseren Lebensunterhalt aufbringen. Wir müssen die Schlafstellen bezahlen; wir haben Essens- und Transportkosten. Wir brauchen mindestens 10 000 Rupien (US-$ 1,19) pro Tag für Essen und Transport. Wenn Arbeiterinnen Kinder haben, sind die Kosten für den täglichen Lebensunterhalt mindestens 25 000 Rupien (US-$ 2,97). Ein Monatslohn, der es uns ermöglichen würde, unseren Lebensunterhalt zu bestreiten und jeden Monat ein wenig zu sparen, müsste 1 Million Rupien (US-$ 119) betragen.“
Muchlala, Indonesien

Zur Zeit des Interviews lag der durchschnittliche Nettolohn in dieser Fabrik bei 816 000 Rupien, das sind 98,60 US-$ und damit 82 % des täglichen Bedarfs.

7 2001 wurde Ngadinah Mawardi wegen der Organisation eines Streiks in Indonesien verhaftet. adidas intervenierte und Ngadinah kam frei.

1 *Diskutiert die Situation der Arbeiter/innen in der Sportartikelindustrie und die Wettbewerbsbedingungen für die Sportartikelindustrie, sowie die Rolle, die die internationalen Sportereignisse spielen.*

8

Standards of Engagement: Authenticity/Inspiration Passion/Commitment Innovation/Honesty
Dies sind einige der wichtigsten Werte, für die die adidas-Gruppe einsteht. Wir messen uns nicht nur selbst an diesen Werten, sondern auch unsere Geschäftspartner. Wir erwarten von unseren Partnern – gleich ob Auftragnehmer, Subunternehmer, Zulieferer oder andere – dass sie sich bei der Ausübung ihrer Geschäftstätigkeit entsprechend den vorgenannten Werten fair, integer und verantwortungsbewusst verhalten. Diese Verhaltensnormen sind für uns maßgeblich, wenn wir Geschäftspartner auswählen und vertraglich an uns binden, die in Übereinstimmung mit unseren Grundsätzen und Werten Arbeitsplatzstandards und Geschäftspraktiken befolgen. Als Leitprinzipien helfen sie uns aber auch, mögliche Probleme zu identifizieren und sie bereits in der Entstehungsphase gemeinsam mit unseren Geschäftspartnern zu lösen. Wir erwarten von unseren Geschäftspartnern, dass sie Aktionspläne zur laufenden Verbesserung betrieblicher Arbeitsbedingungen entwickeln. Die Umsetzung dieser Pläne wird von den Geschäftspartnern selbst, unserem eigenen Team und externen, unabhängigen Teams überwacht. Wir erwarten von unseren Geschäftspartnern, dass sie in ihren Werken die Einhaltung folgender Grundsätze und Verfahrensweisen sicherstellen:

Allgemeiner Grundsatz
Unsere Geschäftspartner haben ihre Geschäfte in völliger Übereinstimmung mit den jeweils maßgeblichen gesetzlichen Bestimmungen zu führen.

Beschäftigungsgrundsätze
Wir arbeiten nur mit solchen Partnern zusammen, die ihre Mitarbeiter in Bezug auf Löhne, Sozialleistungen und Arbeitsbedingungen fair und gesetzeskonform behandeln. Insbesondere gilt Folgendes:
Zwangsarbeit: Geschäftspartner dürfen keine Zwangsarbeiter beschäftigen, weder in Form von Gefangenenarbeit, Sklavenarbeit oder einer sonstigen Form von Zwangsarbeit. Kein Mitarbeiter darf mit Gewalt oder durch Einschüchterung zur Arbeit gezwungen werden.
Kinderarbeit: Geschäftspartner dürfen keine Kinder unter 15 Jahren oder schulpflichtige Kinder in Ländern, in denen das schulpflichtige Alter über 15 Jahren liegt, beschäftigen.
Diskriminierung: Wir erkennen an und respektieren kulturelle Unterschiede. Wir sind der Meinung, dass Mitarbeiter auf der Grundlage ihrer Fähigkeiten, bestimmte Tätigkeiten auszuführen, beschäftigt werden müssen, nicht aufgrund persönlicher Merkmale oder Überzeugungen. Wir suchen Geschäftspartner, die diese Auffassung mit uns teilen und die sicherstellen, dass sie bei ihren Einstellungs- und Beschäftigungspraktiken niemanden wegen Rasse, nationaler Abstammung, Geschlecht, Religion, Alter, Behinderung, sexueller Orientierung, Familienstand, Mitgliedschaft in einer Organisation oder politischer Überzeugung benachteiligen.
Löhne und Sozialleistungen: Unsere Geschäftspartner erkennen an, dass Grundlöhne mindestens den Lebensunterhalt und darüber hinaus einige zusätzliche Ausgaben abdecken müssen.
Geschäftspartner haben ihren Mitarbeitern den gesetzlich vorgeschriebenen Mindestlohn bzw. den in der Branche üblichen Lohn, falls dieser höher liegt, zu bezahlen. Sie haben den gesetzlich vorgeschriebenen Sozialleistungen Rechnung zu tragen. Löhne müssen entweder bar, per Scheck oder in sonst üblicher Form direkt an die Mitarbeiter ausbezahlt werden; Informationen bezüglich des Lohns müssen den Mitarbeitern in einer für sie klaren und verständlichen Form gegeben werden. Vorschüsse sowie Lohnabzüge sind sorgfältig zu überprüfen und müssen den gesetzlichen Vorschriften entsprechen. Mitarbeiter müssen für Überstunden zusätzlich zum normalen Lohn gesetzlich vorgeschriebene Zuschläge erhalten. Wo keine gesetzliche Regelung existiert, sind angemessene Zuschläge zu zahlen.
Arbeitszeit: Die regelmäßige wöchentliche Arbeitszeit der Mitarbeiter darf einschließlich Überstunden 60 Wochenstunden nicht übersteigen; gesetzliche Bestimmungen, die niedrigere Höchststunden vorsehen, gehen vor. Mitarbeiter müssen mindestens 24 zusammenhängende Stunden Freizeit pro Woche sowie bezahlten Jahresurlaub erhalten.
Koalitionsfreiheit: Geschäftspartner haben das Recht jedes Mitarbeiters, Vereinigungen nach eigener Wahl beizutreten bzw. solche zu gründen, anzuerkennen und zu respektieren.
Falls gesetzliche Bestimmungen das Koalitionsrecht einschränken, darf der Geschäftspartner seine Mitarbeiter nicht daran hindern, auf alternative Weise legale Vereinigungen zum Aushandeln von Löhnen und Arbeitsbedingungen zu bilden. Zumindest hat der Geschäftspartner Einrichtungen zu schaffen, die dem Informationsaustausch mit Mitarbeitern dienen.
Disziplinarmaßnahmen: Jeder Mitarbeiter muss mit Würde und Respekt behandelt werden. Kein Mitarbeiter darf körperlicher, sexueller, psychologischer oder verbaler Belästigung oder sonstigem Missbrauch ausgesetzt werden.

Gesundheit und Sicherheit
Geschäftspartner haben für ein sicheres und die Gesundheit erhaltendes Arbeitsumfeld zu sorgen; Geeignete Vorsorgemaßnahmen gegen Arbeitsunfälle und Berufskrankheiten sind zu treffen. Dazu gehört auch Schutz vor Feuer, Unfällen und giftigen Substanzen. Beleuchtungs-, Belüftungs- und Heizungsanlagen müssen ausreichend vorhanden sein. Saubere und zahlenmäßig ausreichende sanitäre Einrichtungen müssen den Mitarbeitern jederzeit frei zugänglich sein. Die Fabriken müssen Sicherheits- und Gesundheitsbestimmungen erlassen und deutlich bekannt geben. Falls Unterkünfte für Mitarbeiter gestellt werden, gelten diese Anforderungen auch insoweit.

Umweltbestimmungen
Geschäftspartner haben die Bedingungen sämtlicher jeweils anwendbarer Umweltgesetze und -bestimmungen zu erfüllen. Unsere Geschäftspartner sollten sich um ständige Verbesserung der Umweltbedingungen bemühen, unter denen sie selbst und ihre Zulieferanten produzieren. Dies bedeutet: die Beachtung des Prinzips der Nachhaltigkeit bei betrieblichen Entscheidungen, der verantwortliche Umgang mit natürlichen Ressourcen, saubere Produktion, Verhinderung von Umweltverschmutzung und die Entwicklung und Verwendung von Materialien, Technologien und Produkten, die sich an der Nachhaltigkeit orientieren.

Gemeinnütziges Engagement
Wir bevorzugen Geschäftspartner, die sich um eine Verbesserung der Bedingungen in den Ländern, in denen sie tätig sind, bemühen.

Ein Unternehmen untersuchen

Klärt euer Vorgehen bei einer Betriebserkundung mit dem Betrieb genau ab. Sicher könnt ihr nicht alle Bereiche eines Unternehmens besichtigen. Erkundigt euch vorher bei der Betriebsleitung, auf der Homepage im Internet oder aus möglichen Werbeprospekten genauer über das Unternehmen.

Wenn Unternehmen eine Schülergruppe durch ihr Werk führen, müssen alle Beteiligten genau auf die gegenseitigen Erwartungen und Sicherheitsvorkehrungen achten. Die Produktion und sonstige Arbeit läuft natürlich während der Werksführung weiter. Vergesst nicht, dass ihr Gäste seid und euch höflich vorstellt. Eventuell erlaubt man euch auch, Fotos zu machen, sodass eine kleine Ausstellung im Schulgebäude entstehen kann. Dazu müsst ihr natürlich vorher eine Genehmigung einholen.

Aufbau eines Unternehmens

In mittleren und großen Unternehmen muss genau festgelegt werden, wer für die Erledigung bestimmter Aufgaben zuständig ist. Dafür ist das Unternehmen in verschiedene Funktionsbereiche aufgeteilt. Der Aufbau richtet sich dabei nach der Größe und den Produkten, die das Unternehmen herstellt. Bei sehr großen Unternehmen kann es sein, dass die Bereiche noch in weitere Abteilungen untergliedert sind. Bei Handwerksbetrieben gibt es meist nur die Werkstatt, in der die Produktion stattfindet und das Büro, in dem die ganze Verwaltungsarbeit erledigt wird. In großen Unternehmen gibt es Bereiche für die Forschung und Entwicklung (FuE), die Produktion, den Verkauf, den Einkauf und die Unternehmensleitung, in der die Finanz- und Personalabteilung angesiedelt ist. In der Entwicklung müssen die Eigenschaften des zukünftigen Schuhs festgelegt werden, z.B. die Form der Schuhsohlen und Einlagen zur Schonung der Gelenke. Dafür werden Spezialisten für Anatomie, Orthopädie und Biomechanik beschäftigt. Außerdem muss z.B. beim Material und der Verarbeitung auf die Preisvorstellungen und das Modebewusstsein der Zielgruppe geachtet werden.

1

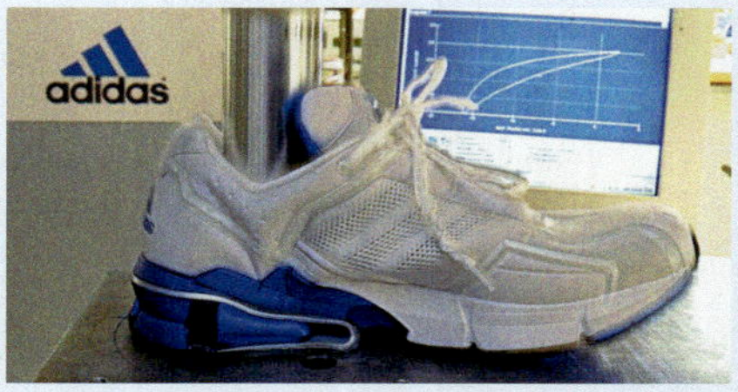

Die **Forschungs- und Entwicklungsabteilung (FuE)** liefert die Ideen für neue Produkte, Werkstoffe und Produktionsmöglichkeiten, außerdem testet sie neue Produkte auf die Gebrauchsfähigkeit und Haltbarkeit.

1. Woher bekommen Sie die Ideen für neue Produkte?
2. Wie lange dauert es bis ein neues Produkt verkauft werden kann?
3. ...

Die **Produktionsabteilung** muss die Waren kostengünstig und termingerecht produzieren sowie für gute Qualität sorgen.

1. Haben Sie in den letzten Jahren ihre Produktion verändert? Wenn ja, wie?
2. Haben Sie schon einmal an outsourcing gedacht?
3. ...

Ein Unternehmen untersuchen

1. Schritt: Vorbereitung

Voraussetzungen abklären

- *Ist der Betrieb zu einer Erkundung durch Schüler bereit?*
- *Problemstellung(en): Worüber wollt ihr etwas herausbekommen?*
- *Planung: Sammlung von Fragen in Kleingruppen. Ordnen der Fragen*
- *Organisation: Zeitplan erstellen. Wer übernimmt die Absprachen welcher Termine? Erkundung mit dem Betrieb absprechen. Kleingruppenführung vorschlagen.*

Die **Unternehmensleitung** legt betriebliche Ziele fest und trägt die Verantwortung für den Erfolg des Unternehmens. In Aktiengesellschaften ist sie den Anteilseignern verantwortlich.

1. Wie weit planen Sie im Voraus?
2. Was ist Ihre nächste größere Investition?
3. ...

Der **Verkauf** soll möglichst viel von den hergestellten Waren zu einem guten Preis absetzen. Werbung spielt dabei eine große Rolle.

1. Wie hat sich der Umsatz in den letzten Jahren entwickelt?
2. Wie sprechen Sie Ihre Kunden an?
3. ...

Die **Personalabteilung** sorgt für das notwendige Personal, betreut die Mitarbeiter und führt die Lohn- und Gehaltsabrechnungen durch.

1. Bilden Sie aus? Welche Auswahlverfahren verwenden Sie?
2. Welche Anforderungen stellen Sie an Ihre Mitarbeiter?
3. ...

Der **Einkauf** muss die benötigten Materialien zum richtigen Zeitpunkt, in der richtigen Menge und zu möglichst günstigen Preisen bereitstellen.

1. Stellen Sie alle Einzelteile selber her oder arbeiten Sie mit Zulieferfirmen zusammen?
2. Haben Sie eine große Lagerhaltung?
3. ...

2. Schritt: Durchführung

- *Rollen- und Aufgabenverteilung innerhalb der Gruppen: beobachten, notieren, fragen, fotografieren, interviewen.*
- *Ablauf der Besichtigung*
- *Kleingruppenführung*
- *Aussprache in der Großgruppe am Ende der Erkundung.*

3. Schritt: Nachbereitung

- *Auswertung: Sammeln der Ergebnisse an einer Wandzeitung.*
- *Präsentation: Information der Schule und des Betriebes über die Betriebserkundung z. B. als Ausstellung, als Zeitungsbericht, usw.*

Surftipp

zur Methode „Eine Betriebserkundung durchführen“ vgl. www.klett.de/extra

❶ ***Erdölaufbereitungsanlage***

Erdöl – Schmiermittel für die Wirtschaft?

❷ ***Die größten Ölkonzerne der Welt nach ihrem Börsenwert 2004***

Exxon-Mobil	*255 Mrd. €*
BP	*172 Mrd. €*
Total	*108 Mrd. €*

Das schwarze Gold

Schon vor 4000 Jahren wird Erdöl als Beleuchtungsmittel verwendet, aber erst 1859 führt die Entdeckung von Erdöl in Pennsylvania zu einem regelrechten Ölboom und zur industriellen Nutzung. Sowohl für die Förderländer, als auch für die Industrieländer bringt es großen Reichtum.

Ohne Öl geht nichts

Heute ist das Erdöl die wichtigste Rohstoffquelle. Es gibt kein Produkt, in dem Öl nicht in irgendeiner Form enthalten ist. Täglich verbrauchen wir über 12 Milliarden Liter Öl. Und der Erdölverbrauch steigt weiter, weil immer mehr Länder eine Industrie aufbauen wollen und ihre Bevölkerungen einen Lebensstandard wie in den westlichen Industrieländern anstreben.

Gefahren für die Wirtschaftsentwicklung

Da Erdöl unverzichtbar ist, spielen die Preise für Öl eine entscheidende Rolle für das Wirtschaftswachstum. Ölkrisen führten seit den 1970er Jahren immer wieder zu Einbrüchen in der Weltwirtschaft.

Politische Entwicklungen

Viele Ölförderländer liegen in Spannungsgebieten. In diesen Ländern ist die Gefahr von

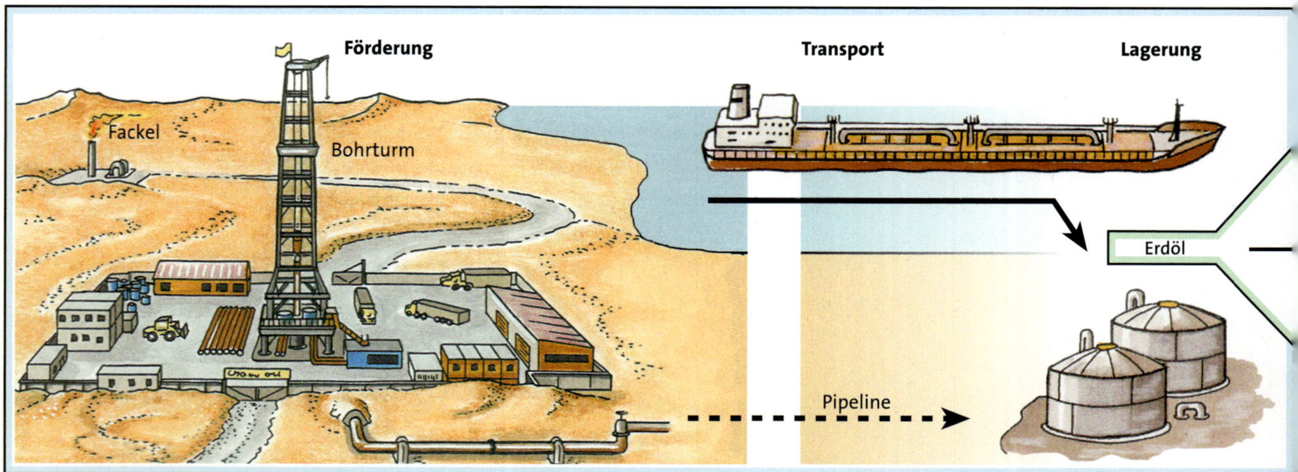

❸ ***Produktionsschema Erdölförderung***

Kriegen oder Terrorismus sehr groß. Oft hat die Mehrheit der Bevölkerung keinen Anteil am Reichtum durch das Öl.

Extreme Wetterlagen
Wirbelstürme, die Ölplattformen im Meer versenken, behindern die Ölförderung und verknappen damit das Angebot. Andererseits erhöhen lange kalte Winter den Bedarf an Heizöl und Hitzewellen die Nachfrage nach Strom für Klima- und Bewässerungsanlagen.

Die Macht des Marktes
Das Wirtschaftswachstum, vor allem in Asien, führt zu einer Steigerung der Nachfrage. Da die Erdölförderung aber nicht so schnell ausgebaut werden kann, kommt es durch die Lücke zwischen Angebot und Nachfrage zu Preissteigerungen.

Die Spekulation
Die Preise auf den Rohstoffmärkten werden nicht nur von den bekannten Tatsachen bestimmt, sondern auch von Erwartungen der Händler. Wenn sie mit steigenden Preisen rechnen, kaufen sie Erdöl zum Tagespreis. Die Lieferung und Bezahlung erfolgt aber erst einige Monate später. Wenn die Preise wirklich gestiegen sind, hat der Spekulant einen Gewinn gemacht. Sind die Preise bis dahin gesunken, ergibt sich ein Verlust. Solche Erdölgeschäfte (future-contracts) reichen bis ins Jahr 2010.

1 *Erstelle eine Liste von Gegenständen aus deinem Alltag, die aus Erdöl hergestellt sind.*

2 *Notiere in einer Tabelle die Faktoren, die das Angebot und die Nachfrage bezüglich des Erdöls bestimmen.*

3 *Ein Ölhändler bestellt bei einem Ölkonzern 10 000 Barrel zum Tagespreis von 40 $/Barrel. Liefertermin und Zahlung des Kaufpreises soll in 3 Monaten erfolgen.*
Der Tagespreis der Lieferung beträgt 48 $/Barrel. Der Händler verkauft das Öl sofort wieder zu diesem Preis.
Zeige mittels einer Rechnung, ob sich das Geschäft gelohnt hat.

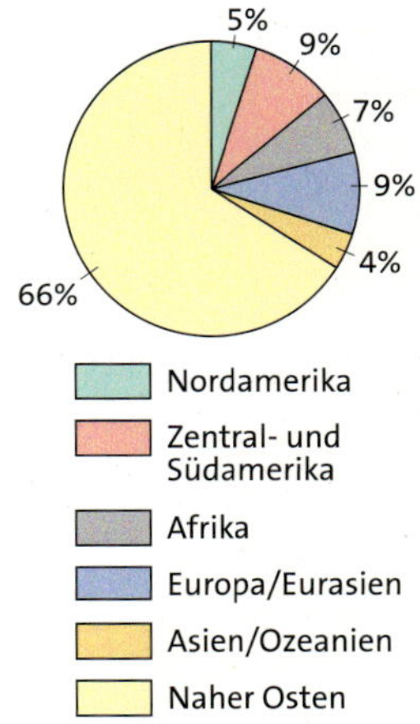

4 ***nachgewiesene Erdölreserven weltweit 1 047,5 Mrd. Barrel***

5 **Weltölbedarf 2000 und 2003**

	75 Barrel pro Tag	120 Barrel pro Tag
Verkehr	55 %	64 %
Industrie	19 %	16 %
Energie-erz.	10 %	6 %
andere	16 %	14 %

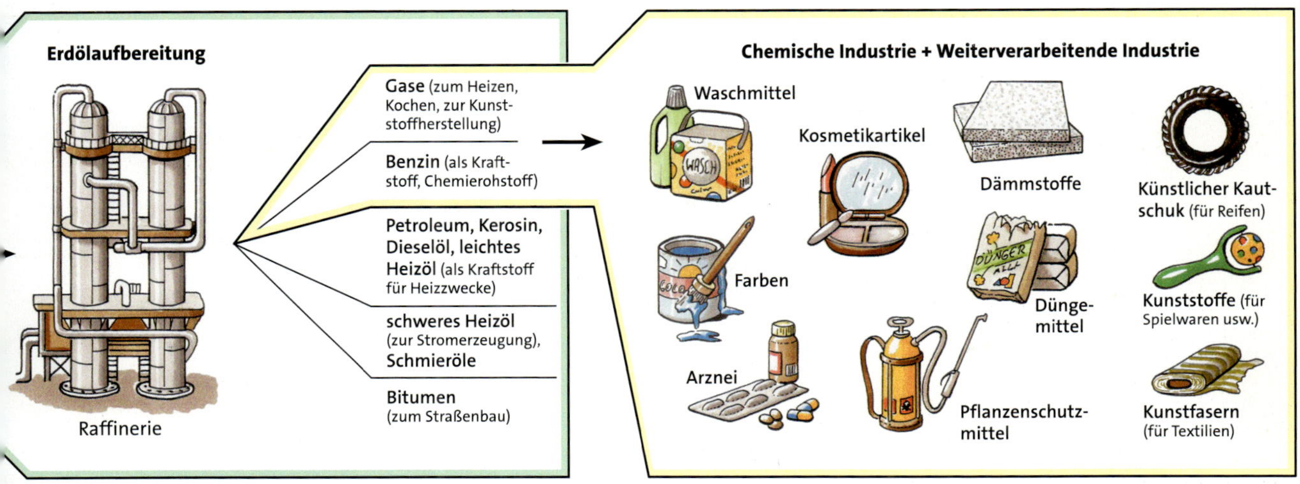

Welthandel

Die Globalisierung ist eine Entwicklung hin zu einem weltweiten Austausch von Gütern und Dienstleistungen, Informationen und Kapital. Folgende Faktoren haben diesen Prozess begünstigt:

1. Die Nutzung der internationalen Arbeitsteilung

Die Verteilung der Rohstoffvorkommen und die Höhe der Arbeitskosten ist weltweit sehr unterschiedlich. Multinationale Konzerne nutzen diese Kostenvorteile.

2. Der technische Fortschritt

Die Erfindung von Dampfschiffen, Diesel- und Ottomotoren, Flugzeugen, Telefon und Internet hat den Handel mit Gütern und Dienstleistungen erheblich erleichtert und die Transport- und Kommunikationskosten gesenkt. Im Falle der Datei-Downloads aus dem Internet entfallen die Transportkosten fast komplett.

3. Der Freihandel

Zölle und Subventionen behindern den Handel zwischen den Ländern. Die wirtschaftlich stärksten Staaten haben sich in der **WTO** (**world trade organization**, vgl. S. 221) zusammengeschlossen, um diese Handelsschranken abzubauen. Die Gleichbehandlung aller Länder ist allerdings längst noch nicht verwirklicht, denn Wirtschaftsblöcke, Freihandelszonen sowie staatlicher Protektionismus behindern diese immer noch.

4. Die weltpolitische Entwicklung

Der Zusammenbruch der Sowjetunion und die damit verbundene Öffnung der osteuropäischen Länder für die Demokratie brachte durch die Einführung marktwirtschaftlicher Grundsätze einen gewaltigen Schub. Dazu kommt das Ende der politischen und wirtschaftlichen Isolation Chinas. So eröffnet sich ein Riesenmarkt mit über 1 Mrd. Meschen.

Der Welthandel weitete sich in den letzten Jahren durch die Einflüsse der Globalisierung und Internationalisierung stark aus.
Das wichtigste Welthandelsgut ist Erdöl, nahezu unverzichtbar für die Energieversorgung, den Transport oder als Bestandteil von Produkten. Doch die größten Verbraucherländer verfügen nicht über die entsprechenden Rohstoffreserven und sind vom Import aus den Förderländern abhängig. Erdöl wurde dadurch zum wichtigsten Welthandelsgut.

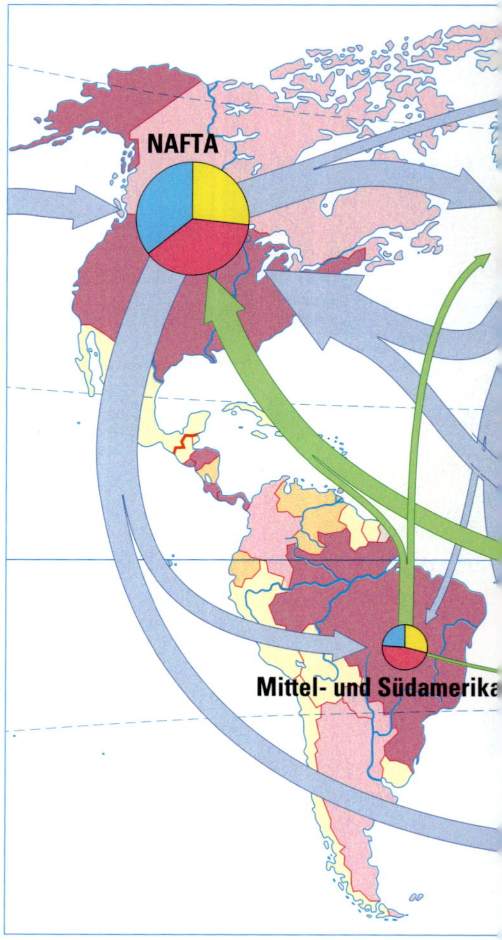

1 ***Welthandelsströme 2000***

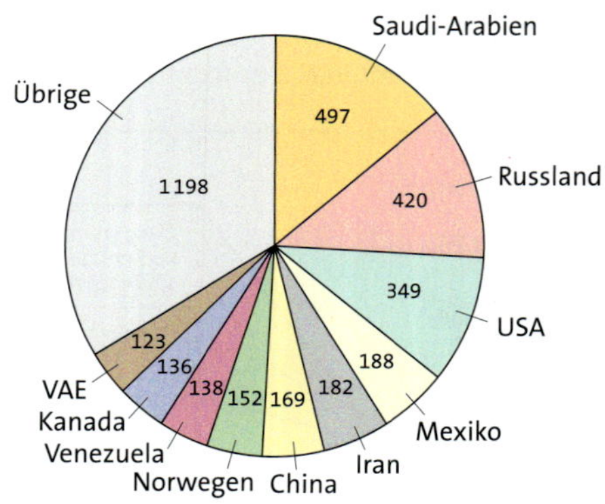

2 ***Die zehn größten Erdölförderländer 2003 in Mio.t***

1 *Arbeite mit der Weltkarte 1:*
a) Beschreibe die Handelswege von Rohstoffen und Fertigwaren.
b) Afrika steht im Schatten der globalisierten Märkte. Belege diese Aussage.

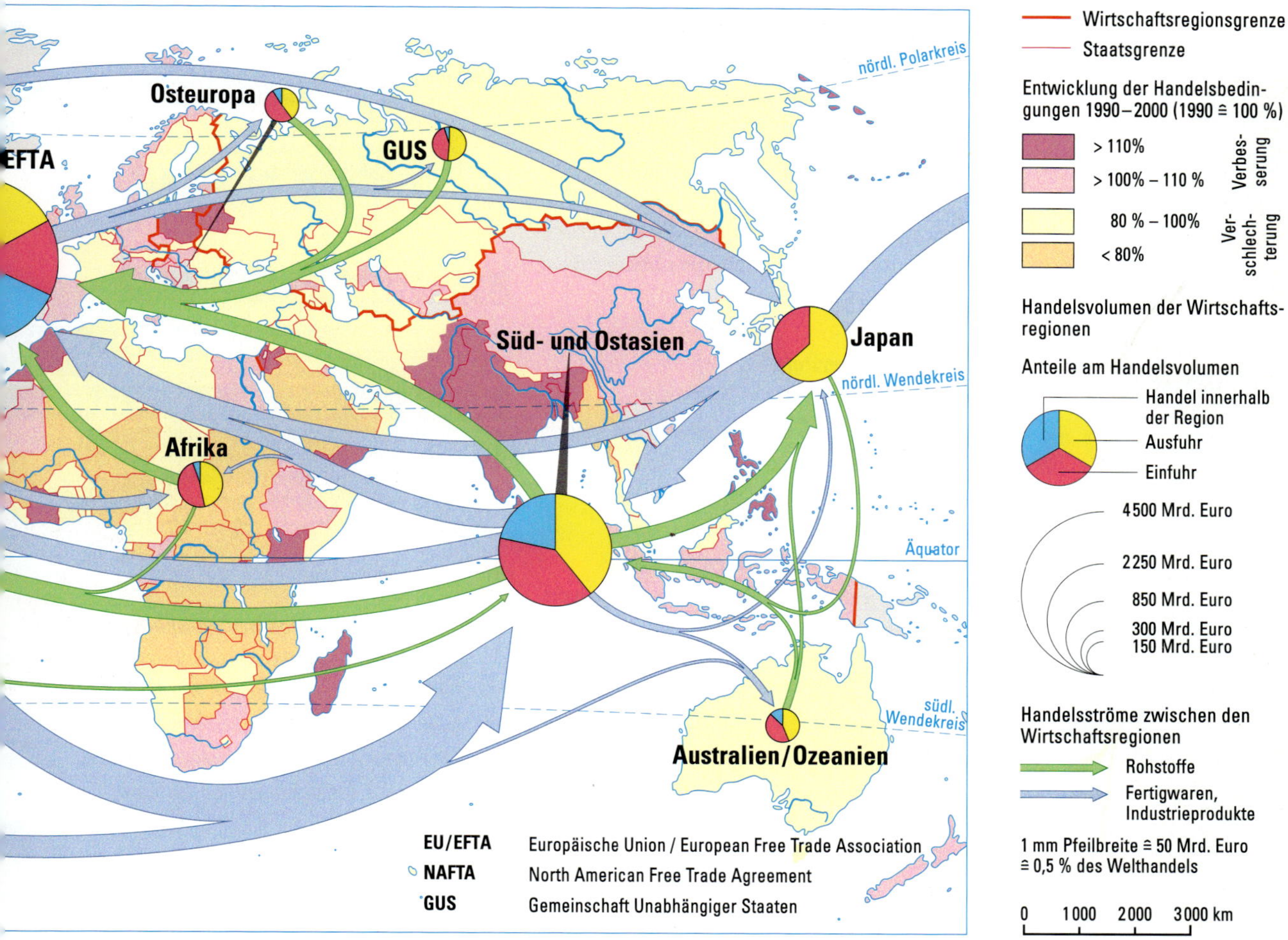

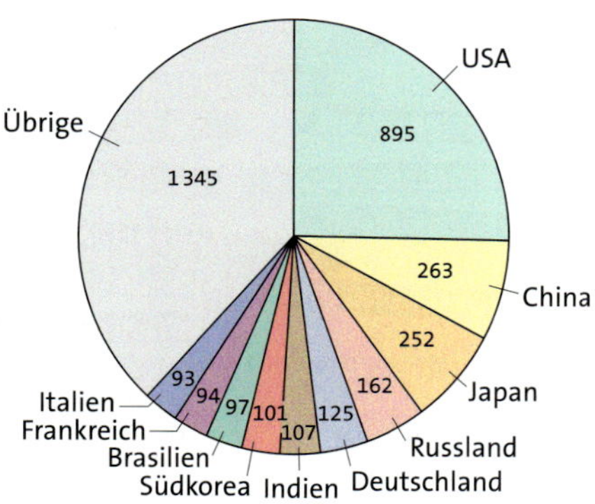

3 ***Die zehn größten Erdölverbraucher 2003 in Mio.t***

4 **Deutsche Rohölimporte 1. Halbjahr 2004 in Mio. Tonnen**

Russland	18,1	(+10,3 %)
Norwegen	12,2	(+11,7 %)
Libyen	6,0	(+45,4 %)
Großbritannien	5,9	(+ 7,1 %)
Kasachstan	3,6	(+ 6,1 %)
Saudi-Arabien	1,9	(- 3,0 %)
Syrien	1,9	(-43,2 %)
Algerien	1,0	(-52,2 %)

Veränderung zum 1. Halbjahr 2003 in Klammern

Surftipp

www.worldbank.org/data/

Lesetipp

Atlas der Globalisierung. Hrsg. von Le Monde diplomatique. Berlin 2003

2 *Vergleiche die 10 größten Erdölförderer und -verbraucher und zeige hier die Ursachen der Globalisierung am Beispiel Erdöl auf.*

3 *Beurteile die Abhängigkeit Deutschlands bei der Erdölversorgung anhand der Tabelle 4 .*

Orientieren

1 *Arbeite mit der Karte Welthandelsströme auf Seite 200/201:*
a) Schreibe fünf Staaten auf, die besonders von der internationalen Arbeitsteilung profitieren.
b) Schreibe fünf Staaten auf, die bei der internationalen Arbeitsteilung übergangen werden.

Kennen und verstehen

2 ***Richtig oder falsch?***
Verbessere die falschen Aussagen und schreibe die richtige Antwort auf:
a) Die AG ist eine Arbeitsgemeinschaft.
b) Ein Global Player spielt im Internet.
c) Ein Patent ist ein Pflaster.
d) Ein Konzern ist ein Zusammenschluss von Unternehmen.
e) Eine AG hat viele Eigentümer.
f) Der Vorstand ist die Firmenleitung einer AG.
g) Eine Tochtergesellschaft ist die Familie der Schwiegereltern.
h) Eine Zielgruppe ist Teil einer Sportmannschaft.
i) Trend scouts sind Pfadfinder.
j) Beim outsourcing übernehmen andere Firmen Aufgaben, die sonst das Stammunternehmen erledigt hat.
k) Das Absatzgebiet ist der Unternehmensbereich, in dem Schuhabsätze produziert werden.
l) Die WTO ist ein Zusammenschluss von Staaten, die Handelsschranken abbauen wollen.

3 ***Wirtschaftsexperte gesucht***
In der Konzernzentrale von adidas in Herzogenaurach arbeiten 300 ausländische Mitarbeiter aus 40 Nationen. Das Durchschnittsalter beträgt 33 Jahre.
a) Erkläre, wie diese Tatsache zu adidas als Global Player passt.
b) Zeige den Zusammenhang mit der Zielgruppe von adidas auf.

Wichtige Begriffe
Absatzgebiet
Aktiengesellschaft (AG)
Arbeitsteilung, international
Freihandel
Gebrauchsmuster
Globalisierung
Global Player
Konzern
Markenzeichen
Outsourcing
Patent
Spekulation
Standards of Engagement
Tochtergesellschaft
Trend Scout
Unternehmen
Unternehmensleitung
Welthandelsorganisation (WTO = world trade organization)
Zielgruppe

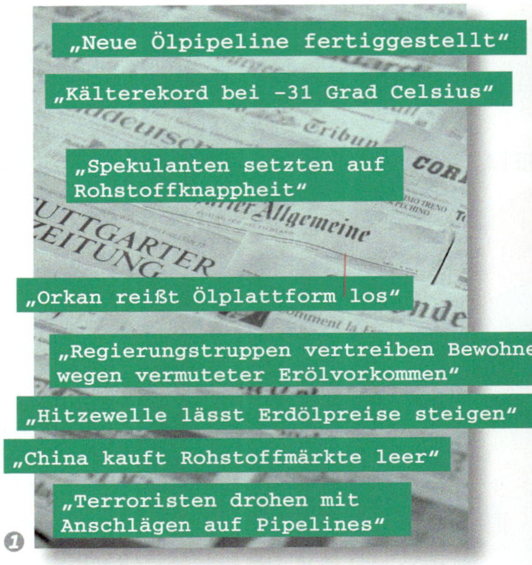

❶

4 **Presseschau**
a) Notiere die Faktoren der Preisbildung für das Erdöl, die direkt oder indirekt in den Schlagzeilen angesprochen werden.
b) Erkläre den Zusammenhang zwischen einer Hitzewelle und steigenden Ölpreisen.
c) Verarbeite die Schlagzeilen zu einer Geschichte.
d) Schneide aus Zeitungen Schlagzeilen aus, die mit dem Erdöl und/oder der Globalisierung zu tun haben und klebe sie in dein Heft.

❷

5 ***Wortpaare gesucht***
Suche die Wortpaare, die zusammenpassen.

Fachmethoden anwenden

6 *a) Stelle die Herstellungskosten der Sportschuhe aus der Grafik 3 als Säulendiagramm dar.*
b) Erörtere die Einkommensverteilung, die sich dadurch weltweit ergibt.

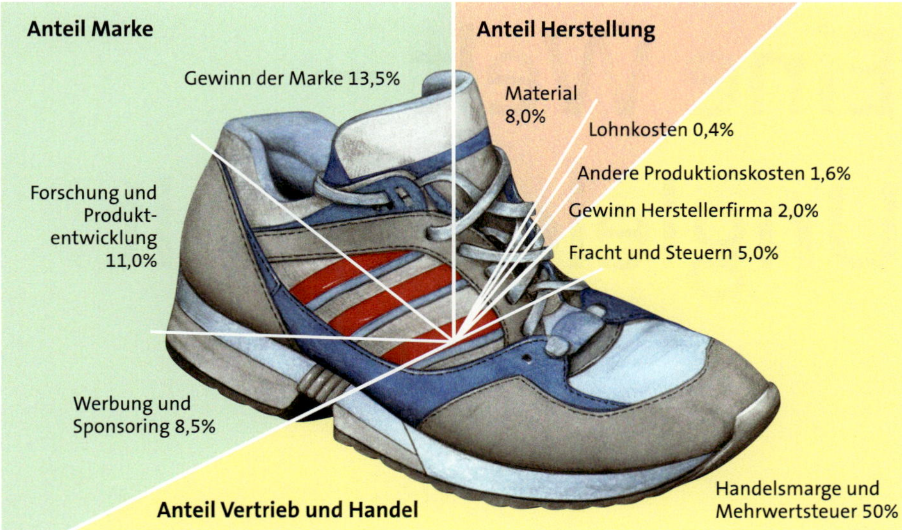

3

Teste dich selbst
mit den Aufgaben 2 c, 4 b und 11 b.

Gewinn
= Einnahmen - Ausgaben

Handelsmarge (Handelsspanne)
$= \frac{\text{Verkaufspreis - Einkaufspreis}}{100\,\% \times \text{Verkaufspreis}}$

Übertragen und beurteilen

7 *Analysten gesucht*
a) Erstelle ein Unternehmensportrait von Nike, dem Hauptkonkurrenten von adidas, mit den Schwerpunkten: Geschichte, Produkte, Standorte, Zielgruppe.
b) Erstelle ein Unternehmensportrait der Allianz AG oder einem Unternehmen deiner Wahl mit den Schwerpunkten von a).
c) Erstelle ein Unternehmensportrait unter besonderer Berücksichtigung der innerbetrieblichen Arbeitsteilung (FuE, Beschaffung, Produktion, Vertrieb, Verwaltung).

8 *Mit Öl handeln*
Am 31. 3. 2005 kostete 1 € 1,29 US-$.
a) Berechne den Wert von 1 US-$.
b) Berechne den Wert von einem Fass Öl (1 Barrel = 159 l) in €
bei einem Preis von
– 43 US-$ pro Barrel,
– 49 US-$ pro Barrel
und bei Wechselkursen von
– 1 € = 1,35 US-$,
– 1 € = 1,10 US-$.
c) Beschreibe und erkläre die unterschiedlichen Auswirkungen der Wechselkursschwankungen auf die Import- und Exportindustrie.

9 *Standards of engagement prüfen*
a) Notiere die Hauptthemen der „standards of engagement“ von Seite 195 in dein Heft.
b) Suche im Internet, ob andere Firmen auch „standards of engagement“ haben.

Knobeln und rätseln

10 *Zum Knobeln*
Wo steht die Werkbank der Welt?

11 *Bilderrätsel*
a) Löse die Bilderrätsel.
b) Erkläre den Begriff a.

a

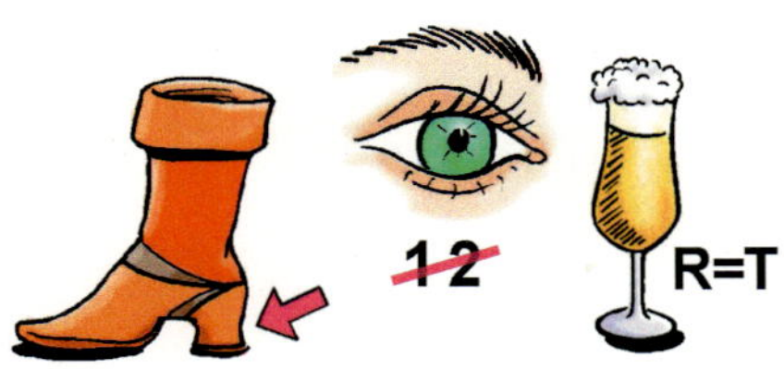

b

Training

Eine Welt – Ungleiche Welt

*Wir leben alle in der „Einen Welt" und doch gibt es große Unterschiede.
In manchen Regionen der Erde leben die Menschen im Überfluss und in anderen leiden sie Hunger und haben keine Zukunftsperspektive.
Wie kann man diese Klüfte überwinden?
Eine Frage, die uns alle angeht!*

11

1 ***Schülercollage zum Thema Luxus***

3

Ich bin Carla aus Lima. Luxus heißt für mich, ein Dach über dem Kopf und Essen zu haben. Selbst keine Angst um mein Leben haben zu müssen, heißt hier Luxus. Etwas ganz Tolles wäre, wenn ich zur Schule gehen könnte. Manchmal träume ich davon, in einem Haus aus richtigen Steinen zu wohnen. In einer Zeitung, die auf der Straße lag, habe ich sogar einmal ein Zimmer gesehen, das nur zum Baden ist – unvorstellbar.

Was heißt schon Luxus?

„Den Luxus leiste ich mir!" oder „Dafür würde ich nie so viel Geld ausgeben!" – Jeder Mensch hat seine eigene Vorstellung, was Luxus bedeutet. Was für den einen Luxus ist, ist für den anderen noch längst keiner. Luxus ist generell „der Aufwand, der das Notwendige übersteigt". Doch was ist notwendig?

Alle Menschen dieser Welt brauchen Nahrung, Kleidung, eine Wohnung, eine Ausbildung, eine Arbeit und eine medizinische Versorgung. Sie haben somit alle die gleichen **Grundbedürfnisse.** Diese Bedürfnisse zu erfüllen ist in vielen Ländern schwieriger als bei uns, denn die Mehrzahl der Menschen in den Ländern Lateinamerikas, Afrikas oder Asiens lebt in Armut. Und: Ihr Staat ist zu arm um ihnen zu helfen. Hilfe kann von den reichen Industrieländern kommen – so auch von Deutschland. Aber: Armut gibt es in jedem Land dieser Erde!

Grundbedürfnisse
die jeder Mensch hat, um menschenwürdig leben zu können.

Arbeit
Wer keine bezahlte Arbeit hat, kann sich nicht kaufen, was er zum Leben braucht. Krankheit gefährdet die Leistungsfähigkeit, ohne die es erst recht keine Arbeit gibt.

Bildung
Wer nicht lesen und schreiben kann, bleibt von vielen Berufen ausgeschlossen. Er hat keine Möglichkeit zu persönlichem Aufstieg oder Einflussnahme. Er bleibt abhängig und auf niederer gesellschaftlicher Stufe.

Ernährung und Gesundheit
Wer Hunger hat, ist anfällig für Krankheit, kann nicht arbeiten und stirbt früher. Richtige Ernährung sichert die Gesundheit und die Arbeitskraft; Gesundheitsvorsorge sichert das Aufwachsen der Kinder.

Wohnen
Wer kein Zuhause hat, hat keinen Lebensmittelpunkt für seine Familie und keine Sicherheit. Er kann sein Leben nur schlecht planen.

2 ***Grundbedürfnisse***

4

Mein Name ist Gloria und meine Heimatstadt ist Kuala Lumpur. Ich finde, es ist Luxus, dass ich zur Schule gehen kann und nicht das Geld für das Essen unserer Familie mitverdienen muss. Ich kenne viele Kinder und Jugendliche bei uns, die das müssen. Dass wir in der Stadt Krankenhäuser haben, das ist auch Luxus. Manchmal würde ich auch gerne in einer großen Villa wohnen und dann hätten wir einen Garten und ein Auto.

5

Mein Name ist Mike und ich lebe in Seattle. Für mich wäre es Luxus, wenn ich so viel Geld ausgeben könnte, wie ich wollte. Dann würde ich mir neue Klamotten, CDs und bald ein Auto kaufen. Ich würde jede Woche mit meinen Kumpels eine Party schmeißen. Aber Luxus kann ja auch heißen, dass wir alle gesund sind und wir nicht ständig mit der Angst vor weiteren Terroranschlägen auf unser Heimatland leben müssen.

Der Brundtlandbericht

1983 ernannte der UN-Generalsekretär die norwegische Umweltministerin Brundtland zur Vorsitzenden der „Kommission für Umwelt und Entwicklung". Es wurde ein international anerkannter Bericht erarbeitet, der auch Aussagen zu den Grundbedürfnissen enthält. Im so genannten Brundtlandbericht heißt es: Die Grundbedürfnisse weiter Teile der Bevölkerung in den Entwicklungsländern nach Nahrung, Kleidung, Wohnung und Arbeit werden nicht befriedigt. Über diese Grundbedürfnisse hinaus haben die Menschen berechtigte Wünsche nach einer besseren Lebensqualität. Eine Welt, in der Armut und Ungerechtigkeit herrschen, wird immer ökologischen und anderen Krisen ausgesetzt sein. Dauerhafte Entwicklung erfordert, die Grundbedürfnisse aller zu befriedigen und für alle die Möglichkeit zu schaffen, ihren Wunsch nach einem besseren Leben sicher zu stellen.

1 *Vergleiche die Schilderungen der Kinder:*
   a) Welche Lebenssituationen sind beschrieben?
   b) Vergleiche dies mit deinem eigenen Leben. Schreibe auf einen Zettel, was Luxus für dich bedeutet. Hängt die Zettel in der Klasse auf und diskutiert darüber.

2 *Nenne fünf Grundbedürfnisse, die deiner Meinung nach für jeden Menschen auf der Welt erfüllt sein sollten.*
   a) Erstelle eine Liste und schreibe das Wichtigste auf Platz 1.
   b) Vergleicht eure Listen.
   c) Erstelle eine Liste für ein Kind aus einem armen Land wie Äthiopien.

3 *Erörtert Folgen, die sich aus den im Brundtlandbericht benannten Forderungen ergeben könnten.*

Surftipp
www.learnline.nrw.de/angebote/agenda21/doku/global.htm
oder
www.uno.de

→ *Entwicklungsland, Seite 315*

1

2 **Durchschnittliche Zusammensetzung und Energiegehalt der Nahrung (kJ/Tag)**

Nahrungsmittel	Deutscher	Brasilianer	Inder	Äthiopier
Getreide	3126	3939	5891	5091
Hackfrüchte	591	733	172	293
Zucker	1764	1957	892	168
Hülsenfrüchte	29	570	532	503
Obst, Gemüse	1169	666	478	239
Fleisch, Fisch, Eier	2405	939	113	243
Milch, Milcherzeugnisse	1303	616	423	147
Fette, Öle	277	1718	670	256
Getränke, Gewürze und Sonstiges	1320	251	96	155
gesamt	14472	11384	9269	7094

Hunger – ohne Ende?

„Hunger macht Menschen krank und tötet sie, er verursacht Krisen und Kriege. Der Hunger ist global eines der größten Probleme unserer Zeit", so beginnt ein Entwicklungshelfer seinen Vortrag auf der Welternährungskonferenz.

In den Entwicklungsländern leiden Millionen Menschen an **Unterernährung.** Das heißt, sie müssen mit weniger Kalorien auskommen als ihr Körper eigentlich braucht. Die Karte zeigt, dass diese Länder wie ein Hungergürtel um die Erde angeordnet sind.

„Du bist, was du isst!" heißt ein Werbeslogan und dies bedeutet: auch wenn in den Industrieländern ein Großteil der Menschen keinen Hunger leiden muss, gesunde Ernährung heißt mehr als satt werden.

Ist die notwendige Kalorienmenge pro Tag erreicht, kann es auch durch eine falsche Zusammensetzung der Nahrung zu Problemen kommen. Höchstens 60 % der Kalorienmenge sollten aus Kohlenhydraten (Getreide, Knollenfrüchte oder Zucker) bestehen, 25 % sollten durch Fette und mindestens 15 % durch Eiweiße, Mineralstoffe und Vitamine gedeckt werden. Ist dies nicht der Fall, kommt es zu **Mangelernährung**, auch **Fehlernährung** genannt. Unter- und Mangelernährung gelten als wesentliche Ursachen für die hohe Kinder- und Säuglingssterblichkeit in den Entwicklungsländern.

In den Industriestaaten dagegen ist häufig eine **Überernährung** und die ungesunde Zusammensetzung der Nahrung ein Problem. Dort werden zum Beispiel Ernährungskurse von Krankenkassen angeboten, um Krankheiten infolge von Fehl- oder Überernährung vorzubeugen.

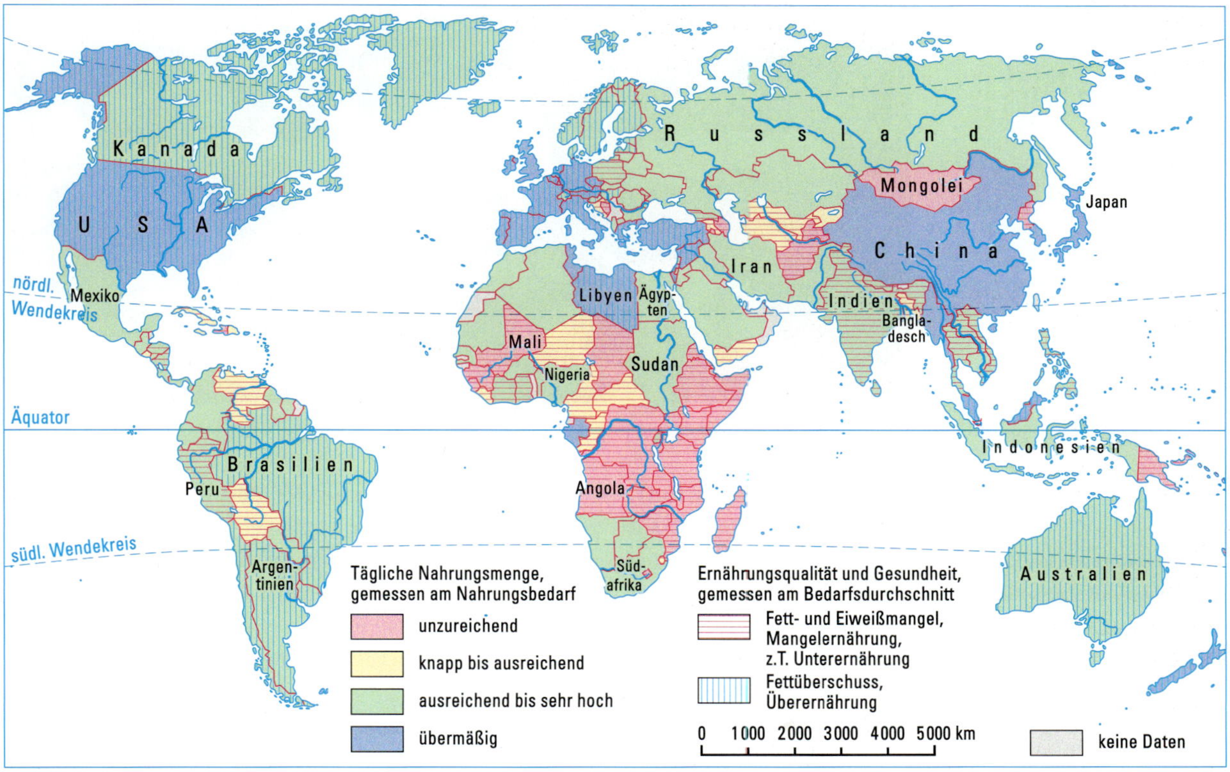

3 ***Ernährung in der Welt***

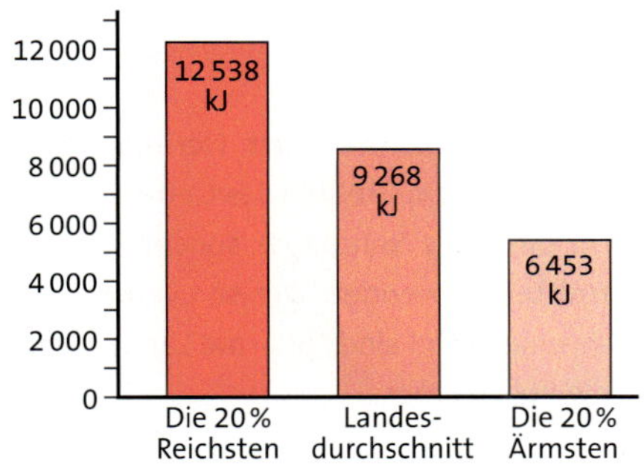

4 ***Kalorienkonsum in Indien pro Kopf und Tag***

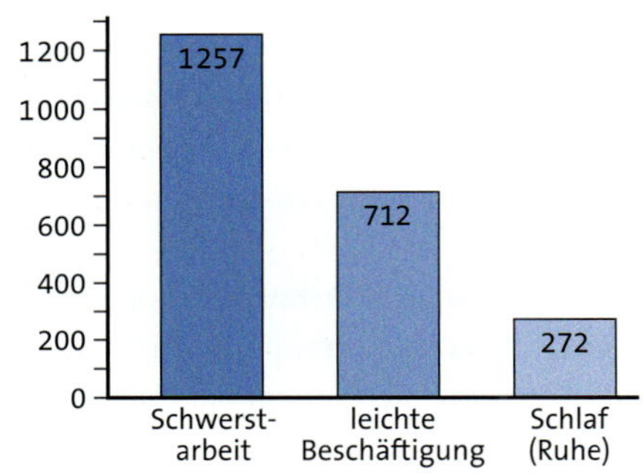

5 ***Durchschnittlicher Energieverbrauch eines Menschen in kJ/Std.***

1 *Werte Tabelle 2 aus:*
  a) Nenne Gemeinsamkeiten oder Unterschiede in der Ernährung.
  b) Sind bestimmte Nahrungsmittel besonders wichtig für die einzelnen Staaten?
  c) Stelle Überernährung, Unterernährung oder Mangelernährung heraus.
  d) Nenne mögliche Gründe für die Unterschiede zwischen den Staaten.

2 *Arbeite mit der Karte 3:*
  a) Auf welchen Kontinenten liegen die Hungergebiete der Welt?
  b) Notiere für jeden der drei Kontinente zwei Staaten, in denen die Nahrungsmittelversorgung der Menschen übermäßig bzw. unzureichend gedeckt ist.

3 *Nicht nur weltweit, sondern auch innerhalb von Staaten ist die Nahrung ungleich verteilt. Belege dies anhand von Diagramm 4.*

4 *Stelle mithilfe von Diagramm 5 zusammen, was ein Äthiopier in 24 Stunden alles machen kann, wenn sein Gewicht gleich bleiben soll.*

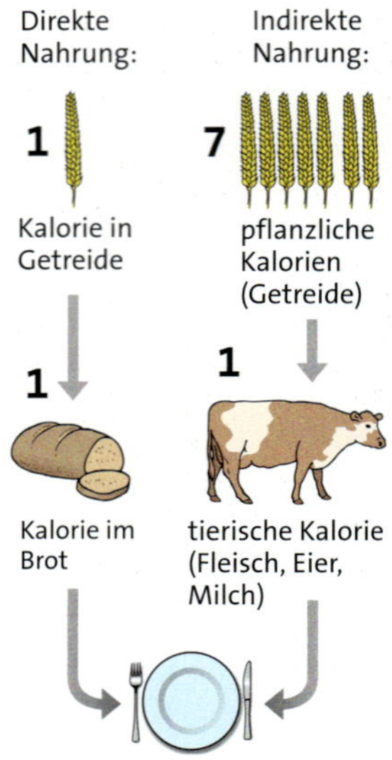

6 ***Kalorienumsatz von Weizen bei der Verwendung zur Herstellung verschiedener Nahrungsmittel***

7 ***Nahrungsmittellieferung***

Alle Menschen würden satt!
„Es ist genug für alle da!" Auch wenn es sich im ersten Moment merkwürdig anhört: Theoretisch gibt es ausreichend Nahrungsmittel auf der Erde, um auch langfristig alle Menschen zu ernähren. Verschiedene Gründe werden für die derzeit ungleiche Verteilung der Nahrung auf der Erde angegeben. Dies sind zum Beispiel politische oder naturräumliche Unterschiede in den Ländern. Besonders wichtig scheint das Bevölkerungswachstum zu sein. Denn was nützt eine Produktionssteigerung der Nahrungsmittelindustrie, wenn die Zahl der Menschen, die ernährt werden muss, in viel schnellerem Maße zunimmt? Man spricht hier häufig von einem „Wettlauf zwischen Storch und Pflug".
Dennoch, alle Menschen dieser Welt könnten satt werden, wenn vor allem zehn Voraussetzungen erfüllt würden:

1. Hilfe für die Kleinbauern: Durch genügend Landfläche mit gesicherten Eigentumsverhältnissen und durch agrartechnische Unterstützung zur Produktivitätssteigerung (z. B. Saatgut, Geräte, Dünger) könnte den Kleinbauern geholfen werden. Da Feldarbeit in diesen Regionen überwiegend Frauenarbeit ist, sind hierbei Bildung und Förderung der Frauen besonders wichtig. Darüber hinaus müssten die Regierungen den Anbau von Grundnahrungsmitteln fördern und marktgerechte Preise festsetzen.

2. Bremsen des Bevölkerungswachstums: Je mehr Menschen ernährt werden müssen, desto mehr Nahrung ist notwendig! Fortschritte in der Ausbildung und Altersabsicherung können das Bevölkerungswachstum verlangsamen.

3. Fairer Welthandel: Die Konkurrenz auf dem Weltmarkt ist so stark, dass ärmere Länder keine Chance haben: Zollschranken, Dumpingpreise, ungerechte Subventionen und unfairer Handel müssen abgebaut werden.

4. Mehr pflanzliche statt tierische Nahrungsmittel: Ein Großteil des Getreides wird nicht direkt als Nahrungs-, sondern als Futtermittel verwendet. Die so „veredelten" Nahrungsmittel sind für arme Länder unerschwinglich teuer.

5. Anbau von mehr Grundnahrungsmitteln: So kann die Landwirtschaft stärker an der einheimischen Bevölkerung orientiert werden. Oft werden aber Exportgüter stärker gefördert, sodass **cash crops** von Regierung und Bauern den **food crops** vorgezogen werden.

6. Hilfe zur Selbsthilfe statt Nahrungsmittelhilfe: Hilfen durch Nahrungsmittel machen die Nehmerländer zunehmend abhängig. Nomaden und Kleinbauern sehen keinen Grund mehr für die Eigenversorgung und die Suche nach zukunftsorientierten eigenen Wegen bleibt aus.

8 ***Züchtung genmanipulierter Maispflanzen***

9 ***Nahrungsmittellagerung***

7. Frieden und Demokratie: Konflikte und Kriege kosten Menschenleben und zerstören die Wirtschaft. Gelder für die Unterstützung der Nahrungsmittelproduktion und für die Stärkung von Zukunftsplänen fehlen deshalb. Nur wenn alle Menschen im Land angemessen in die Entscheidungen integriert werden, haben Projekte auch eine Chance.

8. Kampf gegen die Armut: Experten sagen: Wo es Kaufkraft gibt, da gibt es keinen Hunger! Er ist nur ein Folgeproblem, denn das eigentliche Problem ist die Armut. Die Menschen können sich ihre Ernährung einfach nicht leisten. Die Kaufkraft lässt sich durch ein Angebot an Arbeitsplätzen verbessern.

9. Richtige Lagerung: Durch falsche Lagerung und unsachgemäßen Transport von Nahrungsmitteln verderben dringend benötigte Güter. Zum Beispiel werden Getreidesäcke nass und faulen, Güter ohne Kühlung verderben oder es werden Haltbarkeitsfristen durch lange Prüfungen bei der Einfuhr überschritten und die Nahrung ungenießbar.

10. Gentechnik: In der Genforschung versucht man besonders ertragreiche Sorten zu entwickeln. So soll die Widerstandsfähigkeit der Pflanzen gegen Schädlinge oder Krankheiten erhöht werden. Genforscher wollen Pflanzen züchten, die Kälte und Trockenheit besser überstehen, sodass neue Anbaugebiete erschlossen und genutzt werden bzw.

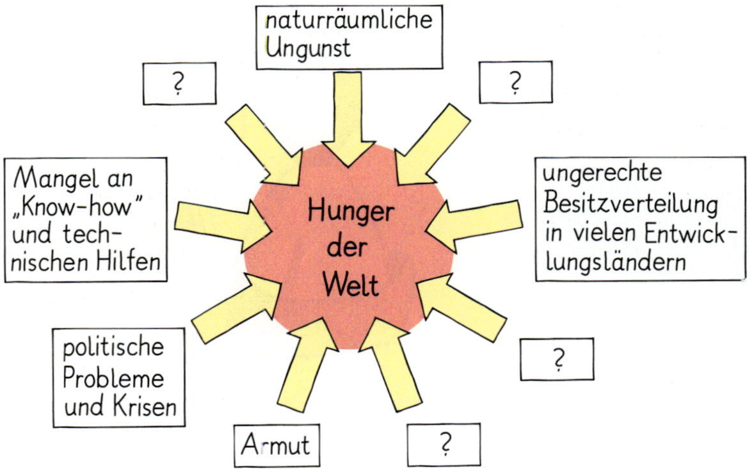

10 ***Hunger in der Welt***

Ernteausfälle vermieden werden können. Doch bedeutet die Gentechnik, abgesehen von den umstrittenen Folgen für Mensch und Natur, auch eine wachsende Abhängigkeit der Bauern von den Saatgutherstellern.

5 *Notiere Möglichkeiten, Maßnahmen und Projekte, die den Entwicklungsländern nachhaltig helfen können.*

6 *Hunger hat viele Ursachen. Übertrage das Schema 10 in dein Heft und ergänze es.*

7 *Erkläre den Ausspruch „Es gibt einen Wettlauf zwischen Storch und Pflug".*

8 *Erkläre die Forderung „Mehr pflanzliche statt tierische Nahrungsmittel". Nutze dazu auch die Grafik 6.*

9 *Diskutiert in der Klasse über Möglichkeiten und Grenzen der Welternährungssicherung.*

Du kannst nicht überall hinfahren, um dir etwas genauer anzusehen. Aber es gibt heute eine Vielzahl an Filmen, die einzelne geographische Phänomene, verschiedene Landschaften, Städte oder Staaten und Menschen, die dort leben, vorstellen. Doch du solltest einen Film nicht unkritisch konsumieren. Hier lernst du Schritte zur Filmauswertung kennen.

Einen Film auswerten

Einmal sehen ist hundertmal besser als zehnmal hören, sagt ein japanisches Sprichwort. Ein geschultes Auge und ein aufmerksames Ohr helfen dir, wichtige Informationen aus einem Film herauszufiltern.

Tipp
Es muss nicht immer im Unterricht sein: Große Sportereignisse wie z. B. Olympische Spiele und Fußballweltmeisterschaft, die im Fernsehen übertragen werden, haben oft im Begleitprogramm kleine Kulturfilme mit vielen Informationen über Land und Leute.

Einen Film auswerten

1. Schritt: Vorbereiten

- *Bereitet ein Filmmitschriftblatt vor (s. Abb. 2), um darauf während des Filmes Zahlenangaben, Definitionen, Fachbegriffe, Namen (nach dem Gehör) zu notieren.*
- *Überlegt in einem Vorgespräch in der Klasse, welche Erwartungen an den Inhalt der Filmtitel weckt.*
- *Verteilt Beobachtungsaufgaben auf kleine Gruppen, z. B. Gruppe 1: Landschaft(en); Gruppe 2: Personen, die zu Wort kommen, deren Lebensbedingungen gezeigt werden; Gruppe 3: wirtschaftliche Aspekte.*
  Eine oder zwei Gruppen sollten auf die Art der Kommentare, Musikuntermalung, Zwischentexte achten.

2. Schritt: Ansehen des Filmes

Eventuell ist es notwendig den Film mehrmals und abschnittweise anzuschauen.

1 **Objektiv – Subjektiv**

Im Duden steht unter „subjektiv“: persönlich, einseitig, parteiisch, unsachlich; unter „objektiv“: tatsächlich, sachlich.

Beim Betrachten eines Filmes ist es nicht leicht, die Objektivität der Informationen einzuschätzen. Schon in der Auswahl der Dinge, die gezeigt werden, auch in dem, was man nicht zeigt, in der Stimmführung des Sprechers oder in der Auswahl der Hintergrundmusik liegt Subjektivität. Eigentlich lässt sich ein gewisses Maß an Subjektivität überhaupt nicht vermeiden, denn der Filmemacher muss aus der Fülle des Materials auswählen. Die Schwierigkeit liegt darin, die Absicht, das Interesse, das Ziel des Filmemachers zu identifizieren, denn dann ist es leichter, den Wert einer Information einzuschätzen. Je mehr Filme ihr gemeinsam in eurer Klasse anseht und nachbereitet und je mehr ihr Zusatzinformationen aus anderen Quellen hinzuzieht, desto leichter wird euch das Einschätzen eines Filmes fallen.

2

Filmmitschrift vom 19.05.2003

Titel:	Frucht vom goldenen Baum
Dauer:	13 Minuten
Erscheinungsjahr:	1997
Geographische Angaben:	Ghana

Notizen

Kakaoanbau in Ghana
wichtig → fairer Handel (seit kurzem)
Firma Transfair (Bedeutung Name ??)
→ welt-weit, gerechte Preise
Wie wird Kakao gemacht: Plantage, Ernte, Trocknen, Transport, Verkauf
fairer Kakao Vorteile: sicheres Einkommen, Arbeit, Schulen, Straßen
Arbeit hart, aber gut (früher Sklaverei)

Der Film handelt vom Kakaoanbau in Ghana. Besonders wichtig ist hier der Kakao aus fairem Handel. Erst seit kurzer Zeit gibt es Kakao aus fairem Handel in Ghana. Die Firma TransFair verkauft den Kakao weltweit und achtet auf gerechte Preise.

Im Film wird gezeigt, wie Kakao gemacht wird. Erst sieht man die Plantagen und die Ernte, dann das Trocknen, den Transport und den Verkauf von Kakao. Wichtig ist auch, welche Vorteile der faire Kakao den Leuten in Ghana bringt. Sie haben ein sicheres Einkommen, Arbeit, bauen Schulen und Straßen und einer sagt, die Arbeit ist immer noch hart aber man sieht den Erfolg. Früher gab es auch Sklaven hier.

Nicht klar wird, wie viel Kakao aus Ghana zum fairen Handel zählt und mich hätte interessiert, wie es nachher mit dem Kakao weiter geht.

3. Schritt: Nachbereiten – Informationen sichten

- *Unmittelbar nach dem Ansehen: Notizen ergänzen und/oder korrigieren, am besten im Gespräch mit dem Nachbarn oder durch Fragen an den Lehrer.*
- *Danach: Austauschen erster Eindrücke; Vergleichen mit den vorab geweckten Erwartungen.*
- *Anschließend: Aufgliedern des Filmes in Teile, dabei Einbringen der Ergebnisse der Beobachtungsaufgaben; Lokalisieren der im Film gezeigten Räume (Atlas).*

4. Schritt: Nachbereiten – Informationen bewerten

- *Einschätzen des Filmes in Orientierung an folgenden Fragen (ihr könnt zu jedem Film weitere Fragen entwickeln):*
  Ist der Film informativ?
  Was ist besonders befremdlich, verwunderlich?
  Worüber möchten/müssen wir noch mehr erfahren?
  Womit lassen sich die fehlenden Informationen ergänzen (z. B. Atlas, Erdkundebuch, Internet)?
  Welche Funktion hat der Film im Rahmen des Unterrichtsthemas?
  Ist der Film subjektiv/objektiv? (siehe Material 1)
- *Zusammenfassen der Ergebnisse:*
  Die Gruppen, die sich im ersten Arbeitsschritt gebildet haben, ergänzen die Ergebnisse ihrer Beobachtungen mit den in der Nachbereitung getroffenen Feststellungen. Diese tragen sie danach der Klasse im Zusammenhang vor.

❶

❷ ***Bildungsoffensive Äthiopien***

Bildung – eine Chance

Bildung
Förderung der persönlichen Anlagen und Fähigkeiten.

Analphabet
Ein Mensch, älter als 15 Jahre, der nicht lesen oder schreiben kann.

„Bildung ist Macht! Bildung ist auch eine Chance! Bildung, wenn auch nur z. B. die Fähigkeit des Schreibens und Lesens, bedeutet Hilfe im Alltag – heute und für die Zukunft!", so beginnt eine Rede auf einer Konferenz der Weltbank. **Bildung** bedeutet also auch Unabhängigkeit. Wer keine Bildung hat, bleibt abhängig und auf niederer gesellschaftlicher Stufe. Er hat keine oder nur eine sehr geringe Chance, seine Situation zu verbessern. Jeder Mensch sollte deshalb ein Recht auf Bildung haben! Das sagt auch die Menschenrechtserklärung der Vereinten Nationen.

In vielen Entwicklungsländern sind mehr als die Hälfte der über 15-jährigen Einwohner **Analphabeten.** Besonders Frauen und Mädchen sind davon betroffen. Unterschiede gibt es auch zwischen Stadt und Land oder Arm und Reich. Die Gründe für die hohen Analphabetenraten sind vielfältig. Traditionen lassen z. B. nicht zu, dass Frauen und Mädchen regelmäßig die Schule besuchen, oder schlechte wirtschaftliche Zustände zwingen zur Mitarbeit im Haushalt. Oft ist in den Entwicklungsländern aber auch das Bildungssystem an sich ein Grund: Es gibt nicht überall Schulen und außerdem können sich viele Bürger das Schulgeld nicht leisten.

Bildung im Überlebenskampf?

Aber wie sollte ein Bildungsprogramm in einem Land aussehen, in dem die Menschen um ihr Überleben kämpfen? Fachleute der UN fordern ein Alphabetisierungsprogramm, das sich an der **Grundbildung** orientiert.

❸ ***Was ist Grundbildung?***

4

Ich heiße Faiza Ibssa, bin 15 Jahre alt und wohne in Addis Abeba, der Hauptstadt von Äthiopien. Meine beiden Geschwister und ich gehen alle in die Schule. Wenn es klappt, gehe ich später an die Universität und werde Ingenieur. Es gibt für Ingenieure viel zu tun in unserem Land. Auch meine Eltern haben beide einen Schulabschluss und arbeiten. Mein Vater ist Ingenieur, meine Mutter arbeitet in einem Geschäft. Ihnen ist es sehr wichtig, dass wir eine gute Ausbildung haben. Deswegen sind wir aus einem Vorort in die Stadt gezogen. In der Vorortschule gab es wenige Lehrer und kaum Bücher. Vor unserer neuen Schule hängen Schilder von Organisationen, die uns unterstützen. Auch wenn ich mich auf meine Ferien freue, ich kann mir ein Leben ohne Schule nicht vorstellen!

5

Ich heiße Mumina Fhara, bin 17 Jahre alt. Ich lebe in Denan, 670 km südlich von Addis Abeba. Wegen des Krieges und weil es lange nicht geregnet hat, ziehe ich mit meiner Familie von Ort zu Ort. Jetzt leben wir in einem Lager einer Hilfsorganisation. In unserer Heimat auf dem Land war ich selten in der Schule, weil ich auf meine kleinen Geschwister aufgepasst habe. Nun habe ich selbst Kinder und werde wohl nie mehr in die Schule gehen. Ich hoffe, dass mein Mann aus dem Krieg wiederkommt, denn ich kann meine Kinder nicht alleine ernähren. Ich habe keinen Beruf und keine Chance, ausreichend Geld zu verdienen. Wenn meine Kinder größer sind, können sie mir helfen, ein paar Früchte zu verkaufen. Das habe ich mit meinen Geschwistern für meine Mutter früher auch getan.

7 ***Artikel 26 der Allgemeinen Erklärung der Menschenrechte besagt:***

1. Jeder hat das Recht auf Bildung. Die Grundschule und die allgemeine Bildung sind kostenlos.

2. Der Grundschulunterricht steht jedem Menschen zu. Jede weitere Bildung steht allen offen, je nach ihren Fähigkeiten und Wünschen.

3. Die Entscheidung über die Art der Bildung von Kindern treffen hauptsächlich ihre Eltern.

Surftipp

www.odci.gov/cia/publications/factbook

1 *Beschreibe mit deinen eigenen Worten den Begriff „Grundbildung“.*

2 *a) Vergleiche die beiden Lebenswelten 4 und 5 der Kinder in Äthiopien miteinander.*

b) Vergleiche diese anschließend auch mit deiner eigenen Lebenssituation.

3 *Werte die Grafik 6 zur Analphabetenrate der unterschiedlichen Länder aus. Betrachte besonders die Situation von Deutschland und Äthiopien. Nutze auch das Internet.*

4 *„Schulbildung – eine Chance“: Erkläre diesen Slogan.*

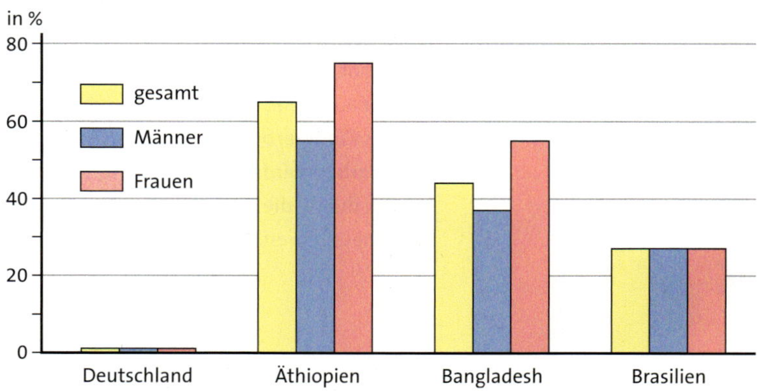

6 ***Anteil der Analphabeten an der Gesamtbevölkerung in Prozent***

1 ***ILO (International Labour Organization)***
Neben den weltweiten Daten zur Arbeit stellt sie auch Forderungen für eine gerechtere Arbeitswelt. Die ILO-Übereinkunft Nr. 138 zum Beispiel fordert ein Mindestalter arbeitender Kinder.
www.ilo.org

2 ***UNESCO (United Nations Educational, Scientific and Cultural Organization)***
Sonderorganisation der UN zur Förderung von Wissenschaft, Erziehung, Kultur und internationaler Zusammenarbeit auf diesen Gebieten.
www.unesco.org

3 ***UNICEF (United Nations International Children's Emergency Fund)***
Kinderhilfswerk der Vereinten Nationen, das sich weltweit für das Wohl von Kindern einsetzt.
www.unicef.de

4

Kanchana Ketkawa (14 Jahre, Thailand)
Ich lebe an einem wunderschönen Ort in Thailand, den viele deutsche Urlauber als Traumstrand bezeichnen. Ich arbeite hier in einer Bar mit vielen anderen Frauen und Mädchen zusammen. Ich verdiene ganz gut und schicke einen Großteil meines Geldes an meine Familie. Diese lebt auf dem Land. Ich habe oft Sehnsucht nach meiner Heimat, aber ich bin auch sehr angesehen dafür, dass ich meine Familie so unterstütze!

5

Sambu Nupara (13 Jahre, Nepal)
Ich lebe gemeinsam mit vielen Jungen neben einer Teppichfabrik in Nepal. Hier sind meine Freunde, sie sind meine Familie. Wir hocken den ganzen Tag vor unseren Teppichen in einem riesigen Raum. Das ist zwar manchmal lustig, meist aber sehr anstrengend, weil es dort so unbequem und schlecht beleuchtet ist und ein großer Arbeitsdruck auf uns lastet. Ich habe schon eine gute Position als Vorarbeiter, da ich einer der älteren Jungen bin.

Arbeiten müssen oder wollen?

Kinder arbeiten auf der ganzen Welt und zwar nicht nur in Teppichfabriken in Asien oder auf afrikanischen Plantagen. Auch in Deutschland üben Kinder Tätigkeiten aus, die über die Beschäftigung in der Schule weit hinausgehen. Bei diesen Tätigkeiten verdienen Kinder Geld.
Ist aber auch jede von Kindern ausgeübte Arbeit als Kinderarbeit anzusehen? Der Begriff **Kinderarbeit** wird dann gebraucht, wenn die Kinder durch die Tätigkeit gefährdet oder ausgebeutet werden.

6 **Kinderarbeit heißt ...**

- Vollzeitarbeit in zu jungen Jahren
- zu viele Arbeitsstunden
- eine Tätigkeit, die unangemessenen körperlichen, sozialen oder psychologischen Stress verursacht
- arbeiten und leben auf der Straße
- unzureichende Entlohnung
- zu große Verantwortung
- eine Tätigkeit, die die Bildung behindert
- eine Tätigkeit, die die Würde und das Selbstwertgefühl der Kinder untergräbt

(Auszug aus einer Erklärung der ILO und der UNESCO)

7 

Katharina Mann (14 Jahre, Deutschland)
Ich lebe in Hamburg mit meiner Mutter und meinen zwei Geschwistern. Ich helfe meiner Mutter oft im Haushalt, weil ich das älteste Kind bin und sie selbst auch arbeiten gehen muss, um uns zu ernähren. Ich habe seit kurzem noch einen Job, um mir mein Taschengeld zu verdienen. Das ist prima, denn so kann ich mir auch etwas leisten. Im Moment spare ich auch für ein neues Fahrrad oder die Teilnahme an einer Sprachreise, mal sehen.

8 

Thomas Burne (14 Jahre, Amerika)
Ich lebe in Anandale, in der Nähe von Washington. Ich habe noch vier Schwestern und wir wohnen am Rand der Siedlung. Ich fahre jeden Morgen mit dem Fahrrad die Zeitungen aus. Ich finde es nicht toll, so früh aufzustehen, weil ich dann in der Schule müde bin oder am Abend, wenn ich etwas unternehmen möchte. Aber ich brauche das Geld für Klamotten oder meine Freizeit. Einen Teil spare ich für ein Auto: das muss sein!

9 ***Die UN-Kinderrechtskonvention – als Übereinkommen über die Rechte der Kinder – besagt:***

Artikel 1
Ein Mensch unter 18 Jahren ist ein Kind, sofern er nach seinem Landesrecht nicht früher als volljährig gilt.

Artikel 32
Kinder sind vor wirtschaftlicher Ausbeutung zu schützen. In allen Vertragsstaaten darf kein Kind Arbeiten verrichten, die gefährlich, ungesund oder für seine Entwicklung und Ausbildung schädlich sind.
Es sind Maßnahmen zu treffen, die das Kind schützen. Diese legen ein Mindestalter fest, regeln Arbeitsbedingungen und Arbeitszeit und sehen Strafen vor, wenn gegen diese Regelungen verstoßen wird.

Genaue Zahlen über Kinderarbeit liegen nicht vor. Schätzungen gehen von bis zu 300 Millionen Kinderarbeitern auf der Welt aus. Nach Angaben der Internationalen Arbeitsorganisation (ILO) leben mehr als 95 % von ihnen in Entwicklungsländern.
55 % der arbeitenden Kinder sind Jungen, 45 % Mädchen. Arbeitende Mädchen sind meist noch mehr benachteiligt als arbeitende Jungen. Die Kinder erbringen in den meisten Fällen einen wichtigen Beitrag für das Familieneinkommen.
Die Mehrheit der Kinder in den Entwicklungsländern arbeitet im so genannten **informellen Sektor.** Sie verkaufen zum Beispiel Blumen oder Früchte auf der Straße, passen auf Autos auf, arbeiten in fremden Haushalten oder in Kleinbetrieben. Sie zahlen keine Steuern und Abgaben.

In Deutschland arbeiten laut einer Studie der Bundesländer von den 13- bis 15-Jährigen rund 40 %, das wären insgesamt etwa 600 000 Kinder. Allerdings erfüllen diese Tätigkeiten nie alle Merkmale der UNESCO. Es geben zum Beispiel fast alle an, freiwillig zu arbeiten.

1 *a) Vergleiche die Berichte der Jugendlichen.*
b) Welche Gemeinsamkeiten und Unterschiede stellst du in Bezug auf dein eigenes Leben fest? Liste diese auf.

2 *„Kinderarbeit kann Chancen nehmen, sie kann aber auch Chancen geben.“ Erkläre diesen Satz und versuche Beispiele zu finden!*

3 *a) Liste Argumente auf, welches Interesse Erwachsene wohl daran haben, dass Kinder und Jugendliche arbeiten?*
b) Diskutiert eure Meinungen in der Klasse.

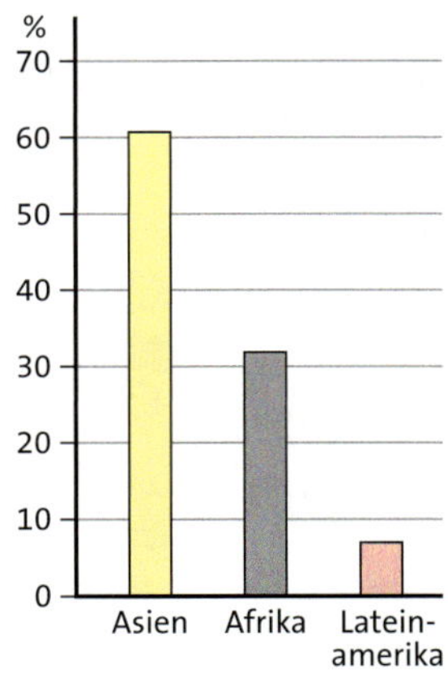

10 ***Anzahl der arbeitenden Kinder nach Kontinenten (in %)***

Kakao – Genuss mit bitterem Beigeschmack

1 ***Kakaobohne am Baum***

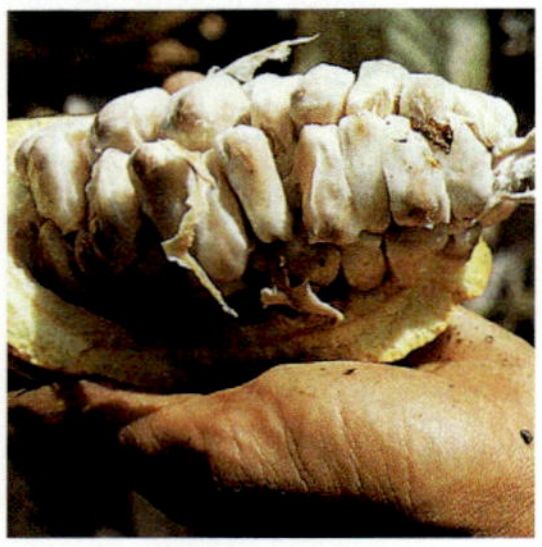

2 ***Kakaofrucht*** *mit 30–50 weißen Samenkernen, die mit Fruchtfleisch umhüllt sind*

3 ***Wachstumsbedingungen***
Temperaturen: 20 °C – 35 °C
Schutz vor direkter Sonneneinstrahlung

Kuapa Kokoo = Guter Kakao

Kakao, für uns ein Genuss als Getränk oder als Schokolade, für Ghana ein Segen, der Aufschwung und Geld ins Land brachte.

Weil der Weltmarktpreis jedoch starken Schwankungen unterliegt und sich so direkt auf die Wirtschaftslage im Land auswirkt, wurde der gesamte Handel über die staatliche Vermarktungsbehörde Cocoa Marketing Board (COCOBOD) geregelt. 1992 endete das staatliche Vermarktungsmonopol. Damit wurde der Weg frei für private Händler und Genossenschaften.

Im April 1993 gründeten Bauern die Kuapa Kokoo Union (KKU) als erste staatlich unabhängige Vereinigung, die sich um die gemeinschaftliche Vermarktung des Kakaos kümmerte. 1999 gehörten der Organisation bereits 30 000 Kakaobauern an. Doch der Export von Kakao läuft heute noch über die COCOBOD. Die Importorganisationen zahlen dieser Behörde den jeweils aktuellen Weltmarktpreis. Die Fair-Handels-Prämie von 150 US-$ pro Tonne wird direkt auf das Konto von Kuapa Kokoo überwiesen.

Liegt der Weltmarktpreis unter dem beim **fairen Handel** garantierten Mindestpreis, zahlt die Importorganisation zusätzlich die Differenz an die Genossenschaft.

Igbo Kenzo, ein Genossenschaftsmitglied:
„Garantierte Mindestpreise reduzieren die Abhängigkeit von den starken Schwankungen der Weltmarktpreise. Die Prämien des fairen Handels (Fair Trade Prämien) werden innerhalb der Genossenschaft investiert. Hiervon werden z. B. die Infrastruktur ausgebaut, Maschinen angeschafft, Transportkosten bestritten und Projekte wie Fortbildungsmaßnahmen oder Brunnenbau gefördert. Etwa die Hälfte wird auf Konten für zukünftige Investitionen verwaltet, so zum Beispiel für Ausbildungsstipendien für die Kinder der Kakaobauern."

„Entscheidend für den Absatz der teuren, fair gehandelten Produkte ist das Vertrauen der Verbraucher", sagt ein Mitarbeiter der Fairtrade Labelling Organization (FLO). Diese führt deshalb regelmäßig Kontrollen bei der KKU durch und prüft, ob die Bedingungen fairen Handels gewährleistet sind.

Neben der Entwicklung an den Weltmarktbörsen haben auch Entscheidungen der EU Einfluss auf die Kakaobauern in Ghana: Seit Mai 2000 darf in allen EU-Staaten Kakaobutter in Schokolade durch andere, billigere tropische Pflanzenfette ersetzt werden. Als Folge sank die Nachfrage nach Kakaobohnen.

4 ***Von der Bohne bis in den Laden***

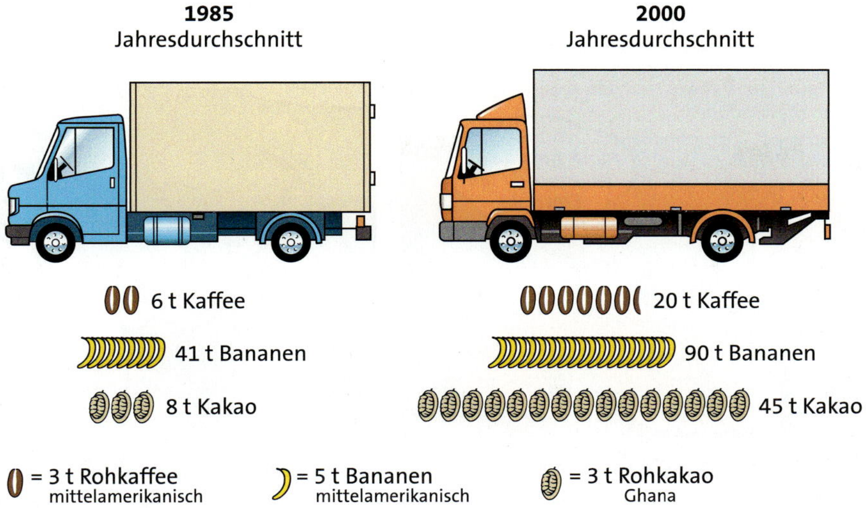

5 Terms of Trade an der deutschen Grenze: dem Wert eines Lkws (6–10 t) entsprachen im Jahresdurchschnitt ...

Terms of Trade

Austauschverhältnis zwischen den Preisen der Güter, die ein Land exportiert und importiert. Steigt der Preis der Exportgüter und der Preis der Importwaren bleibt gleich, so verbessern sich für dieses Land die Terms of Trade. Für Entwicklungsländer verändern sich die Preise meist genau anders: Der Preis der Exportgüter (oftmals Rohstoffe) bleibt gleich oder sinkt, der Preis der Importgüter (Industrieprodukte) steigt, die Terms of Trade verschlechtern sich.

Nach den Angaben der European Fair Trade Association (EFTA) wird der Bedarf allein durch die EU-Entscheidung um 20 % zurückgehen. Nun wollen auch die USA dem Beispiel folgen und die Ersatzfette erlauben. Schlechte Aussichten für Ghana!

Besonders hart wird es wieder die vielen kleinen Kakaobauern treffen, denn sie haben keine Reserven, um noch so kurze Krisenzeiten zu überstehen. Ein Vertreter des COCOBOD sagt deshalb: „Da wir keinen Einfluss auf den Weltmarkt haben, müssen wir im Land etwas ändern. Wir hoffen, dass sich uns viele Kleinbauern anschließen. Nur so haben wir Kakaobauern hier in Ghana eine Zukunft."

1 *Wenn du für eine Tafel Schokolade 50 Cent bezahlst, gehen davon nur 2–5 Cent an die Kakaobauern. Begründe dies anhand des Produktionsschemas 4.*

2 *Fasse die Entwicklung des Kakaoexports in Ghana nach Entwicklungsphasen zusammen. Nutze hierfür den Text.*

3 *Diskutiert die Arbeit von Kuapa Kokoo. Nenne Vor- und Nachteile des Zusammenschlusses.*

4 *a) Erläutere die Entwicklung der Terms of Trade verschiedener Produkte an der deutschen Grenze mithilfe des Schaubildes 5 sowie für Ghana (Diagramm 6).*

b) Welche Gründe könnte die Entwicklung jeweils haben?

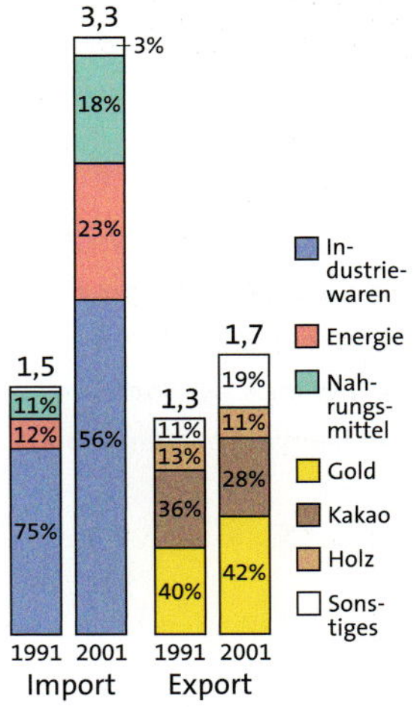

6 Ghanas Außenhandel in Mrd US-$

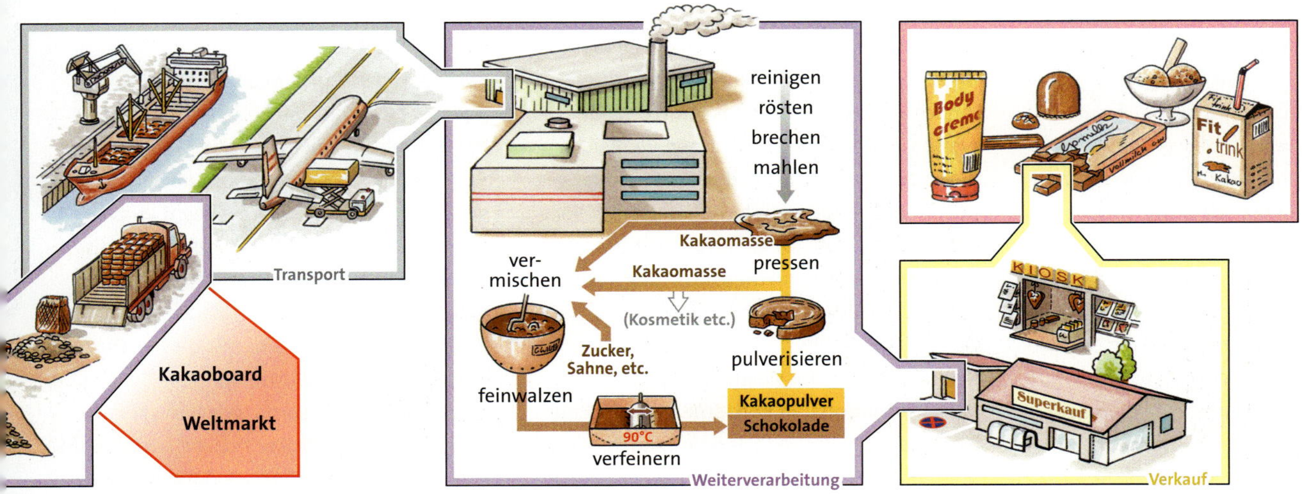

Kaum zu glauben
Vom Preis einer in Deutschland gegessenen Schokolade kommen heute weniger als 5 % bei den Produzenten an.

Die Weltmarktpreise für eine Tonne Kakao schwanken extrem, z.B. zwischen 735 US-$ im Januar 2002 und 2 360 US-$ im Januar 2003.

Vergleicht man die Umsätze von Firmengruppen mit den Haushalten der Staaten im Jahr 2005, dann befinden sich unter den 100 größten 51 Konzerne und 49 Staaten.
Der Konzernumsatz von General Motors, dem größten transnationalen Konzern (TNC), übertrifft z.B. das Bruttoinlandsprodukt von Dänemark.

1

→ *Welthandel, Seite 200*

Transnationale Konzerne (TNCs)
TNCs sind in mehreren Geschäftsbereichen außerhalb des Heimatlandes tätig und stützen sich finanziell auf Unternehmen in zwei oder mehr Ländern.

Surftipp
Die Übersicht über die 25 größten TNCs und das Beispiel des TNCs Siemens: www.klett.de/extra

Welthandel wohin?

Der Welthandel wächst jährlich um etwa 7 %. Zwar steigen die Anteile der Entwicklungsländer derzeit überdurchschnittlich, doch weisen diese immer noch einen vergleichsweise geringen Anteil an den weltweiten Exporten auf. Viele exportieren weiterhin vor allem billige Rohstoffe. Doch Fertigprodukte, Industriegüter und Dienstleistungen werden auf dem Weltmarkt sehr viel höher bezahlt als Rohstoffe.
Beherrscht wird der Welthandel zu 66 % von den transnationalen Konzernen der großen fünf: der USA, der EU, Japans, Australiens und Kanadas.

2 **Die WTO ist zum Erfolg verdammt**
Es ist der alte Konflikt, der eine Liberalisierung des Welthandels verhindert: Die Länder des Südens fordern den Zugang zu den abgeschotteten Agrarmärkten der EU und der USA, die im Jahr 2004 rund 350 Mrd. US-$ für Produktions- und Exportsubventionen gezahlt haben. In Dakar/Senegal wird dadurch z. B. italienisches Obst oder Gemüse zum halben Preis des im Land erzeugten angeboten. Ein afrikanischer Bauer hat nicht die geringsten Chancen, mit diesen Dumpingpreisen zu konkurrieren.
Europäer argwöhnen, dass der Preis für afrikanische Agrarprodukte nur die sozial und ökologisch fragwürdigen Bedingungen der Produktion widerspiegele.

WTO OMC

3 ***WTO***

(World Trade Organization)

Welthandelsorganisation, die seit 1995 mit dem Ziel arbeitet, die wirtschafliche Lage der beteiligten Länder durch Abbau von Hemmnissen des freien Welthandels zu unterstützen. Derzeit umfasst die WTO 150 Vertragsstaaten.

Surftipp

www.wto.org

www.unctad.org

Weitergehende Informationen zur WTO unter www.klett.de/extra

Die Industriestaaten ihrerseits drängen darauf, dass die Entwicklungsländer ihre Industriezölle, z. B. für Autos, senken und ihre Märkte für Banken und andere Dienstleistungen aus dem Norden öffnen.

Es sollte aber keine Handelsrunde ohne Sozial- und Umweltklauseln geben. Das gilt für Millionen Textilarbeiterinnen in Südasiens, die eine Sklavenarbeit verrichten. Das gilt auch für die 18 000 km² Regenwald, die 2004 für den Anbau von Soja, das in den Export für die Viehfütterung in die USA und die EU ging, gerodet wurden. Nicht zu vergessen, dass in manchen Entwicklungsländern korrupte Eliten unterschreiben, was ihnen transnationale Konzerne diktieren.

nach Stuttgarter Zeitung vom 10.12.2005, S. 13

1 *Interpretiere den Comic:*
  a) Beschreibe die Entwicklung in der Geschichte für die beiden Seiten.
  b) Wie wandelt sich die Situation der beiden Parteien und in welcher Beziehung stehen sie zueinander? Versuche, dies durch passende Überschriften zu den Bildern auszudrücken.

2 *Überlege, wie die Geschichte weitergehen kann. Es gibt verschiedene Möglichkeiten.*
  a) Schreibe eine davon in dein Heft.
  b) Stellt die Ideen gegenseitig in der Klasse vor und diskutiert diese.

3 *TNCs haben eine Machtstellung auf dem Weltmarkt. Stelle die Folgen*
  a) für die Industrieländer und
  b) für Entwicklungsländer zusammen.

gepa
Fair Handelshaus

❶ ***gepa***
Gesellschaft zur Förderung der Partnerschaft mit der Dritten Welt mbH
www.gepa3.de

Weltläden
Ein Stück Welt von Morgen

❷ ***Weltladen***
Meist ehrenamtlich betriebener Verkauf fair gehandelter Produkte.
Sortiment: Nahrungs- und Genussmittel, Textilien, Haushaltswaren, Kunstgegenstände.
Die Erlöse werden in der Regel wieder in den Fairen Handel investiert.
www.weltladen.de

Weltladen-Dachverband
Karmeliterplatz 4
55118 Mainz

❸ ***„Fair kaufen"***

❹ ***Plakat zum Fairen Handel***

Fair naschen!

„Diese Ökosachen schmecken doch gar nicht!" meint Markus, aber probiert hat er noch nie eine fair gehandelte Schokolade, denn: „Die sind doch viel zu teuer!" Leider haben viele Menschen diese Vorurteile. Viele sind aber überrascht, wenn sie die Waren einmal probiert haben. Der etwas höhere Preis ergibt sich aus der Idee „Keine billige Ware um jeden Preis, denn andere zahlen dafür drauf!" Diese anderen sind die Menschen in den Entwicklungsländern, die die Rohstoffe für die Produkte liefern.

„Global denken – lokal handeln!" Der Leitspruch der Agenda 21 beschränkt sich nicht auf das Stromsparen, die Müllvermeidung oder den Umweltschutz insgesamt. Auch was du einkaufst spielt eine wichtige Rolle! Hier kann auch der Schokoriegel, den du dir in der Pause gönnst, helfen. Wie soll das gehen?

„Man sollte beim Kauf möglichst häufig auf fair gehandelte Produkte zurückgreifen", sagt ein Mitarbeiter der gepa. „Fairer Handel ist ein Modell für mehr Gerechtigkeit im Welthandel. Den Entwicklungsländern werden zum Beispiel Mindestpreise garantiert, wenn sie den Rohstoff Kakao nach bestimmten Vorgaben produzieren. Sie bekommen dann eine Prämie. 1975 wurde das Handelshaus gepa gegründet, das zahlreiche Produkte des Fairen Handels vertreibt. In manchen Supermärkten und Warenhäusern hat die gepa ein eigenes Regal für die Produkte. Unser wichtigster Vertriebsweg sind die 750 Weltläden in Deutschland sowie unzählige Aktionsgruppen, wie Kirchen, Cafés oder auch Schulkioske."

❺ ***Weltladen***

⑥ ***Werbung für Produkte aus Fairem Handel***

⑦ ***Informationen gibt es bei:***
TransFair Verein zur Förderung des Fairen Handels mit der „Dritten Welt" e.V.
Remigiusstraße 21
50937 Köln
info@transfair.org
www.transfair.org

Aktion „Fair kaufen"

1. Wer macht bei dem Projekt mit?
Die Planung, der Betrieb, der Einkauf usw. müssen von jemandem in die Hand genommen werden. Schreibt die Personen auf.
2. Gibt es einen Kiosk an der Schule, in dem ihr die Waren anbieten könnt? Wenn nicht, dann könnt ihr über einen Stand nachdenken, der nur in der Pause aufgebaut wird.
3. Wem gehört der Kiosk?
Sprecht mit den Personen und klärt, ob sie mit der Aktion einverstanden sind.
4. Wer wird die Waren kaufen?
Startet eine Umfrage. Klärt auch, was die Kunden bei euch kaufen würden. Wenn ihr das Sortiment z. B. um Kaffee erweitert, können auch die Lehrer zu Stammkunden werden. Werbung für eure Sache ist sicherlich wichtig.
5. Wie könnt ihr euer Unternehmen organisieren? Prüft dazu folgende Aspekte: Wo werden die Waren verkauft? Was wird verkauft? Welche Öffnungszeiten werdet ihr haben? usw.
6. Was passiert mit dem Gewinn?
Überlegt gut, was ihr mit dem Geld machen werdet! Diskutiert verschiedene Möglichkeiten. Wenn die Gewinne nun auch noch für Entwicklungsprojekte zur Verfügung gestellt werden, dann profitieren die Entwicklungsländer doppelt. Ihr könnt aber auch eigene Schulprojekte finanzieren – das ist sicherlich eine gute Werbung.

1 *Schreibe Vor- und Nachteile fair gehandelter Produkte auf.*

2 *Finde heraus, wo und wie in deiner Nähe diese Produkte vermarktet werden.*

3 *Führe eine kleine Umfrage zum Kauf der Produkte in deinem Umfeld durch.*

4 *Führt die Aktion „Fair kaufen" durch oder überlegt, wie ihr den Fairen Handel unterstützen könnt. Sollte es bei euch keine fairen Waren zu kaufen geben, werdet selbst aktiv! Schüler verschiedener Schulen haben zum Beispiel eine Aktion „Fair kaufen" unternommen. Sie haben den Verkauf fair gehandelter Produkte organisiert. Das könnt ihr auch!*

⑧ ***Faire Woche***
Eine Veranstaltung des Forums Fairer Handel
www. forum-fh.de
info@fairewoche.de
www.fairewoche.de

Brot für die Welt

1 *Aktion der kirchlichen Entwicklungszusammenarbeit, getragen von allen evangelischen Landes- und Freikirchen Deutschlands; jährlich mehr als 1 200 Projekte und Programme mit Partnern in Übersee www.brot-fuer-die-Welt.de*

ded Deutscher Entwicklungsdienst

2 *Einer der führenden Personalentsendedienste. Gegründet 1963. Im Jahr 2003 waren rund 1 000 Entwicklungshelfer in 40 Ländern im Einsatz. www.ded.de*

Es gibt viele Arten zu helfen!

„Jede Hilfe zählt!", so textet eine Hilfsorganisation in der Werbung ihrer Weihnachtsaktion. Sicherlich stimmt das, doch unterscheiden sich die Arten und Möglichkeiten der Hilfe. Dies gilt für die Helfer ebenso, wie für die, denen geholfen werden soll. Spendet man Geld? Ist man selbst im Entwicklungshilfeeinsatz? Wie werden die Mittel vor Ort eingesetzt? Und so weiter.

„Warum man Entwicklungshilfe leisten sollte?", sagt ein Mitglied einer Hilfsorganisation. „Neben außen- und militärpolitischen Interessen zählen ökonomische, ökologische, soziale und moralische zu den meist genannten. Leider sehen das aber noch zu wenige ein!"

Was heißt nun **„Entwicklungshilfe"**? Dies ist der Sammelbegriff für Maßnahmen zur Verbesserung der Lebensbedingungen in den Entwicklungsländern. Entwicklung heißt zunächst nichts anderes als Wandel der bestehenden Verhältnisse. In diesem Sinne sind wir alle Entwicklungsländer, aber in einigen Staaten ist der Wandel für das Gemeinwohl besonders wichtig.

Es gibt viele Arten der Entwicklungshilfe. Stellt man die Frage: „Von wem kommt die Hilfe?", können z. B. unterschieden werden:

Staatliche Entwicklungshilfe

Die Unterstützung wird von einem Staat zur Verfügung gestellt. Meistens werden hiermit die Regierungen der Entwicklungsländer und besonders Großprojekte unterstützt. Beispiele können die Verbesserung des gesamten Bildungssystems eines Staates oder die Lieferung großer Nahrungsmittelmengen im Katastrophenfall sein. Diese Hilfe ist von politischen Entscheidungen direkt abhängig.

„non-governmental organizations" (NGOs)

Die Unterstützung erfolgt durch NGOs, also nicht staatliche Organisationen. Es handelt sich jedoch oft um Zusammenschlüsse, die von öffentlichen Trägern wie z. B. Kirchen geführt oder unterstützt werden. Beispiele hierfür sind die Adventssammlungen der Kirchen oder internationale Kampagnen zur Aufklärung in Bezug auf AIDS in den Entwicklungsländern bzw. Zusammenschlüsse von Ärzten und Krankenschwestern. Diese Hilfe ist von politischen Entscheidungen vergleichsweise unabhängig.

Private Entwicklungshilfe

Die Unterstützung wird von privaten Trägern geleistet; dies können sogar Einzelpersonen sein. Die Größe der Projekte ist sehr unterschiedlich und kann bis hin zu Einzelmaßnahmen gehen. Beispiele hierfür sind die Unterstützung einer Partnerschule, eines Projektes zum Brunnenbau in einem Dorf oder der Einsatz privater Träger zur Verbesserung der Situation von Frauen in Entwicklungsländern. Diese Hilfe ist von politischen Entscheidungen ebenfalls weitgehend unabhängig.

❸ ***Grundsteinlegung durch Entwicklungspolitiker***

❾ ***Pflanzenaufzuchtstation eines Projektes von „Brot für die Welt"***

❹ *Gib einem Hungernden einen Fisch und er wird einen Tag lang satt. Lehre ihn fischen und er wird nie mehr hungern. (Chinesisches Sprichwort)*

❺ *We want to modernize, but not to westernize! (Südostasiatischer Regierungssprecher)*

❻ *Nur wo es gelingt, die Selbsthilfe der Armen zu aktivieren, können dauerhafte Entwicklungsfortschritte erzielt werden. (Katholische AG Justitia et Pax Denkschrift)*

❼ *Entwicklung muss in ihrer Wirkung dauerhaft und nachhaltig sein. Sie muss so ablaufen, dass die Bedürfnisse der Gegenwart befriedigt werden, ohne zu riskieren, dass künftige Generationen ihre eigenen Bedürfnisse nicht mehr befriedigen können. Das heißt, sie muss umweltverträglich und ressourcenschonend sein. (Umweltkonferenz in Rio 2001)*

❽ *Entwicklung ist die „nachholende Entwicklung" im Sinne der westlichen Zivilisation. (Afrikanischer Schriftsteller)*

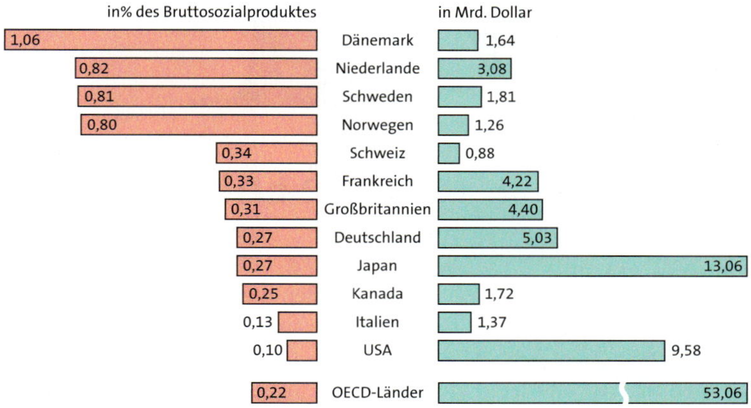

❿ ***Wer für die Entwicklungshilfe wirklich spendet***

1 Werte den Text aus:
a) Vergleiche die unterschiedlichen Arten der Entwicklungshilfe miteinander.
b) Definiere in diesem Zusammenhang den Begriff „Entwicklung".

2 Liste auf, welche Vor- und Nachteile Entwicklungshilfe haben kann:
a) Für die Geberländer.
b) Für die Nehmerländer.

3 Wie müsste deiner Ansicht nach eine sinnvolle Entwicklungshilfe aussehen? Begründe deine Aussage.

4 Erstelle ein Poster zum Thema „Entwicklungshilfe, die ankommt!" Nutze dazu auch das Internet.

5 Wer das meiste gibt, gibt nicht unbedingt das meiste. Erkläre mithilfe von Diagramm 10.

1

2

Keine Entwicklung ohne Frauen!

Für Erziehung, Ernährung oder Altenpflege sorgen in den meisten Teilen der Entwicklungsländer – vor allem bei den Armen – die Frauen. Häufig nehmen sie zusätzlich eine Arbeit an, werden jedoch schlechter bezahlt. Frauen haben oft gar keine Chance auf eine bessere Tätigkeit. Ihre Ausbildung ist schlecht, weil auch beim Schulbesuch die Jungen bevorzugt werden. Mädchen und Frauen werden teilweise sogar als minderwertige Menschen betrachtet, die in der Familie und öffentlich benachteiligt oder schlecht behandelt werden dürfen. Dies ist erstaunlich, denn Frauen bestreiten in den Entwicklungsländern häufig die Feldarbeit und den Handel. Beide Bereiche sind für das Überleben der Familien unverzichtbar.

Die Leistung der Frauen ist für die Entwicklung unverzichtbar. Deshalb unterstützt die Entwicklungshilfe immer mehr Projekte zur **Frauenförderung**.

„Ziegenbank" in Ruanda

„Unser Projekt ‚Ziegenbank' in Ruanda unterstützt besonders die Frauen. Was eine Ziegenbank ist? So wie in einem Geldinstitut wird ein ‚Kredit' gewährt und zwar in Form einer Ziege.

Das erste Zicklein, das diese Ziege wirft, wird an die Bank zurückgegeben, die sie an eine andere Person weiterleitet. Die Ziege liefert der Familie täglich Milch, aber auch Dünger für das Feld. Weitere Zicklein müssen nicht weggegeben werden", sagt Pater Burg als Projektleiter und eine Witwe mit 10 Kindern berichtet: „Meine Ziege hat drei Zicklein geworfen. Das erste habe ich sofort der Bank zurückgegeben. Das zweite werde ich schlachten, wenn es groß ist, damit meine Familie einmal etwas Fleisch zu essen bekommt. Das dritte werde ich verkaufen, um Unterrichtsmaterial und Schulkleidung für meine Kinder zu kaufen.

Die Zicklein, die meine Ziege in Zukunft werfen wird, behalte ich. Meine Kinder können dann mehr Milch bekommen! Ich werde die

3 *Eine Teilnehmerin des Projektes „Ziegenbank"*

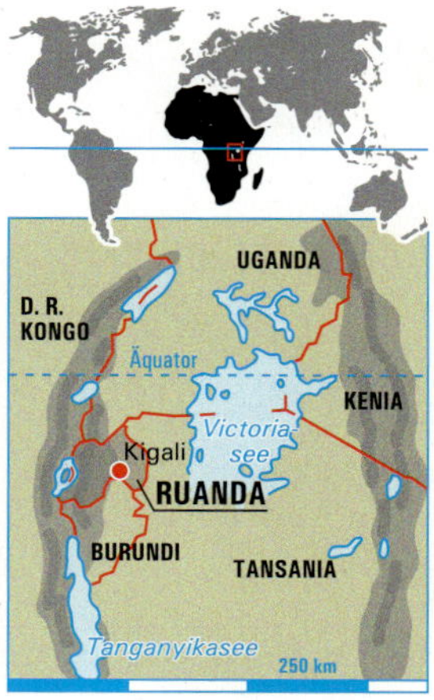

4

Ziegen so halten, wie es uns gezeigt wurde, weil dies auch für die Zukunft unseres Landes wichtig ist. Der Dung kommt auf die Felder und die Tiere dürfen nur auf bestimmten Flächen frei laufen." Das Zuteilungsprinzip ist einfach: „Vorrang haben alleinstehende Frauen und Mädchen, die je eine Gruppe von Waisenkindern betreuen; außerdem notleidende Familien und Witwen, die trotz ihrer Armut bereit sind, zu ihren eigenen Kindern noch Waisen aufzunehmen. Die Frauen erfahren so nicht nur eine Verbesserung ihrer Lebenssituation, sondern entwickeln mit der Zeit auch ein ganz neues Selbstbewusstsein", sagt Pater Burg.

Warum das Projekt gerade hier so dringend ist, erklärt sich aus dem Völkermord in Ruanda. Die Witwen und Waisen sind die Folge dieser kriegerischen Auseinandersetzungen, denen im Jahr 1994 beispielsweise rund 800 000 Menschen zum Opfer fielen. Doch auch in weiteren Ländern Afrikas, in Asien und Südamerika gibt es nun schon Ziegenbankprojekte.

1 *Was sagt die Karikatur 1 über die Einstellung des Mannes zu seiner Frau aus?*

2 *Beschreibe die Rolle der Frauen in den Entwicklungsländern. Nutze dazu Text und Abbildungen und halte die Ergebnisse schriftlich fest.*

3 *Vergleiche die Rolle der Frauen in den Entwicklungsländern mit der Situation bei uns.*
- *a) Was müsste sich im Leben der Frauen ändern, damit sich ihre Lage entscheidend verbessert? Schreibe auf, was in den Kästchen von Grafik 2 stehen müsste.*
- *b) Warum spielen gerade Bildung und medizinische Versorgung für die Frauenförderung eine so große Rolle?*
- *c) Auch in den entwickelten Ländern sind die Frauen vorwiegend für die im Text genannten Bereiche zuständig, aber ihr Leben verläuft anders. Suche Gründe*

4 *Nenne Gründe, warum das Projekt „Ziegenbank" in Ruanda eine nachhaltige Entwicklungshilfe darstellt.*

Eine Welt?!

Seit langer Zeit wird versucht, unseren Erdglobus in „Welten" einzuteilen. Man sprach z. B. von „drei Welten", die „Dritte Welt" waren die Entwicklungsländer. Heute spricht man von „Eine Welt" und meint, dass wir z. B. alle einem Ökosystem angehören. Dennoch gibt es Unterschiede, z. B. in der Entwicklung. Dass diese Unterschiede nicht nur etwas mit Wirtschaft zu tun haben, zeigt der „Human Development Index", der den Grad der menschlichen Entwicklung von Staaten aufzeigen soll.

Der **Human Development Index** (HDI) ist eine Maßzahl, mit der der Stand der menschlichen Entwicklung erfasst wird. Hier sind drei Indikatoren maßgebend: die Lebenserwartung, der Bildungsgrad und das Pro-Kopf-Einkommen der Menschen. Diese werden als Indexwerte aus verschiedenen Messgrößen berechnet. Die Lebensdauer steht hierbei für die Gesundheit der Bevölkerung bzw. das Gesundheitssystem des Landes. Der Bildungsgrad drückt die Möglichkeiten für eine Entwicklung und den kulturellen Stand des Landes aus, was über die Alphabetisierungsrate Erwachsener und die Einschulungsrate untersucht werden kann. Das Pro-Kopf-Einkommen soll eine Aussage über die Wirtschaftskraft zulassen.

Der HDI wird jedes Jahr von dem United Nations Development Programme (UNDP) herausgegeben. Hier werden UN-Mitgliedsstaaten berücksichtigt. Im Jahr 2002 wurden 173 Staaten untersucht. Die Auswahl erfolgte hauptsächlich auf der Grundlage der vorhandenen Daten. Aus allen Maßzahlen für einen Staat wird ein Wert errechnet und die Staaten dann nach der Größe des Wertes sortiert. Der größte Wert bedeutet den höchsten Entwicklungsstand. So sind Vergleiche zwischen den Staaten möglich. Im Jahr 2002 waren die Spitzenreiter Norwegen, Schweden, Kanada, Belgien und Australien. Deutschland hat im Jahr 2002 den HDI-Rang 17, Indien steht im Jahr 2002 auf Rang 115, Burkina Faso auf Rang 169.

Alle Daten, die erhoben werden, finden sich im jährlichen Human Development Report des UNDP. Durch langjährige Erhebungen können auch Entwicklungen der einzelnen Staaten abgelesen werden.

1 **Index der menschlichen Entwicklung 2002**

1 Beschreibe die Karte 1 des Human Development Index (HDI).

2 Fasse die Staaten mit vergleichbaren Werten zu Gruppen zusammen.
a) Benenne die Gruppen und Länder.
b) Untersuche die Verteilung: Verteilen diese sich gleichmäßig?

3 Welche Gründe kann die unterschiedliche Ausprägung des HDI auf der Welt haben?

4 Tabelle 2 zeigt ausgewählte Ergebnisse des HDI für 7 Staaten. Vergleiche die Länder miteinander.

5 Die Erhebung des HDI ist ein sehr aufwändiges Verfahren. Warum wird es trotzdem durchgeführt?

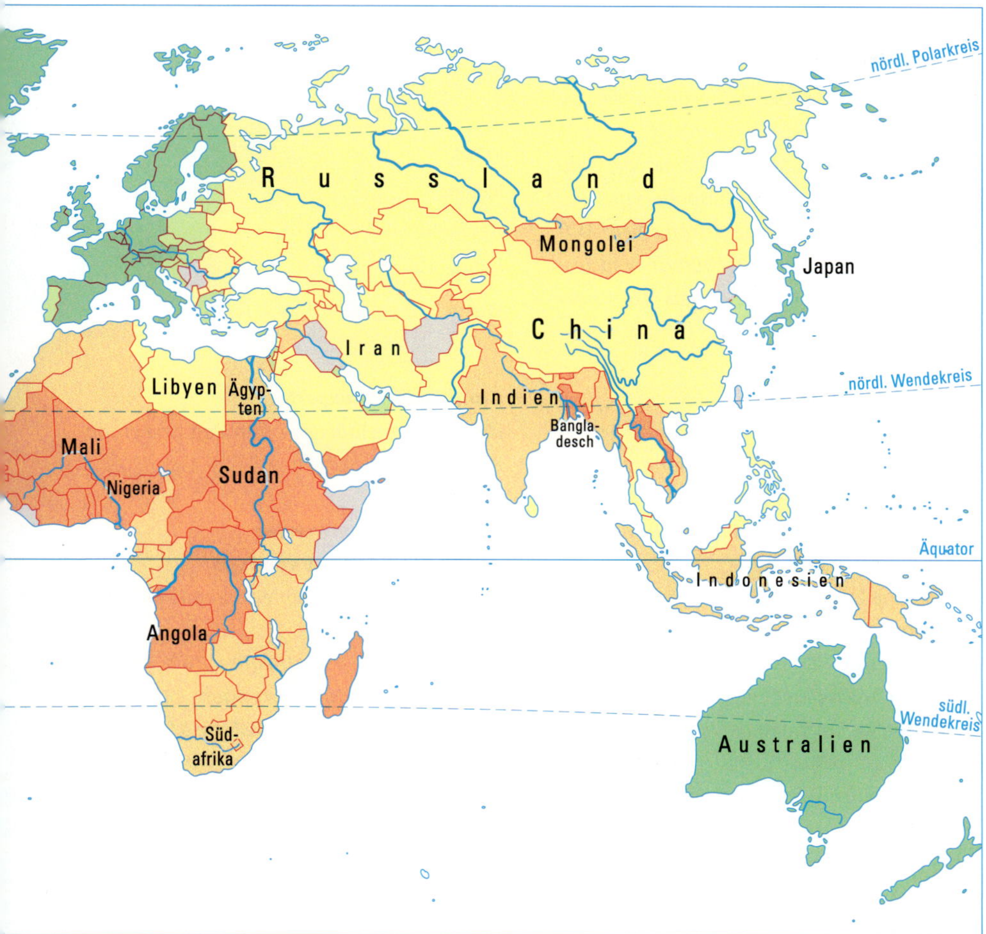

HDI-Wert

- 0,26 – 0,50 sehr niedrig
- 0,50 – 0,70 niedrig
- 0,70 – 0,80 mittel
- 0,80 – 0,90 hoch
- 0,90 – 0,94 sehr hoch
- keine Angaben

Global

Surftipp

Kompletter HDI-Report 2002
http://hdr.undp.org/report

www.klett-gis.de
Hier findest du die aktuellen Handlungsanweisungen und Datensätze.

❷ Ausgewählte Messgrößen aus dem Human Development Report 2002 für 7 Staaten

	Norwegen	USA	Deutschland	Peru	Äthiopien	Burkina Faso	Sierra Leone
HDI-Wert 2002	0,942	0,939	0,925	0,747	0,327	0,325	0,275
HDI-Rang 2002	1	6	17	82	168	169	173
Lebenserwartungsindex 2002	0,89	0,87	0,88	0,73	0,31	0,36	0,23
Bruttosozialproduktindex 2002	0,95	0,97	0,92	0,65	0,32	0,38	0,27
Bildungsindex 2002	0,98	0,98	0,97	0,87	0,35	0,23	0,33
durchschnittliche Lebenserwartung (Jahre) 2002	78,5	77,0	77,7	68,8	43,9	46,7	38,9
Alphabetenrate (%) 2002	100	100	100	89,9	39,1	23,9	36,0

Wichtige Begriffe

Analphabet
Bildung
Brundtlandbericht
cash crop
Entwicklungshilfe
Entwicklungsland
Fairer Handel
Fehlernährung
food crop
Frauenförderung
Industrieländer
Grundbedürfnis
Grundbildung
Grundbedürfnis
HDI (Human Development Index)
Hilfe zur Selbsthilfe
Industrieland
Informeller Sektor
Kinderarbeit
Mangelernährung
Non-Governmental Organization (NGO)
Terms of Trade
Überernährung
Unterernährung
Welthandel

Orientieren

1 Wer kennt sich aus?

a) *Schreibe fünf Länder auf, in denen die Unterernährung besonders groß ist.*

b) *Schreibe fünf Länder auf, in denen die Nahrungsmittelversorgung besonders gut ist.*

c) *Nenne die Länder deiner Listen einem Mitschüler oder einer Mitschülerin und lasse sie an der Weltkarte zeigen (Atlas oder Wandkarte).*

Kennen und Verstehen

2 Findest du die Begriffe?

a) *Schlagwort, nach dem heute längerfristige Entwicklungshilfe geleistet wird.*

b) *Unkontrollierter Wirtschaftsbereich in Entwicklungsländern.*

c) *Wichtige Unterstützung der armen Länder durch die Industrieländer.*

d) *Staaten, die im globalen Vergleich einen geringen Stand der Entwicklung besitzen.*

e) *Staaten, die im globalen Vergleich als hoch entwickelt gelten.*

f) *Das Verhältnis zwischen den Erlösen aus den Exportwaren und den Aufwendungen für Importgüter (Austauschbedingungen).*

g) *Etwas, das jedem Menschen der Erde zustehen sollte, um menschenwürdig leben zu können.*

3 Richtig oder falsch?

Verbessere die falschen Aussagen und schreibe sie richtig auf:

a) *Nahrungsmittellieferungen sind immer eine sinnvolle Hilfe für die Entwicklungsländer.*

b) *Viele Arbeitslose in den armen Ländern sind in Wirklichkeit nicht „arbeitslos", sondern verdienen Geld mit den verschiedensten Tätigkeiten.*

c) *Die Lebenserwartung in den Entwicklungsländern ist ähnlich hoch wie in den Industrieländern.*

d) *Frauen in den Entwicklungsländern haben wesentlich schlechtere Lebensbedingungen als die Männer.*

❶

Grundbedürfnis	Was passiert, wenn es nicht erfüllt wird?	Mit welchen Maßnahmen können wir helfen?
Arbeit		
Bildung		
Gesundheit		
Nahrung		
Wohnen		

4 Grundbedürfnisexperte

Übertrage die Tabelle in dein Heft und ergänze diese.

Fachmethoden anwenden

5 Importe und Exporte von Togo

a) *Setze die Werte in eine passende grafische Darstellung um.*
Import 1992: Industriegüter 36 %, Maschinen/Transportausrüstungen 28 %, Nahrungsmittel 23 %, Brennstoffe 10 %.
Export 1992: Kalziumphosphate 48 %, rohe Baumwolle 22 %, Kakaobohnen 4 %, grüner Kaffee 4 %.

b) *Erläutere die unterschiedliche Export- und Importstruktur.*

c) *Wie unterscheidet sich diese von derjenigen in Deutschland?*

Übertragen und beurteilen

6 Überschrift gesucht

Überlege dir eine Überschrift und Sprechblasen für den folgenden Cartoon. Welches Problem stellt der Cartoon dar?

❷

Spenden für die Entwicklungsländer: 9 Euro

Ausgaben für Speiseeis: 28 Euro

Ausgaben für Zigaretten: 233 Euro

③ ***Durchschnittliche Ausgaben der Deutschen / Jahr***

7 *Was sagt Grafik 3 aus? Schreibe in kurzen Sätzen deine Meinung dazu.*

8 ***Verwirrend?***
„Im Jahr 2001 haben die USA den HDI-Rang 6, Finnland ist Nr. 10. Dennoch gilt Finnland laut UNDP noch vor den USA als das technologisch am höchsten entwickelte Land der Erde!" Wie ist diese Aussage zu verstehen?

9 ***Ernährungsschema ergänzen***
Die Ernährungssicherung hat viele Aspekte! Übertrage die Grafik in dein Heft und ergänze.

Knobeln und rätseln

10 ***Silbenrätsel***
Setze die Silben so zu Wörtern zusammen, dass keine Silbe übrig bleibt. Die Anfangsbuchstaben der Wörter sind dick gedruckt.

__H__ILFS – __E__NT – BE – BIL – __I__N – FE – __U__NTER – __K__IN – LIE – DUNG – WICK – DÜRF – FER – RUNG – LUNGS – __G__RUND – DUS – DEL – DER – LAND – ER – BEIT – HEL – NIS – HAN – AR – __G__RUND – TRIE – NÄH – RUNG – __W__ELT

11 ***Bilderrätsel***
a) Löse die Bilderrätsel.
b) Erkläre den Begriff b.

a

b

Teste dich selbst
mit den Aufgaben 2f, 3a und 11b.

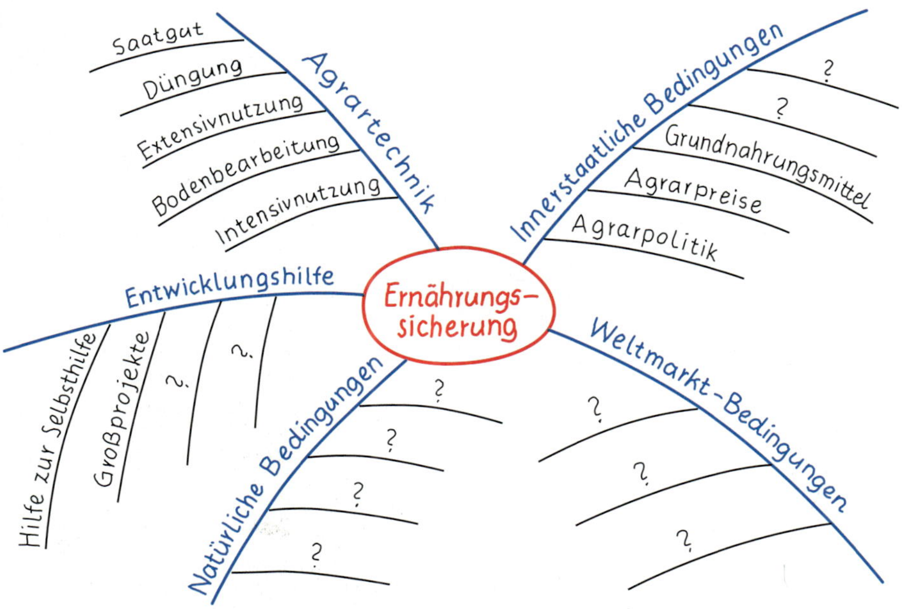

④

Training

Auf der Suche nach Zukunft

Seine Heimat verlässt kein Mensch ohne Grund. Viele müssen gehen, weil sie dort keine Zukunft mehr haben. Sie werden vertrieben oder haben keine Möglichkeit sich und ihre Familien ausreichend zu versorgen. Oder die Fremde lockt mit der Aussicht auf ein besseres Leben ohne Not und Angst.

Before investing have you looked at?
TATA
EQUITY OPPORTUNITIES
FUND
STAR IS OUR SIGN
26004937
Debt with
a flavour of equity.
OMEGA
APSARA
APSARA

Alles in Bewegung – ein Migrationsspiel

Wandern ist für viele Menschen ein Hobby. Für andere Menschen ist eine Wanderung eine Chance oder ein Zwang. Sie wandern aus, um in einem anderen Land bessere Lebensbedingungen zu finden oder sie wandern ab, weil sie in ihrer alten Heimat keine Zukunft mehr sehen. Diese Art von Wanderungen wird Migration genannt.

Migration
kommt vom lateinischen Wort migrare = wandern.

Spielvoraussetzungen
An diesem Spiel können bis zu sechs Personen teilnehmen. Ihr benötigt für jede Spielgruppe einen Würfel, eine Uhr und euer Schulbuch.

Spielplan
Den notwendigen Spielplan könnt ihr ausdrucken unter www.klett.de/extra.

Spielgedanke
In diesem Spiel beschäftigt ihr euch mit Problemen, die für Migranten und ihre Familien auftreten. Ihr müsst euch in deren Lage versetzen und überlegen, welchen Zwängen sie ausgesetzt sind und welche Hoffnungen sie haben.

Spielverlauf
Die oder der Jüngste beginnt mit dem Würfeln.
Wer eine Eins würfelt, muss eine Ereigniskarte und wer eine Drei würfelt eine Wunschkarte in der nummerierten Reihenfolge bearbeiten.
Ihr habt 20 Sekunden Zeit zum Überlegen.
Der Würfel geht reihum, bis alle Karten bearbeitet sind.
Jeder notiert zu den Antworten der Mitspieler Stichpunkte. Diskutiert zum Ende des Spiels über die Ergebnisse.
Ordnet eure Stichpunkte nach Ursachen der Migration und fertigt dazu eine Mindmap an.

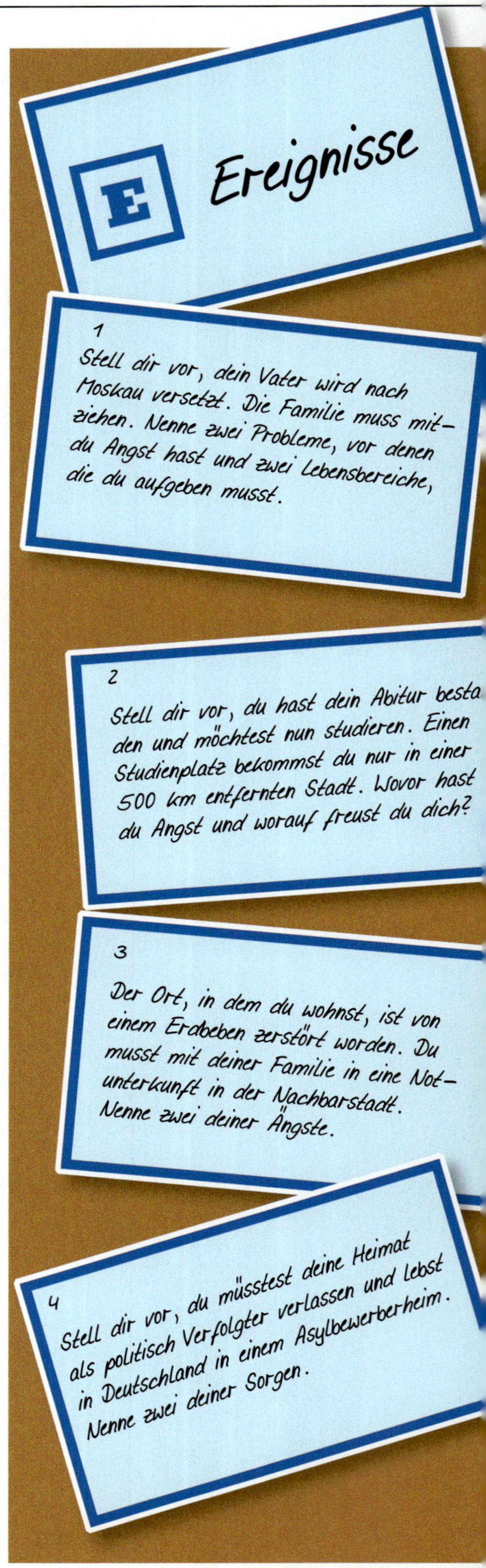

5
Stell dir vor, deine Eltern haben das Leben in der Stadt satt und kaufen sich auf dem Land ein Haus. Wovor hast du Angst und worauf freust du dich?

6
Stell dir vor, du hast mit deiner Familie viele Jahre im Ausland gelebt und ihr kehrt nun in euer Heimatland zurück. Nenne zwei Probleme, die dich dort erwarten.

7
Stell dir vor, in deinem Heimatland bricht ein Krieg aus und du musst mit deiner Familie fliehen. Nenne zwei Situationen, vor denen du Angst hast.

8
Stell dir vor, deine Regierung will dich wegen Überbevölkerung aus deiner Heimat in eine andere, weniger besiedelte Region umsiedeln. Nenne zwei Befürchtungen.

9
Um die Abwanderung aus einigen Regionen in Deutschland zu stoppen, finanziert der Staat dein Studium, wenn du dich verpflichtest, 10 Jahre in so einer Region zu leben. Nenne zwei Gründe, warum du das Angebot annimmst.

Wünsche

1
Stell dir vor, du lebst auf dem Land, deine Familie ist groß, das kleine Stück Ackerboden kann die große Familie nicht ernähren. Da hörst du von der großen Stadt. Nenne außer der Hoffnung auf Arbeit einen weiteren Wunsch.

2
Stell dir vor, du bist 65 Jahre alt und Rentner, hast dein Haus in Heidelberg verkauft und von dem Erlös auf Mallorca ein altes Bauernhaus erworben und restauriert. Nenne zwei Gründe, warum du das gemacht hast.

3
Stell dir vor, du lebst in einem Land, in dem man im Jahr so viel verdient wie in deinem Nachbarland im Monat. Du opferst deinen Jahresurlaub um im Nachbarland für vier Wochen bei der Spargelernte zu helfen. Nenne einen Wunsch, den du dir mit dem Geld erfüllen möchtest.

4
Stell dir vor, Du hast gerade dein Studium beendet und möchtest nun gerne im Ausland arbeiten und leben. Nenne zwei Beweggründe für deinen Entschluss.

5 Stell dir vor, du sollst als Landarbeiter für einen geringen Lohn arbeiten. Die Regierung schenkt dir ein Haus, ein Stück Land und Startkapital. Bedingung ist aber, dass du mithelfen sollst, ein bislang unbewohntes Gebiet zu besiedeln. Nenne zwei Hoffnungen, die dich dazu bewegen, das Angebot anzunehmen.

1 **Organisation im Klassenraum**

2 **Stammgruppen bilden**

Das Gruppenpuzzle ist eine besondere Art der Gruppenarbeit. Jeder Schüler wird zu einem Experten, der sich ein Spezialwissen erarbeitet und es den anderen Mitgliedern seiner Gruppe erklärt. Wenn alle Experten ihr Wissen zusammentragen, können sie gemeinsam auch eine große und schwere Aufgabe lösen.

Gruppenpuzzle

Der folgende Themenblock ist so angelegt, dass ihr diesen in der Form eines Gruppenpuzzles bearbeiten könnt.
Migration steht im Mittelpunkt. An den fünf Beispielen

- Landflucht,
- Umsiedlung,
- Wanderung aus wirtschaftlichen Gründen,
- Flucht und Vertreibung,
- Integration

wird gezeigt, welche Problematik damit verbunden ist.

Vor allem die Aufgaben, die mit diesem Zeichen versehen sind, sollen von den Expertengruppen bearbeitet werden.
Erstellt in den Stammgruppen ein Lernposter, in dem ihr Formen, Ursachen und Folgen der Migration darstellt.

1. Schritt: Stammgruppen bilden

In der Klasse werden fünf Stammgruppen gebildet, deren Aufgabe es bei diesem Beispiel ist, sich über die Ursachen und Folgen von Migration zu informieren. Eine Stammgruppe besteht aus bis zu sieben Schülerinnen und Schülern und sitzt an einem gemeinsamen Gruppentisch.
Jede Stammgruppe hat ein großes Thema (in diesem Fall Migration) zu bearbeiten, wobei alle Mitglieder am Ende gleichermaßen gut informiert sein müssen. Nur über Arbeitsteilung kann dies gelingen!
Bestimmt für jede Expertengruppe mindestens ein Mitglied eurer Stammgruppe. Je nach Größe der Stammgruppen können in einzelne Expertengruppen auch zwei Schülerinnen und Schüler geschickt werden.

2. Schritt: In Expertengruppen arbeiten

Findet euch an einem der Gruppentische ein und stellt ein Schild mit eurem Thema auf den Tisch.

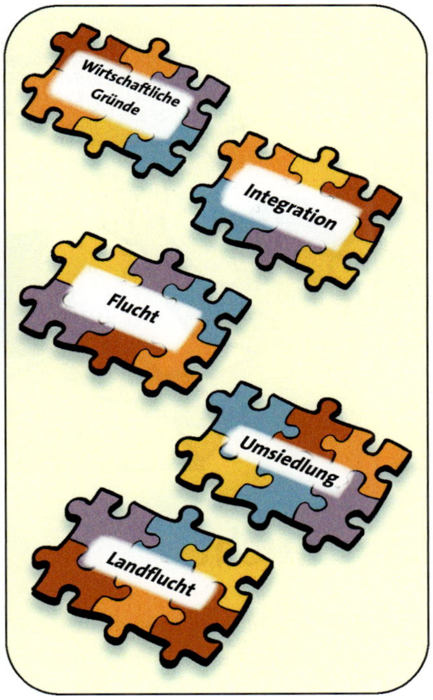

3 In Expertengruppen arbeiten

4 Museumsphase in den Stammgruppen

Eine jede der fünf Expertengruppen bearbeitet nun eines der Themen mit dem Ziel, die Ergebnisse in der Stammgruppe vorzutragen und dort zu präsentieren.
Jede Expertengruppe soll eine Doppelseite so bearbeiten, dass möglichst viele Informationen einfach und anschaulich an andere weitergegeben werden können.
Eure Ergebnisse müsst ihr in geeigneter Form präsentieren, z. B. als Plakat oder Handout.
Ihr erleichtert euch die Präsentation, wenn ihr die Ergebnisse wie folgt strukturiert:

1. *Lokalisation des Raumbeispiels,*
2. *Wanderungsgrund,*
3. *Bedeutung für das Herkunftsgebiet und das Zielgebiet,*
4. *Folgen für die Migranten,*
5. *Besonderheiten.*

Vergrößert einige Materialien auf dem Kopierer oder zeichnet Tabellen oder ähnliches ab. Diese Medien vereinfachen die Erklärungen.
Nach Beendigung der Expertenarbeit geht ihr zurück in eure Stammgruppe.

3. Schritt: Zusammenfassen des Expertenwissens in der Stammgruppe

Ein jeder Experte präsentiert in seiner Stammgruppe die Ergebnisse, die in seiner Expertengruppe erarbeitet wurden. Die anderen überdenken das Gesagte und fragen nach, wenn ihnen etwas unklar ist.
Den Abschluss bildet das gemeinsame Erstellen einer Mindmap oder eines Posters, in dem Gemeinsamkeiten und Unterschiede der verschiedenen Formen der Migration dargestellt werden. Diese werden der Gesamtklasse präsentiert.

Reflektiert über die Arbeit im Gruppenpuzzle, um beim nächsten Mal das methodische Vorgehen zu optimieren.

1

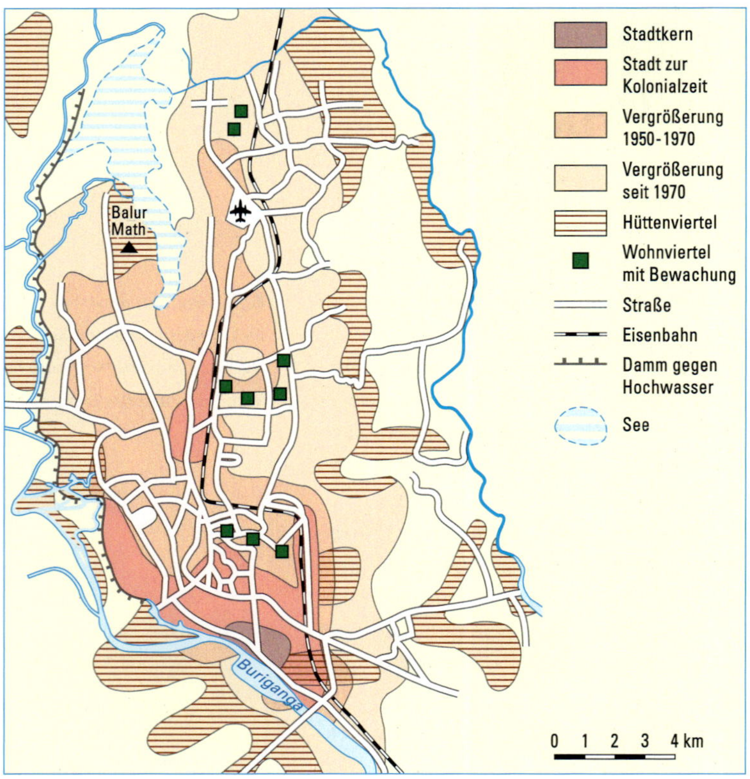

2 ***Stadtentwicklung von Dhaka***

3 ***Einwohnerzahlen von Dhaka***

1900	*104 000*
1940	*240 000*
1960	*550 000*
1980	*3 400 000*
2000	*8 900 000*

Landflucht

In den letzten 40 Jahren ist in den Ländern Afrikas, Asiens und Lateinamerikas eine sehr starke Abwanderung vom Land in die immer mehr und immer schneller wachsenden Städte zu beobachten.
Vor allem junge Menschen verlassen das Land und ziehen in die Städte. Das Leben und die Verdienstmöglichkeiten in der Landwirtschaft bieten ihnen keine Zukunft. Die Stadt, die sie vor allem aus der Werbung und aus den Medien kennen, erscheint ihnen viel verlockender.

Zum Beispiel Dhaka

Dhaka ist die Hauptstadt Bangladeschs. Seit dieses Land unabhängig geworden ist, wächst die Hauptstadt immer schneller, weil Jahr für Jahr mehr Menschen vom Land in die Metropole ziehen. Von 1980 bis 2000 hat sich die Einwohnerzahl der Stadt um mehr als fünf Millionen Menschen vermehrt. Damit kommen Jahr für Jahr so viele Menschen hinzu, wie in Karlsruhe leben.
Selbst wenn Bangladesch ein reiches Land wäre, könnte die Regierung nicht so viele Wohnungen, so viele Schulen, Krankenhäuser und andere Infrastruktureinrichtungen schaffen, wie zur Versorgung dieser Menschen notwendig wären.

Slums – Siedlungen der Hoffnungslosigkeit?

Für die meisten Zuwanderer ist deshalb die erste Wohnung eine Hütte aus Pappe, Wellblech und Holzresten in einer der wild und ungenehmigt am Stadtrand entstehenden Slumsiedlungen. Balur Math ist eine solche Siedlung in Dhaka. Auf 10 m² wohnen durchschnittlich sechs Personen. Die Versorgung mit Wasser und die geregelte Entsorgung der Abwässer und des Mülls sind das größte Problem. Für mehrere Hütten zusammen stehen jeweils eine Wasserpumpe und eine Klohütte zur Verfügung.

Für die Zuwanderer ist es nicht nur ein Problem eine Wohnung zu finden, noch schwieriger gestaltet sich meist die Suche nach Arbeit. Zwei Drittel aller Beschäftigten in Dhaka verrichten Gelegenheitsarbeiten. Sie arbeiten in Haushalten, im Straßenhandel, in Werkstätten oder als Rikschafahrer.

Push and Pull

Trotz dieser Probleme in den Städten hält der Zuzug in die Städte unvermindert an. Die Situation auf dem Land scheint den meisten so aussichtslos, dass sie trotz aller Risiken in die Stadt wollen. Die Ursachen für die Landflucht teilt man in zwei Gruppen: Die **Pull-Faktoren** machen die Stadt attraktiv und die **Push-Faktoren** sind die Umstände, welche die Menschen vom Land weg treiben.

④ **Hüttensiedlung Balur Math nach Regen**

1 *Erstellt mithilfe von Cartoon 1 und Text eine Übersicht, in der ihr die Push- und Pull-Faktoren gegenüberstellt.*

2 *Fertigt mithilfe von Tabelle 3 ein Diagramm an, in dem ihr das Wachstum von Dhaka darstellt.*

3 *Beschreibt die Lage der Hüttenviertel in Dhaka.*

4 *Sind Slums Siedlungen der Hoffnung oder Siedlungen der Hoffnungslosigkeit? Begründet eure Entscheidung. Berücksichtigt auch die Karte 2 und Foto 4.*

⑤ ***Anteil der Slumbewohner an der Gesamtbevölkerung (geschätzt)***

Kinshasa	60 %
Casablanca	68 %
Kolkata	68 %
Mumbai	53 %
Manila	42 %
Mexico-Stadt	55 %
Caracas	46 %
Lima	46 %
Rio de Janeiro	33 %

Marginalsiedlung

Schnell wachsendes Hüttenviertel an den Rändern der Städte: Villas Perdidas (Mexiko), Favelas (Brasilien), Barriadas (Peru), Bustees (Indien).

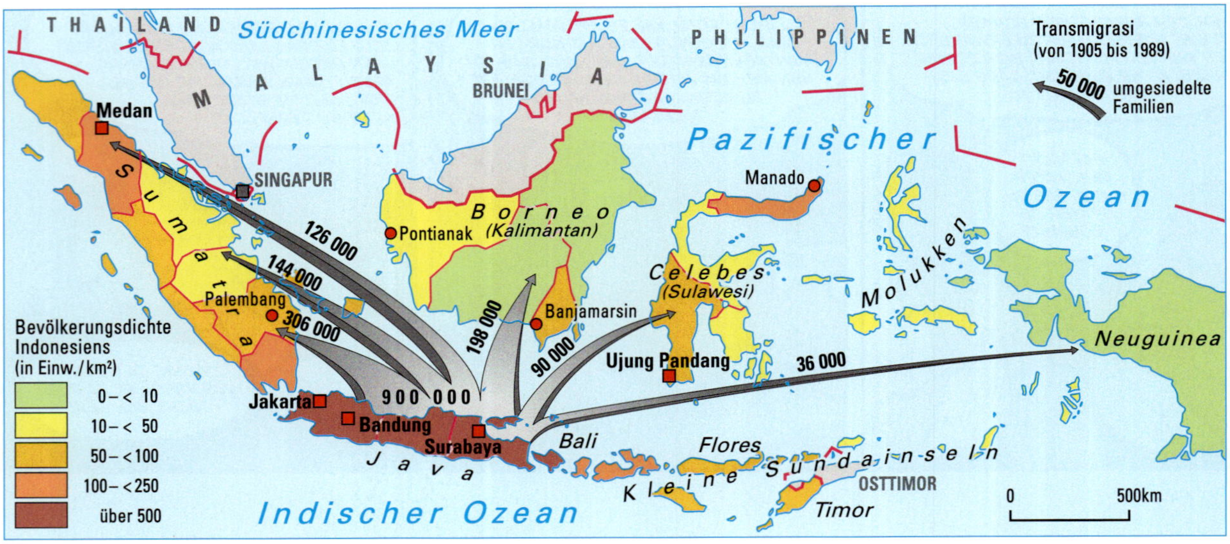

Das Projekt Transmigrasi

Kaum zu glauben

Es wird behauptet, dass noch nie ein Mensch alle Inseln Indonesiens besucht habe. Schließlich bräuchte man über 38 Jahre, wenn man jeden Tag eine der fast 14 000 Inseln bereisen würde.

Transmigrasi – das Umsiedlungsprogramm in Indonesien

Auf der Hauptinsel Java leben zu viele und immer mehr Menschen, viele andere Inseln Indonesiens dagegen sind nur dünn besiedelt. Wäre es da nicht gut, die Bevölkerung zum Wohle Aller gleichmäßiger zu verteilen?

Diese Überlegung war der Ausgangspunkt für das **Transmigrasi-** (= Umsiedlungs) Projekt der indonesischen Regierung, das 1952 startete, nachdem Indonesien 1949 unabhängig geworden war. Das alte Bestreben der Kolonialmacht Niederlande, die Bevölkerung von der übervölkerten Insel Java auf andere Inseln zu verteilen, wurde wieder aufgenommen. Zur Zwangsumsiedlung kam es zwischen 1969 und 1998, wobei 1,6 Millionen Familien mit insgesamt etwa 10 Millionen Menschen von der Regierung Indonesiens in 2 400 neu errichtete Siedlungen umgesiedelt wurden. Jede Familie erhielt ein „Startpaket". Das Land wurde ohne Entschädigung der Ureinwohner enteignet.

Die aus ihrer Heimat herausgerissenen Umsiedler konnten in den neuen Siedlungen oft kein Zusammengehörigkeitsgefühl entwickeln. Der Kontakt zur Urbevölkerung ließ sich nur schwer herstellen, die Neusiedler waren unbeliebt.

Die vom Urwald gerodete Fläche wurde nach einigen Jahren der Bewirtschaftung unfruchtbar, die klimatischen Verhältnisse führten häufig zu Missernten.

Viele Siedler zogen um und suchten ihr Glück in anderen Umsiedlungszentren. In der Folge fielen die meisten Siedler bereits nach wenigen Jahren in ihre alte Elendssituation zurück. Die Zwangsumsiedlung soll trotzdem weiter fortgesetzt werden. Sie wird rund 15 000 € pro Familie kosten.

Die aktuelle Lage

Die meisten besiedelten Flächen liegen in den immerfeuchten Tropen. Nur auf der Insel Java ist die landwirtschaftliche Nutzung wegen der fruchtbaren Böden auf vulkanischem Gestein sehr ertragreich. Hier können auch tropische Böden im Dauerfeldbau bewirtschaftet werden, ohne dass der Boden eine Ruhephase benötigt. Dies ist die Hauptursache für die Überbevölkerung Javas. Die

❷ **Ziele des Programms**

- Abbau des Bevölkerungsdrucks auf der Hauptinsel Java sowie auf den Inseln Bali und Madura
- Besiedlung und Erschließung der anderen, weniger dicht besiedelten Inseln Indonesiens, hauptsächlich Kalimantan, West-Papua, Ost-Timor (seit 2002 selbstständiger Staat) und Sumatra
- Integration aller ethnischen Gruppen Indonesiens (zehn große, hunderte kleine Völker mit ihren unterschiedlichen Religionen und über 250 Sprachen)
- Bekämpfung der Armut und Arbeitslosigkeit der Bevölkerung Javas
- Bekämpfung der Flucht vieler Menschen in die dicht besiedelten Städte

traditionelle Anbauform auf den anderen Inseln ist der Brandrodungswanderfeldbau. Damit können jedoch die Ernährungsprobleme der rasch wachsenden Bevölkerung nicht gemildert werden. Also bearbeiteten die Siedler ihr neues Land nach der aus Java mitgebrachten Anbauweise. Mit wenig Erfolg: Die Erträge sanken rapide ab. Nur wer auf die traditionelle Anbauform umstellte, konnte überleben.

Das Ziel der Integration aller Volksgruppen Indonesiens wurde von der Urbevölkerung als Versuch gewertet, die Vorherrschaft der Javaner auszuweiten. Da der Lebensraum der Ureinwohner beschnitten oder weggenommen und die natürlichen Ressourcen entzogen wurden, waren die Neusiedler zunächst wenig beliebt, später verhasst. Immer wieder kommt es zu blutigen Auseinandersetzungen, zum Beispiel fielen 1999 auf Iriam Jaya hunderte Neusiedler dem Angriff Einheimischer zum Opfer.

Irrweg Transmigration?

Die Regierung Indonesiens bezeichnet das Projekt als Erfolg. Demgegenüber reden ausländische Beobachter vom Scheitern. Deshalb wurden auch die ausländischen Finanzhilfen zurückgezogen.

❸ ***Werbeplakat für Transmigrasi***

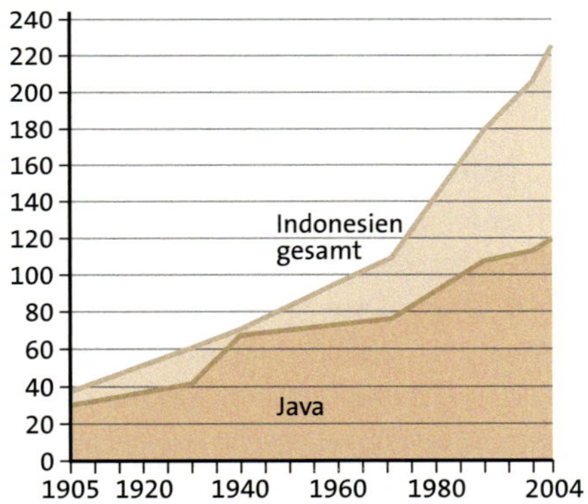

❹ ***Bevölkerungsentwicklung Indonesiens (in Mio.)***

1 *Begründet die unterschiedliche Bevölkerungsdichte auf den indonesischen Inseln.*

2 *Erstellt ein Schema, auf dem ihr Ursachen, Ziele, Maßnahmen und Ergebnisse der Transmigrasi-Politik darstellt.*

3 *Beurteilt mithilfe von Diagramm 4, ob Transmigrasi zur Entlastung Javas beigetragen hat.*

4 *Inszeniert ein Rollenspiel mit dem Thema „Zukunft für....“, in dem Regierungsvertreter, Transmigranten und Einheimische aufeinandertreffen.*

❺ ***Wohngebiet der Neusiedler***

❻ **„Startpaket“ für jede Familie**

- *2–4 ha gerodetes Land,*
- *ein ausgebautes Haus,*
- *Lebensmittel für das erste Jahr,*
- *ein Kleiderpaket,*
- *Saatgut für die erste Aussaat,*
- *Dünger und Schädlingsbekämpfungsmittel für drei Jahre sowie*
- *landwirtschaftliches Gerät.*

❶ ***Wanderarbeiter auf der Rückfahrt nach Polen***

Wanderungsziel Arbeit

T 509 Stuttgart – Frankfurt/M. – Radom – Zamosc

04.04.05 31.05.05		01.04.05 31.05.05
···4-7		
10:00	Stuttgart	10:00
11:30	Karlsruhe	08:30
12:45	Mannheim	07:30
13:35	Darmstadt	06:30
14:30	Frankfurt/M.	05:45
-	Nürnberg	-
23:50	Legnica	20:10
01:00	Wroclaw	19:00
01:30	Olesnica	18:00
02:00	Kepno	17:20
02:50	Ostrow Welskopolski	16:20
03:20	Kalisc	15:40
04:10	Sieradz	14:40
05:10	Piotrkow Tribunalski	13:00
06:50	Radom	11:00
08:30	Pulawy	09:50
09:20	Lublin	08:30
-	Chelm	-
-	Krasnystaw	-
10:50	Zamosc	06:50
		··2-5

❷ ***Auszug aus einem Busfahrplan***

Ausländer

Personen, die nicht die Staatsangehörigkeit des Landes besitzen, in dem sie sich aufhalten.

Die Hoffnung auf ein besseres Leben mit sicherer Arbeit und sicherem Einkommen lässt viele Menschen ihr Glück in der Fremde suchen. So wanderten im 19. Jahrhundert viele Deutsche nach Amerika aus. Hungersnöte, politische Unterdrückung, religiöse Unfreiheit und wachsende Bevölkerungszahlen in der Heimat waren der Motor die Heimat zu verlassen.

Doch um 1870 begann eine Entwicklung, die Deutschland vom Auswanderungs- zum Einwanderungsland werden ließ. In der ersten Zuwanderungswelle ab 1870 strömten schätzungsweise 500 000 Menschen aus Polen, Ost- und Westpreußen in das wirtschaftlich aufstrebende Ruhrgebiet. Ein Drittel der Schulkinder sprach Polnisch. Namen wie Schimanski und Katschmarek erinnern noch heute an diese Zeit. Ohne die Zuwanderer wäre das Ruhrgebiet nicht zum größten Industriegebiet Europas aufgestiegen.

In einer zweiten Welle ab 1960 kamen aus den südeuropäischen Ländern Italien, Spanien, Portugal und dem ehemaligen Jugoslawien von der deutschen Regierung angeworbene Arbeitnehmer, so genannte **Gastarbeiter**. Später wurde bis zum Anwerbestopp 1973 vor allem in der Türkei geworben. Auch nach 1973 wuchs der Anteil der ausländischen Bevölkerung, unter anderem durch nachziehende Familienmitglieder.

Da die Menschen in der Heimat oft nur schwer einen Arbeitsplatz finden konnten, gingen sie lieber in die Fremde als arbeitslos zu sein. In ländlichen Gebieten dieser Staaten wurde manches Dorf fast entvölkert. Nur noch die alten Menschen blieben übrig.

Aussiedler und Flüchtlinge

In einer dritten Zuwanderungswelle kamen ab 1989 **Aussiedler**, Menschen mit deutscher Abstammung aus östlichen Ländern wie zum Beispiel Polen und der ehemaligen Sowjetunion. Die wirtschaftlich schlechte Lage in den Herkunftsländern und die Hoffnung auf Arbeit in Deutschland verstärkten die Gründe für die Aussiedlung. Zeitgleich kamen viele Flüchtlinge aus den Krisengebieten der Erde.

Wanderarbeiter und Facharbeiter

Obwohl seit einigen Jahren die deutsche Wirtschaft durch eine hohe Arbeitslosenquote belastet wird, fehlen in besonderen Bereichen immer wieder Arbeitskräfte. Wie die Landwirte, die polnische Wanderarbeiter für ihre Ernte brauchen, so ist das Gaststätten- und Hotelgewerbe auf die günstigeren Arbeitskräfte angewiesen.

Die Hightechindustrie leidet unter Facharbeitermangel. Computerfachkräfte haben seit dem Jahr 2000 die Möglichkeit über eine Green Card, eine für ausländische Fachkräfte befristete Arbeitserlaubnis, in Deutschland eine Anstellung zu erhalten.

Die Nachteile dieser modernen Migration und der Abwanderung hoch qualifizierter Kräfte treffen deren Heimatländer.

3 Polnische Erntehelfer kommen seit Jahren zur Erdbeersaison

Ladenburg (wlv). Seit 14 Jahren kommt Marian Tagosz nach Ladenburg. Immer Anfang Mai und zur Erdbeersaison. Auf dem Hof von Dieter und Brigitte Hege in Neuzeilsheim gehört der Erntehelfer aus Polen mittlerweile schon zum festen Inventar. 200 Polen beschäftigen die Heges während der Saison. Und die haben auch genügend zu tun. Bis zu 18 Tonnen Erdbeeren pflücken die fleißigen Erntehelfer aus unserem östlichen Nachbarland täglich auf den Feldern. Ein Bekannter hatte Tagosz auf die Möglichkeit aufmerksam gemacht, in Deutschland als Erntehelfer zu arbeiten. „Ich hatte gerade geheiratet und wollte ein Haus bauen", erklärt der 41-jährige Mechaniker.

Neckarzeitung, 20.05.2004

4 Virtuelle Trainerin

Kim ist schwarzhaarig, blauäugig, schlank. Sie trägt eine Sporthose und ein bauchfreies Top und turnt an einem Palmenstrand. Eigentlich nur am Bildschirm, denn Kim ist ein Cybergirl. Alen Jevsenak, der „Vater" von Kim und Gründer der Firma fitatwork, ist ein 33-jähriger Kybernetik-Ingenieur. Er wurde in Slowenien geboren. Mit fünf Jahren brachten ihn die Eltern nach Stuttgart, weil sie dort eine Beschäftigung gefunden hatten. Es kam ihm vor, als ob er aus einem Paradies voller Freiheit, Natur und Freunde in eine fremde Großstadt eines Landes entführt wurde, dessen Sprache er noch zu lernen hatte. Nach dem Studium pogrammierte und designte er 4 Jahre allein und im Verborgenen. Er sperrte sich Tag und Nacht im Zimmer ein! Das große Interesse gab ihm schließlich Recht. Inzwischen hat er Kim per Internet tausendfach in die ganze Welt verkauft (www.fitatwork.com). Alen Jevsenak träumt davon, einen „Ein-Mann-Weltkonzern" zu gründen - und dessen Sitz nach Maribor in Slowenien zu verlegen.

General-Anzeiger Bonn, 1.8.2002

5 ***Geschäftseröffnung in Nürtingen***

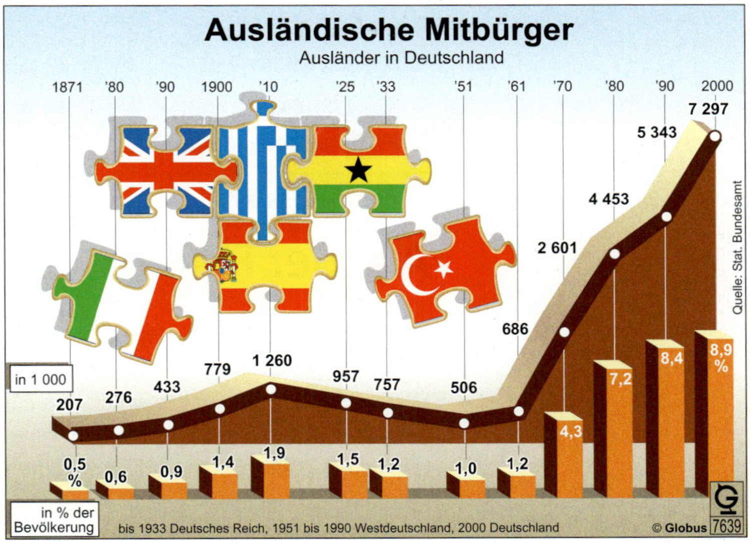

6

1 Erstellt eine Tabelle, in der ihr Motiv, Herkunfts- und Zielgebiet der drei Einwanderungswellen erfasst.

2 Schreibt einen Text, in dem ihr die Aussage von Grafik 6 zusammenfasst.

3 Begründet, warum Deutschland trotz hoher Arbeitslosigkeit Wanderarbeiter und Zuwanderer braucht.

4 Diskutiert, aus welchen Gründen ihr eure Familien verlassen würdet.

Aussiedler

Personen deutscher Staats- oder Volksangehörigkeit, die vor dem 8. Mai 1945 ihren Wohnsitz in den kommunistischen Ländern Mittel-, Ost- und Südosteuropas hatten und nach 1950 in die Bundesrepublik eingewandert sind.

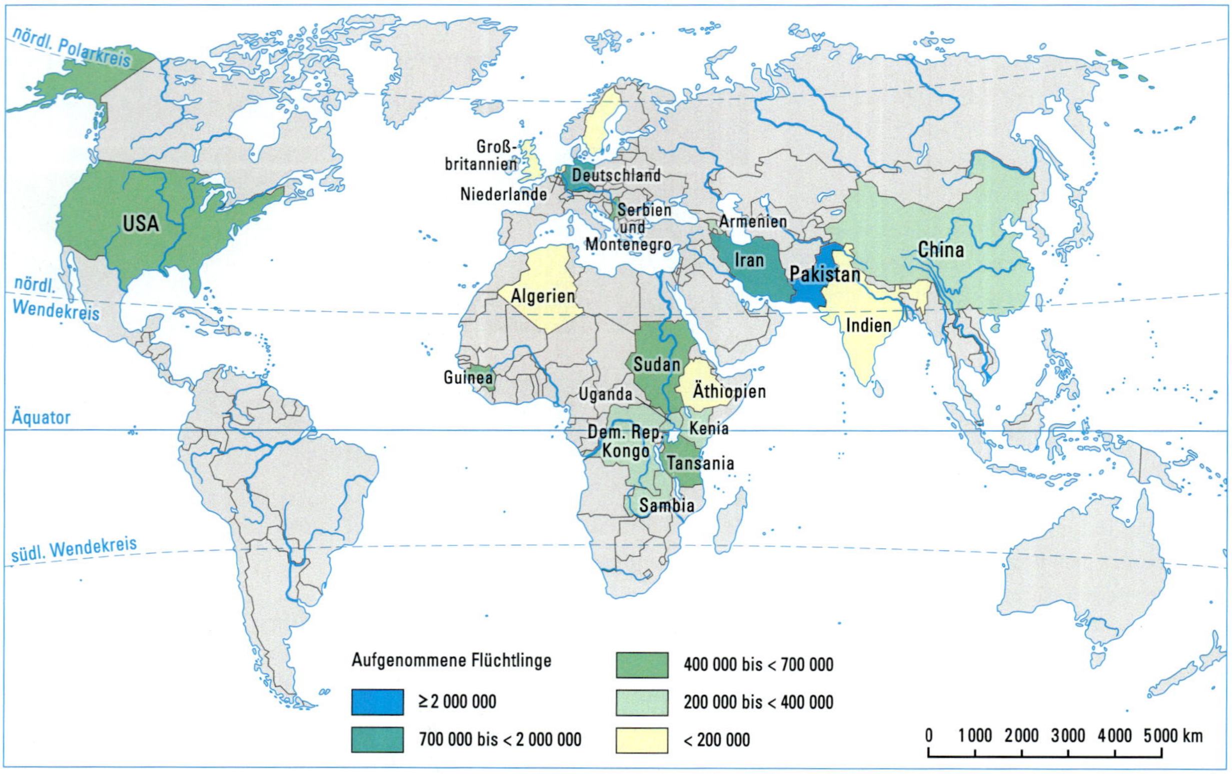

1 Die 20 wichtigsten Aufnahmeländer von Flüchtlingen (2000)

Auf der Flucht

→ *Flüchtling, TERRALexikon, S. 316*

Surftipp

www.unhcr.ch

www.unhcr.de

Täglich sind Tausende von Menschen auf der Flucht. Keiner von ihnen, weder Kind, noch Frau, noch Mann verlässt freiwillig sein Zuhause. Sie werden von Politikern, von Soldaten, von gewaltbereiten und intoleranten Mitmenschen oder von den Launen der Natur dazu gezwungen.

Meist können sie nicht mehr mitnehmen, als sie mit ihren Händen tragen.

Im Jahre 2002 gab es weltweit über 20 Millionen Flüchtlinge. Nicht eingerechnet werden dabei die Vertriebenen, die innerhalb ihres Heimatlandes bleiben.

Mit der Flucht beginnt für die meisten von ihnen das nächste Problem: Wohin sollen sie gehen und wo ist man bereit sie aufzunehmen? Oft sind es die Nachbarländer, in denen sie in schnell errichteten einfachsten Flüchtlingslagern untergebracht werden.

Viele wollen aber gleich in die Industrieländer des reichen Nordens. Sie glauben, dass sie dort die besseren Zukunftschancen haben werden.

1 *Erstellt in Partnerarbeit eine Mindmap über mögliche Fluchtursachen.*

2 *Zeigt mithilfe von Karte 1 auf, in welchen Regionen der Erde die meisten Flüchtlinge aufgenommen werden und begründet diese Verteilung.*

3 *Fotos und Texte 2–4 bringen euch Einzelschicksale von Menschen auf der Flucht nahe. Versucht euch in deren Situation zu versetzen und schreibt einen kurzen Brief in dem ihr euren Angehörigen über eure Lage schreibt.*

4 *Diskutiert, warum Flüchtlinge es oft schwer haben, in anderen Ländern aufgenommen zu werden.*

Zehn Millionen Umweltflüchtlinge – so das renommierte „Worldwatch Institute" (Report 89/90) – habe Afrika schon 1988 zu verzeichnen gehabt. Über 2 Millionen Sahelbewohner hätten auf der Flucht vor der Dürre ihre traditionellen Wirtschaftsweisen aufgeben müssen und seien in die Städte oder in die Küstenländer abgewandert. Worldwatch sieht die Wüste auf breiter Front im Vormarsch und resümiert: „Die Sahelzone ist das größte Gebiet der Erde, das vor einem Totalverlust seiner landwirtschaftlichen Nutzfläche steht" (Report 89/90). Viele Afrika-Korrespondenten - ansonsten ohne kolonialistische Brille berichtend — sehen in der Sahelzone einen „Sozialfall für die Weltgeschichte", eine Riesenregion, in der das Überleben von Millionen am Tropf der Dauer-Subventionen hänge. Ein gleichermaßen düsteres wie hoffnungsloses Szenario.

Gewerkschaftliche Monatshefte 2/1992

❷ Dürre im Sahel

Aus zwei einfachen Brettern ist das kniehohe Kreuz zusammengenagelt. „Das war eine sehr schöne Frau, sehr groß, schwarz, in afrikanischen Kleidern", sagt Vincenzo Lombardo. „Sie war am Ende ihrer Kräfte, als sie ankam, und ist hier gestorben." Lombardo arbeitet auf dem Friedhof von Lampedusa, der kleinen, kargen italienischen Insel südlich von Sizilien. Der Mann mit Glatze und Brille hat nicht nur für die Afrikanerin ein Kreuz aufgestellt, sondern auch für alle anderen Flüchtlinge, die nach der Ankunft auf der Insel starben.

Zwölf waren es bisher, die meisten überleben die Strapazen der Überfahrt. Über tausend Menschen sind es zurzeit pro Woche. Für sie ist Lampedusa der erste Flecken Europäische Union, den sie erreichen können, und damit nicht weniger als die Hoffnung auf ein neues, besseres Leben.

AFP

❸ Ein Flüchtlingsboot erreicht die Insel Lampedusa

In Darfur, ongoing fighting between rebel and government forces has triggered vicious attacks against civilians. This family represents just a few of the two million people – one third the population of Darfur – who have been forced to flee from their farms and villages.

Four generations of this family of 20 in Darfur walked for three days to reach the safety of the Gallap camp for internally displaced. They came from Khor Abeche, which they said was attacked only one week ago by the Janjaweed – a militia group that often works with government forces. The Gallap camp already holds about 12 640 people, but the number is growing daily.

As this family fled the Janjaweed militia, they brought all they could, including a chicken and three chicks. Most family members walked the 3-day journey, though a few rode one of their donkeys.

http://www.refugeesinternational.org/content/report/detail/5147

❹ Flüchtlingsfamilie in Norddarfur

❶ ***Beispiel Maria aus Dortmund***

Migration und Integration

❷ **Anteil der Arbeitslosen in Deutschland (in %)**

Jahr	Arbeitslose insgesamt	arbeitslose Ausländer
1996	10,1	18,9
1997	11,0	20,4
1998	9,4	19,6
1999	8,8	18,4
2000	7,8	16,4

Ziel im Umgang mit Migranten muss deren Integration sein. Dazu müssen die Gastländer zur Aufnahme bereit sein und die Migranten Bereitschaft zeigen, sich anzupassen. Nur wenn beide Seiten aktiv sind, kann Integration gelingen.
Neben der aktiven Ausgrenzung durch das Aufnahmeland verhindern auch Ausländer eine Integration durch bewusste Abgrenzung. Diese **Segregation** führt häufig zur Bildung von Ghettos. Manchmal bewirken äußere Faktoren wie günstige Mieten, dass die Migranten hier zusammen wohnen.

❸ **Beispiel irgendwo in Deutschland**
In der XY-Straße und Umgebung wohnen sehr viele Menschen türkischer Abstammung. Durch viel Engagement und Arbeit der Türken hat sich im Laufe der Zeit diese Straße verändert. Ein türkisches Einkaufszentrum ist entstanden, ein Bazar außerhalb der Türkei. Hier versorgen sich die türkischen Menschen des Viertels, hier treffen sie sich, haben sie Gebetshäuser und Versammlungsräume, hier wollen sie unter sich sein. Wer als Deutscher einmal richtig türkisch essen gehen möchte, geht hierher.

❹ **Beispiel Kemal Sahin**, geschäftsführender Gesellschafter der Sahinler Group Europa
Kemal Sahin studierte mit einem Stipendium an der RWTH Aachen. Nach dem erfolgreichen Abschluss bekam er keine Arbeitserlaubnis für Deutschland. Also machte er sich mit 5 000 DM Startkapital selbstständig, er gründete eine Boutique in Würselen. Heute ist die Sahinler Group das größte türkische Unternehmen außerhalb der Türkei.
In der Region Aachen ist das Textilunternehmen eines der erfolgreichsten Ausbildungszentren der IHK Aachen. Dabei werden 40 % ausländische Jugendliche zusammen mit deutschen Jugendlichen ausgebildet. Viel Wert wird bei dieser Integration auf Internationalität, Sprachenvielfalt und die verschiedenen Kulturen gelegt. Zur Ausbildung gehört ein viertägiger Aufenthalt in den Produktionsstätten in der Türkei. Nach der Ausbildung bleiben viele im Unternehmen und werden wegen ihrer Sprach- und Kulturkompetenz oft in Unternehmen außerhalb Deutschlands eingesetzt.
11 500 Mitarbeiter werden weltweit, 1 700 in Deutschland beschäftigt. 20 % davon sind türkischer Abstammung, 10 % kommen aus 35 verschiedenen Nationen und 70 % der Arbeitsplätze haben deutsche Arbeitnehmer.

5 **Beispiel Helena**, Spätaussiedlerin aus Kasachstan
Ich bin mit meinem Mann und meinen drei Kindern hierher gekommen, weil meine Vorfahren aus Deutschland stammten. Wir bekamen einen deutschen Pass, die Kinder gingen in die Schule, mein Mann bekam eine Anstellung im Straßenbau. Die Kinder lernten bald Deutsch, die Älteste bekam auch nach der Schule einen Ausbildungsplatz. Wir zogen mit anderen Familien aus Kasachstan zusammen in eine neue Siedlung, wo wir oft die Freizeit miteinander verbringen. Besonders die Jugendlichen sind ständig zusammen. Uns geht es besser als früher und wir wollen nicht mehr zurück. Aber immer noch sind wir die „Russen", wenn die Deutschen von uns reden.

6

Beispiel Xavier Naidoo, Sänger, geboren in Deutschland, Eltern aus Südafrika
Ich war früher selbst erschrocken, als ich dunkelhäutige Menschen deutsch sprechen hörte. Dass ich selbst dunkelhäutig bin, ist mir erst durch Erlebnisse von außen bewusst geworden – etwa, wenn mich jemand als „Bimbo" bezeichnet hat. Ich erlebe Menschen, die ihre Handtasche festhalten, weil ihnen ein dunkelhäutiger Mensch entgegenkommt. Letztendlich laufe ich ja auch mit Vorurteilen herum. Ich bin so deutsch wie alle anderen. Ich könnte in einem Lied sogar singen, dass ich stolz bin, ein Deutscher zu sein, und hätte damit weniger Probleme als ein weißhäutiger Deutscher.

7 **Beispiel Mehdi Noheh Khan**, Inhaber eines Teppichgeschäfts
1962 kam er aus dem damaligen Persien (heute Iran) nach Recklinghausen. Ausgerechnet am Rosenmontag. Er verliebte sich so sehr in den Karneval, dass er 1979 „Prinz Karneval" wurde. Er brachte der Stadt Recklinghausen eine Session mit morgenländischer Farbenpracht.
Inzwischen ist Noheh Khan der Organisator des jährlichen Kinderkarnevals und eine „feste Größe" in der Bürgerschaft.

8 **Vier Dimensionen der Integration**

1. Die strukturelle Integration beinhaltet z. B. Staatsbürgerschaft, Rechtslage, Ausbildung, Arbeitsmöglichkeiten u. ä.
2. Die soziale Integration verringert die Distanz zwischen den Gruppen durch gemeinsame Arbeit, Bekanntschaft, Freundschaft u. ä.
3. Die kulturelle Integration vollzieht sich beim Erwerb der Sprache, aber auch durch Einstellungsänderung.
4. Die emotionale Integration vollzieht, wer denkt und handelt wie die andere Gruppe oder ein Zusammengehörigkeitsgefühl entwickelt.

1 *Beschreibt und interpretiert Karikatur 1.*
2 *Erstellt ein Schaubild, in dem ihr die Stufen der Integration darstellt.*
3 *Ordnet jedes der vier Beispiele 4-7 einer Stufe der Integration zu und begründet eure Entscheidung.*

Migration weltweit

Um die Jahrtausendwende lebten 150 Millionen Menschen nicht mehr in ihrem Geburtsland. Somit sind bis heute etwa zwei Prozent der Weltbevölkerung Migranten. Dieser Anteil hat sich seit dem Zweiten Weltkrieg kaum verändert. Gegenüber früher hat der Anteil derer zugenommen, die aus wirtschaftlichen Gründen ihre Heimat verlassen haben. Von zehn Migranten wandern neun aus wirtschaftlichen und einer aus politischen Gründen aus.
Die Ursache für diese Wanderungsströme ist vor allem das Wohlstandsgefälle zwischen dem Gastland und dem Heimatland. Freiwillige Migration ist fast immer mit der Hoffnung nach einer besseren Zukunft verbunden. Waren es früher vor allem Männer, wird heute der Anteil der Frauen immer größer. Nicht zu unterschätzen ist die wirtschaftliche und die gesellschaftliche Bedeutung der Migration. Für viele Herkunftsländer sind die Geldüberweisungen der Auswanderer eine wichtige Einnahmequelle. Für viele Länder sind diese Überweisungen die wichtigste Devisenquelle. Es wird geschätzt, dass auf diese Weise jährlich etwa 140 Milliarden Dollar in die Herkunftsländer fließen.

Jahr für Jahr verlassen Menschen in der Hoffnung auf eine bessere Zukunft ihre Heimat. Sie ziehen dorthin, wo sie sich ein besseres Leben erhoffen.
Diese Migrationsströme sind ein untrügliches Zeichen für Ungleichheiten auf der Welt.

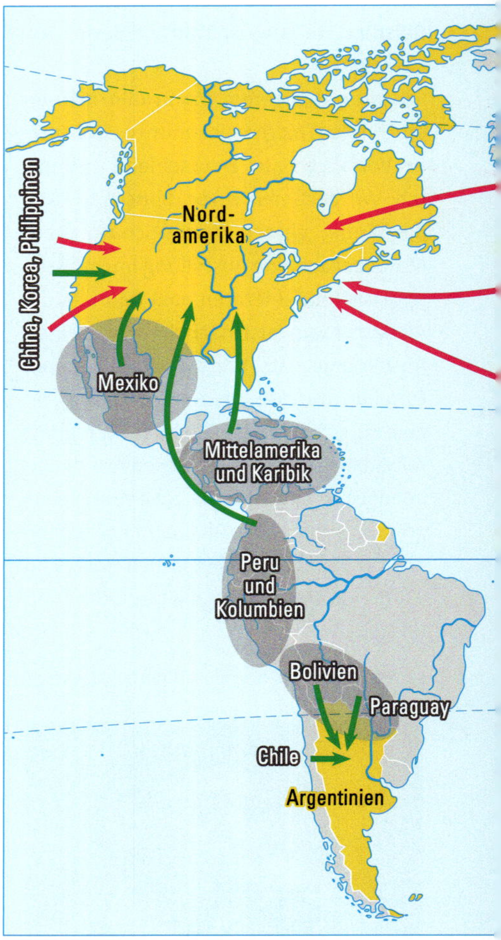

1 Wirtschaftsmigranten 1990 – 2000

1 *Karte 1 unterscheidet zwischen qualifizierten und weniger qualifizierten Wirtschaftsflüchtlingen. Erstelle eine Tabelle, in der du die hauptsächlichen Herkunfts- und Zielgebiete dieser beiden Gruppen gegenüberstellst.*
2 *Stelle dar, auf welche unterschiedlichen Bedingungen qualifizierte bzw. weniger qualifizierte Migranten in den Einwanderungsländern stoßen werden.*
3 *Nenne Möglichkeiten die Zuwanderung vor allem weniger qualifizierter Menschen zu verringern.*
4 *Diskutiert die Frage, welche Vor- bzw. Nachteile Migration für die Herkunfts- und für die Aufnahmeländer bringt.*

2 Politische Flüchtlinge und Wirtschaftsflüchtlinge

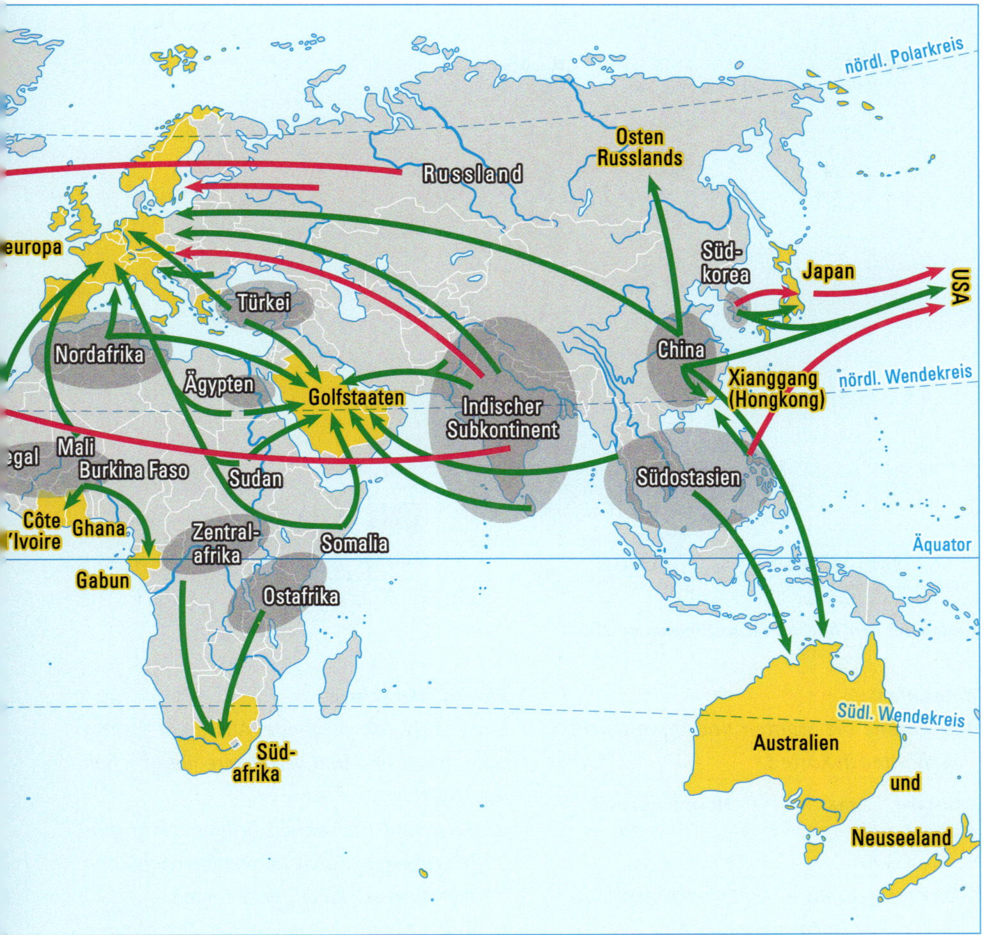

Regionen mit hoher Flüchtlingsaufnahme

Wichtigste Abwanderungsregionen

Qualifizierte Wirtschaftsflüchtlinge

Gering oder nicht qualifizierte Wirtschaftsflüchtlinge

0 1000 2000 3000 km

Global

Surftipp:

www.unhcr.ch

www.ilo.org

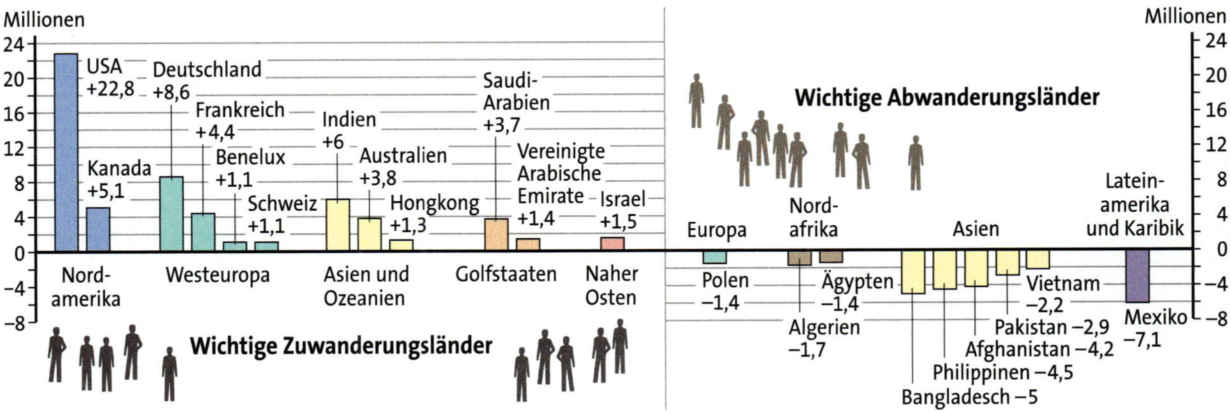

❸ ***Wichtige Zuwanderungs-/Abwanderungsländer 1950–2000***

Auf der Suche nach Zukunft

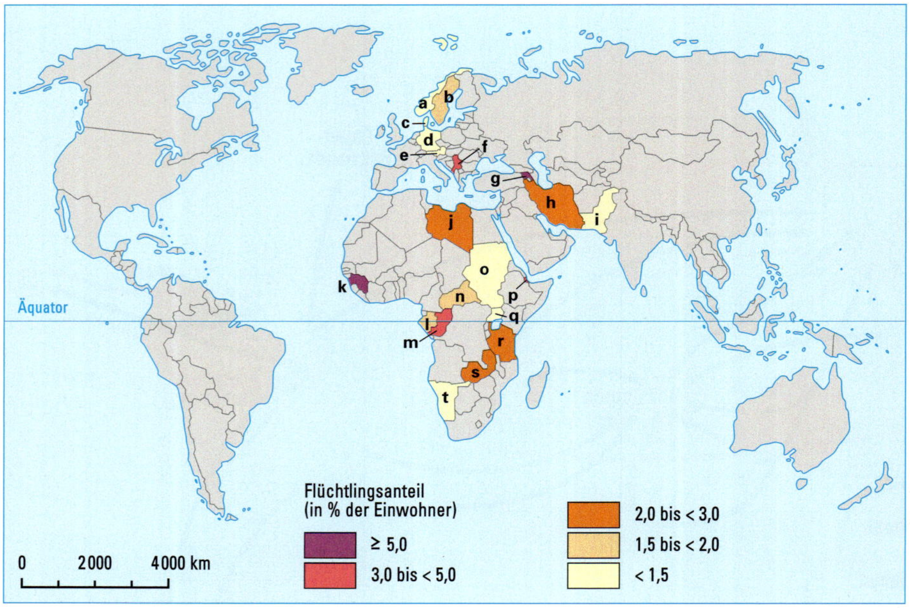

❶ ***Staaten mit dem höchsten Flüchtlingsanteil 2000***

Wichtige Begriffe
Aussiedler
Flüchtling
Gastarbeiter
Landflucht
Marginalsiedlung
Migration
Pull-Faktor
Push-Faktor
Segregation
Transmigrasi

1 Orientieren

a) Bestimme die Staaten und ihren Flüchtlingsanteil in Karte 1:

Buchstabe	Staat	Flüchtlingsanteil
a	...	...

b) Recherchiere im Internet nach den Ursachen dieser Fluchtbewegungen.

Kennen und verstehen

2 *Silbenrätsel*

Schreibe die Begriffe auf und bilde aus den verbliebenen Silben das Lösungswort:
AR – AR – BEI – BEI – DER – ER – FLUCHT – GA – GAST – GRA – GRA – GRE – HE – IN – LAND – MEN – MI – ON – ON –RECH – SCHEN – SE – SI – SICH – TE – TE – TER – TER – TI – TI – TRANS – WAN – IT

a) Durch sie wachsen viele Städte.
b) So nannte man die ersten ausländischen Arbeitskräfte.
c) Zwangsumsiedlung in Indonesien
d) Ausgrenzung von Migranten
e) Zu diesen Rechten gehört das Asylrecht.
f) Sie kommen aus X und helfen bei der Ernte.
g) So nennt man die Versuche zur Einbindung von Ausländern in die Gesellschaft.

3 *Richtig oder falsch?*

Entscheide, ob folgende Aussagen richtig oder falsch sind und verbessere die falschen Aussagen.

a) Dürre und Trockenheit bringen zwar große Probleme, durch sie werden Menschen aber nicht zur Flucht gezwungen.
b) In den Megastädten werden Wohnungen gebaut um Zuwanderer vom Land dorthin anzulocken.
c) Nach der Zwangsumsiedlung in Indonesien ging es vielen Menschen nicht besser. Die Integration ist nicht gelungen.
d) Nach der Landflucht finden viele Menschen in den Megastädten nur eine Unterkunft in Hüttenvierteln.
e) In Afrika ist die politische Situation so stabil, dass es zu keinen Vertreibungen mehr kommt.
f) Wenn ausländische Menschen nicht integriert werden, sind die Ausländer immer selber schuld.
g) Die meisten Flüchtlingsströme führen oft aus den ärmsten Ländern in die ärmsten Länder.
h) Integration von Zuwanderern ist nicht erwünscht, weil dadurch deren kulturelle Eigenarten verwischt werden.

2

Teste dich selbst
mit der Aufgabe 2g, 3h und 6b.

Fachmethoden anwenden

4 ***Push und Pull***

Erstelle mithilfe von Grafik 2 und Comic 1 (Seite 238) eine Tabelle der Push- und Pull-Faktoren in deinem Heft. Ergänze weitere Faktoren, die dir bekannt sind.

Übertragen und beurteilen

5 ***Wie würdest du entscheiden?***

Der Hochkommissar für Flüchtlinge der Vereinten Nationen versucht die Rechte der Flüchtlinge weltweit zu schützen. Nach internationalen Regeln gilt als Flüchtling eine Person, die ihr Heimatland aus begründeter Furcht vor Verfolgung wegen ihrer Rasse, Religion, Nationalität, Zugehörigkeit zu einer bestimmten sozialen Gruppe oder wegen ihrer politischen Überzeugung verlassen hat.
Würdest du den folgenden Personen den Status eines Flüchtlings zuerkennen? Begründe deine Entscheidung.

a) Eine Frau aus Togo bittet um Asyl, weil ihr harte Strafen drohen, wenn sie sich der in ihrem Land üblichen Verstümmelung der Geschlechtsorgane verweigert.

b) Ein 19-Jähriger flieht aus seinem Land, weil er seinen Wehrdienst ableisten soll. Er will aus Gewissensgründen den Wehrdienst verweigern, dies ist nicht möglich.

c) Nach Jahren erfolgloser Arbeitssuche sieht ein Familienvater keine andere Möglichkeit als die illegale Einwanderung in eines der reichen Länder Europas.

d) Eine Familie bittet um Aufnahme in einem europäischen Land. Als Folge eines langjährigen Bürgerkrieges ist die Nahrungsmittelversorgung in ihrem Heimatland zusammengebrochen. Es bestand die Gefahr zu verhungern.

Knobeln und rätseln

6 ***Bilderrätsel***

a) Löse das Bilderrätsel.

b) Erkläre den Begriff.

Training

Leben und Arbeiten in verschiedenen Kulturräumen

Die Marktszene in Damnoen Saduak gibt einen Einblick in eine ganz andere Alltagswelt und Wirklichkeit als wir sie in Deutschland erfahren. Doch das Bild aus Thailand und unser Alltag sind nur zwei Wahrnehmungen der faszinierenden Vielfalt unterschiedlicher Lebens- und Arbeitsbedingungen in den unterschiedlichen Kulturräumen der Erde. Hinter diesen Unterschieden stehen nicht nur Armut und Reichtum, Trockenheit und mildes Klima oder verschiedene geschichtliche Entwicklungen als bedeutende Ursachen, sondern eine Fülle kultureller Besonderheiten, mit denen wir uns in diesem Kapitel beschäftigen wollen. Vielleicht erarbeitest du ja eines der Themen als GFS und präsentierst es deiner Klasse in einem Kurzvortrag.

1

2

3

4

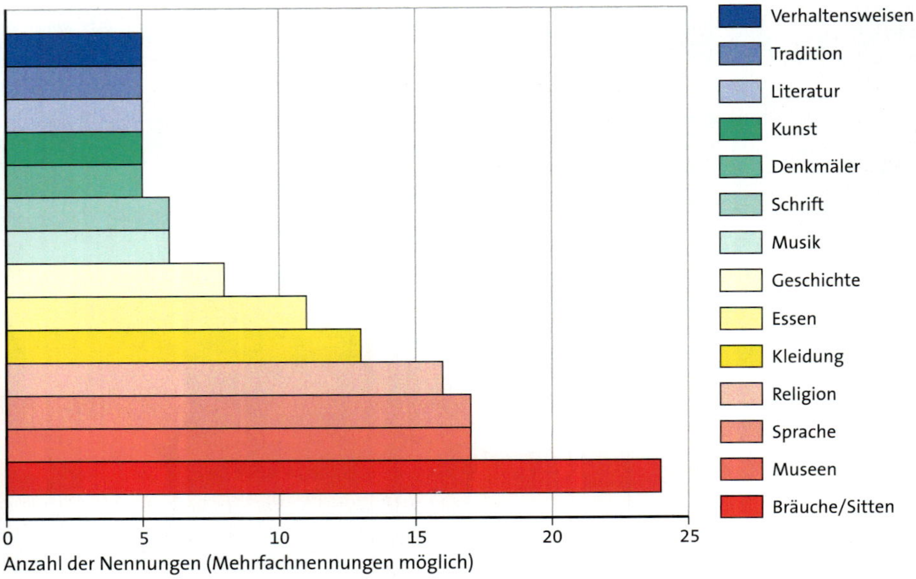

5 ***Ergebnis der Befragung einer 8. Klasse zum Thema „Was ist Kultur für dich?“***

Alles Kultur oder was?

Nichts ist spannender als die Vielfältigkeit der Kulturen. Aber was ist Kultur eigentlich?

Alltagskultur – das Sichtbare

In Filmberichten oder im Urlaub sehen wir, dass viele Menschen in Afrika, Südamerika und Asien in großer Armut leben und mit sehr wenig Geld pro Tag überleben müssen. Andere wiederum leben in unvorstellbarem Reichtum. Wir nehmen wahr, dass zwar viele ähnlich wie wir gekleidet sind, andere dagegen traditionelle Kleidung tragen: kunstvoll geschlungene Saris der indischen Frauen, farbenprächtige Gewänder der Westafrikanerinnen oder Batik-Hemden der Indonesier. In jeder größeren Stadt können wir unterschiedlichste Speisen, z.B. indisches Curry, japanisches Sushi, argentinisches Steak, amerikanisches Fast Food oder ägyptische Fallafeln probieren.

Die Wolkenkratzer der amerikanischen Städte sind auch bei uns heimisch geworden und Moscheen sind in unseren Städten keine Seltenheit mehr. Buddhistische Tempel, kunstvolle Zelte kirgisischer Nomaden oder die Lehmarchitektur malischer Moscheen üben große Faszination aus. Dies alles sind sichtbare Elemente verschiedener Kulturen.

Unsichtbare Kultur – die Gedankenwelt

Aber Kultur ist mehr als das, was man sehen kann. Ein ganz wichtiges Element jeder Kultur ist die Sprache. Sie dient nicht nur zur praktischen Verständigung, sondern wurde genau so gestaltet, dass sie die Gefühle und Gedanken der Menschen ausdrückt. Sprache, Gedanken und Werte einer Kultur kommen in ihren Überlieferungen, Mythen, Traditionen, Sitten, Bräuchen und in ihren Festen zum Ausdruck. In manchen Kulturen schreien die Menschen ihren Schmerz über den Tod eines Familienmitgliedes hinaus, in anderen Kulturen wird aus dem gleichen Anlass ein Fest veranstaltet. In Deutschland tragen Trauernde schwarze Kleidung, in Indien und Nepal weiße. Die Rituale der hinduistischen Totenverbrennung oder die Rhythmen afrikanischer Tänze zeigen die Bedeutung der Religion für die Kultur.

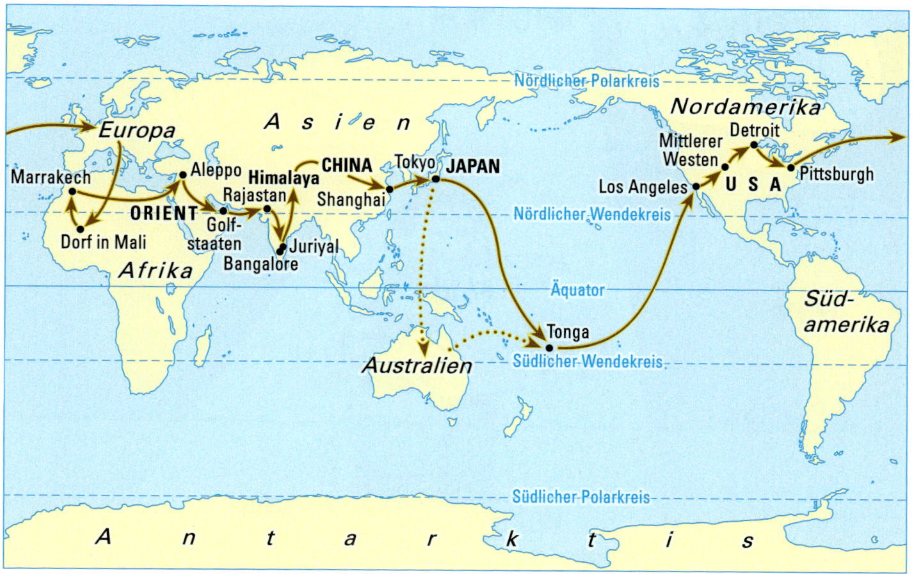

6 ***Die Reiseziele***

7

8

9

10

Das gesellschaftliche Miteinander

Aber auch wie die Menschen miteinander leben, wie sie ihr dörfliches und staatliches Leben organisieren und wie sie arbeiten ist Teil der Kultur. Beispielsweise wird die Kindererziehung in manchen Kulturen viel stärker von der Dorfgemeinschaft übernommen und ist in anderen Kulturen ausschließlich Sache der Eltern. Aus einer Vielzahl von einzelnen Elementen und Einflüssen entstand so über Jahrtausende hinweg eine Fülle unterschiedlicher Kulturen, auf die auch die unterschiedlichen Naturgegebenheiten Einfluss nahmen – wir müssen nur an die Inuit oder an die Yanomami denken.

So ist jede Kultur aus anderen und zudem sich ständig verändernden Teilen wie ein schönes Stück Stoff gewoben. Spannend ist, dass viele Kulturen sich durch die Begegnung der Menschen untereinander ständig gegenseitig beeinflussen und auch verändern. Nur wenn man andere Kulturen kennt, begreift man die Besonderheiten der eigenen Kultur.

Nur wer eine Reise tut....

Mit dem Themenblock unternimmst du eine Weltreise, die dich zunächst nach Afrika, dann über den Orient nach Indien führt. Du wirst sehen, wie die Menschen in diesen Regionen leben und arbeiten, wie sie wohnen, was sie essen, wie sie sich kleiden und wie sie denken. Erweitern kannst du die Reise durch andere Kapitel des Buches und durch Internetangebote. Dennoch können wir nicht überall hin und wir werden auch längst nicht alle Aspekte des Alltagslebens ansprechen können. Wichtig ist aber, dass du die Situationen immer wieder mit deiner eigenen vergleichst.

1 *Ordne die Bilder folgenden Regionen zu: Anden/Bolivien, Japan, Schwarzwald, Sahara, Indonesien, Orient, Tibet.*

2 *Führt in eurer Klasse eine Umfrage zum Thema „Was ist Kultur für dich?“ durch und vergleicht mit den Ergebnissen in Diagramm 4.*

3 *Setze deine Vorstellungen des Geflechtes Kultur zeichnerisch um. Vergleiche mit dem Vorschlag unter www.klett.de/extra.*

4 ***Langzeitaufträge:** Vergleicht*
a) die Arbeitsbedingungen in Japan mit denen in China, den USA und Deutschland,
b) die Städte des Orients mit denen in den USA und in Deutschland,
c) den Schulalltag in China, Japan und Deutschland.

Ein Referat ist ein mündlicher Vortrag zu einem vorgegebenen Thema. Eine gründliche Vorbereitung ist für das Gelingen mindestens ebenso wichtig wie eine anschauliche Präsentation. Beachte bei allem die fünf „W's" für ein gutes Referat!

Einen Kurzvortrag vorbereiten und halten

Weltkulturerbe Pyramiden. Ein prima Thema für ein Kurzreferat, aber ein interessantes Thema allein macht noch kein gutes Referat. Dazu folgst du am besten den vorgeschlagenen Schritten.

Einen Kurzvortrag vorbereiten und halten

1. Schritt: Thema klären

- *Schau dir das Thema des Referates sorgfältig an. Wenn dir etwas unklar ist, frage genau nach, worüber du berichten sollst.*

2. Schritt: Ideen sammeln

- *Schreibe auf, was dir spontan zum Thema einfällt und welche Informationen dir fehlen. Erstelle dazu eine Mindmap (vgl. Grafik 2). Sie kann dir helfen, eine erste Ordung in deine Gedanken zu bringen.*

3. Schritt: Recherchieren

- *Suche nach Informationen zum Thema (Bücherei, Zeitschriften, Internet u. a.). Befrage eventuell auch Personen, die sich mit dem Sachverhalt auskennen. Notiere genau die benutzten Informationsquellen.*
- *Ergänze die Informationen in deiner Mindmap und verdeutliche Zusammenhänge.*
- *Kläre wichtige Begriffe.*

4. Schritt: Ergebnisse zusammenfassen

- *Fasse die Informationen kurz schriftlich zusammen (Karteikarten 5).*

5. Schritt: Material zuordnen

- *Stelle geeignetes Material (Fotos, Tabellen, Zeichnungen) zusammen, das den Zuhörern deine Aussagen verdeutlicht. Ein passendes Bild sagt oft mehr als tausend Worte.*

6. Schritt: Ergebnisse vortragen

- *Bereite deinen Vortrag gründlich vor. Bedenke, dass auch ein Vortrag eine klare Gliederung haben muss (Grafik 4).*
- *Lies deinen Vortrag nicht ab, sondern sprich frei (kurze Sätze, übersichtlicher Satzbau, angemessenes Sprechtempo). Die Karteikarten können dir als Gedankenstütze helfen.*
- *Veranschauliche deine Aussagen durch geeignetes Material.*
- *Wende dich beim Vortrag den Zuhörern zu (Blickkontakt).*
- *Beachte die Zeit: Ein Kurzreferat soll nicht länger als 15 Minuten dauern.*

1 *Pyramide bei Gise, nahe Kairo*

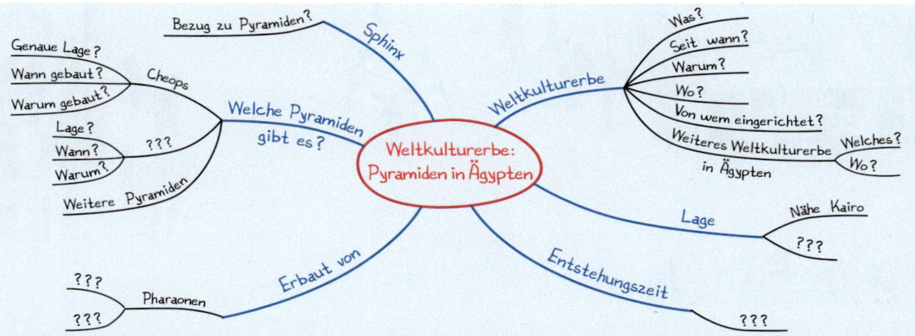

2

3 **Literaturauswahl**

- Lehner, M.: Das Geheimnis der Pyramiden in Ägypten. München 2002.
- Stadelmann, R.: Die Ägyptischen Pyramiden. Vom Ziegelbau zum Weltwunder. Mainz 1997.
- Macaulay, D.: Wo die Pyramiden stehen. Zürich 1995. (TB-Ausg. München 1996).

5

Pyrami…

Weltkulturerbe in Ägypten -2-

Was ist das Weltkulturerbe? -1-

Was haben der Kölner Dom, die Pyramiden und die Freiheitsstatue gemeinsam?
= zählen alle zum Weltkulturerbe!!!
Das Weltkulturerbe gibt es erst seit 1972. Es wurde eingerichtet von der UNESCO (United Nations Educational, Scientific and Cultural Organization). Zum Weltkulturerbe gehören schutzwürdige Kultur- und Naturdenkmäler.

Einleitung		Hauptteil		Schluss
Thema vorstellen, Aufmerksamkeit und Interesse wecken.	→	Informationen zum Thema geben	→	Wichtiges zusammenfassen, eigene Stellungnahme.
Umfang 15 %		Umfang 75 %		Umfang 10 %

4

6 ***Fünfmal „W"? – Referat okay!***

***Was** – willst du mit deinem Referat erreichen?*
– Ziel
***Wer** – hört dir zu?*
– Zielgruppe
***Welche** – Informationen sind wichtig?*
– Inhalt
***Womit** – kannst du dein Referat veranschaulichen?*
– Anschauungsmaterial
***Wie** – präsentierst du dich bei deinem Vortrag?*
– Sprache, Gestik ...

1 *Das Dorf Banamba*

In einem afrikanischen Dorf

2 *Markt in Djenné*

3 „Als ich vor kurzem auf dem Markt in Mopti, einer berühmten Stadt meines Landes Mali war, kam ich mit einem Journalisten aus Europa ins Gespräch. Er bat mich allen Ernstes, ich solle ihm das Leben in Afrika beschreiben. Wie soll das denn möglich sein? In den etwa 50 Staaten Afrikas leben Tausende Völker mit ihren eigenen Sprachen und Kulturen, Riten und Glaubensvorstellungen. Manche leben am Rande der Wüste, andere im Regenwald, manche waren viele Jahre unter der Herrschaft europäischer Kolonialherren, andere kamen kaum mit anderen in Kontakt, manche treiben Ackerbau, andere leben vom Vieh. Wie kann man da etwas über ganz Afrika vereinheitlichen? Das sah auch unser Gast schnell ein.
Gerne aber erzählten wir ihm vom Leben am südlichen Rande der Sahara, im Sahel, wo unser Dorf Banamba liegt. Da der Weg dorthin recht beschwerlich ist und vor allem sehr viel Zeit benötigt – die ihr Europäer ja offensichtlich nicht habt – und unser Gast das Dorf nicht selbst sehen konnte, zeichneten wir es ihm auf. Dabei erzählten wir ihm von der Landschaft, den Feldern und Herden, den Festen und Bräuchen im Dorf und über viele Dinge mehr.
Er hörte aufmerksam zu, machte sich von Zeit zu Zeit Notizen und wollte jedes Detail wissen.

Als wir das Leben im Dorf beschrieben hatten, war er ganz erstaunt, dass wir nicht ständig über Dürrekatastrophen und Hungersnöte berichteten, sondern den Alltag, die Feste und auch die Fröhlichkeit geschildert hatten. Ich hatte den Eindruck, er war mit einem ganz anderen Bild der Wirklichkeit nach Afrika gekommen. Das heißt nicht, wir hätten keine Probleme. Es gibt wirklich immer wieder lang anhaltende Dürren und viele Menschen müssen leiden. Wir können unseren Lebensstil nicht mit eurem Reichtum vergleichen, aber das heißt doch nicht, dass wir ständig unglücklich sind."

nach H.Uehlinger: Schwarzmalerei und Realitäten. bmlv. abgedruckt in: Geographie heute 223/2004, S.12-16

1 *Analysiere die Zeichnung 1 und beschreibe auf dieser Grundlage das Leben in Banamba, einem Dorf in Mali.*
2 *Das Internet bietet dir unter www.klett.de/extra weitere Hintergründe zu dieser Zeichnung. Ergänze und überprüfe deine Analyse mithilfe dieser Informationen.*
3 *Überprüfe, welche Kulturmerkmale in dieser Zeichnung angesprochen werden.*

4 **Dorfplatz in Banamba**

1 Wichtige Elemente jeder Moschee: *a) Minarett, meist mehrere; b) Kuppel; c) Mihrab; d) Minbar*

Der Orient

2 Die fünf Säulen des Islam
Das Fundament der islamischen Religion besteht aus fünf Elementen, den fünf Säulen des Islam. Diese sind
- *das Glaubensbekenntnis „Neben Allah gibt es keinen Gott und Mohammed ist sein Prophet“*
- *das festgelegte fünfmalige tägliche Gebet*
- *das strenge Fasten während des Fastenmonats Ramadan*
- *die durch Gesetz festgelegte Armensteuer Zakat*
- *die einmal im Leben zu erfüllende Pilgerreise nach Mekka, die Hajj genannt wird. Jeder, der diese einst sehr entbehrungsreiche Reise gemacht hat, darf den Ehrentitel Hajj tragen. Alte, kranke und schwache Menschen sind von der Verpflichtung der Pilgerfahrt ausgenommen.*

→ *Zur Verbreitung des Islam siehe Karte Seite 299*

Beim ersten Blick auf die Karte der orientalischen Welt stellt man sich diese sehr einheitlich vor. Doch wie alles, das man näher betrachtet, an Eindeutigkeit verliert, so ist es auch beim Orient. Von Marokko im Westen über Nordafrika, den Nahen und Mittleren Osten bis weit nach Zentralasien hinein lassen sich Gemeinsamkeiten, aber auch vielfältige Unterschiede im Glauben, Denken und Leben der Menschen feststellen.

Typisch Orient?
Trotz vieler Besonderheiten ist dieser Region der von Wüsten dominierte Lebensraum gemeinsam, in dem Oasenlandwirtschaft mit künstlicher Bewässerung und Nomadismus als traditionelle Wirtschaftsform entstanden. Blicken wir auf die Sprache: Hocharabisch war lange Zeit die gemeinsame Kultursprache. Heute werden im Orient sehr unterschiedliche arabische Dialekte gesprochen. Nach dem Zweiten Weltkrieg gab es kurzzeitig den Versuch, einen gemeinsamen arabischen Staat zu errichten. Doch schon nach wenigen Jahren scheiterte die Idee an den Interessen der einzelnen Machthaber. Auch der sprichwörtliche Ölreichtum ist nicht gleich auf die arabischen Staaten verteilt.
Die arabische Welt ist nicht gleichzusetzen mit der islamischen Welt, die bis nach Indonesien und auf die Komoren reicht. Wohl aber stellt die Religion eine bedeutende Gemeinsamkeit im Glauben, Denken und Handeln der Menschen dar. Der Einfluss des Islam auf das alltägliche Leben äußert sich in Toleranz, Gerechtigkeit und Gastfreundschaft.

Die orientalische Stadt
Eine weitere Gemeinsamkeit sind die Städte. Zwischen Euphrat und Tigris, in Mesopotamien, entstanden vor 3 500 Jahren die ersten Städte der Welt. Der überwiegende Teil der orientalischen Bevölkerung lebt in Städten. Typisch für die orientalisch-islamische Stadt ist die zentrale Lage der großen Moschee inmitten der Altstadt, der Medina. Zudem waren die orientalischen Städte von gewaltigen Mauern umgeben, wie man sie noch in Marrakech oder in Jerusalem sehen kann. Die Burg oder Zitadelle gehört ebenso zu den typischen Merkmalen wie das verwinkelte Sackgassenmuster der Wege. Rund um die Moschee befindet sich der Basar, der einer strikten Ordnung unterworfen ist. Die nach Religionszugehörigkeit getrennten Friedhöfe liegen allesamt vor der Stadt.

1 *Fasse die Gemeinsamkeiten des Orients zusammen:*
a) Orientiere dich an Bild und Karte von Marrakech.
b) Prüfe, inwieweit Marrakech als typisch für eine orientalische Stadt gelten kann.

❸ ***Blick über die Medina von Marrakech***

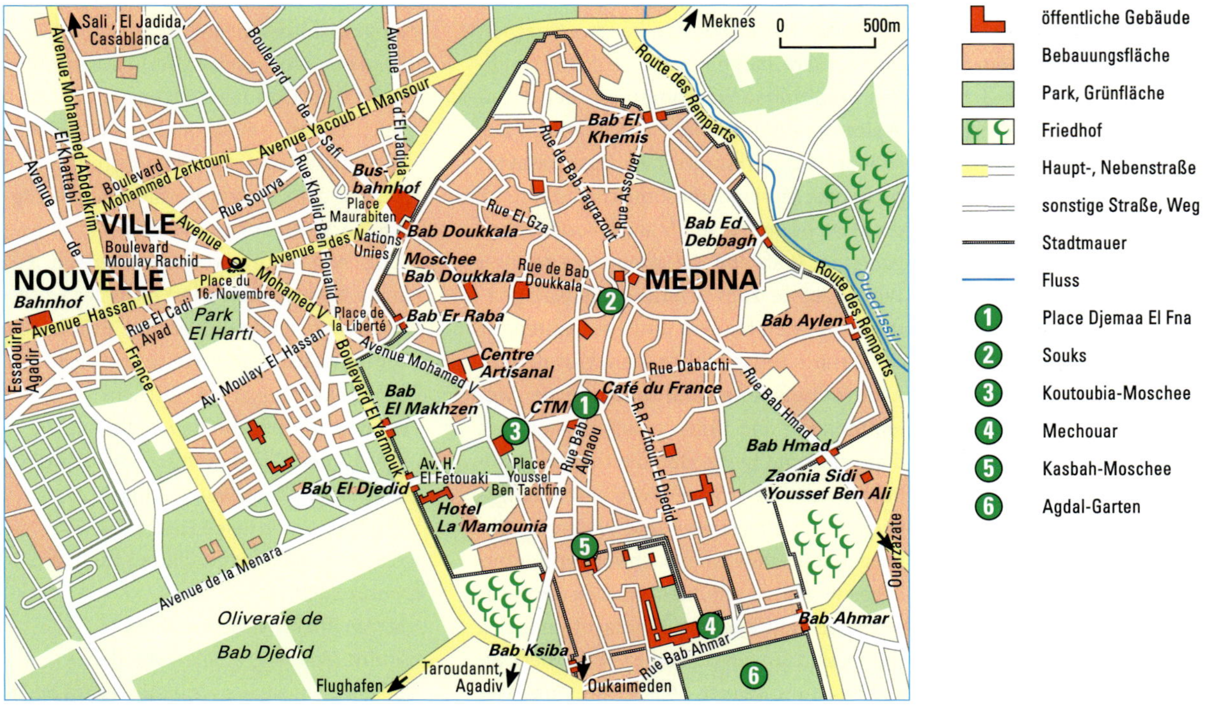

❹ ***Stadtplan von Marrakech***

❶ ***Im Basar von Rawalpindi, Pakistan***

Im Basar

Basare und Souks sind in der gesamten islamischen Welt von Marokko im Westen über ganz Nordafrika, den Nahen und Mittleren Osten bis weit hinein nach Zentralasien verbreitet.

***Basar** ist die persische Bezeichnung für einen Markt. Der Basar ist das traditionelle Handels-, Wirtschafts- und Produktionszentrum jeder islamischen Stadt.*

*Häufig wird anstelle des Begriffes „Basar" das arabische Wort „**Souk**" verwandt.*

Die Araber hatten von den Iranern, Griechen und Römern blühende Städte mit lebendigen Traditionen übernommen. Bei deren Weiterentwicklung kam den Märkten besondere Aufmerksamkeit zu. Das charakteristischste Merkmal muslimischer Städte ist die klare Trennung von Märkten und Wohngebieten. Während die armen wie reichen Wohngebiete zum Schutz der Privatsphäre von nackten Mauern umgeben waren, ist der Basar offen gestaltet. Damit ist der Zugang für Lieferanten und Kunden zu den vielen Ständen und Läden gewährleistet. Aus diesem Grund bestanden die traditionellen Basare aus einem System von Verbindungswegen. Um die Händler und Waren vor der sengenden Sonne, aber auch vor den winterlichen Regen zu schützen, wurden die Basare vielfach mit Kuppeln überdacht. Teile des Basars sind auf ein Gewerbe spezialisiert, also etwa auf Gewürze oder Stoffe, Holz, Metallwaren oder Schmuck. Feste Preise gibt es

❷ **Ein Basargespräch**

„Willkommen, mein Bruder, ich habe dich lange nicht gesehen."
„Bruder, ich lebe weit entfernt im Süden."
„Im Süden? Dort habe ich Freunde."
„Auch ich kenne einige aus dieser Familie."
„Mein Laden ist deiner. Befehle mir."
„Du bist der Herr. Ich möchte einen Anzug kaufen. Wieviel macht dieser hier ?"
„Zwischen uns, mein Bruder, herrscht Einigkeit. Mich interessiert nicht der Profit, sondern nur, was dich erfreut. Brüder debattieren nicht über Preise. Für dich kostet er nichts, er ist ein Geschenk."
„Ahmed empfahl mir deinen Laden."
„Ah, Ahmed! Er ist dein Freund? Für dich macht der Anzug vierzig Dinar."
„Bruder, hast du keine Furcht vor Gott?"
„Bei Allah, dieser Preis gilt nur für dich ..."
„Vierunddreißig."
„Nimm ihn für siebenunddreißig."
„Fünfunddreißig." „Einverstanden. Ich gebe ihn dir, weil du es bist. Allah wird mich für den Verlust entschädigen."

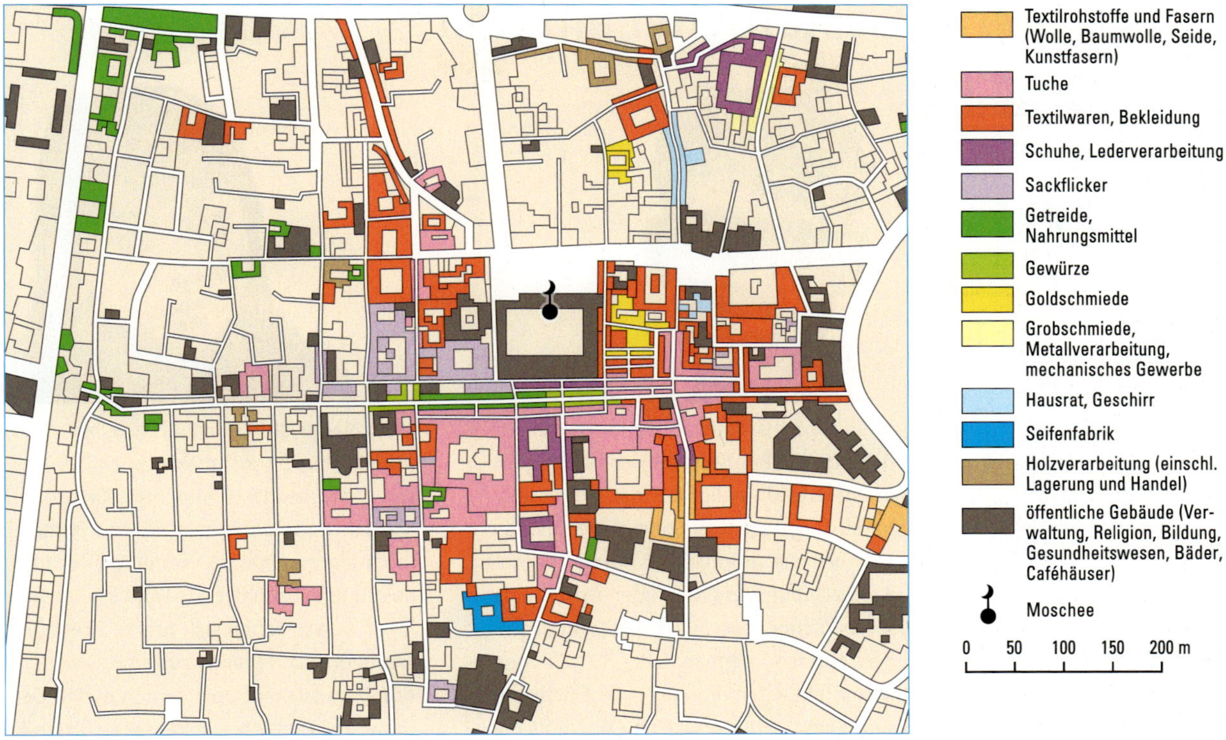

③ ***Der Basar von Aleppo, Syrien***

nicht, jeder Preis wird einzeln ausgehandelt. An die Basarläden angeschlossen waren meist kleine Innenhöfe mit Nebengebäuden, die als Lager, aber auch als Unterkunft für die Händler dienten.
Ähnlich wie in den europäischen Städten unterliegen auch die Basare strenger Aufsicht durch Beamte, die für die Einhaltung der Maße und Gewichte, aber auch für die Qualität der Waren zuständig sind.

Informationszentrum Basar

Der Basar war aber nicht nur Handels- und Wirtschaftszentrum, sondern stets auch Treffpunkt der Menschen. In den Teestuben des Basars wurden und werden Nachrichten ausgetauscht und die neuesten Gerüchte diskutiert. In vielen dieser Teestuben unterhielten professionelle Geschichtenerzähler die Männer, die es sich bei Tee und Wasserpfeife gemütlich machten, mit spannenden Geschichten. Dies findet sich heute nur noch sehr selten. An ihre Stelle sind Radio und vor allem Fernseher getreten, die in keiner Teestube fehlen.

④ ***Im Basar von Damaskus***

1 Beschreibe die Marktszene auf Foto 1 und suche mithilfe der Karte 3, wo du eine solche Aufnahme in Aleppo machen könntest.

2 Analysiere die Anlage des Basars von Aleppo anhand der Karte. Formuliere deine wichtigsten Ergebnisse schriftlich.

3 Welche Unterschiede ergeben sich zu Marktsituationen in Deutschland und den Malls in den USA (Seite 292)?

4 a) Trage die nebenstehenden Basare in eine stumme Karte ein.
b) Suche über das Internet Bilder zu diesen Städten und Basaren.

Die berühmtesten und schönsten Basare des Orients

Kairo
Damaskus
Aleppo
Istanbul
Sanaa
Dubai
Kairouan
Tunis
Marrakech
Fes
Shiras
Isfahan
Samarkand
Buchara
Chiwa

Gastarbeiter am Golf

❶ ***www.gulfjobsites.com***

❷

Mein Name ist Shekar. Meine Heimat ist der indische Bundesstaat Kerala, der ganz im Südwesten Indiens entlang der Malabarküste gelegen ist. Sowohl die Küsten-, als auch die unmittelbar daran angrenzende Gebirgslandschaft der West-Ghats sind so schön, dass wir unser Land „God's own country" nennen. Über 30 Millionen Menschen leben hier auf einer Fläche zusammen, die nur etwas größer ist als die Schweiz. Das macht die Suche nach Arbeit sehr schwer, zumal es nur wenige große Industriebetriebe in den großen Städten gibt. Manche sagen, dass bei uns kaum investiert wird, weil die Regierung Keralas zu hohe Steuern für unser gutes Schul- und Gesundheitswesen erhebe. Typisch für Keralas Wirtschaft ist die Landwirtschaft und das, was wir Cottage-Industrie nennen, etwa die Herstellung handgedrehter Bidi-Zigaretten oder die Aufbereitung von Cashew-Nüssen. Aufgrund dieser schwierigen wirtschaftlichen Lage haben viele Menschen eine andere Lösung gefunden. Sie gehen fort. Einige wenige schaffen es in die USA, die Mehrheit geht nach Saudi-Arabien oder in einen der Golfstaaten, um dort als Packer, Fensterputzer, Flughafenarbeiter oder ähnliches Geld zu verdienen, während ihre Familien in Kerala bleiben. In manchen Dörfern ist das so stark ausgeprägt, dass wir sie „Klein Dubai" nennen. Ich habe Arbeit in einer Raffinerie gefunden und wohne mit Hunderten anderen in einem Camp.

❸

Mein Name ist Maria. Zu Hause bin ich in Manila, der Hauptstadt der über 7 000 Inseln umfassenden Philippinen. Ursprünglich lebte meine Familie in den Bergen. Doch als die Familie immer größer und das zu bewirtschaftende Land immer weniger wurde, sahen sich meine Eltern gezwungen, nach Manila zu gehen und dort Arbeit zu suchen. Dort kamen meine Geschwister und ich zur Welt. Die Vorstellung meiner Eltern, in Manila ein besseres Auskommen zu finden, erwies sich eher als Illusion. Wir leben am Rande der Stadt in einem der unüberschaubaren Armenviertel. Mit Gelegenheitsjobs kommen wir gerade so über die Runden. Von einem Mann aus unserem Viertel erfuhr ich, dass eine Agentur Frauen als Hausangestellte für Familien in Kuwait, Dubai und Saudi-Arabien sucht. Das war unsere Chance. Die ganze Verwandtschaft legte zusammen, um den Vermittler und die Reise zu bezahlen. Natürlich hatte ich große Angst in ein völlig unbekanntes Land zu gehen. Aber ich muss doch meiner Familie helfen. Glücklicherweise bin ich zu einer sehr freundlichen Familie gekommen, bei der ich nun schon seit einigen Jahren arbeite. Von Dubai habe ich kaum etwas gesehen. Regelmäßig überweise ich den größten Teil meines Lohnes an meine Familie nach Manila. Meine Eltern konnten zwischenzeitlich eine richtige Wohnung finden und mein Vater hatte genug Geld, um ein kleines Geschäft aufzumachen.

Auf der Suche nach Arbeitern

Mit dem Ölreichtum kamen in den 1960er Jahren die Gastarbeiter in die Kleinen Golfstaaten, insbesondere nach Kuwait und in die Vereinigten Arabischen Emirate (VAE). Der Hintergrund dafür war, dass der plötzliche Reichtum in großem Stil in den Ausbau der Verkehrsinfrastruktur, der Pipelines, aber auch der Siedlungen investiert wurde. Die eigene Bevölkerung hatte weder ausreichend Arbeitskräfte noch Erfahrungen in diesen Branchen, sodass die Lösung in der Anwerbung von Gastarbeitern gefunden wurde. Diese Arbeitsmigranten kamen zunächst besonders aus den arabischen Nachbarländern Irak, Syrien und Jordanien, bald schon auch aus der entfernteren arabischen Welt, aus Süd- und Südostasien, insbesondere aus Indien, Pakistan und von den Philippinen.

Bis Mitte der 1980er Jahre war ihre Zahl auf 2,5 Millionen Menschen angewachsen – etwa 40 Prozent der Gesamtbevölkerung. In manchen Golfstaaten wurde die einheimische Bevölkerung zur Minderheit im eigenen Land. Viele Gastarbeiter leben in eigenen Siedlungen getrennt von der einheimischen Bevölkerung. Sie übernahmen nicht nur die Handlangerdienste in der Öl- und Bauindustrie, sondern besetzten auch qualifizierte Dienstleistungsberufe wie Ärzte und Lehrer. Die einheimische Bevölkerung zog sich mehr und mehr aus allen Tätigkeiten zurück, die mit körperlicher Anstrengung verbunden waren und konzentrierte sich wirtschaftlich auf den Handel.

Neueste Entwicklungen

Seit etwa zehn Jahren verändert sich die Situation am Golf: Zum einen geht die Zahl der arabischen Gastarbeiter seit dem Golfkrieg zugunsten von Indern, Pakistanis und Philippinos zurück. Zum anderen wollen die Regierungen der Golfstaaten den weiteren Zustrom deutlich eindämmen. Stattdessen soll die einheimische Bevölkerung sich verstärkt in Wirtschaftsbereichen engagieren und Berufe ausüben, die seit Jahrzehnten in den Händen von Gastarbeitern sind.

④

Land	Bevölkerung 1981		Bevölkerung 1991		Bevölkerung 2001	
	gesamt	Ausländer	gesamt	Ausländer	gesamt	Ausländer
Bahrain	351 000	112 000	436 000	131 000	651 000	245 000
Oman	1 000 000	239 000	2 019 000	537 000	1 870 000	668 000
Kuwait	1 450 000	794 000	2 125 000	1 600 000	1 575 000	928 000
Katar	300 000	230 000	464 000	171 000	522 000	418 000
VAE	1 230 000	859 000	1 900 000	1 500 000	2 377 000	1 781 000

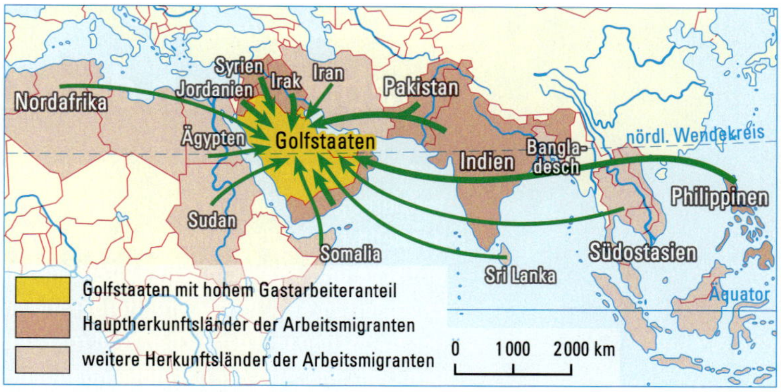

⑤ ***Wirtschaftswanderer in der Golfregion***

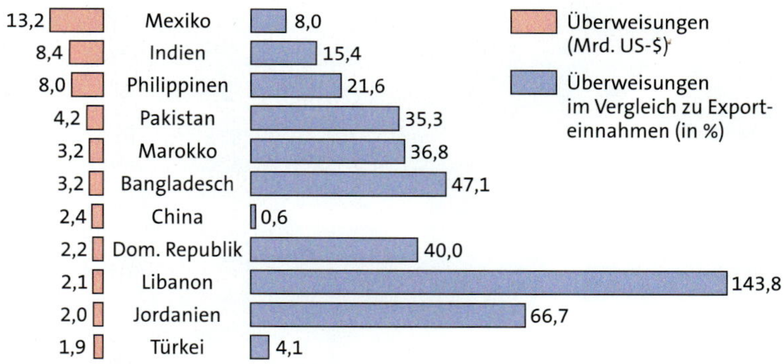

⑥ ***Auslandsüberweisungen von Gastarbeitern 2003***

1 *Erstelle eine Übersicht über die Motive der Gastarbeiter in die Golfregion zu kommen sowie die Motive der Golfstaaten, Gastarbeiter ins Land zu holen. Vergleiche.*

2 *Bewerte, welche Bedeutung die Arbeitskräftewanderung für die Herkunftsländer der Gastarbeiter hat.*

3 *a) Setze die Bevölkerungsstatistik der Tabelle 4 in eine geeignete Grafik um.*

b) Beschreibe die Bevölkerungsentwicklung in den Kleinen Golfstaaten.

1

3 ***Projekt Unterwasser-Hotel***

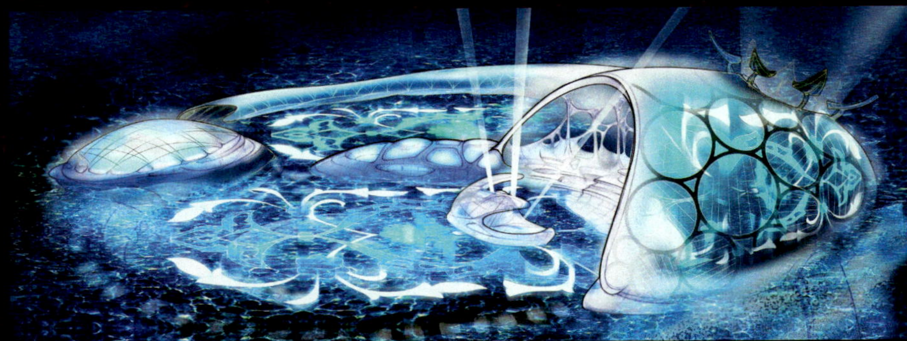

2 Burj al-Arab

Arabien nach dem Öl

Nach dem Ersten Weltkrieg nahm die Motorisierung der USA und Europas und damit der Bedarf an Erdöl sprunghaft zu. Vor allem britische und amerikanische Unternehmen engagierten sich in der Erdölförderung in der arabischen und persischen Welt rund um den Golf. Im Laufe der nachfolgenden Jahrzehnte wurden hier die weltgrößten Erdölreserven entdeckt und gefördert. Für die Herrscherhäuser der Region bedeutete diese Entwicklung sagenhaften Reichtum, den sie in vielfältiger Art und Weise durch kostenfreies Wohnen, Gesundheitsversorgung, Bildungswesen, u.v.m. auch der eigenen Bevölkerung zukommen ließen.

Vorausgesetzt, die Erdölförderung in der Region würde auch in Zukunft etwa 8 Mrd. Barrel (1 Barrel = 159 l) umfassen, dann würden die Reserven Saudi Arabiens noch knapp 90 Jahre lang reichen. Doch da sowohl die Förderung Jahr für Jahr zunimmt als auch die Ölquellen an Ergiebigkeit verlieren, wenn mehr als die Hälfte gefördert wurde, machen sich die Regierungen der Öl-Staaten seit geraumer Zeit Gedanken darüber, wie sie sich auf die Zeit nach dem Öl vorbereiten können. Und darauf hat jeder eine andere Antwort gefunden.

Das Sultanat Oman etwa setzt vor allem auf den Aufbau einer leistungsstarken IT-Branche und fördert als Nachfolgewirtschaft daher seit Jahren die universitäre Ausbildung. Saudi-Arabien verlagert seine bergbauliche Tätigkeit auf Kupfer und Phosphate. Bahrain und Dubai wollen zu den führenden internationalen Bankenzentren im Nahen Osten werden. Beide, aber auch Kuwait, setzen zudem auf die Förderung des internationalen Luxus-Tourismus. Dabei erweist sich vor allem das Sultanat Dubai als ebenso einfallsreich wie erfolgreich.

Do buy in Dubai

Die Lage am Persisch-Arabischen Golf garantiert dem Sultanat Dubai neben ausgedehnten Sandstränden und klarem Wasser ganzjährig gutes Wetter mit geringen Niederschlägen und hohen Temperaturen. Doch um weltweit Touristen in das Wüsten-Sultanat zu locken, bedarf es darüber hinausgehender Attraktionen. Diese schafft Dubai sich kurzerhand selbst. Mit zollfreien Luxuswaren, großen Einkaufspassagen oder der international vermarkteten Dubai-Shopping Week. Ferner entstand hier das höchste, luxuriöseste und teuerste Hotel der arabischen Welt: das Burj al-Arab. Dieses 321 Meter hohe Gebäude erhebt sich in Gestalt eines Segelschiffes auf einer künstlichen Insel, wird nachts in regenbogenfarbenes Licht getaucht und ist längst zum neuen Wahrzeichen Dubais geworden.

Was am Burj al-Arab begann, war der Auftakt zur Schaffung einer künstlichen Inselwelt,

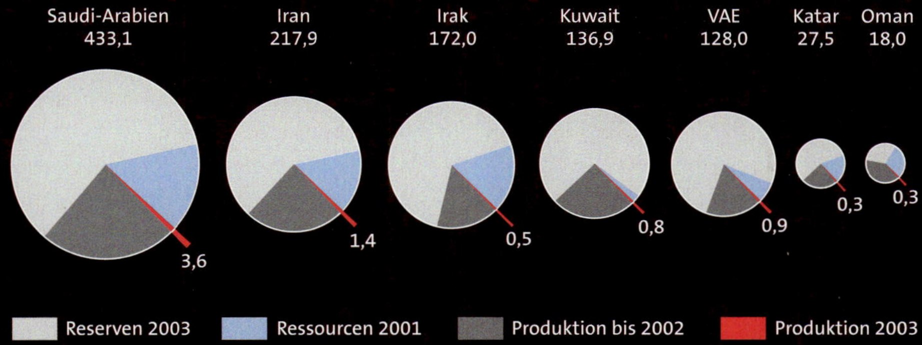

4 Die Bedeutung des Erdöls für die Golfstaaten

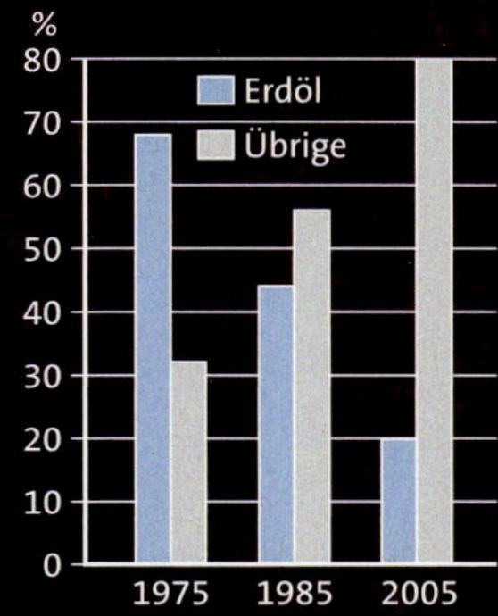

6 Anteil der Wirtschaftsbereiche am BIP 1980 und 2000

die immer neue Attraktionen hervorbringt. Angefangen hatte es mit einer in Form einer Palme aufgeschütteten künstlichen Insel direkt vor der Küste Dubais. Der Stamm sowie die einzelnen Palmwedel sind in unterschiedlich große Grundstücke eingeteilt, die jeweils einen eigenen Strandabschnitt umfassen. Anfang 2003 wurden innerhalb von drei Wochen alle Grundstücke der ersten Palme („Jumeirah") verkauft, sodass rasch ein zweites („Jebel Ali") und drittes („Deira") Projekt dieser Art sowie „The World", eine Inselwelt in Gestalt der Kontinente folgte.

Schon bald wird das Sultanat Dubai um eine weitere Attraktion reicher sein: das erste Unterwasser-Hotel der Welt. Bis 2006 soll die von einem deutschen Architekten entworfene 300 Zimmer-Anlage 500 m vor der Küste in 15 m Wassertiefe und absoluter Ruhe die ersten Gäste empfangen.

Doch damit nicht genug! Gerade fiel die Entscheidung, dass Dubai den Burj Dubai, den mit 560 Metern höchsten Wolkenkratzer der Erde, bauen wird.

1 Errechne mithilfe des Diagramms 4 die statistische Reichweite der Erdölvorkommen für die Länder der Golfregion.

2 Erstelle eine Übersicht, welche Zukunftsvisionen die einzelnen Ölstaaten für die Zeit nach dem Öl verfolgen.

3 Nimm Stellung zu den Erfolgsaussichten des Tourismusprojektes für Dubai.

Surftipp

www.dubai-city.de

5 Palme „Jumeirah" im Ausbau

❶ ***Straße in Kalkutta (Kolkata)***

❸ **Ein Straßengespräch in Indien**

„Diese Familie gehört sicher den Dalits, den Unberührbaren, an. Sie werden nie eine Chance im Leben haben."

„Woher willst du das wissen? Das können auch Brahmanen sein. Außerdem bieten sich auch in Indien Möglichkeiten, der Armut zu entkommen."

„Nein! Wer arm ist, gehört zu den niederen Kasten oder den Dalits, wer reich ist zu den hohen Kasten. Veränderungen gibt es nicht, weil das Kastenwesen alles blockiert. Wer als Unberührbarer oder als Angehöriger einer niederen Kaste geboren wird, bleibt es sein Leben lang und hat keine Chance – egal welche Fähigkeiten er hat."

„Das stimmt so nicht."

❷ ***K. R. Narayanan war vom 25. 7. 1997 bis zum 25. 7. 2002 Präsident Indiens.***
Am 27. Oktober 1920 in einem Dorf des südindischen Bundesstaates Kerala als Dalit geboren, vertrat er Indien als Botschafter in China und bekleidete vor seiner Präsidentschaft bereits das Amt des Vize-Präsidenten der indischen Union.

Indiens Kasten im Wandel

Die Entstehung des Kastenwesens

Das Kastenwesen ist ein sehr altes und spezifisch indisches Phänomen. Entstanden ist es im Zuge der Einwanderung der Arier aus dem kaspischen Raum nach Indien zwischen 1 500 und 1 000 v. Chr.

Die heute in Indien existierenden vier Hauptkasten gründen in der mythologischen Vorstellung von einem göttlichen Urwesen namens „Purusha", aus dessen Gliedern sie quasi „herausgeschnitten" worden sind. Nach dieser Vorstellung entstanden

- die Brahmanen (Priester, Lehrer, Schriftenkundige) aus dem Kopf,
- die Kshatriya (Krieger, Herrscher, Adlige) aus den Armen,
- die Vaishiya (Händler, Kaufleute, Kunsthandwerker, Großgrundbesitzer) aus den Lenden,
- die Shudra (einfache Handwerker, Pächter, Landarbeiter) aus den Füßen.

Der Kopf gilt den Ariern als wertvollster Körperteil, da die Seele eines Menschen unterhalb der Schädeldecke lokalisiert sei. Deshalb ist die höchste Kaste der Priester und Lehrer – die Brahmanen – aus diesem Körperteil Purushas geschaffen, während die niedrigste Kaste der Shudra aus dem Unwertesten modelliert wurde, den Füßen.

Die Hierarchie dieser viergliedrigen Kastenordnung ist nach dem Kriterium der „rituellen Reinheit" konstruiert. Je näher ich Gott bin, umso größere rituelle Reinheit besitze ich. Die Brahmanen sind demnach die rituell Reinsten. Die Kshatriya und Vaishiya gelten als rituell weniger rein. Dennoch zählt man auch sie zu den „reinen, weißen, hellen Kasten". Die Shudra hingegen stehen in der Kastenhierarchie deutlich unter den drei Erstgenannten, da sie als recht unrein angesehen werden. Es gibt aber eine Bevölkerungsgruppe, die sich noch unterhalb der Shudra eingeordnet sieht: die Unberührbaren oder „Dalit" (Hindi: ausgestoßen, benachteiligt, an den Rand gedrängt), wie sie sich selbst bezeichnen.

Jati und Varna

Je mehr Berufe im Laufe der Zeit durch die immer weiterreichende Spezialisierung entstanden, desto mehr „Jati" (Unterkasten) bildeten sich neben den „Varna" (Hauptkasten) heraus. Die ererbte Zugehörigkeit zu einer Berufsgruppe bestimmt die Mitgliedschaft in einer Jati. Heute gibt es in Indien über 12 000 Jati, die einer der vier Hauptkasten, Varna, zu- bzw. untergeordnet ist. Die Jati war über Jahrtausende entscheidend für die Stellung des Einzelnen in der Gesellschaft. Die Zugehörigkeit zu einer bestimmten Jati legte den Beruf, soziale Kontakte, Kleidung, Speisen, Freizeitgestaltung, Heiratspartner, Rituale, Rechte und Pflichten fest. Es ist ein erstaunliches Phänomen, dass Indiens Kastenordnung mit ihren vier Hauptkasten und zahllosen Jati über 3 000 Jahre überlebt hat.

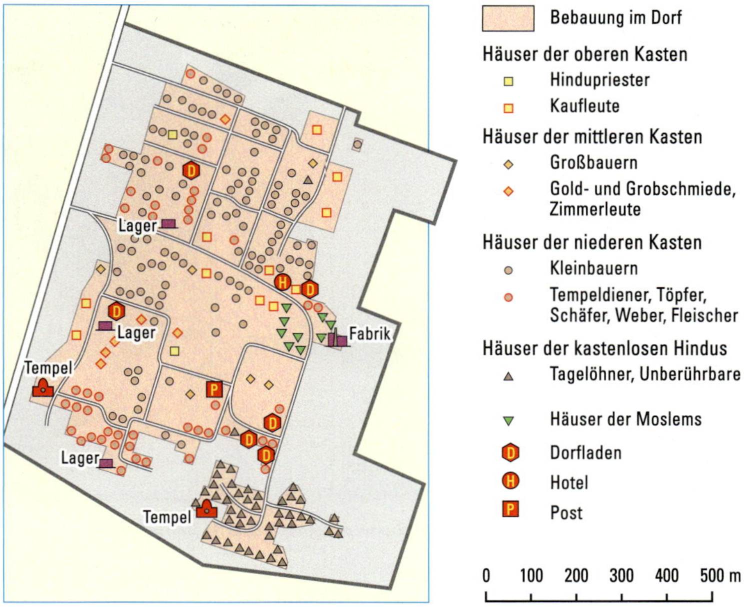

4 *Aminbhavi, ein Dorf im Norden des Bundesstaates Karnataka*

Verbot und Wirklichkeit der Kasten

Gesetzlich sind Kasten bereits durch die 1950 verabschiedete indische Verfassung verboten, faktisch existieren sie jedoch noch weiter. Die hinduistischen Inder definieren sich bis heute über ihre Kaste. Sie hat noch immer identitätsstiftende Funktion für den Einzelnen, mag er auch einer noch so niedrigen Jati angehören oder gar Dalit sein. Solidaritätsgefühl und Hilfsbereitschaft – sonst eher selten in der indischen Alltagsgesellschaft – zeigen sich innerhalb der eigenen Kastengruppe sehr ausgeprägt. Die meisten Menschen in Indien definieren sich primär über die Familie und die Kaste, dann über regionale Herkunft und erst zuletzt als Inder.

Das Kastenwesen im Wandel

Mit der Modernisierung aller gesellschaftlichen Bereiche gerät auch das Kastensystem in Bewegung. Das Beharrungsvermögen der alten Ordnung variiert regional in starkem Maße, sowohl von Stadt zu Land, als auch innerhalb der ländlichen Regionen. In den expandierenden modernen Großstädten Indiens wie Delhi, Mumbai oder Bangalore, fragt kaum noch jemand nach der Kastenzugehörigkeit. Außer in punkto „Wahl des Ehepartners" verliert sie hier zunehmend an Bedeutung: Das gesellschaftliche Ansehen des Einzelnen wird nun weniger durch „Kaste", als durch Beruf, Einkommen und sozialen Status geprägt. So finden sich nicht selten verarmte Brahmanen, die als Köche oder Grundschullehrer mit einem geringen Einkommen ihr Leben fristen müssen, während es mancher Shudra- oder Dalit-Nachwuchs geschafft hat, durch eine gute Ausbildung und Arbeit in einem der zukunftsträchtigen Sektoren wie Computer-, Raumfahrt- oder Autoindustrie sozial aufzusteigen. Diese Chancen ziehen viele junge Menschen in die Städte. Dennoch: die meisten der 300 Millionen am oder unter dem Existenzminimum lebenden Inder gehören noch immer den unteren Kastengruppen bzw. Dalits an.

1 *Erkläre den Entstehungsgedanken des Kastensystems.*

2 *Unterscheide Varna und Jati.*

3 *Untersuche und schreibe die wichtigsten Aussagen der Karte 4 auf.*

4 *a) Prüfe die Aussagen des Gesprächs 3 auf ihre Richtigkeit. Nutze dazu auch Foto 2.*

b) Recherchiere, wieso ein Dalit Präsident von Indien werden konnte.

5 ***Steckbrief Juriyal***

Einwohner	*1422*
Kasten	*21*
Haushalte (Hh)	*258*
davon:	
Obere Kasten	*13*
Mittlere Kasten	*11*
Niedere Kasten	*164*
Kastenlose	*60*
Muslime	*10*
Haushalte mit Landbesitz über dem Existenzminimum	*21*
davon:	
Obere Kasten	*5*
Mittlere Kasten	*3*
Niedere Kasten	*11*
Kastenlose	*2*
Muslime	*0*

6 ***Der Anteil der städtischen Bevölkerung betrug:***

1971	*20 %*
1991	*25 %*
2004	*29 %*

1 Indiens Softwareexport in Mio. US-$

1991/1992	104
1992/1993	122
1993/1994	160
1994/1995	255
1995/1996	420
1996/1997	630
1997/1998	870
1998/1999	1650
1999/2000	2500
2000/2001	3700
2001/2002	6000

3 Softwareprogrammierer in Bangalore

2 Davon Bangalore in Mio. US-$

1991/1992	60
1992/1993	103
1993/1994	170
1994/1995	230
1995/1996	310
1996/1997	470
1997/1998	780
1998/1999	1000
1999/2000	1500
2000/2001	2000
2001/2002	2500

4 Kiran berichtet

„Manchmal tun mir die Leute leid," sagt Kiran, eine junge Programmiererin aus Bangalore in Südindien. „Es ist traurig, dass sie ihre Arbeit verlieren. Aber es ist gut für uns, dass die Jobs nach Indien kommen. Ich arbeite hier für eine große international tätige Bank. Bis vor wenigen Monaten hat meinen Job irgendjemand in Frankfurt gemacht, bis der dortigen Bank dies zu teuer wurde. Jetzt verwalten wir die Konten deutscher Kunden – und viele wissen das gar nicht. Wir beginnen unsere Arbeit, wenn in Deutschland die Banken öffnen, obwohl dann bei uns bereits Nachmittag ist. Alle Aufträge kommen online und werden auf Englisch bearbeitet, was in Indien weit verbreitet ist. Die älteren Kollegen erzählen manchmal, dass früher nur einfache Dateneingaben zu erledigen waren. Aber das ist schon lange nicht mehr der Fall. Wir entwickeln hier sehr komplizierte Computerprogramme für die Verwaltung großer Firmen und Kommunen in der ganzen Welt und verwalten zudem deren Daten. Ich muss zwar hart arbeiten, verdiene aber für indische Verhältnisse sehr gut: etwa 250 Euro im Monat. Wie ich durch das Internet weiß, liegen die Löhne für diese Arbeit in Deutschland viel höher."

verändert nach Die ZEIT, 23.10.03

Die zwei Gesichter Indiens

Den meisten Menschen erscheinen Bilder von überfüllten Städten, in denen Tausende arme Menschen auf der Straße leben, oder von Dürren geplagten armen Bauern, wenn sie an Indien denken. Dagegen sind es nur wenige, die in ihren Vorstellungen Indien mit Hochtechnologie, Wissenschaft, Forschung und einer der weltweit führenden Softwareindustrien in Verbindung bringen. Welche Vorstellung kommt Indien am nächsten?

Vor 50 Jahren hatte die indische Regierung damit begonnen, in Bangalore ein Zentrum für Luft- und Raumfahrt, für Maschinenbau und Rüstungstechnik zu errichten. Gleichzeitig wurden das Bildungssystem ausgebaut und Forschungsinstitute gegründet. Vor allem in den letzten 15 Jahren errichteten sehr viele ausländische Firmen hier eigene Unternehmen oder arbeiten intensiv mit indischen Unternehmen zusammen. Heute ist Bangalore zusammen mit Hyderabad eines der weltweit führenden Zentren auf dem Gebiet der Softwareentwicklung und ein wirtschaftliches Zentrum Indiens.

5 ***Pralad auf seinem Hof in Rajasthan***

7 ***Indiens Zukunft auf dem Lande?***

6 **Pralad erzählt:**

„Zusammen mit meinen Eltern lebe ich in einem Dorf in Rajasthan. Das ist der an Pakistan grenzende Bundesstaat Indiens. Wir haben einen Büffel und etwas Land. Vielen in unserem Dorf geht es nicht so gut, weil sie kein eigenes Land haben, sondern Pächter sind. Sie haben oft große Schwierigkeiten und nicht genug zu essen. Vor allem, wenn zwei Jahre hintereinander wegen großer Hitze und zu wenig Wasser nur eine schlechte Ernte eingebracht werden kann, müssen sich viele Familien verschulden. Viele kommen nie wieder aus dieser Notlage heraus, da die Zinsen so hoch sind, dass sie nach und nach ihr Land verlieren und schließlich gar nichts mehr haben. Dann bleibt nur noch der Weg in eine der großen Städte Indiens als letzter Hoffnungsschimmer. Zumeist gehen zuerst die Väter, manchmal aber auch die ältesten Söhne.
Wenn auch das nicht mehr hilft und sich die Situation nicht verbessert, dann verlassen ganze Familien das Dorf. Auch mein älterer Bruder geht jedes Jahr für einige Wochen nach Delhi und versucht dort Geld zu verdienen. Letztes Jahr war er sogar in Bangalore, im Süden Indiens. Er erzählte uns, dass es in Dehli sehr viel Arbeit gebe, vor allem in den vielen neuen Bürogebäuden, die am Stadtrand in den letzten Jahren entstanden. Dort werden Computerprogramme entwickelt und die Firmen arbeiten mit der ganzen Welt zusammen. Um in den Unternehmen Arbeit zu bekommen, muss man richtig gut sein. Das ist mein Ziel und meine Eltern werden mich unterstützen.
Viel Schulgeld können sie zwar nicht für mich bezahlen, aber sie halfen mir, mich für ein Stipendium zu bewerben. Bald will ich versuchen auf eine weiterführende Schule zu kommen. Aber auch das wird nur mithilfe eines Stipendiums möglich sein. Wenn das klappt, dann habe ich gute Chancen, später einen Studienplatz zu bekommen und vielleicht meinen Wunsch zu realisieren."

In Indien leben
71 % in Dörfern
29 % in Städten

In Indien arbeiten
23 % in der Landwirtschaft
27 % in der Industrie
50 % im Dienstleistungssektor

1 *Nimm Stellung zu den beiden Fotos 3 und 5.*

2 *a) Erstelle eine Computer-Grafik zur Entwicklung der indischen Softwarebranche. Vergleiche die Entwicklung Indiens mit der Bangalores.*
b) Erkläre diese Entwicklung.

3 *Erläutere, ob die Softwareindustrie Indiens Armutsproblem lösen kann.*

4 *Nimm Stellung zu der Karikatur 7. Berücksichtige dabei die Frage, ob die Landwirtschaft oder die Softwareindustrie typischer für Indien ist.*

4 Bäuerin in Nepal

6 Träger im südlichen Himalaya

7 Haus und Feldarbeit in Kaschmir

Leben im Himalaya

5 „Namaste! Ich heiße Lakpa Sherpa. Mein Heimatdorf Junbesi liegt im Osten Nepals, mitten im Himalaya. Wenn wir nach Norden blicken, haben wir einen freien Blick auf die immer schnee- und eisbedeckte Kette der Himalaya-Gipfel und nur wenige Tagesmärsche entfernt liegt der Sagarmatha, wie wir in unserer Sprache den Mt. Everest nennen. In meinem Dorf leben überwiegend Sherpa, aber auch Angehörige einiger anderer ethnischer Gruppen, etwa Newar oder Kami. Im Himalaya von Kaschmir im Westen bis zum Durchbruch des Tsangpo im Osten leben Hunderte verschiedener Völker, viele von ihnen mit ihren eigenen Sprachen. Damit wir uns auf dem Markt oder in den wenigen Städten gut verständigen können, sprechen die meisten von uns mehrere Sprachen, manche sogar mehr als fünf. Genauso vielfältig ist unser religiöses Leben. In den nördlichen Bereichen des Himalaya leben überwiegend von Tibet zugewanderte buddhistische Völker, so wie wir. Von Süden her, also von Indien, kamen im Laufe der Zeit viele Menschen und brachten ihren hinduistischen Glauben und auch das Kastenwesen in den Himalaya. Und je weiter man nach Nordwesten, in den Übergangsbereich zum Karakorum und Hindukusch kommt, desto mehr Menschen glauben an den Islam.

‚Nur wenige Tagesmärsche entfernt liegt der Mt. Everest', hatte ich gesagt, denn in Nepal sind die Gebirgsregionen nur in sehr geringem Umfang durch Straßen erschlossen. Die meisten Gebirgsdörfer sind nur zu Fuß zu erreichen. Das heißt, dass alles zu Fuß erledigt werden muss. Zwar gibt es über das ganze Land verstreut kleine Flughäfen, aber nur wenige Himalayabewohner können sich ein Flugticket leisten. Daher wird nach wie vor das meiste in den Tragekörben der Träger in die Dörfer gebracht. Alle müssen mithelfen, auch die Kleinen, wenn es etwa darum geht, Feuerholz nach Hause zu tragen. Davon haben wir hier zum Glück ausreichend. Aber weit im Westen und im Norden des Himalaya, wo es viel trockener ist als hier, gibt es deutlich weniger Wälder und in einigen Regionen Nord-Pakistans müssen die Menschen bereits viele Stunden laufen, ehe sie Holz einschlagen können. Die Trockenheit in den nördlichen und die Kälte in den hochgelegenen Regionen des Himalayas sind die größten Probleme für die Landwirtschaft. In manchen Gebieten können wir erst im Mai

1 Hindu-Asket

2 Feldbewässerung

3 Getreideernte

8 Das Dorf Garma im Osten Nepals

9 Schule in Ost-Nepal

10 Essensvorbereitung

11 Feuerholztransport

12 Worfeln des Getreides

anfangen zu pflügen und dann muss die Ernte bis September erledigt sein, denn in der Folgezeit können schon wieder die ersten Schneefälle kommen und alles vernichten. Und in den trockenen Regionen, wie in Ladakh, müssen die Menschen ausgeklügelte Bewässerungssysteme betreiben, um anbauen zu können.

Um hier zu überleben, haben sich unsere Vorfahren viel einfallen lassen. Wir Sherpa betreiben schon seit langer Zeit Handel neben der Landwirtschaft. Früher, bevor die chinesische Regierung die Grenzen nach Tibet geschlossen hat, haben wir Salz von dort geholt und in den südlich von hier gelegenen Siedlungsgebieten der Magar, Rai oder Tamang gegen Getreide getauscht. Zudem müssen wir heute, genau wie unsere Eltern und Großeltern auch, sehen, dass wir außerhalb des Gebirges noch etwas dazu verdienen können. Eine Zeit lang war das in Ost-Indien gut möglich, wo viele Himalaya-Bewohner im Straßenbau Arbeit gefunden haben. Heute gehen viele nach Kathmandu oder auch in die großen Städte Indiens. Vor allem die Männer gehen, sodass in manchen Dörfern überwiegend Frauen, Alte und Kinder leben. Viele Arbeiten, die früher Männer übernommen haben, müssen nun Frauen leisten. Am schwersten aber haben es die, die kein eigenes Land besitzen und ihre Felder nur gepachtet haben. Denn sie müssen einen Teil, manchmal sogar die Hälfte, ihrer Ernte als Pacht abgeben und das, was dann noch übrigbleibt, reicht oft nicht. Da es hier keine Möglichkeit gibt, Geld zu verdienen, gehen viele Männer nach Kathmandu und verdingen sich als Rikschafahrer. Wer es sich leisten kann, versucht nach Arabien zu gehen – aber kaum einer kann die hohen Vermittlungsgebühren für eine Arbeitsstelle dort bezahlen.

Seit der König Nepal vor 50 Jahren für Ausländer geöffnet hat, kommen Jahr für Jahr Touristen aus der ganzen Welt zum Trekking oder zum Bergsteigen in den Himalaya. Das eröffnet viele neue Möglichkeiten, Geld zu verdienen: als Träger, Bergführer, Koch oder Betreiber einer kleinen Lodge. Wir Sherpa profitieren davon besonders, da wir bereits die ersten Bergsteigerteams begleiteten und uns als zuverlässig erwiesen haben. Dieser Ruf sichert vielen Sherpa heute gute Einkommensmöglichkeiten, führt aber immer wieder auch zu Tragödien."

nach einem Reisebericht von Th. Hoffmann 1998

1 Kong Fu Zi (Meister Kong)

lebte von 551 – 479 v. Chr. in der heutigen Provinz Shandong. Er war Berater und Amtsträger des kleinen Fürstentums Lu und Lehrer für Dichtkunst und Geschichte. Konfuzius, wie er in Europa genannt wird, machte sich intensiv Gedanken über die Ordnung der Welt und das Zusammenleben der Menschen. Seine bedeutendsten Gedanken kommen in den „fünf Beziehungen" zum Ausdruck, die als unverrückbare Grundlage der Familie, der Gesellschaft und des Staates gelten. Diese sind:

- *Die Güte des Herrschers – die Loyalität der Untertanen*
- *Die Liebe des Vaters – die Achtung des Sohnes*
- *Das Wohlwollen des Älteren – die Ehrfurcht des Jüngeren*
- *Die Gerechtigkeit des Mannes – der Gehorsam der Frau*
- *Die Treue des Freundes – die Treue des Freundes*

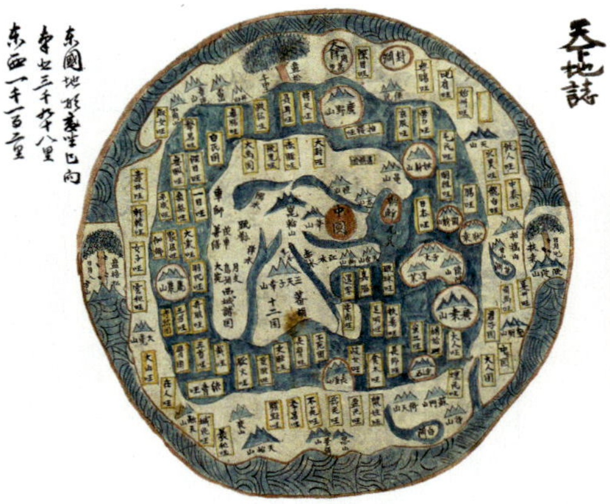

3 Koreanische Weltkarte um 1700

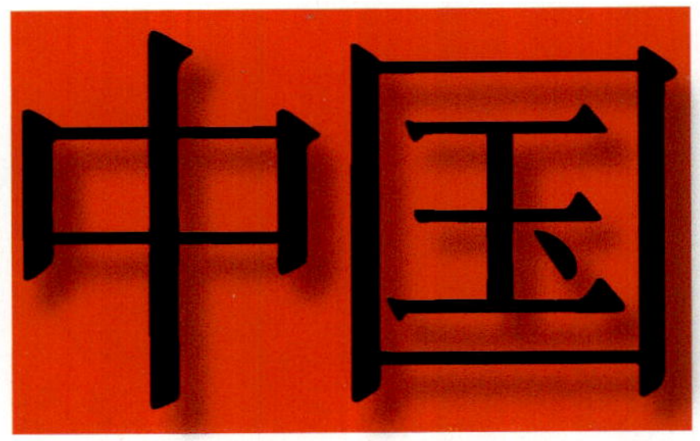

4 Chinesische Schriftzeichen

Das Reich der Mitte denkt anders

Den Namen „Reich der Mitte" gaben China die Herrscher der Han-Dynastie (206 v. – 220 n. Chr.). Damit wollten sie zum Ausdruck bringen, dass kein anderes Reich es mit der Macht und dem Wissen Chinas aufnehmen konnte und daher alle rund um China gelegenen Länder dem chinesischen Kaiser, dem „Sohn des Himmels", zur Unterwerfung (Kotau) und regelmäßigen Tributzahlungen verpflichtet waren. Dieses Selbstverständnis gründete China einerseits auf sein riesiges Reich, aber auch auf seine Kultur und fortgeschrittene Technik, die eine Fülle bahnbrechender Erfindungen hervorbrachte.

Wechselvolle Geschichte

Viele Jahrhunderte hindurch nahm die Lehre des Konfuzius über die „fünf Beziehungen" einen großen Einfluss auf das gesellschaftliche Leben und die Rolle der Frau, aber auch auf das Denken und die Herangehensweise an die täglichen Herausforderungen des Lebens . Folgendes Zitat von ihm ist überliefert:

5 „Wir wissen so wenig über unser Leben auf Erden, dass es kaum Sinn macht, uns darüber den Kopf zu zerbrechen, was nach unserem Tod kommt. Also lasst uns überlegen, wie wir unser diesseitiges Leben optimal gestalten." (Konfuzius)

Doch mit dem Niedergang des chinesischen Kaiserreiches zu Beginn des 20. Jahrhunderts und vor allem während der Kulturrevolution, als viele chinesische Traditionen vernichtet werden sollten, wurde der Konfuzianismus in den Hintergrund gedrängt. Verloren ging seine Lehre aber nicht. Die kommunistische Regierung Chinas musste erkennen, dass ihre Politik, die seit 1947 die wirtschaftliche Selbstständigkeit der Menschen verbot und alles in die Hand des Staates legte, viele Probleme nicht lösen konnte. So begann sie, weitreichende Reformen einzuleiten. Unternehmerisches Handeln wurde nun möglich, löste aber auch nicht alle Probleme. Interessanterweise aber gewinnen die Gedanken des Konfuzius in den letzten Jahren wieder stark an Bedeutung in China.

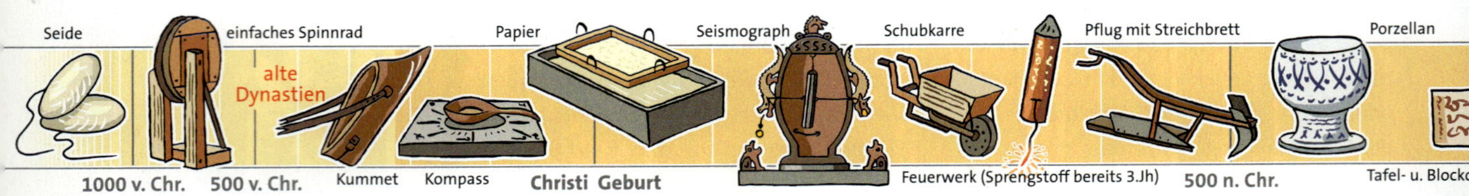

2

⑥ ***Stein gewordene Harmonie – Halle der Ernteopfer im Himmelstempel***

Chinesische Schrift

Die chinesische Schrift bildet nicht Buchstaben, sondern Zeichen ab. Manche lassen noch erkennen, dass anfangs einfache Bilder und Symbole für bestimmte Worte gemalt wurden. Aus dieser Bilderschrift entwickelte sich die chinesische Begriffsschrift. Doch je mehr Worte und Begriffe hinzukamen, desto komplizierter wurde es. Heute umfasst die chinesische Schrift etwa 50 000 Zeichen, von denen man mindestens 2 500 kennen muss, um einfache Texte lesen zu können. Mithilfe der Zeichen kann man sich zwar schriftlich, aber wegen der uneinheitlichen Aussprache nicht mündlich verständigen. Daher sieht man immer wieder, dass Leute Schriftzeichen malen, wenn sie sich unterhalten.

1 *Erläutere deinem Banknachbarn die Bezeichnung „Reich der Mitte" mithilfe der Karte 3.*
2 *Diskutiert, inwieweit es einen Zusammenhang zwischen dem Konfuzius-Zitat und dem Erfindungsreichtum der Chinesen gibt.*
3 *Überprüft das Prinzip Yin und Yang an Alltagsbeobachtungen eures Lebens.*

⑦ Meine Eltern erzählen oft, dass sie in meinem Alter gar nicht zur Schule gehen durften. Als sie 1974 so wie ich heute 15 Jahre alt waren, sahen sie häufig, dass Lehrer und Professoren mit Schandhüten auf dem Kopf umher gehen mussten und der Lächerlichkeit preisgegeben wurden. Als wenige Jahre später Deng Xiaoping vieles in China veränderte, wurde auch die Schule wieder ernst genommen. Daher kommt es, dass ich ganz andere Schulerfahrungen mache als meine Eltern.
Ähnlich wie in Deutschland gibt es auch bei uns Schulen für unterschiedlich leistungsstarke Schüler. Jeder muss neun Jahre lang zur Schule gehen. Aber das können nicht alle, weil die Eltern oft zu arm sind, um das Schulgeld zu bezahlen. Daher gehen viele Kinder auf dem Land nur bis zur 6. Klasse. Noch immer können 20 Millionen Menschen in China nicht lesen und schreiben.
In meiner Klasse sind fast 50 Kinder. Wir sind immer sehr frühzeitig in der Schule, um noch die Hausaufgaben vergleichen zu können. Bevor der Unterricht um 8 Uhr beginnt, machen wir alle gemeinsam Turn- und Gymnastikübungen zu Musik. Dann beginnt der Unterricht. Jeden Tag haben wir 6 bis 8 Stunden, lernen natürlich Chinesisch und Mathematik, aber auch Englisch, Informatik und die Kunst der schönen Schrift: Kalligraphie. Nach der Schule sind wir noch vier bis fünf Stunden mit Hausaufgaben beschäftigt und müssen uns sehr gut auf die vielen Prüfungen vorbereiten. Nur wenn wir diese bestehen, kommen wir weiter. An die Universität können wir nur, wenn wir die große, dreitägige Abschlussprüfung am Ende der Schulzeit gut bestehen. Aber das schafft nur jeder Siebte.

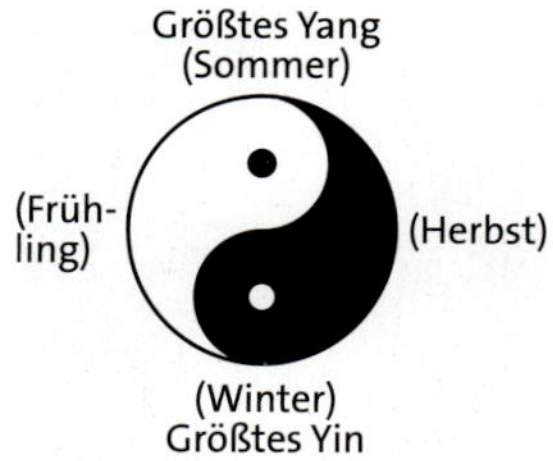

⑧ ***Das Prinzip Yin und Yang***
Im chinesischen Denken gilt die Grundüberzeugung, dass der gesamte Kosmos von Harmonie durchzogen ist. Diese allgegenwärtige Harmonie der Elemente und Teile des Kosmos stellen sich die Menschen nicht als unverrückbar vor. Vielmehr gehen sie davon aus, dass alles im Fluss ist und sich immer wieder neue Harmonieverhältnisse herausbilden. Damit es zu immer neuen Veränderungen kommen kann, bedarf es sozusagen eines Motors. Diesen sehen die Chinesen, wie auch andere Kulturen in Ostasien, in den beiden Grundprinzipien des Yin und Yang. Diese stehen immer gegensätzlich und zugleich sich ergänzend einander gegenüber. Das Yang gilt als das männliche, aktive, zeugende, schöpferische und lichte Prinzip, das Yin als das weibliche, passive, empfangende, hingebende, dunkle Prinzip.
Im Zusammenspiel schaffen sie einen ständigen Wechsel von positiv – negativ, Bewegung – Ruhe, Licht – Dunkelheit, Wärme – Kälte oder gut – böse.

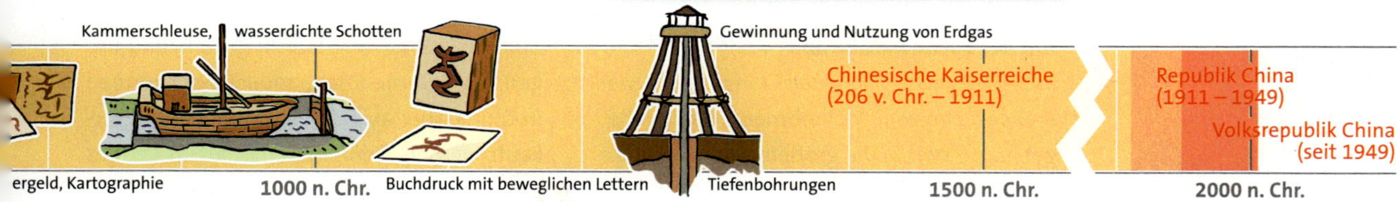

❶ **Bundespräsident Horst Köhler**

❷ **Schuhproduktion für adidas**

❸ **Produktion von BMW in China**

„1985 habe ich zum ersten Mal China besucht. Als Managing Director des IWF lernte ich das Land dann besser kennen. Bei jedem meiner Besuche habe ich mich gefragt: Bin ich in ein anderes Land gekommen? – so rasant waren die Veränderungen."

Horst Köhler: Sonderheft China der Wirtschaftswoche vom 30.9.2004

China

- *produziert 50 Prozent aller Schuhe und*
- *70 Prozent aller Spielwaren,*
- *produziert jede zweite Digitalkamera, jedes dritte Handy, jede vierte Waschmaschine und 80 Prozent aller DVD-Spieler,*
- *ist der größte Hersteller von Mikrowellengeräten und Mountainbikes,*
- *produziert 60 Prozent aller Fahrräder,*
- *exportiert 20 Prozent aller Textilien weltweit.*

China – Wachstum um jeden Preis!?

Arbeitsbedingungen im Reich der Mitte

„Ich liebe den Sommer und bin voller Energie. Ich liebe unsere Kunden und vermehre ihr Vermögen. Ich liebe China. Es wird stärker und reicher."

So singen die Arbeiter einer Fabrik in China jeden Morgen, bevor sie ihren langen Arbeitstag beginnen. Produziert werden Textilien, Schuhe, Spielwaren und eine ganze Bandbreite verschiedener Elektrogeräte.

Die Arbeitsbedingungen sind in vielen Fabriken schlecht. Bis zu 15 Stunden lange Arbeitstage sind nicht selten. Arbeitsschutzbestimmungen werden häufig nicht eingehalten, sodass es immer wieder zu schweren, oft auch zu tödlichen Arbeitsunfällen kommt. Zudem fehlt es vielfach an sozialen Absicherungen wie Kranken-, Renten- oder Arbeitslosenversicherung. Die durchschnittlichen Löhne liegen um mehr als 80 % niedriger als in Deutschland. Diese Bedingungen sowie der riesige Markt von 1,3 Milliarden Menschen erklärt, warum so viele Unternehmen aus der ganzen Welt Teile ihrer Produktion oder ganze Betriebe – und damit allerdings auch ihr **Know How** – nach China verlagern.

Auf der Suche nach Arbeit

In den ländlichen Gebieten Chinas finden viele Menschen kein Auskommen mehr. Sie begeben sie sich in die großen Industriestädte an der Küste, nach Beijing, Shanghai und an die Mündung des Perl-Flusses, wo die Städte Kanton, Macao und Hongkong zu einer riesigen Wirtschaftsmetropole zusammenwachsen. Die meisten **Wanderarbeiter** sind ungelernte und damit billige Arbeitskräfte. Sie besitzen meist nur eine begrenzte Arbeitserlaubnis oder wohnen illegal in der Stadt. Es wird geschätzt, dass 80 Millionen Menschen arbeitssuchend durch China ziehen.

Chinas neue Ziele

Die rasante wirtschaftliche Entwicklung erfordert einen enormen Verbrauch an Energie und Rohstoffen, sodass es bei Stahl bereits zu Engpässen auf dem Weltmarkt kam.

Chinas Politiker haben ein ehrgeiziges Ziel. Sie wollen entsprechend ihrem Selbstverständnis wieder zur führenden **Wirtschaftsmacht** werden. Erste Erfolge in der Computer- und Hightechindustrie weisen bereits in diese Richtung.

Autos made in China

Wer in der internationalen Automobilindustrie in die Zukunft schaut, der schaut nach China. Darin sind sich die Weltfirmen einig, egal ob BMW, DaimlerChrysler, VW oder die japanischen und amerikanischen Hersteller. China bietet einerseits sehr gute Bedingungen für Unternehmen, andererseits können in China aber auch immer mehr Autos verkauft werden. Denn in dem Maß, in dem es den Menschen besser geht, können sie sich auch mehr leisten. Noch ist ein Auto für ei-

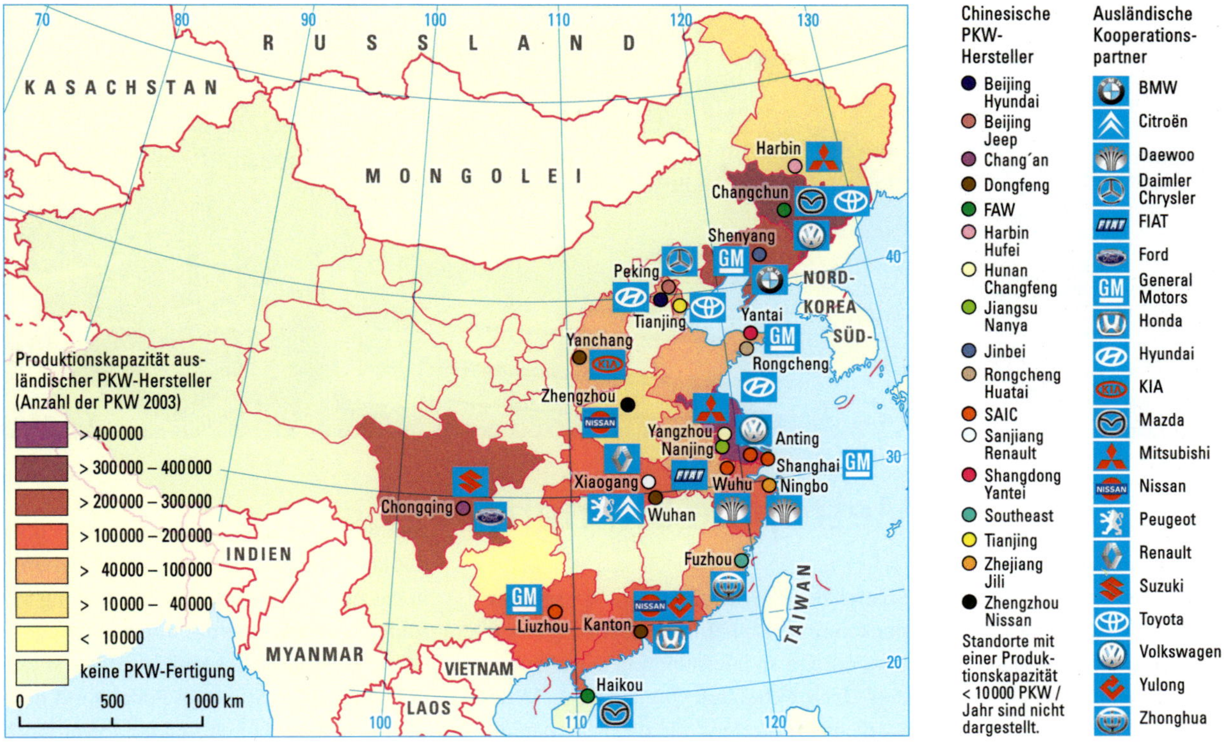

4 ***Automobilproduktion in China***

nen Arbeiter nicht erschwinglich. Doch gehen alle Autohersteller heute davon aus, dass China der größte Zukunftsmarkt ist, auf dem bis 2008 jährlich sechs Millionen Autos verkauft werden können.

Damit aber diese Entwicklung nicht weitere verheerende Folgen für die Umwelt bringt, sind intelligente Umwelttechnologien unverzichtbar. „Wir müssen uns schleunigst nicht nur um die Quantität, sondern auch um die Qualität des Wachstums kümmern, damit China nicht von der Werkbank der Welt zur Müllhalde der Welt verkommt", sagt Pan Yue, Vize-Umweltminister des Landes.

1 *Erkläre, warum Unternehmer aus der ganzen Welt in China produzieren lassen oder dort eigene Firmen aufbauen.*

2 *Reflektiere kritisch die damit verbundenen Folgen für die deutsche Wirtschaft.*

3 *China – eine prosperierende Gesellschaft? Stelle Licht- und Schatten des chinesischen Wirtschaftsbooms gegenüber. Nutze dazu auch www.klett.de/extra*

5 **Der Aufschwung bringt den Kollaps**

Nach zwei Jahrzehnten Wirtschaftsaufschwung und Industrialisierung steht China heute vor einem ökologischen Kollaps. Flüsse und Seen sind so vergiftet, dass viele Chinesen heute nur Mineralwasser in Flaschen oder abgekochtes Wasser trinken können. In Peking hat sich die Zahl der Autos in den vergangenen fünf Jahren auf 2,5 Millionen Fahrzeuge verdoppelt. Veraltete Kohlekraftwerke pusten ihre Abgase ungefiltert in die Luft. Einer Studie der Weltbank zufolge liegen 16 der 20 am meisten verschmutzten Städte der Erde in China. Im Winter trauen sich an manchen Orten in Nordchina die Menschen nur noch mit Stoffmasken vor dem Mund auf die Straße. 100 Millionen Chinesen leben in Städten mit einer „sehr gefährlichen" Luftverschmutzung, schreibt die Akademie für Umweltplanung.

Harald Maass: in: Stuttgarter Zeitung, 30.11.2005, S.3

In China

- *ist 1/3 der ländlichen Flüsse stark verschmutzt,*
- *sind 90% der städtischen Flüsse stark verdreckt,*
- *beläuft sich der jährliche Umweltschaden auf 13% des Sozialproduktes,*
- *besteht nach den USA der zweithöchste Energiebedarf.*

Surftipp

„China muss grüner werden"
„Regionale Unterschiede"
www.klett.de/extra

1 ***Shanghai***

Metropole Shanghai

Daten zur Stadtgeschichte

- *In vorchristlicher Zeit als Fischerdorf erwähnt*
- *Im 13. Jh. Stadtrechte und Namensgebung „Shanghai“ = über dem Wasser*
- *1554 Stadtummauerung nach Seeräuberüberfällen*
- *Im 15. Jh. bereits bedeutender Handelsplatz*
- *19. Jh.: Shanghai wird zur Öffnung gezwungen (1842) und entwickelt sich zum Zentrum der Textilverarbeitung und des Baumwollhandels, auch des britischen Tee- und Opiumhandels*
- *Ab 1880: Ausbau des „Bund“ zur Prachtstraße; Shanghai wandelt sich von einer reinen Handels- zur Industriestadt und internationalen Metropole und wichtigem Bankenplatz in Asien*
- *1937–43 japanische Besetzung*
- *Ab 1949: Shanghai verliert international an Bedeutung, wird Industriestandort*
- *Seit 1980 erneuter Aufschwung und Ausbau zum internationalen Wirtschafts- und Handelszentrum*

Shanghai, die „Stadt über dem Wasser“, verdankt ihre wirtschaftliche Bedeutung von jeher der Lage an der Mündung des Chang Jiang. Der größte Fluss Chinas erschließt der Stadt das Hinterland bis nach Chongqing. Zugleich begünstigt die meeresnahe Lage den internationalen Handel. Solange ein freier Handel möglich war, entwickelte sich in Shanghai stets große wirtschaftliche Dynamik. Das war schon im 19. Jh. so, als Shanghai zum chinesischen Zentrum des Außenhandels wurde, und so ist es seit einigen Jahren wieder. Voraussetzung für diesen neuen Wirtschaftsboom war der Abbau vieler Handelseinschränkungen. Unternehmen aus allen Teilen Chinas und der Welt errichten in Shanghai neue Standorte. Sie bauen gewaltige Wohnviertel, spektakuläre Hochhäuser, ganze Stadtteile und neue Städte zur Entlastung der 13 Millionen-Metropole. Für das Ziel, Shanghai zur Wirtschaftsmetropole auszubauen, wird die Altstadt abgerissen und die Bevölkerung in Hochhaussiedlungen umgesiedelt.

Die chinesische Regierung möchte Shanghai zum Aushängeschild des modernen China machen. Seit Jahren verschwinden deshalb immer größere Teile der ehemaligen Altstadt und werden ersetzt durch Türme aus Stahl und Glas. Zugleich werden viele spektakuläre Projekte auf die Stadt am Chang Jiang konzentriert. Dazu zählt der Transrapid, der über 400 km/h schnell Passagiere vom Flughafen in das neue Wirtschaftszentrum Pudong befördert ebenso, wie die aufsehenerregende architektonische Gestaltung des erst wenige Jahre alten Stadtteils Pudong mit dem über 400 Meter hohen Jin Mao Tower. Doch damit nicht genug: Jüngst kam die erste Formel-1-Rennstrecke in China hinzu, die Stadt errichtet gerade das Gelände für die Weltausstellung 2010 und plant mit dem 1228 Meter hohen Bionic Tower das höchste Gebäude der Welt.

2 ***Der Bund 1930***

3 ***Altstadtsanierung 2004***

5 ***Modell Luchao Harbour City***

Luchao Harbour City – eine Stadt entsteht

Etwa 60 Kilometer östlich von Shanghai entsteht in den nächsten Jahren eine von derzeit elf geplanten neuen Satellitenstädten. Sie sollen die aus allen Nähten platzende Stadt entlasten und zugleich das moderne, zukunftsweisende China repräsentieren. Das wohl spektakulärste dieser Stadtbauprojekte ist Luchao Harbour City. Nach der Fertigstellung 2020 sollen hier etwa 300 000 Menschen leben und arbeiten. Das Gelände, auf dem die Stadt entsteht, ist dem Meer abgerungen und durch einen acht Meter hohen Deich vor möglichen Sturmfluten geschützt. Gebaut wird Luchao von dem deutschen Architekten Meinhard von Gerkan. Sein Plan sieht vor, dass hier nicht ein dicht bebauter Innenstadtbereich entsteht, wie in den Großen Metropolen der Welt üblich. Stattdessen soll die Stadt rund um einen See von 2,5 km Durchmesser errichtet werden. Am Seeufer sollen die Menschen flanieren können. Es werden kaum Autos fahren: die Menschen sollen zu Fuß gehen oder die U-Bahn benutzen. Der innerste Ring um den See wird Bürogebäuden und Geschäften vorbehalten sein, in den äußeren Bereichen werden die Wohnviertel entstehen, die wiederum rund um einen kleinen See angelegt und von Kanälen durchzogen sein werden. So will von Gerkan erreichen, dass die Menschen sich in der neuen Stadt wohlfühlen und sie zu ihrer Stadt machen. Das an vielen Stellen eingeplante Wasser soll die Menschen miteinander verbinden und in der Mitte des Sees wird aus einer 300 Meter hohen Stahlnadel Wasser versprüht werden.

4 ***Nanjing Road heute***

1 Fertige eine Grafik zur Bevölkerungsentwicklung Shanghais an. Nutze dazu ein Grafikprogramm.

2 Recherchiere im Internet den Stand der Bauarbeiten des Expo-Geländes in Shanghai.

3 Diskutiert mögliche Folgen des Baubooms in Shanghai.

6 ***Bevölkerungsentwicklung Shanghais***

Jahr	*Einwohner in Mio.*
1842	*0,5*
1884	*0,5*
1900	*1,0*
1920	*1,5*
1928	*3,1*
1938	*3,6*
1945	*3,6*
1949	*7,8*
1957	*10,1*
1971	*10,7*
1980	*11,5*
1991	*13,4*
1995	*14,2*
2003	*15,0*

1 ***Shintomönch***

2 ***Tor des Itsukushima-Schreins, Miyajima***

3 ***Morgengymnastik im Betrieb***

Japan verstehen lernen

Shinto
bezeichnet den „Weg der Götter“ und beruht auf der Vorstellung, dass Gottheiten alle Dinge beherrschen, ob lebendig, tot oder unbeweglich. Die Anhänger des Shinto verehren die Natur ebenso wie die Ahnen. Der Shintoismus lehrt, dass Glück und Erfüllung im Leben sich nur durch Arbeit und Erfolg erreichen lassen.

Trotz vieler Unterschiede lassen sich große Übereinstimmungen im Denken und Handeln der japanischen Gesellschaft feststellen.

Traditionen verbinden

Jahrhundertelang war Japan von der Außenwelt isoliert. Ungünstige natürliche Bedingungen und die traditionelle Form des Reisanbaus erzwangen eine Organisation der Dorfgemeinschaft, in der Zusammenarbeit, Unterordnung und Gehorsam lebenswichtig waren. Daraus entwickelte sich ein straff organisiertes Staatswesen und eine einheitliche Kultur. Grundlagen dieser Kultur waren sowohl die Religionen des Shintoismus und des Buddhismus als auch die Verhaltensregeln des Konfuzianismus. So heiraten Japaner auch heute noch überwiegend shintoistisch, werden aber buddhistisch bestattet.

Anerkennung finden

Früher wie heute hat das soziale Ansehen der Familie einen hohen Stellenwert. Der Mann ist Oberhaupt und Geldverdiener. Er wird oft nach seinem beruflichen Erfolg bewertet, während die Frau durch den Erfolg ihrer Kinder in der Schule Ansehen gewinnt. Traditionelle Wertvorstellungen und Verhaltensweisen wie Fleiß, Disziplin, Anpassung, Ausdauer, Genügsamkeit, Loyalität gegenüber Vorgesetzten sowie das Streben nach Harmonie in der Gruppe spielen auch im Wirtschaftsleben noch eine wichtige Rolle.

Gruppenprinzip

Neben lebenslanger Anstellung und altersabhängiger Entlohnung war bislang das Gruppenprinzip ein typisches Merkmal japanischer Betriebe. Diese drei Elemente bewirkten eine starke Bindung der Beschäftigten an ihren Betrieb. Äußere Merkmale dieses Prinzips sind die Einheitskleidung, Gemeinschaftspausen mit Freiübungen und Singen des Firmenliedes. Tatsächlich dient das Gruppenprinzip der Erzeugung eines „Wir-Gefühls“ im Unternehmen. Dies stärkt das Bewusstsein, ein wichtiger Teil des Ganzen zu sein, was sich auch in dem positiveren Verhältnis, das japanische Arbeitnehmer zu ihrem Arbeitsplatz haben, niederschlägt.

Kaizen – das eigentliche Geheimnis

Fachleute sind überzeugt, dass der Erfolg Japans weniger auf soziale oder politische Ursachen zurückzuführen ist als auf das Kaizen. Es ist das ständige Streben nach Verbesserung unter Einbeziehung aller Mitarbeiter und aller Bereiche der Wirtschaft. Die Über-

4 **Schule in Japan**
- **3 Jahre:** Besuch eines privaten Kindergartens nach Aufnahmeprüfung
- **6 Jahre:** Einschulung, Unterrichtszeit bis 16 Uhr, danach Hausaufgaben, Musik-, Judo-Unterricht
- **Nach der Grundschule:** Bewerbung für Mittelschule, Vorbereitung für Aufnahmeprüfung; Lerntag oft bis 22 Uhr
- **15 Jahre:** Übergang in eine möglichst gute Oberschule, schwere Aufnahmeprüfung
- **18 Jahre:** Studienbeginn an einer Universität, sehr schwere Aufnahmeprüfung

5 ***Aufnahmeprüfung: Testbogen für Zweijährige***

6 ***Im Tokyoter Yoyogikoen-Park***

7 ***Im Tokyoter Yoyogikoen-Park***
Jeden Sonntag treffen sich zahlreiche Jugendliche im Yoyogikoen-Park zu Musik, Tanz und zur kreativen Selbstdarstellung.

zeugung, in kleinen Schritten immer besser werden zu müssen, ist tief in der japanischen Mentalität verwurzelt. Das Leben gilt als ein ständiger Lern- und Verbesserungsprozess. Kaizen ist eines der gebräuchlichsten Wörter: Voraussetzung für das Kaizen ist, dass die Arbeitnehmer permanent mitdenken und mitentscheiden. In Teamarbeit lässt sich das besser bewerkstelligen. In keinem Land der Erde ist die Zahl der Verbesserungsvorschläge so hoch wie in Japan. Die Botschaft von Kaizen heißt, es soll kein Tag ohne irgendeine Verbesserung im Unternehmen vergehen.

Versagen verboten

Wer es in Japan zu etwas bringen will, muss sich schon früh anstrengen. Nur dem, der die besten Schulen besucht und seinen Abschluss an einer der Top-Universitäten geschafft hat, stehen die Türen zu einem lebenslang garantierten Arbeitsplatz offen.
Hilfen bieten „Jukus“: private Paukschulen, die für eine Gebühr von über 900 € im Monat auf die Aufnahmeprüfungen vorbereiten. Unterstützt werden die Kinder in der Regel von den Müttern. Sie überwachen die Hausaufgaben und organisieren den „Lerntag“. Der Vater hinterlässt kaum Spuren im Familienleben. Er sieht – statistisch gesehen – sein Kind ohnehin nur zwölf Minuten pro Tag.

Werte verändern

Japanische Jugendliche empfinden es immer häufiger als Defizit, dass ihre Väter nur an den Wochenenden anwesend sind. Die Wertvorstellungen der Eltern werden zunehmend infrage gestellt. Die Jugendlichen wollen nicht mehr selbstverständlich nach dem Studium in einen Betrieb eintreten und dort für das Wohl des Unternehmens arbeiten. Arbeitsteilung „bis zum Umfallen“, im Extremfall vielleicht der Tod durch Überarbeiten (japanisch: karoshi) erscheint ihnen nicht erstrebenswert.

1 *Erläutere die Auswirkungen der religiösen und geistigen Traditionen auf das tägliche Leben und Arbeiten der Japaner.*
2 *Stelle die traditionellen Werteordnungen der japanischen Gesellschaft denen der japanischen Jugendlichen gegenüber. Bewerte.*
3 *Vergleiche den Schulalltag japanischer und chinesischer Schüler (Seite 275, Text 7) mit deiner Situation.*
4 *Vergleiche die Einstellung zur Arbeit in Japan, den USA (Seite 288) und in Deutschland.*
5 *Bestehst du den Vorschulaufnahmetest 5? Zu dem abgebildeten Testbogen gehört die Frage: Was passt nicht zusammen? In jeder Bildfolge ist ein Fehler versteckt.*

❶ ***Markenvielfalt aus Japan***

❸ ***Autoverladung für den Export***

❷ ***Rohstoffabhängigkeit Japans***

Erdöl	*100 %*
Eisenerz	*100 %*
Bauxit	*100 %*
Baumwolle	*100 %*
Zink	*98 %*
Kupfer	*95 %*
Erdgas	*92 %*
Kohle	*75 %*
Weizen	*65 %*
Holz	*50 %*

Hightech-Industriemacht

Trotz Rohstoffmangels stieg Japan nach dem Zweiten Weltkrieg zur zweitstärksten Industriemacht und zur drittgrößten Handelsnation auf. Das japanische Wirtschaftswunder ruht heute auf dem Fundament von 800 000 Industriebetrieben aller Größenordnungen mit mehr als 20 Millionen Beschäftigten. Die Großunternehmen lassen hier bis zu 70 % ihrer Produktion von kleinen, nur bis zu fünf Mitarbeiter zählenden Zulieferfirmen, den „Shitauke", fertigen.

Seit 1990 steigt die Industrieproduktion in Japan langsamer. Die Rohstoffabhängigkeit konnte nicht reduziert werden. Dennoch spielt Japan weiterhin eine führende Rolle in der Weltwirtschaft. Gründe für die japanischen Exporterfolge sind einerseits die hohe Qualität der Produkte bei günstigen Preisen, andererseits aber auch andere Produktions- und Vermarktungsverfahren als in der westlichen Welt. Diese Zauberformel machte die Japaner zum Vorbild für Europa wie Amerika.

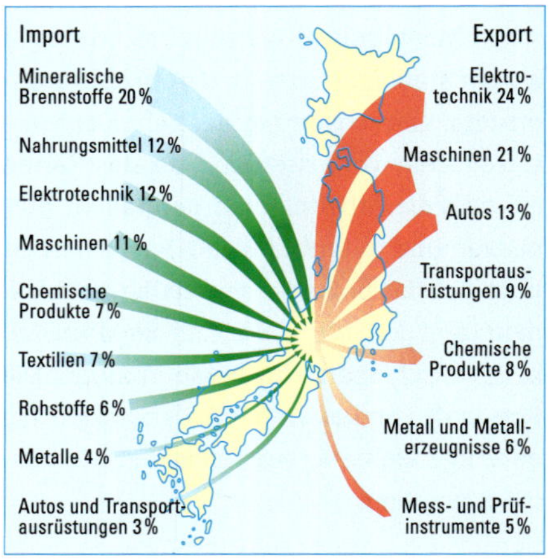

❹ ***Import und Export Japans 2000***

❺ ***Japans Export***

⑥ ***Schweißarbeiten im Honda-Werk in Toronto, Kanada***

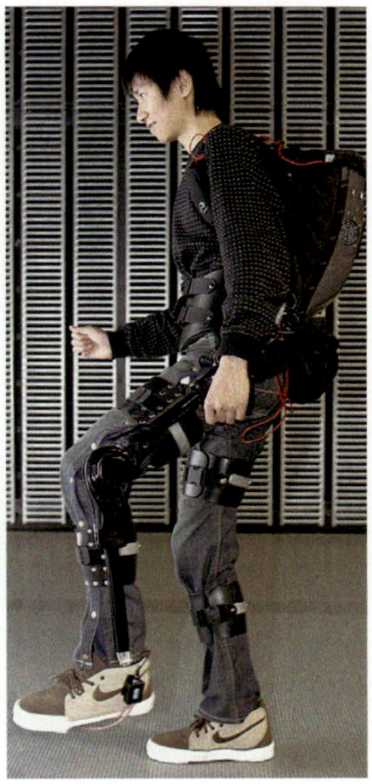

⑦ ***Ingenieur Sakurai mit Roboteranzug***
Gehhilfe für Alte und Behinderte

Roboterland Japan

Japan hat nicht nur die größte Anzahl an Robotern in der Industrie eingesetzt, sondern ist auch weltweit führend bei der Entwicklung und Herstellung immer einfallsreicherer und vielseitiger einsetzbarer Industrie- und Haushaltsroboter. Längst hat man die nur eher fürs Grobe zuständigen Industrieroboter verfeinert und sie auch für feinmotorische Tätigkeiten programmiert. So dienen zuweilen Roboter als Haushaltshilfe, weil sie Staub saugen und abwaschen können. Und die japanische Regierung setzt bei internationalen Empfängen zur Demonstration japanischer Technikerfolge gerne Roboter ein, die tanzen oder sprechen, oder verblüfft ihre Gäste mit Fussball spielenden Roboterhunden.

Die neuesten Entwicklungen der japanischen Ingenieure sind Roboter, die den Menschen immer mehr körperliche Anstrengungen abnehmen können. Dabei werden die Impulse menschlicher Gedanken von einem als Anzug getragenem Roboter in die beabsichtigten Aktivitäten umgesetzt. Der Roboter hilft auf diese Weise etwa beim Tragen schwerer Gegenstände oder beim Laufen. Die tiefere Ursache der aktuellen Roboterorientierung liegt in der rapiden Vergreisung der japanischen Gesellschaft. Der daher entstehende Bedarf an Arbeitern und Pflegekräften soll auch durch Roboter bewältigt werden.

Japans Industrie präsentierte sich auf der Expo 2005 im eigenen Land als führende Roboternation. Dies ist auch die Richtung, die die industrielle Entwicklung des Landes in Zukunft noch verstärkt einschlagen wird. Die damit verbundenen Visionen sehen vor, dass Roboter flächendeckend nicht nur in der Industrie, sondern auch in Privathaushalten und Krankenhäusern zum Einsatz kommen sollen.

1 *Ermittle mithilfe der Materialien 1, 3, 4 und 5, welche Produkte Japan zu einer führenden Nation der Welt machen.*
2 *Benenne die Probleme, mit denen Japans Wirtschaft zu kämpfen hat.*
3 *Fasse die Hintergründe und Visionen der japanischen Roboterindustrie zusammen.*

⑧ ***In der Industrie je 100 000 Beschäftigte eingesetzte Roboter (2002)***

Japan	*3 080*
Deutschland	*1 350*
Südkorea	*1 280*
Italien	*1 090*
Schweden	*910*
Finnland	*680*
Frankreich	*670*
Spanien	*660*
USA	*580*
Österreich	*540*

Surftipp
www.stat.go.jp/english/data/handbook

① *Pilotkarte Japan*

Meer zu mehr Land

Japans Hunger nach Land lässt sich bis ins 17. Jahrhundert zurückverfolgen. Damals wurde in der Nähe des heutigen Kaiserpalastes Land aufgeschüttet. Das wundert auch nicht in einem Land, in dem sich die Hälfte der Bevölkerung auf drei Ballungsräume konzentriert und dessen Fläche zu etwa 80% zu gebirgig für Siedlungen ist. **Neulandgewinnung** an der Küste durch Aufschüttung mit Müll und Bauschutt heißt die Devise: für mehr Verkehrs- und Industrieflächen, in letzter Zeit vor allem für mehr Wohnraum – aber immer auf Kosten der Umwelt.

Das Beispiel Tokyo-Bucht

In der Tokyo-Bucht schieben sich auf 170 km Küstenläge die Aufschüttungsgebiete in die Bucht hinein. Mehr als 280 km² Neuland wurden bereits geschaffen. Früher waren dies vor allem Industriegebiete und Hafenanlagen. So wie in der Tokyo-Bucht wurden viele Küstenregionen verbaut.

Das Beispiel Osaka – ein Flughafen im Meer

Im Jahr 1994 wurde der Kansai International Airport nach siebenjähriger Bauzeit feierlich in Betrieb genommen. Er liegt auf einer 5,5 km² großen, künstlich aufgeschütteten Insel in der Bucht von Osaka. Die Baukosten betrugen etwa 13 Milliarden Euro. Ein Hauptziel war, den lauten Flugverkehr aus dem dichtbesiedelten Stadtgebiet zu verlagern. Draußen auf dem Meer ist außerdem ein 24-Stunden-Betrieb möglich. Schnelle Verkehrswege verbinden den Flughafen mit den Stadtzentren von Osaka, Kyoto und Kobe. Allerdings muss mit technisch aufwändigen und sehr teuren Maßnahmen die künstliche Insel vor Taifunen, Flutwellen oder Erdbeben geschützt werden. Zudem gibt es Probleme, weil der aufgeschüttete Boden stärker ins Meer absinkt als vorausberechnet. Dennoch sind die japanischen Planer zuversichtlich, dass der Flughafen bald um ein bis zwei Startbahnen erweitert werden kann, denn die Zahl der Fluggäste beträgt jetzt schon über 20 Millionen pro Jahr.

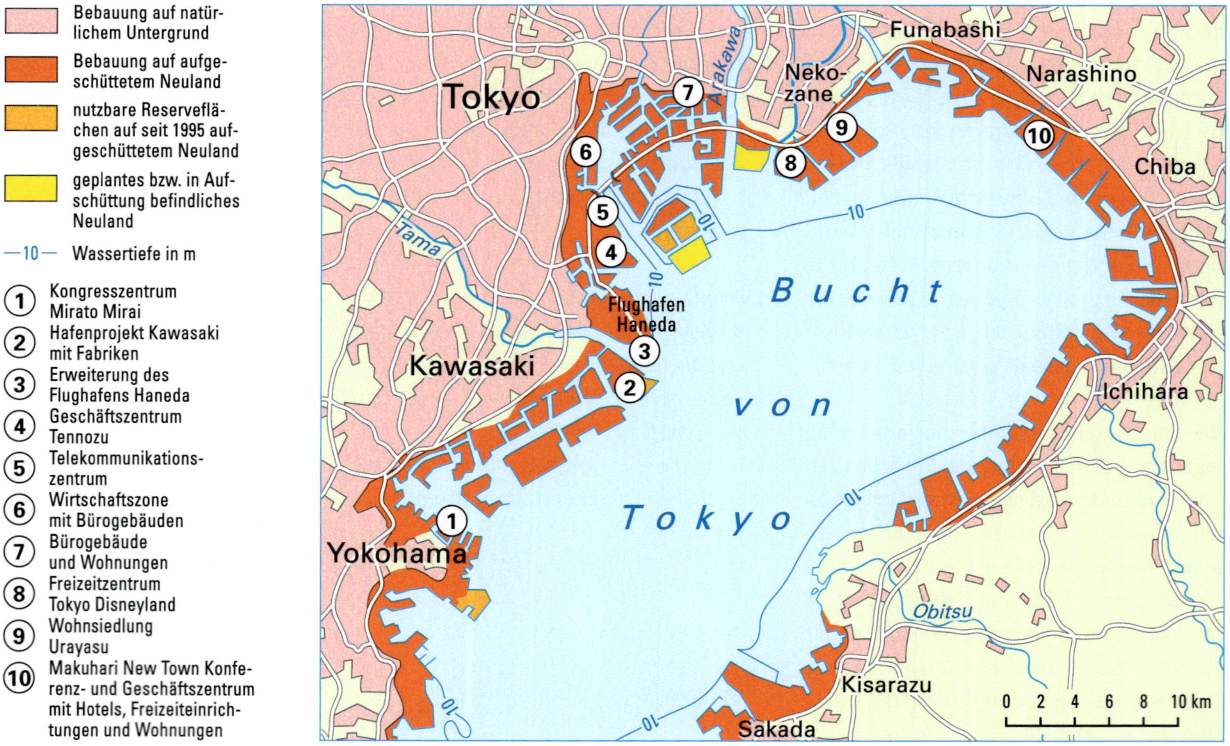

② *Die Tokyo-Bucht*

Das Beispiel Mizushima

Besonders intensiv ist die Neulandgewinnung auch an den Ufern der Inlandsee zwischen Shikoku und Süd-Honshu geschehen. Hier liegt der Großindustriekomplex Mizushima, 30 km östlich von Fukuyama. Noch in den 1950er Jahren wurde auf den dem Meer abgerungenen Poldern Reis angebaut.

Für eine Industrialisierung gab es hier kaum Anreize: Keine Rohstoffvorkommen, ein unzureichendes Straßennetz, fehlende Facharbeiter. Lediglich die Wasserversorgung und die relative Sicherheit vor Taifunen und Erdbeben waren attraktiv. Allerdings bot sich die seichte Küstenregion geradezu für die Aufschüttung von Neuland an. Bis 1970 entstand hier ein Industrieareal von 2 250 ha, davon gut die Hälfte auf Neuland im Meer.

Die Aufnahme der Produktion begann 1957 durch ein Nahrungsmittelkombinat, dem bald danach zwei Raffinerien und Chemiewerke folgten. Außerdem wurde ein Hütten-, ein Stahl- sowie ein Großkraftwerk errichtet. 1972 befanden sich hier 93 Betriebe von 79 Firmen mit 45 000 Beschäftigten.

Mizushima ist ein Compound-Kombinat. Hier arbeiten verschiedenste Produktionseinheiten auf engstem Raum. Erze werden hier z. B. zu Roheisen verhüttet und zu Stahl weiterverarbeitet, aus dem vor Ort Konsumprodukte gefertigt werden. Einige bei der Produktion anfallende Nebenprodukte können z. B. vom Kraftwerk oder von der Chemie verwertet werden.

Die gewaltigen Industrieanlagen belasten die Umwelt mit hohen Abgas- und Abwassermengen. Aber das Hauptproblem ist, dass die künstlichen Inseln den Wasseraustausch mit dem offenen Meer und damit die natürlichen Selbstreinigungsvorgänge behindern.

1 *Werte die Karte 2 mit den Industrieanlagen im Meer aus. Nimm Stellung zu dieser Entwicklung.*

2 *Beschreibe anhand der Karte 4 die Industrietypen, die in Mizushima kombiniert sind.*

3 *Nenne die Standortvorteile des Compound-Kombinates.*

3 ***Kansai Flughafen in Osaka:*** *Das Aufschüttungsmaterial für den Flughafen entsprach der Menge von 70 ägyptischen Großpyramiden*

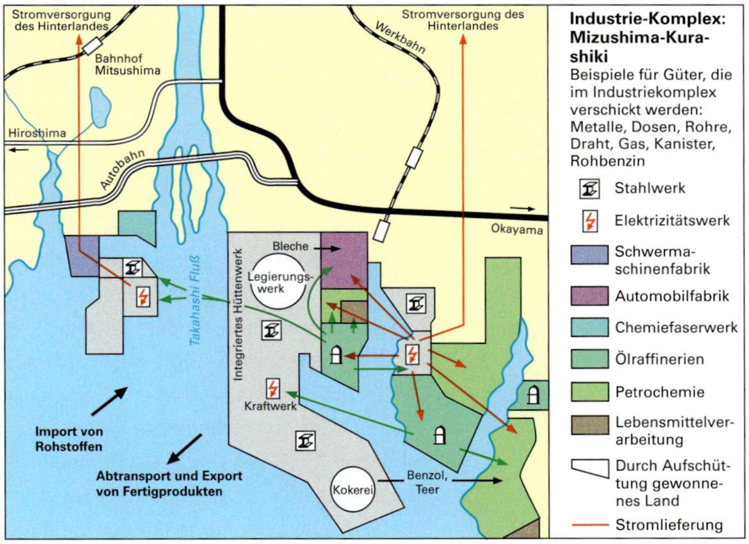

4 ***Industrie-Komplex: Mizushima-Kurashiki***

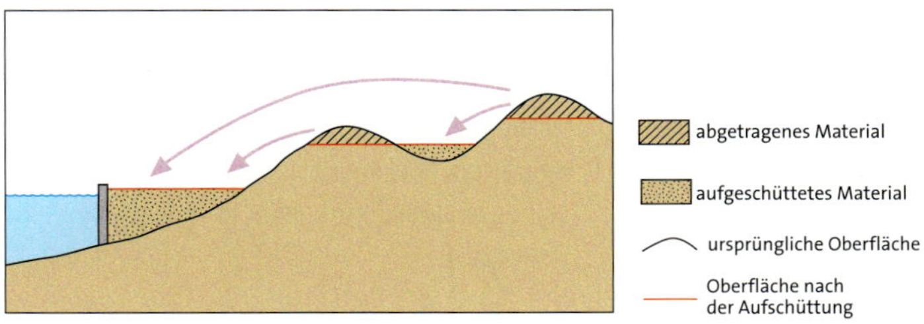

5 ***Neulandgewinnung durch Aufschüttung***

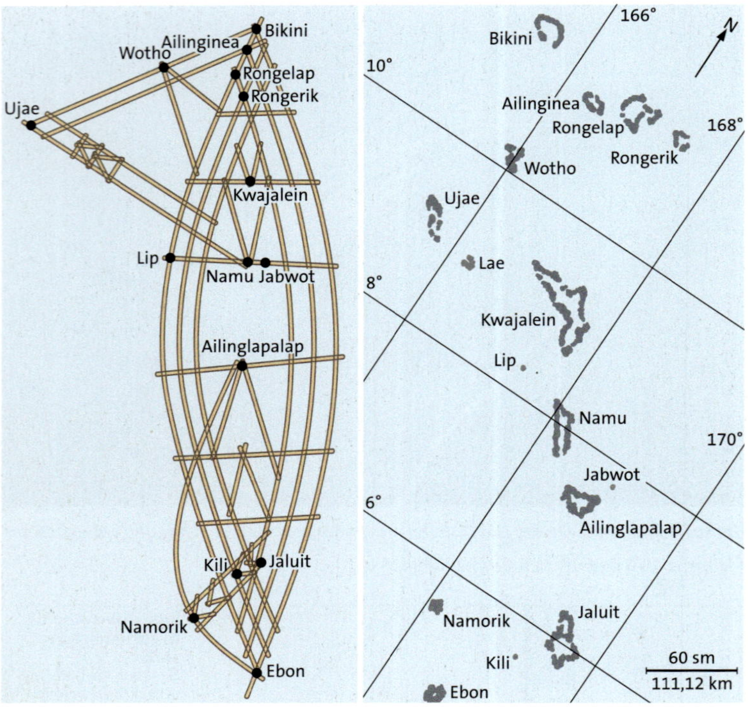

❶ ***Eine aus Palmblattrippen gefertigte Seekarte des Ralik-Archipels.***

❷ „Man richtet den Kurs nach einem Stern aus, der auf dem geplanten Kurs unter- oder aufgeht, oder segelt in einem bestimmten Winkel zu ihm. Wenn dieser Stern zu hoch steigt, wählt man einen anderen der gleichen Reihe. Bis Tagesanbruch braucht man vielleicht acht oder zehn davon. Dies ist, was wir den Kaveinga nennen, den Sternenweg.
Am Tage steuert man nach dem Winkel zur Sonne. Man merkt sich die Position, an der die Sonne gerade aufgeht am Schattenwurf des Mastes, und um zwölf Uhr mittags wird sie natürlich genau nördlich von einem stehen. Den jeweiligen Stand der Sonne am Vor- und Nachmittag muss man sich nach und nach einprägen, bis man irgendwann eine Uhr im Kopf hat. Außerdem leiten verschiedene Meeresdünungen und Winde mit unverkennbaren Mustern."

D. Lewis: Nomaden des Meeres. GEOSpecial Südsee, 1990

Leben im und mit dem Meer

Karten aus Palmblattrippen *dienten nur zur Anschauung und wurden nicht auf See mitgenommen.*

Auf der Südseeinsel Tonga ist eine Geschichte überliefert, wonach der Chefnavigator der königlichen Marine im Jahr 1815 auf der Rückfahrt von Samoa – dort hatte sich der König tätowieren lassen – die Orientierung verloren hatte und nicht mehr wusste, wo sie sich befanden. Der zu Hilfe gerufene blinde Fischer Tuita Kaho fragte, von welchem Stern her der Wind wehe, fühlte mit der Hand die Temperatur und Fließrichtung des Meerwassers und den Wellenschlag gegen das Boot und sagte: „Das ist Fidschi-Wasser und kein Tonga-Wasser." Sodann gab er Anweisung, wohin die Flotte fahren müsse, um zurückzukehren. Am nächsten Morgen tauchte die zu Tonga gehörende Insel Tongatapu am Horizont auf.

Eroberung der Südsee

Diese Fähigkeit, sich in den Weiten des Pazifischen Ozeans ohne moderne Hilfsmittel und Messgeräte zurecht zu finden, beherrschen heute nur noch wenige. Doch nur dank dieser Kenntnisse war die Besiedlung des riesigen Pazifiks seit 1300 v. Chr. von der südostasiatischen Inselwelt aus möglich gewesen. Die ersten Stationen dieser Eroberung waren Tonga und Samoa, ehe die Seefahrer auf ihren 15 bis 18 Meter langen, mit aus Stroh geflochtenen Segeln und steinzeitlichen Werkzeugen erbauten Auslegerbooten immer weiter nach Osten vorstießen: nach Tahiti und den Tuamotu-Inseln. Bis 600 n. Chr. waren die polynesischen Meeresnomaden bis auf die Osterinseln im Osten und die Hawaiiinseln im Norden vorgestoßen – 2 300 Seemeilen nördlich von Tahiti. Gut einhundert Jahre später entdeckten sie Neuseeland.

3 **Bora Bora**

4 **Auslegerboot**

5 *Tatau nannten die Tahitianer die Kunst, den Körper mit Ornamenten zu verzieren. Von Polynesien aus gelangte die Kunst des Tätowierens durch die Seefahrer in alle Winkel der Erde und das Wort in nahezu alle Sprachen.*
In Tahiti ließen sich Frauen und Männer tätowieren, wobei die Größe und die Ornamente bestimmten Gruppen der Gesellschaft vorbehalten waren.
Die christlichen Missionare unterbanden diese Tradition, die heute nicht nur in Europa in Mode ist, sondern auch am Ursprungsort wieder auflebt.

Wovon leben die Menschen?
Die weiten Fahrten über das Meer gingen im Verlauf der Geschichte in dem Maß zurück, wie der Ackerbau entwickelt wurde.
Kokospalmen, Yams, Taro, Süßkartoffeln und Bananen sind die wichtigsten Nutzpflanzen, die auf den sehr begrenzten Flächen angebaut werden. In manchen Staaten, etwa in Samoa, wird zudem Kakao für den Export produziert. Die wichtigste Lebensgrundlage aber ist schon immer die Fischerei.
Kaum einer der Inselstaaten kann heute seine Nahrungsversorgung selbst sichern. Stattdessen bilden Lebensmittelimporte den Hauptanteil des Außenhandels dieser Länder. Finanziert werden kann der Import vor allem durch Einnahmen aus dem Tourismus. Die faszinierende Natur der Archipele, die farbenfrohe Unterwasserwelt der Atolle und die exotische Abgeschiedenheit locken Jahr für Jahr Touristen aus aller Welt nach Tahiti, Tonga oder Fidschi. So konnte sich in den letzten Jahrzehnten der Ferntourismus zu einer tragenden Säule im Wirtschaftsgefüge der südpazifischen Inseln entwickeln.

Bedrohter Lebensraum
Doch die Wirklichkeit der auf Fotos so paradiesisch anmutenden Welt des Südpazifiks ist bei weitem nicht so entspannt. Amerikaner wie auch Franzosen haben auf einigen der abgeschiedenen Atolle in den vergangenen Jahrzehnten immer wieder Atombombenversuche durchgeführt, die die Region belasten. In jüngster Zeit mehren sich die Hinweise der Fischer, dass die eingebrachten Fänge immer dürftiger werden. Dies kann mit der Erwärmung der Meere zusammenhängen, die hier beobachtet wird.
Vor allem aber fürchten die Bewohner der Südsee-Archipele den Anstieg des Meeresspiegels. In den vergangenen Jahrzehnten ist die Durchschnittstemperatur der Erde gestiegen, wodurch das Abtauen der Gletscher stark voranschritt. Den damit einhergehenden Anstieg des Meeresspiegels spüren die Bewohner der Inseln als Erste. Die bereits eingetretenen Veränderungen und die von Klimatologen prognostizierte Entwicklung lässt die Menschen hier befürchten, dass sie ihre Heimat verlieren werden.

The American way of life

1 *Stephen Paul Jobs*

2 *Florence Nightingale Graham*

3 *Bill Gates*

4 *Henry Ford*

5 **Florence Nightingale Graham**, 1878 in Kanada geboren, mixte schon als Jugendliche in der häuslichen Küche Cremes und Lotionen zusammen, die sie an Mitschülerinnen verkaufte. Im New York der 1920er Jahre baute sie mit einem befreundeten Chemiker ein Kosmetik-Weltunternehmen auf. „Beauty Cremes" waren zu dieser Zeit eine absolute Neuheit. Florence Nightingale Graham entwickelte daraus eine Geschäftsidee und gründete die Marke Elizabeth Arden.
2003 erwirtschaftete das Unternehmen 60 Mio. Dollar mit 1 320 Mitarbeitern.

6 Während die Schwerindustrie im Manufacturing Belt boomte, erfand der Ingenieur **Henry Ford** 1892 sein erstes Automobil und gründete 1903 die Ford Motor Company in Dearborn bei Detroit. Ford war nicht nur ein exzellenter Konstrukteur, sondern auch ein pfiffiger Unternehmer. Er erkannte die Standortvorteile an den Großen Seen für die Automobilproduktion: Eisen- und Stahlherstellung, Maschinenbau, günstige Transportmöglichkeiten und viel Wasser, das für Kühlprozesse unentbehrlich ist. Zudem führte er die Fließbandproduktion ein, sodass in kurzer Zeit viele Fahrzeuge hergestellt werden konnten. Ziel war die Massenanfertigung weniger und preiswerter Automodelle in rationalisierter Arbeitsteilung. Daraus resultierten für die Arbeiter kürzere Arbeitszeiten und höhere Löhne. Innerhalb von 40 Jahren stieg die FMC mit 28 Mio. Fahrzeugen zum zweitgrößten Automobilproduzenten der Welt auf.
Im Jahr 2003 beschäftigte Ford weltweit 350 000 Mitarbeiter in 57 Staaten.

7 Die Erfolgsstory begann in einer Garage. Sie gehörte dem 21-jährigen **Stephen Paul Jobs**, der am 24.02.1955 geboren wurde. Zusammen mit dem 26-jährigen Stephen Wozniak, der einen funktionstüchtigen Personalcomputer gebaut hatte, gründete er 1976 die Apple Computer Company. Als kurz darauf der erste Auftrag über 50 Computer einging, geriet das kalifornische Duo in Geldnot. Jobs verkaufte seinen VW, Wozniak seinen programmierbaren Taschenrechner. Zusammen ergab das ein Startkapital von 1 350 Dollar. Die Produktion in der nun leeren Garage konnte beginnen. Das war 1976. Zehn Jahre später hatte die Firma rund 6 000 Mitarbeiter und einen Jahresumsatz von 2,5 Mrd. Dollar. Nach finanziell schwierigen Zeiten in den 1990er Jahren ist Apple heute wieder eines der führenden Unternehmen.
2003 machte das Unternehmen einen Jahresumsatz von 6,4 Mrd. Dollar und hatte mehr als 10 000 Beschäftigte in 50 Staaten der Erde.

8 **Bill Gates**, 1955 geboren, begann zwar schon im Alter von 13 Jahren zu programmieren, machte aber im Gegensatz zu Jobs eine normale Schulausbildung und begann 1973 ein Studium in Harvard. Schon nach einem Jahr verließ er die Universität und gründete mit einigen Freunden das Unternehmen Microsoft. Die Idee, Computer auf jeden Schreibtisch und in jeden Haushalt zu bringen, sollte sich bezahlt machen. Dafür mussten die Geräte aber einfach und effektiv bedienbar sein. In den USA besitzen inzwischen 62 % der Haushalte Personalcomputer, 38 % mit Internetzugang. 2003 machte das Unternehmen einen Jahresumsatz von 28,4 Mrd. Dollar und hatte mehr als 50 000 Beschäftigte in 78 Staaten der Erde.

⑨ ***„Amerika"***

Die Lebens- und Denkweise der Amerikaner unterscheidet sich in vielerlei Hinsicht von derjenigen der Europäer. Ungezwungener Umgang miteinander, Gastfreundschaft und Tatkraft sind sicherlich Grundpfeiler der amerikanischen Mentalität. Was aber gehört noch dazu?

1 *Beschreibe und interpretiere die Zeichnung „Amerika".*
2 *Benenne die Gemeinsamkeiten der vier amerikanischen Persönlichkeiten.*
3 *Analysiere mithilfe des Textes 10 die amerikanischen Werte, die sich aus den Arbeits- und Urlaubsbedingungen der Amerikaner ableiten lassen.*
4 *Informiere dich mithilfe der aufgeführten Internetseite über weitere Aspekte des American way of life.*

⑩ Verglichen mit deutschen Standards wird in den USA erheblich länger gearbeitet. Die durchschnittliche Wochenarbeitszeit der Industriearbeiter beträgt 40,5 Stunden. Das erste Berufsjahr ist fast immer ohne Urlaubsanspruch, danach gibt es selten mehr als zwei Wochen Urlaub. Von den in Vollzeit beschäftigten US-Amerikanern haben rund 15 Prozent keinerlei Anspruch auf bezahlten Urlaub, bei den Teilzeitbeschäftigten sogar 65 Prozent. Unbezahlter Urlaub kann in den meisten Betrieben allerdings individuell ausgehandelt werden. Die staatlichen Feiertage sind generell arbeitsfrei. Bei der Lohnfortzahlung im Krankheitsfall sind die Unterschiede zwischen den einzelnen Branchen, Regionen und Betrieben sehr groß. Nur 58 Prozent aller US-Beschäftigten haben überhaupt Anspruch auf bezahlte Krankheitstage. Im günstigsten Falle wird eine Lohnfortzahlung für drei Wochen gewährt.
Der Kündigungsschutz ist nicht stark ausgeprägt, ein US-Amerikaner kann seinen Arbeitsplatz sehr schnell verlieren. Er findet allerdings nicht zuletzt wegen seiner großen Mobilität meist sehr schnell einen Ersatzarbeitsplatz. Hierfür ist er grundsätzlich bereit, sein Haus zu verkaufen, die vertraute Umgebung aufzugeben und an einen anderen Ort, ggf. auch in einen anderen Bundesstaat zu ziehen. Viele US-Amerikaner haben einen „Zweit-Job" neben ihrem Haupterwerb, um ein auskömmliches Einkommen zu erzielen.
Am Arbeitsplatz geht es im Umgang miteinander weniger förmlich als in deutschen Betrieben zu. Man redet sich grundsätzlich mit dem Vornamen an und erkundigt sich häufiger nach dem Befinden des Kollegen. Dennoch bleiben die stärker ausgeprägten Klassenunterschiede auch am Arbeitsplatz gewahrt. So werden Vorgesetzte nicht mit dem lässigen „Hi" sondern eher mit dem förmlicheren „Hello" begrüßt.

verändert nach www.usatipps.de

Kaum zu glauben

Im Jahr 2000 lebten 31 Millionen (= 11,3 %) Amerikaner in Armut. Viele von ihnen haben Arbeit, die aber nicht für den Lebensunterhalt ausreicht („Working poor")

Typische Eigenschaften der Amerikaner

- *unschlagbarer Optimismus*
- *Entschlusskraft*
- *Fortschrittsglaube*
- *Fleiß*
- *Ehrgeiz*
- *Erfindungsgeist*
- *Investitionsbereitschaft*
- *unternehmerische Risikobereitschaft*
- *Wettbewerbsorientierung*
- *persönliche Freiheit*
- *Mobilität*
- *Ungebundensein*
- *Konsumorientierung*

bilden die Grundlage für deren Philosophie des Machbaren.

Surftipp

www.usatipps.de

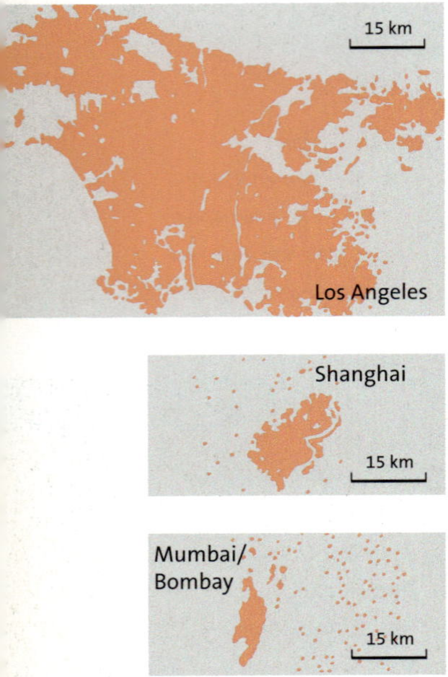

1 Flächenausdehnung dreier Metropolen mit etwa der gleichen Einwohnerzahl

2 Blick von den Suburbs auf das Zentrum von Los Angeles

Stadtgewordener way of life – LA

3 „Was aber Los Angeles in einem fort produziert (und was das übrige Amerika gierig verschlingt), sind Lebensstile. Hier entstehen die Vorgaben – welche Frisur, welches Auto welcher Farbe und welchen Modells, welche Musik und unzähliges mehr –, aus denen ein Lebensstil komponiert wird. Der gebräunte, muskelbepackte Surfer-Sunnyboy und das Aerobicgirl sind Schöpfungen, die sich schon länger an der Spitze halten."

aus: Diane Hall: Los Angeles – Stadt der Neuzeit.

Die multikulturelle Stadt am Pazifik

Keine andere amerikanische Stadt hat im Verlauf des 20. Jahrhunderts ein so rasantes Wachstum erlebt wie LA – und ein Ende ist nicht in Sicht. Bis 2030 werden voraussichtlich noch weitere sechs Millionen ihr Glück in der Stadt suchen. Sie werden – wie ihre Vorgänger – nicht nur aus einem der amerikanischen Bundesstaaten kommen, sondern zu großen Teilen aus Korea und von den Philippinen, aus Mexiko und anderen Staaten Mittelamerikas zuwandern. Typisch für LA wird somit auch weiterhin die Internationalität und Kreativität seiner Bewohner sein.

Stadtland USA

Drei von vier Amerikanern leben in Städten und nur ein Viertel der Bevölkerung auf dem Land. Typisch für das Erscheinungsbild der Städte ist die zum Teil extreme Weitläufigkeit und lose Bebauung. Ganz besonders gilt dies für Los Angeles, weshalb die Stadt auch als „zersplitterte Metropole" bezeichnet wird. Die zweitgrößte Stadt der Vereinigten Staaten, und nach Tokyo die zweitgrößte Stadt rund um den Pazifik, erstreckt sich über 200 km von Norden nach Süden und über 190 km von der Pazifikküste bis in die Wüstenregionen des Hinterlandes.

Zwar wird das **Central Business District (CBD)**, das Geschäftszentrum der Stadt, von Hochhäusern dominiert, typisch für Los Angeles aber ist die flächenverschlingende Bebauung mit freistehenden Einfamilienhäusern.

Warum ist das so? Diese Frage beantworten Stadtgeographen mit dem Hinweis auf den American way of life. Als typisch für diese Lebensweise stellt sich heraus, dass Amerikaner im Grunde ein Leben in dicht und eng bebauten Städten ablehnen und davon ausgehen, dass die Energieressourcen ebenso unbe-

④ **„Mountain capping":** *Mit dieser Methode wird nördlich von LA neues Bauland gewonnen. Ganze Bergkuppen werden dazu abgetragen und benachbarte Täler damit zugeschüttet.*

⑧ ***Beachlife LA***

⑨ ***Hollywood***

grenzt zur Verfügung stehen wie auch bebaubare Flächen. Neben dieser Grundeinstellung ermöglichte auch die jedem zugängliche verkehrs- und kommunikationstechnische Entwicklung durch Auto und vielspurige Straßen, Telefon, Fax und Internet den weitläufigen Ausbau der Städte. In Los Angeles wird dies zudem durch ein altes Gesetz begünstigt, das eine Mindestbreite von 15 Metern für Eigenheimgrundstücke festlegt. Schließlich ermöglicht auch die weitgehend fehlende politische Stadtplanung – sie wäre ein Eingriff in das individuelle Freiheitsrecht der Amerikaner – das Ausufern der amerikanischen Städte.

1 *a) Beschreibe mithilfe von Foto 2 die Stadtlandschaft von Los Angeles.*
b) Erkläre, wie sich die Lebensweise der Amerikaner im Stadtbild von Los Angeles widerspiegelt.

2 *Setze die Daten der Tabellen 5 und 6 zur Stadtentwicklung von New York, Chicago und Los Angeles in eine Grafik um.*

3 *Überprüfe mithilfe der Materialien inwieweit Los Angeles eine typische oder untypische amerikanische Stadt ist.*

⑤ **Die größten städtischen Agglomerationen der USA (Einwohnerzahl in Tsd.)**

	New York	Chicago	Los Angeles
1900	4963	1897	102
1950	12736	4714	4368
1960	14182	5527	6734
1970	15382	6093	8863
1980	14617	6060	9410
1990	14837	8070	11274
2000	15885	9800	12366

⑥

Stadt	Fläche	Agglomeration
New York	800,3 km²	10768 km²
Chicago	606,1 km²	4926 km²
Los Angeles	12561,0 km²	22610 km²

⑦ **Ethnische Bevölkerungsanteile der Städte (in %) (Werte über 100 aufgrund von Mehrfachnennungen)**

	Weiße	Schwarze	Asiaten	Hispanics
NY	63	27	10	29
Chicago	68	27	5	17
LA	75	11	13	43

In Los Angeles ist die bedeutendste Filmindustrie der Welt zu Hause. Die meisten Filme aber werden im indischen Mumbai gedreht.

Die Einwohner von Los Angeles fahren jeden Tag 224 Millionen Kilometer mit dem Auto.

Los Angeles ist die größte Industriestadt der USA. Vorherrschende Branchen sind Hightechindustrie, Medizintechnik und Biotechnologie.

1 ***Mall Toronto Eaton Center***

Galerie
Ein an einer Längsseite mit Fenstern oder Arkaden versehener Gang.

Passage
Ein innerstädtischer, meist überdachter und von Schaufenstern eingefasster Fußgängerdurchgang. 1798 entstand mit der Passage du Caire in Paris eine der ersten Passagen Europas.

Mall
Eine überdachte Fußgängerzone mit hochwertigen Fachgeschäften; zunächst in den USA entstanden.

Shopping Malls

Mehr als eine Billion Dollar wird jedes Jahr in den über 43 000 großen Einkaufszentren der USA ausgegeben. **Shopping Malls** wurden in den USA seit den 1930er Jahren errichtet. Die ursprüngliche Idee war, ein europäisches innerstädtisches Ambiente nachzuempfinden, da sich in den USA die Geschäfte nicht wie in Europa in der Innenstadt, sondern entlang der großen Ausfallstraßen am Stadtrand befanden.
Auf mehreren Etagen angelegt und von weitgespannten Glasdächern überdeckt, bilden sie eine eigene Welt, in der vor allem hochwertige Fachgeschäfte ihre Produkte anbieten und zugleich Dienstleistungsunternehmen und Restaurants vertreten sind. Kein Wunder, dass die Shopping Malls daher immer wieder als Inbegriff des konsumorientierten „American way of life“ bezeichnet werden.
Überraschenderweise ist zugleich durch Studien herausgefunden worden, dass Amerikaner das Einkaufen geradezu verachten und eine sehr widersprüchliche Haltung zum Konsum aufweisen.

Der neueste Trend: Shoppertainment
Neben der seit langem praktizierten Werbung wird seit etwa fünfzig Jahren von den Einzelhandelsunternehmen für ein zusätzliches Angebot gesorgt: Ruhebänke, Restaurants, Modeschauen oder der Weihnachtsmann. Marketingstrategen, deren Aufgabe es ist, Konzepte zu entwickeln und Kunden zum Einkaufen zu bewegen, setzen also auf die Strategie, Einkaufen mehr und mehr zum touristischen Erlebnis zu machen. Aus diesen Überlegungen heraus werden Shopping Malls durch Architektur und Einrichtung so gestaltet, dass sie nicht nur die für den Kunden interessanten Waren bieten, sondern ihm zugleich das Gefühl vermitteln sich genau in der Umgebung zu bewegen und wohl zu fühlen, die seinen Lebensvorstellungen und seinem Lebensgefühl entspricht.
In vielen Shopping Malls unterscheidet sich diese Umgebung von Etage zu Etage, wobei die teureren Geschäfte in aller Regel auf den oberen Etagen und die einfacheren, günstigeren Angebote im Untergeschoss zu finden sind. Dies alles führt zum längeren Verweilen und in den meisten Fällen zu größerem Konsum. Da die Konkurrenz unter den großen Shopping Malls groß ist, wird deren zusätzliches Angebot immer weiter ausgebaut. Der neueste Trend ist die themenorientierte Gestaltung von Einkaufszentren als Regenwald oder Disney Store, zu Sonderveranstaltungen von Sportarten oder zu Live-Auftritten von Musik- und Tanzgruppen. Andere präsentieren sich ihren Kunden im Stil orientalischer Basare oder in fernöstlicher Atmosphäre.

❷ **Irvine Spectrum Center**

Das Irvine Spectrum Center wurde 1998 ca. 40 Meilen südlich von Los Angeles in Orange County eröffnet. Das Center liegt an der mit 26 Fahrspuren größten Kreuzung der Welt von Highway I-5 und I-40, die jeden Tag bis zu 500 000 Fahrzeuge queren, inmitten von 4100 Parkplätzen. Im Einzugsgebiet von 20 Minuten Fahrzeit leben 2,4 Mio. Menschen, die mit durchschnittlich 86 000 Dollar pro Jahr über ein hohes Haushaltseinkommen verfügen. Vorbild für Grund- und Aufriss des Centers ist die marokkanische Stadt. Dieser Eindruck wird durch Eingangsportale, die an Stadttore erinnern, mehrere Springbrunnen, aufwändige Mosaike und sogar ein Minarett vermittelt. Die Einkaufsstraßen sind schmal und haben leichte Biegungen. Dem Besucher eröffnen sich so immer wieder neue Perspektiven. Die überwiegend sehr kleinen Ladenlokale, in denen teilweise kunstgewerbliche Produkte angeboten werden, kopieren den Einzelhandel orientalischer Städte."

nach B. Hahn: Erlebniseinkauf und Urban Entertainment Centers. In: GR, H. 1, 2001, S. 22–23

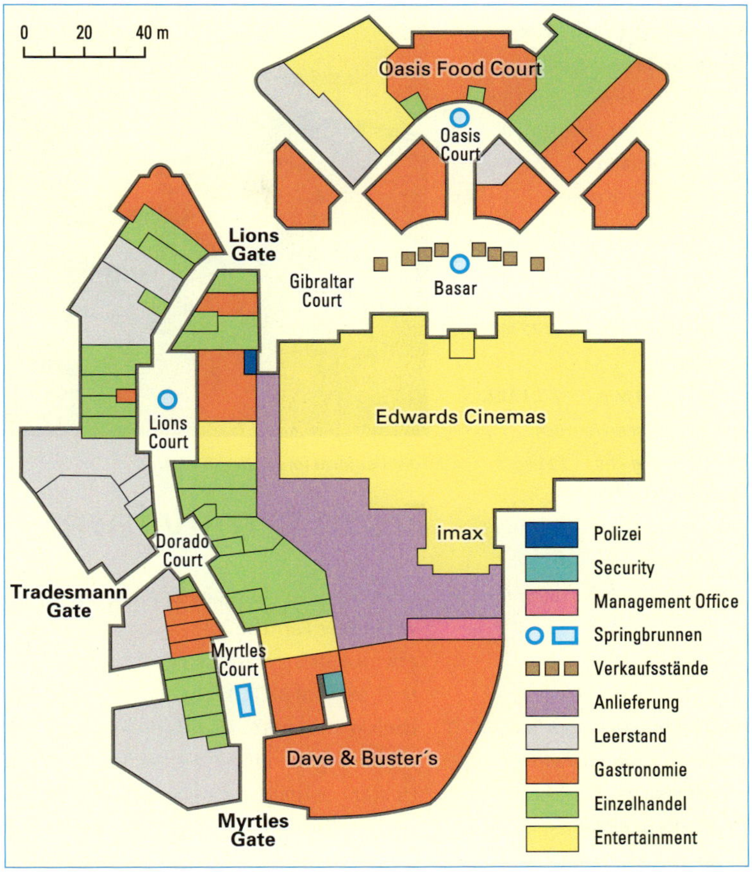

❸ ***Irvine Spectrum Center***

Wie geht es weiter?

Seit kurzem ist zu beobachten, dass viele dieser Erlebnisparks wieder geschlossen werden. Die hohen Kosten für den Bau dieser Zentren rechnen sich für die Unternehmer nur dann, wenn sehr viele Menschen die Angebote wahrnehmen. Offensichtlich ist das Angebot an Shopping Malls und städtischen Unterhaltungszentren (urban entertainment centers) aber größer als das Interesse und die Nachfrage der Kunden. Das kann auch daran liegen, dass die anfangs gebotenen Attraktionen von vielen nicht mehr als solche wahrgenommen werden. Die möglichen Kunden begeben sich entweder auf die Suche nach neuen Attraktionen und unbekannten Angeboten oder nutzen andere Geschäfte. Folglich kommt es zur Geschäftsaufgabe.

❹ **Große Shopping Malls weltweit (Fläche in m²)**

Mall of America in Bloomington, Minnesota (USA)	390 000
CentrO in Oberhausen (D)	70 000
Shopping City Süd, Wien (A)	160 000
Mall of Arabia, Dubai (ab 2006)	1 000 000
PATH Walkway, Toronto (CA)	370 000
Opry Mills Shopping Mall, Nashville, Tennessee (USA)	110 000

1 *Einkaufen als Erlebnis? Beschreibe das Foto 1.*
2 *Analysiere die Unterschiede zwischen der Mall Toronto Eaton Center und dem Irvine Spectrum Center. Erkläre die Ursachen dieser Weiterentwicklung.*
3 *Erkläre den Unterschied zwischen Galerie, Passage und Mall.*
4 *Nenne Unterschiede und Gemeinsamkeiten des Einkaufs in Malls, auf Märkten bei uns und in den Basaren des Orients (siehe Seite 262).*

❺ ***Irvine Spectrum Center***

1 ***Veränderungen in der amerikanischen Landwirtschaft***

	1930	*2000*
Anzahl landwirt. Betriebe	*6,5 Mio.*	*2,2 Mio.*
Erwerbstätige in der Landwirtschaft	*11 Mio.*	*3 Mio.*
Ackerfläche (ha)	*140 Mio.*	*177 Mio.*
Traktoren	*1,1 Mio.*	*5,1 Mio.*
Mineraldüngerverbrauch	*15 kg/ha*	*111 kg/ha*
Getreideproduktion	*140 Mio. t*	*357 Mio. t*
Hektarertrag Mais	*15,7 dt/ha*	*86 dt/ha*

2 ***Neueste Entwicklungen in der amerikanischen Landwirtschaftsindustrie (industrial farming):***

- *Weintrauben werden maschinell geerntet,*
- *Hydraulische Rüttler schütteln Mandeln und Nüsse von den Bäumen,*
- *Datteln werden von riesigen Greifern aus den Palmen geholt,*
- *Pflückroboter mit weichen Fangarmen aus Plastikschläuchen ernten Pfirsiche, Pflaumen, Aprikosen und Oliven,*
- *Tomaten wird eine kantige Form angezüchtet, sodass sie nicht mehr von den Förderbändern rollen.*

3 ***Familienfarm im Mittleren Westen***

From family farms to agrobusiness

4 „Wenn es so weitergeht, dann müssen auch wir unsere Farm aufgeben wie so viele Bauern im Mittleren Westen in den letzten Jahren", sagt John Clark, der einen **Familienbetrieb** in Iowa betreibt. „Als meine Eltern mir vor dreißig Jahren die Familienfarm mit 120 Hektar übergaben, da war die Welt für uns noch in Ordnung. Auch damals hatten wir unsere Produktion bereits auf Mais spezialisiert und waren keine Selbstversorger mehr. Jahr für Jahr übertrafen wir die Ernteergebnisse des Vorjahres und konnten richtig gut von der Landwirtschaft leben.

Das machte die Landwirtschaft auch für Unternehmer interessant, die eigentlich gar nichts mit Tieren, Boden und Pflanzen zu tun hatten. Sie investierten in riesige Betriebe und spezialisierten sich meist auf Rindermast oder Geflügelzucht und starteten das, was wir heute **Agrobusiness** nennen. Da sie in so großen Mengen Futter kauften und Fleisch produzierten, konnten sie viel günstiger verkaufen als wir Familienbetriebe. Uns blieb nur die Wahl aufzugeben oder mitzumachen.

Da die wirtschaftliche Situation im Grunde gut war, entschlossen sich viele die nötigen Kredite aufzunehmen, um Maschinen zu kaufen, neue Felder zu erwerben oder zuzupachten, Düngemittel und Saatgut anzuschaffen und neue Gebäude zu errichten. Trotz der hohen Schulden waren wir zuversichtlich, denn wir vertrauten auf unser Wissen als Farmer.

Viele Familienbetriebe übernahmen sich, denn in den nachfolgenden Jahren setzte eine Entwicklung ein, mit der immer weniger mithalten konnten. Die Unterhaltungskosten für die Betriebe stiegen, insbesondere für Saatgut, Düngemittel, Energie und Ackerland. Die Zinsen auf unsere Schulden wurden erhöht und gleichzeitig sanken die Preise für unsere Produkte. Selbst wenn wir ein gutes oder sogar sehr gutes Ernteergebnis erzielten, verbesserte sich unsere Situation nicht. Denn dann war das Angebot an Mais oder Weizen so groß, dass wir es nicht mehr verkaufen konnten und die Preise gesenkt werden mussten. Manches Jahr mussten wir mehr an Zinsen zahlen, als wir überhaupt durch den Verkauf unserer Produkte einnahmen.

Und seit einigen Jahren wird die Konkurrenz der kanadischen, argentinischen und europäischen Landwirte immer stärker. Sie wollen wie wir ihr Getreide und ihr Fleisch weltweit verkaufen. Doch so viel wie weltweit angeboten wird, wird gar nicht benötigt. Deshalb sinken die Preise und mit diesen unsere Chance, die Familienfarm zu erhalten."

⑤ ***Feedlot in Kalifornien***

⑥ „Da laufen unsere Dollars," Jack Crawley zeigt auf eine Herde von 800 Rindern, die gerade zum Schlachthof getrieben wird. Jack ist Manager dieses riesigen Rindermastbetriebes in Südkalifornien mit mehr als 100 000 Tieren.
„Pflanzen bauen wir überhaupt nicht an. Wir sind reine Fleischproduzenten. Unsere Rinder stehen in **Feedlots**, immer 250 Tiere zusammen", erzählt er. „Das ist hier in der Halbwüste sehr billig. Wir brauchen keine Ställe zu bauen, sondern nur Viehpferche einzuzäunen. Wegen der Sonne müssen wir sie natürlich überdachen. Wir benötigen täglich 1 100 Tonnen Futter, das mit Lkws an die Tiere verteilt wird.
Eine einzige Arbeitskraft kann bis zu 6 000 Tiere versorgen. Die Zusammensetzung des Futters berechnet unser Computer. Jedes Tier soll am Tag 1,5 kg zunehmen, natürlich in der guten Fleischqualität, wie sie unser Markt verlangt. Landwirtschaft ist zur Industrie geworden – und das hat seinen Preis."

1 Vergleiche die beiden Fotos 3 und 5 und erstelle eine Tabelle mit deinen Ergebnissen.
2 Ergänze die Tabelle durch weitere Informationen dieses Kapitels.
3 Erkläre die Ursachen, die zu diesen Veränderungen in der amerikanischen Landwirtschaft geführt haben.

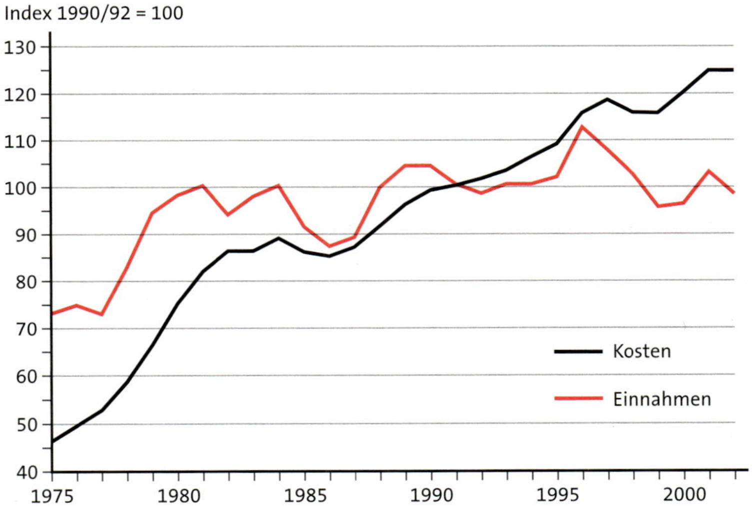

⑦ ***Entwicklung der Preise und Kosten in der US-Landwirtschaft***

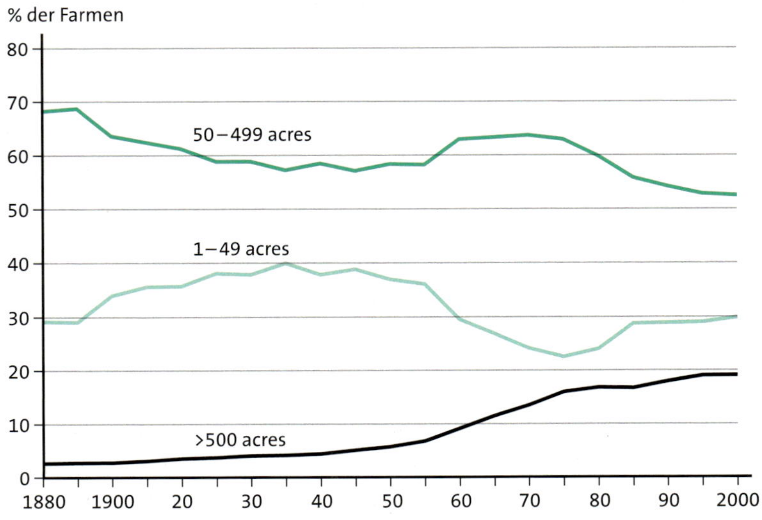

⑧ ***Entwicklung der Betriebsgrößen der US-Farmen***

❶ ***Bethlehem Steel Company, 1967*** ❸ ***Silicon Valley, 2000***

Industriemacht USA

❷ ***US- Industrieproduktion Weltanteil in % (Rang)***

Roheisen	*6,8 (4)*
Aluminium	*11,0 (4)*
Zement	*5,1 (3)*
Kunstfasern	*9,8 (3)*
Mineraldünger	*9,9 (3)*
Papier	*25,4 (1)*
synth. Kautschuk	*19,7 (1)*
Rohstahl	*10,2 (1)*
Fernsehgeräte	*7,4 (4)*
Kühlschränke	*17,6 (2)*

Die USA sind die führende Industriemacht der Welt. Was im Nordosten des Landes auf der Basis der dort vorkommenden reichen Kohle- und Eisenerzlagerstätten an industrieller Entwicklung begann, hat sich im Verlauf des 20. Jahrhunderts über weite Teile des Landes ausgedehnt und stark verändert. Von großem Vorteil dabei war und ist, dass die USA sehr viele der benötigten industriellen Rohstoffe wie Eisenerz, Erdöl, Erdgas, Kohle und Kupfer in ausreichenden Mengen im eigenen Land gewinnen können. Doch, wie überall auf der Welt, hat es auch hier große Veränderungen gegeben und die Industrie beschäftigt heute nicht mehr so viele Menschen, wie das noch vor wenigen Jahrzehnten der Fall war. Zudem hat sich das Bild der Industrie stark verändert. Die abgasintensive Schwerindustrie hat an Bedeutung gegenüber den neuen Hightechindustrien der Elektronik- und Computerbranche eingebüßt.

❹ ***Industriegeschichte der USA***

- 1792: Erfindung einer Maschine, die Baumwollsamen und -fäden trennt
- 1800: Herstellung standardisierter Teile bahnt der Massenproduktion den Weg
- 1800: Boston-Philadelphia wird die Keimzelle der Textil- und Werftenindustrie
- 1820: Kohle- und Eisenvorkommen begründen die Eisen- und Stahlindustrie um Pittsburgh
- ab 1823 Ausbau des Eisenbahnnetzes
- 1865: eine stürmische Industrialisierung setzt ein; im Nordosten der USA entsteht der „Manufacturing Belt", das Zentrum der Eisen- und Stahlindustrie sowie des Maschinenbaues, später auch der Auto- und Elektroindustrie
- 1869: Eröffnung der ersten transkontinentalen Eisenbahnstrecke
- 1880–1920: Verlagerung der Textilindustrie in die Südstaaten
- 1913: Henry Ford setzt das Fließband zur Massenproduktion von Autos ein
- ab 1960 erste programmierbare Werkzeugmaschinen
- seit 1960 Standortverlagerung von Elektroindustrie, Flugzeugbau und chemischer Industrie in den Westen und Süden der USA
- seit 1973 eine anhaltende Eisen- und Stahlkrise
- seit 1970/75 Herausbildung der Computer- und Software-Industrie im „Silicon-Valley" im Süden Kaliforniens

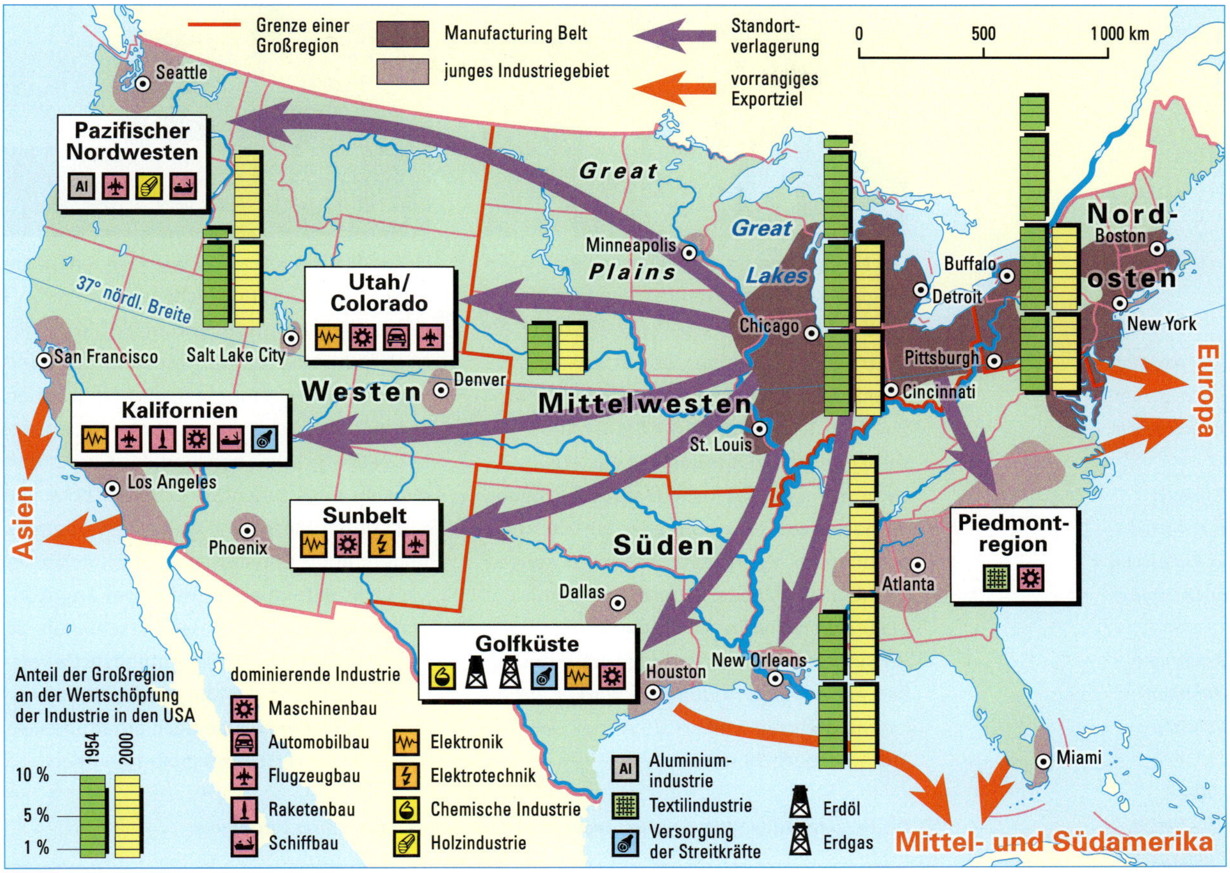

5 Wertschöpfung und Standortverlagerung der Industriegebiete in den USA

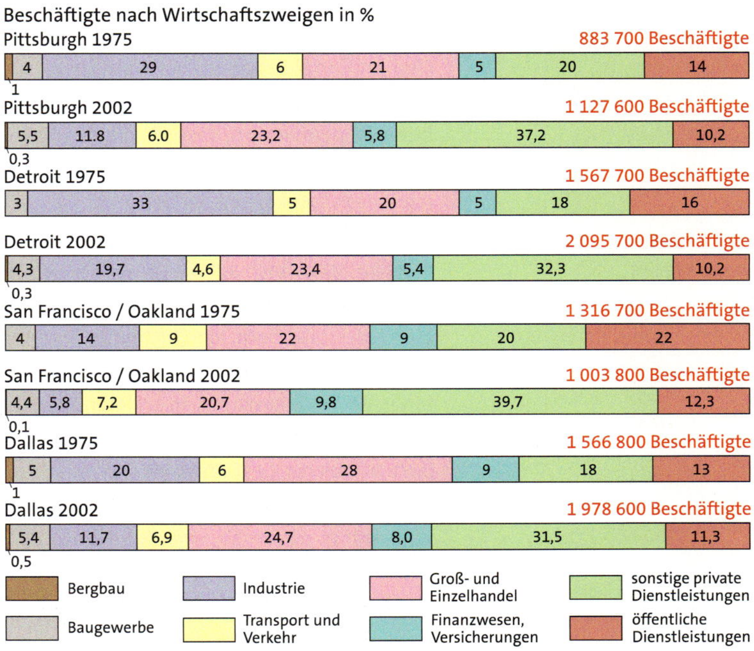

6 Entwicklung der Beschäftigten in ausgewählten Städten in den USA

1 *Erkläre, welche Räume und Zeiten der amerikanischen Industrie die beiden Bilder widerspiegeln.*

2 *Arbeite mit der Karte 5, Diagramm 6 und dem Atlas:*

a) Welche wirtschaftliche Bedeutung hat der Manufacturing Belt heute? Vergleiche mit anderen Industrieregionen der USA.

b) Erfasse die Veränderungen zwischen 1975 und 2000 anhand der Grafiken.

c) Was steckt wohl hinter der heute in den USA gebräuchlichen Bezeichnung „Rust Belt" für den Manufacturing Belt?

d) Überlege dir Gründe für die immense Wirtschaftskraft kleinerer Industrieregionen im Süden und Westen.

e) Setze die Daten aus den Diagrammen in eine Grafik um, die sich von den Darstellungen dieser Seite unterscheidet.

Von den über 6 Milliarden Menschen, die derzeit auf der Erde leben sind etwa
- *2 Mrd. Christen*
- *1,3 Mrd. Katholiken*
- *480 Mio. Protestanten*
- *200 Mio. Orthodoxe*

- *1,2 Mrd. Muslime*
- *1 Mrd. Sunniten*
- *180 Mio. Schiiten*

- *14 Mio. Juden*

- *1 Mrd. Hindus*

- *24 Mio. Sikhs*

- *400 Mio. Buddhisten*

- *200 Mio. Shintoisten, Taoisten*

- *130 Mio. Anhänger von Naturreligionen*

- *800 Mio. Religionslose*

Der **Hinduismus** ist die vielgestaltigste Weltreligion. Die Hindus verehren sowohl Naturgottheiten, wie das Wasser oder Steine, als auch eine Vielzahl von Göttern, etwa Vishnu oder Shiva, denen regelmäßig Opfer gebracht werden. Der Hinduismus ist eng mit der gesellschaftlichen Ordnung des Kastenwesens verbunden. Es gibt keine festgeschriebenen Verhaltensweisen, wohl aber ein alles umspannendes Weltgesetz. Aus dem ewigen Kreislauf der Wiedergeburten kann nur der ausbrechen und ins Nirwana gelangen, der im Sinne dieses Weltgesetzes ein gutes Leben geführt hat. Andernfalls wird er auf einer niedrigeren Stufe – als Armer oder als Tier – wiedergeboren.

Unter den monotheistischen Religionen, die nur an einen Gott und nicht an mehrere Götter glauben, ist das **Judentum** die älteste. Im Mittelpunkt dieser Religion steht der Bund Gottes mit den Menschen, die er erschaffen hat und die nach seinen Geboten leben sollen. Niedergeschrieben sind das Gesetz und die Lehre des Judentums in der Thora, die Gott durch Moses den Menschen übergab. Anders als die Christen sehen die Juden in Jesus nicht den im alten Testament angekündigten Messias, auf dessen Erscheinen sie weiterhin warten. Der bedeutendste Gebetsort der Juden ist die Klagemauer in Jerusalerm. Sie ist der einzige noch erhaltene Rest des 70 n.Chr. zerstörten großen Tempels.

1 ***Die bedeutendsten Weltreligionen angeordnet nach dem Zeitpunkt ihrer Entstehung***

Die Weltreligionen

Den großen Religionen der Welt – egal, ob sie an einen Gott oder an viele Götter glauben – ist gemeinsam, dass sie alle den Menschen eine Vorstellung von dem geben, was nach dem Tod kommt. Genau hierin unterscheiden sie sich von politischen Ideen, die stets ausschließlich auf die Veränderung des Diesseits ausgerichtet sind und sich nicht zum Jenseits äußern. In manchen Religionen werden die Guten im Paradies, die Schlechten in der Hölle erwartet, in anderen Religionen glauben die Menschen an die Wiedergeburt. In welcher Gestalt, ob als Tier, als armer oder reicher Mensch, man wieder geboren wird, hängt davon ab, wie man sein Leben in der Gesellschaft gelebt hat – ob nur zum eigenen Vorteil oder in Rücksicht auf andere Menschen. Deshalb haben Religionen sehr starken Einfluss auf die Unterscheidung von Gut und Böse und damit auf die Werte und Denkweisen der Menschen sowie die Regeln ihres Zusammenlebens, also die Gesetze. Zugleich prägen die Religionen mit ihren Ritualen, Traditionen, Bräuchen, Festen und Bauwerken die Kulturen im Jahresverlauf. Auch die Bestattung der Toten, ob sie wie im Islam begraben oder im Hinduismus verbrannt werden, ist von Religion zu Religion unterschiedlich. Selbst die Einstellung, die Menschen unterschiedlicher Kulturen zur Arbeit haben, ist von der Religion mitgeprägt.

1 *Erstelle eine Tabelle mit den wichtigsten Informationen zu den Weltreligionen.*

2 *Karte 2: Informiere dich über die religiösen Zentren. Beachte dazu den Surftipp.*

Die **Buddhisten** glauben nicht an einen Gott. Ihre Religion kennt auch keinen Erlöser. Für sie steht vielmehr die Überzeugung im Vordergrund, dass die Menschen in sich selbst die Kraft finden müssen, um den richtigen Weg im Leben zu finden, den Kreislauf der Wiedergeburt zu durchbrechen und ins Nirwana eingehen zu können, so wie vor 2500 Jahren ihr großes Vorbild, der Fürstensohn Siddharta. Uneinigkeit besteht dahingehend, dass die einen meinen, dass jeder Mensch diesen Weg für sich selbst finden muss und andere meinen, dass bereits Erleuchtete anderen auf diesem Weg helfen dürfen.

Das **Christentum** entstand aus dem Judentum. Im Mittelpunkt der christlichen Lehre steht der Glaube an Jesus Christus, den menschgewordenen Sohn Gottes. Dessen gelebte und gepredigte Nächstenliebe ist die wichtigste Botschaft und Grundüberzeugung, für die Christus für alle Menschen am Kreuz gestorben ist. Das Alte und das Neue Testament, die in der Bibel zusammengefasst sind, geben in Gleichnissen und Erzählungen den Gläubigen Orientierung. Die Uneinigkeit darüber, wer den Menschen Vergebung gewähren kann, führte in der Reformation zur Spaltung in Katholiken und Protestanten.

Das arabischen Wort **Islam** bedeutet Hingebung an Gott. Im Sinne dieser vom Propheten Mohammed im Jahr 622 n.Chr. gelehrten Religion führt der ein gottgefälliges Leben, der die fünf Grundregeln des Islam beherzigt (s.S. 260) und sein Leben nach den im heiligen Buch des Islam, dem Koran, genannten Vorgaben lebt. Daher wirkt der Islam stark auf das Zusammenleben der Menschen, vor allem auf die Rechtssprechung. Die verschiedene Auffassung, wer nach dem Tod Mohammeds die islamische Glaubensgemeinschaft, die Umma, anführen sollte, führte zur Spaltung in Sunniten und Schiiten.

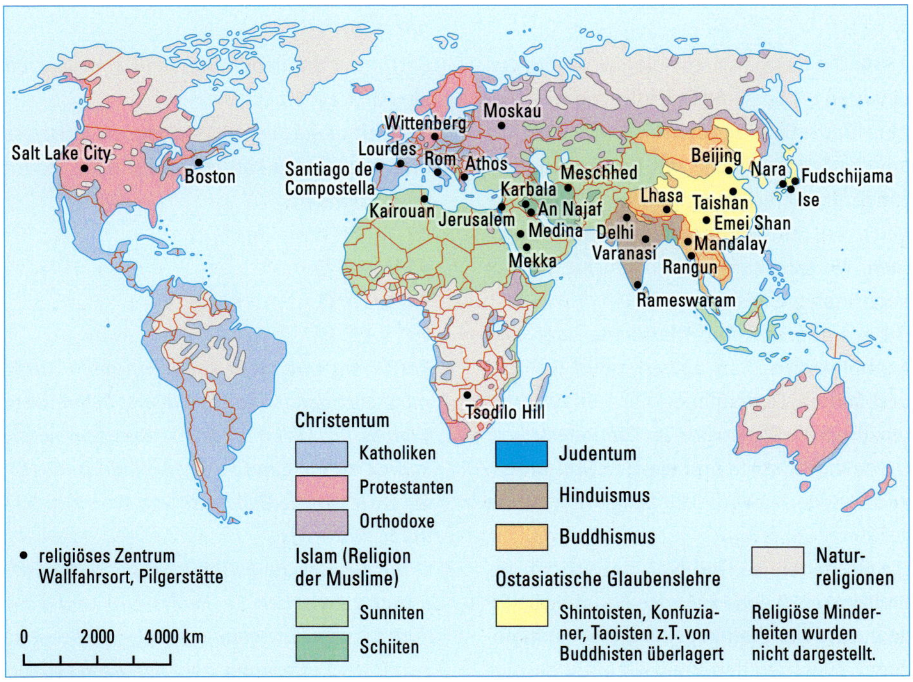

❷ ***Die Verbreitung der wichtigsten Religionen***

Surftipp

www.schaetze-der-Welt.de

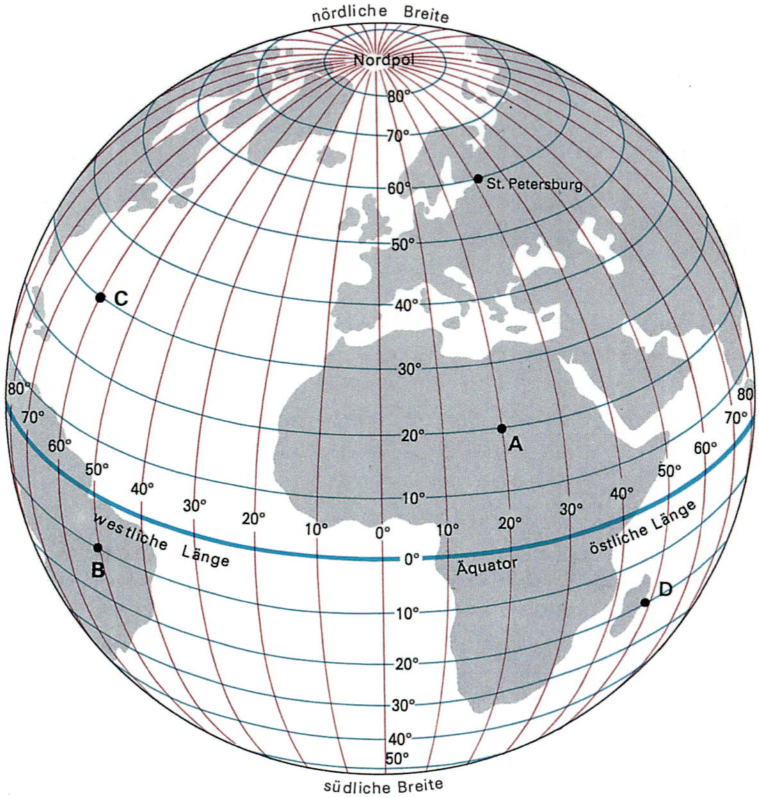

❶ ***Das Gradnetz: blau = Breitenkreise, rot = Längenhalbkreise (Meridiane)***

Das Gradnetz

1884: Die europäischen Kolonialmächte vereinbaren zur besseren Orientierung ein Gradnetz für die Erde. Seitdem lässt sich jeder Ort auf der Erdoberfläche mit der Angabe von Längenhalbkreis (umgangssprachlich Längenkreis) und Breitenkreis genau bestimmen. Wir sprechen von den geographischen Koordinaten eines Ortes.

Die rot gezeichneten Meridiane oder Längenhalbkreise (Abb. 1) verbinden Nordpol und Südpol. Der Nullmeridian verläuft mitten durch die Sternwarte im Londoner Vorort Greenwich. Östlich und westlich von Greenwich werden jeweils 180 Längenhalbkreise gezählt.

Die Breitenkreise sind blau gezeichnet. Als Breitenkreis 0 Grad teilt der Äquator die Erde in eine Nordhalbkugel und eine Südhalbkugel. Zwischen den Breitenkreisen beträgt der Abstand 111 km.

1 *St. Petersburg liegt auf 60 Grad nördlicher Breite und 30 Grad östlicher Länge, kurz: 60° N, 30° O.*
Bestimme die geographischen Koordinaten der Punkte A bis D.

2 *Nur mit den Koordinatenangaben müsstest du herausfinden können, um welche Städte es sich handelt:*
43° N, 88° W
43° N, 12° O
34° S, 18° O
23° S, 43° W

3 *Bestimme mit einer topografischen Karte möglichst genau die Lage deines Schul- oder Wohnortes. Wenn du ganz exakt sein willst, kannst du ein Grad in 60 Minuten unterteilen (z. B. für die Ortsmitte von Baltrum: 53° 40' N, 7° 20' O).*

4 *Ohne zusätzliche Hilfen kannst du die Entfernung zwischen St. Petersburg und dem Punkt A ziemlich genau angeben. Wie sieht es mit der Entfernung zwischen den Punkten C und D aus?*

Der Topografie-Tipp

Arbeit mit dem Atlas bedeutet nicht einfach das Auswendiglernen der Namen von Ländern, Städten, Flüssen oder Gebirgen. Viel wichtiger ist es, erst einmal einen Überblick zu haben. Er gibt den Rahmen für die topografischen Einzelheiten.

Also zuerst: Welche Form und Größe haben die einzelnen Erdteile? Welche Lage haben sie zueinander? Und wie gliedern sie sich?

Die Karte (2) gibt dir einige Tipps. Dabei zeigt sich, dass die Breitenkreise wichtige Merkhilfen sind. Das gilt vor allem für den Äquator:

- Afrika zum Beispiel wird fast genau mittig vom Äquator geteilt. Südamerika „hängt“ im Norden am Äquator und reicht weit auf der Südhalbkugel nach Süden. Indien liegt als Ganzes nördlich des Äquators und durch die großen Inseln Südostasiens verläuft er mitten hindurch.
- Wo Afrika im Süden zu Ende ist, da liegt in Südamerika ...

Aber diese Beobachtungen kannst du jetzt selbst fortsetzen.

Die Faustskizze

Bei der Faustskizze geht es darum, vor allem die Gestalt der Länder und Kontinente stark vereinfacht nachzuzeichnen. Die Zeichnung darf dann nur noch aus wenigen Strichen bestehen. Dadurch wird das Typische an der Gestalt eines Kontinents betont und gleichzeitig erhalten. Genau das ist es, was man später wiedererkennen und sich deshalb gut einprägen soll.

Lege ein Transparentpapier auf eine Weltkarte und mache selbst deine Versuche.

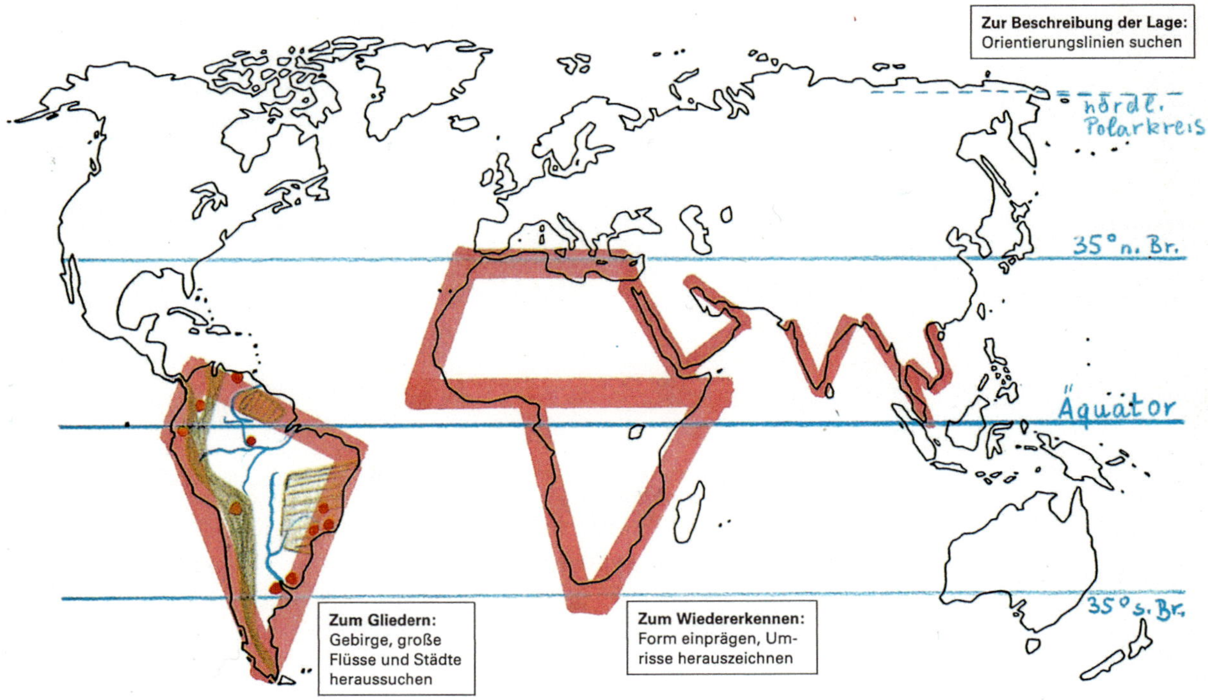

2

1 *Savannenlandschaft in Kenia*

Was ist wo und heißt wie?

In Afrika

1 *Die folgenden Städte findest du in der Karte: Kairo, Johannesburg, Lagos, Jaunde ... Arbeite mit dem Atlas und ordne den Zahlen die richtigen Namen zu: 1 = ...*

2 *Die großen Buchstaben bezeichnen Staaten. Schreibe auf: A = ...*

3 *Flüsse und Seen tragen kleine blaue Buchstaben. Notiere: a = ...*

4 *Für Gebirge und hohe Berge stehen die Zahlen im schwarzen Kreis. Schreibe auf: 1 = ...*

5 ***Von Arabien bis Südostasien***

a) Welche Staaten liegen zwischen dem Mittelmeer und Indien?

b) Benenne die Staaten auf der Arabischen Halbinsel.

6 *Zu welchen Staaten gehören folgende Inseln bzw. Inselgruppen: Sumatra, Kalimantan, Molukken, Neuguinea, Ceylon, Malediven?*

7 *Welche Staaten durchfließen Indus und Ganges?*

8 *Der Mekong entspringt im höchsten Gebirge der Erde. Wie heißt es?*

2 **Die längsten Flüsse**

Nil/Kagera	6 671 km
Kongo	4 374 km
Niger	4 184 km
Sambesi	2 736 km

Die größten Städte (2003) in Mio. Einw.

	Stadtgebiet	Ballungsgebiet
Kairo	6,8	15,0
Kinshasa	4,7	8,8
Alexandria	3,3	3,7
Lagos	1,5	13,4

Die bevölkerungsreichsten Staaten (2003)

Nigeria	124,0
Ägypten	71,9
Äthiopien	70,7
Dem. Republik Kongo	52,8

3 **Die längsten Flüsse**

Mekong	4 148 km
Euphrat	2 931 km
Indus	2 897 km
Ganges	2 511 km

Die größten Städte (2003) in Mio. Einw.

	Stadtgebiet	Ballungsgebiet
Mumbai	9,9	15,7
Jakarta	9,3	9,3
Delhi	7,2	10,3
Kolkata	4,4	10,1

Die bevölkerungsreichsten Staaten (2003)

Indien	1065,5
Indonesien	219,9
Pakistan	153,6
Bangladesh	146,7

In Australien und Neuseeland

9 *Nördlich von Australien liegt eine große Insel.*
a) Wie heißt sie?
b) Ein Teil der Insel ist ein selbstständiger Staat. Welcher Teil ist es? Wie heißt der Staat?
c) Zu welchem Staat gehört der andere Teil?

10 *Fünf Städte in Australien sind in der Karte eingetragen: Brisbane, Perth, Melbourne, Canberra, Sydney. Schreibe auf: 29 = ...*

11 *Die Hauptstadt von Australien und von Neuseeland: Notiere jeweils Nummer und Name.*

12 *Flüsse gibt es nur im Osten und Südosten Australiens. Nenne den längsten Fluss.*

13 *Australien grenzt an zwei Ozeane. Welche sind es?*

5 ***Himalayagebirge in Nepal – Blick zum Annapurna***

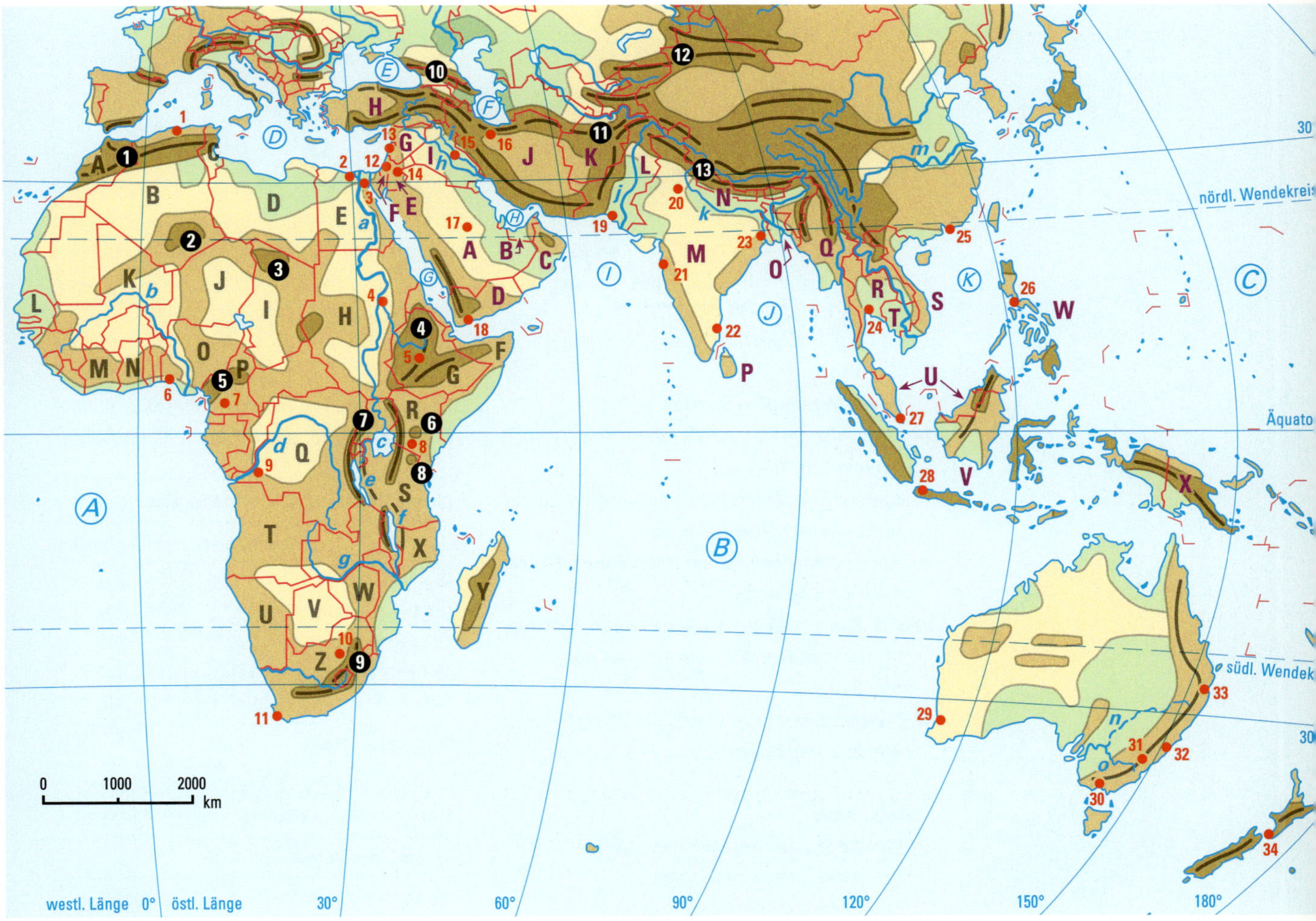

4

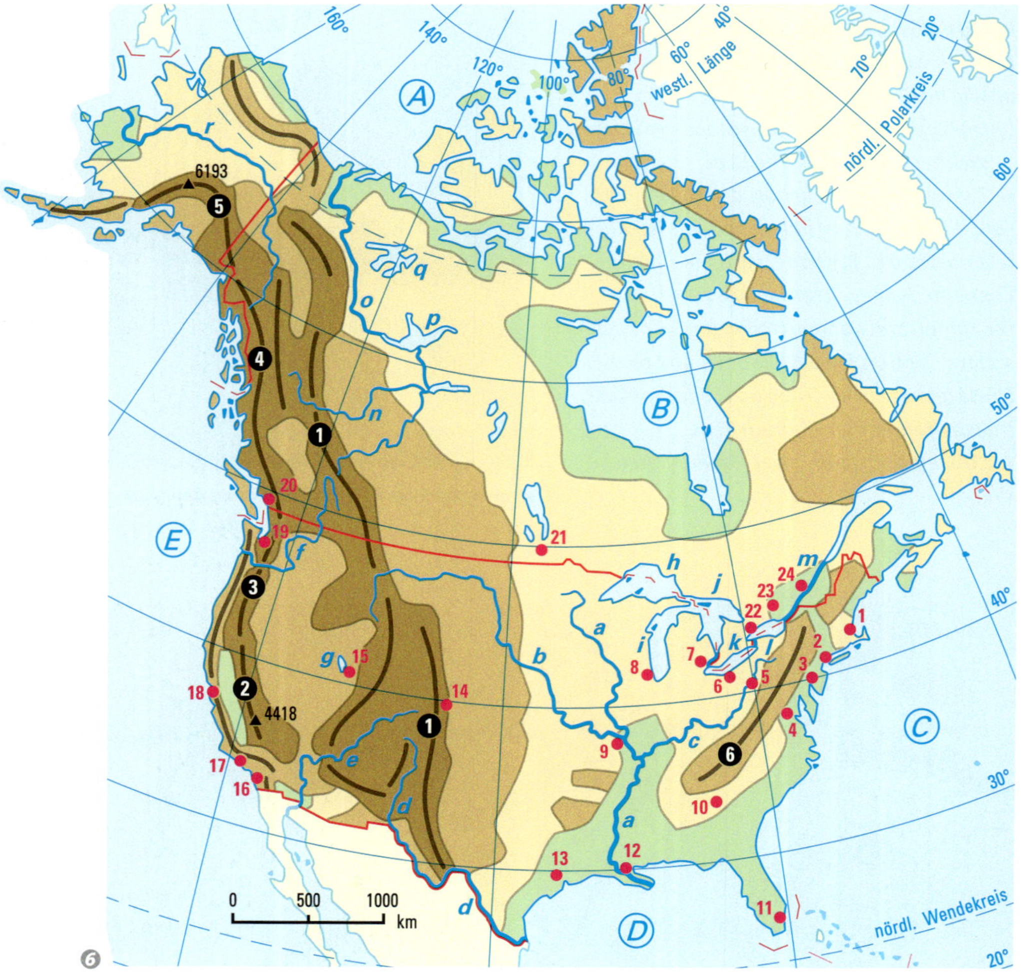

6

In den Vereinigten Staaten

14 *Ordne die großen Städte ihrer Nummer nach in einer Tabelle: 1 = ...*

15 *a) In welches Meer fließen die größten Flüsse?*
b) Nenne ihre Namen: a = ...

16 *An welchen Seen haben sowohl die USA wie auch Kanada Anteil?*

17 *Die Zahlen ❶ bis ❻ bezeichnen Gebirge. Nenne ihre Namen und den jeweils höchsten Berg.*

18 *Welches Gebirge verbindet die USA mit ihrem Bundesstaat Alaska?*

In Kanada

19 *Welche Städte sind Millionenstädte? Vergleiche mit deinem Atlas.*

20 *Nenne die größten Flüsse und Seen.*

21 *Nenne große Inseln und Meeresteile, die auf dem 50., 60., 70. und 80. Breitenkreis liegen.*

7 **Die größten Städte (2003) in Mio. Einw.**

	Stadtgebiet	Ballungsgebiet
New York (USA)	7,4	18,9
Los Angeles (USA)	3,6	14,5
Chicago (USA)	2,8	9,5
Montreal (K)	1,0	3,4
Toronto (K)	0,6	4,7

Die längsten Flüsse

Mississippi/Missouri (USA)	6420 km
Mackenzie/Peace River (K)	4241 km

Die höchsten Berge

Mt. McKinley (USA)	6193 m
Mt. Whitney (USA)	4421 m

In Mittel- und Südamerika

22 *Schreibe für Mittelamerika in eine Tabelle*
a) die Staaten: A = ...
b) die Hauptstädte: 1 = ...

23 *Staaten in Südamerika. Ordne zu: M = ...*

8

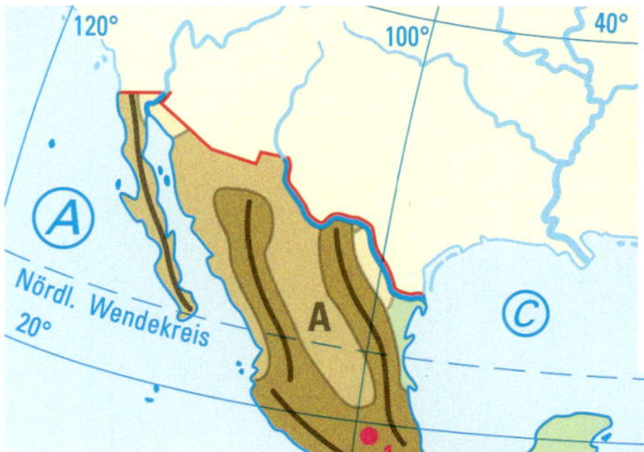

24 *Hauptstädte Südamerikas:*
a) Schreibe die Namen auf: 4 = ...
b) Nenne die Hauptstädte, die in den Anden liegen.
c) Bei manchen Hauptstädten liegt in kurzer Entfernung eine Hafenstadt. Nenne solche Städtepaare (Atlas).

25 *Die großen Flüsse Südamerikas münden alle in den Atlantischen Ozean. Welche sind es? a = ...*

26 *In der Karibik gibt es viele kleine Inseln. Zu welchen Inselgruppen gehören sie?*

27 *Welcher südamerikanische Staat ist 4 000 km lang, aber höchstens 200 km breit?*

9 **Die längsten Flüsse**

Amazonas	6 237 km
Paraná	4 264 km
Sao Francisco	3 199 km

Die größten Städte (2003) in Mio. Einw.

	Stadtgebiet	Ballungsgebiet
Mexico-City	11,7	16,9
Sao Paulo	10,5	16,8
Rio de Janeiro	5,9	11,9
Buenos Aires	2,8	10,5

Die bevölkerungsreichsten Staaten (2003)

Brasilien	178,5 Mio. Einw.
Mexiko	103,5 Mio. Einw.
Kolumbien	44,2 Mio. Einw.
Argentinien	38,4 Mio. Einw.

10 ***Dorf auf dem Altiplano, Bolivien***

⑪

In Russland und Nachbarstaaten

28 *Die großen Städte sind in der Karte mit roten Zahlen bezeichnet. Ordne die richtigen Namen zu: 1 = ...*

29 *Flüsse und Seen tragen kleine blaue Buchstaben. Notiere:*

a) die Flüsse, die in Binnenmeere und Seen münden,

b) die im Norden ins Meer münden.

c) Benenne die großen Seen.

30 *Für Gebirge und Bergländer stehen die Zahlen im schwarzen Kreis.*

Schreibe auf: ❶ *= ...*

31 *Liste die Staaten mithilfe des Atlas in einer Tabelle auf und notiere auch die jeweilige Hauptstadt.*

⑫ **Die größten Städte (2003) in Mio. Einw.**

	Stadtgebiet
Moskau	8,4
St. Petersburg	4,7
Kiew	2,6
Taschkent	2,2

Die längsten Flüsse

Ob	4345 km
Lena	4313 km
Jenissei	4102 km
Wolga	3531 km

Die höchsten Berge

Pik Kommunismus	7495 m
Pik Pobeda	7439 m
Elbrus	5633 m

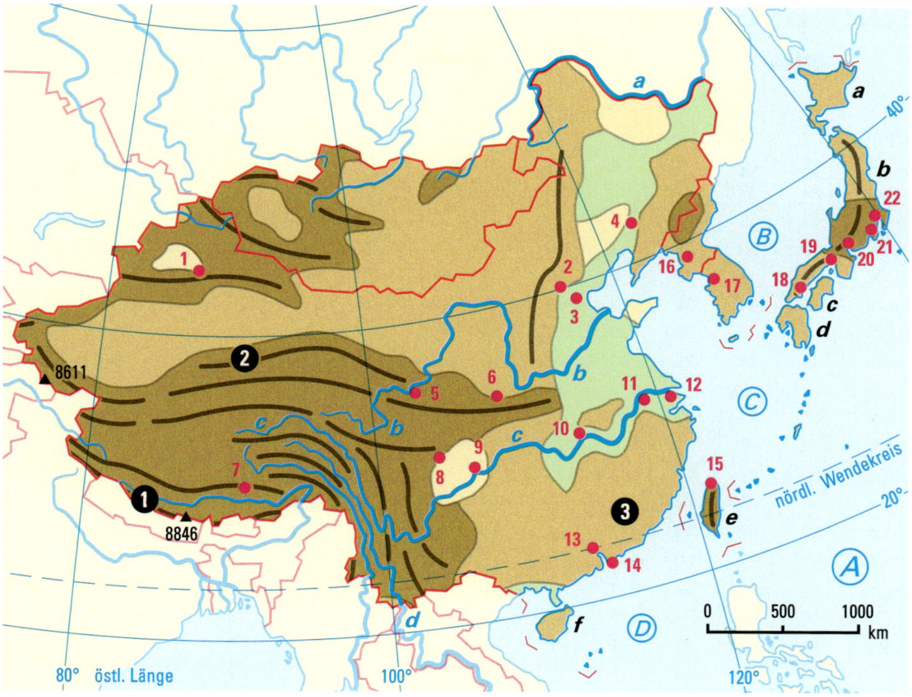

13

Das „andere" China: Taiwan oder „Republik China"

Nach ihrer Niederlage 1949 im Bürgerkrieg gegen die Kommunisten unter Mao Zedong floh die damalige chinesische Regierung vom Festland auf die Insel Formosa und rief hier einen eigenen chinesischen Staat – die „Republik China" bzw. Taiwan – aus.

In der Volksrepublik China

32 *Beijing, Shanghai, Wuhan, ...*
Arbeite mit dem Atlas und ordne den Zahlen die richtigen Namen zu: 1 = ...

33 *Die Zahl ❶ bezeichnet das Gebirge mit dem höchsten Berg der Welt. Nenne Gebirge und Berg.*

34 *Nenne die Flüsse: a = ...*

14 **Die größten Städte (2003) in Mio. Einw.**

	Stadtgebiet
Shanghai	15,0
Beijing	11,1
Tianjin	9,2
Wuhan	7,5
Guangzhou	7,0
Shenyang	6,9

Die längsten Flüsse

Chang Jiang	5 526 km
Huang He	4 667 km
Amur	4 416 km

In Japan

35 *Japan ist ein Inselstaat. Wie heißen die größten Inseln? a = ...*

36 *Fast alle großen Städte liegen an der pazifischen Küste. Schreibe die Namen dieser Städte auf: 18 = ...*

15 **Die größten Städte (2003) in Mio. Einw.**

Tokyo	8,1
Yokohama	3,5
Osaka	2,5
Nagoya	2,1
Sapporo	1,8
Kobe	1,5
Kyoto	1,4

Der höchste Berg

Fudschijama	3 776 km

In anderen Ländern Ostasiens

37 *Korea ist ein geteiltes Land. Nenne die Hauptstädte von Nordkorea und Südkorea.*

38 *Die Insel mit dem Staat Taiwan hat auch einen anderen Namen (Atlas).*

39 *Nenne die Hauptstadt Taiwans.*

Klimastationen

		J	F	M	A	M	J	J	A	S	O	N	D	Jahr
Mitteleuropa														
Aachen, 204 m	°C	2	3	5	8	13	15	17	16	14	10	5	3	9
	mm	68	58	61	61	60	75	91	78	70	75	65	78	840
Berlin, 57 m	°C	–1	0	3	8	13	16	18	17	14	8	4	1	8
	mm	49	33	37	42	49	59	80	57	48	43	42	42	581
Breslau (Wroclaw), 120 m	°C	–2	–1	3	8	13	16	18	17	14	9	4	0	8
	mm	38	29	38	43	60	62	87	68	46	44	39	38	592
Clausthal-Zellerfeld, 585 m	°C	–2	–2	1	5	10	13	14	14	11	6	2	–1	6
	mm	138	107	102	93	86	98	138	129	104	114	106	134	1349
Essen, 154 m	°C	2	3	5	9	13	16	17	17	14	11	6	3	10
	mm	81	56	75	68	74	96	89	77	73	70	81	90	930
Frankfurt am Main, 103 m	°C	1	2	5	9	14	17	19	18	14	9	5	2	10
	mm	45	35	39	47	60	66	75	71	52	47	43	49	629
Garmisch-Partenkirchen 715 m	°C	–3	–1	3	7	11	14	15	15	12	7	2	–2	7
	mm	76	55	78	99	123	176	185	162	123	76	63	80	1296
Hamburg, 500 m	°C	0	1	4	8	12	15	17	16	14	9	4	2	9
	mm	59	48	49	52	54	66	85	87	61	65	53	61	740
Kahler Asten, 841 m	°C	–3	–3	0	4	9	12	13	13	10	6	1	–2	5
	mm	148	128	94	112	90	111	131	135	108	128	132	137	1454
Köln, 56 m	°C	0	2	4	7	13	15	18	17	14	9	4	1	9
	mm	44	42	45	61	82	96	70	79	57	45	55	48	724
Magdeburg, 58 m	°C	0	1	4	8	14	17	18	17	14	9	4	1	9
	mm	29	31	38	31	45	51	67	48	43	42	33	34	492
München, 529 m	°C	–2	–1	3	7	12	15	17	16	13	7	3	–1	7
	mm	51	38	50	77	93	117	128	102	89	57	47	55	904
Münster, 65 m	°C	1	2	5	8	13	16	17	16	14	9	5	2	6
	mm	66	49	57	52	56	69	84	79	64	68	60	73	777
Zugspitze, 2962 m	°C	–11	–11	–10	–7	–3	0	2	2	0	–4	–7	–10	–5
	mm	115	112	136	195	234	317	344	310	242	135	111	139	2390
Südeuropa														
Athen, 105 m	°C	9	10	11	15	19	23	27	26	23	19	14	11	17
Griechenland (Küste)	mm	54	46	33	23	20	14	8	14	18	36	79	64	406
Lissabon, 96 m	°C	10	11	13	14	17	19	21	22	20	17	14	11	16
Portugal (Westküste)	mm	86	83	86	78	45	14	4	6	33	61	92	110	698
Madrid, 667 m	°C	5	6	9	11	16	20	23	24	19	13	8	5	13
Zentralspanien	mm	25	46	37	35	40	34	7	5	35	46	57	43	410
Málaga, 34 m	°C	13	13	15	16	19	23	25	26	24	20	16	13	19
Spanien (Süden)	mm	59	49	62	46	25	6	1	3	28	62	63	66	470
Marseille, 75 m	°C	6	7	9	13	16	20	22	22	19	15	10	7	14
Frankreich (Rhône-Delta)	mm	45	33	41	49	43	29	16	27	52	89	71	53	548
Rom, 46 m	°C	7	8	11	14	18	23	26	26	22	18	13	9	16
Italien	mm	74	87	79	62	57	38	6	23	66	123	121	92	828
Valencia, 59 m	°C	10	12	13	15	18	21	25	26	22	19	14	10	17
Spanien (Ostküste)	mm	34	31	39	39	43	21	12	9	76	84	50	48	486
Nordeuropa, Westeuropa														
Bergen, 21 m	°C	1	1	2	6	9	13	14	14	11	7	4	2	7
Norwegen (Westküste)	mm	224	181	155	112	118	106	142	195	237	233	220	221	2144
Helsinki, 12 m	°C	–6	–6	–3	2	8	13	17	15	10	6	1	–4	4
Finnland (Südküste)	mm	53	51	43	40	47	49	62	82	73	66	69	61	696
London, 36 m	°C	3	4	6	9	12	16	17	17	14	10	6	4	10
Großbritannien	mm	50	37	38	40	48	52	62	58	55	70	56	48	614
Luleå, 6 m	°C	–10	–10	–6	0	7	12	16	14	9	3	–3	–6	2
Schweden (Norrbotten)	mm	37	25	23	28	30	47	50	68	69	48	48	44	517

		J	F	M	A	M	J	J	A	S	O	N	D	Jahr
Narvik, 32 m	°C	−4	−4	−3	1	6	10	14	13	9	4	0	−2	4
Norwegen (Nordküste)	mm	55	49	60	44	43	65	59	84	97	86	58	58	758
Paris, 50 m	°C	2	4	6	10	13	17	18	18	15	10	6	3	10
Frankreich	mm	35	36	39	41	49	56	50	48	49	58	47	44	552
Reykjavik, 5 m	°C	−1	−1	−1	2	6	9	11	10	8	4	1	−1	4
Island (Südwestküste)	mm	98	84	69	62	48	49	48	51	90	87	95	89	870
Shannon, 2 m	°C	5	6	7	9	12	14	16	16	14	11	8	6	10
Irland (Westküste)	mm	94	67	56	53	61	57	77	79	86	86	96	117	929
Stockholm, 44 m	°C	−3	−3	−1	3	9	14	17	15	12	6	2	−2	6
Schweden (Ostseeküste)	mm	36	33	33	38	38	43	61	74	48	46	48	48	546
Osteuropa														
Archangelsk, 4 m	°C	−13	−12	−8	−1	6	12	16	13	8	1	−5	−10	−1
Russland (Weißes Meer)	mm	33	28	28	28	39	59	63	57	66	55	44	39	539
Kiew, 180 m	°C	−6	−5	−1	7	14	18	20	18	14	8	1	−4	7
Ukraine (mittlerer Dnjepr)	mm	30	29	42	44	50	73	81	56	44	47	40	36	572
Moskau, 144 m	°C	−10	−8	−4	4	13	16	19	17	11	4	−2	−7	4
Russland (obere Wolga)	mm	28	23	31	38	48	51	71	74	56	36	41	38	535
St. Petersburg, 10 m	°C	−9	−8	−5	2	9	15	18	16	11	5	−2	−7	4
Russland (Ostseeküste)	mm	27	25	22	30	41	54	59	82	60	46	35	32	513
Warschau, 121 m	°C	−3	−3	1	7	13	17	19	18	13	8	2	−3	7
Polen (mittlere Weichsel)	mm	35	23	20	40	39	57	57	74	56	38	36	35	510
Asien														
Delhi, 216 m	°C	15	18	23	29	33	35	31	30	30	26	20	16	26
Indien (Ganges-Ebene)	mm	33	12	23	7	8	32	209	204	114	71	3	3	719
Jakarta, 8 m	°C	25	25	26	26	26	26	26	26	26	26	26	26	26
Indonesien (Java)	mm	270	241	175	131	139	105	72	65	146	169	183	185	1881
Hongkong, 33 m	°C	16	15	17	21	25	27	28	28	27	24	21	17	22
China (Südküste)	mm	33	46	69	135	305	401	356	371	246	130	43	28	2163
Irkutsk, 459 m	°C	−21	−18	−9	1	8	14	18	15	8	1	−11	−18	−1
Russland (Baikalsee)	mm	13	10	8	15	33	56	79	71	43	18	15	15	376
Jakutsk, 100 m	°C	−43	−37	−23	−9	5	15	19	15	6	−9	−30	−40	−11
Russland (Ostsibirien)	mm	6	5	3	6	13	27	34	42	23	12	10	7	188
Jerusalem, 745 m	°C	8	9	13	16	21	23	24	24	23	21	17	11	18
Israel	mm	104	135	28	25	3	0	0	0	0	5	30	74	404
Kalkutta, 10 m	°C	20	23	27	31	31	30	29	29	29	28	24	20	27
Indien (Ganges-Delta)	mm	11	12	22	35	82	250	322	288	304	132	16	3	1477
Peking, 38 m	°C	−4	−2	6	13	21	24	27	25	21	13	4	−2	12
China	mm	3	5	5	15	38	36	211	155	64	18	8	3	561
Shanghai, 7 m	°C	3	4	8	13	19	23	27	27	23	17	12	6	15
China (Jangtse-Mündung)	mm	48	58	84	94	94	180	147	142	130	71	51	36	1135
Tokyo, 6 m	°C	4	4	7	13	17	20	24	26	22	16	11	6	14
Japan	mm	56	66	112	132	152	163	140	163	226	191	104	56	1561
Werchojansk, 99 m,	°C	−50	−45	−30	−13	2	12	15	11	2	−14	−37	−47	−16
Russland (Ostsibirien)	mm	4	3	3	4	7	22	27	26	13	8	7	4	128
Wladiwostok, 138 m	°C	−15	−11	−4	4	9	13	18	20	16	9	−1	−11	4
Russland	mm	10	13	20	44	69	88	101	145	126	57	31	17	721
Antarktis														
Mac Murdo, 45 m	°C	−3	−9	−18	−23	−23	−25	−27	−29	−23	−20	−10	−4	−18
US-Station (Küste)	mm	11	4	6	6	13	5	5	11	12	8	6	7	94
Südpol, 2 800 m	°C	−29	−40	−54	−59	−57	−57	−59	−59	−59	−51	−39	−28	−49
US-Station	mm	keine Angaben												

Australien		J	F	M	A	M	J	J	A	S	O	N	D	Jahr
Darwin, 31 m	°C	29	28	29	29	28	26	25	26	28	29	30	29	28
Nordküste	mm	389	343	244	104	15	3	3	3	13	51	119	249	1536
Perth, 59 m	°C	23	23	22	19	16	14	13	13	14	16	19	22	18
Südwestküste	mm	8	10	20	43	130	180	170	143	86	56	20	15	881
Sydney, 44 m	°C	22	22	21	18	15	13	12	13	15	18	19	21	17
Südostküste	mm	90	114	122	140	127	121	118	73	71	70	71	70	1187
Nördliches Afrika														
Addis Abeba, 2450 m	°C	14	16	17	17	17	16	14	14	15	14	14	13	15
Äthiopien	mm	13	38	66	86	86	135	279	300	191	20	15	5	1234
Algier, 59 m	°C	12	13	15	16	20	23	26	27	25	21	17	14	19
Algerien (Nordküste)	mm	110	83	74	41	46	17	2	4	42	80	128	135	762
Al Kufrah, 381 m	°C	12	15	19	23	28	30	30	31	28	25	19	14	23
Libyen	mm	0	1	0	0	0	0	0	1	0	0	0	0	2
Bilma, 355 m	°C	17	19	24	29	32	33	33	33	31	27	23	18	27
Niger (Sahara)	mm	0	0	0	0	1	1	3	10	5	2	0	0	22
Enugu, 233 m	°C	26	28	29	28	27	26	26	26	26	26	27	26	27
Nigeria	mm	19	15	81	209	195	166	182	190	182	246	53	23	1561
In Salah, 273 m	°C	13	15	20	24	30	34	37	36	33	27	20	14	25
Algerien (Sahara)	mm	3	2	0	0	0	0	0	0	1	0	4	3	13
Kairo, 33 m	°C	12	13	16	20	24	27	27	27	25	22	18	14	20
Ägypten (Nil-Delta)	mm	5	5	5	3	3	0	0	0	0	3	3	5	32
Lagos, 2 m	°C	27	29	29	28	28	27	26	26	26	27	28	28	27
Nigeria (Südküste)	mm	28	41	106	145	268	443	273	63	128	193	75	30	1793
Niamey, 223 m	°C	25	27	31	34	33	31	28	27	28	30	28	25	29
Niger (Sahel)	mm	0	0	3	6	38	71	139	201	94	14	1	0	567
Ouagadougou, 316 m	°C	25	28	31	33	31	29	27	26	27	29	28	26	28
Burkina Faso	mm	0	3	8	19	84	118	193	265	153	37	2	0	882
Tripolis, 22 m	°C	12	13	15	18	20	23	26	26	26	23	19	14	20
Libyen (Mittelmeerküste)	mm	81	46	28	10	5	3	0	0	10	41	66	94	384
Zinder, 506 m	°C	22	25	29	33	34	32	28	27	29	31	27	24	28
Niger (Sahel)	mm	0	0	0	3	27	55	153	232	71	7	0	0	548
Südliches Afrika														
Daressalam, 14 m,	°C	27	28	27	27	26	24	24	24	24	24	26	27	26
Tansania (Küstentiefland)	mm	71	81	142	300	188	28	28	28	36	58	69	79	1108
Durban, 15 m	°C	24	24	24	22	20	18	17	18	19	21	22	23	21
Südafrika (Ostküste)	mm	117	135	152	91	66	46	43	46	71	130	119	132	1148
Harare, 1492 m	°C	21	21	20	19	16	14	14	15	19	22	22	21	19
Simbabwe	mm	184	194	120	26	14	4	1	2	8	29	92	148	822
Johannesburg, 1753 m	°C	20	20	19	16	13	10	10	13	16	18	19	20	16
Südafrika	mm	137	112	99	40	23	6	11	10	23	64	117	127	769
Kapstadt, 12 m	°C	22	22	21	18	16	14	13	13	14	17	19	21	18
Südafrika	mm	18	15	23	48	94	112	91	84	58	41	28	20	632
Kinshasa, 320 m	°C	26	26	27	27	26	24	23	23	25	26	26	26	25
D. R. Kongo	mm	135	146	196	196	157	8	3	3	30	119	221	142	1356
Kisangani, 460 m	°C	26	26	26	26	26	25	25	25	25	25	25	25	25
D. R. Kongo	mm	95	115	152	181	167	115	100	186	174	228	177	114	1804
Lubumbashi, 1274 m	°C	22	22	22	21	19	16	16	18	21	24	23	22	21
D. R. Kongo	mm	247	239	206	51	4	0	0	0	2	26	172	257	1204
Nairobi, 1820 m	°C	18	19	19	19	18	17	16	16	17	18	18	18	18
Kenia	mm	37	62	120	210	160	40	18	24	30	58	110	85	954
Tabora, 1265 m	°C	22	22	22	22	22	21	21	22	23	25	24	22	22
Tansania (Mitte)	mm	125	130	170	130	60	3	0	1	8	15	110	170	922
Walfischbai, 7 m	°C	19	19	19	18	17	16	14	14	14	15	17	18	17
Namibia	mm	0	0	3	3	0	0	0	0	0	0	0	0	6

Nordamerika		J	F	M	A	M	J	J	A	S	O	N	D	Jahr
Barrow, 13 m	°C	–27	–28	–26	–19	–6	2	4	4	–1	–9	–18	–24	–12
USA (Alaska)	mm	8	5	5	8	8	8	28	20	13	20	10	10	143
Churchill, 11 m	°C	–29	–27	–19	–8	–1	7	12	11	5	–3	–14	–24	–8
Kanada (Hudsonbay)	mm	15	27	28	26	24	51	45	62	67	32	30	21	428
Edmonton, 658 m	°C	–14	–11	–5	4	11	14	16	15	10	5	–4	–10	3
Kanada (Alberta)	mm	21	18	19	23	43	80	82	60	34	18	18	19	435
Eismitte, 3 012 m	°C	–42	–47	–39	–31	–20	–15	–11	–18	–22	–36	–43	–39	–30
Grönland	mm													
Fairbanks, 152 m	°C	–25	–18	–12	–2	8	15	16	13	6	–3	–16	–22	–3
USA (Alaska)	mm	19	12	21	7	14	36	47	42	40	19	17	17	291
Inuvik, 15 m	°C	–29	–28	–23	–13	–1	9	14	10	3	–7	–20	–27	–9
Kanada	mm	14	11	10	12	9	19	32	33	27	27	19	13	226
Los Angeles, 103 m	°C	12	13	14	15	17	19	21	21	20	18	16	13	17
USA (Kalifornien)	mm	78	84	70	26	11	2	0	1	4	17	30	66	389
Miami, 2 m	°C	20	20	22	23	25	27	28	28	27	26	23	21	24
USA (Florida)	mm	64	48	58	86	180	188	135	163	226	229	84	43	1 504
New York, 96 m	°C	–1	–1	3	9	16	20	23	23	19	13	7	2	11
USA (Ostküste)	mm	91	105	90	83	81	86	106	108	87	88	76	90	1 091
New Orleans, 16 m	°C	12	14	17	20	24	27	27	27	26	21	16	13	20
USA (Mississippi-Delta)	mm	108	116	118	135	115	151	159	144	130	82	81	120	1 459
St. Louis, 173 m	°C	–1	1	6	13	19	24	26	25	21	14	7	1	13
USA (mittl. Mississippi)	mm	94	86	93	95	92	98	77	76	74	69	94	84	1 032
Upernavik, 35 m	°C	–17	–20	–18	–12	–2	3	6	6	1	–3	–7	–13	–6
Grönland	mm	9	11	9	11	11	9	21	24	30	23	17	11	186
Yuma, 42 m	°C	12	15	18	21	25	29	33	32	29	23	17	13	22
USA (unterer Colorado)	mm	11	11	9	2	1	1	5	13	9	7	7	13	89
Mittelamerika, Südamerika														
Antofagasta, 94 m	°C	21	21	20	17	16	14	14	15	15	16	18	20	17
Chile (Atacama-Wüste)	mm	0	0	0	1	0	0	0	0	0	0	0	0	1
Buenos Aires, 25 m	°C	23	23	20	16	13	10	9	11	13	16	19	22	16
Argentinien	mm	78	71	98	122	71	52	54	56	74	85	101	102	964
El Misti, 5 850 m	°C	–6	–6	–7	–8	–10	–10	–10	–10	–10	–7	–6	–6	–8
Peru	mm		keine Messungen											
Habana, 19 m	°C	22	22	23	24	26	27	28	28	27	26	24	23	25
Kuba (Nordküste)	mm	76	38	43	43	130	142	109	109	127	178	81	61	1 137
La Paz, 3 570 m	°C	11	11	11	10	9	7	7	8	9	11	12	11	9
Bolivien (Altiplano)	mm	114	107	66	33	13	8	10	13	28	41	48	91	572
Lima, 158 m	°C	23	24	23	21	19	17	16	16	16	17	19	21	19
Peru (Küstensaum)	mm	0	0	1	1	2	6	9	10	10	5	3	1	48
Manáus, 44 m	°C	26	26	26	26	26	26	27	27	28	28	27	27	27
Brasilien (Amazonas)	mm	262	249	274	277	201	112	69	38	61	119	155	226	2 043
Mexiko-Stadt, 2 282 m	°C	13	15	17	18	19	18	17	17	17	16	15	14	16
Mexiko	mm	6	10	12	18	52	117	110	95	130	36	17	8	611
Quito, 2 850 m	°C	13	13	13	13	13	13	13	13	13	13	13	13	13
Ecuador	mm	107	109	132	188	127	38	23	38	76	94	97	97	1 126
San José, 1 135 m	°C	19	19	20	20	21	20	20	20	20	20	20	19	20
Costa Rica	mm	6	4	12	28	254	280	211	268	361	338	124	42	1 928
Santiago, 520 m	°C	20	19	17	14	11	8	8	9	12	14	17	19	14
Chile	mm	2	3	4	14	62	85	76	57	29	15	6	4	357
Valdivia, 9 m	°C	17	16	15	12	10	8	8	8	9	12	13	15	12
Chile (Küste)	mm	65	69	115	212	377	414	374	301	214	119	122	107	2 489

Wichtige Internetadressen

Dein Schulbuch im Internet

www.klett.de/extra

alles rund um dein Schulbuch und seine Themen, Zusatzseiten, Informationen, Links, Grundbegriffe und Methoden

www.geo-im-netz.de

Adressen und Beiträge rund um die Erdkunde

Allgemeine Adressen zu den Staaten der Erde

www.destatis.de

Statistisches Bundesamt mit einem Link zur Statistik des Auslands

www.odci.gov/cia/publications/factbook

Daten und Informationen zu allen Staaten der Erde

www.auswaertiges-amt.de/www/de/laenderinfos

Unsere Eine Welt

www.unicef.de/kids

speziell für Kinder und Jugendliche erstellte Seiten

www.weltzeituhr.com

ansprechend animierte Seite zu den Zeitzonen der Erde

Im Tropischen Regenwald

www.faszination-regenwald.de

faszinierende, teilweise interaktive Seite zum Regenwald

www.pro-regenwald.de

Infos zur Brandrodung, zu Baumarten, zu Ureinwohnern usw.

In der Kalten Zone

http://earth.jsc.nasa.gov/sseop/efs

Homepage der NASA, mit „Astronauts View of the Home Planet. Earth from Space". Zahlreiche Suchhinweise, wie „Cities", „Geographical Regions"

http://www.awi-bremerhaven.de

Alfred-Wegener-Institut für Polar- und Meeresforschung: aktuelle Informationen. Eine Kamera liefert so z. B. aktuelle Eindrücke der Polarstern. Ein spezielles Angebot für Schulen ermöglicht weiterführende Recherchen oder Fragen an die Forscher

Landschaftszonen der Erde/Klima

www.klimadiagramme.de

Klimadiagramme, Klimadaten und Typenbilder aus aller Welt

www.sternenhimmel-aktuell.de/Jahreszeiten.htm

Seite zur Entstehung der Jahreszeiten

Immer mehr Menschen

www-popexpo.ined.fr

interaktive Internetpräsentation (franz./engl.) einer Pariser Ausstellung zum Thema Bevölkerungswachstum.

www.weltbevoelkerung.de/wbuhr.html

aktuelle Anzeige der Weltbevölkerung

www.dsw-online.de

umfangreiche Zusammenstellung demografischer Indikatoren verschiedener Länder und mehr zum Thema Bevölkerung in der Welt

www.census.gov

aktuelle und umfangreiche Infos über die Weltbevölkerung

www.suedasien.net/laender/indien/bevoelkerung.htm

Basisinformationen zur Bevölkerungssituation in Indien

Global wirtschaften

www.globalisierung-online.de

Anregungen zum Thema Globalisierung im Unterricht

Eine Welt – Ungleiche Welt

www.uno.de

deutsche Seite der Vereinten Nationen mit Links zu Themen wie: „Frieden und Sicherheit", „Menschenrechte", „wirtschaftliche und soziale Entwicklung"

www.unesco.de

Seite der Deutschen UNESCO-Kommission: Projekte und weitere Arbeitsgebiete, z. B. zum Thema „Schulprojekte", „Bildung für Kinder in Not" oder „Welterbe"

www.undp.org

„United Nations Development Program (UNDP)" der Vereinten Nationen ist eine englischsprachige Fundgrube für zahlreiche Daten rund um die globale Entwicklung. Insbesondere die aktuellen Daten des „Human Development Report" lassen zahlreiche weiterführende Arbeiten zu.

www.unicef.de

„Deutsches Komitee für UNICEF": Information über aktuelle Ereignisse und Projekte, bei denen eine Mitarbeit möglich ist. Spezielle Seiten für Kinder und Jugendliche.

www.unicef.org

internationale Seite der Organisation

www.nachhaltigkeit.aachener-stiftung.de

Dieses Lexikon der Nachhaltigkeit existiert nur im Internet: Lexikonfunktion, Diskussionsbeiträge und deutsche Texte wichtiger Abkommen zum Thema Nachhaltigkeit.

www.oneworld.net

Eine Welt-Organisation

Auf der Suche nach Zukunft

www.unhcr.ch

Seite des Hohen Kommissars für Flüchtlinge, gegliedert nach Staaten und aktuellen Krisenherden

Leben und arbeiten in verschiedenen Kulturräumen

www.china.org/en

chinesische Internetinformation, auch in deutscher Sprache mit aktuellen Informationen und wichtigen Angaben zu Bevölkerung, Wirtschaft und Gesellschaft

www.fac.de

Informationsseite des Fremdenverkehrsamtes der VR China

www.china-botschaft.de

Informationsseite der Botschaft der VR China in Deutschland

www.trans-sibirien.de

Dokumentation der Transsibirienexpedition

www.theus50.com

Informationen über die 50 Bundesstaaten der USA in Englisch

www.jinjapan.org

Informationsportal mit vielen Links zu Wirtschaft, Kultur und Religion

www.schaetze-der-welt.de

Informationen zum UNESCO-Weltkulturerbe

TERRALexikon

Absatzgebiet (Absatzmarkt): Gebiet mit einer Anzahl von Kunden, in dem eine Ware oder Dienstleistung angeboten und verkauft wird. Die Branchen benötigen unterschiedlich große Absatzgebiete, z.B. brauchen Einzelhandelsgeschäfte eine Mindestzahl an Kunden im engeren Einzugsbereich.

Agrarkolonisation: Vom Staat gelenkte und finanziell unterstützte Ansiedlung von Bauern in einem Neulandgebiet zur agrarwirtschaftlichen Erschließung. Dabei wird die vorhandene Naturlandschaft in Acker- oder Weideland umgewandelt.

Agrobusiness: Gesamtheit der mit der Landwirtschaft verbundenen Wirtschaftsbereiche vom Landwirt bis zum Verbraucher, also mit Zulieferindustrien, Weiterverarbeitung, Handel und Vertrieb; wird auch häufig gebraucht im Sinne von „industrialisierter Landwirtschaft".

Aktiengesellschaft (AG): In einer AG ist das Grundkapital in Aktien zerlegt, die an der Börse gehandelt werden können. Die Gesellschafter haften nur in der Höhe ihrer Einlage für die Verbindlichkeiten der Gesellschaft. Der Vorstand hat die Geschäftsführung, der Aufsichtsrat kontrolliert diesen und vertritt die Interessen der Aktionäre und der Arbeitnehmer. Die Hauptversammlung ist das oberste Beschlussorgan einer AG, in dem jeder Aktionär sein Stimmrecht geltend machen kann.

Altersstruktur: Altersmäßige Zusammensetzung der Bevölkerung eines Ortes oder Staates.

Analphabet: Ein Mensch über 15 Jahre; der nicht lesen oder schreiben kann.

Antarktis: Das Südpolargebiet, das aus dem Kontinent Antarktika und den benachbarten Meeresteilen und Inseln besteht. Auf dem Festland liegt das bis zu 4,3 km dicke → Inlandeis.

arid: Bezeichnung für ein Klima bzw. Klimagebiet, in dem die mögliche jährliche Verdunstung größer ist als der Niederschlag. Gilt dies für jeden Monat, so spricht man von einem **vollariden** Klima. Sind jedoch 3–5 Monate die Niederschlagsmengen größer als die Verdunstung, so lautet die Bezeichnung **semiarid.**

Arktis: Das Nordpolargebiet, das aus dem Nordpolarmeer und den nördlichsten Teilen Amerikas, Asiens und Europas besteht. Die nördlichen Meere sind weitgehend von driftendem Eis bedeckt. Das Treibeis ist zum Pol hin zum Packeis zusammengeschoben.

Aussiedler: Personen deutscher Volks- oder Staatsangehörigkeit, die vor dem 8. Mai 1945 ihren Wohnsitz in den kommunistischen Ländern Mittel-, Ost- und Südosteuropas hatten und nach 1950 in die Bundesrepublik gekommen sind.

Beleuchtungszonen: Bereiche der Erdoberfläche, die im Verlauf eines Jahres von der Sonne unterschiedlich beleuchtet werden. Ursachen dafür sind die Drehung der Erde um die Sonne sowie die Neigung der Erdachse um 23,5 Grad. Man unterscheidet die Polarzone, gemäßigte Zone und die Tropenzone. Die Grenzen werden von den Polar- und Wendekreisen gebildet.

Bevölkerungsdichte: Die durchschnittliche Zahl der Einwohner eines Gebietes pro Flächeneinheit, meistens pro km^2.

Bevölkerungspyramide: Grafische Darstellung der Bevölkerung eines Gebietes (Staat, Region, Gemeinde oder Stadt) nach Alter und Geschlecht.

Bevölkerungswachstum: Absolute Zunahme der Bevölkerung in einem bestimmten Raum. Ursache kann ein Geburtenüberschuss (natürliches Bevölkerungswachstum) oder ein Wanderungsüberhang bzw. eine Kombination von beiden Faktoren sein.

Bewässerung (Bewässerungsfeldbau): Form der landwirtschaftlichen Bodennutzung, bei der den Nutzpflanzen wegen unzureichender Niederschläge während der Vegetationsperiode Wasser zugeführt wird. Man unterscheidet die Bewässerungsarten: Graben- und Furchenbewässerung sowie Beregnungs- und Tröpfchenbewässerung. Bewässerung ohne Entwässerung führt zur → Bodenversalzung oder zur Vernässung des Bodens.

Bodenerosion: Abtragung des Bodens durch Wasser und Wind (Bodenabtragung); im weiteren Sinne alle über den natürlichen Abtragungsprozess hinausgehenden Bodenverluste, die durch den Menschen begünstigt oder ausgelöst werden, z.B. durch Abholzung oder Überweidung.

Bodenversalzung: Prozess der Anreicherung von Salzen im Boden, der vor allem in Gebieten mit → aridem Klima stattfindet. Wegen der hohen Verdunstung und des fehlenden Niederschlagswassers, das in die Tiefe versickert, steigt Grund- oder Bewässerungswasser kapillar nach oben. Die gelösten Salze werden dann an der Oberfläche ausgefällt und können zur Bildung von Salzkrusten führen. Bodenversalzung tritt häufig bei großflächiger künstlicher Bewässerung in ariden Gebieten auf.

Borealer Nadelwald (nördlicher Nadelwald): Vegetationszone der Nordhalbkugel, in der aufgrund langer, kalter Winter ein artenarmer Nadelwald mit Fichten, Kiefern, Tannen und Lärchen als natürliche Vegetation vorherrscht. In Nordasien wird dieser Nadelwald Taiga genannt. Als Laubbaum ist die Birke verbreitet. Der spärliche Unterwuchs des Waldes besteht aus Zwergsträuchern, Gräsern, Moosen und Flechten.

Brandrodung: Abbrennen von Wald und Buschflächen vor allem im Tropischen Regenwald um Ackerflächen zu gewinnen. Die Asche dient als Dünger. Die gewonnenen Flächen werden entweder dauerhaft oder vorübergehend im → Wanderfeldbau (→ shifting cultivation) genutzt.

Bruttoinlandsprodukt (BIP): Gesamtwert aller produzierten Güter (Waren und Dienstleistungen) innerhalb eines Landes (Gebietes) während eines Zeitraumes (meist ein Jahr), einschließlich der von Ausländern erbrachten Leistungen (Inlandskonzept).

Bruttosozialprodukt (BSP): Gesamtwert aller produzierten Güter (Waren und Dienstleistungen) innerhalb eines Landes (Gebietes) während eines Zeitraumes (meist ein Jahr), einschließlich der Einkommen, die aus dem Ausland bezogen werden, aber ohne die Einkommen, die an Ausländer gehen (Inländerkonzept).

cash crop: Feldfrucht, deren Anbau ausschließlich verkaufsorientiert ist und überwiegend dem Export für den Weltmarkt dient.

Central business district (CBD): Bezeichnung im anglo-amerikanischen Raum für das Einzelhandelszentrum in der Mitte einer Großstadt.

Dauerfrostboden → Permafrostboden

Desertifikation: Ausbreitung von → Wüsten und wüstenähnlichen Verhältnissen in Gebiete, in denen aufgrund der natürlichen klimatischen Verhältnisse keine Wüsten sein dürften. Ursache ist die Übernutzung einer Landschaft durch den Menschen.

Entwicklungshilfe: Sammelbegriff für Maßnahmen zur Verbesserung der Lebensqualität in den Entwicklungsländern.

Entwicklungsland: Land, das im Vergleich zu einem Industrieland weniger weit entwickelt ist. Merkmale sind ein hohes Bevölkerungswachstum, unzureichende Nahrungsmittelversorgung, hohe Analphabetenrate, niedriges Pro-Kopf-Einkommen und Mangel an Kapital.

Entwicklungszusammenarbeit: Offiziell verwendeter Begriff für → „Entwicklungshilfe"; der Terminus soll das partnerschaftliche Verhalten zum Ausdruck bringen – und nicht die Unterscheidung in Geber- und Nehmerländer, wie in „Entwicklungshilfe" unterschwellig zum Ausdruck kommt.

Erosion: Abtragung und damit auch Zerstörung von Gestein und Boden durch exogene Kräfte wie fließendes Wasser, Küstenströmung und Brandung, Wind sowie Gletscher und Inlandeis. Die Abtragungsprozesse können linienhaft und flächenhaft wirken (siehe → Bodenerosion). Ist die abtragende Wirkung von fließendem Wasser stärker auf den Untergrund ausgerichtet, führt das zur Tiefenerosion. Wirkt das Wasser in Flussschlingen (Mäander) stärker an den seitlichen Uferbereichen, tritt Seitenerosion ein.

Fairer Handel: Synonym für Bestrebungen eines gerechten und nicht nur ausschließlich gewinnorientierten Austausches in der Welt. Durch garantierte Mindestpreise sowie die Gründung von Genossenschaften soll der kapitalgesteuerten Ausbeutung der Entwicklungsländer entgegengewirkt werden. Garantierte Mindestpreise reduzieren die Abhängigkeit von den starken Schwankungen der Weltmarktpreise. Die Prämien des fairen Handels (Fair Trade Prämien) werden in der Genossenschaft investiert. Hiervon werden Investitionen getätigt.

Familienplanung: Bewußte Steuerung von Zeitpunkt und Zahl der Geburten in einer Familie, als Ausdruck individueller Wünsche oder auch im Rahmen der Bevölkerungspolitik zur Geburtenkontrolle durchgeführt.

Flüchtling: Menschen, die unfreiwillig oder unter Druck infolge von Naturkatastrophen, wirtschaftlicher Not, Verfolgung aus poltischen bzw. weltanschaulichen Gründen oder Krieg gezwungen werden, ihre Heimat zu verlassen.

food crop: Anbaufrucht, die am Bedarf der eigenen Bevölkerung orientiert ist und ihr zur Grundernährung dienen kann.

Frauenförderung: Unterstützung von Frauen zur Verbesserung der Lebenssituation.

Gastarbeiter: Ausländer, die nach Deutschland geholt wurden, um hier zu arbeiten.

Geburtenrate (Geburtenziffer): Zahl der Lebendgeborenen bezogen auf eine bestimmte Einwohnerzahl während eines bestimmten Zeitraumes. Die Demografie gibt Geburten- wie auch Sterberate auf 1 000 Einwohner pro Jahr an. Im Buch wird zur leichteren Verständlichkeit die → Sterberate pro 100 Einwohner und pro Jahr angegeben.

Geozone → Landschaftszone

GIS (Geographisches Informationssystem): Arbeitswerkzeug, das mit spezieller Software raumbezogene Daten verwalten, analysieren und in Form von Grafiken (z.B. thematischen Karten) darstellen kann. Insbesondere in der Raum-, Stadt- und Verkehrsplanung, im Umweltschutz oder im Verkehrsmanagement werden räumlich verortete Informationen benötigt.

Globalisierung: Tendenz der Zunahme weltweiter Verflechtungen in wirtschaftlichen, politischen, kulturellen und informationstechnischen Bereichen über nationale und kontinentale Grenzen hinweg seit dem 20. Jahrhundert.

Gradnetz: Orientierungsnetz der Erde, das aus Linien besteht, die sich rechtwinklig schneiden. Mit Ihrer Hilfe kann man die Lage eines Punktes auf der Erde genau bestimmen. 180 Breitenkreise verlaufen parallel zum Äquator und 360 Längenhalbkreise oder Meridiane vom Nord- zum Südpol. Den Meridian, der durch Greenwich bei London läuft, bezeichnet man als Nullmeridian.

Grundbedürfnisse: Ansprüche, die jedem Menschen auf der Welt erfüllt sein sollten: Nahrung, Kleidung, eine Wohnung, eine Ausbildung, eine Arbeit und medizinische Versorgung.

Handelsbilanz: Aufrechnung des Exports gegen den Import eines Landes; positive Handelsbilanz: Wert der Exporte übersteigt den der Importe, negative Handelsbilanz: Wert der Importe übersteigt den der Exporte.

HDI (Human Development Index): Maßzahl für den Stand der menschlichen Entwicklung. Drei Indikatoren sind maßgebend: Lebenserwartung, Bildungsgrad und Pro-Kopf-Einkommen der Menschen.

Hilfe zur Selbsthilfe: Form der → Entwicklungshilfe, bei der den Einheimischen eine Chance gegeben werden soll, ihre Zukunft selbst besser zu gestalten. Ziel: Eigenständigkeit fördern und Hoffnung geben. Dies geschieht zum Beispiel durch die Ausbildung einheimischer Fachleute.

Hinduismus: Sammelbezeichnung für mehrere indische Religionen, denen vor allem die Toleranz gegenüber anderen Religionen, die Vorstellung von der Wiedergeburt und die enge Verbindung zur Kastenordnung gemeinsam sind. Im Unterschied zum → Islam hat der Hinduismus keinen Religionsstifter und kennt weder einen „obersten" Gott noch eine verbindliche Lehre.

Höhenstufe: Vegetation in einer bestimmten Abfolge mit zunehmender Höhe. Sie passt sich vor allem an die abnehmende Lufttemperatur an.

humid: Bezeichnung für ein Klima, in welchem der Jahresniederschlag größer ist als die mögliche jährliche Verdunstung. Gilt dieser Zusammenhang für jeden Monat des Jahres, so spricht man von einem **vollhumiden** Klima. Gilt für einige Monate, dass die Verdunstung höher ist als der Niederschlag, handelt es sich um ein **semihumides** Klima.

informeller Sektor: Bestimmter Bereich der Arbeit, in dem z.B. in den → Entwicklungsländern die Kinder arbeiten. Sie verkaufen u.a. Dinge auf der Straße, passen auf Autos auf, arbeiten in fremden Haushalten oder in Kleinbetrieben. Sie zahlen keine Steuern.

Inlandeis: Riesige Gletschermassen, die sehr große Landflächen bedecken, z.B. das Inlandeis der → Antarktis.

Innertropische Konvergenzzone (ITC): Bereich der äquatorialen Tiefdruckrinne, in dem die Passate der Nord- und Südhalbkugel der Erde zusammenströmen. Die ITC verlagert sich jahreszeitlich mit dem Sonnenstand.

Islam: Weltreligion, deren Glaube auf Mohammed (570–632) zurückgeht. Die Anhänger nennen sich Moslems. Glaubensgrundlage und Heilige Schrift ist der Koran (d. h. „Verkündigung"). Dazu tritt die Sunna (d.h. „Gewohnheit"), das sind Mitteilungen über das Leben Mohammeds sowie Anweisungen über Fragen des Glaubens, des Rechts und des Alltags. Neben dem Glauben an Allah als einzigen Gott bilden das Gebet, Almosengeben, Fasten und die Pilgerfahrt die Grundlagen dieser Religion.

Jahreszeiten: Als astronomische Jahreszeiten werden die vier Zeitabschnitte zwischen den Sonnenwenden (21. Juni und 21. Dezember) und den Tagundnachtgleichen (21. März und 23. September) bezeichnet. Die durch unterschiedliche Wärmeverhältnisse geprägten Hauptabschnitte eines Jahres in den außertropischen Gebieten werden als klimatische oder thermische Jahreszeiten bezeichnet. Sie entstehen infolge der im Jahresverlauf wechselnden Sonneneinstrahlung.

Kältegrenze: Anbaugrenze für Kulturpflanzen. Ab dieser sind die Temperaturen zu gering, um Kulturpflanzen ausreifen zu lassen.

Kalte Zone: → Klimazone, in der das Jahresmittel der Temperatur um oder unter 0 °C liegt und die Winter kalt und lang sind.

Kaste/Kastenwesen: Abgeschlossene Gesellschaftsschicht, die durch gemeinsame Lebensformen, Heiratsordnung und gemeinsamen Kult zusammengehalten wird; besonders ausgeprägt in Indien, verliert jedoch auch hier vor allem in den Städten zunehmend an Bedeutung.

Klima: Unter Klima versteht man den mittleren Zustand der Atmosphäre innerhalb eines längeren Zeitraumes (mindestens einige Jahre, auch gleiche Monate mehrerer Jahre) für einen bestimmten Ort oder ein bestimmtes Gebiet sowie die Häufigkeit seltener, aber für diesen Ort (Gebiet) charakteristischer meteorologischer Ereignisse (z.B. Gewitterhäufigkeit, strenge Winter, Orkane usw.). Üblicherweise betrachtet man als Bezugsperiode einen 30-jährigen Zeitraum. Man unterscheidet je nach Gebietsgröße Makro-, Meso- und Mikroklima.

Klimadiagramm: Grafische Darstellung der langjährigen (mindestens 30 Jahre) monatlichen Mittelwerte von Temperatur und Niederschlag an einem Ort.

Klimazone: Gebiet der Erde mit gleichartigem Klima, das sich als Folge der unterschiedlichen Sonneneinstrahlung gürtelartig um die Erde ausdehnt. Die unterschiedliche Land-Meer-Verteilung und die großen Gebirgszüge bewirken teilweise starke Abweichungen in der zonalen Anordnung.

Konzern: Zusammenschluss mehrerer rechtlich selbstständiger Unternehmen – auch mit unterschiedlicher Produktionsausrichtung – zu einem wirtschaftlichen Großunternehmen mit zentraler Verwaltung und Leitung. Der Zusammenschluss erfolgt unter zwei Hauptzielen: 1. Einsparung von Produktionskosten durch Warenaustausch und Verwaltungsvereinfachung, 2. Beherrschung des Marktes. Konzerne mit großem Bilanzvolumen, starker Stellung auf dem Weltmarkt und eigenen Bankbetrieben sind Großkonzerne, z. B. in Japan die Keiretsu.

Landflucht: Wanderungsbewegung größeren Ausmaßes aus dem ländlichen Raum in Städte, ausgelöst in der Regel durch unzureichende Lebensbedingungen auf dem Land.

Landschaftszone (Geozone): Eine größere Landschaftseinheit, deren Existenz auf dem in den Klimazonen der Erde unterschiedlichen Strahlungshaushalt beruht; z. B. Zone der immerfeuchten Tropen. Der Begriff wird synonym zu Landschaftsgürtel gebraucht.

Marginalsiedlung → Slum

Meereis: Eis, das als durch Strömung und Wind ineinander geschobene, dicht verbackene und hoch aufgetürmte Eisschollen in den Eismeeren vorkommt (Packeis). Oder es bildet sich im Schelfbereich der Küste und wird auf seiner Oberseite aus dem Niederschlag und auf seiner Unterseite aus dem Wasser genährt (Schelfeis). Werden Eisschollen von der Meeresströmung schwimmend verfrachtet, spricht man von Treibeis.

Meeresströmungen: Die beständigen, horizontalen und vertikalen Transportbewegungen in den Meeren.

Migration: Wechsel des Wohnsitzes, bei dem die Gemeindegrenze überschritten wird; im weiterem Sinne Wanderbewegungen größerer Bevölkerungsgruppen, ausgelöst z.B. durch Krieg und existentielle Not.

Mischkultursystem: Der gleichzeitige Anbau mehrerer Nutzpflanzenarten entweder in Reihe als Stockwerkskultur oder als Unterkultur.

Mobilität: Fähigkeit und Bereitschaft zur Standortveränderung. Man unterscheidet zwischen räumlicher Mobilität, sozialer Mobilität und virtueller Mobilität.

Monokultur: Vorherrschen einer bestimmten Bodennutzung in reinen Beständen und ohne Wechsel der Kulturpflanzen auf überwiegend großflächigen Feldern.

multikulturell: Eine Gesellschaft wird so bezeichnet, wenn in ihr Menschen unterschiedlicher Staatsangehörigkeit, Sprache, Traditionen, religiöser Bekenntnisse, Wertvorstellungen, Erziehung und Lebensstile zusammenleben.

nachhaltige Entwicklung: Entwicklungsstrategie, mit der die Lebenschancen der heutigen Generation verbessert werden sollen, ohne die Chancen künftiger Generationen einzuschränken. Der Begriff wird auch für verschiedene Nutzungsformen gebraucht. Nachhaltige Holzwirtschaft bedeutet z. B., dass nicht mehr Bäume gefällt werden als nachwachsen.

Nachhaltigkeit → nachhaltige Entwicklung

Nährstoffkreislauf: Abgestorbene Pflanzenteile werden zersetzt und dabei Nährstoffe freigesetzt, die im Boden gespeichert und anschließend wieder über die Wurzeln aufgenommen werden. Das ist der Kreislauf. Im Tropischen Regenwald läuft dieser Kreislauf sehr rasch ab. Die Zersetzung geschieht schnell, da es sehr warm und feucht ist. Die üppige Pflanzenwelt nimmt die Nährstoffe rasch wieder auf.

Neulandgewinnung: Gewinnung von neuen Bodenflächen aus dem Meer.

NGO (Non-governmental organization): Nichtstaatliche Organisationen. Oft Zusammenschlüsse, die von öffentlichen Trägern wie z. B. Kirchen geführt oder unterstützt werden.

Nomaden: Wanderhirten, die mit ihren Herden verschiedene Weideplätze und Wasserstellen nacheinander und von den Jahreszeiten abhängig aufsuchen.

Oase: Gebiet in Trockenräumen, das sich durch reicheren Pflanzenwuchs gegenüber der wüstenhaften Umgebung auszeichnet. Ursache dafür sind entsprechende Wasservorkommen. Je nach Art der Wasserförderung unterscheidet man: Grundwasser-, Fluss- und Quelloasen.

Ökologie: Die Wissenschaft vom „Haushalt der Natur", die sich mit den Wechselbeziehungen zwischen Lebewesen und ihrer Umwelt beschäftigt.

Ökonomie: Als Lehre von der Wirtschaft untersucht sie den Gedanken der Wirtschaftlichkeit: Was ist zu tun, um durch sinnvollen und Gewinn bringenden Einsatz Produkte herzustellen und zu verkaufen.

Ökosystem: Modellvorstellung eines vielfältigen Wirkungsgefüges von verschiedenen (abiotischen und biotischen) Faktoren wie z.B. Boden, Wasser, Vegetation, Tiere und das Handeln des Menschen. Diese Modellvorstellungen beziehen sich in der Regel auf abgegrenzte Raumeinheiten.

Outsourcing: Betriebliche Leistungen, die ursprünglich im eigenen Unternehmen erbracht wurden, werden an andere Firmen übertragen, die diese schneller, billiger oder besser erledigen können.

Passat: Ganzjährige, richtungsbeständige Luftströmungen zwischen den subtropischen Hochdruckgebieten und der äquatorialen Tiefdruckrinne → (ITC). Die Erdrotation bewirkt auf der Nordhalbkugel eine Ablenkung als Nordostpassat, auf der Südhalbkugel als Südostpassat.

Permafrostboden: Auch Dauerfrostboden genannt. Bezeichnung für einen in tieferen Horizonten ganzjährig gefrorenen Boden. Nur die oberen, wenige Zentimeter mächtigen Bereiche tauen in den kurzen Sommern auf. Weil Niederschläge und Schmelzwasser nicht versickern können, kommt es in diesen Gebieten zu starker Sumpfbildung.

Plantage: Großbetrieb der Pflanzenproduktion in den Tropen und Subtropen mit überwiegendem Anbau von Tee, Bananen, Zuckerrohr, Kaffee oder Ölpalmen. Zur Plantage gehören auch die technischen Anlagen zur Aufbereitung und Verarbeitung der Agrarprodukte.

Polartag – Polarnacht: Erscheinungen in den Polargebieten, die durch die Schrägstellung der Erdachse gegenüber der Erdbahnebene entstehen. In der Zeit der Polarnacht bleibt die Sonne ständig unter dem Horizont, in der Zeit des Polartages ständig über dem Horizont.

Pull-Faktor: Grund, der für die Bevölkerung oder Wirtschaft anziehend wirkt und damit eine Wanderbewegung auslöst; im engeren Sinne bezeichnet man damit die Anziehungskraft der großen Städte in den Entwicklungsländern auf die Bevölkerung in den ländlichen Räumen.

Push-Faktor: Grund, der die Bevölkerung oder die Wirtschaft zum Abwandern bewegt, vor allem z.B. die unzureichenden Lebensumstände und Einkommensmöglichkeiten in den ländlichen Räumen der Entwicklungsländer.

Raubbau: Wirtschaftsform, bei der ohne Rücksicht auf die Zukunft die natürlichen Ressourcen stark geschädigt oder zerstört werden (z.B. Überweidung, Abholzung von tropischen Wäldern).

Revolution der Erde: Die jährliche Bewegung der Erde um die Sonne auf einer elliptischen Bahn. Die Zeitdauer eines Erdumlaufs um die Sonne dauert 365 Tage, 5 Stunden, 48 Minuten und 46 Sekunden. Die Erdbahn hat eine Länge von 936 Millionen km und die durchschnittliche Geschwindigkeit der Erde beträgt 29,8 km/s.

Sahel: Sahel ist arabisch und bedeutet Ufer. Die Sahelzone erstreckt sich ungefähr zwischen 12° und 18° nördlicher Breite entlang des Südrandes der Sahara. Die Breite dieser Übergangszone ist stark von lokalen Gegebenheiten abhängig und kann daher nur grob mit 100–200 km beziffert werden. Unregelmäßige Jahresniederschläge von 100 mm bis 500 mm, die immer wieder ganz ausbleiben, machen die Sahelzone zum Risikoraum.

Savanne: Vegetationszone der wechselfeuchten Tropen und Subtropen. Nach Dauer der Regen- und → Trockenzeiten verändern sich die Anteile von Gras- und Holzgewächsen. Man unterscheidet die

- **Feuchtsavanne**, mit einer Dauer der Regenzeit von 7–9 Monaten und hohem Elefantengras sowie größeren Baumgruppen;
- **Trockensavanne**, mit einer Dauer der Regenzeit von 4–7 Monaten und nur noch etwa 1 Meter hohen Gräsern sowie vereinzelten geschlossenen Baumgruppen;
- **Dornsavanne**, mit einer Dauer der Regenzeit von 2–4 Monaten und überwiegend dornigen Busch- und Baumarten. Eine geschlossene Grasdecke bildet sich hier nicht mehr aus.

Segregation: Räumliche Trennung und Abgrenzung von Menschen, die sich von der übrigen Bevölkerung durch gemeinsame Merkmale unterscheiden (z.B. Rasse, Sprache, Religion, soziale Zugehörigkeit).
Sekundärwald: Artenarmer und niedrigerer Wald, der auf ehemals gerodeten Flächen ohne menschliche Einwirkung nachwächst.
shifting cultivation → Wanderfeldbau
Slum: Elendssiedlung, meist in den Großstädten der Entwicklungsländer; man unterscheidet die innerstädtischen Elendssiedlungen (Slums) und die randstädtischen Elendssiedlungen (Marginalsiedlungen).
Sterberate (Sterbeziffer)**:** Zahl der Sterbefälle bezogen auf eine bestimmte Einwohnerzahl während eines bestimmten Zeitraumes. Die Demografie gibt Sterbe- wie auch → Geburtenrate auf 1 000 Einwohner pro Jahr an.
Stockwerkbau: Pflanzen unterschiedlicher Wuchshöhe gedeihen auf engem Raum nebeneinander.
Subventionen: Gelder, die der Staat an einen Industriezweig oder an die Landwirtschaft bezahlt, um diese gezielt zu unterstützen und konkurrenzfähig zu machen.
Tageszeitenklima: Ein Klima, bei dem die Tagesschwankungen der Temperatur größer sind als die innerhalb eines Jahres.
Taiga → borealer Nadelwald
Telekommunikation: zusammenfassender Begriff für die Übermittlung von Informationen als gesprochenes Wort, Schrift oder Bild, die eine nachrichtentechnische Infrastruktur wie Telefon, Fax, Internet benötigen.
Temperaturzonen: Gebiete, die sich etwa parallel zu den Breitenkreisen gürtelartig um die Erde ausdehnen. Wegen der unregelmäßigen Verteilung von Land und Wasser und wegen der Lage der Gebirge weichen die Temperaturzonen teilweise stark von dem gürtelartigen Verlauf ab. Wir unterscheiden → Tropen, Gemäßigte Zone und → Kalte Zone. Die verschiedenen Zonen entstehen durch die unterschiedlichen Einstrahlungsverhältnisse. Der Einstrahlungswinkel und damit auch die Temperaturen nehmen vom Äquator zu den Polen hin ab.
Terms of Trade: Verhältnis zwischen den Erlösen aus den Exportwaren und den Aufwendungen für Importgüter (Austauschbedingungen). Ein Rückgang dieser Maßgröße infolge steigender Preise für Importgüter und sinkender Preise für Exportgüter hat die Verschlechterung der Terms of Trade zur Folge.
Tradition: Über- und Weitergabe von Sitten, Bräuchen, Wissen, Lebenserfahrung und gesellschaftlichen Werten und Einrichtungen.
Trockenzeit: regelmäßig wiederkehrende, niederschlagsarme oder niederschlagslose Zeit innerhalb der wechselfeuchten Tropen und Subtropen.
Tropen: Diejenige → Klimazone beiderseits des Äquators, in der die Sonne zweimal während eines Jahres senkrecht (im → Zenit) steht. In den Tropen herrscht ein → Tageszeitenklima mit geringen jahreszeitlichen Temperaturschwankungen, wobei die monatliche Durchschnittstemperatur (im Tiefland) immer über 18 °C liegt. Je nach den Niederschlagsverhältnissen unterscheidet man verschiedene tropische Klimate, wie die immerfeuchten und die wechselfeuchten Tropen.
Tropischer Regenwald: Vegetationszone mit einem artenreichen, immergrünen Wald, der bei gleichmäßig hohen Temperaturen (im Mittel 25 — 28°C), hohen Niederschlägen (über 1500 mm im Jahr) und 10 bis 12 Monaten mit → humidem Klima gedeiht.
Tundra: Gebiet nördlich der Taiga mit niedrigem Pflanzenwuchs (Moose, Flechten, Gräser, Zwergsträucher). Der gefrorene Boden (→ Permafrostboden) taut auch im Sommer nur oberflächlich auf.
Überweidung: Zu große Herden auf zu wenig Weidefläche führen v. a. in ariden und semiariden Räumen zur Zerstörung der Vegetation. Die Folgen sind Bodenerosion und Verwüstung.
UNESCO (United Nations Educational, Scientific and Cultural Organization): Eine Organisation der UN mit 190 Mitgliedsstaaten. Die UNESCO will in besonderem Maße zum gegenseitigen Verständnis der kulturellen Vielfalt auf der Welt beitragen. Ihr Ziel ist

es, die friedliche Zusammenarbeit zwischen den Völker der Welt zu fördern. Besondere Schwerpunkte bilden dabei Bildung, Wissenschaft, Kultur und Kommunikation.

Vegetationszeit: Zeitraum eines Jahres, in dem die natürliche Vegetation wächst, d.h. die Fotosynthese stattfindet. Hierzu benötigen die Pflanzen Licht, Wärme und Feuchte. Ausreichende Wärme für das Wachstum der Naturpflanzen ist gegeben, wenn das Tagesmittel über 5 °C liegt.

Vegetationszonen: Verbreitungsgebiete bestimmter Pflanzengesellschaften auf der Erdoberfläche. Da sich die natürliche Vegetation dem Klima anpasst, entsprechen sich die →Klimazonen und die Vegetationszonen der Erde.

Verdopplungszeit: Die Zeit, in der sich die Bevölkerung eines Landes verdoppelt. Sie wird berechnet aus dem Quotienten der Zahl 70 und der →Wachstumsrate.

Wachstumsrate: In der Demografie jährlicher Geburtenüberschuss plus Wanderungsgewinne, bezogen auf 100 Einwohner.

Wachstumszeit: Zeitraum eines Jahres, in dem die Kulturpflanzen wachsen, d.h. austreiben, blühen und reifen. Hierzu benötigen die Pflanzen Licht, Wärme und Feuchte. Ausreichende Wärme ist im Allgemeinen gegeben, wenn das Tagesmittel über 10 °C liegt.

Wanderfeldbau (shifting cultivation = sich verlagernde Landbestellung)**:** Form des Ackerbaus in den →Tropen, bei der neue Anbauflächen meist zur Selbstversorgung durch Brandrodung gewonnen werden. Da hier die Nährstoffe im Boden nach wenigen Jahren aufgebraucht oder durch Starkregen ausgeschwemmt sind, werden Felder und Siedlungen an eine neue Stelle verlegt.

Welterbe – Weltkulturerbe/Weltnaturerbe: 1972 hat die →UNESCO das „Internationale Übereinkommen zum Schutz des Kultur- und Naturerbes der Welt" verabschiedet. Ziel ist es, herausragende Kultur- und Naturgüter der Menschheit zu erhalten. Über 750 Stätten weltweit sind bisher auf der UNESCO-Liste des Welterbes verzeichnet. Zum **Kulturerbe** gehören Baudenkmäler, bedeutende Städte und Kulturlandschaften, aber auch Industriedenkmäler und Kunstwerke. Das **Naturerbe** umfasst Naturlandschaften und Schutzreservate von Tieren und Pflanzen, die vom Aussterben bedroht sind.

Welthandel: Globale Verflechtung der internationalen Handels- und Austauschbeziehungen.

Weltmarkt: Handelsbeziehungen sind weltweit vorhanden vor allem im Rahmen der →Globalisierung der Wirtschaft. Für weltweit gehandelte Güter, insbesondere bei Rohstoffen, bilden sich zunehmend Weltmarktpreise aufgrund globaler Angebots- und Nachfragestrukturen.

World Trade Organization (WTO): Organisation zur Kontrolle des →Welthandels. Der Welthandel ist kein freier Warenaustausch; er unterliegt verschiedenen nationalen und internationalen Handelsbeschränkungen (z.B. Einfuhrzöllen, Handelsabkommen).

Wüste: Gebiet, in dem aufgrund großer Trockenheit (Trockenwüste) oder geringer Temperaturen (Kälte- oder Eiswüste) von Natur aus nur spärliches Pflanzenwachstum möglich ist. In Trockengebieten unterscheidet man nach der Oberflächenbeschaffenheit: Felswüste (Hamada), Kieswüste (Serir) und Sandwüste (Erg).

Zeitzonen: 24 international festgelegte Meridianstreifen von je 15° Breite, deren Zeitunterschied jeweils eine Stunde beträgt. Aus praktischen Gründen erfolgt die Abgrenzung jedoch häufig nach Ländergrenzen.

Zenit: (Scheitelpunkt) gedachter Punkt am Himmel, der sich senkrecht über dem Beobachtungspunkt auf der Erdoberfläche befindet.

Zenitalregen: Tropische Niederschläge, meist in Form heftiger Gewitter, die kurz nach dem Zenitalstand der Sonne einsetzen.

Sachverzeichnis

Alle fett gedruckten Begriffe sind im TERRA-Lexikon erläutert.

Testlösungen

Seiten 26/27

2 e) Gemäßigte Zone
3 d) richtig
5 KALTE ZONE, GEMAESSIGTE ZONE, PLANET, SUBTROPEN, WENDEKREIS, TROPEN, ZENIT

Seiten 52/53

1 c) Brasilien, Indonesien, Kongo
5 a) Brettwurzel
9 Stockwerkbau: Pflanzen unterschiedlicher Wuchshöhe gedeihen auf engem Raum nebeneinander.

Seiten 74/75

1 b) Keine Savannen gibt es in Nordamerika, Europa und in der Antarktis.
Savannen gibt es dagegen in
Südamerika: z.B. Brasilien, Venezuela,
Afrika: z.B. Nigeria, Mali, Senegal, Sudan, Äthiopien,
Australien,
Asien: z.B. Indien, China.
2 e) Nomaden
5 e) richtig

Seiten 128/129

1 b) Russland, Kanada, Dänemark (Grönland)
2 c) 1. Die Kältegrenze ist die durch die Temperatur bedingte Grenze des Ackerbaus.
8 b) Dauerfrostböden und die extrem niedrigen Temperaturen im Winter sowie Unwegsamkeit des Geländes im Sommer bei aufgetautem Permafrost und Mückenschwärme erschweren die Erschließung der Lagerstätten.
11 Polarnacht: Erscheinung in den Polargebieten, die durch die Schrägstellung der Erdachse gegenüber der Erdbahnebene entsteht. Die Polarnacht umfasst eine Zeitspanne von mindestens 24 Stunden, in der die Sonne nicht aufgeht bzw. ständig unter dem Horizont bleibt.

Seiten 166/167

1 b) China, Indien, Brasilien, Nigeria, Indonesien
2 b) Geburtenrate
3 d) richtig
7 e) a

Seiten 186/187

4 a) Rentnermobilität, b) Alltagsmobilität
c) Schichtmobilität
7 Der Autofahrer trägt dazu bei, dass viel Verkehr herrscht. Indem er kein Fahrrad verwendet, wird noch mehr Verkehr erzeugt. Gleichzeitig ist der viele Verkehr ein Argument gegen das Fahrradfahren. Dies ist eine Spirale, die sich immer mehr steigert, wenn jeder so denkt wie der Autofahrer.
9 Welche Stoffe benötigen Brennstoffzellenautos?

Seiten 202/203

2 c) Ein Patent sichert das alleinige Recht eine technische Erfindung wirtschaftlich zu nutzen.
4 b) Während einer Hitzewelle laufen die Klimaanlagen auf Hochtouren, alle Getränke werden gekühlt, Ventilatoren laufen, die Menschen sind eher in den Abend- und Nachtstunden unterwegs, in denen die Lichter eingeschaltet werden müssen. All das verbraucht Strom, den immer noch überwiegend Wärmekraftwerke erzeugen, die mit Erdöl betrieben werden.
11 b) Ein global player bietet seine Waren auf dem gesamten Weltmarkt an und nutzt die Kostenvorteile weltweiter Produktion.

Seiten 230/231

2 f) Terms of Trade
3 a) Nahrungsmittellieferungen sind selten langfristig eine sinnvolle Hilfe für die Entwicklungsländer.
11 b) Entwicklungshilfe sind alle Maßnahmen zur Verbesserung der Lebensverhältnisse in den Entwicklungsländern. Hinsichtlich der Träger unterscheidet man zwischen privaten und staatlichen Trägern sowie Nichtregierungsorganisationen (NGOs).

Seiten 250/251

2 g) Integration
3 h) Die Integration von Zuwanderern ist erwünscht, weil dadurch das Verständnis und die Akzeptanz für die kulturellen Eigenarten leichter möglich werden.
6 b) Landflucht: Abwanderung aus dem ländlichen Raum in die großen Städte

Bildnachweis

Titelbild: Mauritius, Mittenwald (ACE)

Action Press, Hamburg: 283.6 (Zuma Press);
Adidas-Salomon AG, Herzogenaurach: 191.2, 196.1 oben, 196.1 unten, 197.1 links oben;
AKG, Berlin: 274.1, 278.2;
Akthas, Berlin: 64/65;
Andheri-Hilfe, Bonn: 149.6;
Angermayer, Holzkirchen: 30.3 (Ziesler), 302.1(Ziesler);
AP, Frankfurt/Main: 155.7 (Ng Han Guan);
ARA, Bielefeld: 47.3;
Arco Digital Images, Lünen: 123.4;
Argus, Hamburg: 106/107 (Andrews Klaus);
Avenue Images GmbH, Hamburg: 174.1 (Stockbyte), 272.273 (imageshop);
Bierwirth, Neu-Anspach: 18.10;
Bilderberg, Hamburg: 40.1+4 (Burkhard), 121.5;
Bittokleit, Gotha: 58.2;
Blum & Ufer GmbH, Frankfurt: 10.1 (Frankfurt, KLM);
BPK, Berlin: 274.3;
Brodengeier, Lichtenberg: 154.3, 178.3, 275.6, 279.4;
Brot für die Welt, Stuttgart: 224.1;
Bryan and Cherry Alexander Photography, Sturminster Newton, Dorset: 112.5;
Busche, Rimpar: 56.1, 60.1;
CCC/www.c5.net, Pfaffenhofen a.d.Ilm: 142.2 (Mandzel), 143.3 (Mohr);
Comma Pictures, Helsinki: 116.1;
Corbis, Düsseldorf: 6 oben (Ariel Skelly), 9.6 (Arne Hodalic), 28/29 (Kähler), 54/55 (Rowell), 67.3 (Brinon/Pool/Reuters), 68.4 (Streano), 69.5 (Vannini), 84.1 (Vic Sievey, Eye Ubiquitous), 86.1 (Baldizzone), 92.1 (Arthus_ Bertrand), 94 unten + 95 unten (Wildcounty), 112.3 (Kaehler), 113.8 (Rowell), 177.5 (Yamashita), 177.6 (Arruza), 258.2 (Wheeler), 261.3 (Yann Arthus-Bertrand), 264.2 (Wells), 266.2 (Warren), 277.3 (Reuters/Cortes), 282.3 (Yamaguchi), 288.1 (Kulish), 288.2 (Bettmann), 296.1 (Rotkin), 305.10 (Lovell);
Corel Corporation, Unterschleissheim: 6 unten, 178.4, 179.9+11, 298.1 links, 299.1 links, 299.1 rechts;
Corel Stock Library: 259.4;
Coy, Tübingen: 40.2;
creativ collection, Freiburg: 202.1, 208.1;
DaimlerChrysler, Stuttgart: 181.3;
Das Fotoarchiv, Essen: 233.2 (Tack);
Dear, Los Angeles: 291.4;
Denning, Why/AZ: 176.1+3;
Deutsche Forschungsanstalt für Luft- und Raumfahrt, Weßling: 109.1;
Deutsche UNESCO-Kommission e.V., Bonn: 216.2;
Deutscher Entwicklungsdienst, Bonn: 224.2;
dva Bildarchiv Stuttgart (Müller-May): 40.3;
E.ON Ruhrgas AG, Essen: 121.3;
Enkelmann, Filderstadt: 14/15 (Felder), 134.12;
ESA/ESOC, Darmstadt: 20.1 (Genehmigung von CDZ-Film Berlin);
Fatondji, Dougbedji, Bonn: 66.2;
Feuchte, Berlin: 239.4;
FOCUS, Hamburg: 30.1 (Kluyver), 43.5 (Yoshiharu Sehino), 102.3 (Alexander), 123.6 (Pickerell), 206.3 (F. Scianna/Magnum), 207.4 (Magnum/Franclin), 226.2 (Mendel, Gideon), 233.3 (Magnum/McCurry), 283.7 (Magnum/Steele-Perkins), 296.3 (Browne/Picture Group);
Ford-Werke, Köln: 288.4;
Fotosearch RF, Waukesha, WI: 264.3 (PhotoDisc);
Gartung, Heidelberg: 96/97;
Geiger, Landau: 58.3, 134.11;
Geiger, Merzhausen: 91.6;
Geodia, Göttingen: 14/15 (Schirmakazie (Wallert)), 58.1;
GEPA, Schwelm: 222.1;
Getty Images PhotoDisc, Hamburg: 83.9;
Getty Images, München: 102.2 (Husmo Foto, Oslo (Skoye)), 198.1 (AFP/Qabalan), 245.4 (Nelson);
GLOBUS Infografik, Hamburg: 243.6, 282.5;
GOODSHOOT, Annecy-Le-Vieux: 291.9 (Goodshoot);
Guse, Laatzen: 8.1, 207.5;
Hahn, Würzburg: 292.1, 293.5;

Härlin, Tübingen: 289.9;
Hild, Vögelsen: 241.3+5;
Hoffmann, Aachern-Sasbachried: 252/253, 254.2+3; 255.7-10, 260.1, 262.1, 268.1, 271.5, 272.1-4, 272.6+7, 273.8-10, 273.12+13, 278.3, 280.1+2, 281.6+7;
Hydropolis Holding FZLLC, Dubai: 266.3;
ILO, Geneva 22: 216.1;
IMAGINE, Hamburg: 180.1;
Imaginechina, Shanghai: 276.3 (Qi xiaolong);
Info-Zentrum Schokolade, Leverkusen: 218.1;
Internet/Screenshot: 142.1, 264.1;
Jansen, Aachen: 117.5;
Jätzold, Trier: 104.3, 133.9;
Kansai International Airport, Osaka: 285.3;
Klett-Archiv, Stuttgart: 152;
Klohn, Vechta: 295.5;
Koos van der Lende Photography, Pretoria: 72.2;
Kraas, Brühl: 287.5;
Kraus, Wäschenbeuren: 148.2, 151.5;
Krensel, Hameln: 216.5;
Kroß, Bochum: 251.2 (Land)
laif, Köln: 232.233 (Huber), 233.1 (Bialobrzeski), 276.2 (Wolf);
Leicht, Mutlangen: 14/15 (Tropischer Regenwald), 30.2, 83.6;
Leiska, Hamburg: 279.5;
Leros, Bonn: 206.1;
Liebelt, Bad Vilbel: 7 oben links;
Linkenbach-Fuchs, Neckargmünd: 273.11;
Logo „WTO OMC“: 221.2;
Look GmbH, München: 291.8 (Dressler);
Lotos Film, Kaufbeuren: 88.1;
Lütke Fahle Seifert AGD, Münster: 223.6;
Maass, Ratingen: 46.1;
Martin, München: 7 unten;
Mauritius, Mittenwald: 197.1 rechts unten (Rosenfeld), 294.3 (Westlight), 303.5 (Mallaun);
Mehdi Noheh-Khan, Recklinghausen: 247.7;
MEV, Augsburg: 30.4 (MDB), 140/141 (MDB), 197.1 links unten;
Missio (K.H. Melters): 147.6, 215.5;
Müller-Mahn, Berlin: 42.2;
Newig, Flintbek: 299.1 Mitte;
NGS, Washington, D.C.: 49;
Obermann, Ettlingen: 79.1-4, 83.7, 87.2, 91.4 rechts, 171.2, 182.1;
Okapia, Frankfurt: 30.5 (Lange), 92.2 (Steinmetz), 132.3 (Hofmann);
Palmen, Alsdorf: 70.1;
photopool, Hersbruck: 146.1 (effner.com);
Picture-Alliance, Frankfurt/Main: 8.3 (Dunand), 9.5, 67.4 (dpa), 70.2 (Mauthe), 153.2 (dpa/ZB), 179.8 (afp/Shaver), 192.1 (dpa), 194.1 (dpa), 210.7 (Lohnes), 211.8 (dpa/Zentralbild/Peter Förster), 216.4 (afp/Shaver), 225.3 (Siegloff), 225.9 (Fotoreport), 245.2+3 (dpa), 247.6, 248.2 links + rechts, 267.5 (epa Ferrari), 278.1 (dpa), 280.3 (Koch), 288.3 (Christensen);
Pixtal, New York/NY: 153.5;
Preben S. Kristensen, San Piero A Sieve: 100/101;
Projekt "Eine Welt in der Schule": 47.2+4, 222.3;
PR-Service Funke, Düsseldorf: 218.2;
Random House Verlagsgruppe, München: 97 (Coverabbildung nach Alberto Vázquez-Figueroa, Tuareg, erschienen im Wilhelm Goldmann Verlag, München, einem Unternehmen der Verlagsgruppe Random House GmbH);
Rausch, Linsenhofen: 38.6, 146.2, 197.1 rechts oben, 217.7+8, 222.4+5, 242.1, 243.5;
Rentae Alf: 187.3;
Renz, Reutlingen: 172.1+2, 173.4+5;
Reuber, Münster: 179.10;
Richter, Röttenbach: 57.2;
Riethmüller: 251.2 (Stadt));
Rother, Schwäbisch Gmünd: 7 oben rechts, 9.4, 14/15 (Gletscher + Wüste), 36.4, 37.5, 52.2, 59.5+8, 75.2+5, 80.1+2, 83.5+8, 91.4 links, 133.10, 178.2, 263.4, 298.1 rechts
Russische Nachrichtenagentur Nowosti Berlin: 114.1;
Sauerborn, Bonn: 214.2, 215.4;
Schneider, Boudevilliers/NE: 135.19;
schulverlag blmv, Bern: 258.1;
Schulz, Aachen 132.1+2;
Schulz, Schwäbisch Gmünd: 134.13;
Schwab, Buchen: 162.1;

Seitz, Freiburg: 34.1;
Silvestris, Dießen: 136.1 (Gerlach);
Six, Karlsruhe: 76/77, 82.1, 91.5, 254.4;
Spittler, Bayreuth: 8.2;
Stora Enso, Varkaus: 118.7;
Strotjohann, München: 35.4;
Studienkreis für Tourismus und Entwicklung, Ammerland: 254.1;
Titelbild der Fiji Times: 12.1;
TransFair e.V., Köln: 223.7+8;
Transglobe Agency, Hamburg: 166.1 (Voss), 290.2;
UNICEF Deutschland, Koeln: 216.3;
Urban, Berlin (www.marco-urban.de): 268.2;
Vario-Press, Bonn: 276.1 (Jantzen);
Verlagsgruppe Droemer Weltbild, München: 65.2;
Visum, Hamburg: 270.3 (Attal);
von der Lippe, Bochum: 135.20;
von Treufels, Frankfurt/Main: 44.1;
Wachowich, Aberdeen: 112.2+4;
Weltforstrat (Forest Stewardship Council): 47.6;
Weltladen-Dachverband Mainz: 222.2;
Westermann Schulbuchverlag, Braunschweig: 89.1 (Westermann Sat Map);
WWF-Deutschland, Frankfurt: 47.5;
ZEFA, Düsseldorf: 257.1 (Scholz), 287.3+4 (Christian);
Zeitschrift Entwicklungspolitik, Frankfurt/Main: 271.7 (Suresh Sawant).

Grafikernachweis

Butz, Karlsruhe: 50, 51, 62, 78, 80, 82, 84, 86, 88, 90, 92, 94, 96, 98, 124.1, 129.3, 168/169, 170, 188/189, 204/205, 212, 224, 226.1, 246.1, 258

Feske, Rottenburg: 102.4

Graupner, Berlin: 98, 99, 150, 220/221, 230.2, 236.1+2, 237.3+4, 238.1

Hungreder, Leinfelden-Echterdingen: 16.2, 17.4, 18.7+8, 20.2, 21.3–6, 24.1+2, 25.3, 27.4+6, 35.2+3, 38.7, 39.10+11, 41.6, 42.1, 53.3+4, 57.4, 58.4, 59.6, 59.9–12, 61.4, 63.1, 67.5, 71.4, 73.3, 75.3+4+5, 80.3+4, 84.2, 92.3, 93.4, 94.1–3, 95.4–8, 103.5, 104.2, 105.4, 105.6+7, 108, 110.2+4, 111.7, 116.2, 119.9, 121.6+7, 122.1+2, 123.5, 127.2, 129.2, 132.4–6, 133.7+8, 134.14–16, 135.17+18, 140/141, 143.7, 144.1, 145.2, 146.3, 147.5, 152.1, 155.4+5, 156.1, 157.3+4, 158.1–3, 159.4+7, 165.3, 167.2, 173.6, 178.5, 180.2, 181.5, 183.3+4, 185.2, 191.3, 199.4, 200.2, 201.3, 203.3, 206.2, 209.4+5, 210.6, 211.10, 214.3, 215.6, 217.10, 219.5–7, 225.10, 231.3+4, 241.4, 242.2, 249.3, 254.5, 259.2+4, 265.6, 267.4+6, 275.8, 281.5, 282.4, 285.5, 286.1, 290.1, 295.7+8, 297.6

Schaar, Stuttgart: 7/8, 11.3+4, 16.3, 18.9, 23.2+3, 26.2, 27.5, 32.7+8, 36.1+3, 43.3, 45.2+3, 52.1, 61.5, 66.1, 68.1+3, 69.6, 72.1, 81.5–7, 85.3, 87.3, 89.3, 90.1–3, 104.1, 109.2, 110.1, 111.5, 112.1, 113.7, 115.3, 116.4, 118.6, 136.2, 137.3, 154.1, 162.2, 163.5, 178.1, 192.3, 198.3, 214.1, 218.4, 227.4, 266.1, 274.2, 284.1

Wedde, Göppingen: (Bilderrätsel) 53, 75, 129, 167, 203, 231, 251

Quellennachweis

38.8: Pressemitteilung WWF vom 29.7.2003
39.9: Henkel Nachhaltigkeitsbericht 2003
48.1: Kenneth Good und David Chanoff: Im Urwald des Orinoco. Frederkling&Thaler 2002, S. 65-68
57.3: nach L. Waibel: Urwald, Feld, Wüste. Darmstadt 1965 (unveränderter Nachdruck) S. 58-59
64.1: Hanna Jansen: Über tausend Hügel wandere ich mit dir. Droemer Knauer, 2004, S. 60-61
67.3: Wangari Mathai winner of the Nobel Peace Price in 2004, ap 10.2004
96.1: Alberto Vazquez-Figueroa: Tuareg, Goldmann 1989, S. 200-201
106.1: nach www.awi-bremerhaven.de;
115.2: Erst stirbt Russland...: Greenpeace Report 2002
121.4: nach Wintershall Presse: Die BASF-Tochter Wintershall AG fördert Gas in Sibirien. 28.02.2005
149.5: Salman Rushdie in „The Guardian" vom 5. Mai 2001
150.3: nach www.welthungerhilfe.de/textversion/WHHDE/projekte/suedasien/Ausbildung_für_Frauen_und_Mädchen.html;
151.4: Nach S. Schülein: Selbstbestimmung im Sparpaket – Frauen-Selbsthilfegruppen in Indien. In: iz3w (Informationszentrum 3. Welt) 264. Auch veröffentlicht unter www.linksnet.de/artikel.php? id=754
151.5: nach www.dike.de/bischofsheim/bfw.htm
155.6: Süddeutsche Zeitung, 14.10.2004
195.8: nach adidas: Standards of engagement. Herzogenaurach 2000
216.6: aus: Erklärung der ILO bzw. Erklärung der UNESCO unter www.ilo.org bzw. www.unesco.org;
243.3: nach Polnische Erntehelfer kommen seit Jahren zur Erdbeersaison. Neckarzeitung, 20.05.2004
243.4: Virtuelle Trainerin. General-Anzeiger Bonn, 1.8.2002
245.2: Gewerkschaftliche Monatshefte 2/1992
245.3: AFP (Agence France-Presse GmbH), gefunden unter www.zdf.de, 01.08.2004
245.4: www.refugeesinternational.org/content/report/detail/5147
258.3 nach Heiner Uehlinger: Schwarzmalerei und Realitäten (ein Dorf im Sahel). blmv (Berner Lehrmittel- und Medienverlag), abgedruckt in Geographie heute 223/2006, S. 12-16
270.4: nach Die Zeit, 23.10.2003
272.3: nach einem Reisebericht von Th. Hoffmann 1998
276.1: Bundespräsident Horst Köhler. Sonderheft der Wirtschaftswoche 30.9.2004
277.5: Harald Maass: in: Stuttgarter Zeitung, 30.11.2005, S.3
286.2: nach D. Lewis: Nomaden des Meeres. Geo Spezial Südsee, 1990
289.10: nach www.usatipps.de
293.2: nach B. Hahn: Erlebniseinkauf und Urban Entertainment Centers. In: GR. H1., 2001, S.22-23

Kartennachweis

113.6, 120.2, 269.4: Klett-Perthes Gotha und Stuttgart: Kombiatlas
119.8: Stora Enso, Varkaus 2002
163.3: Gemeinde Mosbach 2004
173.7: nach Rand McNally USA/Kanada 2001/02, 13. Hallwag-Auflage 2001/2002, Bern 2001, S. 108
190.1: nach adidas World of Sport, 2004
248.1: nach Le Monde Diplomatique, taz Verlags- und Vertriebs GmbH. Berlin 2003;
261.4: nach DuMont Richtig Reisen Marokko. Köln 2000, S. 152
263.3: Eugen Wirth: Die orientalische Stadt im islamischen Vorderasien und Nordafrika. Band 2, Tafel Nr. 50. Philipp von Zabern, Mainz 2002
286.1: Geo Spezial Südsee, 1990, 293.2
293.2: nach B. Hahn: Erlebniseinkauf und Urban Entertainment Centers. In: GR. H1., 2001, S.22

Strukturdaten ausgewählter Staaten

Land	Fläche in 1 000 km^2	Einwohner 2003 in Millionen	Jährliches Bevölkerungswachstum Mittel aus 1990–2000 in %	Geburtenrate 2003 in %	Sterberate 2003 in %	Lebenserwartung 2003 in Jahren	Anteil der Bevölkerung unter 15 Jahren 2003 in %	Anteil der Bevölkerung über 65 Jahren 2003 in %	Städtische Bevölkerung 2003 in %	Wirtschaftsleistung je Einwohner 2003 in US-$[3]	Erwerbstätige in der Industrie 2003[1,4] in % der Erwerbstätigen insgesamt	Erwerbstätige in Dienstleistungen 2003[1,4] in % der Erwerbstätigen insgesamt	Anteil der Industrie am BIP[3] 2003[1,4] in %	Anteil der Dienstleistungen am BIP[3] 2003[1,4] in %	Arbeitslose 2003[1] in %	Energieverbrauch je Einwohner 2002 in kg Öleinheiten[2]	Analphabeten 2003[1] in %	Kalorienversorgung je Einwohner und Tag 2002	Einwohner je Arzt 2003[1]	Internet-Nutzer 2003 je 1000 Einwohner
Europa																				
Belgien	31	10,3	0,3	1,1	1,0	78	17,0	16,7	97,2	28 335	24,8	73,4	26,5	72,2	8,1	5 920	1	3 584	239	328
Bosnien-Herzegowina	51	4,2	-0,9	1,2	0,8	74	17,2	10,9	44,3	5 967	k.A.	k.A.	32,1	53,0	k.A.	k.A.	k.A.	2 894	747	26
Bulgarien	111	7,9	-1,3	0,8	1,4	72	14,4	16,4	69,8	7 731	32,8	57,1	30,7	57,6	13,6	2 360	2	2 848	283	206
Dänemark	43	5,4	0,4	1,2	1,1	77	18,6	14,9	85,3	31 465	23,8	73,2	26,4	71,5	5,6	3 460	1	3 439	274	513
Deutschland	357	82,5	0,3	0,9	1,0	78	14,9	17,3	88,1	27 756	31,6	66,0	29,4	69,5	9,6	3 990	1	3 496	274	473
Estland	43	1,3	-1,3	1,0	1,3	71	16,1	15,2	69,4	13 539	32,5	61,3	28,5	67,0	10,1	k.A.	1	3 002	325	328
Finnland	305	5,2	0,4	1,1	0,9	78	17,6	15,3	60,9	27 619	26,0	69,0	30,5	66,0	9,0	5 120	1	3 100	320	509
Frankreich	544	60,1	0,5	1,3	0,9	79	18,6	16,1	76,3	27 677	23,4	73,0	24,5	72,8	9,4	4 340	1	3 654	299	366
Griechenland	132	11,0	0,4	0,9	0,9	78	14,7	18,7	60,8	19 954	22,5	61,7	23,8	69,3	9,3	3 110	3	3 721	220	150
Großbritannien	244	59,3	0,3	1,2	1,0	78	18,2	16,0	89,1	27 147	23,3	75,3	26,6	72,4	5,0	3 730	1	3 412	557	423
Irland	70	4,0	0,8	1,6	0,7	78	21,3	11,2	59,9	37 738	27,7	65,8	40,5	56,3	4,6	3 660	1	3 656	417	313
Italien	301	57,4	0,2	0,9	1,0	80	14,0	19,0	67,4	27 119	32,2	62,9	27,8	69,6	8,6	3 070	2	3 671	166	337
Kroatien	57	4,4	-0,2	1,0	1,2	74	16,2	15,8	59,0	11 080	29,7	53,5	30,1	61,5	14,3	k.A.	2	2 799	570	232
Lettland	65	2,3	-1,1	0,9	1,4	71	15,1	15,5	66,2	10 270	27,0	59,2	24,4	71,1	10,5	k.A.	1	2 938	338	406
Litauen	65	3,4	-0,1	0,9	1,2	72	17,7	14,2	66,7	11 702	28,1	54,0	33,8	58,9	12,7	2 510	1	3 325	250	214
Luxemburg	3	0,5	1,4	1,2	0,9	78	18,9	14,9	91,9	62 298	21,5	77,2	20,5	78,9	3,7	k.A.	0	3 609	391	377
Niederlande	34	16,1	0,6	1,2	0,9	79	18,3	14,0	65,8	29 371	21,4	74,9	k.A.	k.A.	3,8	5 510	1	3 362	304	522
Norwegen	385	4,5	0,6	1,2	0,9	79	19,7	14,9	78,6	37 670	21,4	74,9	37,5	61,0	4,5	9 500	1	3 484	345	k.A.
Österreich	84	8,1	0,5	1,0	1,0	79	16,2	16,0	65,8	30 094	29,3	65,1	31,7	66,0	4,1	4 060	1	3 673	247	462
Polen	313	38,6	0,1	0,9	0,9	75	17,6	12,5	61,9	11 379	38,0	42,9	30,7	66,2	19,2	2 280	1	3 375	446	232
Portugal	92	10,1	0,4	1,1	1,0	76	17,3	15,2	54,6	18 126	32,2	55,3	k.A.	k.A.	6,3	2 320	8	3 741	309	194
Rumänien	238	22,3	-0,2	1,0	1,2	70	16,6	13,9	54,5	7 277	29,8	34,5	36,1	52,0	6,6	1 750	2	3 455	530	191
Russland	17 075	143,2	-0,1	1,0	1,5	66	16,3	13,2	73,3	9 230	31,3	58,7	34,2	60,6	8,7	4 440	1	3 072	213	41
Schweden	411	8,9	0,4	1,1	1,0	80	17,5	17,5	83,4	26 750	22,6	75,3	27,9	70,3	5,6	5 430	1	3 185	348	573
Schweiz	41	7,2	0,6	1,0	0,9	81	16,6	15,6	67,5	30 552	23,0	72,8	k.A.	k.A.	4,1	4 130	1	3 526	299	351
Serbien und Montenegro	102	10,5	0,9	1,1	1,4	73	19,6	14,0	52,0	k.A.	k.A.	k.A.	k.A.	k.A.	13,8	k.A.	7	2 678	469	79
Slowakei	49	5,4	0,3	1,0	1,0	74	18,2	11,4	57,4	13 494	38,3	55,9	29,7	66,6	17,1	3 610	k.A.	2 889	264	256
Slowenien	20	2,0	0,1	0,9	1,0	76	15,0	14,6	50,8	19 150	36,9	54,7	k.A.	k.A.	6,5	k.A.	1	3 001	430	376
Spanien	505	41,1	0,2	1,0	0,9	80	15,0	17,1	76,5	22 391	30,6	63,8	29,6	67,1	11,3	3 320	2	3 371	220	239
Tschechische Republik	79	10,2	0,0	0,9	1,1	75	15,5	13,9	74,3	16 357	39,6	55,6	39,4	57,1	7,8	4 070	k.A.	3 171	234	268
Ukraine	604	48,5	-0,5	0,9	1,5	68	16,0	15,1	67,2	5 491	29,9	51,2	40,3	45,6	9,1	2 740	1	3 054	218	18
Ungarn	93	9,9	-0,2	1,0	1,3	73	16,3	14,7	65,1	14 584	33,3	61,2	k.A.	k.A.	5,8	2 320	1	3 483	247	232
Weißrussland	208	9,9	0,1	0,9	1,4	68	16,8	14,0	70,9	6 052	34,7	53,1	30,1	60,1	3,1	2 110	1	3 000	222	141
Amerika																				
Argentinien	2 780	38,4	1,3	1,8	0,8	75	27,0	9,8	90,1	12 106	k.A.	k.A.	34,8	54,1	15,6	1 410	3	2 992	341	112
Bolivien	1 099	8,8	2,2	2,9	0,8	64	38,4	4,4	63,4	2 587	19,7	76,9	30,1	55,0	5,5	k.A.	15	2 235	2 828	32
Brasilien	8 547	178,5	1,5	1,9	0,7	69	27,5	5,4	83,1	7 790	20,0	59,4	19,1	75,1	12,3	1 010	13	3 050	378	82
Chile	757	15,8	1,4	1,7	0,5	77	26,9	7,4	87,0	10 274	23,4	63,0	34,3	56,9	7,4	1 530	4	2 863	1 424	272
Ecuador	284	13,0	1,9	2,3	0,6	71	32,7	4,9	61,8	3 641	21,7	69,2	28,7	63,6	11,5	600	9	2 754	678	44